制药设备与工艺验证

Pharmaceutical Equipment and Process Validation

马义岭　郭永学　主　编
王云宝　孙聪聪　副主编

化学工业出版社

·北京·

《制药设备与工艺验证》共分为 7 章，主要内容包括：验证概述、设备/设施/系统确认与验证、计算机化系统验证与数据可靠性、QC 实验室确认与验证、工艺程序验证、制药工艺验证和制药工艺验证支持活动。该书基于药品生产全生命周期的确认与验证活动，从验证对象的特性阐述入手，由浅入深，涉及制药行业中原料药、固体制剂、无菌制剂、生物制剂和中药生产的工艺设备、公用设施、辅助设备、计算机化系统的验证工作；同时涵盖了风险管理、实验室系统、数据可靠性、清洁验证及工艺验证等国内制药行业重点关注的主题。在各类不同对象的确认与验证活动讲解中，融入了 ICH Q9 质量风险管理的理念，体现了验证的范围和程度应经过风险评估确定的风险管理理念。

《制药设备与工艺验证》可作为高等院校制药工程专业、药物制剂专业及其相关专业的本科教材，也可供制药行业初始接触验证的执行人员、验证管理人员、技术人员等参考使用。

图书在版编目（CIP）数据

制药设备与工艺验证/马义岭，郭永学主编. —北京：化学工业出版社，2018.12（2024.2 重印）
ISBN 978-7-122-33344-5

Ⅰ.①制… Ⅱ.①马… ②郭… Ⅲ.①制药工业-化工设备-验证②制药工业-生产工艺-验证 Ⅳ.①TQ460.3②TQ460.6

中国版本图书馆 CIP 数据核字（2018）第 270416 号

责任编辑：褚红喜　　　　　　　　　　　　　　装帧设计：关　飞
责任校对：宋　夏

出版发行：化学工业出版社（北京市东城区青年湖南街 13 号　邮政编码 100011）
印　　装：三河市双峰印刷装订有限公司
787mm×1092mm　1/16　印张 24　字数 603 千字　2024 年 2 月北京第 1 版第 8 次印刷

购书咨询：010-64518888　　售后服务：010-64518899
网　　址：http://www.cip.com.cn
凡购买本书，如有缺损质量问题，本社销售中心负责调换。

定　　价：98.00 元　　　　　　　　　　　　　　版权所有　违者必究

编写人员名单

主　　编　马义岭　郭永学

副 主 编　王云宝　孙聪聪

编写人员　（以姓氏笔画为序）

于红想　于恒宾　马义岭　王　勇　王　良　王云宝

王石禹　王振耀　王世华　方建茹　尹子彬　石天鹏

叶振亚　吕宗敏　任志会　刘世博　孙聪聪　牟海锋

李　基　李贵香　杨　冲　杨　娟　杨海泉　吴锡青

佟　丽　宋新星　张　帆　陈永波　周　暐　周　备

郑树朝　赵　原　赵红霞　赵洪军　钟守炜　袁泽琪

殷丽杰　高　亮　郭明刚　郭永学　葛　丹　焦玉秀

谢伟杰　甄兴航　雷　杰

审稿人员　承　强　罗文华　马仕洪　庞红宁　王　焱　徐　菲

喻长远　于庆华　臧恒昌　张功臣　赵赟力

序

　　高等院校的核心职能是培养人才，如何培养满足社会特别是生产制造业需要的人才是当今高等教育教学改革与创新的重要命题。随着社会的进步和制药行业的发展，制药行业对工艺验证人才的需求也随之增加，制药设备与工艺验证工作之所以如此重要，不仅因为它是制药行业法规的要求，更因为它是保证与提高药品质量中对风险控制规律的认识与总结。目前普通高等院校制药工程与药学类本科专业仅开设药事管理类课程，尚没有验证相关的课程，致使大学毕业生在进入制药行业工作后需要长时间学习，才能开展制药工艺验证相关工作。

　　马义岭先生潜心验证工作十余年，有着非常丰富的验证理论知识与实际工作经验，组织制药行业专家与高校教师共同编撰《制药设备与工艺验证》，弥补了空白，为开设验证相关课程奠定了基础。该书全面介绍了世界各国现行法规要求下的制药设备和工艺验证工作实践方法；阐述了基于风险评估的理念和监管重点关注的问题及相关内容，对制药行业认识验证工作意义、提高验证工作水平，具有重要的意义。该书知识点覆盖全面、图文并茂、条理清晰，特别是准确合理地阐述验证对象基础和验证原理，由浅入深地剖析验证项目的设计由来，十分适合作为本科教材使用。该书系统梳理了基于全生命周期的验证流程，明确了风险管理在其中的重要角色，对没有实际接触过验证工作的学生来说，实用性强，有助于树立完整正确的验证理念，提高实际工作能力。

　　中国制药行业的发展逐步国际化，《制药设备与工艺验证》与时俱进地引入了国际普遍认可的一些验证理念，对概念与定义有英文标注，学生在更好理解验证理念的同时，也可以对国际通行的指南要求有一定的了解，开拓国际化视野。

　　制药工程与药学类本科专业开展验证类课程，学生在校期间学习理论和实际相结合的应用类内容，可缩短工作后的适应期，成为验证合格人才，满足制药行业的需求，为推动制药行业的发展做出贡献。

2018.10.18 沈阳

前　言

　　制药工艺验证是实施药品 GMP 的重要基础，也是制药企业贯彻采用质量管理体系的重要组成部分。特别是近些年来，我国制药行业快速发展，各种制药相关法规、指南相继发布，国内的验证标准逐渐和国际接轨，呈现趋同化。为了提高我国制药行业的发展水平，满足《国家中长期教育改革和发展规划纲要（2010—2020）》和《国家中长期人才发展规划纲要（2010—2020）》中"强调要培养一大批创新能力强、适应经济社会发展需要的高质量各类型工程技术人才，为国家走新型工业化发展道路、建设创新型国家和人才强国战略服务"的需求，本书编者团队基于多年从事验证工作的丰富经验，为帮助普通高等院校和国内制药企业快速而高效地培养一批验证工程技术人员，秉承"推动行业进步"的发展使命，依据中国、欧盟、WHO 和美国等国家和组织的 GMP 和监管要求，参考 ICH、ISO、ISPE、PIC/S 等有关实践指南，基于以下重要原则编写本书：

- 强调"生命周期"概念；
- 强调"质量源于设计"（Quality by Design，QbD）；
- 强调对产品和工艺需求的理解；
- 强调产品保护；
- 强调关键质量属性（Critical Quality Attribute，CQA）和关键工艺参数（Critical Process Parameter，CPP）的重要性；
- 采用基于风险评估的方法；
- 综合国际现行 GMP 法规对确认与验证的要求；
- 包含良好工程管理规范（Good Engineering Practice，GEP）概念；
- 贯穿全书的最新验证案例分析。

　　本书内容涉及制药行业中原料药、固体制剂、无菌制剂、生物制剂和中药生产的工艺设备、公用设施、辅助设备、计算机化系统的验证工作；同时涵盖了风险管理、实验室系统、数据可靠性、清洁验证及工艺验证等国内制药行业重点关注的主题。从理论和实际两个方面，以验证对象特性和验证原理作为起始，将前沿的验证理念与具体的验证实践相结合，归纳总结为以下 7 章内容：验证概述；设备/设施/系统确认与验证；计算机化系统验证与数据可靠性；QC 实验室确认与验证；工艺程序验证；制药工艺验证；制药工艺验证支持活动。为在当今 GMP 法规环境要求下基于先进的风险评估理念进行确认与验证工作，提供了非常有价值的实践经验。在内容方面，体现了不同验证对象的验证原理，解决了验证活动中"为什么？做什么？如何做？"的问题。关于验证原理的任何描述均是对验证活动的必要铺垫和补充。在章节安排方面，不同章节间可能有重复的内容，这种重复是必要的，有助于更好地了解验证活动。在术语和缩略语方面，本书编者尽可能采用了国际通行的确认与验证术语和缩略语，由于翻译或引用国外法规指南和著作的局限性，以及目前国内制药行业术语应用的普遍性，在描述专业性上可能存在差异，请各位读者及同行批评指正。

本书由资深 GMP 专家、制药业内同行和高等院校老师共同编写，由马义岭、郭永学担任主编，王云宝、孙聪聪担任副主编。全书编写的具体分工如下：第 1 章由焦玉秀、佟丽、孙聪聪、宋新星、杨娟、任志会共同编写；第 2 章袁泽琪、吕宗敏、赵红霞、石天鹏、李贵香、于恒宾、于红想、雷杰、周备共同编写；第 3 章由郭明刚、王良、尹子彬共同编写；第 4 章由刘世博、方建茹、郑树朝共同编写；第 5 章由陈永波、殷丽杰、钟守炜、甄兴航、李基、赵原、于红想共同编写；第 6 章由殷丽杰、赵洪军、王勇、孙聪聪、张帆共同编写；第 7 章由王勇、葛丹、郭明刚、于红想、焦玉秀、周暐、王世华、叶振亚、杨海泉、郑树朝共同编写；参与审稿的人员有：承强、罗文华、马仕洪、庞红宁、王焱、徐菲、喻长远、于庆华、臧恒昌、张功臣、赵赟力；全书由马义岭、孙聪聪、郑树朝、陈永波统稿。

本书仅反映了在该书出版之前编者对 GMP 法规、指南和行业标准指导下的验证活动理解，尽可能以浅显易懂的方式，完整且详细地介绍制药企业基于全生命周期的确认与验证活动。由于时间仓促，又限于编者水平，书中难免有不妥和疏漏之处，我们衷心希望高校老师和制药行业的广大同仁不吝赐教、批评指正。

编者

2018 年 9 月

本书术语/缩略语一览表

术语/缩略语	英文全拼	中文
CMA	Critical Material Attribute	关键物料属性
C_p/C_{pk}	Process Capability Index	工序能力指数
CPP	Critical Process Parameter	关键工艺参数
CQA	Critical Quality Attribute	关键质量属性
CSV	Computer System Validation	计算机化系统验证
DCS	Distributed Control System	分布式控制系统
DDS	Detailed Design Specification	详细设计说明
DNA	Deoxyribonucleic acid	脱氧核糖核酸
DOE	Design of Experiment	实验设计
DOP	Dioctyl Phthalate	邻苯二甲酸二辛酯
DQ	Design Qualification	设计确认
DS	Design Specification	设计说明
EBR	Electronic Batch Records	电子批记录
EDI	Electrodeionization（US Filter）	电极法去离子（美国滤材）
EHS	Environment、Health、Safety	环境、健康、安全
EI	Endotoxin Indicator	内毒素指示剂
ELISA	Enzyme-Linked Immuno Sorbent Assay	酶联免疫吸附测定
EMA	European Medicines Agency	欧洲药品管理局
EMS	Environmental Monitoring System	环境监测系统
EP	European Pharmacopoeia	欧洲药典
EPA	Environmental Protection Agency	美国环境保护局
EPDM	Ethylene-Propylene-Diene Monomer	三元乙丙橡胶
ERP	Enterprise Resource Planning	企业资源计划
EU	European Union	欧盟
FAT	Factory Acceptance Testing	工厂验收测试
FDA	Food and Drug Administration	美国食品与药品监督管理局
FDS	Functional Design Specification	功能设计说明
FMEA	Failure Mode and Effects Analysis	失效模式和影响分析
FS	Function Specification	功能说明
FTM	Fluid Thioglycollate Medium	硫乙醇酸盐液体培养基
GAMP	Good Automated Manufacturing Practice	良好自动化生产实践指南

术语/缩略语	英文全拼	中文
GCP	Good Clinical Practice	良好临床管理规范
GDP	Good Document Practice	良好文件管理规范
GDP	Good Distribution Practice	良好流通管理规范
GEP	Good Engineering Practice	良好工程管理规范/良好工程实践
GLP	Good Laboratory Practice	良好实验室管理规范
GMP	Good Manufacturing Practice	良好生产管理规范/药品生产质量管理规范
GxP	Good（Manufacturing，Clinical，Laboratory，etc.）Practice	药品（生产、临床、实验室等）管理规范
HACCP	Hazard Analysis and Critical Control Points	危害分析和关键控制点
HAZOP	Hazard Operability Analysis	危害操作分析
HDS	Hardware Design Specification	硬件设计说明
HEPA	High Efficiency Particulate Air Filter	高效空气过滤器
HIC	Hydrophobic Interaction Chromatography	疏水层析
HIV	Human Immunodeficiency Virus	人类免疫缺陷病毒
HMI	Human Machine Interface	人机界面
HPLC	High Performance Liquid Chromatography	高效液相色谱
HVLD	High Voltage Leak Detection	高压电检漏
HVAC	Heating，Ventilation，and Air Conditioning	采暖、通风和空调系统
IEC	Ion Exchange Chromatography	离子交换层析
I/O	Input and Output	输入/输出
ICH	The International Conference on Harmonisation of Technical Requirements for Pharmaceuticals for Human Use	人用药品技术要求国际协调理事会
IEC	International Electrotechnical Commission	国际电工委员会
IQ	Installation Qualification	安装确认
ISO	International Standards Organization	国际标准化组织
ISPE	The International Society for Pharmaceutical Engineering	国际制药工程协会
IUPAC	International Union of Pure and Applied Chemistry	国际理论（化学）与应用化学联合会
kGy	Kilogray	千戈瑞：1kg 被辐照物质吸收 1 焦耳的能量为 1 戈瑞
KPP	Key Process Parameter	重要工艺参数

术语/缩略语	英文全拼	中文
LIMS	Laboratory Information Management System	实验室信息管理系统
LOD	Limit of Detection	检测限
LOQ	Limit of Quantitation	定量限
LVP	Large Volume Parenteral	大容量注射剂
MACO	Maximum Allowable Carry Over	最大允许残留
McAb/mAb	Monoclonal antibody	单克隆抗体
MCB	Master Cell Bank	主细胞库
MMF	Multi Media Filter	多介质过滤器
MSDS	Material Safety Data Sheet	化学品安全说明书/安全技术说明书
MTDD	Minimum Treatment Daily Dosage	最低日治疗剂量
NPDWR	National Primary Drinking Water Regulations	美国国家基本饮用水规定
OOS	Out of Specification	超标准
OOT	Out of Tendency	超趋势
OQ	Operational Qualification	运行确认
OSD	Oral Solid Dosage	口服固体制剂
P&ID	Piping and Instrumentation Diagrams	管道仪表图
PAO	Poly-Alpha-Olefin	聚 A-烯烃
PAT	Process Analytical Technology	过程分析技术
PCB	Primary Cell Bank	原始细胞库
PDA	Parenteral Drug Association	美国注射剂协会
PDE	Permitted Daily Exposure	允许日暴露水平
PEG	Polyethylene Glycol	聚乙二醇
PEP	Project Execution Plan	项目执行计划
PFD	Process Flow Diagrams	工艺流程图
pH	Power of Hydrogen	酸碱度
PHA	Preliminary Hazard Analysis	初步危害分析
PIC/S	Pharmaceutical Inspiration Convention and Pharmaceutical Inspection Co-operation Scheme	国际药品检查协会组织
PLC	Programmable Logic Controller	可编程逻辑控制器
PM	Project Management	项目管理
PNSU	Probability of Non-Sterile Unit	非无菌单元概率
PP	Polypropylene	聚丙烯

术语/缩略语	英文全拼	中文
PQ	Performance Qualification	性能确认
PS	Pure Steam	纯蒸汽
PTFE	Polytetrafluoroethylene	聚四氟乙烯
PURs	Process User Requirements	工艺用户需求
PV	Process Validation	工艺验证
PVC	Polyvinyl Chloride	聚氯乙烯
PW	Purified Water	纯化水
PWT	Purified Water Tank	纯化水箱
QA	Quality Assurance	质量保证
QbD	Quality by Design	质量源于设计
QC	Quality Control	质量控制
QMS	Quality Management System	质量管理体系
QPP	Quality and Project Plan	质量及项目计划
QRM	Quality Risk Management	质量风险管理
QTPP	Quality Target Product Profile	质量目标产品档案
RA	Risk Assessment	风险评估
RABS	Restricted Access Barrier System	限制进出隔离系统
RH	Relative Humidity	相对湿度
RNA	Ribonucleic Acid	核糖核酸
RO	Reverse Osmosis	反渗透
RSD	Relative Standard Deviation	相对标准偏差
RTP	Rapid Transfer Port	快速运转接口
SAL	Sterility Assurance Level	无菌保证水平
SAM	Steam-Air Mixture Process	蒸汽-空气混合气体灭菌程序
SAT	Site Acceptance Testing	现场验收测试
SCADA	Supervisory Control and Data Acquisition	检测控制和数据收集
SCR	Source Code Review	源代码审核
SDA	Sabouraud Dextrose Agar	沙氏葡萄糖琼脂培养基
SDA-PAGE	Sodium Dodecyl Sulfate-polyacrylamide gel	十二烷基硫酸钠-聚丙烯酰胺凝胶
SDI	Silt Density Index	淤泥指数
SDS	Software Design Specification	软件设计说明
SIA	System Impact Assessment	系统影响性评估

术语/缩略语	英文全拼	中文
SIP	Sterilize In Place	在线灭菌
SME	Subject Matter Expert	主题专家
SMP	Standard Management Procedure	标准管理规程
SOA	Service-Oriented Architecture	面向服务的体系结构
SOP	Standard Operating Procedure	标准操作规程
TCU	Temperature Control Unit	温度控制单元
TM	Traceability Matrix	可追溯矩阵
TOC	Total Organic Carbon	总有机碳
TR	Technical Report	技术报告
TRS	Techical Report Series	技术报告系列
TSA	Tryptose Soya Agar	大豆酪蛋白琼脂培养基
TSB	Tryptic Soytone Broth	胰酪胨大豆肉汤
UAF	Unidirectional Airflow	单向流
UCL	Upper Confidence Limit	置信上限
UPS	Uninterruptible Power Supply	不间断电源
URB	User Requirements Brief	用户需求简介
URS	User Requirements Specification	用户需求说明
USP	United States Pharmacopoeia	美国药典
UV	Ultraviolet Light	紫外灯
VHP	Vaporized Hydrogen Peroxide	汽化过氧化氢
VMP	Validation Master Plan	验证主计划/验证总计划
VP	Validation Plan	验证计划
WCB	Working Cell Bank	工作细胞库
WFI	Water for Injection	注射用水
WHO	World Health Organization	世界卫生组织

目 录

验证概述

1.1 验证的发展史

1.1.1 引言

全球首个药品生产质量管理规范（GMP）于 1962 年诞生于先进的工业化国家——美国。此后，GMP 的理论和实践遵循着"不断发展和完善"的规律，在药品生产和质量保证中的积极作用逐渐被各监管机构接受并不断完善。

在长期的实践过程中，人们对药品生产及质量保证手段的认识逐步深化，GMP 的内容不断更新，但最终的目的均是朝着药品生产的规范化迈进。GMP 的理论和实践也经历了一个形成、发展和完善的过程。全球药品生产质量管理规范持续改进提升，呈现出如下发展趋势。

（1）趋同化 即各监管机构和组织的 GMP 标准逐渐向国际性规范 FDA 标准靠拢；

（2）互认化 2017 年 11 月 1 日，欧盟及美国的相关互认协议开始实施，允许相互认可对方的检查结果。

验证在药品生产和质量保证中的地位和作用十分关键，GMP 中验证概念的引入，标志着质量管理中"质量保证"概念的成熟。验证概念的形成和发展是 GMP 朝着规范化、治本方向深化的一项瞩目成就。

1.1.2 验证的由来

了解验证由来背景，对验证由来做回顾，对于理解验证的真正内涵并切实做好药品生产验证工作十分有益。

对 GMP 发展产生深远影响的验证概念起源于美国：

- 20 世纪 50～60 年代，污染的输液曾导致过各种败血症病例的发生。
- 1970～1976 年，爆发了一系列的败血症病例。1971 年 3 月第一周内，美国 7 个州的 8 所医院发生了 150 起败血症病例；一周后，败血症病例激增至 350 人；1971 年 3 月 27 日，病例总数达到 405。污染菌为欧文氏菌（*Erwinaspp*）或阴沟肠杆菌（*Enterobacter cloacae*）。1972 年，英国德旺波特（Devonport）医院污染的葡萄糖输液导致 6 起败血症死亡病例。

● 1976 年，据美国会计总局（General Accounting Office）的统计：1965 年 7 月 1 日至 1975 年 11 月 10 日期间，从市场撤回 LVP（Large Volume Parenteral，大容量注射剂）产品的事件超过 600 起，410 名病人受到伤害，54 人死亡；1972 年至 1986 年的 15 年间，从市场撤回输液产品的事件高达 700 多起，其中 1973 年为 225 起。

频频出现的药难事件及民众的强烈抗议，引起 FDA 高度重视，因此成立了特别工作组，并责成该调查工作组对美国注射剂生产厂商进行全面调查。考虑到输液污染原因比较复杂，之后工作组将调查范围扩大到美国所有的输液厂商及小容量注射剂生产厂商。调查的内容涉及以下几个方面：

① 水系统（包括水源，水的预处理，纯化水及注射用水的生产及分配系统，灭菌冷却水系统）；

② 厂房及空调净化系统；

③ 灭菌柜的设计、结构及运行管理；

④ 产品的最终灭菌；

⑤ 氮气、压缩空气的生产、分配及使用；

⑥ 与产品质量相关的公用设备；

⑦ 仪器、仪表及实验室管理；

⑧ 注射剂生产作业及质量控制的全过程。

经过数年调查，最终结果显示：与败血症案例相关的批产品并非由于生产厂商未做无菌检查，或违反药事法规的条款将无菌检查不合格的批号投放市场，而是由无菌检查本身的局限性、设备或系统设计建造的缺陷，以及生产过程中的各种偏差及问题引起的。

调查结果最后指出：输液产品的污染与各种因素有关，如厂房、空调净化系统、水系统、生产设备、工艺等，其中关键在于工艺过程。例如，调查中 FDA 发现安装在灭菌柜上部的压力表及温度显示仪并不能反映出灭菌柜不同部位被灭菌产品的实际温度；产品密封的完好性存在缺陷，导致已灭菌的产品在冷却阶段被再次污染；操作人员缺乏必要的培训等。FDA 将此类问题归结为"过程失控"——企业在没有建立明确的控制生产全过程的运行标准前就投入生产运行，或是在实际生产运行中缺乏必要的监控，以致工艺运行状态出现了危及产品质量的偏差，而企业并无觉察及采取必要的纠偏措施。

药品质量不是检验出来的。从全面质量管理体系理念出发，FDA 于 1976 年 6 月 1 日发布了《大容量注射剂 GMP 规程（草案）》，以"通过验证确立控制生产过程的运行标准，通过对已验证状态的监控，控制整个工艺过程，确保质量"为指导思想，强化生产的全过程控制，进一步规范企业的生产及质量管理实践。此文件中，首次提出验证的概念和要求，标志着质量管理"质量保证"概念的成熟，并首次将验证以文件的形式载入 GMP 史册。

1.1.3 验证的定义

在随后 20 多年里，各国政府为维护患者的利益及提高本国药品在国际市场的竞争力，依据药品生产和质量管理的特殊要求并结合各国国情，分别制订或修订各自的 GMP 文件，将验证理念纳入 GMP 监管要求。

全球主要的药政监管机构、官方组织、非官方组织均制定了相关的法规和指南用于规范和指导制药企业进行验证体系的建立和验证实施。

广义的"验证"包括所有需要进行验证的设备/系统的确认和工艺程序类的验证活动，

全球主要的药政监管机构、官方组织、非官方组织关于"验证"的定义如下：

➢ EU GMP 中关于"验证"的定义为：

Validation：Action of proving, in accordance with the principles of Good Manufacturing Practice, that any procedure, process, equipment, material, activity or system actually leads to the expected results.

验证：按照 GMP 的原则，证明任何规程、工艺过程、设备、物料、活动或系统确实能导致预期结果的一系列活动。

➢ WHO TRS 937 Annex GMP 补充指南-验证中的定义为：

Validation：Action of proving and documenting that any process, procedure or method actually and consistently leads to the expected results.

验证：证明和记录任何工艺、程序或方法能实际且始终如一地导致预期结果的活动。

➢ ISO 9000 中关于"验证"的定义为：

Validation：confirmation, through the provision of objective evidence, that the requirements for a specific intended use or application have been fulfilled.

验证：通过提供客观证据，要求证明一个特定的预期用途或应用程序被实现。

➢ 中国《药品生产质量管理规范》（2010 年修订）对验证的定义为：

验证："证明任何操作规程（或方法）、生产工艺或系统能够达到预期结果的一系列活动。"

由此可见，验证是药品生产及质量管理中一个全范围的质量活动，它是实施 GMP 的基础。

除了"验证"概念以外，行业内还经常使用"确认""确证"概念。确认和验证的词义较难区别，狭义来讲，这两个词系同义词："确认"用在有技术规格及运行参数的设备或系统中，当设备或系统获得产品或接近最终结果阶段时，才使用"验证"一词；即"确认"针对"硬件"，验证针对"软件"。ASTM E2500 提出了"确证"的概念用于代表所有的"确认"和"验证"活动。在本书中，将采用广泛被接受的概念用于描述具体的验证活动，如设备确认，计算机化系统验证。

➢ EU GMP 中关于"确认"的描述如下：

Qualification：Action of proving that any equipment works correctly and actually leads to the expected results. The word validation is sometimes widened to incorporate the concept of qualification.

确认：证明任何设备正确运行并实际产生预期结果的活动。有时候，验证的概念会扩展包含确认的概念。

➢ ISO 9000 defines "qualification process" as "process to demonstrate the ability to fulfil specified requirements."

ISO 9000 中定义"确认过程"是证实"满足特定要求能力的过程"。

➢ ASTM E2500-2013 中对"确证"的定义为：

Verification：a systematic approach to verify that manufacturing systems, acting singly or in combination, are fit for intended use, have been properly installed, and are operating correctly. This is an umbrella term that encompasses all types of approaches to assuring systems are fit for use such as qualification, commissioning and qualification, verification, system validation, or other.

确证：一个系统的方法，用来证实单独或联合操作的生产系统是否符合其预定用途，是否已正确安装，并正确运行。确证是一个总称，它包括所有确保系统适合其用途的方法，如确认、调试和确认、验证、系统验证等。

图 1-1-1 为确认、验证、确证的关系。

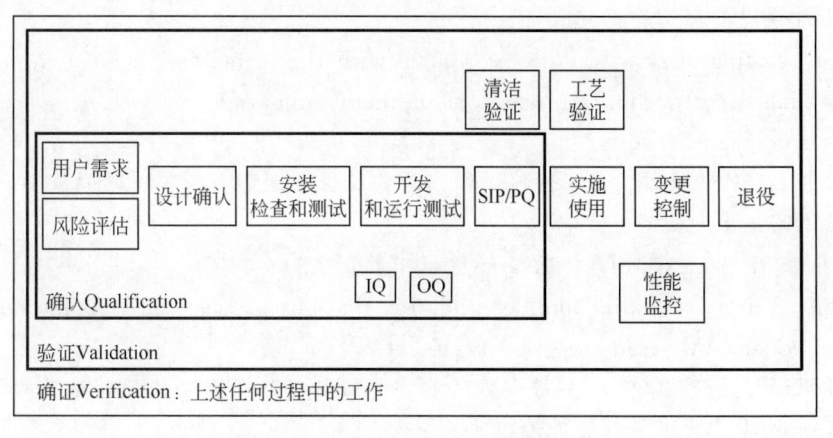

图 1-1-1　确认、验证、确证的关系

1.1.4　验证的意义

首先，验证是全球范围内对药品、生物制品及医疗器械的监管要求，企业要验证其设备/系统、工艺和程序的可靠性，并符合法规标准，验证合规性要求必将带动全球化统一趋势。

其次，把重点仅放在法规符合性并作为基本原则的做法，降低了企业从某一成熟的验证程序中获得其他益处的可能性。当前，验证的其他效能在各方面均有所体现，验证在保证企业产品质量及患者用药安全方面，也会带来各项经济效益。如：

① 减少不合格品和重复性工作；

② 降低公用系统成本；

③ 减免基本建设费用；

④ 减少中控及成品检测费用；

⑤ 减少相关工艺失败所产生的投诉；

⑥ 工艺偏差的调查更准确快速；

⑦ 新设备启动快速可靠；

⑧ 开发研究的放大更容易；

⑨ 设备维护更便利；

⑩ 自动化更快速；

⑪ 普遍提高工艺能力。

验证现已成为法规要求的一个重要组成部分，并融入全球制药行业的日常运营要求中。目前世界各地有数以百万计的验证活动在进行，并产生了一系列验证文档，为人类健康产品质量提供信心保证。

1.2　基于生命周期的验证流程

验证是通过建立一套书面证据，用实践证明，任何操作程序（方法）、生产工艺或设备/系统运行能够得到预期结果的一系列活动。对制药企业来讲，验证范围包括 QC 检验系统、生产系统、仓储运输系统和辅助公用系统。以一个新建项目为例，通常应首先完成 QC 检验系统验证和辅助公用系统验证，之后进行生产系统验证，最后完成仓储运输系统验证。

以验证对象划分，验证范围包括厂房设施和空调系统、制药用水和制药用气等洁净公用系统、计算机化系统、分析仪器、分析方法、工艺及辅助设备、生产工艺、包装工艺、清洁程序和运输程序等；概括来讲，一般可分为两大类：设备类系统和产品工艺程序。本小节的验证流程和验证活动介绍将基于设备类系统和产品工艺程序的生命周期展开。

图 1-2-1 为验证对象分类。

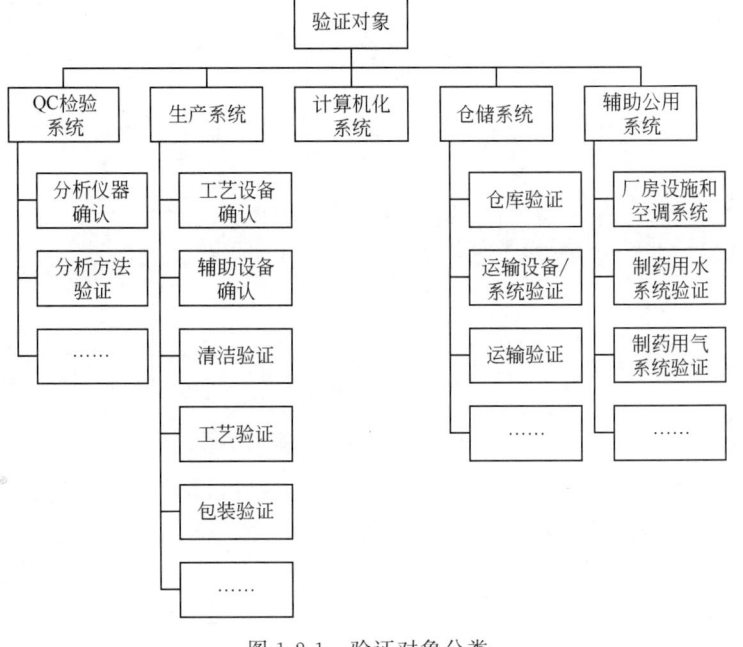

图 1-2-1　验证对象分类

1.2.1　基于设备类系统生命周期的验证流程

设备类系统包括工艺及辅助设备、厂房设施、空调系统、分析仪器、制药用水和制药用气等公用系统。对于设备类系统验证，全球药监机构的通行做法主要依据 ISPE Baseline 5《调试和确认》和 ISPE GPG《基于风险管理的调试和确认》进行。

设备类系统验证和系统本身生命周期密切相关，始于需求和设计阶段，涵盖设计、采购、建造、确认、使用维护，直到终止退役，大体可分为以下 3 个阶段。

（1）设计阶段　设计阶段验证相关活动包括用户需求说明、系统影响性评估、软硬件评估、Part11 适用性评估、部件关键性评估、设计确认等。

（2）评价阶段　评价阶段验证相关活动包括调试［包括工厂验收测试（FAT）、现场验收测试（SAT）］、安装确认、运行确认、性能确认等。

（3）运行维护阶段　运行维护阶段主要进行验证状态维护，相关活动包括：偏差管理、变更控制、校准管理、预防性维护保养、人员培训等；应定期进行验证状态评估和再验证测试，再验证测试应基于风险评估确定测试项目。设备/系统停用或退役前也应进行验证状态评估，必要时进行验证测试，确定最后一个周期设备/系统是否满足要求。

图 1-2-2 为典型的设备类系统验证生命周期流程图。

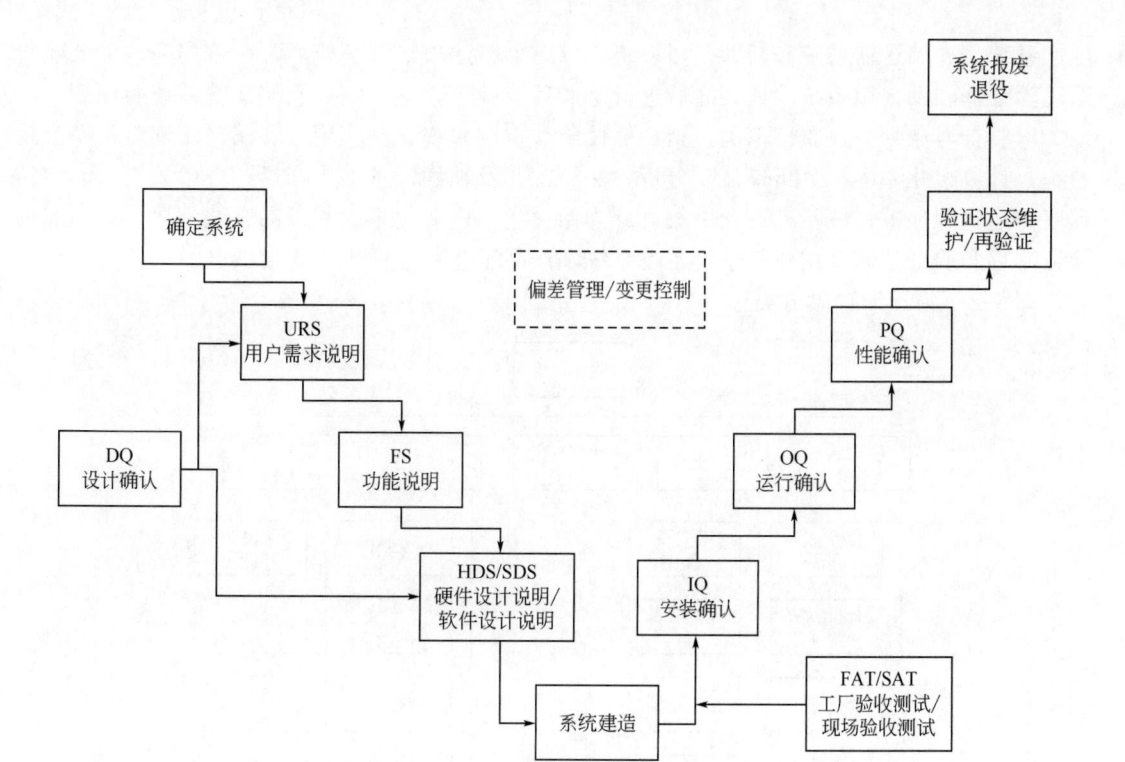

图 1-2-2　设备类系统验证生命周期流程图

计算机化系统本质上也属于设备类系统，但由于计算机化系统专业属性强，企业用户往往难以正确地识别其潜在的风险，并且根据供应商能力水平的不同，造成风险定级以及管控的困难，计算机化系统验证生命周期有其自身的特点。本小节仅介绍设备类系统的通用验证流程和活动，计算机化系统专属验证活动将在本书第 3 章进行介绍。

1.2.2　基于产品工艺生命周期的验证流程

工艺性能是企业生产的立足点。2011 年 FDA 工艺验证指南中，首次将产品生命周期的概念与工艺验证结合，鼓励在产品工艺生命周期所有阶段使用现代药物开发、质量风险管理和质量体系的概念，但在指南中并没有针对工艺验证进行具体的规范指导，而是将 ICH Q8《药物研发》、Q9《质量风险管理》、Q10《制药质量体系》的理念整合进工艺验证中，阐述了 FDA 关于工艺验证的现行指导原则，特别提出了关于在产品生产中使用先进技术、实施现代风险管理以及贯彻实施质量管理体系的工具和理念。

2013 年，PDA TR60《工艺验证：一个生命周期方式》发布，全面诠释了 FDA 2011 年工艺验证指南的具体操作，可实践性强，报告中将工艺验证定义为"从工艺设计阶段到商业化生产的整个过程中，对数据进行收集和评价，建立能够使工艺始终如一地传递到优质产品中的科学证据。"

工艺验证涉及整个产品生命周期，分为以下 3 个阶段。

（1）第一阶段　工艺设计，基于从开发和放大试验阶段所获得的知识和经验，确定商业化的生产工艺。

（2）第二阶段　工艺确认，对已经设计好的生产工艺进行确认，证明工艺能够保证进行可重现的商业化生产。

（3）第三阶段　持续工艺确认，工艺的受控状态在日常生产过程中能够得到持续稳定的保证。

在产品生命周期的各个阶段，获取科学知识并加以总结将使工艺验证更加有效和高效，应确保在产品整个生命周期中，统一收集资料，评估有关信息，并加强这些信息资料的利用。图 1-2-3 为工艺验证生命周期流程图。

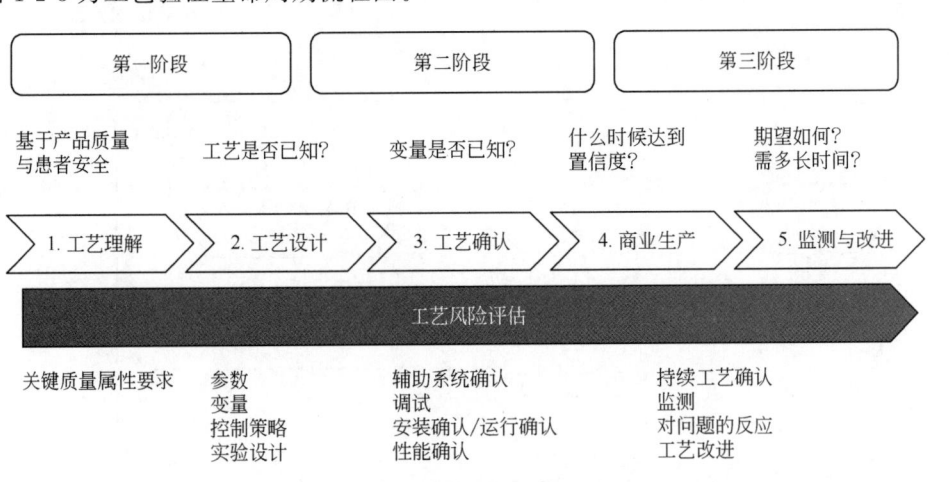

图 1-2-3 工艺验证生命周期流程图

FDA 对产品工艺验证的要求有一个逐步完善和提高的过程。目前 PDA TR 60 提出的基于生命周期的工艺验证理念是全球监管的普遍要求。在 2011 年之后，EU、WHO 也相继发布了工艺验证指南，采用了工艺验证三阶段的做法，2015 年中国 GMP（2010 年修订）❶ 附录"确认与验证"也采纳了工艺验证三阶段的要求。

1.2.3 基于全生命周期的验证流程活动

对于制药企业而言，应首先完成设备类系统的确认与验证，之后进行工艺程序类验证，验证执行流程如图 1-2-4 所示。

基于以上流程，结合全生命周期的验证活动主要包括：用户需求说明、功能说明、设计说明、GMP 设计审核、设备/系统风险评估、设计确认、调试、安装确认、运行确认、性能确认、确认/验证总结报告、分析方法验证、清洁验证、工艺验证、包装验证、运输验证、验证状态维护、验证状态评估和再确认/再验证。

1.2.3.1 用户需求说明

用户需求说明（User Requirements Specification，URS）是用户对新建厂房、生产设备、仪器、公用工程和系统功能、操作能力和 EHS（环境、健康、安全）需求的说明文件，是用户对设备/系统的具体输出要求的详尽描述，是设备/系统的设计依据，决定设备/系统的性能，构成系统验收的基础。URS 中的要求和详细程度应与风险、复杂性和新颖性的程度相符，应能够按照要求充分支持后续的风险分析、技术说明、配置/设计和确认。

URS 分项目用户需求和具体的设备/系统用户需求两种。项目用户需求是概念设计的基础，在产品、生产工艺、市场战略规划确定后进行编写，内容和结构与设备/系统 URS 不同，从战略层面提出项目需求，本书不进行详细介绍。

设备/系统用户需求说明一般是系列技术说明中的第一项。它是验证的起始，如图 1-2-5 所示。

---

❶ 中国 GMP（2010 年修订），系指中华人民共和国卫生部令 79 号《药品生产质量管理规范（2010 年修订）》。正文中以中国 GMP（2010 年修订）表示。

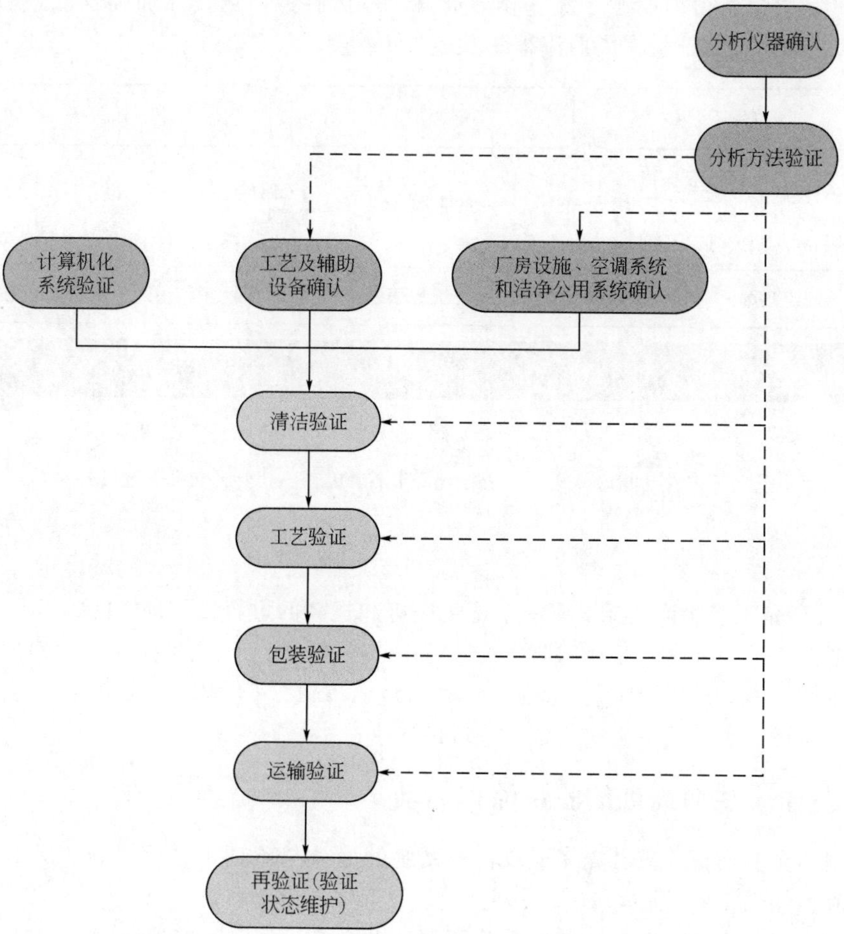

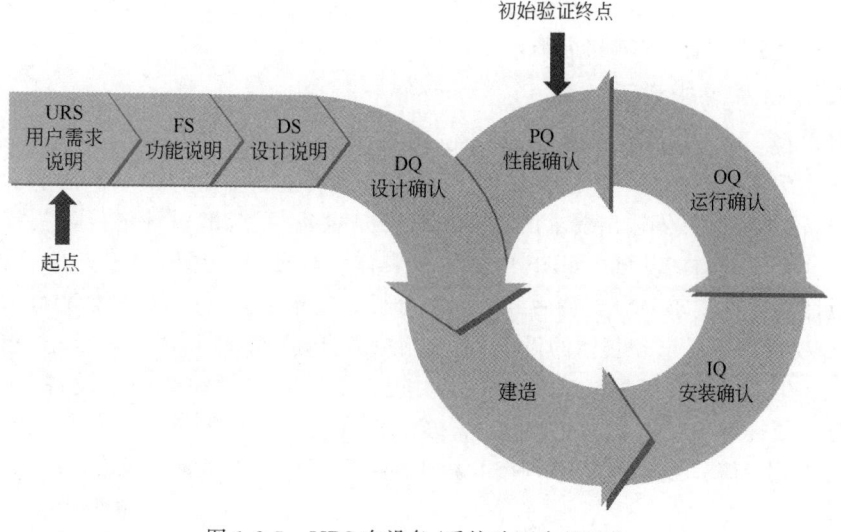

图 1-2-4　工厂验证活动执行流程图

图 1-2-5　URS 在设备/系统验证中的地位

（1）用户需求说明的意义

制定用户需求说明是：

① 用户对设备/系统的具体输出要求的详细描述；

② 设备/系统的设计依据，决定设备/系统的性能；

③ 验证活动的源头，同时也是性能确认的最终依据。

用户需求说明应使用符合设备技术规范的语言，对设备功能、技术指标、运行参数的描述要详细而明确。它将作为采购合同、设备设计制造、安装调试直至最终验收的技术文件。因此，用户需求说明应考虑投资成本、技术能力、设备使用可靠性，评估 URS 的可行性以及可能存在的风险。

（2）用户需求说明的内容

用户需求说明编写的核心内容是用户需求，需要根据具体设备/系统而确定。通用内容举例如下：

① 工艺需求；

② 清洁、消毒、灭菌要求；

③ 安装需求；

④ 操作和功能需求；

⑤ 材质要求；

⑥ 文件和证书需求；

⑦ 维修和维护需求；

⑧ 环境健康安全相关需求；

⑨ GxP 相关需求；

⑩ 验证需求；

⑪ 培训需求和技术支持。

1.2.3.2　功能说明

功能说明（Function Specification，FS）是设备类系统的核心设计文件之一，本身不属于验证文件，但是为验证活动提供支持。功能说明描述如何实现用户需求说明中所描述的要求和目标，明确说明设备/系统预期的实现功能。功能说明通常由供应商完成，需用户审核。

功能说明是在满足用户需求说明的前提下对设备的功能进行阐述，主要对设备自身所具备的所有功能进行说明，是有助于用户熟悉设备/系统功能的设计文件。

功能说明需在设备的设计、材料的选用、附件的设计或选用上做出详细的描述，对用户需求说明做出一一响应。

功能说明内容通常描述：

① 操作模式；

② 过程状态（所有操作过程阶段/步骤/程序、状态及相互功能转换）；

③ 报警（各类报警系统及类别描述等）；

④ 密码权限；

⑤ 系统数据；

⑥ 其他控制系统所具备的功能等。

1.2.3.3　设计说明

设计说明（Design Specification，DS）是设备类系统的核心设计文件之一，也不属于验证文件，但是为验证活动提供支持。设计说明通常由供应商完成，并且供应商拥有该文件的所有权和保密权，需用户审核。

设计说明需阐述如何满足功能说明和用户需求说明中的详细的、具体的要求，确保准确。通过设计说明，用户可以了解设备的正确安装、测试和维护操作。

设计说明是用详细的技术语言定义如何开发设备才能够提供需要的功能。

设计说明内容通常包括机械、电子、软件等方面的具体描述或选择。如：

① 管道仪表图（P&ID）和工艺流程图（PFD）；

② 控制系统硬件说明；

③ 控制系统软件说明；

④ 工作环境要求；

⑤ 电气工艺要求；

⑥ 输入/输出说明；

⑦ 系统数据说明；

⑧ 程序功能原理等。

除此之外，设计说明中也要列出：

① 部件一览表　包括管道、阀门、过滤器等的选型、规格和品牌；

② 材料一览表　包括品牌、规格，材料材质，甚至供应商名称；

③ 结构细节图　搅拌、轴封、出料口、密封件等。

对一些简单的或标准设备，功能说明可能和设计说明合并成一个文件，即功能设计说明（Functional Design Specification，FDS）文件。

1.2.3.4　GMP 设计审核

GMP 设计审核是对制药厂房设计和技术标准进行审核考察以确认其能够更好地符合预期用途并符合相关法规（如中国、EU、FDA 或 WHO 的现行 GMP 等）要求的一种手段。

GMP 设计审核适用于新建或改建项目，执行时机取决于项目的大小和复杂程度。通常情况下，在制药厂房概念设计、基础设计、详细设计三个阶段都可以对可能影响产品质量的设备/系统或整体进行 GMP 设计审核。

执行 GMP 设计审核具有以下意义：

① 对设计进行有文件记录的审查，审查其与预期操作和法规要求的符合性；

② 保证所提出的概念能够符合设计基础（Basis of Design，BOD）/项目用户需求说明中所规定的要求；

③ 保证所提出的设计能够最大限度降低对产品质量/患者安全性的风险；

④ 保证设计符合 GMP 要求，而且其性能可以通过文件证明并记录。

1.2.3.5　设备/系统风险评估

项目阶段新采购设备/系统风险评估包括系统影响性评估、软硬件分类评估、电子记录电子签名适用性评估和部件关键性评估。在本章风险管理部分将进行详细的风险评估讲述，此处仅做简要描述。

（1）系统影响性评估

系统影响性评估（System Impact Assessment，SIA）是用于确定项目验证范围的活动。此过程用于判定哪些系统除了需要遵循 GEP 调试之外还需要进行验证，哪些系统仅需要遵循 GEP 进行调试。

系统影响性评估可对每个设备/系统进行评估，以判定其属于直接影响系统、间接影响系统还是无影响系统。

（2）软硬件分类评估

软硬件分类评估严格意义上不是正式的风险评估，但是，随着设备/系统自动化程度的提升，控制系统越来越复杂。设备/系统软硬件类别越高，相对而言，其复杂性和新颖性就越高，风险相对也就越高，软硬件分类评估有助于加深对控制系统的认识和理解，并指导适宜的生命周期活动，此部分详见本书第3章计算机化系统验证部分内容。

（3）电子记录电子签名适用性评估

FDA 21 CFR Part11 是专用于电子记录和电子签名的指南文件，对设备/系统，尤其是工艺流上的设备/系统，如包衣机、灌装线等，首先应进行电子记录和电子签名的适用性评估，本书第3章计算机化系统验证部分内容提供了电子记录和电子签名评估的完整方法。如果经过评估设备使用电子记录或电子签名，则设备/系统应符合除GMP以外的Part11监管要求，应从用户需求说明开始，直到确认测试完成，完整地进行电子记录和电子签名要求确认。

（4）部件关键性评估

根据设计文件可进行部件关键性评估（Component Criticality Assessment，CCA）工作，用于判定系统的哪些部件除了遵循GEP调试管理之外还需要进行确认，哪些系统的部件仅需要遵循GEP进行调试管理。

针对直接影响系统进行部件关键性评估，以确定是关键部件还是非关键部件。

在判断出关键部件/功能后，对关键部件/功能继续进行风险评估，识别风险，并确定适宜的控制方法。通常采用失效模式和影响分析（FMEA）工具来找出关键部件和功能中的可能失效风险。

1.2.3.6 设计确认

设计确认（Design Qualification，DQ）是通过文件记录的方式证明厂房、设备和系统的设计适用于其预期用途和GMP的要求，用科学理论和实际数据证明设计结果满足用户需求说明。新的设备/系统确认的第一步为设计确认。在欧盟GMP、PIC/S以及ICH中都对设计确认有要求。在中国GMP（2010年修订）中，对设计确认予以了明确和强化，同时将其作为整个确认活动的起点。

完整的设计确认是保证用户需求以及设备正常运行的基础。经过批准的设计确认报告是后续确认活动（如安装确认、运行确认、性能确认）的基础。设计确认是一项可以有效规避风险的活动，其能够在项目早期揭示设计存在的问题，可以及时采取必要的补救措施，避免工期延误和成本超支。设计中存在的问题可以早期发现有利于后续确认工作的顺利进行。设计确认是确认所设计的设备符合用户和GMP要求，应认真审核最终设计文件，通过审核决定修改或批准设计。

设计确认主要是对设备/系统选型和技术规格、技术参数以及图纸等文件的适用性进行审查，通过审查确认设备/系统用户要求说明中的各项内容得以响应；并考察设备/系统是否适合该产品的生产工艺、校准、维修保养、清洗等方面的要求，同时设计确认也将提供有用的信息以及必需的建议，以利于设备/系统的制造、安装和验证。

进行设计确认前应确认以下先决条件：

① URS已经过质量管理部门批准；

② 供应商的设计文件应充分描述设备的功能和设计，已提交并确定为最终版本；

设计确认是一项在整个设计阶段持续进行的过程，以保证所有与设备/系统的具体项目相关的设计文件（如 P&ID、布局图、功能说明等）均符合用户需求说明和 GMP 要求。具体包括以下内容。

① 设计确认根据对用户需求说明和设备/系统供应商提供的设计文件进行比较的方式进行。可通过列出设计文件中对于 URS 条款的响应内容的方式，也可通过指引设计文件编号的方式，但应将设计文件作为设计确认文件的一部分或明确设计文件存档位置。

② 重点针对 URS 条款中的确认和调试条款进行，对说明性条款不需进行确认，如设备/系统用途，限制性安装环境等条款。

1.2.3.7　调试

调试（Commissioning）是用一个良好的有计划、有文件和有管理的工程方法去启用厂房设施、设备和系统，交给最终使用者，并使其具有符合设计要求和客户期望的安全和功能的环境。

所有设备/系统都需要进行调试，完整的调试工作包含物理完工检查、启动运行调整和调节、测试和性能测试、培训和交付四个部分。工厂验收测试（Factory Acceptance Testing，FAT）和现场验收测试（Site Acceptance Testing，SAT）是调试阶段由供应商执行、用户见证的主要验收活动，包含静态检查和动态测试。

FAT 和 SAT 不是验证活动，但是目前 FAT、SAT 及确认整合策略被广泛采纳，过程和文件要求趋于确认/验证管理深度要求。FAT 和 SAT 成功完成后应编写测试报告，以下统称为"调试报告"。

（1）工厂验收测试

设备依据设计完成建造，发货前在用户见证下，由供应商在设备建造场地对待交付的设备进行 FAT，该测试旨在保证设备/系统已严格按照要求完成了组装调试。

FAT 将由设备供应商检查并测试设备/系统的每个文件的适用性、安装和功能的正确性，以便在不能满足技术说明要求时可以更快、更有效地进行补救，避免发运至用户现场后发现问题而延误工期。

FAT 在设备的供应商、用户或其委托有资质的第三方的见证下进行，完成测试后双方签字确认，各项测试符合用户验收要求，安排交货。

FAT 可能包括安装确认、运行确认所包含的一些测试内容，任何不受运输或安装所影响的测试内容，如果其有适当的执行、见证和记录，在确认中可以不重复进行。以下是一些被认为可以用于确认的测试内容：

① 文件确认；

② 图纸确认（P&ID、布置图、电气图）；

③ 材质和表面抛光检查；

④ 控制系统图形界面检查；

⑤ 报警和联锁检查。

（2）现场验收测试

当设备运至用户现场后，进行 SAT 工作。SAT 是为了进一步调试并提高确认成功的可能性，可以与现场调试一起进行。

与 FAT 相似的是，SAT 的目的也是为了保证设备已经按要求完成了安装和调试，所以有些测试项目与 FAT 相同。所不同的是，FAT 是由设备的供应商在供应商处进行的测试，而 SAT 是在设备的用户更深度参与情况下，在用户现场进行的测试，所以更偏向于一些在供应商处无法进行的测试。例如受用户现场压缩空气等公用系统供给影响的功能，在供应商处不具备测试条件的项目，应在用户现场处进行测试。

SAT 将由供应商在设备/系统到达用户现场后进行检查，以保证其文件、安装和功能的正确性，并由用户指定人员进行见证。

SAT 包含静态和动态测试，由供应商在移交给客户之前进行。每一项现场验收测试过程将用文件记录。

1.2.3.8 安装确认

安装确认（Installation Qualification，IQ）是"通过有文件记录的形式证明所安装或更改的厂房、系统和设备符合已批准的设计和生产厂家建议和/或用户的要求"。应对新的或进行改造之后的设备类系统进行安装确认。

安装确认是证实设备或系统中的主要部件正确安装以及与设计要求一致（例如：标准规定、采购单、合同、招标数据包），一般不做动力接通和动作测试，只有等安装确认完成后方能进行后续的确认工作。

进行安装确认前应考虑以下先决条件：

① 确认 DQ 报告已完成并审批，没有未"关闭"的偏差❶或存在的偏差不影响 IQ 的进行。

② 确认调试报告已经完成并审批，没有遗留尾项或遗留尾项不影响 IQ 的进行。

③ 确认现场安装完成。

验证小组成员应从专业技术、法规监管要求等方面综合考虑和确定 IQ 方案的内容，一份完整的安装确认方案应至少包括以下内容。

（1）目的　用于描述进行安装确认的目的。

（2）范围　用于描述进行安装确认的设备/系统的范围。

（3）参考文件　用于描述安装确认适用的、参考的法规指南，公司标准管理规程（SMP），标准操作规程（SOP）和项目文件。

（4）术语　用于对安装确认中用到的专业术语、缩略语进行解释、说明。

（5）设备/系统描述　描述设备/系统功能、结构、性能、原理、安装区域等。

（6）安装确认测试项目　由于设备/系统不同，安装确认测试项会有所不同，通常包括但并不限于：

① 设备交付文件检查；

② 设备型号、序列号等信息确认；

③ 公用系统和安装环境确认；

④ 确认部件、仪表、设备、管道按照工程图纸和设计说明正确安装；

⑤ 部件安装型号和规格确认；

⑥ 材质和表面抛光度检查；

⑦ 仪器校准确认；

⑧ 如设备/系统带有控制系统，可能需要确认的项目：

a.硬件检查（如适用）

b.电路图确认

c.I/O 测试确认

d.软件版本确认

此外，安装确认报告需注意：

---

❶ 安装确认之前允许两种情况：a.有偏差，尚处于"打开"状态，但不影响安装确认的进行；b.无偏差/有偏差，偏差都已"关闭"。此处没有未"关闭"的偏差就是 b. 的统称。

① 报告所需的记录和数据应真实、清晰、准确完整，并及时进行整理、汇总和分析。

② 发生的偏离按偏差处理要求进行处理。

③ 报告需对测试结果提出评价和建议，给出测试结论。

1.2.3.9 运行确认

运行确认（Operational Qualification，OQ）是通过有文件记录的形式证明所安装或更改的厂房、系统和设备在其整个预期运行范围之内可按预期形式运行。

运行确认是通过检查、检测等测试方式，用文件形式证明设备的运行状况符合设备出厂技术参数，能满足用户需求说明和设计功能技术指标，是证明系统或设备各项技术参数能否达到设定要求的一系列确认活动。

运行确认用于确立可信范围，确认设备/系统在既定的限度和容许范围内能够正常运行。

进行运行确认前应考虑以下先决条件：

① 确认 IQ 报告已完成并审批，没有未"关闭"的偏差或存在的偏差不影响 OQ 的进行。

② 用于 OQ 测试的所有实验室设备和仪器均已经经过了充分的确认或校准。

③ 运行确认之前应至少具备设备/系统的草案版标准操作规程，在运行确认结束后定稿操作规程。

运行确认验证小组成员应从专业技术、法规监管要求等方面综合考虑和确定 OQ 方案内容，一份完整的 OQ 方案应至少包括以下内容。

（1）目的　用于描述进行运行确认的目的。

（2）范围　用于描述进行运行确认的设备/系统的范围。

（3）参考文件　用于描述运行确认适用的、参考的法规指南，公司标准管理规程（SMP），标准操作规程（SOP）和项目文件。

（4）术语　用于对运行确认中用到的专业术语、缩略语进行解释、说明。

（5）设备/系统描述　用于描述设备/系统功能、结构、性能、原理、安装区域和关键运行参数等。

（6）运行确认测试项目　该项目通常包括：

① 测试仪器仪表校准确认；

② 标准操作规程签批确认；

③ 操作范围上下限确认：设备的操作范围限度测试通常关注影响产品质量的关键参数，测试应证实设备的限度调节和运行满足预定的运行范围；

④ 功能确认（工艺涉及的关键功能，如搅拌功能等）；

⑤ 断电再恢复确认（如适用）；

⑥ 权限确认（如适用）；

⑦ 报警确认（如适用）；

⑧ 电子数据存储与备份（如适用）；

⑨ 审计跟踪确认（如适用）。

此外，运行确认报告需注意：

① 报告所需的记录、数据应真实、清晰、准确完整，并及时进行整理、汇总和分析。

② 发生的偏离按偏差处理要求进行处理。

③ 报告需对测试结果提出评价和建议，给出测试结论。

1.2.3.10　性能确认

性能确认（Performance Qualification，PQ）是为了证明按照预定的操作程序，设备/系统在其设计工作参数内负载运行，可以生产出符合预定质量标准的产品而进行的一系列的检查、检验等测试。

性能确认应在安装确认和运行确认成功完成之后执行。可以将性能确认作为一个单独的活动进行，也可以将性能确认与运行确认结合在一起进行。性能确认可通过文件证明，当设备、设施等与其他系统完成连接后能够有效地、可重复地运行，即通过测试设备/系统的输出来证明它们的性能。

就工艺设备而言，性能确认实际上是通过实际负载生产的方法，考察其运行的可靠性、关键工艺参数的稳定性和产出产品的质量均一性、重现性的一系列活动。性能测试应在真实生产条件下进行，当最终性能确认报告批准后，系统可用于正常生产操作或用于工艺验证。

进行性能确认前应考虑以下先决条件。

① 确认 OQ 报告已完成并审批，没有未关闭的偏差或存在的偏差不影响 PQ 的进行。

② 设备/系统标准操作规程应经过批准。

③ 用于 PQ 测试的所有实验室设备和仪器均已经经过了充分的确认或校准。

④ 用于完成 PQ 样品测试的分析方法已经针对其预期用途经过了充分的验证/确认。

性能确认验证小组成员应从专业技术、法规监管要求等方面综合考虑和确定 PQ 方案内容，一份完整的 PQ 方案应至少包括以下内容。

（1）目的　用于描述进行性能确认的目的。

（2）范围　用于描述进行性能确认的设备/系统的范围。

（3）参考文件　用于描述性能确认适用的、参考的法规指南，公司标准管理规程（SMP），标准操作规程（SOP）和项目文件。

（4）术语　用于对性能确认中用到的专业术语、缩略语进行解释、说明。

（5）设备/系统描述　用于描述设备/系统功能、结构、性能、原理、安装区域和关键工艺参数等。

（6）性能确认内容应包括：

① 标准操作规程签批确认；

② 测试仪器仪表校准确认；

③ 性能测试包括：

a. 性能测试通常包括一些合理的"挑战"检测，确保系统"挑战"检测后仍能满足工艺要求。

b. 性能测试将主要涉及工艺相关的关键工艺参数，如灭菌/除热原周期确认、清洁挑战测试、微生物挑战测试、满载热穿透测试等内容。关键工艺参数验证后，其实际生产运行时应在规定的范围内波动。

c. 输出的质量均一性、重现性：对输出进行取样检测，各项质量指标均在预定标准之内。

此外，性能确认报告需注意：

① 报告所需的记录、数据应真实、清晰、正确、完整，并及时进行整理、汇总和分析。

② 发生的偏差按方案规定的偏差处理要求处理。

③ 报告需对测试结果提出评价和建议，给出测试结论。

1.2.3.11　确认/验证总结报告

所有的验证活动完成后需要编制确认/验证总结报告，该报告是一个对所有验证方案测试项目和相关工作的详细总结。具体包括以下内容。

① 对各确认阶段的确认/验证结论进行总结。

② 对确认/验证过程中与方案执行不一致的情况进行总结；列出在执行方案过程中发生的所有偏差和变更情况，并且总结这些偏差和变更是否已经关闭。

③ 列出在验证方案里规定但没有完成的工作，应列出对所有未完成工作的完成计划和这些未完成工作对目前验证结论没有影响的理由。

④ 如涉及验证批次的放行，必须遵守在性能确认中定义的放行方法，验证批次要在性能确认报告批准后才能放行。

1.2.3.12 分析方法验证

分析方法验证是保证分析数据可信度的有效保证。分析方法不仅包含用于产品和物料检测的方法，还包含在确认/验证执行过程中的分析方法，如用于 HVAC 系统微生物检测的方法、用于清洁验证目标残留取样和检测的方法等，无论是哪种方法，均应当在测试之前完成验证。

1.2.3.13 清洁验证

清洁验证是为了确认和记录与产品直接接触的设备/系统的标准清洁程序，能够保证活性成分、上一批产品可能的残留物或潜在的微生物污染，在预先所规定的可接受范围内，以防止出现可能对下一次生产产品的安全性和质量带来不利影响的污染（与产品或清洁工艺相关的）。

清洁验证和产品工艺验证一样，本质上也是一种工艺，包括清洁工艺开发、清洁程序有效性确认和持续监测与确认 3 个阶段。在评价阶段，主要进行清洁程序的有效性确认活动（狭义的"清洁验证"），此部分验证活动常常和商业化生产之前的工艺性能确认合并执行。

1.2.3.14 工艺验证

工艺验证是收集并评估从工艺设计阶段一直到生产阶段的数据，用这些数据来确立科学的证据，证明该工艺能够持续地生产出优质产品。工艺验证涉及在产品生命周期及生产中所发生的一系列活动。

传统的工艺验证为产品上市前的前验证和周期性和/或事件驱动的变更性再验证，全球最新的工艺验证理念为基于产品生命周期的工艺验证方法，包含工艺开发、工艺性能确认和持续工艺确认三个阶段。评价阶段主要进行工艺性能确认活动。

1.2.3.15 包装验证

包装验证是产品生产工艺验证的一部分，主要针对包装密封性、包装强度和包装标签标识进行，确认包装有效性。包装完整性主要与产品密闭度，微生物或诸如氧气、水蒸气等潜在反应气体的有效屏障维护相关，有时也与真空维护相关。

1.2.3.16 运输验证

由于药品运输存在诸多影响因素，容易影响药品的质量，在运输验证执行前应编制运输验证计划。运输验证计划旨在为公司所运输产品的运输工艺验证提供一个总体策略和计划，该计划将包括对运输路线、确证文件、培训流程、运输/销售管理程序、提供服务协议/合同、运输追踪、运输安全、持续改进与纠正措施策划的审核与评价，并且为各产品的运输工艺确证提供一个时间表，以此明确各部门的职责、任务。

1.2.3.17 验证状态维护

验证不是一次性的行为，在首次验证完成后，验证状态的维护将通过培训、预防性维护保养、校准管理、偏差管理、变更控制等措施来保证，并通过周期性验证状态评估和再验证测试活动来证明。

（1）培训　针对新进员工进行入职培训，并针对在岗员工进行定期再培训，确保 GMP 相关操作的规范性。

（2）预防性维护保养　建立预防性维护保养计划，执行设备/系统的预防性维护保养活动。

（3）校准管理　按仪表关键性分类，制定详细的校准计划，执行周期性校准活动，将仪表偏差维持在所确定的接受标准范围内。

（4）偏差管理　对应用于 GMP 日常活动中的厂房设施、设备/系统的偏差处理，参考 QA 偏差管理要求进行。

（5）变更控制　对应用于 GMP 日常活动的厂房设施、设备/系统的变更控制参考 QA 变更控制要求进行，应注意变更后要及时进行变更影响评估。

1.2.3.18 验证状态评估和再确认/再验证

周期性验证状态评估针对设备/系统/工艺程序进行，通过分析影响验证状态的一系列因素，评估设备/系统/工艺程序是否处于持续受控状态。

再验证按触发机制分为周期性再验证和变更性再验证。周期性再验证根据风险评估确定验证周期，通过再验证风险评估确定验证程度，结合验证状态评估结果执行再验证测试；变更性再验证根据变更范围和变更影响评估确定再验证范围和程度。

当设备/系统不能再工作的时候需考虑退役，根据影响程度、关键性进行退役验证工作，应进行验证状态评估，必要时进行再验证，包含根据需要对即将退役的设备/系统进行最后一次校准，以证实待退役设备/系统退役前的验证状态。设备/系统退役应进行变更控制，将设备/系统从设备清单、SIA 清单及设备维护保养管理清单中移除。确定设备/系统退役，应尽可能移出生产区，如果确实不能移出，应悬挂"停用"标识。已退役设备/系统不得用于 GMP 生产。

产品退市需进行退市验证，包含产品生命周期的回顾、稳定性试验的持续考察策略、是否需要向监管当局进行备案等活动，并将退市产品从产品清单中移除。

1.3　风险管理在验证活动中的应用

风险管理原则被有效地应用于多个行业和政府领域，实施质量风险管理能够提供主动的方法识别、科学评估以及控制产品质量和患者安全的潜在风险。

验证作为有效质量体系的组成部分，涉及产品和工艺整个生命周期，在验证工作中应用风险管理，不仅是法规的要求，也是整合资源，聚焦对产品质量和患者安全更关键的系统、功能和关键控制。

本章节根据法规和指南的要求，着重阐述验证生命周期各阶段风险管理的应用，通过使用适宜的风险管理工具，达到法规要求"确认或验证的范围和程度应当经过风险评估来确定"这一目的，并为持续改进工艺性能和产品质量提供契机。

1.3.1 法规要求

中国 GMP（2010 年修订）将质量风险管理作为质量管理中的单独一节进行了阐述，具体条款如下。

第十三条　质量风险管理是在整个产品生命周期中采用前瞻或回顾的方式，对质量风险进行评估、控制、沟通、审核的系统过程。

第十四条　应当根据科学知识及经验对质量风险进行评估，以保证产品质量。

第十五条　质量风险管理过程所采用的方法、措施、形式及形成的文件应当与存在风险的级别相适应。

条款中不仅阐述了质量风险管理的定义，同时还阐述了质量风险管理的两个基本原则和文件要求。

中国 GMP（2010 年修订）中也提出了在确认与验证中应用质量风险管理的要求：

第一百三十八条　企业应当确定需要进行的确认或验证工作，以证明有关操作的关键要素能够得到有效控制。确认或验证的范围和程度应当经过风险评估来确定。

1.3.2 质量风险管理实施流程

质量风险管理是一种事先的、有组织的活动，基于各种历史数据、法规文献、理论分析、意见及风险涉众，对所有风险相关过程进行分析和评估，识别出潜在风险，进行风险分级，通过风险评估的结果来决定所需采用的适宜控制方法，从而达到管理质量风险的目的。

图 1-3-1 概述了质量风险管理的常规流程，包含风险评估、风险控制、风险评审和风险沟通四个方面内容。图中并未标明判断节点，在此流程中的任何一个点均可能需要做出判断，这些判断可能会返回上一步，并进一步寻找信息，对流程进行调整，甚至根据可以支持这个判断的信息来终止风险管理流程。

1.3.2.1 启动风险管理

质量风险管理包括系统的流程设计，以协调、推进和改进基于科学的风险决策制定。当计划和启动质量风险管理过程时，必须考虑以下步骤：

① 开发风险问题，包括辨识潜在风险的相关假设；
② 收集与风险评估相关的潜在危险、伤害或影响人体健康的背景信息和资料和/或数据；
③ 成立适宜的风险评估小组，确定主导人和必要的资源；
④ 保证在开展流程之前完成培训；
⑤ 确定风险管理流程的时间计划、交付物与决策水平。

1.3.2.2 风险评估

风险评估包括风险识别、风险分析和风险评价三个步骤。

风险评估适用于组织的各个层级，评估范围可涵盖项目、设备/系统、工艺、单个活动或具体事项等。在不同情境中，所使用的评估工具和技术可能会有差异。

它包括确定危害以及分析并评估与暴露这些危害相关的风险（如下文所示）。质量风险评估始于一个明确的问题描述或风险问题。采用如下提问：

• 可能出现什么错误？
• 出错的可能性（概率）多大？
• 结果（严重性）是什么？

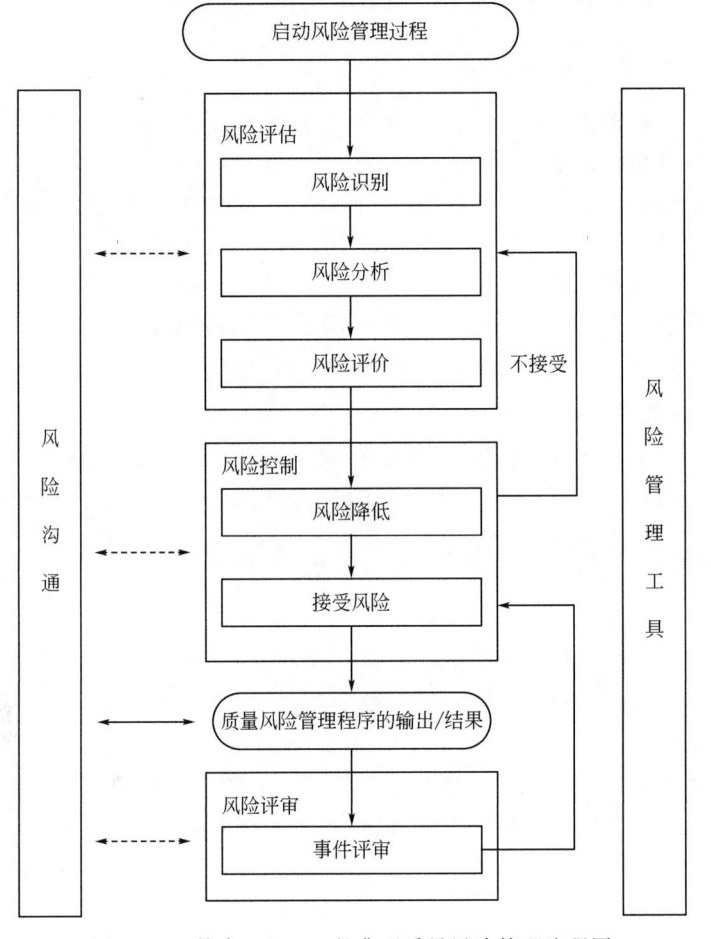

图 1-3-1　符合 ICH Q9 的典型质量风险管理流程图

（1）风险识别

风险识别是指参考风险评估问题或风险描述，系统地利用信息来确定可能的危害（危险）因素的过程。这种信息可能包括历史数据、理论分析、指导性的意见等内容。风险识别关注"可能出现什么错误？"这一问题，包括确定其可能的后果。这为质量风险管理流程的进一步工作提供了基础。

风险评估流程中最为重要的步骤就是要保证在有经验的主题专家的参与下，准备一套准确且完整的潜在危害清单。在建立一个综合的潜在危害清单之前即开始进行严重性、风险发生的可能性和/或可检测性的判定，这将影响任何结果的可信度和有效性。

识别出对产品质量和患者安全有影响的系统或设备的部件/功能和/或工艺关键控制，无论风险高低，均应是确认测试和日常监控的重点。

（2）风险分析

风险分析是对所关联已经确认了的危害因素进行评估。这是将危害发生的可能性及其危害严重性联系起来的一种定性或定量过程，并要考虑可检测性是否可接受。

在整个风险评估过程中，风险分析是最重要的环节，需要相当有经验的技术人员以及质量相关人员共同完成。如果在风险分析过程中，由于人员的专业技术或者对评估的理解出现差错，有可能会造成本来风险很高的因素被误评为低风险等级，进而忽略风险所造成产品的质量缺陷，甚至会影响患者的用药安全；或者本来很低的风险被误评为高风险，造成不必要的资源和成本的浪费。

（3）风险评价

风险评价是将所确定和分析的风险与所给定的风险标准进行比较的过程。风险评价考虑到所有上述三个基本问题的证据强度。

风险评估的输出可以采用对风险的定量估计，也可以采用定性描述。当风险被定量地表达，通常运用数值表达它的概率（例如，从1到5，5为最严重，1为最不严重的评分标准，比从1到100这样的评分标准使用起来更为简单且更为有效）。另外，风险还可以运用如"高""中"或"低"等定性描述词来表达，使用定性的方法时应尽可能详细地确定定性依据。

另外，某些时候，使用定量法可以进一步进行风险排序。

1.3.2.3 风险控制

风险控制包括在降低和/或接受风险方面所做出的决定。风险控制的目的是为了将风险降低到一个可接受的水平。在风险控制方面所投入的资源应与风险的重要性成正比。

风险控制应关注以下问题：

- 风险是否超过了可接受水平？
- 可以用什么方法来降低或消除风险？
- 效益、风险和资源之间的恰当的平衡点是什么？
- 控制已确认的风险是否会引入新的风险？

（1）风险降低

风险降低是着眼于当风险超过了某个特定可接受水平后降低或消除质量风险的过程。风险降低可能包括降低伤害的严重性和可能性所采取的行动。增加危险因素和质量风险可检测性的过程也可以作为风险控制策略中的一部分。通过实施风险降低措施，新的风险可能被引入到系统中或者显著增加其他已经存在的风险。因此，在实施风险降低过程后，需要适当地返回风险评估对风险中任何可能的改变进行辨识和评价。

风险降低可采用合适的措施使风险得到如下控制：

① 消除；

② 替代；

③ 降低；

④ 程序控制。

（2）接受风险

接受风险可以是接受残余风险的正式决议，或者是当剩余风险不具体时的被动接受。对于某些类型的危险，即使最好的质量风险管理实践也不能完全消除风险。在这些情况下，可以认为已经应用了最佳质量风险管理策略且质量风险也降低到了一个可接受水平。

实施风险管理的可接受标准如下：

① 正确的描述风险；

② 识别出根本原因；

③ 有具体的消除或降低风险的解决方案；

④ 已确定补救、纠正与预防行动计划；

⑤ 行动有负责人和目标完成日期；

⑥ 随时监控行动计划的进展状态；

⑦ 按计划进行/完成预定的行动，行动计划有效。

1.3.2.4　风险沟通

风险沟通是决策者与其他人员之间分享有关风险和风险管理的信息的过程。各方可在风险管理流程中的任何阶段进行交流。

通过风险沟通，能够促进风险管理的实施，使各方掌握更全面的信息，从而调整或改进整改措施及其效果。风险沟通应沟通的信息包括：

① 风险的性质；

② 发生的可能性；

③ 严重程度；

④ 可接受性；

⑤ 控制和纠正预防措施；

⑥ 可检测/预测性。

应恰当地记录质量风险管理的过程和结果，如与药监部门的沟通、与患者沟通，或在公司内沟通。

1.3.2.5　风险评审

质量风险管理是一个持续进行的过程，考虑到新的知识经验，应对风险管理过程的输出和结果进行审核。一旦启动一个质量风险管理流程，这个流程将被持续应用到那些可能会影响到最初质量风险管理决策的事件中。应建立定期回顾审核的机制，回顾频率应基于相应的风险水平确定。

1.3.3　质量风险管理工具

质量风险管理的原则之一是质量风险管理流程的评估结果，正式性和文件化应与其风险级别相适应。通常来说，最好能运用一个系统的质量风险管理工具，但正式的风险管理工具经常是既不合适又不必需的，因为实施质量风险管理流程只是为先前的非文件化或历史数据提供了一种合适的知识管理和文档框架，所以，只要符合质量风险管理的要求，使用非正式的风险管理程序（如使用经验工具或内部程序）也被认为可接受。

风险管理的正式程度包括：简易化程度，相关项目专家、组织构架、工具和文件系统的严谨和正式程度。风险管理的严谨和正式性要求程度受许多因素的组合影响，包括（但不限于）：

① 风险问题的危急程度（例如：影响患者安全或产品质量）；

② 问题、工艺或系统的复杂性；

③ 相关历史数据和相关文献的可用性；

④ 工艺知识和经验的实用性程度。

没有一个或一套工具适用于所有的质量风险管理过程。ICH Q9 中给出了制药行业与药政机构公认的几种风险管理工具，以下列几种工具为例进行质量风险管理流程的简要说明。

（1）失效模式和影响分析（Failure Mode and Effects Analysis，FMEA）

FMEA 是确定某个产品或工艺的潜在失效模式，评定这些失效模式所带来的风险，根据影响的重要程度予以风险分级并制定和实施各种改进和补偿措施的设计方法。

该工具潜在使用领域包括：

① 风险优先性排序（使用打分法）；

② 风险控制活动的有效性监督；

③ 用于设备和厂房，也可被用于生产工艺分析以确定高风险步骤或关键参数。

实施步骤包括：

① 成立评估小组；

② 将大的复杂的工艺分解成易执行的步骤；

③ 识别已知和潜在的失效模式；

④ 通过集体讨论得出已有失效和潜在失效的列表。

风险评估判定标准可采用以下两种方法：

① 定性法：高、中、低；

② 打分法：5、3、1。

表 1-3-1 是风险评估定性判定标准。

表 1-3-1　风险评估定性判定标准

评估	严重性	可能性	可检测性
高	预期将具有非常显著的负面影响。影响可预期为有显著的长期影响和/或潜在灾难性的短期影响	在产品的生命周期中可能会发生几次	缺陷状况的检测被认为非常可能（每次发生都可检测到）
中	预期具有中等的影响。影响预期有短期至中期的有害影响	在产品生命周期中可能会发生	缺陷状况的检测被认为很可能（例如，每发生 2 次检测到 1 次）
低	预期具有较小的负面影响。所导致的危害预期具有非常微小的短期的有害影响	在产品生命周期内不太可能发生	缺陷状况的检测被认为不太可能（例如，每发生 3 次检测到 1 次以下）

危害的严重性是三项风险参数中最重要的一个。一般而言，严重性高的风险不应当依赖于检测机制来降低风险的评级。所识别出的危害发生可能性是次要的风险参数，如果危害发生可能性非常低，即使严重性高也不一定要采取特别措施来进行控制或预防。应把严重性和可能性合在一起来评价风险级别。在进行评价之后，将风险级别和可检测性合并到一起来确定整体的风险优先性。通过表 1-3-2、表 1-3-3 所列判定矩阵对风险优先性进行评价。表 1-3-4 为 FMEA 风险管理工具的矩阵示例。

表 1-3-2　风险级别定性判定矩阵

风险级别	可能性低	可能性中	可能性高
严重性高	风险级别 2	风险级别 1	风险级别 1
严重性中	风险级别 3	风险级别 2	风险级别 1
严重性低	风险级别 3	风险级别 3	风险级别 2

表 1-3-3　风险优先性定性判定矩阵

风险优先性	检测可能性低	检测可能性中	检测可能性高
风险级别 1	风险优先性高	风险优先性高	风险优先性中
风险级别 2	风险优先性高	风险优先性中	风险优先性低
风险级别 3	风险优先性中	风险优先性低	风险优先性低

表 1-3-4　FMEA 矩阵示例

工艺步骤	潜在失效	最差情况	严重性	可能性	可检测性	风险优先性	采取措施

（2）危害分析和关键控制点（Hazard Analysis and Critical Control Points，HACCP）

HACCP 是一种系统化、积极主动和预防性的风险管理方法，用以确保产品的质量、可靠性和安全性。HACCP 使用科学的原理和技术去分析、评估、预防和控制风险或由于产品设计、开发、生产和使用所产生的危害后果。表 1-3-5 为 HACCP 风险管理工具的简化矩阵示例。

表 1-3-5　HACCP 简化矩阵示例

危害	监测关键控制点系统	可能的纠正措施	保存记录

该工具潜在使用领域包括：

① 用以识别并处理物理、化学和生物危害相关联的风险；

② 当对工艺了解足够全面时，有助于支持关键控制点的识别；

③ 促进生产工艺中关键点的监控。

具体实施步骤包括：

① 对过程的每一步实施危害分析；

② 为每个步骤制定预防性措施；

③ 定义关键控制点（CCP）；

④ 建立目标水平关键限度；

⑤ 建立 CCP 监测体系；

⑥ 建立当监测显示关键控制点不在控制状态时应该采取的纠正措施；

⑦ 建立确认规程并证明 HACCP 体系行之有效；

⑧ 对所有规程步骤建立文件并保留记录。

（3）危害操作分析（Hazard and Operability Analysis，HAZOP）

HAZOP 是基于假定风险事件与设计或操作目的之间的偏差，以辨识危险因素的系统的头脑风暴技术。

该工具潜在使用领域包括：

① 原料药和制剂产品生产工艺，如处方、设备/系统等；

② 工艺安全性危险因素评估；

③ 生产过程中关键控制点的日常监控。

如何实施 HAZOP？

① 辨识设计缺陷、工艺过程危害及操作性问题；

② 分析每个工艺单元或操作步骤，识别出那些具有潜在危险的偏差。

（4）初步危害分析（Preliminary Hazard Analysis，PHA）

PHA 基于适用的以往的经验和风险或失效的知识，通过分析、识别未来的危险、危险状态和可能发生危害的事件，并估计它们在某一具体活动、厂房、产品或系统内发生的可能性。

该工具潜在使用领域包括：

① 已存在的系统更适用；

② 针对产品、工艺和设备/系统设计；

③ 适用于普通产品、分类产品和特殊产品；

④ 开发早期，在设计细节或操作程序方面仅有少量信息时使用，常常是进一步研究的先驱（先兆）。

如何实施 PHA？

① 确定风险事件发生的可能性；

② 对健康可能导致的伤害或损伤的程度的定性评估；

③ 确定可能的补救措施。

（5）其他质量风险管理工具

一些简易的质量风险管理工具可以支持风险的识别，包括：

① 流程图；

② 检查表；

③ 工序图；

④ 因果图（石川图/鱼骨图）；

⑤ 风险排序和筛选；

⑥ 统计学工具；

⑦ 头脑风暴法。

除了 ICH 给出的风险管理工具外，传统的调试与确认活动中还使用了其他两种不太正式但被行业所认可的方法：系统影响性评估和部件关键性评估。一般情况下，简易的质量风险管理工具常常会和其他工具结合应用，来完成一项具体的质量风险管理流程，如部件关键性评估常常和 FMEA 联用执行设备/系统的功能/部件风险评估。

1.3.4 质量风险管理在产品生命周期验证活动中的应用

实施基于生命周期的验证策略，从基于证据的法规符合性到包含基于科学和风险的法规符合性的演变是重要的。通过聚焦生产操作中对工艺控制和产品质量起关键作用的因素可达到有效控制风险和持续改进的目的。质量风险管理在厂房、生产和控制系统的整个生命周期中的应用如图 1-3-2 所示。

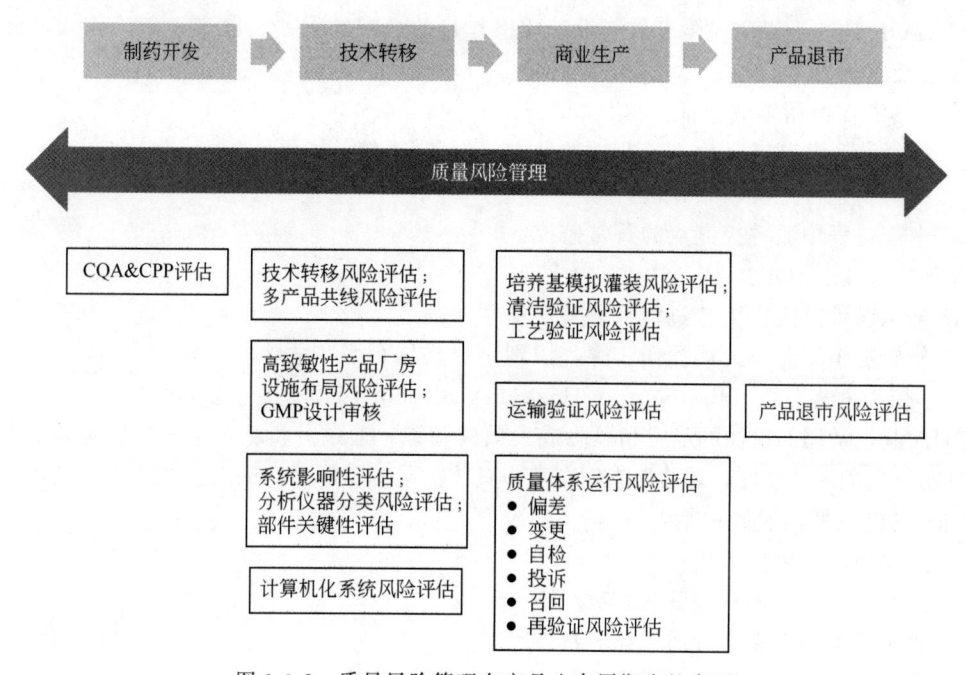

图 1-3-2　质量风险管理在产品生命周期中的应用

1.3.4.1 CQA&CPP 评估

在工艺设计阶段，质量风险管理的应用可以促进对产品工艺、生产设备/系统的认识，有助于早期工艺的开发。质量风险管理原则的合理应用可以实现以下目标：

① 根据减少对产品的质量和对病人的风险来设计产品和工艺；

② 优先进行必要的开发实验以收集并提高对产品的知识；

③ 建立稳定的控制策略以实现对关键质量属性（CQA）的充分风险管理。

在工艺设计阶段，质量风险管理主要用于以下几个方面：

① 识别关键质量属性；

② 设计能重复实现关键质量属性（CQA）的工艺；

③ 识别关键工艺参数（CPP）和物料属性；

④ 确定关键工艺参数，物料属性和过程控制的合理范围；

⑤ 支持合格供应商选择。

工艺设计阶段所执行的风险评估为变量控制和监测奠定基础，早期的风险评估有助于确立目标产品在工艺设计和优化阶段潜在的关键质量属性（CQAs）及其可接受范围。基于此评估，有效和高效的开发研究（如实验设计），以明确设计空间，降低工艺失败的可能性。这些风险不仅可以通过设计消除，也可以通过工艺过程控制来降低。产品关键属性是一个连续体，并不是一个非是即否的问题。其风险评估分析通常使用"严重性与不确定性"，而不是"严重性与发生可能性"。表 1-3-6 以关键质量属性评估为例进行说明。

表 1-3-6　关键质量属性评估

<table>
<tr><td colspan="2" rowspan="2">项　　目</td><td colspan="3">不确定性</td></tr>
<tr><td>低(大量内部知识、
大量文献知识)</td><td>中(若干内部知识
与科学文献)</td><td>高(没有/少量内部知识、
科学文献中信息十分有限)</td></tr>
<tr><td rowspan="3">严重性</td><td>高(对患者产生
灾难性影响)</td><td>关键</td><td>关键</td><td>关键</td></tr>
<tr><td>中(对患者产生
中度影响)</td><td>潜在</td><td>潜在</td><td>潜在</td></tr>
<tr><td>低(对患者产生
边缘性影响)</td><td>非关键</td><td>非关键</td><td>潜在</td></tr>
</table>

以关键质量属性评估为基础，初步定义生产工艺，实施质量风险评估进行初始的参数分类，初始的工艺参数分类可以使用粗犷的风险评估方法，通常为因果性分析，基于对工艺控制的初始理解从质量/工艺和控制程度进行评估，如表 1-3-7 所示。

表 1-3-7　关键工艺参数评估

<table>
<tr><td>项　　目</td><td>窄范围(和/或难控制)</td><td>宽范围(和/或易控制)</td></tr>
<tr><td>质量</td><td>关键的
工艺中一个可调节的参数(可变的)，需要在窄的范围内进行维护，以保证不会影响到关键的产品质量属性</td><td>非重要的
工艺中一个可调整的参数(可变的)，被证明是可以在较宽的范围内很好地控制的，虽然在极端条件下会影响质量</td></tr>
<tr><td>工艺</td><td>重要
工艺中一个可调节的参数(可变的)，需要在窄的范围内进行维护，以保证操作的一致性</td><td>非重要的
工艺中一个可调整的参数(可变的)，被证明是可以在较宽的范围内很好地控制的，虽然在极端条件下会影响工艺性能</td></tr>
</table>

通过初始评估识别的关键工艺参数，在实验设计时应进行研究，制定工艺参数的操作范围。工艺表征实验完成后，应基于研究数据，以关键性为基础，对参数进行最终分类，最终确定商业化生产工艺的关键质量属性和关键工艺参数，并建立控制策略控制风险。控制策略为确保工艺控制以及每个批次符合这些关键工艺参数和关键质量属性提供了理论基础。

风险管理工具如工艺 FMEA、风险排序和筛选、决策树或鱼骨图，对于评估这些潜在的不确定性及其对产品质量的影响是有用的。FMEA 可以帮助团队作出必要的最优决策，如为了降低风险，在哪里使用哪些控制措施等。

1.3.4.2　技术转移风险评估

技术转移的目的是"在药物开发部门与生产部门或在不同的生产岗位中进行知识转移，以实现药物的最终生产"。

质量风险管理在技术转移阶段的应用可以达到以下目的：

① 评估与管理工艺和产品质量的风险以达到技术转移和扩大生产的结果；

② 帮助知识的转移；

③ 在商业化生产的过程中驱动控制策略的决策，以降低风险。

在技术转移过程中，质量风险管理过程的结果可以用来实施纠正和预防措施，以妥善管理确定的风险并提供及时的过程控制的管理。质量风险管理可以用于开发一个基于风险的验证总计划，以确定确认和验证活动的程度。在技术转移的阶段，详细的风险管理工具如 FMEA 或 HAZOP 会被经常用到。

1.3.4.3　多产品共线风险评估

共线生产是指在药品生产中，有多个产品使用共用的厂房设施、设备/系统等情况。多产品共线风险评估用于评估交叉污染或多产品共线相关的风险，确定控制交叉污染的策略使风险最小化。

经可行性评估确定可以共线生产的产品，应列出共线生产涉及的厂房设施、设备/系统和品种的清单，并明确所采取的防止交叉污染的措施，如采用阶段性生产方式、设备的清洁及其验证、生产计划的合理安排、部分风险高的工序采用专用设备或容器具等。

进行多产品共线风险评估首先应考虑产品处理是否有特殊要求，是否需要在专用厂房生产。如需要专用厂房，则只能在单一车间生产；如不需专用厂房，进行后续多产品共线风险评估。对可以共线生产的药品，应根据产品的具体特性、工艺和预定用途等因素做具体分析。可行性评估可考虑以下因素：

① 拟共线生产品种的特性；

② 共线生产品种的工艺；

③ 共线生产品种的预定用途。

根据评估的不同阶段可采用的质量风险管理工具：

① 初始阶段：决策树；

② 过程中：流程图；

③ 后期：FMEA。

1.3.4.4　高致敏性产品厂房设施布局风险评估

高致敏性、高活性产品厂房设施的布局需要进行风险评估，以确保高致敏性、高活性产品生产用厂房，生产设施和设备的设计、选型和布局，符合相关法律、法规的要求，并通过风险分析，采取相应控制措施将高致敏性、高活性产品对相邻的厂房、设施及生产产品影响的风险降低至可接受水平。

在识别高致敏性、高活性产品厂房设施布局风险的过程中，可从以下方面（但不限于以下）进行风险识别：

① 产品特性；

② 厂房选址；

③ 厂房布局区划；

④ 厂房布局人流、物流、废物流、样品流；

⑤ 厂房、生产设施和设备的独立性；

⑥ 产尘量大的操作区域控制措施；

⑦ 废气净化处理；

⑧ 空气净化系统；

⑨ 取样操作控制；

⑩ 车间工艺流程布局的合理性；

⑪ 其他公用工程布局的合理性。

可采用的质量风险管理工具：FMEA。

1.3.4.5 GMP 设计审核

GMP 设计审核是对可能影响产品质量的系统进行 GMP 符合性的审核，是项目初期的设计阶段风险评估的一种方式。

质量风险管理的起始点为识别对质量而言关键的工艺要求。GMP 设计审核支持厂房、系统或设备关键要素的风险控制策略的确立，将关键要素的风险降低或规避至可接受标准水平，从而保证可持续满足关键的工艺要求。

GMP 设计审核主要包括以下工作：

① 对设计进行有文件记录的审查，审查其与操作和法规预期要求的符合性；

② 保证所提出的概念能够符合设计基础（Basis of Design，BOD）中所规定的要求；

③ 保证所提出的设计能够最大程度降低对产品质量/患者安全性的风险；

④ 保证设计符合 GMP 要求，而且其性能可以通过文件记录下来；

⑤ 对设施、公用工程和设备进行有计划的评估。

ISPE（国际制药工程协会）基准指南第 5 卷"调试和确认"中要求的 GMP 设计审核范围如下：

① 设计符合 GMP；

② 符合性能标准（用户需求说明和功能说明、设计说明）；

③ 设计考虑了厂房气流和压力体系；

④ 设计考虑了工艺流——可能对产品造成的污染；

⑤ 设计考虑了人流；

⑥ 设计考虑了建造材料；

⑦ 设计考虑了清洁问题；

⑧ 设计考虑了可靠性和能力；

⑨ 设计考虑了调试的要求；

⑩ 设计考虑了"可建造性"和设备的安装；

⑪ 设计考虑了"质量关键"设备和仪器的维护和使用；

⑫ 设计考虑了启动和关机的规程；

⑬ 设计考虑了"标准解决方案"的使用；

⑭ 设计考虑了已规定了所要求的文件；

⑮ 文件资料清单。

1.3.4.6　系统影响性评估

系统影响性评估（System Impact Assessment，SIA）是评估系统的运行、控制、报警和故障状况对产品质量影响的过程。SIA 是用于判断哪些系统需要进行验证/确认的文件依据，适用于大部分的工艺和辅助设备、厂房设施和公用系统。

初步的系统影响性评估在工程早期，即在系统界定和设备订货之间进行。由于直接影响系统要进行验证或确认工作，所以对供应商及其文件的要求相对于其他系统就要更严格，必要时需要进行设备/系统的供应商审计。

系统影响性评估流程图源于 ISPE 基准指南第 5 卷"调试和确认"，如图 1-3-3 所示。

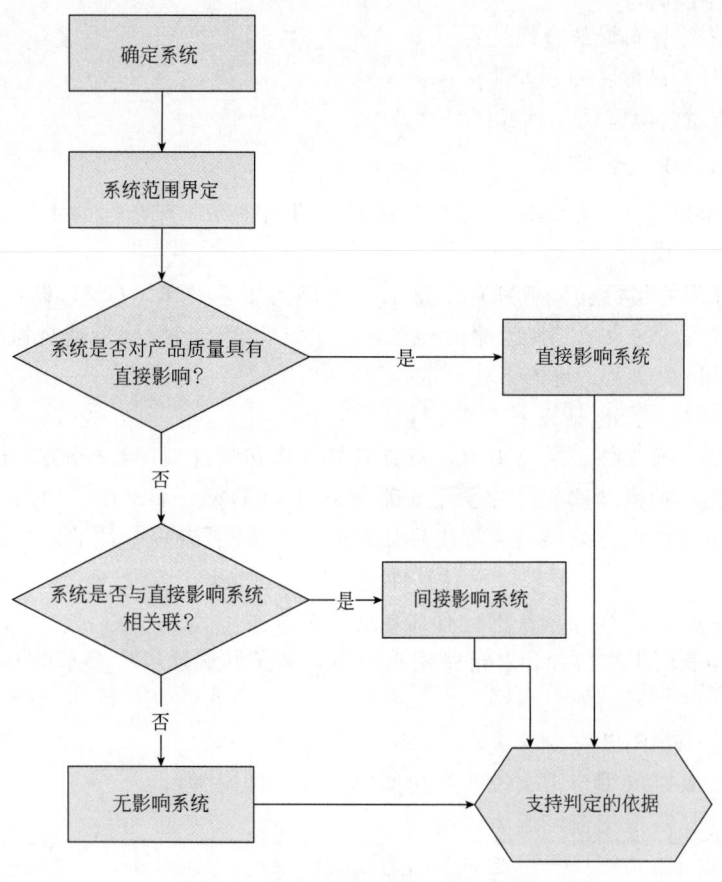

图 1-3-3　系统影响性评估流程图

（1）确定系统

系统是具有特定功能的一组工程组件（例如：设施、设备、管道、仪表、计算机硬件和计算机软件）。在系统确定的过程中应考虑整个系统，而不需考虑系统中的某些部件。系统举例如下：

① 反应罐系统；

② 纯蒸汽系统；

③ 注射用水系统；

④ 分装机系统。

（2）系统范围界定

系统范围界定应考虑系统的范围是什么，哪些包含在系统中，哪些不包含在系统中。系统范围的界定可以使用 P&ID、设备清单等工程文件，根据系统设计的目的和范围，将对其具有直接影响的部件归入最适宜的系统之中。

（3）系统影响性评估

系统影响性评估工作将系统分为三类：直接影响系统、间接影响系统和无影响系统。

直接影响系统是对产品质量有直接影响的系统。

间接影响系统是指系统不会对产品质量有直接影响，但是通常会对直接影响系统提供支持。

无影响系统是指系统不会对产品质量有任何直接的或间接的影响。

表 1-3-8 中的 9 个问题可用于进行系统影响性的判断。

表 1-3-8　影响系统评估表

序号	问题	举例
1	系统是否直接影响关键工艺参数或关键质量属性	结晶罐系统、干燥器系统、分/灌装系统
2	系统是否与产品或工艺流直接接触，并对最终产品质量有潜在影响或给患者带来风险	除菌过滤系统、分/灌装系统
3	系统是否提供辅料或用于生产某一成分或溶剂，而这些物质的质量（或其缺失）可能对最终产品质量有潜在影响或给患者带来风险	注射用水系统、包衣机系统（提供包衣液）
4	系统是否用于清洁、消毒或灭菌，并且系统故障可能导致清洁、消毒或灭菌的失败，从而给患者带来风险	纯蒸汽系统、纯化水系统、移动 CIP 系统、除热原用干热灭菌柜系统、灭菌用蒸汽灭菌柜系统、胶塞清洗灭菌机系统
5	系统是否提供一个合适的环境（如：氮气保护，温湿度的维护，且这些参数为产品 CPP 的一部分时）来控制与患者相关的风险	GMP 要求的 HVAC 系统、层流罩系统、工艺压缩空气系统、无菌氮气系统、隔离器系统
6	系统是否产生、处理或存储用于产品放行或拒收的数据，关键工艺参数，或 21 CFR Part 11 和 EU GMP Vol. 4, Annex 11 中相关的电子记录	电子记录电子签名系统、SCADA
7	系统是否提供容器密封或产品保护，如失败将会给患者带来风险或导致产品质量下降	泡罩包装机系统、轧盖机系统
8	系统是否提供产品识别信息（如：批号，有效期，防伪标志）	贴标机系统、电子监管码系统、包装机系统（打印产品识别信息）
9	系统是否对产品质量没有直接影响，但是支持直接影响系统	冷冻水系统

若表 1-3-8 中所列 1～8 个问题中任何一个的答案为"是"，系统即必须被评估为具有直接影响，直接影响系统按照图 1-3-4 所示进行验证工作。

如果表 1-3-8 中所列 1～8 个问题的答案均为"否"，第 9 个问题为"是"，则系统被评估为间接影响系统。

如果所有问题的答案均为"否"，则系统被评估为无影响系统。

在系统的影响性判定过程中应综合考虑系统的功能，系统的影响判定会根据实现的功能不同而不同。

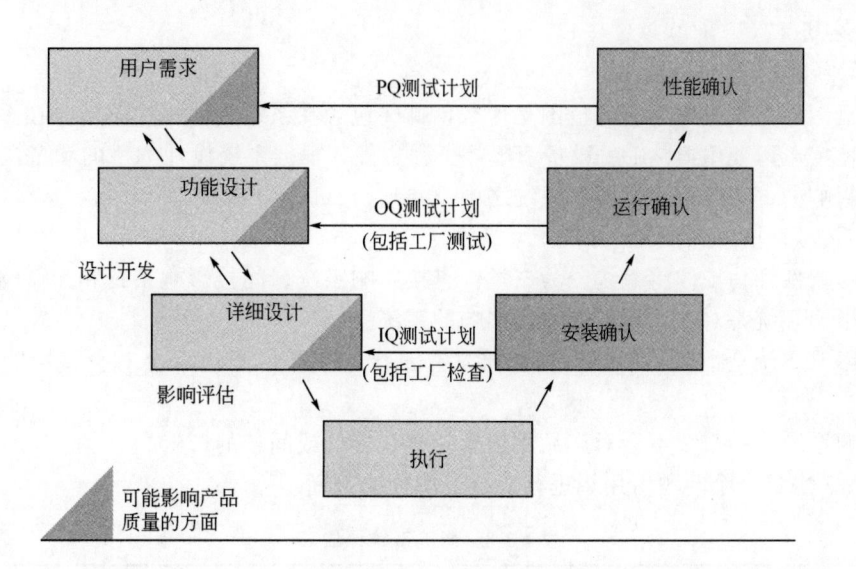

图 1-3-4　直接影响系统验证 V-模型

1.3.4.7　分析仪器分类风险评估

分析仪器的复杂性和使用功能不同，所需要的确认级别和范围也不一样，用户可以根据仪器的复杂程度（仪器配置，控制软件，数据储存及处理的程度）和使用需求，将仪器分为A、B、C 三类，不同的类别进行不同程度的确认活动。这种方法是一种简单的基于风险的分类方法，将在 QC 验证章节进行详细介绍，此处不再赘述。

1.3.4.8　部件关键性评估

对于系统影响性评估阶段判定为直接影响的系统将继续进行部件关键性评估工作（CCA）。

（1）关键部件

关键部件是指系统中某个部件的运行、接触、数据、控制、报警或故障会对产品的质量参数（功效、特性、安全、纯度、质量）有直接的影响。

（2）非关键部件

非关键部件是指系统中某个部件的运行、接触、数据、控制、报警或故障会对产品的质量参数（功效、特性、安全、纯度、质量）有间接的影响或没有影响。

判定标准：根据罗列的功能和部件对产品的影响来评估其 GMP 关键程度。

功能和部件的 GMP 影响评估以产品的 5 个质量参数为基础（功效、特性、安全、纯度、质量）。对于每一项会对产品质量产生影响的功能和所有提供该功能的设备、部件或仪表都归类为关键部件和非关键部件两种，如图 1-3-5 所示。

这种归类根据 ISPE 基准指南第 5 卷"调试和确认"和 ISPE GPG"基于风险管理的调试和确认"中提出的问题进行，如表 1-3-9 所示。

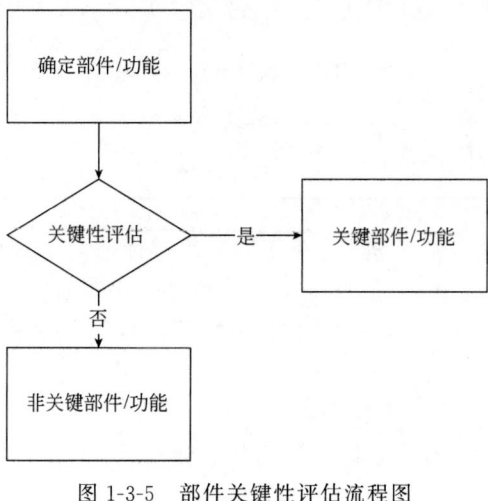

图 1-3-5　部件关键性评估流程图

表 1-3-9　部件关键性评估表

序号	问题	举例
1	部件是否用于证明符合所注册工艺的规定	注册工艺中明确要求的过滤方式等
2	功能/部件是否用于控制一个关键工艺参数	搅拌转速、反应时间、反应温度
3	功能/部件的正常操作或控制对产品质量或功效具有直接的影响	摇床的转速控制功能、除菌过滤功能
4	从功能/部件获取的信息被记录为批记录、批放行数据或其他 GMP 相关文件的一部分	灭菌的温度数据
5	部件是否与产品、产品成分或产品内包材直接接触	反应罐的罐体
6	功能/部件是否用于获得、维护或测量/控制可以影响产品质量的关键工艺参数,而对控制系统性能无独立的验证	反应罐的温度传感器
7	功能/部件用于创建或保持某种系统的关键状态	离心机的降温功能

以上七个问题中只要有一个问题的答案是"是",就将该功能/部件归类为关键的功能/部件。关键功能/部件需要进行进一步的风险评估,使用 FMEA 风险评估工具,识别部件/功能可能的失效情况,评估风险优先性,确定风险控制措施,其中风险控制措施可分为以下五类:

① 更改设计;

② 通过建立 SOP,进行日常管理;

③ 补充设计规范的详细信息;

④ 通过确认活动进行证实;

⑤ 其他风险控制措施。

1.3.4.9　计算机化系统风险评估

质量风险管理在计算机化系统中的应用主要包括初步风险评估和功能性风险评估。初步风险评估一般进行 GxP 关键性评估,进行评估之后对于 GxP 关键系统进行进一步的评估,包括风险影响分级、软硬件分类评估、21CFR Part11 适用性评估等。基于以上评估确定计算机化系统可增减生命周期活动,并进行进一步的功能性风险评估确定验证程度,这一内容将在第 3 章计算机化系统验证部分进行详细介绍,此处不再赘述。

1.3.4.10　清洁验证风险评估

清洁验证中选择的取样规则和取样点也可以基于风险,选择相对于清洁后残留物残留风险最高的标识区域。验证取样点应该是工艺残留物积聚风险最高的点(如工艺设备中最难清洁和最难干燥的"最差条件"点)。取样点选择的标准也可以扩大至包括可检测性和工艺残留物在日常目视检查中被监测到的可能性。提高可检测性的方法之一是通过使用内孔表面检测仪、照相机、观察镜或可拆卸设备拆开检查(如管道弯头和转换板)。在日常检查中,残留物积聚可能性和检测可能性的考虑将帮助集中资源在形成残留风险最大的区域取样。最后,在评估中可以通过考虑药品的毒性和生物活性来考虑严重性。对于高活性的化合物,可以选择更多的取样点监测,尤其是那些产品积聚中度风险和日常检查中视线受限的区域。

基于风险评估来确定清洁工艺和清洁验证的范围和程度,可以考虑以下因素:

① 产品的溶解度;

② 产品的治疗剂量;

③ 回收率研究；

④ 设备的取样点和接触面积；

⑤ 确定最差情况的产品。

可采用的质量风险管理工具包括：

① 因果图；

② FMEA；

③ 故障树；

④ 头脑风暴法。

1.3.4.11 工艺验证风险评估

在生产工艺中有很多影响产品关键质量属性的因素，每个因素都存在着不同的潜在风险，必须对每个因素进行充分的识别分析、评估，从而来反映工艺的一些重要性质。

应用质量风险管理的方法对生产工艺进行关键性评估，确定生产工艺中的关键步骤、关键物料属性、关键中间控制和关键工艺参数及关键操作、关键步骤等关键控制点，为商业化生产中的关键设备的确认、针对关键步骤的工艺验证、确定关键物料（原料和中间体）及其质量指标、确定工艺中的中间控制点、设备预防性维护计划提供依据。

可采用的质量风险管理工具包括：①FMEA；②HACCP。

1.3.4.12 无菌工艺模拟风险评估

由于无菌操作本身就存在着风险，其工艺步骤容易产生故障，污染情况的检测、控制和管理等方面存在着挑战性，对产品而言，无菌操作为风险管理关注的焦点。无菌工艺之所以独特，是因为产品的无菌得不到保障或是内毒素超标很可能给患者带来严重危害，而无菌和内毒素不合格的可检测性很低。

无菌工艺模拟风险评估为无菌环境以及内毒素控制的建立与维护提供了一种评估与评价的工具。风险评估可以用于确定生产中的最差条件，包括容器规格、设置、灌装速度、批量和操作条件。如果可能的话，应努力减少或改变有风险的工艺步骤、改进厂房、设备和工艺设计来降低确定的风险。

在确定了无菌工艺模拟操作单元和参数之后，针对每个已经确定的操作单元和参数，要分析其失效时可能产生的危害。例如：灌装过程信息可能包含生产线速度、生产线能力/灌装时间/公用设施、干扰因素的数量与类型、灭菌和内毒素失效的频率、培养基灌装结果、人员监控和环境监控趋势等。

可采用的质量风险管理工具包括：①鱼骨图；②风险排序和筛选；③FMEA。

1.3.4.13 运输验证风险评估

使用风险评估的方法可以更有效地确定用户对物流运输的要求和运输方案的制定，在进行评估时，应考虑以下几点：

① 整个系统的生命周期费用；

② 重复利用系统；

③ 特定环境下的存储时间；

④ 产品存储运输中的可再利用系统的确定，如有机产品、无机产品、泡沫等；

⑤ 产品储存空间的要求；

⑥ 产品退回的费用；

⑦ 产品是否会在外界环境中暴露；

⑧ 整个系统的适用性情况（根据产品的数量和地理位置进行确定）；

⑨ 季节要求；

⑩ 运输系统的复杂性；

⑪ 系统中可能发生的故障时间。

可采用的质量风险管理工具：HACCP。

1.3.4.14　质量体系运行风险评估

产品生命周期中最长的阶段通常是商业化大生产阶段。在商业化阶段应用质量风险管理可以达到以下目标。

① 在商业化运营的过程中可以主动地评估和管理工艺和产品质量风险。

② 通过持续的改善以建立稳定的控制策略和调整措施（如果需要），以确保达到预期目的。

③ 持续工艺性能和产品质量。

在商业化生产阶段，质量风险管理在有关产品质量或患者安全事件方面的变更控制、偏差、失败或调查的有效决策时也是很有用的。

工艺控制的基本原理是识别变异的来源、检测变异、理解变异的影响，然后使用与其相关的风险相适应的方式来控制变异。统计学工具如统计过程控制（SPC）、控制图和多变量分析可以被用来评估工艺变异和监控工艺性能。完成工艺性能确认后，在建立变异统计学的显著评价之前，加大对工艺参数和质量属性的检测和取样。统计学技术也被用来确定趋势限、警戒限、行动限和拒绝放行限。然而这些限度的识别和响应也应该基于对风险和控制的良好理解。

关键工艺参数和关键质量属性将按照既定的控制策略在整个生命周期中持续进行监控。工艺监控的目的是保证工艺在验证状态下持续操作而不仅仅依赖于监控工艺参数和质量属性。周期性的工艺风险评估回顾和统计工具中的工序能力数据，是确定监控范围和频率的重要依据。例如对产品质量影响高风险的参数比其他参数应有更频繁的工艺监控。监控工作也包括厂房和设备控制、生产环境和关键设施。对风险水平和范围的理解可为决定是在批次内还是批次之间实施监控提供支持。工艺监控也应包括不良趋势的识别，优化工艺知识和支持工艺改进。

从第三阶段获取的数据应当用于改进和优化工艺。当被批准时，可使用获取的知识更新风险评估和控制策略。

（1）偏差管理中风险管理的应用

偏差是与批准的规程、建立的标准或期待的结果的偏离，应评估偏差对生产系统和产品质量潜在的影响程度。应用风险管理可提供指导，识别偏差事件可采用正式评估方法或者非正式方法，从而可以更有效地管理资源，得出适宜的措施。具体包括以下内容：

① 从系统中完全移除风险；

② 降低风险对系统的影响性；

③ 降低风险发生的可能性；

④ 加强风险的检测性方法。

如果运用恰当，风险管理可以通过监控发生的可能性来达到风险降低的效果。这种做法将转入 CAPA 体系来进行。

应用风险管理对偏差进行分类时，应首先根据偏差的严重程度进行风险分级，定义影响性时可考虑以下几个方面：

① 事件导致对产品、工艺或者系统的影响；

② 对产品、工艺或者系统的验证状态相关的影响；

③ 事件影响 CQA、CPP、法规要求或者其他公司质量体系文件的要求；

④ 事件影响批号、批量、生产运行等；

⑤ 事件影响设备或者设施的持续应用。

（2）风险评估决定纠正与预防措施

制药企业应有一个执行调查投诉、产品退回、不合规、召回、偏差、审计、监管检查和发现后建立纠正预防措施的体系，保持工艺性能和产品质量监测趋势。这个风险评估的目的是确定适当的风险降低活动，这些活动将会产生以下作用或影响：

① 将系统风险完全去除；

② 降低风险对系统的影响性；

③ 降低风险发生的可能性；

④ 风险识别后增强风险的监测方法。

如果风险评估得当，那么通过一定时间来监测风险发生的可能性，可追溯 CAPA 的执行效果。

当选择风险评估工具的时候，需要考虑以下三点：

① 判断风险在之前的系统风险评估过程中是否被识别到；

② 判断这是否是一个互相关联的多种失效模式引起的新风险；

③ 判断这是否是一个单一失效模式引起的新风险。

（3）变更控制中风险管理的应用

在厂房设施、设备、工艺和/或系统出现变更时，应基于风险管理的理念，采取措施并保证由于变更而对之前已经确认的设施、设备、工艺和/或系统造成的影响制定了适宜的要求。使用风险管理来评估与变更执行相关的风险是一个正式的过程，以确保对产品、工艺或系统的变更以受控和协调的方式进行。

变更分类中应用风险管理应评估变更对已验证系统的影响，考虑如下：

① 变更会对产品、工艺或系统产生的不利影响；

② 如果有的话，不利影响与产品、工艺或系统的验证状态有关；

③ 变更影响关键质量属性、关键工艺参数、关键属性、关键属性设计要素、法规要求或公司其他的质量要求；

④ 变更影响工艺控制或控制策略的检测机制（对关键质量属性、关键工艺参数、法规要求或其他公司许可文件记录的其他质量要求而执行的控制策略）。

（4）生产系统持续监控风险管理的应用

生产系统持续监控风险管理应该根据系统的特性、风险性和复杂性来选择操作活动。在计划操作活动时，可基于风险评估做出决策。在整个商业化运行阶段，对系统和工艺进行持续监控对于确保系统及其所支持的工艺保持预期的功能和持续有效性至关重要。为了满足这一目标，以下两个关键领域是持续监测的重点：

① 系统的关键属性；

② 风险控制。

可采用的质量风险管理工具：FMEA。

（5）维护活动阶段基于风险做出决策

应该根据系统的特性、风险性和复杂性来选择维护活动。在计划维护活动时，可基于风险评估做出的决策包括：

① 系统的影响性；

② 部件的关键性；

③ 维护的频率；

④ 定期的审查；

⑤ 再验证活动。

可采用的质量风险管理工具：FMEA。

（6）再验证风险评估

在设备/系统的整个生命周期内，应持续进行验证状态评估，必要时执行再验证测试活动。针对设备/系统在验证（确认）活动中应进行的测试项目（包括但不限于部件、功能等）展开风险评估，分析设备/系统是否会随着时间的变化产生功能性漂移，进而对可能产生漂移的项目进行再确认，可能存在风险的情况举例如下。

① 零部件的安装位置发生变动，进而影响设备运转稳定性。

② 零部件的材质发生变化，完整性破坏，进而影响产品质量。

③ 零部件的连锁运行状态是否会发生变化，进而影响设备运行或产品质量。

④ 电气元件、线路是否会产生老化，影响监视、控制、测量等信号的传输，进而影响设备运行或产品质量。

⑤ 设备/系统的某一项功能是否会在长时间运行后发生变化，产生功能错乱或功能损坏，进而影响设备运行或产品质量。

⑥ 设备/系统的某一项运行参数是否会在长时间运行后产生漂移，进而影响设备运行或产品质量。

（7）设备/系统退役风险评估

设备/系统计划退役时也应进行风险评估，决定以下内容：

① 设备/系统生产出的产品的相关数据与记录保存和移交方法；

② 设备/系统退役确认的内容。

1.4　验证管理体系搭建和验证总计划

1.4.1　验证团队建立

制药企业在进行确认/验证活动时，需要多方资源，特别是时间、资金和人员，因此建立验证团队是验证项目启动前的首要工作。

验证是一项跨部门的工作，需要相关部门通力合作，公司有责任建立包括内部人员和外部合作者（设备供应商或第三方验证咨询服务公司）在内的验证团队，明确其在验证活动中各自的责任。公司的管理人员通常要起到对验证整个过程进行监督管理的关键作用。在中国 GMP（2010 年修订）中规定了生产管理负责人的验证职责为"确保完成各种必要的验证活动"，质量管理负责人的验证职责为"确保完成各种必要的确认或验证活动，审核和批准确认或验证方案和报告"，生产管理负责人和质量管理负责人共同的职责为"确保完成生产工艺验证"。

验证涉及的专业领域较多，需要一个在完整的产品生命周期内合理而有效运作的模式，可借鉴"项目管理"（Project Management，PM）的模式，组建验证项目团队，并通过建立良好的文件记录来确保验证活动执行的充分性。

验证团队的职责，通常包括确定验证策略，执行风险评估，根据风险评估的结果，选择合适的测试方法，制定验证可接受标准，编写验证文件，执行验证活动并评价验证结果。所有的活动应该根据相应的文件规程来执行，从而确保达到预定目标。图1-4-1是典型的验证团队。

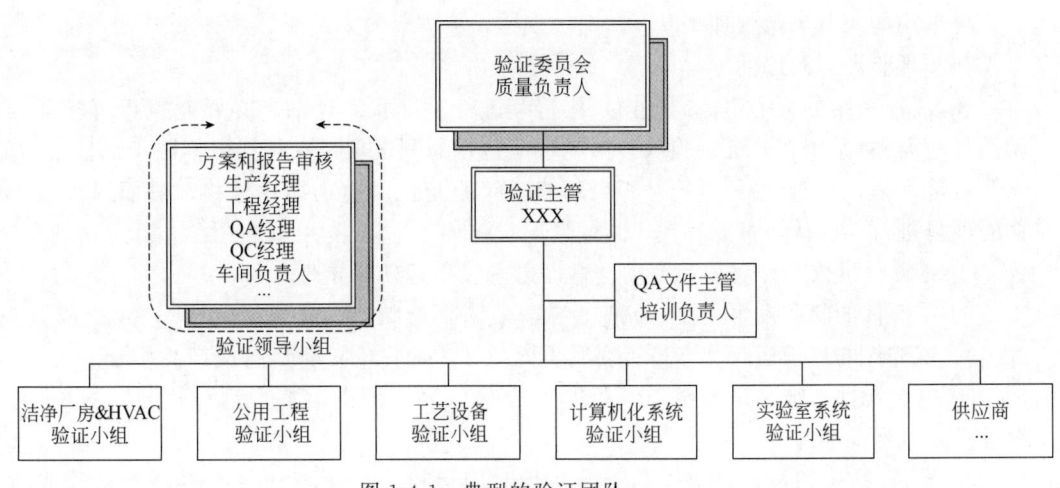

图1-4-1 典型的验证团队

针对验证团队的组建，ISPE基准指南第5卷"调试和确认"推荐成立主题专家（Subject Matter Expert，SME）小组。主题专家是在特定领域里有专业技能和资质（例如质量、工程、计算机化系统、研发、生产等）的专业人员，在其相应的专业技能和资格领域内，在验证活动中起主导作用。同样在验证项目中担任关键角色的还有验证咨询服务商。图1-4-2为工厂与验证咨询服务商合作组建验证团队。

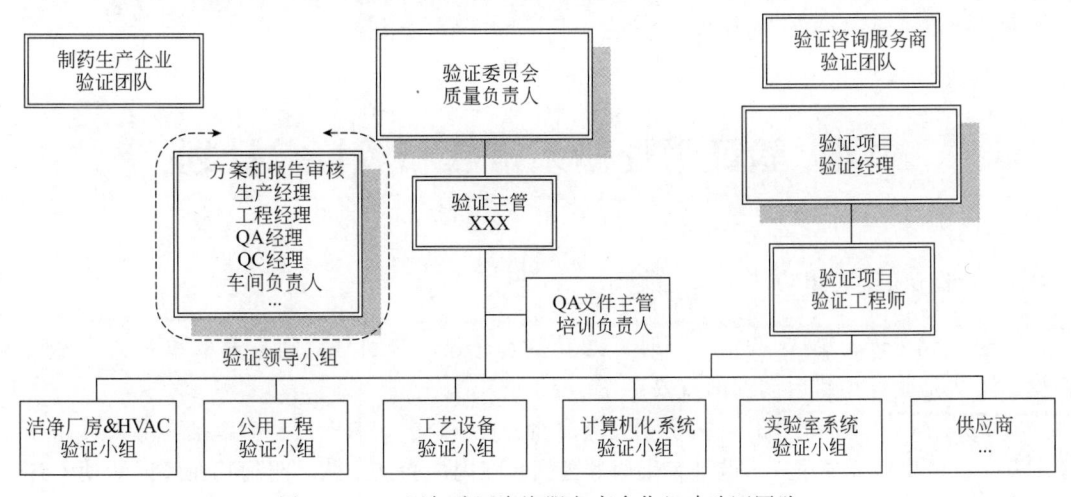

图1-4-2 工厂与验证咨询服务商合作组建验证团队

1.4.2 验证管理体系

验证管理体系是编制验证总计划的基础，包括验证管理规程、验证操作规程和技术指导文件。

在良好的验证管理体系文件支持下，起草 VMP 的时候可以适当地引用体系文件，把重点放在更重要的环节，如验证矩阵和验证时间计划上。当然，VMP 中制定的验证策略要和验证管理体系文件保持一致；而针对新建项目早期，验证管理体系未完全搭建的情况下，VMP 应当包括相对详细的策略说明，后期验证管理体系建立的要求也要和 VMP 保持一致。

工程项目交付 GMP 商业化运行后，验证是持续进行的质量管理活动的一部分，是生产工厂运作的一部分。应建立稳固的验证管理体系来支持工厂生产质量保证体系的运行。

验证管理体系是由多个文件支撑起来的体系，相对来说更详细，更精准，针对性更强。VMP 则更强调"计划"，尤其是对需要进行的确认/验证活动的规划。验证不仅仅是要把事情做好，而且还要求提供相应的客观证据来证明，而文件就是一种很好的表现方式，验证活动的实施需要建立验证管理体系，而体系的表现形式就是有配套的标准管理/操作规程和/或相关文件以指导验证活动的顺利开展。

验证管理体系通常可分层级建立，可考虑分为管理规程、操作规程和技术指导文件。

管理规程通常对通用的确认/验证流程进行管理，特点是全面但不具体，由此文件衍生出一些验证相关的管理规程，比如文件管理规程、文件格式管理规程、验证中的偏差和变更管理规程、再验证管理规程等。作为一种管理类程序，应通俗易懂，简洁明了，有严格的逻辑顺序和指导意义，不能模棱两可，含糊其辞，能量化的尽可能量化。

操作规程重点讲流程，如安装确认操作规程，主要是对安装确认执行的流程进行描述和指导，使操作者了解如何实施安装确认这一过程，熟悉流程，其相对管理规程更加具有可操作性，但又基于管理规程的理念起草。

管理规程和操作规程之间没有明确的界限，企业可自行对确认/验证的通用流程文件进行分类。

技术指导类文件通常是对单一对象或特定系统的验证实施进行指导的文件，如果企业的资源充足，可以建立多层级的指导文件，使具体确认/验证文件的编制有法可依，事半功倍。

1.4.3 验证总计划

验证总计划（Validation Master Plan，VMP）是对公司的整个确认与验证策略、目的和方法进行综述的验证管理文件，是一份较高层次的文件，用来保证验证执行的充分性。VMP 应当对整个验证程序、组织结构、内容和计划进行全面安排。VMP 提供验证活动程序的信息，简述确认与验证的基本原则，确认与验证活动的组织机构及职责，并说明执行验证活动的时间安排，必要时，也可包括与计划相关的资源计划。

VMP 应对确认和验证执行的策略计划进行说明，文件中应包含确认原理的说明。确认原理是描述确认和测试要求，分配职责和鉴定存在问题的系统采用什么样的确认策略、为什么采用此策略、谁来执行等进行说明的文件。VMP 更偏向于项目整体策略，比如各设备/系统之间的逻辑关系。针对大型工程项目，可以分层级编制 VMP，可起草单独的验证计划用于确认原理的说明，对 VMP 进行补充；对于小型项目，可以仅靠 VMP 来支持确认原理。

VMP 有助于以下几个方面。

① 管理层初步掌握验证项目所涉及的人员、时间和资金预算。

② 验证团队的所有成员知悉他们各自的任务和职责。

③ GMP 认证及审计人员理解公司的验证方案和进行验证活动所建立的组织。

VMP 的基本要求包括以下几个方面。

① 必须通过所有相关部门（生产、工程、QA 等）最高负责人的审批。

② VMP 要遵循变更控制程序，计划更改必须通过负责审批原 VMP 的部门或人员审核批准。

③ 各部门必须为验证任务的执行提供支持。

④ VMP 是一份实时文件，计划范围内的设备/系统或产品有变更时，计划必须更新、修改或修订。

1.4.3.1 国内国际法规指南对 VMP 的要求

（1）中国 GMP（2010 年修订）

第一百四十五条 企业应当制定验证总计划，以文件形式说明确认与验证工作的关键信息。

第一百四十六条 验证总计划或其他相关文件中应当作出规定，确保厂房、设施、设备、检验仪器、生产工艺、操作规程和检验方法等能够保持持续稳定。

（2）中国 GMP（2010 年修订）附录"确认与验证"

第四条 验证总计划应当至少包含以下信息：

（一）确认与验证的基本原则；

（二）确认与验证活动的组织机构及职责；

（三）待确认或验证项目的概述；

（四）确认或验证方案、报告的基本要求；

（五）总体计划和日程安排；

（六）在确认与验证中偏差处理和变更控制的管理；

（七）保持持续验证状态的策略，包括必要的再确认和再验证；

（八）所引用的文件、文献。

（3）欧盟 GMP

1.1 所有确认与验证活动都应进行策划，并考虑设备、工艺与产品的生命周期。

1.3 应在 VMP 或其他等同文件中明确规定并记录现场验证程序的关键要素。

（4）欧盟 GMP 附录

1.5 验证总计划或等同文件应规定确认和验证系统，包括或相关的信息至少见以下内容：

（一）确认和验证方针；

（二）组织结构包括确认和验证活动的任务和职责；

（三）现场设施、设备、系统、工艺以及当前验证状态汇总；

（四）确认和验证的变更控制和偏差管理；

（五）可接受标准的开发指南；

（六）参考的现有文件；

（七）确认和验证策略，包括再确认，当适用时。

（5）WHO 技术报告 937

VMP 反映验证计划的关键信息。应简洁明了，至少包含：

（一）验证原则；

（二）验证活动的组织机构；

（三）设施、系统、设备和将要被验证或已验证的工艺的概述；

（四）文件格式（如方案和报告格式）；

（五）计划和时间安排；

（六）变更控制；

（七）参考已经有的文件。

1.4.3.2 VMP 的类型

VMP 从产品生命周期的应用时机分为项目验证总计划和年度验证总计划。项目验证总计划主要关注前验证，年度验证总计划主要关注验证状态维护和再验证。

项目验证总计划根据项目规模和实际情况需要，可以有多种类型，每种类型又可分为不同的层次。举例如下：

① 项目验证总计划；

② 设施/建筑验证总计划；

③ QC 验证总计划；

④ 清洁验证总计划；

⑤ 计算机化系统验证总计划；

⑥ 工艺验证总计划。

如果是大型项目，例如包含若干不同车间或厂房的新建项目，宜为每个厂房建筑/车间单独编写一份验证总计划，主要考虑一个大型项目包含若干建筑，由于工程进度，厂房功能和组织架构上人员归属的不同，如果编制一份庞大全面的基于整个项目的验证总计划，不能清晰地描述出所有验证活动，可能会导致验证活动缺乏针对性和指导性。对于小型项目，可以只编制一份验证总计划，将所有验证活动整合在一起。若 QC 实验室为若干个车间服务，建议单独编制验证总计划。图 1-4-3 和图 1-4-4 分别为大型项目验证计划层级和小型项目验证计划层级。

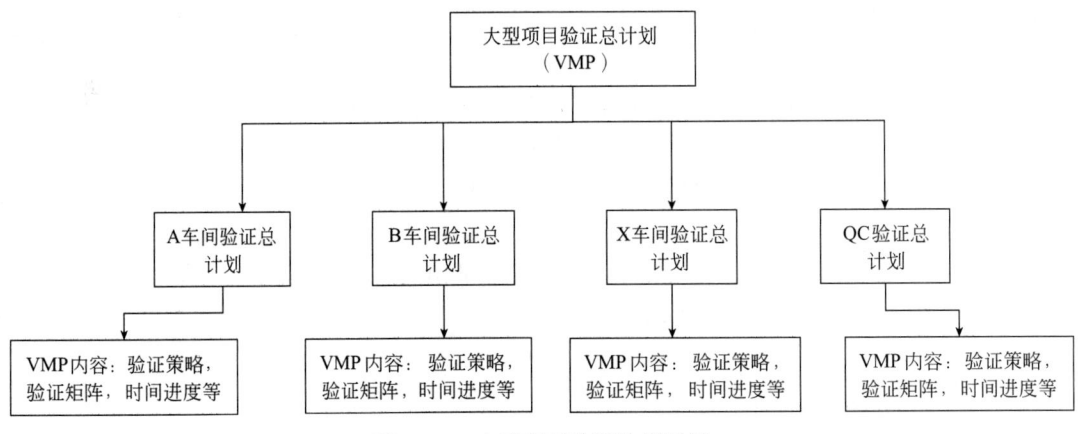

图 1-4-3　大型项目验证计划层级

其次，还可以为新建项目编制一份总的验证总计划，并编制若干验证计划（VP）对不同子验证总计划进行支持。验证总计划是对整体的验证策略进行概述，各同类系统编制单独的验证计划，如空调系统验证计划、洁净公用工程系统验证计划、清洁验证计划、工艺验证计划、分析方法验证计划等，这些验证计划会对特定系统/对象的验证策略进行详细描述，针对性更强且文件层次感更清晰。图 1-4-5 为验证总计划与验证计划层级。

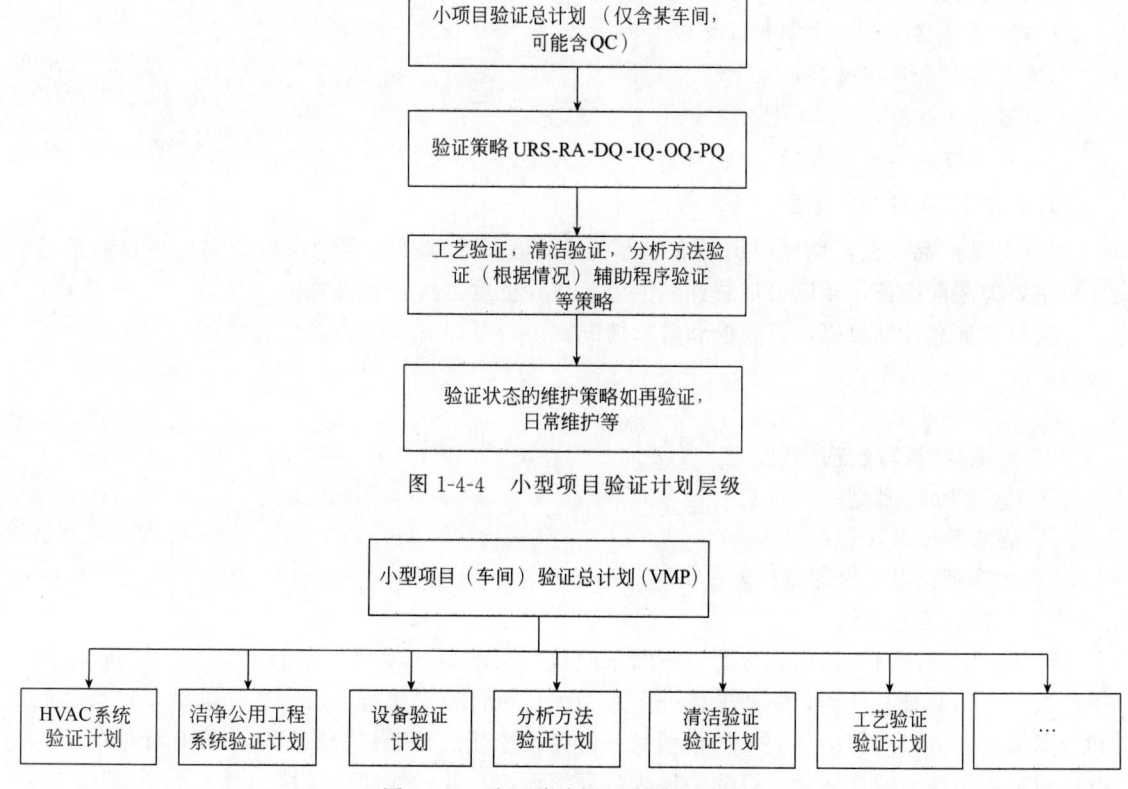

图 1-4-4　小型项目验证计划层级

图 1-4-5　验证总计划与验证计划层级

1.4.3.3　VMP 的编制

VMP 应当包含所有和验证相关的操作和活动（包括设施、设备、程序、工艺等）。参考中国 GMP、欧盟 GMP 及 WHO 等法规、指南的建议内容编写，以下以新建项目为例进行阐述说明。

验证总计划是一个项目的纲领性文件，厂房、设施、设备以及工艺清洁、程序的确认/验证方案等很多信息都要参考该文件，编写前的首要工作即为搜集项目资料，尤其是项目背景信息及待验证或确认项目的信息等。一般需要搜集以下信息：

① 项目背景；

② 关键项目人员和职责（组织架构图及各干系部门/人员的职责）；

③ 详细的设备清单（附带设备的功能）；

④ 厂房及公用工程系统类设计说明（HVAC 系统、水气等系统描述）；

⑤ 生产工艺描述，包括：

a. 工艺描述；

b. 工艺流程图（附关键过程参数和关键设备）；

c. 关键质量属性、关键工艺参数及其工艺要求范围。

⑥ 生产区域描述；

⑦ 厂房设施图纸，包括：

a. 物流和人流图；

b. 工艺设备布局图；

c. 空调系统原理图/流程图；

d. 水系统 P&ID。

⑧ 实验室相关的分析仪器清单；

⑨ 分析方法相关内容：检验方法、质量标准、分析方法清单；

⑩ 系统影响性评估结果（支持验证矩阵的编制）；

⑪ 消毒方法和方式（环境空间消毒和擦拭消毒）；

⑫ 支持性文件，包括：

a. 验证管理体系文件；

b. 文件管理规程；

c. 偏差管理规程；

d. 变更控制程序；

e. 培训管理程序；

f. 维护和保养程序；

g. 环境监测程序；

h. 校准程序。

VMP 必须通过所有相关部门（生产、工程、质量保证等）最高负责人的审批。

1.4.3.4　VMP 的主要内容

（1）介绍和目的

① 介绍：项目背景介绍和项目阶段，项目标准（如中国 GMP，FDA GMP 或 EU GMP）。

② 范围：界定 VMP 适用范围。

③ 目的：阐述 VMP 的目的。

（2）验证活动的组织结构

一般包含组织架构图和以下关键活动职责：

① 验证总计划的编制和维护；

② 每类验证项目的方案起草；

③ 验证活动执行；

④ 报告和文件的编写和控制；

⑤ 验证过程中每个阶段的具体验证方案的批准；

⑥ 验证所需的培训；

⑦ 供应商和第三方咨询服务公司的职责。比如供应商的职责，供应商通常负责调试、安装/运行确认的方案实施、提供交付文件包和必要的培训，用以支持验证活动。咨询服务公司职责通常依据合同的约定内容。

推荐为验证职责编制矩阵，举例如表 1-4-1 所示。

表 1-4-1　职责矩阵

工作内容	第三方	供应商	最终用户	工程部	验证部	QC	QA	质量负责人
VMP	—	—	R	R	W	R	R	A
URS	—	—	W,R	W,R	R	R	R	A

工作内容	第三方	供应商	最终用户	工程部	验证部	QC	QA	质量负责人
SIA	—	—	W,R	W,R	R	R	R	A
CCA	W,R	—	W,R	W,R	R	R	R	A
DQ	W,R	—	W,R	W,R	R	R	R	A
FAT/ SAT	—	W,E	E	E	R	R	R	A
IQ	W,R	W,E	E,R	E,R	E,R	—	R	A
OQ	W,R	W,E	E,R	E,R	E,R	—	R	A
计算机化系统验证	W,R	W,E	E,R	E,R	E,R	—	R	A
PQ	W,R	—	W,E	W,E	E,R	R	R	A
清洁验证	—	—	W,E	R	R	R	R	A
分析方法验证	—	—	—	—	R	W,E	R	A
工艺验证	—	—	W,R	R	R	R	R	A
SOP 编制	—	—	W,R	—	R	—	A	—
VMP 总结报告	—	—	R	R	W	R	R	A

注：上表职责仅为举例，W：编写　R：审核　A：批准　E：执行。

（3）待验证的产品/工艺/厂房/设备描述

待验证的产品/工艺/厂房/设备的描述主要包括：

① 产品类型、工艺描述、工艺流程；

② 设备描述；

③ 关键公用工程描述；

④ 自控系统；

⑤ 实验室；

⑥ 如果需要，可增加预防交叉污染的措施，如人流、物流、消毒措施等。

（4）验证策略

验证策略是用来指导验证活动的方法概述，总体阐述验证流程和每阶段验证活动内容，为验证活动提供依据。

通常根据验证对象不同，将验证策略分为厂房/设备/公用工程验证策略、实验室用仪器和设备验证策略、分析方法验证策略。完成以上验证活动后，再进行产品的清洁验证和工艺验证。在本章 1.4.3.5 就厂房/设备/公用工程验证策略、实验室用仪器和设备典型的验证策略进行阐述。

（5）需验证产品/工艺/系统/方法列表

验证总计划中包含的所有验证活动都应当以矩阵的形式进行总结和编写。

新建项目验证总计划中所包含的项目，应基于设备/系统验证生命周期的所有活动，也应当要包括那些用于确定工艺和系统的验证状态所用的分析方法的验证。表 1-4-2 是一个简单的设备/系统验证矩阵示例，应依据系统影响性评估的结果和验证策略编制。表 1-4-3 为分析仪器验证矩阵示例，应根据分析仪器的分类和验证策略进行编制。

表 1-4-2　设备/系统验证矩阵示例

系统名称	系统影响性	URS	RA	DQ	调试	IQ	OQ	PQ
注射用水制备系统	直接影响	√	√	√	√	√	√	√
超声波洗瓶机	直接影响	√	√	√	√	√	√	√
提升机	无影响系统	√			√			
洁净 HVAC 系统	直接影响	√	√	√	√	√	√	√
移动罐	直接影响	√	√	√	√		√	

表 1-4-3　分析仪器验证矩阵示例

系统名称	分类	调试	DQ	IQ	OQ	PQ
pH 计	B	√		√	√	
磁力搅拌器	A	√				
HPLC	C	√	√	√	√	√

列出所要验证的产品/工艺，采用的验证方法，即前验证或同步验证等。

列出所需要的分析方法验证活动。

对于再验证计划，应列出再验证活动。

如果需要，应列出设备/系统/工艺/程序的当前验证状态。

（6）验证可接受标准制定的原则

凡法规、指南和药典等国家标准有明确规定的项目，验证合格标准不得低于法规、指南及标准的要求。

若合格标准的制定没有可参考的药典、法规标准等，应基于工艺要求制定合格标准，确保系统、设备或方法经过验证后可以达到设计或合同规定的技术要求。

（7）验证文件

验证总计划中应当对验证文件的格式进行描述或指引。

验证总计划应该概括出项目的文件要求，确认工作管理应该包括一个全面的文件管理体系；当验证总计划是一个执行文件时，在其附属的文件里应当包括具体内容如下：

① 相关标准操作程序；

② 相关维护程序；

③ 校准记录和程序；

④ 确认和验证方案（安装确认/运行确认/性能确认，计算机化系统、清洁、分析方法、工艺等）；

⑤ 供应商/工程支持文件；

⑥ 培训和证明记录；

⑦ 变更控制。

（8）所需 SMP 和 SOP

给出以下管理要求，或列出所有相关 SMP 和 SOP，一般包含：

① 验证管理；

② 相关的维护程序；

③ 校准记录和程序；

④ 验证总计划、确认和验证方案/报告的格式、编号、版本控制；

⑤ 文件审批流程；

⑥ 环境监测；

⑦ 偏差处理；

⑧ 培训管理；

⑨ 变更控制。

应当按照公司的变更控制程序对物料、设备或工艺（包括分析技术）的变更进行控制。对于一个新建工程项目，项目全过程的变更控制应记录归档，在确认工作中应长期保存。在项目早期，设计变更、建造变更、调试变更要按照 GEP 规定处理；在工程变更管理流程中质量部可以不参加，因为这些变更和工程的技术管理相关联。但是，工程变更管理系统应该允许质量部审核和批准，并在满足以下条件的情况下允许质量部参与变更。

① 变更改变影响评估结果（如：导致一个初始评估为间接影响的系统变为一个直接影响系统，反之亦然）。

② 在设计概念方面有一个基础性的变更。

③ 对于初始的用户要求或用户需求标准的变更导致了偏差。

通过系统影响性评估，质量部开始参与变更控制，正式的质量变更控制程序适用于设施、设备及相关辅助系统的确认活动，并在生命周期内维持其确认状态。

（9）计划和时间表

验证总计划中应当要对完成整个验证所需的人员（包括所需的培训）、设备和其他特殊要求进行估计，整个项目的时间安排及子项目的详细规划，这个时间安排可以包括在上述的验证矩阵中，也可单独编制。验证时间安排需要定期更新，推荐使用 project 软件制作"甘特图"。

一旦系统影响性评估完成，应当制定一个详细的日程表；并完成对系统测试先后顺序的确定，以及系统相互独立性和它们支持设施的确定。一个新的和更改的设施的测试顺序，应该整合确定工作和总体建造、调试、启动的时间表，以便能协调工程承包商的工作和相关的文件工作；每一个设备、控制或系统通过评估确定它们的先后顺序，目标是使重复作业最小化，确保执行的程序已经包含了用来支持确认工作的良好的工程和相关文件工作。

通过前期验证总计划收集的信息，编制时间进度时考虑到里程碑时间❶。编制时要注意各系统的验证前提条件，举例如下。

① 纯化水性能确认完成后才能进行注射用水和纯蒸汽的性能确认。

② 纯蒸汽性能确认完成之后才能进行蒸汽灭菌柜等使用纯蒸汽的设备的运行确认。

③ 纯蒸汽性能确认完成之后才能进行在线灭菌工艺验证。

④ 清洁验证前必须完成清洁取样方法开发和测试方法的确认。

⑤ 工艺验证前必须完成中间体和产品的分析方法验证/确认。

⑥ 空调净化系统系统性能确认静态验证期间，所验证洁净区内不能进行其他设备调试和验证。

有些验证活动可以交叉进行，比如在空调净化系统性能确认动态测试期间，可以进行模拟工艺验证。

---

❶"里程碑时间"指"里程碑事件"的时间，在编制验证主计划的时候，有一些节点是在项目之初就确定的，通常称为"里程碑时间"。

验证计划的制定与验证设备和实施人员密不可分，要充分了解验证的设备和参与人员的数量。在保证工期的情况下，合理的资源配备要求，一个验证人员每天的工作时间不能超过24小时；否则证明配备的资源不够，应增加参与人员。

（10）已有参考文件的列表

已有参考文件包括验证总计划在编制过程中参考的法规和指南、SOP、设计图纸、用户需求说明等。

（11）验证总计划总结报告要求

在验证总计划完成后，应编制验证总计划总结报告，对验证矩阵约定的内容进行追溯，确认是否完成、偏差是否关闭以及对各项目实际完成时间等信息进行总结。

（12）验证状态的维护

确认和验证不是一次性的行为。首次确认或验证后，应当根据产品质量回顾分析情况进行再确认或再验证。关键的生产工艺和操作规程应当定期进行再验证，确保其能够达到预期结果。

对设备/系统和工艺，包括清洁方法应当进行定期评估，以确认它们持续保持验证状态。

当影响产品质量的主要因素，如原辅料、与药品直接接触的包装材料、生产设备、生产环境（或厂房）、生产工艺、检验方法等发生变更时，应当进行确认或验证。必要时，还应当经药品监督管理部门批准。

首次验证结束后，需要制定年度验证总计划，结合日常维护保养规程协同保证设备/系统持续满足验证状态。

1.4.3.5 典型的验证执行策略

不同验证对象的验证策略通常分为以下几类。

（1）厂房/设备/公用工程验证策略

依据设备清单、工艺流程图、洁净分区图、空调系统原理图、水系统P&ID图等资料进行系统影响性划分和评估；根据评估的理由，对系统进行分类（直接影响、间接影响系统或无影响系统），并对分类结果进行审核和批准；系统影响性评估的结果能给验证提供一个基础，哪些系统仅服从于GEP进行调试，哪些系统还需要额外的确认活动。直接影响系统的设计和实施应符合GEP要求，另外也要服从GMP规范；间接或无影响系统仅需要遵循GEP的要求进行设计、安装和调试。图1-4-6为厂房/设备/公用工程确认策略。

在整个验证流程内应采用基于风险评估的方法，各阶段风险评估的方法详见本书相关章节的描述。此外，推荐在验证周期中采用调试和确认整合的方法，这样能减少确认的时间和花费。调试和确认关系、GEP和调试工作的要素，应该为直接影响系统确认活动的成功提供支持，而确认活动的成功是工艺验证成功的基础。在验证总计划中应当描述各阶段的先决条件、执行流程、关键的可接受标准，各验证阶段的具体指导，如果有相关验证管理体系SOP，可以直接引用，而不用进行详细描述。

由于独立的计算机化系统的复杂性，通常在以上确认流程外还需要额外的确认活动，此处不再赘述，具体参见本书计算机化系统验证章节。

（2）实验室用仪器和设备验证策略

分析仪器应根据它们的复杂程度和实际使用目的进行分类，确定确认活动。图1-4-7为分析仪器及其辅助设备验证策略。

分析仪器及其辅助设备确认可分成几个阶段：设计确认（DQ），安装确认（IQ），运行确认（OQ），性能确认（PQ）。按照美国药典（United States Pharmacopoeia，USP）＜1058＞的要求，将分析仪器和检验的辅助设备分为A、B、C三类。

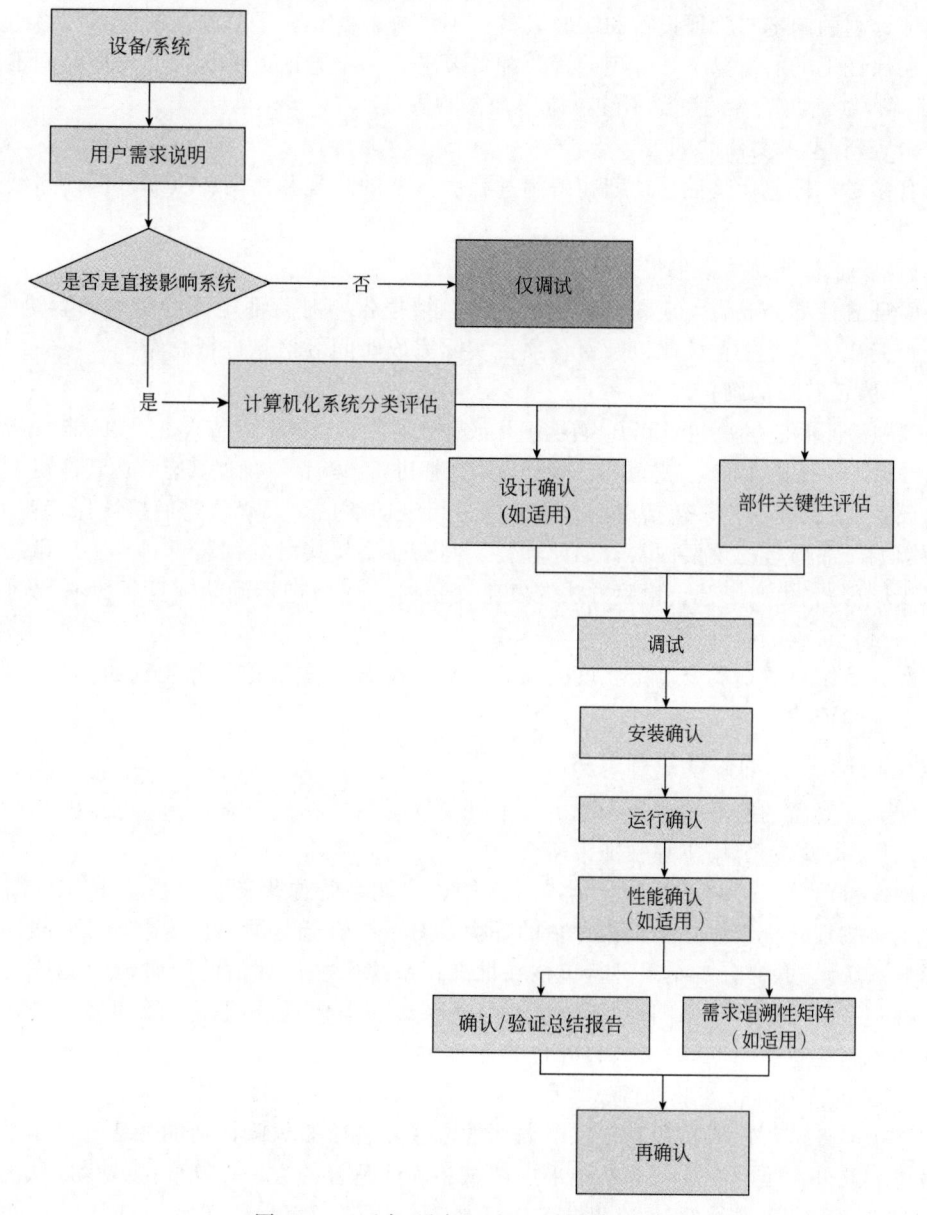

图 1-4-6　厂房/设备/公用工程确认策略

① A 类通常指没有测量能力或校准要求的标准设备，其中供应商对基本功能的标准作为用户需求被接受。A 类设备与用户需求的符合性可以通过目视观察其操作来确认，并以文件记录，不需要独立的确认过程。

② B 类通常包括提供测量所得数值的标准设备和仪器，以及控制需要校准的物理参数（例如温度、压力）的设备，其中用户需求通常与供应商的功能标准和操作限度相同。B 类仪器或设备对用户需求的符合性是按照该仪器或设备的标准操作程序来测定的，并在 IQ 和 OQ 中以文件记录。

③ C 类通常包括具有计算机化分析系统的分析仪器，其功能、操作和性能限度应该符合特定分析需求。C 类仪器对用户需求的符合性通过具体的功能测试和性能测试来测定。C 类仪器应进行完整的确认。

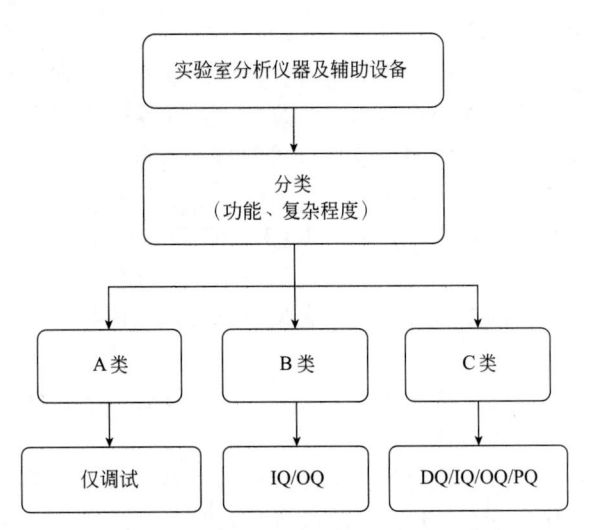

图 1-4-7　分析仪器及其辅助设备验证策略

1.4.4　验证文件管理

1.4.4.1　验证文件法规要求

中国 GMP（2010 年修订）中描述，"企业应当确定需要进行的确认或验证活动，以证明有关操作的关键要素能够得到有效控制"。而所有的验证活动终将以文件的形式来体现，文件是对所执行的验证活动整个过程的记录，是这一系列证明活动的客观依据。

每一个独立的验证对象都应有一套全面且完整的验证文件。正如质量体系文件在质量管理中的地位和作用一样，验证文件在验证活动中也有着非常重要的作用，它是验证活动执行方法的指导性文件，是验证过程及结果的记录，也是验证完成的客观证据，同时也是指导生产运行的参考文件。

验证文件应当有明确的文件管理流程，有独立且唯一的文件编号，应当至少经过质量部门的审核和批准。

（1）中国 GMP（2010 年修订）附录"确认与验证"——第四章 文件

第六条　确认与验证方案应当经过审核和批准。确认与验证方案应当详述关键要素和可接受标准。

第七条　供应商或第三方提供验证服务的，企业应当对其提供的确认与验证的方案、数据或报告的适用性和符合性进行审核、批准。

第八条　确认或验证活动结束后，应当及时汇总分析获得的数据和结果，撰写确认或验证报告。企业应当在报告中对确认与验证过程中出现的偏差进行评估，必要时进行彻底调查，并采取相应的纠正措施和预防措施；变更已批准的确认与验证方案，应当进行评估并采取相应的控制措施。确认或验证报告应当经过书面审核、批准。

第九条　当确认或验证分阶段进行时，只有当上一阶段的确认或验证报告得到批准，或者确认或验证活动符合预定目标并经批准后，方可进行下一阶段的确认或验证活动。上一阶段的确认或验证活动中不能满足某项预先设定标准或偏差处理未完成，经评估对下一阶段的确认或验证活动无重大影响，企业可对上一阶段的确认或验证活动进行有条件的批准。

第十条　当验证结果不符合预先设定的可接受标准时，应当进行记录并分析原因。企业如对原先设定的可接受标准进行调整，需进行科学评估，得出最终的验证结论。

（2）欧盟GMP附录15"确认与验证"

在药品的生命周期中，良好的文件管理对于知识管理有着非常重要的作用。

确认与验证产生的所有文件都应当由药品质量管理体系规定的人批准和授权。

在复杂的验证项目中，应详细阐明文件之间的内在关系。

制定验证方案的时候，应明确关键系统、属性、参数及相关的可接受标准。

确认文件在适当的时候可以合并，例如IQ和OQ的文件可合并为同一份文件。

如果验证方案和其他相关文件记录由验证服务第三方提供，应当由企业内部的相关人员确认其适用性，满足内控标准后方可批准。在使用之前，可使用附加的文件或测试对供应商提供的方案进行补充。

在执行期间，对已批准方案的任何重大变更，如可接受标准、操作参数等，均需按照偏差记录在册，并进行科学合理的评判。

若验证结果不符合预定的可接受标准需作为偏差处理，并按照内部规程进行全面调查。任何与偏差关联的东西都应当在验证报告中进行讨论。

验证的评价和结论都应当被报告，且结果应与可接受标准比对，对可接受标准的任何后期变更都应当进行科学的评判，并在验证结果中做出最终建议。

由相关的负责人对确认与验证过程中的阶段性放行，既可以作为验证报告批准的一部分，也可以是单独的总结文件。因某个可接受标准未达到或偏差未关闭，并通过评估确定对下一阶段活动无显著影响，可以有条件的放行进入下一阶段。

1.4.4.2 验证文件分类

验证文件主要包括验证总计划、风险评估、验证方案、验证原始记录、验证报告及实施验证过程中形成的其他相关文件、记录或资料。对于一个新建项目全套的验证文件包括以下几个方面。

（1）验证总计划/验证计划

中国GMP（2010年修订）中明确规定："企业应当制定验证总计划，以文件形式说明确认与验证工作的关键信息"。验证总计划是指导项目或新建工厂进行验证的纲领性文件，也是对整个项目验证工作情况的总述。

除了验证总计划外，企业可根据项目情况及验证管理体系文件要求针对各个单体/车间/系统制定更详细及具有指导性的子验证总计划/验证计划。

待企业进入正常生产状态后，每年还需制订或更新年度验证总计划以确保厂房、设施、设备、检验仪器、生产工艺、操作规程和检验方法等能够持续稳定地运行而满足生产需要。

（2）风险评估

验证的范围和程度要经过风险评估确定，风险评估过程应形成文件，识别需要进行验证的测试项目，在方案编制之前完成。

（3）验证方案

验证方案是验证执行的主要指导性文件。其描述验证执行过程的测试项目、测试方法及接受标准。验证的每个阶段都有对应的方案，并在验证活动执行前制定完成。验证方案一般包括但不局限于以下内容：

① 验证目的与范围；

② 人员职责；

③ 对验证对象（工艺、方法、设备/系统）的描述；

④ 风险评估的结果，包括对关键工艺参数的描述；

⑤ 验证需要使用的仪器设备；

⑥ 验证测试项目、测试方法及接受标准；

⑦ 验证过程采用的分析方法；

⑧ 验证过程中涉及变更、偏差的处理措施。

（4）验证报告

验证报告是对验证执行过程的记录，也是对测试结果的汇总评估。验证报告中应给出验证执行的最终结论，该结论应对设备/系统日常的正常运作或对生产具有指导作用。

一份完整的验证报告中，需包含但不仅限于以下内容：

① 验证执行的时间周期；

② 验证方案中规定的中间过程控制及所有方案中规定测试项的测试结果及数据分析汇总；

③ 对所有获得的相关结果的回顾、评估以及与接受标准的对比；

④ 未解决问题的清单；

⑤ 对于验证方案的偏差或验证活动中出现的偏差的评估，以及未完成的改正或预防性措施的清单；

⑥ 对于整个验证的正式批准或拒绝。

1.4.4.3　验证文件编制

（1）编制原则

所有待执行、正在执行或执行完毕的验证过程都需要有验证文件的支持。针对不同的验证过程需要编制对应的验证文件，验证文件需要遵循 GMP 文件的编制原则。

① 系统性　由质量保证 QA 统一分类，由专门的验证人员配合进行编码及格式设计，同时进行记录。

② 准确性　文件与编码逐一对应，一旦某一文件终止使用，此文件编码即告作废。

③ 可追踪性　根据文件编码系统规定，可随时查询文件的变更历史。

④ 稳定性　文件编码系统一经规定，一般情况下不得随意变动，以保证系统的稳定性。

⑤ 相关一致性　文件一经修订，须拟定新的修订号，同时调整因该文件修订时引起的相关变动。

（2）编制时间要求

① 验证计划一般在验证项目开始时进行编制。

② 验证方案需在验证执行前编制并完成审核批准。

③ 验证报告应在验证执行后根据验证过程记录完成编写。

④ 当验证对象验证有效期到期时或发生偏差或者变更经评估后需进行验证时，应重新编制验证文件并进行再验证。

（3）编制格式要求

验证文件应按照特定的文件格式进行编制，文件格式可由企业 GMP 文件标准进行规定，一旦规定生效，所有的验证文件格式均应统一按照规定执行。

文件题目：应能清楚说明文件的性质。

文件编号：按照企业的文件编号管理规程进行编制。

1.4.4.4　验证文件生命周期

与设施、设备和程序的管理一样，文件管理也有相应的生命周期过程，通过整个生命周

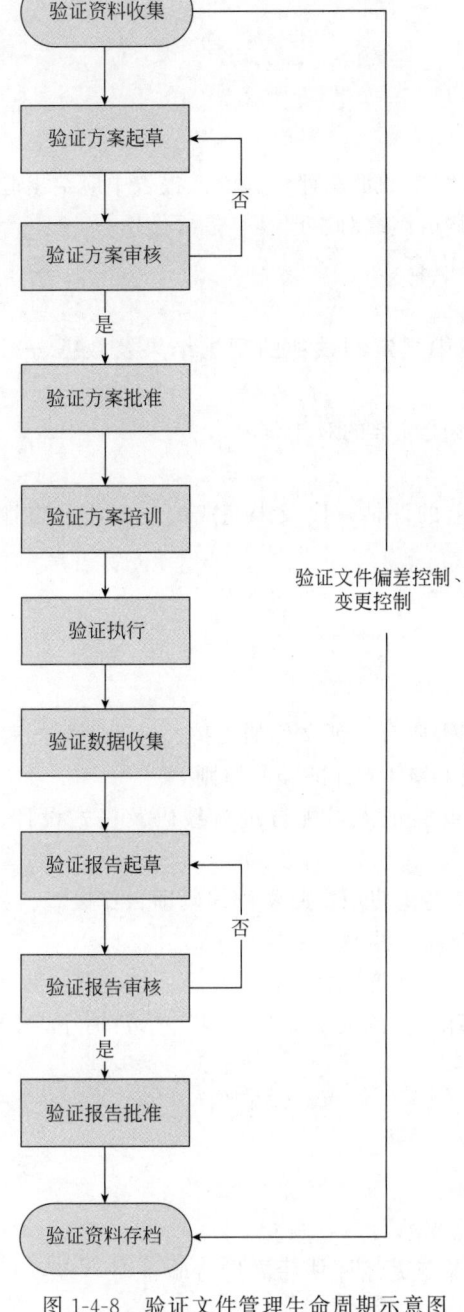

图 1-4-8　验证文件管理生命周期示意图

期过程的分阶段控制，确保验证文件管理符合相应的法规和程序要求。图 1-4-8 为验证文件管理生命周期示意图。

（1）验证资料收集

验证文件编写前需收集所需资料，如部件清单、P&ID、设备安装手册、设备使用和维护保养手册等资料。

（2）验证方案起草

编写验证方案前（包括对已有文件的更新或定期回顾后更改），首先确定验证文件名称和编号，按照已确定好的文件标准格式（如：字体、字号、页眉、页脚等），根据前期收集的资料，从专业技术、法规管理、生产适用性等方面综合考虑和确定验证文件内容。

方案的格式和结构应该统一按照企业 GMP 文件标准执行，语言简洁易懂，清晰准确。

（3）验证方案审核

验证方案完成编制后须经过相关职能部门的审核。审核人员的签字确保文件准确可靠，审核人员通常是专业技术人员，一般包括质量部门和验证对象的使用部门及其他相关部门的人员。

对验证方案进行审核时应包括对验证方案格式及内容的审核。对验证方案内容审核时一般从法规、技术和管理的角度确认文件内容符合性。

（4）验证方案批准及生效

验证方案在经过所有相关审核人员审核无误后经质量管理负责人批准，批准后方案方可生效使用。

（5）验证方案培训

验证方案批准生效后，验证实施前应组织相关人员进行培训，确保所有参与验证执行的人员（包括在测试记录中签名的人员）的资格，并确认测试参与者掌握方案的内容，了解测试流程和方法及出现差异或偏差的解决流程与方法。

（6）验证执行及验证记录的汇总

验证执行必须按照已批准的验证方案执行。验证实施过程中使用的记录格式为经过批准的格式；所记录的信息应及时、真实、清晰、正确、完整；在验证执行过程中及时收集编写验证报告所需的资料，测试完成后对测试数据进行搜集、整理和汇总。

（7）验证报告起草

验证执行完毕后需根据所记录的测试数据起草验证报告，验证报告中的结论需明确写出测试的结果是否符合要求，并对测试结果提出评价和建议。偏差处理按方案规定的偏差处理要求填写偏差报告（如果必要）。

（8）验证报告审核

与验证方案一样，在报告编写完成后须对验证报告进行审核：对照已规定的文件标准格式（如：文件编号、版本号、字体、字号等）检查相应的内容，此项工作可由文件管理人员负责。

验证报告内容审核：从法规、技术和管理的角度，确认文件内容符合性，此项目工作由相应技术专业工程师或管理人员负责。

（9）验证报告的批准

验证报告需经过批准，批准人应当是质量管理负责人。

（10）验证文件的存档

按企业对文件的管理规定对文件包括电子版文件和纸质版文件进行保存和归档；验证文件应长期保存。

本章小结

本章对验证的起源、定义、生命周期流程活动，以及风险管理应用、验证总计划和验证管理体系的通用要求进行了概述讲解，对于一些通用的概念与应用进行了阐述，旨在为读者进行后续章节的学习提供基础指导，在本教材的后续章节将分别进行具体验证实施的详细介绍。

参考文献

[1] 中华人民共和国卫生部令 79 号. 药品生产质量管理规范（2010 年修订）.

[2] 中华人民共和国卫生部令 79 号. 药品生产质量管理规范（2010 年修订）：附录　确认与验证.

[3] 国家食品药品监督管理局　药品认证管理中心. 药品 GMP 指南. 2011.

[4] EU GMP Annex 15：Qualification and Validation，2015.

[5] PIC/S PI006-3：Pharmaceutical Inspection Convention，Pharmaceutical Inspection Co-operation Scheme，"Recommendations on Validation Master Plan，Installation and Operational Qualification，Non-sterile Process Validation，Cleaning Validation"，2007.

[6] ICH Q2（R1）：Validation of Analytical Procedures—Text and Methodology，2005.

[7] ICH Q9：Quality Risk Management，2005.

[8] ISPE Baseline Volume 5：Commissioning and Qualification，2001.

[9] ISPE Baseline Volume 7：Risk-Based Manufacture of Pharmaceutical Products，2010.

[10] ISPE GPG：Applied Risk Management for Commissioning and Qualification，2011.

[11] ISPE Guide：Science and Risk-Based Approach for the Delivery of Facilities，Systems，and Equipment，2011.

[12] ISPE GAMP5：A Risk-Based Approach to Compliant GxP Computerized Systems，International Society for Pharmaceutical Engineering，2008.

[13] ASTM E2500-2013：Standard Guide for Specification，Design，and Verification of Pharmaceutical and Biopharmaceutical Manufacturing Systems and Equipment.

[14] USP39＜1058＞ Analytical Instrument Qualification.

[15] WHO TRS937 Annex 4：Supplementary Guidelines on Good Manufacturing Practices：Validation，2006.

第 **2** 章

设备/设施/系统
确认与验证

对制药企业来讲，设备/设施/系统包含了所有的硬件设施和相关的计算机化系统，企业应首先完成设备/设施/系统的确认，再进行工艺验证和清洁验证等程序类验证。从验证执行逻辑讲，应先进行分析仪器确认，再进行分析方法验证；先进行工艺、辅助和公用系统确认，再进行工艺和清洁验证。

计算机化系统将在第 3 章进行介绍，分析仪器确认和分析方法验证将在第 4 章进行介绍，工艺程序类验证将在本书第 5 章进行介绍。在本章中，分为四个小节，将分别从洁净环境系统、公用工程系统、制药工艺设备和灭菌设备等制药企业典型的设备/系统类型讲述设备/设施/系统类确认与验证执行要点。

2.1 洁净环境系统确认

洁净环境系统由洁净室和空调净化系统共同组成。洁净室为洁净环境提供隔离和屏障，空调净化系统为洁净环境提供洁净空气来稀释和排除环境中的污染物，从而达到相应的洁净度要求。

洁净环境系统是药品生产的基本条件之一，也是 GMP 实施过程中经常采用的技术措施之一，它的应用必须以遵循 GMP 为原则，并结合药品生产特点和企业情况因地制宜。

药品生产企业的厂房设施通常是指用于药品生产的建筑实体，如仓库、洁净室、非洁净室等，以及公用设施，如空气净化系统、消防系统、照明系统等。其中，合理的洁净室和空气净化系统是药品生产的基本保障。本节着重介绍洁净室、空气净化系统和洁净环境系统维护。

2.1.1 洁净室

2.1.1.1 洁净室的基本构成

（1）洁净室的定义

洁净室是指内部尘埃粒子浓度受控且分级的房间，此房间是按照一定的方式设计、建造和运行的，以控制房间内粒子的引入、产生和滞留（见图2-1-1）。

（2）洁净室的基本构成

洁净室一般由吊顶系统、墙面系统和地面系统三大部分组成（见图2-1-2和图2-1-3）。顶板和墙板通常采用彩钢板面层的墙体板材（见图2-1-4）。洁净门的种类有钢制门、不锈钢门、快速卷帘门（见图2-1-5）。观察窗的种类有圆角窗、方角窗（见图2-1-6）。净化地面的种类有环氧彩砂地面、环氧自流坪地面、PVC卷材地面（见图2-1-7）。

图 2-1-1　洁净室

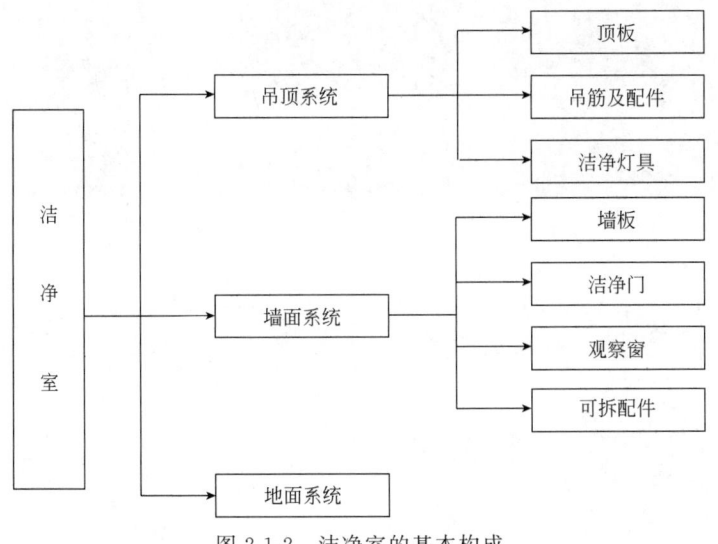

图 2-1-2　洁净室的基本构成

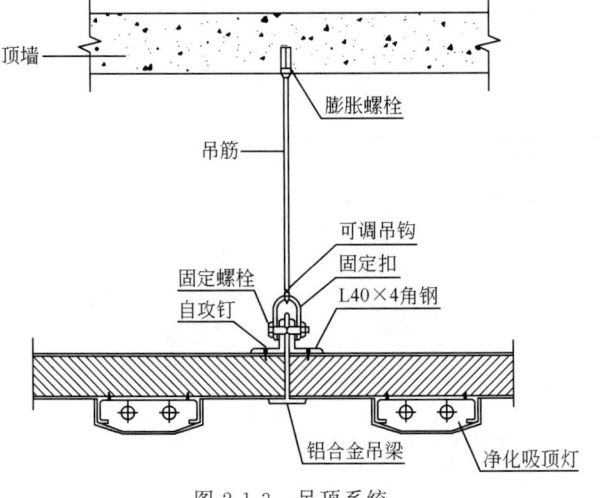

图 2-1-3　吊顶系统

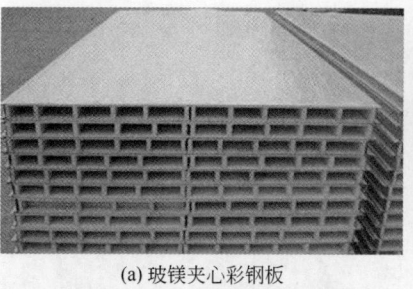

(a) 玻镁夹心彩钢板   (b) 岩棉夹心彩钢板

图 2-1-4 彩钢板

(a) 钢制门   (b) 不锈钢门   (c) 快速卷帘门

图 2-1-5 洁净门

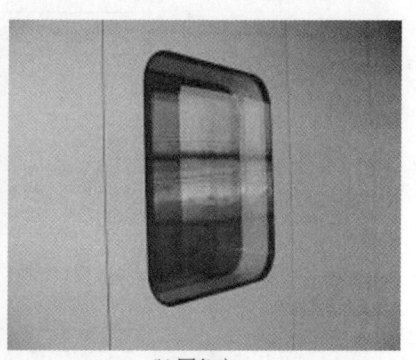

(a) 方角窗   (b) 圆角窗

图 2-1-6 观察窗

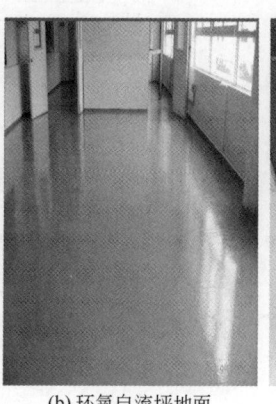

(a) 环氧彩砂地面   (b) 环氧自流坪地面   (c) PVC卷材地面

图 2-1-7 净化地面

2.1.1.2 洁净室的技术要求

洁净室设计是药品生产实施 GMP 管理的基础，也是药品生产实现全过程质量控制不可缺失的重要环节。有效的厂房布置将会使生产车间内的人员、设备和物料在空间上实现最合理的组合，有效地增加可用空间和节约建造成本、运行成本。

（1）污染源控制要求

① 外部污染控制　大气中含有过量的尘埃粒子或微生物，可通过空调新风系统或洁净室的结构缝隙进入药品生产区，对药品的质量造成影响。

为了有效控制洁净室中新风的含尘量与含菌量，第一，药品生产企业首先考虑厂址应选择在大气含尘浓度低，周围环境整洁的区域。第二，厂区内应尽量减少露土面积，厂区内宜铺设草坪，但应注意不宜种花，以防花粉污染和招惹昆虫。第三，洁净室内保持正压可以有效地阻止外部污染物通过厂房的结构缝隙和门的缝隙进入洁净室。第四，用于维持房间正压和操作人员健康的室外新鲜空气应经过净化处理。

② 人员污染控制　人是最大的污染源，约占洁净区总污染的 80%，而生产人员总是直接或间接地与药品接触，所以在厂房设计中考虑人员净化就显得尤为重要了。一个人在相对较轻松的工作条件下，每分钟大概释放 100000 个颗粒物质（这些颗粒大小一般为 $0.3\mu m$ 或更大，见图 2-1-8）。而一个在燥热且不舒适的环境下工作的人每分钟能够释放出上百万的颗粒物质，包括更多的细菌。

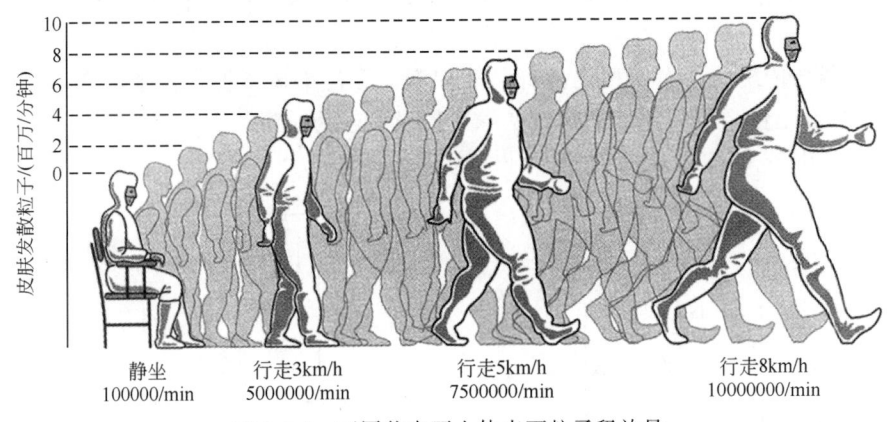

图 2-1-8　不同状态下人体表面粒子释放量

根据产品生产工艺和空气洁净度等级要求，设置人员净化室，包括换鞋、存外衣、盥洗、消毒、更换洁净工作服、气闸等设施。洁净室的入口处应设置净鞋设施（如：跨越凳）和气闸室。气闸室的门应采用互锁装置，防止出入口的门同时被打开，导致内部洁净区与非洁净区的空气直接连通。高致敏性、高活性药品及有毒害药品的人员净化室，应采取防止有毒有害物质被人体带出受控区域的措施。

③ 物料污染控制　物料包括进入洁净室的原辅料、包装材料和其他生产用物品。物料的运输、存储环节通常是在一般环境中进行的，物料的外表面可能会被外界的尘土或微生物污染，因此进入洁净室的物料必须经过相应的净化处理。

物料的出入口应设置物料净化用室和设施，如物料外清间、气闸室或传递窗。物料在外清间内拆除外包装后进行表面的清洁和消毒后通过气闸室或传递窗方可进入洁净室。进入无菌区的物料还应在入口处设置提供物料、物品灭菌用的灭菌设施，如清洗后的耐高温灭菌的器具在非无菌区一侧装入双扉灭菌柜，通过灭菌柜的灭菌后在无菌区一侧打开双扉灭菌柜后取出，也可通过配备有自动表面消毒系统（如 VHP 传递舱）进入无菌区。

（2）内部建筑要求

由于洁净室的特殊性，其建筑标准比其他建筑物要高得多，洁净室的建造通常需要满足以下要求。

① 洁净室内表面应选用光滑、易清洁的装修材料，且装修材料本身不易起尘、脱落。

② 墙面与地面、墙面与顶棚、墙面与墙面的连接处要选用气密性良好且易于清洁的组件。

③ 洁净室的围护结构和室内装修材料应能经受不同化学品的反复清洗、消毒和抵抗表面氧化（如臭氧、过氧化氢等）。

④ 洁净门的开启方向应当与气流方向相反，以帮助维持压差。

⑤ 洁净室选用的构件（如监控探头、消防喷淋头、电话等）应便于清洁。

（3）有效的屏障和隔离技术

① 对于无菌药品生产而言，如 RABS（限制进出隔离系统）和隔离器等隔离技术是保证无菌产品质量的优选系统，并在现在的无菌灌装工艺中应用得越来越多。当生产某些具有高致敏性、高毒性的产品时，隔离器将在保护操作人员和周围环境方面起到重要的作用，虽然这些技术在国外已经使用十年以上的时间了，但是在国内仍然处于发展阶段，其某些方面的性能将随时间继续发生改变。

② 屏障系统是采用物理隔离和空气正压方式将热原无菌工艺关键区域隔开，而隔离器是依靠严格的物理隔离和正压差（有时采用负压差，如有害产品的生产）来达到内部与外部完全隔绝。

③ 隔离器与传统的洁净室相比具有隔离程度高、污染风险低、占地面积小、运行成本低、操作人员安全性高的特点，其缺点是隔离器设备较为昂贵。

图 2-1-9 和图 2-1-10 分别为 RABS 和隔离器系统。

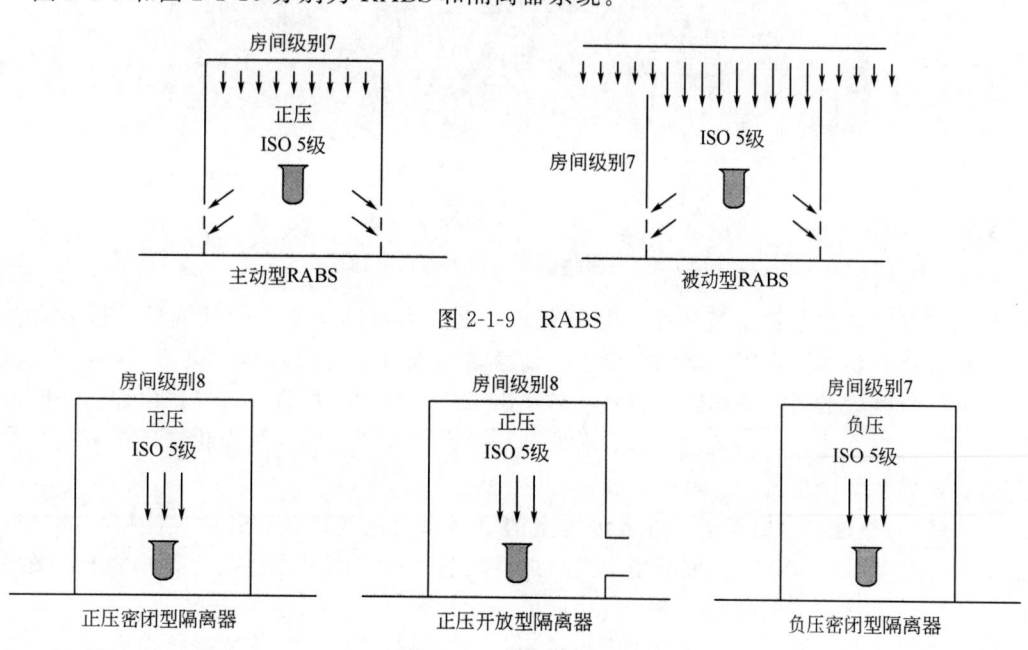

图 2-1-9 RABS

图 2-1-10 隔离器系统

2.1.1.3 洁净室的确认

洁净室的确认至少应该包含以下内容。

（1）设计确认

① 洁净室的总体设计确认　通过对设计图纸、功能说明和技术手册等设计资料的检查来确认洁净室周围环境、生产区与辅助区功能布局等是否满足药品的生产要求和相关法规的设计要求。

② 洁净室平面布置设计确认　确认洁净室的人流物流、工艺设备布局、净化设施布局、洁净室洁净等级的划分等是否能满足药品的生产要求，以及工艺流是否清晰，是否有污染和交叉污染的设计缺陷存在。此项工作的完成仅靠制药企业中的质量管理部门是远远不够的，相应的车间生产人员、工艺技术人员、工程技术部人员等都必须参与其中。

（2）安装确认

① 洁净室组件确认　洁净室中任何组件的选用不当都有可能对后期洁净室的运行和维护带来严重的影响，因此洁净室组件的选择和检查就显得尤为重要。检查洁净室吊顶材料、隔墙板材料、地面材料、洁净门、洁净观察窗、洁净灯具、洁净电话等组件的材质、规格型号、技术参数能否满足洁净室内部建筑的要求和已批准设计文件的要求。

② 洁净室参数确认　为保证生产用设备的准确就位以及洁净房间换气次数的准确性，需要对洁净室的长、宽、高等参数进行确认。用校准后的卷尺对房间长、宽、高进行测量，用测量后的参数计算房间的面积和体积。

③ 洁净室密封性确认　良好的洁净室密封性能有效地防止含有粒子或其他污染物的空气通过顶板和墙板的孔隙渗入。确认过程中需检查墙板与墙板、墙板与地面、墙板与顶板、灯具与顶板、静压箱与顶板、穿墙管道与顶板、穿墙管道与墙板之间的密封情况，表面应平整易清洁。

（3）运行确认

① 洁净室互锁确认　为保持洁净区的压差与密封性，需要确认安装在气闸或气锁上互锁装置的有效性，即气闸或气锁的两扇门或多扇门不能同时打开。同时还要考虑紧急情况下使用应急装置后互锁门能同时开启。

② 洁净室照度确认　室内照度应按不同工作室的要求，提供足够的照度值。主要工作室的照度一般不低于300Lux，辅助工作室、走廊、气闸室、人员净化室和物料净化用室可低于此标准，但应不低于150Lux，对照度要求高的部位可适当增加局部照明。

③ 洁净室噪声确认　为保证洁净室内操作人员的舒适性和安全性，需对洁净室内的噪声进行确认，一般洁净设施的A计权声级范围为：非单向流洁净室内的噪声（空态）不高于60dB（A），单向流和混合流洁净室内的噪声（空态）不高于65dB（A）。

2.1.2　空调净化系统概述及确认

2.1.2.1　空调净化系统的基本构成

空调净化系统是一个能够通过控制温度、相对湿度、空气运动与空气质量（包括新鲜空气、气体微粒和气体）来调节环境的系统的总称。空气净化系统能够降低或升高温度、减少或增加空气湿度和水分、降低空气中颗粒、烟尘、污染物的含量。空气净化系统的这些功能被利用来为工作人员以及产品提供保护和舒适的环境（见图2-1-11）。

制药企业的空调净化系统相比于其他普通空调系统，它的控制要求更为严格，不仅对空气的温度、湿度和风速有严格要求，还对空气中所含尘埃粒数、细菌浓度等均有明确限制，同时还需控制不同等级区域间的压差，以保证内部洁净空气不被污染。

空调净化系统通常包括空气处理单元（见图2-1-12）、送回排风管路、风管附件、终端过滤装置等。

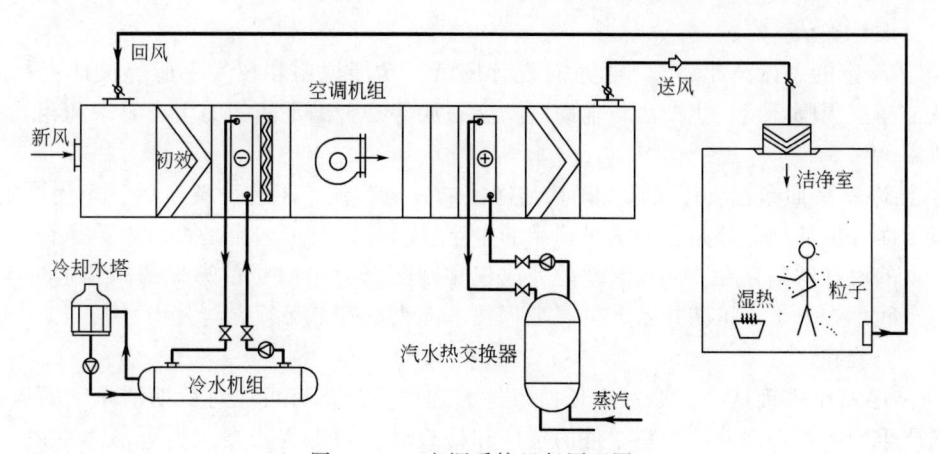

图 2-1-11　空调系统运行原理图

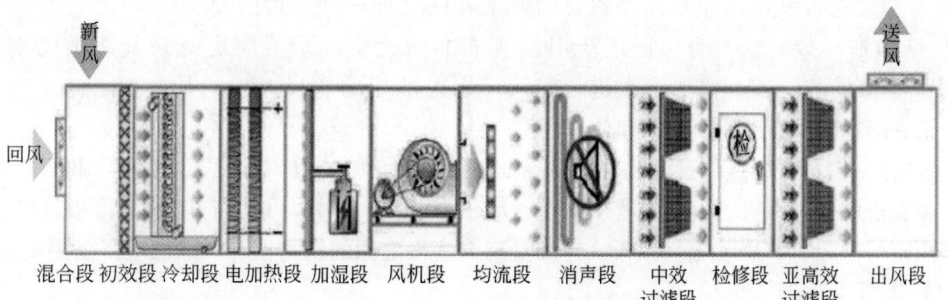

混合段 初效段 冷却段 电加热段 加湿段　风机段　均流段　消声段　中效　检修段　亚高效　出风段
　　　　　　　　　　　　　　　　　　　　　　　　　过滤段　　　　过滤段

图 2-1-12　空气处理单元

（1）空气处理单元

空气处理单元（Air Handing Unit，AHU）是指具有对空气进行一种或几种处理功能的单元体。通常包含空气混合、初效、冷却、加热、加湿、送风机、均流、过滤、消声等单元体。

① 混合段　该段在空气回流系统中很常见。回风与室外的新风在该位置进行混合，混合后的气流就称为"混合空气"，可调节回风与新风的比例，以满足洁净环境的需要。在极端天气（极冷或极热）条件下，由于回风已经经过了空气处理单元的处理，在洁净度和温湿度方面都要优于新风，这样可以大大地降低空调的运行成本。

② 初效段　初效段的主要功能是捕集新风中的大颗粒尘埃（大于 $5\mu m$）以及各种空气悬浮物，目的在于延长中效过滤器的使用寿命和确保机组内部和换热器表面的清洁。其结构形式有板式、折叠式、袋式三种。

③ 冷却段　冷却段是利用表冷器来降低新风、回风的温度和相对湿度，通常采用铜管串铝箔的结构。向表冷器中通入冷冻水，当含有大量水蒸气的热空气通过表冷器时，热空气的温度会急剧下降，从而达到降低温湿度的目的。另外，表冷分一次表冷和二次表冷，一次表冷主要起除湿作用，二次表冷一般在蒸汽加热难以控制的情况下起冷却控温作用。

④ 加热段　采用内置钢管绕钢片式或铜管串铝箔式高效热交换器，内部通动力热水（或者电加热、低压蒸汽）来对空气升温加热，通过调节阀门开启度可调节加热量。

⑤ 加湿段　在气候干燥的地区通常使用干蒸汽加湿器或电加湿来对空气进行加湿，干蒸汽加湿器由干蒸汽喷管、分离室、干燥室、调节阀（电动、气动）组成。

⑥ 风机段　风机段通常设有电机、离心风机和减震底座，主要为输送的空气提供动能，

由于空调机组需要的风压高达1500～1800Pa，所需风机的尺寸、电负荷往往较大。

⑦ 均流段　通常设置在风机段之后，风机出风口的高速气流经均流段和导流板之后趋于平衡，能大大地提高换热和过滤效率。

⑧ 中效过滤段　对大于$1\mu m$的粒子能有效过滤，大多数情况下用于高效过滤器的前级保护，通常置于空调机组的末端。

⑨ 消声段　对噪声要求较严的洁净室，净化机组内应设置消声段。常见的消声器有管式、片式、格式、折叠式、弧形声流式、共振式、膨胀式、复合式等多种类型。

（2）送回排风管路以及附件

空调机组通过送风风管将处理后的空气送至各个洁净房间，再通过回风风管的连接将室内的空气送至空调机组形成一个完整的风路系统。

① 净化风管　净化空调风管通常采用0.6mm镀锌钢板制作而成。风管制作和清洗的场地应在相对较封闭、无尘和清洁的环境中进行，同时应对镀锌钢板进行脱脂和清洁处理。风管制作完成后，应对清洁后的风管进行密封处理，避免污染。为保证合适的送风温湿度和降低能耗，需要将送回排风管的外表面进行保温处理（见图2-1-13）。

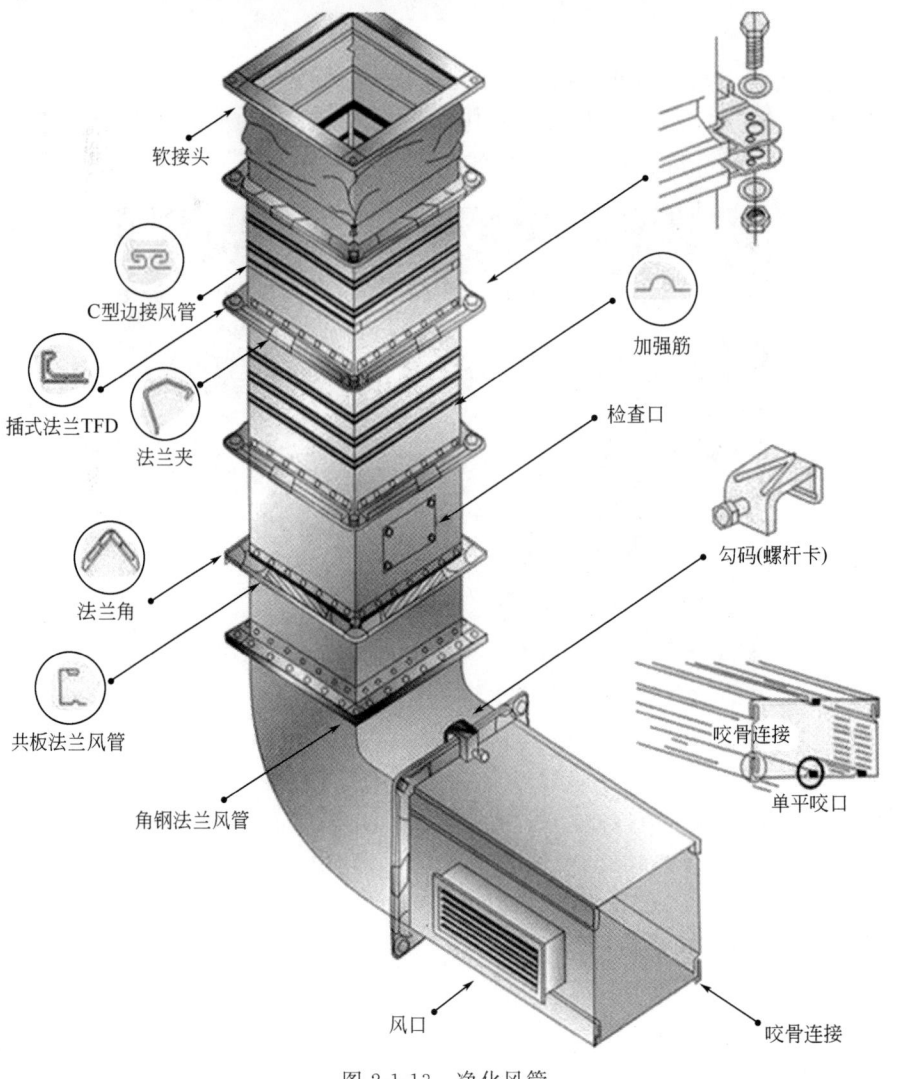

图2-1-13　净化风管

② 风阀　通过风阀开启量对风量进行调节控制。常见的风阀有手动风量调节阀（见图2-1-14）、电动风量调节阀（见图2-1-15）、变风量阀、定风量阀。

图 2-1-14　手动风量调节阀　　　　　　　　图 2-1-15　电动风量调节阀

（3）终端过滤装置

终端过滤装置通常由高效静压箱、高效过滤器、散流板构成。

① 高效静压箱　静压箱可以把部分动压变为静压获得均匀的静压出风，提高通风系统的综合性能，同时还可以降低噪声（见图2-1-16）。

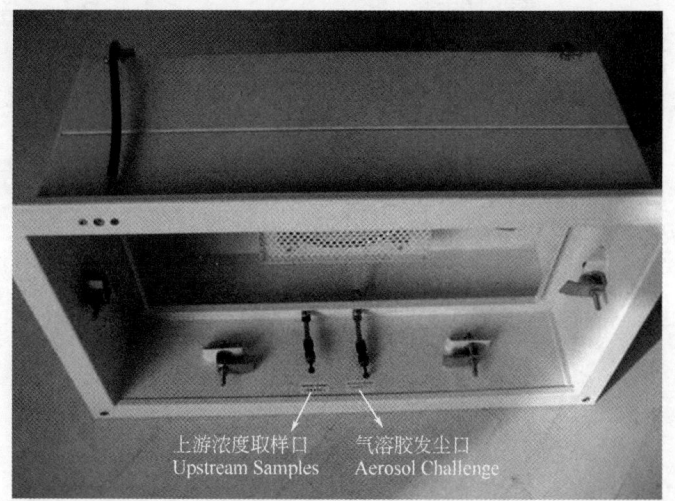

图 2-1-16　高效静压箱

② 高效过滤器　一般是指对粒径大于等于 $0.3\mu m$ 粒子的捕集效率在 99.97% 以上的过滤器，通常作为制药企业洁净车间的末端过滤装置，用以提供洁净的空气。按照密封方式可分为压条密封过滤器和液槽密封过滤器（见图2-1-17和图2-1-18）。液槽密封过滤器密封性能高，通过 PAO 检漏测试成功率高。

③ 散流板　空调送风的一个末端部件，它可以让送风气流均匀地向四周分布。常见的散流板可分为：螺旋式散流板和平板式散流板（见图2-1-19和图2-1-20）。

图 2-1-17 压条密封过滤器

图 2-1-18 液槽密封过滤器

图 2-1-19 螺旋式散流板

图 2-1-20 平板式散流板

2.1.2.2 空调净化系统的分类

（1）按照空气流的利用方式分类

药品生产的空调净化系统按照空气流的利用方式，可划分为全新风系统、一次回风空调系统、二次回风空调系统和嵌套独立空气处理单元的空调系统。

① 全新风系统　将室外新风经过处理，达到能满足洁净要求的空气送入室内，然后不回风直接将这些空气全部排出（见图 2-1-21）。该系统适用于回风不可以循环利用的情况：

a. 产生易燃易爆气体或粉尘的区域；

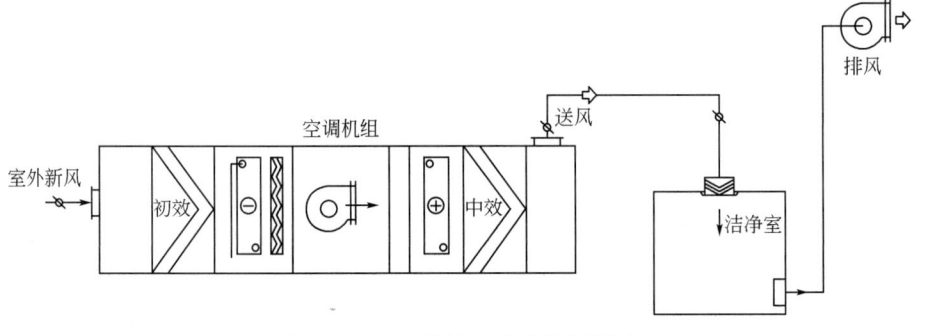

图 2-1-21 全新风空调系统原理图

b. 产生有剧毒，有严重危害物质的区域；

c. 有毒菌操作的区域；

d. 有交叉污染风险的区域；

e. 其他经局部排风仍不能控制污染的区域。

全新风空调系统的优点在于可以对控制区域内的污染环境进行最大程度的置换或稀释，大大降低交叉污染的风险，通风管路更加简单，而缺点同样明显，那就是能源的巨大损耗，相关参数（温度、湿度）较难控制，过滤器更换频率高且需要对排气的预处理（是否需要洗涤器、灰尘收集器、过滤器等）有其他的需求。

② 一次回风空调系统　在回风可以循环利用的情况下，将经处理的室外新风与部分洁净室内的回风混合，再经过处理送入洁净室（见图 2-1-22）。该系统具有能耗低、过滤器维护成本低、相关参数易控制等特点，缺点是：增加回风管路后，夹层的风管路线较为复杂，新鲜空气供应不够充足。

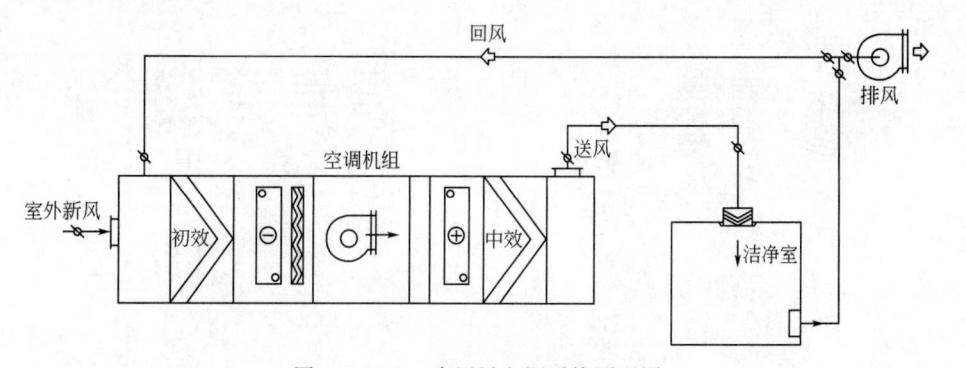

图 2-1-22　一次回风空调系统原理图

系统回风再次引入到空调净化系统中的接入点取决于系统回风空气的质量参数。

a. 如系统回风空气的质量已完全符合洁净环境的要求，可将系统回风直接接入到送风风机段前端，和经过过滤处理及温度调节后的新风混合，经过终端过滤后再次进入洁净室（区）内。

b. 如系统回风空气虽然已被轻微污染或有温度偏差，但和经处理过的新风混合，并再次经终端过滤后可达到洁净环境的要求，也可将系统回风接入到送风风机段前段。

c. 如系统回风空气中含较大的粉尘颗粒，不经二次预过滤处理而直接利用可能会对终端过滤器造成负面影响，应将系统回风接入到新风过滤段之前和新风混合，再次预滤后循环利用。

d. 如系统回风空气温度已偏离洁净环境中的控制标准，经与处理过的新风混合仍不能达到洁净环境的需求，应将系统回风接入到温度处理段之前和新风混合，再次经温度处理后循环利用。

③ 二次回风空调系统　在回风可以循环利用的情况下，先将部分回风与新风混合，经过处理后再与剩余的回风混合，经处理后送入洁净室（见图 2-1-23）。这种系统形式常用于高洁净等级、工艺发热量较小的洁净室。特点是：部分回风接入到新风过滤段，对新风温度进行中和，从而有效降低新风处理所需的能源消耗，二次回风的利用节省了部分加热热量和部分制冷量，有效降低运行成本。缺点同一次回风空调系统。

④ 嵌套独立空气处理单元的空调系统　为满足特殊的生产工艺需求，在适宜的部位设置独立功能的空气处理装置（见图 2-1-24）。常见独立功能的空气处理装置有以下几种。

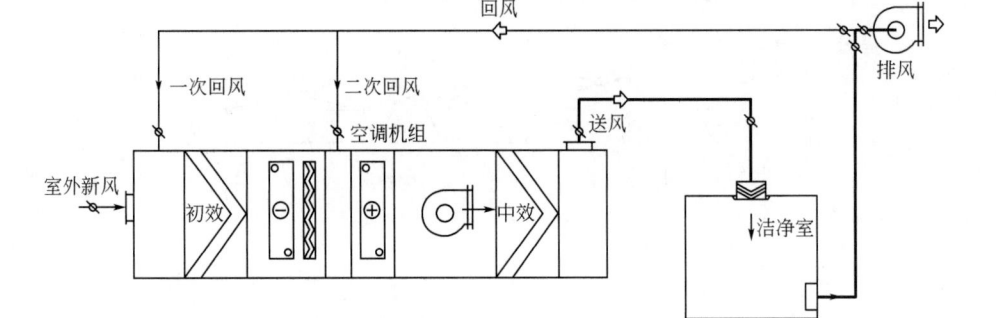

图 2-1-23　二次回风空调系统原理图

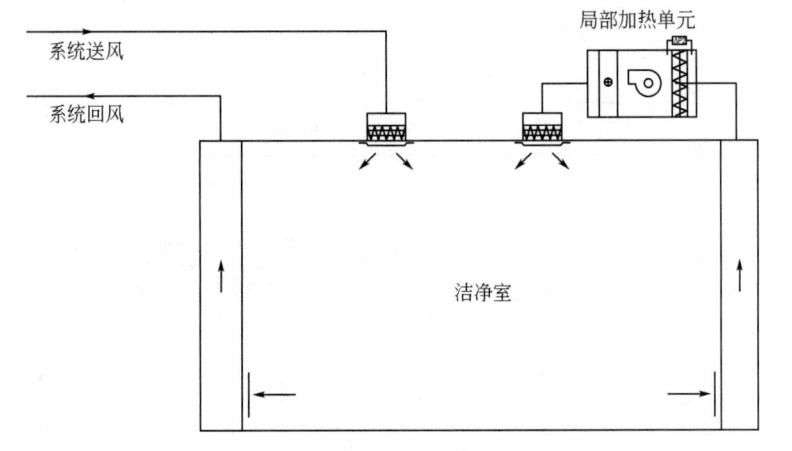

图 2-1-24　嵌套局部加热单元的空调系统原理图

a.局部洁净等级控制设备,例如:存在局部 A 级环境。

b.局部温度控制设备,例如:冰箱间因产热较大,需独立设置循环降温单元。

c.局部湿度控制设备,例如:粉针分装房间需控制低湿度,需独立设置除湿机。

（2）按照洁净室气流流型分类

按照洁净室气流流型,将空调净化系统划分为三种:单向流洁净室、非单向流洁净室、混合流洁净室。

① 单向流洁净室　单向流洁净室是气流以均匀的截面速度,沿着平行流线以单一方向在整个室截面上通过的洁净室,适用于 A 级洁净室（区）,有垂直单向流（见图 2-1-25）和水平单向流（见图 2-1-26）两种。

两种单向流均依赖于末端过滤器的送风与回风口接近一对一的相对设置,以尽可能保持气流呈直线。这两种单向流均能够保证工艺核心区气流受到的干扰最小。单向流通过活塞和挤压原理,把灰尘从一端向另一端挤压出去,用洁净气流置换污染气流。与洁净气流相垂直的工作面上的各个位置都具有相同的洁净度。

在动态状态下,单向流下的人员操作和设备的阻碍会使单向流变为乱流,但是如果采用 0.36~0.54m/s 的风速会使被打乱的单向气流得以迅速恢复从而保证该区域的洁净度。

图 2-1-25 中的（a）显示的是一个空气流经整个地板的垂直单向流,该方式需将洁净室地面设置为格栅地板,其建造成本和后期的维护比较高。

图 2-1-25 中的（b）显示的是一个将回风格栅安装在房间两侧底部墙角的垂直单向流,

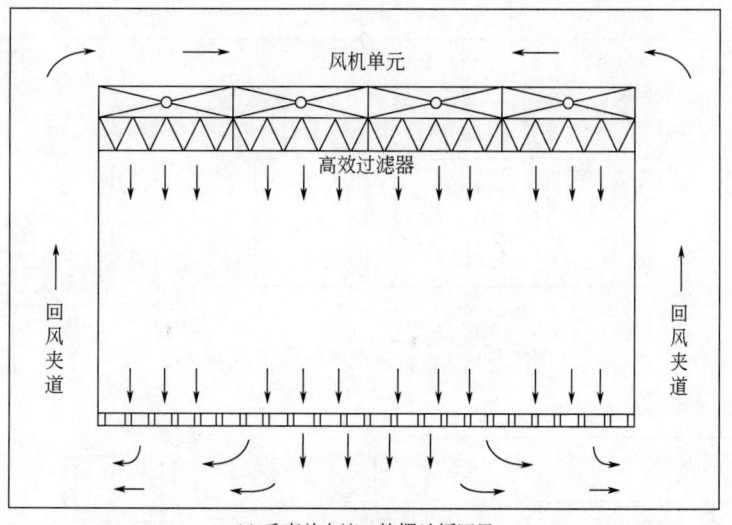

(a) 垂直单向流，格栅地板回风

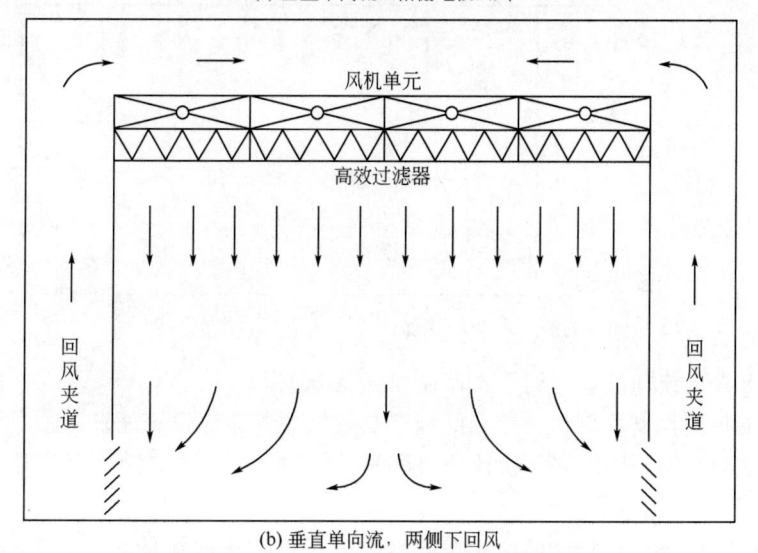

(b) 垂直单向流，两侧下回风

图 2-1-25　垂直单向流洁净室

这种设计适用于面积不大的洁净室，主要原因为面积过大后洁净室中心以及底部的单向流效果不好。

图 2-1-26 显示的是一个典型的水平单向流洁净室设计。通常情况下洁净室墙的面积要小于天花板的面积，因此水平单向流洁净室的初期建造费用要低于垂直单向流洁净室。

与图 2-1-27 对比可以看出，水平单向流在动态条件下操作人员后方的区域均为被污染的区域，比垂直单向流的污染面积要大得多，因此水平单向流在制药行业中不常被采用。

从上述工作原理和分析对比可以看出，单向流洁净室可以快速地将洁净室内的污染排除，并能有效地控制微粒和微生物的扩散，制药行业中常采用单向流气流组织来设计 A 级洁净室（区）。单向流洁净室因为在送风面上满布高效过滤器，所以在初期的建造投资以及后期的运行维护成本上都比较高。

② 非单向流洁净室　非单向流洁净室是气流以不均匀的速度呈不平行流动，伴有回流

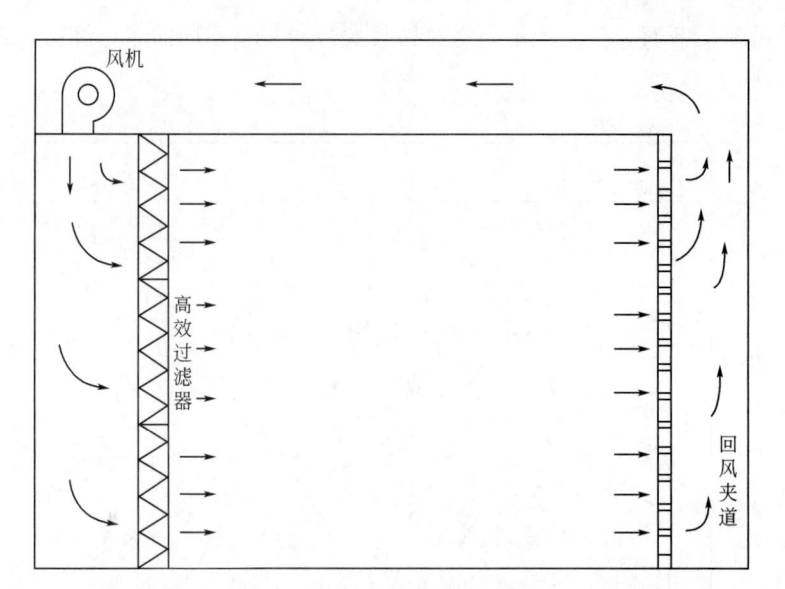

图 2-1-26　水平单向流洁净室

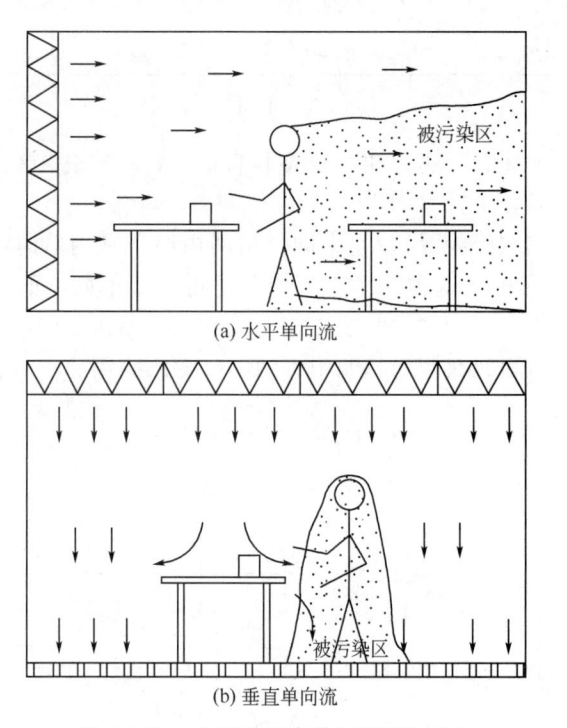

(a) 水平单向流

(b) 垂直单向流

图 2-1-27　水平和垂直单向流污染对比

或涡流的洁净室，也称紊流或乱流洁净室（见图 2-1-28）。空气经分布于送风面上的多个过滤器风口送入，并在较远的位置回风。过滤器风口可在整个洁净室或洁净区等距离分布，也可成组设于工艺核心区上方。过滤器出风口的位置对于洁净室的性能非常重要。尽管非单向流洁净室中的回风位置不像单向流那么重要，但为了尽量减少洁净室中的死区，也应注意回风口的布局。

非单向流采用稀释原理，即"脏"的房间空气与"干净"的房间空气不断地混合，以降低房间内空气中的微粒负荷。一般形式为高效过滤器送风口顶部送风，回风的形式有下部回风、侧下部回风和顶部回风等。依不同送风换气次数，实现不同的净化级别，其初期投资和运行费用也不同。

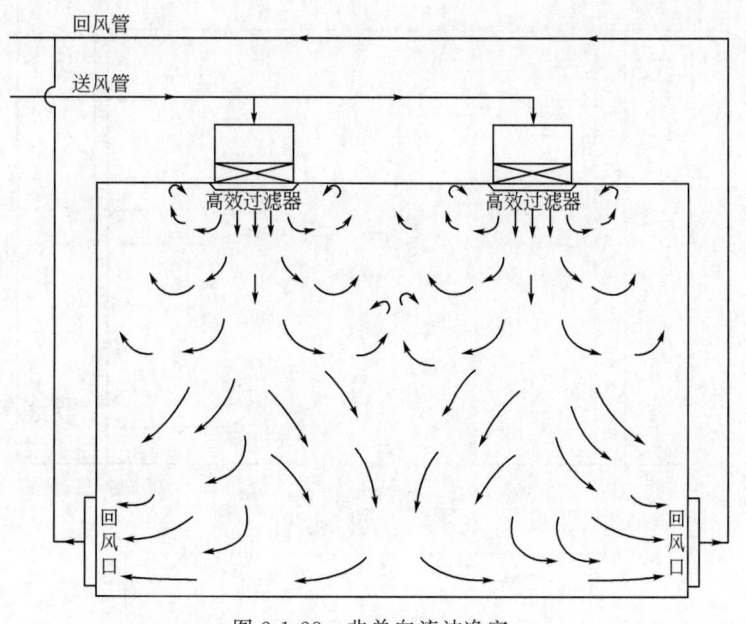

图 2-1-28　非单向流洁净室

该类型洁净室最大的优点为建造和运行成本都非常低，其缺点为室内空气的洁净度通常达不到高等级（A级）的要求。

③　混合流洁净室　混合流洁净室是在同一房间内综合利用单向流和非单向流两种气流方式的洁净室（见图 2-1-29）。这种洁净室的特点是将垂直单向流面积压缩到最小，用大面积非单向流替代大面积单向流，这样既节省初期投资和后期运行费用，又能为关键的操作区域提供高等级的洁净度，因此在制药行业中得到了广泛的应用。

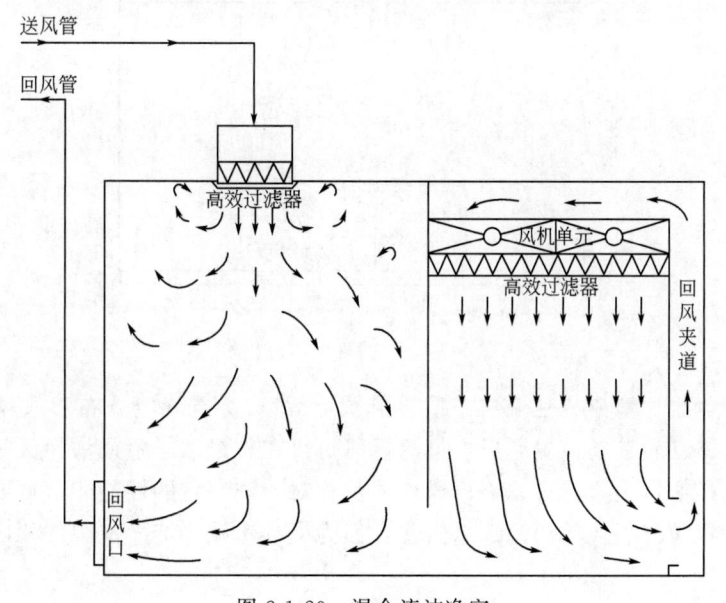

图 2-1-29　混合流洁净室

2.1.2.3 空调净化系统的技术要求

制药企业的净化空调是大型空调中的一种，相比于其他普通空调系统，它的控制要求更为严格，不仅对空气的温度、湿度和风量有严格要求，还对空气中所含尘埃粒数、细菌浓度等均有明确限制，同时还需控制不同等级区域间的压差，以保证内部洁净空气不被污染和交叉污染。

（1）GMP要求

《药品生产质量管理规范（2010年修订）》中关于空调净化系统的规定如下。

第四十六条　为降低污染和交叉污染的风险，厂房、生产设施和设备应当根据所生产药品的特性、工艺流程及相应洁净度级别要求合理设计、布局和使用，并符合下列要求：

（一）应当综合考虑药品的特性、工艺和预定用途等因素，确定厂房、生产设施和设备多产品共用的可行性，并有相应评估报告；

（二）生产特殊性质的药品，如高致敏性药品（如青霉素类）或生物制品（如卡介苗或其他用活性微生物制备而成的药品），必须采用专用和独立的厂房、生产设施和设备。青霉素类药品产尘量大的操作区域应当保持相对负压，排至室外的废气应当经过净化处理并符合要求，排风口应当远离其他空气净化系统的进风口；

（三）生产 β-内酰胺结构类药品、性激素类避孕药品必须使用专用设施（如独立的空气净化系统）和设备，并与其他药品生产区严格分开；

（四）生产某些激素类、细胞毒性类、高活性化学药品应当使用专用设施（如独立的空气净化系统）和设备；特殊情况下，如采取特别防护措施并经过必要的验证，上述药品制剂则可通过阶段性生产方式共用同一生产设施和设备；

（五）用于上述第（二）、（三）、（四）项的空气净化系统，其排风应当经过净化处理。

第六十二条　通常应当有单独的物料取样区。取样区的空气洁净度级别应当与生产要求一致。如在其他区域或采用其他方式取样，应当能够防止污染或交叉污染。

第六十七条　实验动物房应当与其他区域严格分开，其设计、建造应当符合国家有关规定，并设有独立的空气处理设施以及动物的专用通道。

《药品生产质量管理规范（2010年修订）》附录 "无菌药品"规定：

第三十二条　在任何运行状态下，洁净区通过适当的送风应当能够确保对周围低级别区域的正压，维持良好的气流方向，保证有效的净化能力。

应当特别保护已清洁的与产品直接接触的包装材料和器具及产品直接暴露的操作区域。

当使用或生产某些致病性、剧毒、放射性或活病毒、活细菌的物料与产品时，空气净化系统的送风和压差应当适当调整，防止有害物质外溢。

必要时，生产操作的设备及该区域的排风应当做去污染处理（如排风口安装过滤器）。

空调净化系统的设计必须以遵循GMP为原则，而GMP只是基本准则，所以其没有很多的量化指标，也不规定实施方法，只要符合要求，允许采用不同的实施技术和方法。

（2）空调系统设计要求

空调系统控制洁净环境中的温湿度、风量、压差等关键参数，因此一个良好的空调系统设计是洁净环境的基础保证。

（3）温湿度要求

健康的人产生的环境污染物很少，但在燥热且不舒适的环境下工作的人就会释放大量的颗粒物质以及微生物，较高的温湿度又会加快表面微生物和霉菌的生长速度，对产品质量产生影响。

洁净室的温度与相对湿度应与药品生产要求相适应，应保证药品的生产环境和操作人员的舒适感。

当药品生产有特殊要求时，应按以下要求确定温度和相对湿度。

① 房间温度对于敞开和密闭操作来说都是关键参数。许多产品、物料以及工艺过程都具有较宽的温度范围。但是范围越宽，它们暴露的时间就越短。如果产品或物料需要存放或暴露较长的时间，那么影响就会显现。

② 房间的相对湿度会对暴露的产品或物料产生影响并使其吸潮，而对含水分的产品则几乎没有影响。

当药品生产无特殊要求时，洁净室的温度范围可控制在 18～26℃，相对湿度控制在 45％～65％。

（4）风量和换气次数

非单向流的洁净室在空调系统设计中应用很广，该送风形式是通过向洁净室内送入足够量的、经过滤处理的洁净空气，与房间内的被污染的空气不断的混合，以排除、稀释室内的污染物，达到降低洁净室内微粒负荷的目的。由此可见，洁净室内用以稀释室内污染物、保持生产区环境洁净度要求的洁净空气送风量的微粒水平取决于室内污染物的发生量和洁净室内的送风量，应取以下条件的最大值。

① 洁净送风量必须保证能满足生产所需的空气洁净度，包括为满足 15～20min 的洁净室自净时间所需风量。

② 有效去除洁净室内产生的热、湿负荷，保证房间的温湿度符合要求。

③ 向洁净室提供的新风量，保证每人不小于 40m³/h。

④ 洁净室的通风状况通常可用"换气次数"这一较为直观的表示方法。换气次数和送风量通常使用如下公式进行换算：

$$换气次数（次/小时）= \frac{房间送风量（m^3/h）}{房间体积（m^3）} \qquad (2\text{-}1)$$

在实际设计时，设计院通常会采用如下换气次数：

① D 级区域：15～20 次/小时。

② C 级区域：20～40 次/小时。

③ B 级区域：40～60 次/小时。

（5）压差

为防止低洁净级别房间的气流污染高洁净级别房间的气流，不同洁净级别的房间之间要保持适当的静压差。生产区相同级别房间之间同样也必须设定气流方向，遵循由核心区向外递减原理，能有效地降低产品污染的风险。在设计压差梯度时，应考虑以下因素。

① GMP 中规定的压差最低值：欧盟 GMP 采用的压差值为 10～15Pa，FDA 采用的压差值最小为 12.5Pa，中国 GMP 采用的压差值最小为 10Pa。

② 洁净室内是否有独立的排风设备，排风设备在开启或关闭时对房间压差的影响。

③ 考虑现有测试仪器精度，保证所设计压差在现场能够测量得到。

④ 当气锁门打开时的可接受的压差变化，不同洁净级别的压差不应归零。

⑤ 打开或关闭门的能力，压差过大会造成房间门的开启或关闭困难。

⑥ 洁净区的门、缝隙和孔洞产生的漏风量。

⑦ 跨越不同区域的设备对压差的影响（如隧道烘箱）。

⑧ 对压差失效报警的响应程序。

2.1.2.4 空调净化系统的确认

由空调系统的定义可以看出，空调系统涵盖范围比较广，包括办公室的舒适性空调、仓库的制冷空调、洁净室的洁净空调。

制药企业这些空调系统都需要做确认吗？解决这个问题可以参考中国 GMP（2010 年修订）第一百三十八条："企业应当确定需要进行的确认或验证活动，以证明有关操作的关键要素能够得到有效控制。确认或验证的范围和程度应当经过风险评估来确定。"

根据系统影响性评估的结果，通常需要进行确认的空调系统主要包括制冷空调和净化空调系统，有关制冷空调，即冷库等系统的确认，可参见本书第 5 章"仓储与运输验证"章节，本章以空调净化系统为例进行讲解。空调净化系统确认通常应包含设计确认、安装确认、运行确认和性能确认。安装确认和运行确认是对 HVAC 系统本身进行的确认，性能确认是对环境系统进行的确认，需要和洁净室一起共同作用完成洁净环境维持。

（1）设计确认（DQ）

设计确认是提供书面化的证据证明供应商提供的设备和设施能够达到预定的目标所做的各种查证及文件记录。设计确认需要参照批准的用户需求说明、相关的设计标准与设计文件一一进行确认，从而确保所有需求和设计活动都已经完成并且满足要求。

① 设计确认所需的设计文件

a. 空调系统流程图；

b. 洁净房间平面布局图；

c. 送、回、排风口平面图；

d. 洁净送风平面图；

e. 洁净分区平面图；

f. 压差平面图；

g. 人流物流平面图；

h. 设计说明书；

i. 风量平衡计算表；

j. 空气处理计算表（机组冷热负荷计算）；

k. 空调系统控制系统图。

② 设计确认的要点　空调系统最终服务于产品生产，其运行参数均需要满足工艺的需求和人员安全的要求，关键的设计确认通常包含以下内容：

a. 功能需求确认；

b. 技术参数需求确认；

c. 工艺需求确认；

d. 操作控制需求确认；

e. 环境消毒需求确认；

f. 环境监测需求确认；

g. GMP 需求确认；

h. EHS（环境、健康、安全）需求确认；

i. 文件资料需求确认；

j. 建造需求确认。

在确认过程中，供应商和设计单位应对用户需求说明中的各项要求一一核对，对不合理或者不安全的要求应与业主进行协商，最终以书面形式将讨论的结果记录下来，然后由业主方进行汇总形成一份设计确认报告。值得说明的是，会议记录、参数计算书、技术交流记录、邮件都可以作为设计确认的支持性文件。

（2）安装确认（IQ）

安装确认通常在空调系统安装或改造完成之后进行，其目的是证明空调系统符合已批准的设计及制造商建议所做的各种查证及文件记录。

① 技术资料确认　对空调系统现场施工、安装质量的检查通常建立在图纸、部件清单等技术资料是有效的（版本控制）、完整的（存档完整）和可读的（清晰易懂）基础上，确认的文件一般包含以下内容。

暖通设计类文件：暖通设计说明，暖通施工说明，空调系统管道仪表图（P&ID），压差平面布局图，洁净分区平面布局图，风管平面布局图，风口平面布局图等。

暖通竣工文件包：文件清单，部件清单，风管制作清洗记录，风管漏风，漏光检测记录，空调系统空吹记录，高效过滤器安装记录，关键仪表的技术参数，空调系统的调试记录等。

② 材料参数确认　空调系统各组件的材料、参数及质量，是确保空调系统能正常运行、达到符合 URS 及 GMP 的性能要求的重要指标，必须对空调系统的各组件进行确证。例如：机组箱体壁板的厚度，机组内初中效的过滤材质及型号，风机的材质及使用寿命，风管的材质，微压差计的量程，终端过滤器的效率等级等。

③ 空调机组装配确认　为了确保空调系统能正常运行，且性能符合用户需求，安装及空调机组的装配须同设计图纸及设计要求一致。例如空调机组各主要部件的安装位置与装配顺序是否与图纸一致。

④ 风管的布局确认　对照风管平面布局图对风管以及风管组件的安装位置一一进行确认，确认实际的安装情况是否与竣工图纸保持一致。

⑤ 高效过滤器安装确认　高效过滤器安装应进行确认，确保洁净区（室）能够满足相应洁净级别的要求，确认高效过滤器的规格、效率等级等信息是否能够满足用户需求及 GMP 要求。

⑥ 公用系统连接确认　为了确保空调能正常运行，其需要的公用系统应正确连接，且参数符合要求。包含加热蒸汽、加湿蒸汽的压力确认，冷冻进水、冷冻回水的温度和压力确认，机组的电源确认，排风机组的电源确认等。

（3）运行确认（OQ）

① 风量和风速确认　洁净区（室）的送风量是单位时间内从末端过滤器或风管送入洁净室内的体积空气量；洁净区（室）的换气次数为单位时间

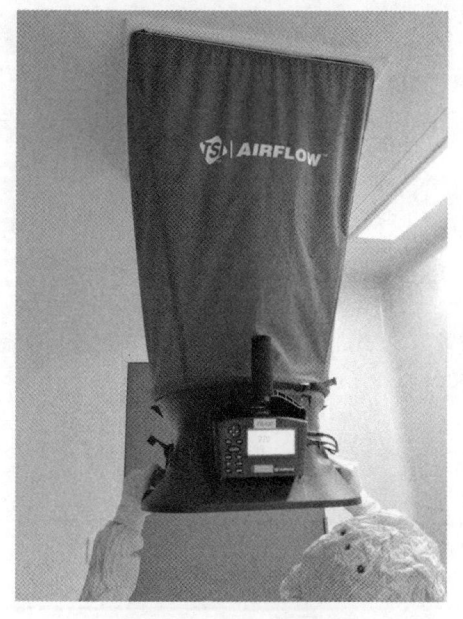

图 2-1-30　风口风量测试

的换气值。换气次数的计算公式为：

$$换气次数（次/小时）= 房间总送风量（m^3/h）/ 房间体积（m^3） \qquad (2-2)$$

根据式（2-2）可以看出，房间的送风量与换气次数成正比，送风量不足，换气次数偏低，洁净区（室）环境中的悬浮粒子可能得不到应有的净化，悬浮粒子和微生物参数超标，因此需对洁净区（室）的风量/换气次数进行确认。

送风量的测试可以采用风量罩对每个风口风量进行测试（见图 2-1-30），计算总送风量。风速的测试可以采用风速计在送风面下 15～30cm 的位置进行测试。

非单向流洁净室系统实际送风量和设计送风量的允许偏差为 0～20%。单向流设备的风速应满足 A 级洁净区对风速的要求：0.36 ～ 0.54 m/s。如果风口下有设备妨碍，可采用风速计测试风速，用平均风速乘以送风面积的方法计算风量。

② 压差确认　洁净区与非洁净区（室）、相邻不同洁净级别间的压差是保证药品生产过程中避免污染、交叉污染的一种措施。因此，压差的确认在空调系统的确认中就显得尤为重要。压差测量可使用经校验过的电子微压计、斜管压差计、机械式压差表（见图 2-1-31），测试过程中测试点应设在洁净室中央，远离可能影响测试点局部压力的送风口和回风口。

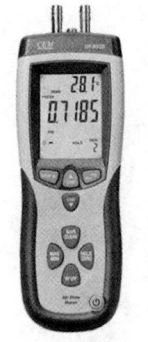
电子微压计

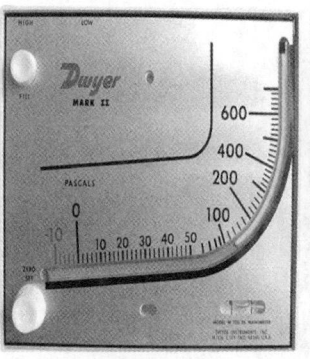
斜管压差计

机械式压差表

图 2-1-31　压差测量的仪表

压差测试过程中确保房间门处于关闭状态。当待测试房间内有独立排风设备时，独立排风设备处于关闭状态、开启和稳定状态时，采用校准过的微压差计分别进行压差测试。比对测试数据与可接受标准，确认洁净区和非洁净区，相邻不同洁净级别房间之间的压差符合设计和 GMP 要求，空调系统各房间压差控制单元在房间压差出现异常时可控制房间压差使其恢复正常。

③ 温湿度确认　温湿度确认是确认空调机组的温湿度控制能力。温湿度测试可通过手持式的温湿度计或在线的温湿度监测装置来进行测试。

洁净区（室）的温湿度应根据生产工艺和人员舒适度的要求来进行设计，最终的测试结果应满足设计的要求。

④ 高效过滤器的完整性确认　送风空气流的终端过滤器可以过滤送风空气流中的尘埃和微生物，保持洁净区（室）符合相应级别的环境。高效过滤器自身破损、泄漏或边框泄漏、阻塞，会导致各房间的悬浮粒子、微生物参数超标。

制药行业通常采用光度计法（见图 2-1-32）进行完整性测试。完整性测试时，在过滤的上风侧引入测试气溶胶，并在过滤器的下侧进行检测。检测方法：光度计法。检测高效过滤器整个送风面、过滤器的边框以及静压箱和过滤器的密封处。终端高效过滤器的透过率不应大于 0.01%，当透过率大于 0.01% 时，则认为存在渗漏。

⑤ 气流流型确认　气流方向和气流均匀性要与设计要求和性能要求相符，若有要求，还要与气流的空间和时间特性相符。气流方向检测和显形检查的方法有示踪线法，示踪剂法，采用图像处理技术的气流显形检查，借助速度分布测量的气流显形检查等。气流方向符

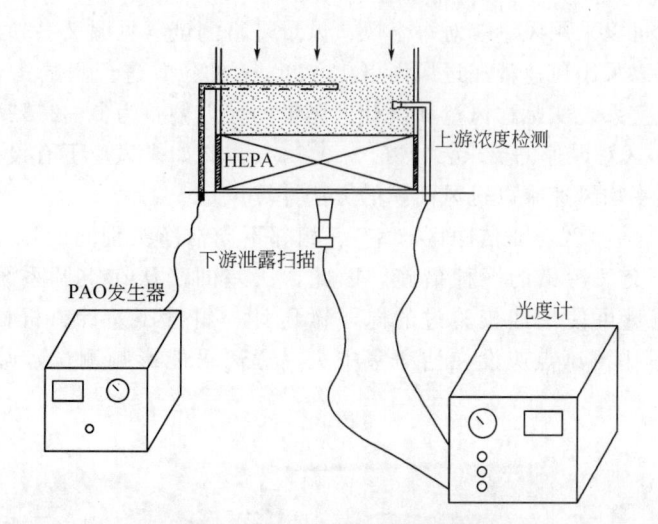

图 2-1-32　光度计检漏示意图

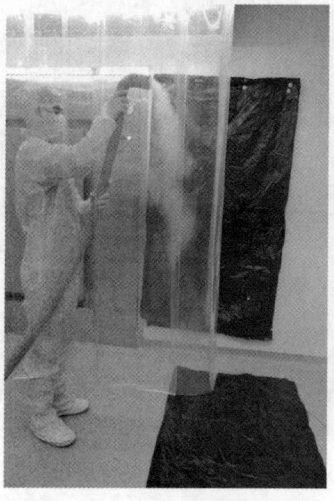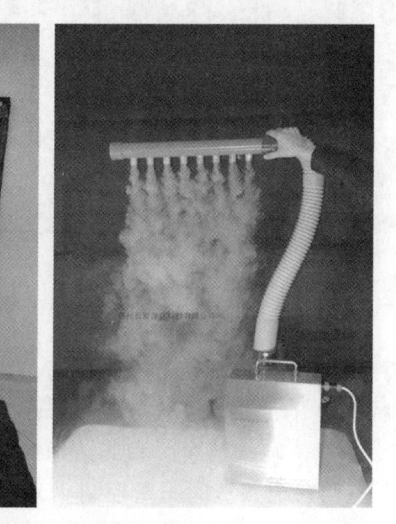

图 2-1-33　气流流型测试

合设计要求和性能要求，例如：高效过滤器下方烟雾气流顺畅向下，无逆流；回风口处烟雾气流流向回风口，无逆流；通道处烟雾气流流向符合相邻房间气流设计要求，无逆流（见图2-1-33）。

　　⑥ 自净时间确认　自净时间确认项目是测试空调系统清除空气悬浮粒子以及污染物的能力的项目之一。自净能力与受控区内循环风比例、送风与回风的几何位置、热条件和空气分布特性等因素息息相关。

　　自净检测通常只适用于非单向流洁净室，一般以大气尘或气溶胶发生器等人工尘源为污染物，把房间内的悬浮粒子数（以粒径$\geq 0.5\mu m$粒子为准）增加到该洁净级别下静态悬浮粒子数的100倍，然后记录经空调系统净化过程，房间内悬浮粒子数衰减的趋势，自100倍悬浮粒子数降至合格数据的时间段就是测试的自净时间。自净时间的测试有以下两种方法。

　　方法一：当粒子浓度能够达到初始浓度时采用此方法。记录颗粒浓度最为接近该洁净级别要求的初始浓度的时间，作为起始时间t_0，记录颗粒浓度最为接近且小于预期洁净级别的颗粒浓度的时间，作为结束时间 t_1。测试的自净时间 T 为 t_1-t_0。

方法二：当粒子浓度达不到初始浓度时采用此方法。

以浓度达到最大值的时间进行记录，采集至少 5～10 个数据，使房间粒子浓度符合该洁净级别的要求即可停止测试。并根据公式计算自净率 n，求取自净率 n 的平均值，根据自净率与自净时间的计算公式，求得自净时间。自净率计算公式如下：

$$n=-2.3\times\frac{1}{t_1}\lg\left(\frac{C_1}{C_0}\right) \tag{2-3}$$

式中，n 为自净率；t_1 为第一次和第二次测试的时间间隔；C_0 为初始浓度；C_1 为时间 t_1 过后的浓度。

平均自净率计算公式如下：

$$\mathrm{Avg}(n)=(n_1+n_2+n_3+\cdots+n_N)/N \tag{2-4}$$

自净率和 100:1 自净时间之间的关系，公式如下：

$$n=-2.3\times\frac{1}{t_{0.01}}\lg\left(\frac{1}{100}\right)=4.6\times\frac{1}{t_{0.01}} \tag{2-5}$$

式中，n 为自净率；$t_{0.01}$ 为 100:1 自净时间。

生产操作全部结束、操作人员撤出生产现场并经 15～20min 自净后，洁净区的悬浮粒子应当达到"静态"标准。

2.1.3 洁净环境系统

2.1.3.1 洁净环境系统等级分类标准

先来了解一下用于洁净环境等级分类的粒子以及粒子的规格。在医药行业中，我们关注的为 $\geqslant 0.5\mu m$ 和 $\geqslant 5.0\mu m$ 的粒子。图 2-1-34 直观地展示了医药行业关注所粒子的规格。

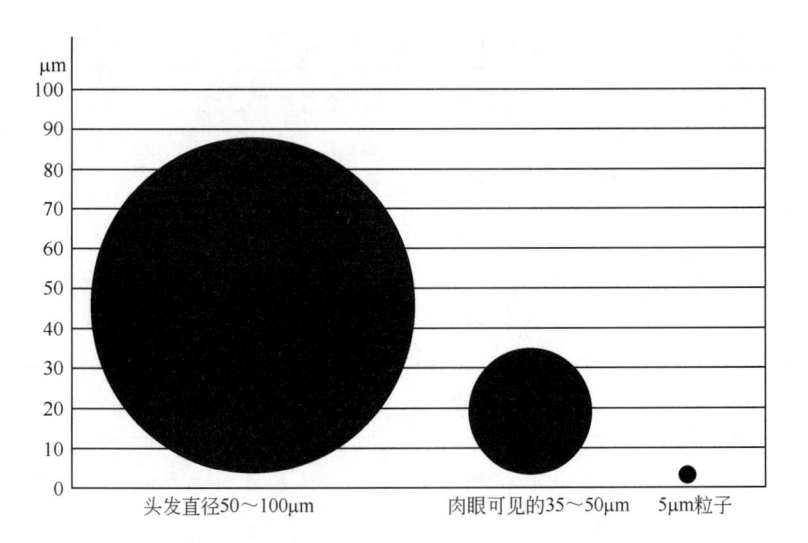

图 2-1-34　粒子直径比较

（1）中国 GMP（2010 年修订）附录　无菌药品

中国 GMP 规定无菌药品生产过程中各级别空气悬浮粒子的标准见表 2-1-1，洁净区微生物的动态标准见表 2-1-2。

表 2-1-1 各级别空气悬浮粒子的标准

洁净度级别	悬浮粒子最大允许数/m³			
	静态		动态	
	≥0.5μm	≥5.0μm	≥0.5μm	≥5.0μm
A 级	3520	20	3520	20
B 级	3520	29	352000	2900
C 级	352000	2900	3520000	29000
D 级	3520000	29000	不作规定	不作规定

表 2-1-2 洁净区微生物监测的动态标准

洁净度级别	浮游菌 cfu/m³	沉降菌(φ90mm) cfu/4 小时	表面微生物	
			接触(φ55mm) cfu/碟	5 指手套 cfu/手套
A 级	<1	<1	<1	<1
B 级	10	5	5	5
C 级	100	50	25	—
D 级	200	100	50	—

静态：所有生产设备均已安装就绪，但没有生产活动且无操作人员在场的状态。

动态：生产设备按预定的工艺模式运行并有规定数量的操作人员在现场操作的状态。

（2）欧盟 GMP 附录　无菌药品

欧盟 GMP 规定无菌药品生产过程中各级别空气悬浮粒子的标准见表 2-1-3，洁净区微生物的动态标准见表 2-1-4。

表 2-1-3 各级别空气悬浮粒子的标准

洁净度级别	悬浮粒子最大允许数/m³			
	静态		动态	
	≥0.5μm	≥5.0μm	≥0.5μm	≥5.0μm
A 级	3520	20	3520	20
B 级	3520	29	352000	2900
C 级	352000	2900	3520000	29000
D 级	3520000	29000	不作规定	不作规定

表 2-1-4 洁净区微生物监测的动态标准

洁净度级别	浮游菌 cfu/m³	沉降菌(φ90mm) cfu/4 小时	表面微生物	
			接触(φ55mm) cfu/碟	5 指手套 cfu/手套
A 级	<1	<1	<1	<1
B 级	10	5	5	5
C 级	100	50	25	—
D 级	200	100	50	—

（3）FDA 无菌工艺生产指南（2004 年）

表 2-1-5　空气洁净级别

洁净区域级别 （0.5μm/ft³ 尘埃粒子）	ISO 级别	＞0.5μm 尘埃 粒子数/m³	活性微生物活动 水平（cfu/m³）	沉降菌活动水平 （直径：90mm；cfu/4 小时）
100	5	3520	1	1
1000	6	35200	7	3
10000	7	352000	10	5
100000	8	3520000	100	50

（4）ISO 14644-1：2015 基于粒子浓度的空气洁净度分级

表 2-1-6　通过粒子浓度进行的空气洁净度 ISO 分级

ISO 等级 （N）	大于等于规定粒径的最大可允许浓度（个/m³）ᵃ					
	0.1μm	0.2μm	0.3μm	0.5μm	1μm	5μm
1	10ᵇ	d	d	d	d	e
2	100	24ᵇ	10ᵇ	d	d	e
3	1000	237	102	35ᵇ	d	e
4	10000	2370	1020	352	83ᵇ	e
5	100000	23700	10200	3520	832	d,e,f
6	1000000	237000	102000	35200	8320	293
7	c	c	c	352000	83200	2930
8	c	c	c	3520000	832000	29300
9ᵍ	c	c	c	35200000	8320000	293000

注：a. 表中所有的浓度是累积的。例如：ISO 5 级 0.3μm 的 10200 粒子包含了所有等于或者是超过该粒径的所有粒子。

b. 这些浓度将导致需要取大量的空气样本来对环境定级。可实施连续的取样程序来实现定级。

c. 由于粒子浓度非常大，极限浓度不适用于表格中的这一区域。

d. 低浓度粒子在取样和统计的局限性，会造成定级不当。

e. 由于取样系统潜在的粒子损失，粒子在低浓度和粒径大于 1μm 时样品收集的局限性，使该粒径下的洁净度级别不适用。

f. 为了规定 ISO5 级的粒径，大粒子 M 描述符可能适应并与至少一种其他粒径联合使用。

g. 该级别仅适用于动态测试。

通过表 2-1-6 中对比，欧盟洁净度的要求与中国基本一致。FDA 采用的是 100 级、1000 级、10000 级和 100000 级的要求（见表 2-1-5），并对≥5.0μm 的粒子未做明确的要求。ISO 14644-1：2015 中认为使用≥5.0μm 粒径进行洁净度分级不适用，同时取消了 95%UCL 的计算。洁净度分级的各个法规的比较结果见表 2-1-7。

表 2-1-7　洁净度分级的各个法规比较

中国（欧盟） GMP	ISO	FDA	适用区域介绍
A 级	5 级	100 级	高风险操作区，如灌装区、放置胶塞桶和与无菌制剂直接接触的敞口包装容器的区域及无菌装配或连接操作的区域，应当用单向流操作台（罩）维持该区的环境状态
B 级（静态）	5 级	N/A（不适用）	无菌配制和灌装等高风险操作 A 级洁净区所处的背景区域
C 级（静态）	7 级	10000 级	无菌药品生产过程中重要程度较低的操作步骤的洁净区
D 级（静态）	8 级	100000 级	无菌药品生产过程中重要程度较低的操作步骤的洁净区以及口服制剂车间

注：以上对比均以≥5.0μm 的悬浮粒子为限度标准。

2.1.3.2 洁净环境系统确认

洁净环境系统确认主要是性能确认，为证明空调系统能按照相应的技术要求有效稳定（重现性好）地运行且能持续保持洁净室内的洁净环境，需对洁净环境进行静态测试和动态测试。

静态是指所有生产设备均已安装就绪，但没有生产活动且无操作人员在场的状态。静态测试过程中，除和空调系统连锁启动运行的设备外，其他洁净区内的所有生产及辅助设备均不得开启。静态测试过程中，同一房间内的测试人员应得超过两人。

动态是指生产设备按预定的工艺模式运行，并有规定数量的操作人员在现场操作的状态。"生产设备按预定的工艺模式运行"可理解为工艺设备在按照预定的工艺参数进行试生产或模拟生产活动。所以，在此过程中，除有特殊要求不得开启的设备外，其他洁净区内的所有生产及辅助设备应全部开启。制药企业应结合生产工艺特点和实际的控制要求，对洁净区各房间的最大允许操作人员数量做出规定，动态测试过程中，各房间人数应按照此要求进行实际控制，并将对应的人员数量进行记录。

性能确认过程中，将进行连续三天的静态测试和连续三天的动态测试，测试项目包括：房间压差测试、环境温湿度测试、悬浮粒子数测试、浮游微生物测试、沉降微生物测试和表面微生物测试。执行过程中，每天对所有测试项目完成一次测试。

（1）悬浮粒子浓度确认

制药行业应根据 GMP 及相关标准指南中的规定对洁净室的悬浮粒子浓度进行确认，在进行悬浮粒子测试前应做以下规定：

① 测试人员的要求（培训、数量）；

② 测试仪器的要求（精度、校准等）；

③ 采样点位的要求；

④ 采样量的要求；

⑤ 采样次数的要求；

⑥ 测试结果计算。

用于洁净区空气悬浮粒子监测的仪器多为光散射粒子计数器和激光粒子计数器（图 2-1-35）。

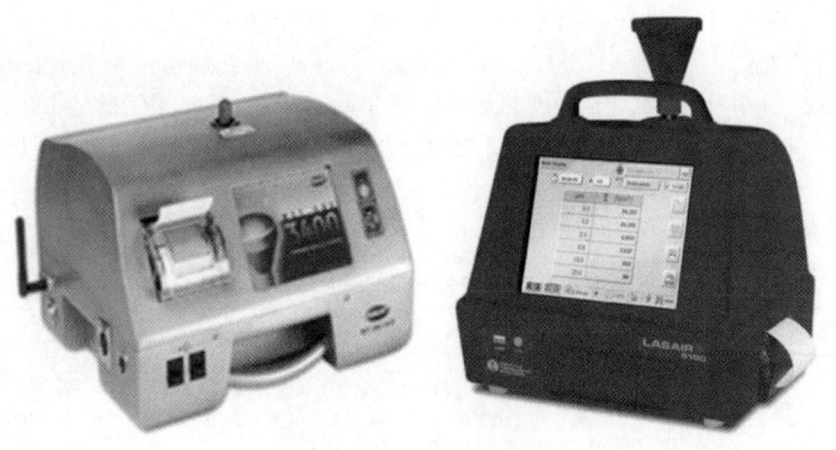

图 2-1-35　粒子计数器

（2）微生物确认

洁净室的环境应避免微生物的滋生，相应洁净级别对微生物有一定要求。测试前的规定同悬浮粒子一致。

监测方法有沉降菌法、定量空气浮游菌采样法和表面取样法（如棉签擦拭法和接触碟法）等。培养皿在用于检测时，为避免培养皿运输或搬动过程造成的影响，宜同时进行阴性对照试验，阴性对照培养皿与采样的培养皿采用相同操作，但不需暴露采样，然后与采样后的培养皿（TSA 或 SDA）一起放入培养箱内培养，结果应无菌落生长。

① 浮游菌　经常使用撞击法中的狭缝式采样器或筛网撞击式监测浮游菌采样器（图 2-1-36），通过多孔盖抽取空气，而气流中的微生物则撞击附着在标准培养皿中琼脂培养基的表面。在生产过程中，可以设定采样器，利用采样、等待、再采样的间隙方式监测生产全过程。另外，浮游菌采样器还有筛孔撞击式、表面真空取样、离心式、过滤式和液体冲击式等采样方式。

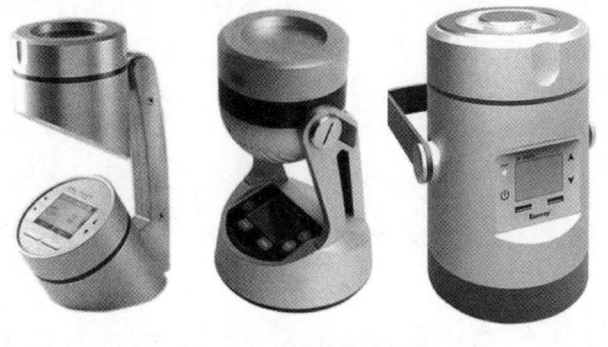

图 2-1-36　浮游菌采样器

② 沉降菌　用暴露法收集降落在培养皿中的活生物性粒子，并将其培养、繁殖后加以计数所得。沉降菌测定的培养皿应布置在有代表性的地方和气流扰动最小的地方。具体的采样方法和培养方法是，将培养皿放置在接近于操作高度的位置后，打开外盖并倒扣放置，使培养基表面暴露出来。

③ 表面菌　物体表面微生物测试可以确定物体（包括工作服）表面微生物的污染程度。一般情况下，可以使用棉签间接取样后培养、直接接触法取样和表面冲洗法 3 种方法，而利用直接接触法时，所用的接触碟要放置至室温后使用。

2.1.4　洁净环境日常监测

随着药品监管力度的加大，市场准入要求的提升，药品生产企业必须严控生产全过程，尤其是无菌药品的生产全过程。根据中国 GMP（2010 年修订）附录"无菌药品"第十条（应当按以下要求对洁净区的悬浮粒子进行动态监测：根据洁净度级别和空气净化系统确认的结果及风险评估，确定取样点的位置并进行日常动态监控）和第十一条［应当对微生物进行动态监测，评估无菌生产的微生物状况。监测方法有沉降菌法、定量空气浮游菌采样法和表面取样法（如棉签擦拭法和接触碟法）等。动态取样应当避免对洁净区造成不良影响。成品批记录的审核应当包括环境监测的结果］的规定需对药品的生产环境进行日常监测。日常监测通常包含以下内容：监测项目、监测计划、监测点位、监测频率、监测数据管理。

（1）监测项目

洁净区的设计必须符合相应的洁净度要求，达到"静态"和"动态"的标准，同时，该区域还应当动态监测压差、温湿度、微生物（浮游菌、沉降菌、表面微生物）的情况。微生物主要包括病毒、立克次体、细菌和原生虫类等，但是，与洁净室有关的主要是细菌。因为细菌不能单独生存，所以，它一般都附着在尘粒上，因此，可以通过空调的初效、中效、（亚）高效过滤阻隔尘埃粒子，同时，也能完成对细菌的阻隔。对无菌区来说，微生物检测更重要，但是，直接检测的周期长，所以，可以用粒子水平来间接衡量其具体的情况。也就是说，这两方面的检测可以为无菌生产过程环境的破坏度和卫生状况作评估，为最终产品的放行提供数据支持。

（2）监测计划

一个良好的日常监测计划关键在于结合清洁/消毒周期，确定监测点的位置和适当的监测频率，但没有任何一个取样方案能适用于所有需要监测的环境。

选择取样频率的关键点是能够鉴别出系统潜在的缺陷。取样频率可能需要根据情况做出临时或长久的调整，这些情况包括生产操作、药典要求、微生物趋势变化；添加新设备、附近房间或公用系统的改造等。

每个取样点的监测频率可能会低于系统或洁净区的监测频率（例如，有些取样点是循环测试的）。对于批生产相关的监测频率，可能会不同于常规监测频率。在许多情况下，批生产环境的监测可覆盖洁净区的常规监测。

日常监测过程与验证相比，有所不同的是：日常监测点位基于风险评估，可以比验证有所减少。

（3）监测点位

取样点位的选择很大程度上取决于洁净室的设计和生产过程。在选择取样点时，应对每个程序仔细认真地加以评估。取样的主要目的是提供有价值并可用于判断的数据，以便鉴别/识别特定程序、设备、材料和工艺相关的实际或潜在的污染。取样应设在如果取样点受到污染，则产品很可能受到污染的那些位置，然而，必须谨慎地确定取样点的位置，靠近产品但不要接触产品。

常规监测取样点位应考虑如下因素。

① 在哪些部位的微生物污染，最可能对产品质量造成不良影响？

② 在生产过程中，什么地点最容易长菌？

③ 取样点的选择需要统计学设计还是根据网格法来确定？在常规监测中，有一些点需要周转取样吗？

④ 哪些地方是清洁、消毒或灭菌时最难覆盖/接触或最难有效的部位？

⑤ 什么活动会导致污染的扩散？

⑥ 在某一部位的取样操作，足以导致测试数据的差错或污染产品吗？取样只应在生产结尾换班时进行吗？

环境动态监测布点的评估方法有多种，下面以冻干工艺为例进行说明（见表2-1-8）。

表 2-1-8　冻干工艺监测点评估

工艺	生产活动拟考虑的监测	监测点
灌装和后续操作	● 灌装前 ● 灌装线的调试 ● 灌装过程 ● 对灌装线的机械干预 ● 装载入冻干箱 ● 灌装后环境	● 灌装间及其相邻辅助间组成的无菌操作单元 ● 人员对灌装线的调试操作 ● 操作人员活动的区域 ● 灌装中的灌装线 ● 靠近瓶子转送带 ● 靠近灌装头 ● 靠近压塞机械处 ● 在冻干箱的装载门附近 ● 单向流小车 ● 灌装线和灌装结束后无菌操作间表面 ● 生产结束后操作及监测人员的衣服及手套

根据上表的评估确定下来的动态风险点位见图 2-1-37。

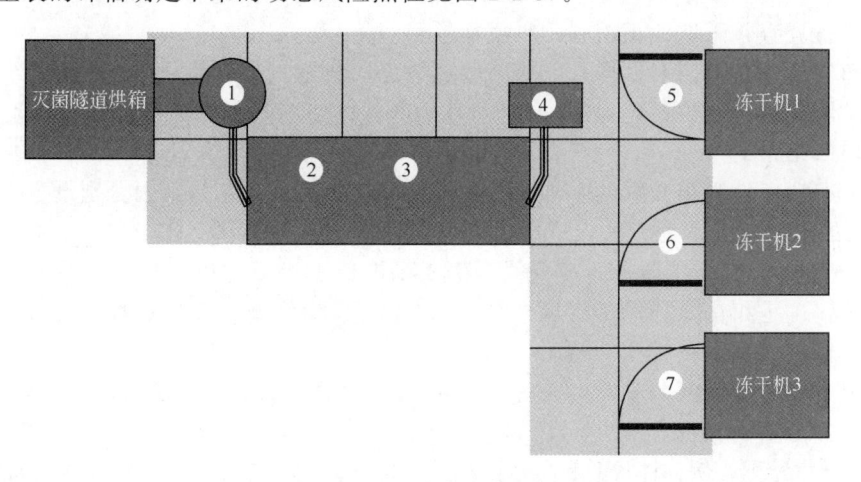

图 2-1-37　动态风险点位
1—前转盘，有人员干预操作；2,3—灌装/半压塞；4—小瓶转运，有人员操作；
5～7—半压塞，冻干前是 A 级区

根据靠近产品但不要接触产品的布点原则，最终确定的动态监测布点图见图 2-1-38。

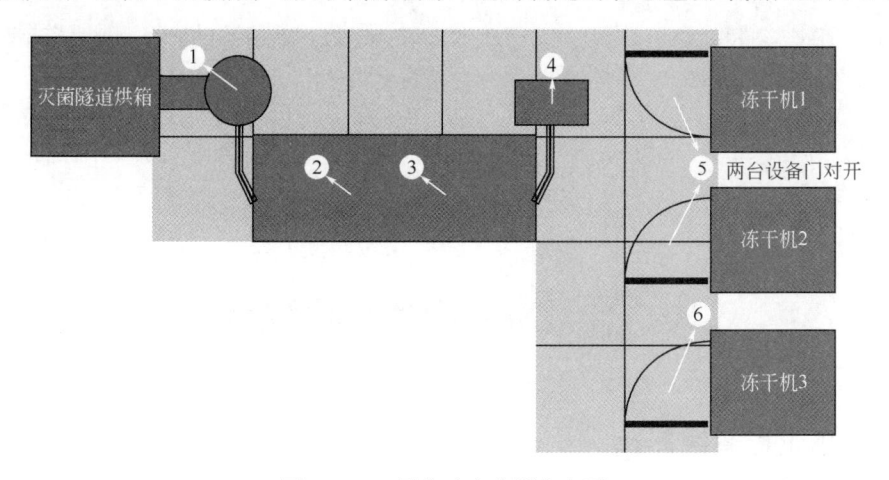

图 2-1-38　最终动态监测布点图
1—前转盘，有人员干预操作；2,3—灌装/半压塞；4—小瓶转运，有人员操作；
5,6—半压塞，冻干前是 A 级区

（4）监测频率

在制药行业中，环境监测要求的变化幅度很大，这取决于多种因素，如生产工艺或产品的类型、设施/工艺的设计、人员干预、后续最终灭菌的采用（包括无菌检查及与此不同的参数放行）、环境监测历史数据情况等，但并不局限于所提到的因素。没有万能的取样方案能适用于所有需要监测的环境。另外，取样频率可能需要根据情况做出临时或长久的调整，这些情况包括生产操作、药典要求、微生物趋势变化、添加新设备、附近房间或公用系统的改造等。选择取样频率的关键点是能够鉴别出系统潜在的缺陷。

（5）监测数据管理

① 警戒和纠偏限度（行动限）　制药企业应根据相应法规指南和历史数据以制定书面形式的警戒限和纠偏限。警戒限通常指系统的关键参数超出正常范围，但未达到纠偏限，需

要引起警觉，可能需要采取纠正措施的限度标准；纠偏限指系统的关键参数超出可接受标准，需要进行调查并采取纠正措施的限度标准。

临界值法：用直方图对取样点的所有测试数据，或近似位置的一组数据进行统计，其警戒限和行动限分别设定为最高值的1%和5%。也可以使用其他百分位数建立限度，以最后的100个监测结果的第95和第98百分位值作为警戒限和行动限。

正态分布法：计算出数据的平均值和标准偏差，其警戒限和行动限分别设定为平均值的2倍和3倍的标准偏差。此方法仅适用于符合正态分布的大样本数据。

② 监测数据分析　制药企业需要对监测得到的数据进行分析，其目的在于：分析超出限度的结果，确定纠偏措施；考察现行限度标准的适用性；确定系统的性能是否符合预期的要求。日常监测数据的分析和处理流程如下。

a. 决定分析目标（例如取样点警戒/纠偏限度的回顾审查，管理更新）。

b. 规定需分析的数据。

c. 利用数据绘图，例如柱状图和折线图，来评价基础数据并确定分布的规律（如有）。也可利用这类数据图来确定离群值（异常值，经偏差调查后可能会舍弃）或数据规律等特性。

d. 观察数据的分布并试探寻找最适合总体目标的数学模式。如果数据呈现一个具体的分布模式，则可应用参数化的数学模型。如果数据始终是无规律的分布，那么只能应用无参数模型的方法。

e. 无论选择什么样的统计模型，分析方法应与数据一致，并和结果一起记录于数据总结中。

（6）调查、纠偏措施

当监测数据出现漂离基线值的异常情况时，需要进行调查以识别造成环境质量水平出现异常的原因，寻找污染源。根据异常情况的风险等级采取不同的纠偏措施并对纠偏措施进行跟踪回顾检查。

2.2　公用工程系统确认

2.2.1　公用工程系统简介

制药行业中常用的公用工程系统包括洁净室、空调净化系统；液体（制药用水与溶剂、热水系统、冷却水系统）；气体（压缩空气、氮气、氧气与二氧化碳气体）；蒸汽（辅助加热、工艺与清洁）；真空清扫系统；电气和排放（工艺与废物）。

洁净室和空调净化系统已在本章2.1节进行介绍，本节涉及的公用工程系统主要为制药用水系统（包括饮用水、纯化水和注射用水），工艺气体系统（包括压缩空气、氮气、氧气和二氧化碳气体等）和纯蒸汽系统。

以下主要介绍用于工艺生产的洁净公用工程。洁净公用工程在制药行业应用广泛，洁净公用工程质量对于制药企业GMP符合性以及产品质量意义非凡。

2.2.2　制药用水系统

2.2.2.1　药典对制药用水分类

（1）中国药典（ChP2015）

中国药典收录的制药用水有纯化水、注射用水和灭菌注射用水。

① 饮用水　虽然不是药典收录的制药用水，但是在生产实际生产中仍然作为一种重要的溶剂或者清洗剂。饮用水为天然水经净化处理所得的水，其质量必须符合现行中华人民共和国国家标准《GB 5749—2006 生活饮用水卫生标准》。饮用水可作为药材净制时的漂洗、制药用具的粗洗用水。除另有规定外，也可作为饮片的提取溶剂。

② 纯化水　为饮用水经蒸馏法、离子交换法、反渗透法或其他适宜的方法制备的制药用水。不含任何附加剂，其质量应至少符合药典中纯化水项下的规定。

纯化水可作为配制普通药物制剂用的溶剂或试验用水；可作为中药注射剂、滴眼剂等灭菌制剂所用饮片的提取溶剂；口服、外用制剂配制用溶剂或稀释剂；非灭菌制剂用器具的精洗用水；也用作非灭菌制剂所用饮片的提取溶剂。

纯化水不得用于注射剂的配制与稀释。

纯化水有多种制备方法，应严格监测各生产环节，防止微生物污染，确保使用点的水质。

③ 注射用水　为纯化水经蒸馏所得的水，应符合细菌内毒素试验要求。注射用水必须在防止细菌内毒素产生的设计条件下生产、贮藏及分配。其质量应符合注射用水项下的规定。

注射用水可作为配制注射剂、滴眼剂等的溶剂或稀释剂及用于容器的精洗。

为保证注射用水的质量，应减少原水中的细菌内毒素，监控蒸馏法制备注射用水的各生产环节，并防止微生物的污染。

应定期清洗与消毒注射用水系统。注射用水的储存方式和静态储存期限应经过验证确保水质符合质量要求，例如，可采用 70℃以上保温循环。

④ 灭菌注射用水　为注射用水按照注射剂生产工艺制备所得，不含任何添加剂。主要用作注射用灭菌粉末的溶剂或注射剂的稀释剂，其质量应符合灭菌注射用水项下的规定。

灭菌注射用水灌装规格应适应临床需要，避免大规格、多次使用造成的污染。

（2）欧洲药典（EP9.4）

欧洲药典收录的制药用水有纯化水、高纯水和注射用水。

① 纯化水　分为原料纯化水（Purified Water in Bulk）和产品纯化水（Purified Water in Containers）两种。原料纯化水为符合官方标准的饮用水经蒸馏法、离子交换法、反渗透法或其他适宜的方法制备的制药用水。产品纯化水指纯化水被灌装或储存在特定的容器中，并保证符合微生物指标要求。

② 高纯水　是仅在欧洲药典中出现的制药用水类型。当系统中无需采用注射用水进行配制，但对水中的微生物指标有严格的控制时，可使用高纯水。高纯水可用作滴眼剂溶液、耳鼻药品溶液、皮肤用药品溶液、喷雾剂溶液，用于无菌产品容器的初次淋洗和注射用非无菌原料药等。除纯化水需要控制的项目外，高纯水要求的微生物限度不高于 10cfu/100mL（在 30～35℃下，使用琼脂培养基培养 5 天，采用膜过滤法处理，采样量不低于 200mL）。

③ 注射用水　通过符合官方标准的饮用水制备或是通过纯化水蒸馏制备，蒸馏设备接触水的材质应为中性玻璃、石英或合适的金属，并装备有预防液滴夹带的装置。

（3）美国药典（USP41）

美国药典收录了制药用水的质量、纯度、包装和贴签的详细标注，其中包括原料水（含饮用水、纯化水、血液透析用水、注射用水和纯蒸汽）和产品水（含抑菌注射用水、灭菌吸入用水、灭菌注射用水、灭菌冲洗用水和灭菌纯化水）两大类。

① 饮用水 必须符合美国环境保护局（Environmental Protection Agency，EPA）发布的国家基本饮用水规定（National Primary Drinking Water Regulations，NPDWR，详见40CFR 141），欧盟或日本的有关饮用水规定也可适用，这些规定保证水中不存在大肠杆菌。

② 纯化水 主要用于肠道给药制剂的制剂配料或主要生产上的其他应用，如清洗某些设备或清洗肠道给药制剂的产品成分。也规定了纯化水的原水至少为饮用水，无任何外源性的添加物。

③ 注射用水 主要用于对细菌内毒素含量有严格要求的制剂产品，如非肠道给药制剂等。美国药典规定了注射用水原水至少为饮用水，无任何外源性添加物；采用适当的工艺设备（如蒸馏法或纯化法，该纯化法在去除微生物和化合物方面的作用应不低于蒸馏法）并减少微生物的滋生；注射用水的生产、储存和分配系统的设计必须能抑制微生物污染和细菌内毒素的形成，且该系统必须经过验证。

④ 血液透析用水 用于生产血液透析产品，主要是用于血液透析浓溶液的稀释，血液透析用水可被密封储存在惰性容器中并阻止细菌的进入。严禁将血液透析用水用作注射剂的溶剂。

⑤ 纯蒸汽 为原水被加热到超过100℃并通过蒸馏法制备而得，该蒸馏法需防止原水水滴被夹带入纯蒸汽产品中，原水至少为饮用水，无任何外源性添加物。

⑥ 灭菌纯化水 指包装并灭菌的纯化水，主要用于肠道给药制剂的制剂配料。灭菌纯化水还可用于分析应用领域，当纯化水系统无法得到验证、纯化水用量很少、需要用灭菌纯化水或者包装的原料纯化水中微生物限度不符合要求时，可采用灭菌纯化水。

⑦ 灭菌注射用水 指包装并灭菌的注射用水，主要用作临时处方配料和非肠道给药制剂的稀释剂。无菌注射用水以单一剂量容器包装，每件不超过1L。

⑧ 抑菌注射用水 指加有一种或一种以上抑菌剂的灭菌注射用水，用作非肠道给药制剂的稀释剂，其包装可以为单一剂量或多剂量溶剂，容器容积不超过30mL。

⑨ 灭菌冲洗用水 指用容量超过1L的单一剂量容器包装的注射用水，这样包装的目的是为了可以快速发放并保证其无菌。灭菌冲洗用水不需要符合小容量注射剂的颗粒物含量要求。

⑩ 灭菌吸入用水 指经包装并保证其无菌的，用于吸入疗法的注射用水，在吸入器中使用并用于吸入溶液的配制。

此外，美国药典对制药用水提出了下列建议性要求（《美国药典》第11章中）。

① 纯化水系统要求经常消毒并定期检测微生物，以保证使用点水质符合相应的微生物质量要求。

② 注射用水的生产、储存和分配方式应能防止微生物生长并得到验证。

③ 建议纯化水的微生物限度为100cfu/mL。

④ 建议注射用水的微生物限度为10cfu/100mL。

⑤ 建议注射用水取样量为100～300mL，不得少于100mL。

2.2.2.2 各国 GMP 对制药用水的要求

(1) 中国 GMP（2010 年修订）

中国 GMP（2010 年修订）中对制药用水有明确的规定，具体如下。

第九十六条 制药用水应当适合其用途，并符合《中国药典》的质量标准及相关要求。制药用水至少应当采用饮用水。

第九十七条 水处理设备及其输送系统的设计、安装、运行和维护应当确保制药用水达到设定的质量标准。水处理设备的运行不得超出其设计能力。

第九十八条　纯化水、注射用水储罐和输送管道所用的材料应当无毒、耐腐蚀；储罐的通气口应当安装不脱落纤维的疏水性除菌过滤器；管道的设计和安装应当避免死角、盲管。

第九十九条　纯化水、注射用水的制备、储存和分配应当能够防止微生物的滋生。纯化水可采用循环，注射用水可采用70℃以上保温循环。

第一百条　应当对制药用水及原水的水质进行定期监测，并有相应的记录。

第一百零一条　应当按照操作规程对纯化水、注射用水管道进行清洗消毒，并有相关记录。发现制药用水微生物污染达到警戒限度、纠偏限度时应当按照操作规程处理。

同时，在中国GMP（2010年修订）附录1"无菌药品"中，对制药用水细菌内毒素的监测要求如下：

第五十条　必要时，应当定期监测制药用水的细菌内毒素，保存监测结果及所采取纠偏措施的相关记录。

在中国GMP（2010年修订）附录2"原料药"中：

第十一条　非无菌原料药精制工艺用水至少应当符合纯化水的质量标准。

在中国GMP（2010年修订）附录5"中药制剂"中：

第三十二条　中药材洗涤、浸润、提取用工艺用水的质量标准不得低于饮用水标准，无菌制剂的提取用工艺用水应采用纯化水。

（2）欧盟GMP

欧盟GMP规定：水处理设施及其分配系统的设计、安装和维护应能确保供水达到适当的质量标准。水系统的运行不应超越其设计能力。注射用水的生产、储存和分配方式应能防止微生物生长，例如，在70℃以上保温循环。

欧盟GMP对制药用水的要求主要体现在如下三个方面。

① 强调水质需满足《欧洲药典》的要求。

② 强调"质量源于设计（QbD）"，制药用水的设计能力需匹配其运行能力。

③ 强调"过程控制"的重要性，并明确"防止微生物快速滋生"是制药用水运行中最重要的内容。

（3）WHO GMP

2012年，WHO TRS 970 Annex 2 WHO Good Manufacturing Practices：Water for Pharmaceutical Use中，对制药用水有明确要求，其主要内容包含制药用水的一般要求，制药用水的质量标准，制药用水在工艺和剂型中的应用，制药用水的纯化、储存与分配系统，制药用水系统运行中的考虑因素，制药用水系统的其他指导要求等。具体内容如下。

① 制药用水的一般要求　WHO GMP主要关注系统是否稳定、持续地生产符合预期质量的制药用水；水系统的使用（如预防性维护计划）需要质量管理部门的批准；水系统的水源和制备得到的纯化水和注射用水中的电导率、TOC（总有机碳）、微生物、内毒素和一定的物理属性（如温度）需定期得到检测并将结果进行记录；使用化学消毒剂的地方，需要证明消毒剂已被完全去除。

② 制药用水的质量标准　WHO GMP主要对饮用水、纯化水、高纯水、注射用水和其他级别的制药用水（如分析用水）的质量标准进行了明确的描述。

③ 制药用水在工艺和剂型中的应用　WHO GMP明确药品药监机构将确立各自工艺和剂型中制药用水的使用标准和准则，对制药用水的质量要求需考虑中间品或最终产品的特性，对高纯水有明确的说明，同时，纯蒸汽的冷凝水水质和注射用水质量标准一致。

④ 制药用水的纯化、储存与分配系统　在 WHO GMP 中明确介绍了饮用水、纯化水、高纯水和注射用水的纯化方法。储存与分配系统为制药用水系统中的重要组成部分，因储存与分配系统无任何纯化处理功能，避免储存与分配系统中的制药用水的水质发生二次污染尤为关键。储存与分配系统所用的材质需适用于任何质量的制药用水并保证不对水质产生负面影响。储存与分配系统需要设计良好的消毒或灭菌方式，以便有效控制微生物负荷。对于纯化水和注射用水储罐，需要安装呼吸器、压力监控和爆破片，并具备缓冲能力以满足连续运行和间歇生产的需求。保持管网系统的湍流状态、尽量减少支路死角（建议 $L < 3D$）、热消毒（温度大于 70℃）和化学剂消毒（臭氧消毒，使用前去除）均是控制微生物指标的良好办法。

⑤ 制药用水系统运行的考虑因素　需要有效的工厂验收测试（FAT）和现场验收测试（SAT），需要有验证计划或遵循设计确认（DQ）、安装确认（IQ）和运行确认（OQ）原则，性能确认（PQ）采用三阶段法进行。

⑥ 制药用水的其他指导要求　通过在线或离线方法进行水质质量的监测，在给定的周期内按照规定程序进行系统维护，定期对系统各个部分进行检查。

（4）FDA cGMP

FDA cGMP 并没有关于制药用水的直接要求，很少涉及制药用水的设计，通常认为 cGMP 中关于设备的部分都是与制药用水系统有关的要求（《21CFR Part 211 Current Good Manufacturing Practice for Finished Pharmaceuticals》）。其中 FDA cGMP 要求"接触药品成分、工艺原料或药物产品的表面不应与物料发生反应、附着或吸附而改变药物的安全、均一性、强度、质量或纯度"。以下几点是 FDA 对制药用水的常规要求。

① 排放口需满足空气隔断（air gap）的要求。

② 制药用水用的热交换器需采用防止交叉污染的双板管式换热器。

③ 储罐需安装呼吸器。

④ 需要有日常维护计划。

⑤ 需要有清洗和消毒的书面程序，并保存记录。

⑥ 需要有制药用水系统标准操作程序（SOP）。

除此之外，FDA 在 1993 年发布的《高纯水系统检查指南》通常被认为是正式的法规要求。该指南对制药用水有以下要求。

① 要求死角最少，参照"$6D$"死角原则。

② 要求注射用水回路的用点处无过滤器。

③ 多数注射用水分配系统管道材质为 316L 不锈钢。

④ 热交换器采用双板设计或采用压差监测。

⑤ 要求储罐采用呼吸器，防止外界污染。

⑥ 管道坡度要求。

⑦ 使用卫生型密封泵。

⑧ 静置保存时 24h 内使用。

⑨ 最后冲洗用水的质量需达到注射用水标准。

⑩ 未添加挥发性蒸汽。

需要注意的是，该指南一直未更新，实际上该指南是一个最基本的要求，FDA 的检查已经超过了该指南的要求。

2.2.2.3 纯化水制备系统

典型的纯化水制备系统流程见图 2-2-1。

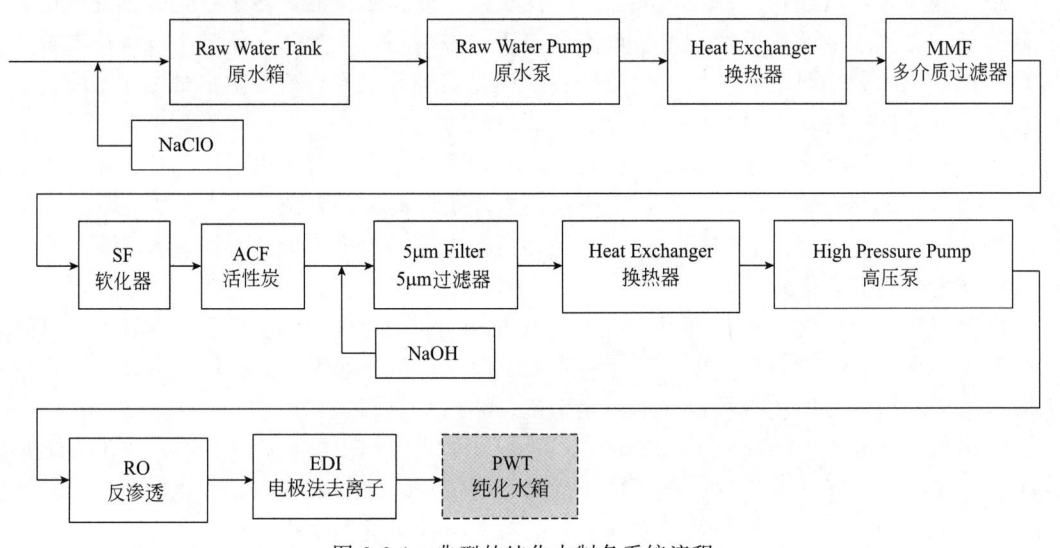

图 2-2-1 典型的纯化水制备系统流程

纯化水的制备应以饮用水作为原水，并采用合适的单元操作或组合方法。常用的纯化水制备方法包括膜过滤、离子交换、电极法去离子（EDI）、蒸馏等，其中膜过滤法又可细分为微滤、超滤、纳滤和反渗透（RO）等。

反渗透装置（Reverse Osmosis，RO）采用反渗透这种最精密的膜法液体分离技术，是一种只允许水分子通过而不允许溶质透过的半透膜。纯化水制备工艺中使用的膜材料主要为醋酸纤维素和芳香聚酰胺类。当预处理水进入反渗透系统后，可以除去大部分离子与细菌，同时有效去除微生物与 TOC 等，达到持续、稳定的低电导率、低细菌含量的高标准水质要求。

典型的反渗透系统包括反渗透给水泵、阻垢剂加药装置、还原剂加药装置、$5\mu m$ 保安过滤器、换热器、高压泵、反渗透装置、CO_2 脱气装置或 NaOH 加药装置以及反渗透清洗装置等。

① 给水泵 高压泵的作用是增加 RO 的进水压力使之高于水的渗透压。

② 阻垢剂、还原剂加药装置 纯化水制备系统中是否需要安装阻垢剂和还原剂加药装置，取决于原水水质、预处理的工艺选择与使用者要求等实际情况。

③ 保安过滤器 防止大于 $5\mu m$ 的颗粒物通过，保护 RO 膜免受伤害。

④ 换热器 反渗透膜产水性能最高的工作温度是 25℃，通常需要换热器对水温进行调节。

⑤ CO_2 脱气装置 CO_2 气体几乎能完全透过 RO 膜，过多的 CO_2 会导致产水电导率增高。

电极法去离子（Electrodeionization，EDI）装置是一种电渗析工艺和离子交换工艺结合的系统。EDI 工作原理是利用混合离子交换树脂吸附水中的阴、阳离子，同时这些被吸附的离子又在直流电场的作用下，分别透过阴、阳离子交换膜而被去除。

纯化水制备工艺流程的选择需要考虑以下因素：原水（一般为市政供水）的水质、业主对水质的要求、预防微生物污染措施和消毒措施、设备运行及操作人员的专业素质、不同季节原水水质变化的适应能力和可靠性、设备日常维护的方便性、设备的产水回收率及废液排放的处理、日常的运行维护成本、系统的监控能力。

预处理单元一般包括多介质过滤器、活性炭过滤器、软化器等多个单元。预处理单元主要目的是去除原水中的不溶性杂质、可溶性杂质、有机物与微生物，使其主要水质参数达到后续纯化系统的进水要求，从而有效减轻后续纯化系统的工作负荷，防止对纯化系统造成污染或不可修复性损害。

多介质过滤器大多填充石英砂，石英砂应当根据粒径由大至小由下至上依次填充。石英砂层上面填充无烟煤或者绿砂。其主要作用是去除水中的大颗粒杂质、悬浮物。

活性炭过滤器主要是利用填充的活性炭和活性自由基除去水中的游离氯、色度、有机物以及部分重金属等有害物质。

软化器主要功能是通过钠型的软化树脂去除水中的硬度，如钙离子、镁离子，以防止钙、镁等离子在 RO 膜表面结垢。软化树脂需要通过再生才能恢复其交换能力，因此在设计上通常采用双级串联软化系统以保证纯化水机连续运行。

纯化系统一般有 RO→RO→EDI，RO→RO，RO→EDI 等多种工艺。纯化系统是经过关键的去离子、降低有机物、微生物与内毒素的过程，将预处理水"净化"为符合药典及药厂内控要求的纯化水。对余氯的去除能力是考察活性炭的主要指标。

2.2.2.4 典型的注射用水制备流程

《美国药典》规定：注射用水是经蒸馏法，或比蒸馏法在移除化学物质和微生物水平方面相当或更优的纯化工艺制得。

《中国药典》规定：注射用水为纯化水经蒸馏所得的水。

《欧洲药典》规定：注射用水通过符合官方标准的饮用水制备，或者通过纯化水蒸馏制备，蒸馏设备接触水的材质是中性玻璃、石英或合适的金属，装有有效预防液滴夹带的设备。

因此，在国内蒸馏法是我国药典认可的制取注射用水的唯一方法，原水必须采用符合《中国药典》标准的纯化水。

未来随着我国制药用水系统产品的发展与技术成熟推动药典修订之后，超滤与纯化结合的方法制备注射用水等新型工艺也将得到应用和推广。

本文以制备注射用水最常见的多效蒸馏水机进行介绍。

多效蒸馏水机的工作原理是让经充分预热的纯化水通过多级蒸发和冷凝，排除不凝性气体和杂质，从而获得高纯度的注射用水。

多效蒸馏水机通常由多个蒸发换热器、分离装置、预热器、两个冷凝器、阀门、仪表和控制部分等组成。为防止系统发生交叉污染，多效蒸馏水机的第一效蒸发器、全部的预热器和冷凝器均需采用双端板管式设计。

典型多效蒸馏水机的工作原理为原水在二效冷凝器被含纯蒸汽及蒸馏水的汽-液混合体加热，进入各效预热器被二次蒸汽及蒸馏水加热，然后在第一效柱蒸发器顶部经分配装置去除不凝性气体，均匀地分布进入蒸发列管，在蒸发列管内形成均匀的液膜，同列管外壁流动的工业蒸汽进行热交换，迅速蒸发成为蒸汽，在压力差的作用下往柱体下部运动，未被蒸发的原水被输送到下一效，作为次效蒸发器的原水，以后各效与此类似，未被蒸发的进入下一效，直到最后一效仍未被蒸发的液体将作为废水排放。原水被蒸发为纯蒸汽，继续在蒸发器底部的汽-液分离装置进入纯蒸汽管路作为下一效的热源，蒸汽在下一效被吸收热量后凝结成注射用水，各效过程与此相似。注射用水和纯蒸汽混合物经过第二级冷却（纯化水为冷介质）和第一级冷却（冷却水为冷介质）后，成为设定温度的注射用水，经电导率仪在线检测合格的蒸馏水作为注射用水输出，不合格的蒸馏水将被自动排放。

图 2-2-2 为多效蒸馏水机工作原理示意图。

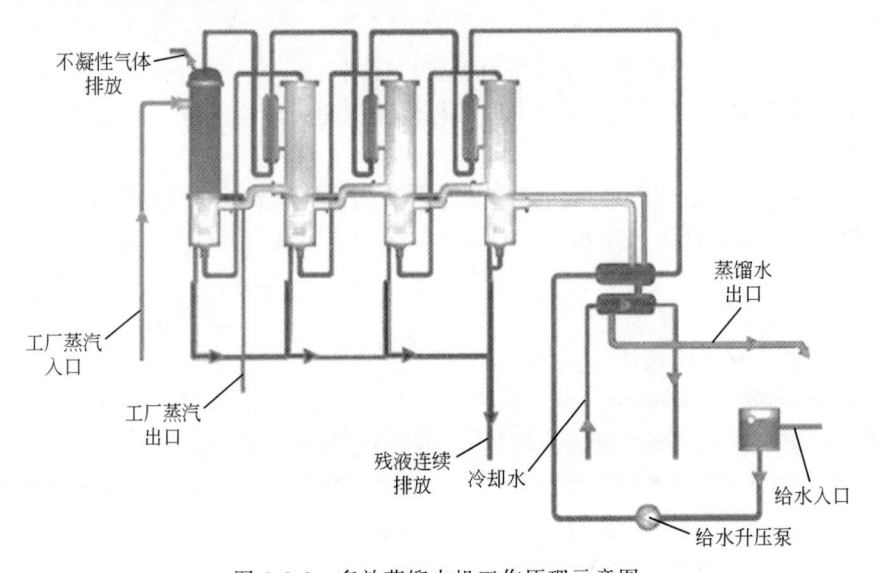

图 2-2-2　多效蒸馏水机工作原理示意图

2.2.2.5　储存和分配系统

制药用水的储存与分配系统包括储存单元、分配单元（见图 2-2-3）。制药用水分配系统的设计形式多种多样，基本理念是在合理的成本下最大限度降低运行风险和微生物风险。

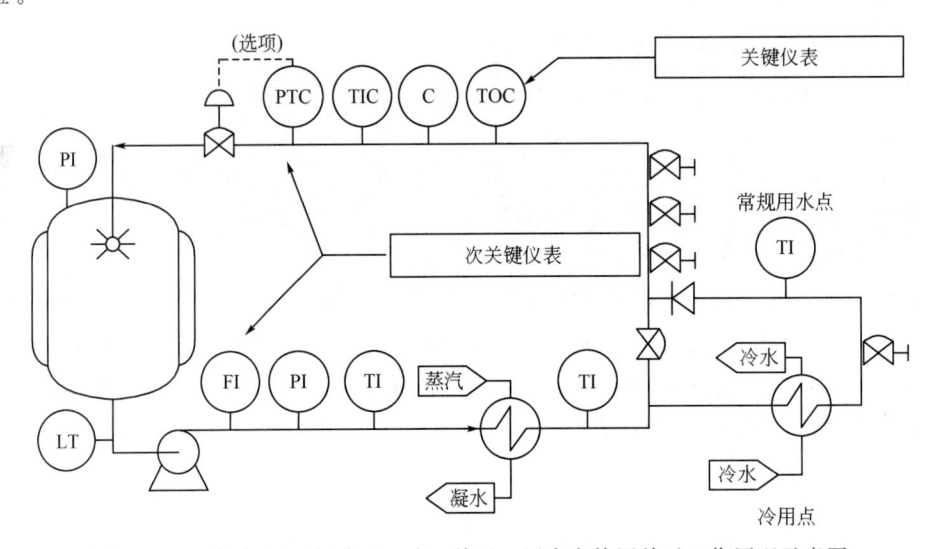

图 2-2-3　注射用水储存单元、分配单元、用水点管网单元工作原理示意图

（1）储存单元

储存单元用来储存符合药典要求的制药用水并满足系统的最大峰值用量要求。储存系统必须保证供水质量，以便保证产品终端用水的质量合格。

储存单元常见部件列举如下。

① 储罐：储存制药用水。

② 压力表：安装于储罐上用于观察储罐内压力。

③ 液位传感器：监测储罐中液位的高度（液位高度常与补水阀和输送泵联锁控制）。

④ 温度传感器：监测储罐内液体温度。

⑤ 呼吸器：用于保持储罐与外界压力平衡。

⑥ 爆破片：罐体内部压力出现异常时的爆破保护装置。

（2）分配单元

分配单元和用水点管网单元大多数为循环管路式设计。分配系统的主要功能是将符合药典要求的制药用水输送到工艺用水点，并保证其压力、流量和温度符合工艺生产或清洗等的需求。

分配单元常见部件列举如下。

① 输送管道：制药用水输送。

② 输送泵：常带变频控制。

③ 压力传感器：监测循环管路中压力（常与输送泵联锁控制）。

④ 温度传感器：监测循环管路制药用水的温度，常与换热器蒸汽或冷水阀联锁控制。

⑤ 电导率仪：安装于回水位置，监测循环管路制药用水的电导率。

⑥ TOC仪：安装于回水位置，监测循环管路制药用水的TOC。

⑦ 流量传感器：安装于回水位置，监测回水流量。

⑧ 喷淋球：安装于储罐回水口，保证制药用水回流储罐时处于喷洒状态以润湿储罐。

⑨ 换热器：保证制药用水日常运行及消毒灭菌阶段的水温。

⑩ 用点阀门：用水点用水开关。

⑪ 冷用点降温模块（常见于注射用水系统）。

2.2.2.6　储存和分配单元消毒方式介绍

储存和分配单元需要定期消毒以减少微生物滋生的可能。常见的消毒方法如下。

（1）化学品溶液消毒

常用5％双氧水或1％过氧乙酸。市售的有多种不同混合液或其他化学品同样能达到消毒效果。化学消毒剂需要考虑到对管道的腐蚀以及消毒剂残留问题。

（2）臭氧消毒

臭氧消毒分两种方式：连续型和间歇型。采用水电解法制备臭氧的连续型消毒中，浓度很低的臭氧（0.05～0.1mg/L）就可以将微生物控制在很低的水平。采用水电解法制备臭氧的间歇型消毒，可能需要0.1～0.2mg/L的浓度，如果系统中滋生了微生物膜或制备臭氧的工艺为空气源/氧气源方法，则需要更高的臭氧浓度。消毒完成后水中的臭氧需要用紫外灯破除。

（3）热消毒

将水处理系统加热来进行定期消毒是非常安全有效的。消毒周期取决于系统设计。

方法是纯化水分配系统中的循环处理水加热到80℃±3℃，并将此温度保持一段经过验证的时间。

注射用水可采用纯蒸汽灭菌与过热水灭菌两种工艺。因经济、安全等特征，采用过热水灭菌方式的企业在逐渐增多，此种方式要求系统是密闭压力系统，即将系统中水加热至121℃仍不汽化而保持为液态水循环以达到灭菌目的。

2.2.3　制药用蒸汽系统

蒸汽广泛应用于制药工艺中加热、加湿、动力驱动、干燥等步骤。蒸汽是良好的灭菌介质，纯蒸汽具有极强的灭菌能力和极少的杂质，主要应用于制药设备和系统的灭菌。

按照蒸汽的制备方法、工艺用途等因素，制药用蒸汽大致分为工业蒸汽（Plant Steam）和纯蒸汽（Pure Steam 或 Clean Steam）两种。

工业蒸汽主要用于非直接接触产品的加热，为非直接影响系统。由市政用水软化后制备的蒸汽，用于非直接接触产品工艺的加热和非直接接触产品设备的灭菌和废液废料的灭活，一般只要考虑系统如何防止腐蚀。

纯蒸汽主要用于最终灭菌产品的加热和灭菌，也常用于洁净厂房的空气加湿，属于直接影响系统，纯蒸汽通常是通过纯蒸汽发生器或多效蒸馏水机的第一效蒸发器制备产生的。纯蒸汽用于湿热灭菌工艺时，冷凝液需满足注射用水的要求，还需在不凝性气体、过热度和干燥度方面达到 EN 285 和 HTM 2010 标准的要求。

纯蒸汽与制药用水往往都与产品直接接触，或者直接参与工艺生产，属于直接影响系统。纯蒸汽制备与蒸馏法制备注射用水的工艺类似，纯蒸汽的冷凝水需要满足注射用水要求。制药用水分配单元多采用循环管路系统，而纯蒸汽分配系统采用单向流分配。以下主要对纯蒸汽展开介绍。

2.2.3.1　纯蒸汽的制备和分配

（1）纯蒸汽的制备

从功能分类，纯蒸汽系统由制备单元和分配单元两部分组成。

纯蒸汽发生器通常由工业蒸汽作为热源，采用换热器和蒸发柱进行热量交换并产生蒸汽，从而进行有效的汽-液分离以获取纯蒸汽。目前常见的纯蒸汽制备方式有沸腾蒸发和降膜蒸发两种。

沸腾蒸发式蒸汽发生器本质上为传统的锅炉蒸发方式。原水通过加热转变为夹杂少许小液滴的蒸汽，通过重力作用将小液滴分离出去重新蒸发，而蒸汽则通过一个特别设计的洁净丝网装置进入到分离部位再通过输出管路进入到分配系统的各个用点。

降膜蒸发式蒸汽发生器多采用同多效蒸馏水机第一效蒸发柱相同的蒸发柱（原理详见2.2.2.4节），其主要原理为预加热的原水通过循环泵进入蒸发器顶部，经分配盘装置均匀地分布进入蒸发列管内并形成薄膜状的水流，通过工业蒸汽进行热交换；在列管中的液膜很快被蒸发成蒸汽，蒸汽继续在蒸发器中盘旋上升，经过汽-液分离装置，作为纯蒸汽从纯蒸汽出口输出，夹带热原的残液则在柱体底部连续地排出。少量纯蒸汽被冷凝取样器冷却收集，经电导率在线检测判断纯蒸汽是否合格。

（2）纯蒸汽的分配

分配单元主要包括分配管网和使用点，其主要功能为以一定流速将纯蒸汽输送到所需的工艺岗位，满足其流量、压力和温度等需求，并维持纯蒸汽质量符合药典与 GMP 要求。

纯蒸汽分配系统中的所有部件应具有可排尽性，管道应当有适宜的坡度，在用点处安装一个便于操作的隔断阀并在末端安装具有导向性的疏水器。由于纯蒸汽系统的工作温度非常高，设计合理的纯蒸汽管道系统本身具备自我灭菌功能，其微生物污染风险相对较小。清洁蒸汽分配系统应遵循同样的良好的工程规范，通常使用抗腐蚀的 304、316 或 316L 级的不锈钢管，或整体拉制的管道。由于清洁蒸汽具有自消毒性，所以表面抛光不是关键因素。设计的管道必须允许热膨胀以及排放冷凝液。

2.2.3.2 制药用蒸汽相关法规

（1）美国药典

纯蒸汽为水加热至超过100℃，并以一种防止原始夹带水的方式蒸发而得。由符合美国环境保护局国家饮用水基本规定、欧盟与日本的饮用水规定，或 WHO 饮用水指南的水制备而成，不含任何添加物质。纯蒸汽的不凝性气体、干度和过热度根据用途来确定。

纯蒸汽用于与物品或制剂接触的蒸汽或其冷凝水。纯蒸汽的气化状态质量很难评估，因此冷凝水特征常用来作为其质量的检测。制备和收集检测用冷凝水的工艺不得对其质量特征产生不良影响。冷凝水的质量标准和注射用水一致。

（2）欧盟指南

连续供给干燥、饱和的纯蒸汽是保证有效灭菌的必要条件。蒸汽里夹带的水会降低热传递，而且过热的蒸汽也没有饱和蒸汽灭菌效果好。如果蒸汽里有不凝性气体将会覆盖换热表面，起到隔热作用，这会影响部分灭菌器无法达到灭菌条件，并影响灭菌效果。

在 HTM 2010 及 EN 285 标准中，对用于灭菌设备的纯蒸汽质量提出了如下额外的要求。

① 不凝性气体　不凝性气体可在纯蒸汽制备过程中夹杂在纯蒸汽中，使蒸汽变成了蒸汽和气体的混合物。每100mL饱和蒸汽中不凝气体体积不超过3.5mL（相当于3.5%，体积分数）。

② 干燥度　干燥度是衡量蒸汽中含有液态水的总量的指标，干燥度越低其在灭菌过程中释放的潜热也就越少，目前的干燥度检测方法多为近似方法。对金属载体进行灭菌时，干燥值不低于0.95；对非金属载体进行灭菌时，干燥值不低于0.9。

③ 过热度　当纯蒸汽释放到大气压时，过热不超过25℃。

（3）中国指南

中国《药品 GMP 检查指南》对于纯蒸汽要求如下。

纯蒸汽通常是以纯化水为原料水，通过纯蒸汽发生器或多效蒸馏水机的第一效蒸发器产生的蒸汽，纯蒸汽冷凝时要满足注射用水的要求。软化水、去离子水和纯化水都可作为纯蒸汽发生器的原料水，经蒸发、分离（去除微粒及细菌内毒素等污物）后，在一定压力下输送到使用点。

纯蒸汽可用于湿热灭菌和其他工艺，如设备和管道的灭菌，其冷凝物直接与设备或物品表面接触，或者接触到用以分析物品性质的物料。纯蒸汽还用于洁净厂房的空气加湿，在这些区域内相关物料直接暴露在相应净化等级的空气中。

（4）行业指南

在进行蒸汽管道设计、建造过程中，除了需要满足制药行业的特殊要求外，还应遵守当地的行业规范，如：ASME BPE、ISPE 指南《无菌生产设施》《工业金属管道工程施工及验收规范》《现场设备、工业管道焊接工程施工及验收规范》《工业金属管道工程焊接质量检验评定标准》等，这些规范对管道系统的设计、安装提出了材质、施工、安全和验收等方面的详细要求。

2.2.4　工艺气体系统

2.2.4.1　工艺气体的分类

药品生产企业在生产过程中需要使用各种工艺气体，如压缩空气、氮气、氧气、二氧化碳、燃气、真空等。按照其用途可分为两类：工艺用气和仪表用气。工艺用气一般与工艺流接触，有可能影响到产品质量，为直接影响系统，需要重点关注；仪表用气则主要是给设备运行提供动力，属于间接影响系统。

2.2.4.2　工艺气体的制备和分配

工艺气体可根据生产用量及质量需求采用不同的制备方案，也可采用外购钢瓶储气系统安装汇流排使用。本节以最常见的压缩空气制备和分配系统举例。压缩空气系统通常包括无油空压机、缓冲罐、预过滤器、干燥器和精密过滤器。如图 2-2-4 所示。

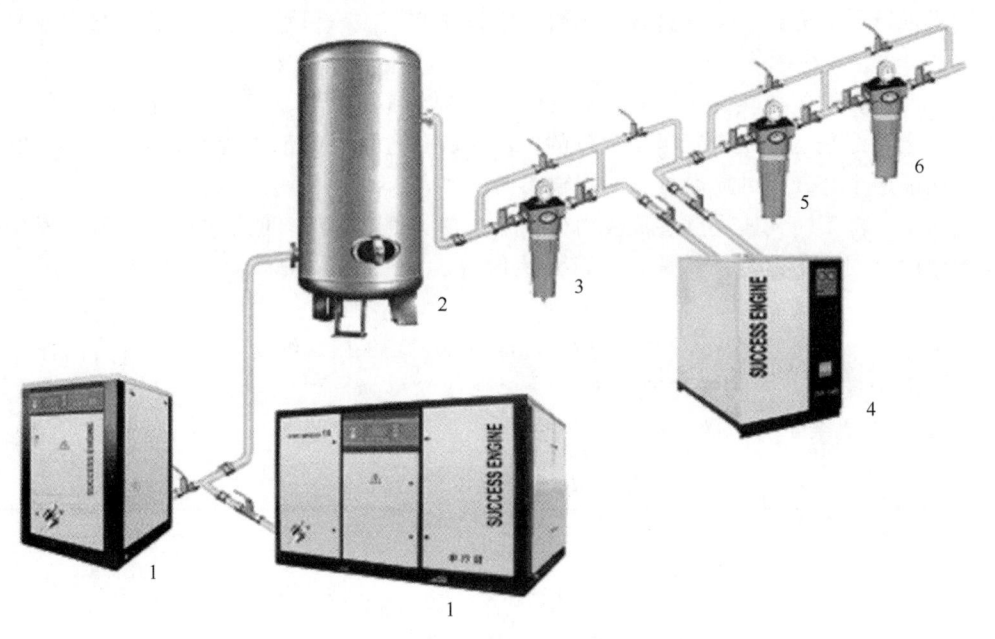

图 2-2-4　常见的压缩空气制备流程
1— 空压机；2—缓冲罐；3—预过滤器；4—干燥器；5,6—精密过滤器

（1）无油空压机

无油空压机又称为无油润滑压缩机，排出的压缩空气中含通常不含油分。压缩机的冷却方式为水冷和风冷。

（2）缓冲罐

缓冲罐可平衡气流脉冲与压力、分离冷凝水、存储压缩空气，起到稳定作用，并可在短时间内起到补充供气的作用。

（3）预过滤器

预过滤器是除去水分和油分的初级过滤器。

（4）干燥器

干燥器可分为加热（内加热、外加热和微加热之分）再生干燥器、无热再生干燥器和冷冻式干燥器。一般处理气量为 $0.3\sim700\mathrm{m}^3/\mathrm{min}$，压力露点温度为 $-70\sim-40℃$（冷冻式为 $-3\sim2℃$）。

（5）过滤器

压缩空气系统使用的过滤器常按其用途分为：除油过滤器、除尘过滤器、除菌过滤器及专用过滤器等几类。

（6）分配系统

分配系统通常包括管道、阀门和末端过滤装置。分配系统的管道设计采用单向流。

2.2.4.3　工艺气体相关法规

GMP中没有对工艺气体的质量标准进行定义，只规定进入无菌生产区的生产用气体（不包括可燃性气体）均应经过除菌过滤。用于无菌生产的公用介质（如压缩空气、氮气）的除菌过滤器和呼吸过滤器的完整性应定期检查。

工艺气体的质量标准是由用户根据其具体用途和使用环境而决定的，当气体被用作辅料、工艺助剂或是药品制备过程中的一部分时，用户应评估其对产品的潜在影响。为了评估影响，可进行风险分析，可通过各种风险分析程序和方法来识别和评估关键质量属性和关键工艺参数。

中国药典、欧盟药典、美国药典中有关于压缩空气、氮气、氧气、二氧化碳等气体的一些指标规定，但是这些是针对医用气体的，对于制药过程中的工艺气体不是很适用，但是可为用户在确定工艺气体的质量标准时提供参考。

ISO8573将压缩气体进行了等级划分，并推荐了测试方法。但是并没有推荐各等级压缩气体的适用范围。因此其仅仅是一个等级标准。

（1）纯度

对于氮气、氧气等气体一般需要控制纯度（见表2-2-1）。纯度的计算方法有两种。

① 使用特定的分析仪器直接测量。

② 测量主要杂质的含量，从100％中扣除。

表 2-2-1　医用气体的纯度要求

气体种类	中国药典	欧盟药典	美国药典
压缩空气（氧气含量）	未规定	20.4％～21.4％	19.5％～23.5％
氮气	未规定	＞99.5％	＞99.0％
		用于产品惰性保护时:氧气含量≤5ppm V/V	高纯氮气＞99.7％
氧气	＞99.5％	＞99.5％	＞99.0％
二氧化碳	＞99.0％	＞99.5％	＞99.0％

（2）含水量

控制水分将减低微生物在气体系统生长的风险。水分含量有很多种表示方法：湿度、质量含量（g/L）、露点等，这些表示方法之间有对应的关系，可以互相换算。表2-2-2为医用气体的含水量要求。

表 2-2-2　医用气体的含水量要求

气体种类	中国药典	欧盟药典	美国药典
压缩空气	未规定	≤67ppm(V/V)	符合规定
氮气	未规定	≤67ppm(V/V)	未规定
氧气	未规定	≤67ppm(V/V)	未规定
二氧化碳	未规定	≤67ppm(V/V)	≤150mg/m³

（3）含油量

含油量即碳氢化合物含量，它对于工艺用气来说是种污染物，如果存在于氧气系统中会有安全隐患，还会影响生物细胞培养过程。其主要来源于大气和制备过程中的设备润滑油蒸发。

油含量只有欧盟药典关于医用压缩空气中有明确规定：$\leqslant 0.1mg/m^3$。

（4）悬浮粒子和微生物

工艺气体需要控制其洁净度，具体的可接受标准需根据用户需求确定。一般认为，使用点的终端过滤器（0.22 μm）能够满足无菌工艺的要求。非无菌的工艺用气可通过风险评估的方法来确定。

这些气体的验证与用来生成气体的设备验证都类似，这些气体的储存及分配必须首先经过调试并随后经过确认。设备的安装确认（IQ）与运行确认（OQ）的汇总报告获得批准之后分配系统可以经过确认。注意，仪表用空气仅仅需要通过运行确认（OQ）来测试，因为它不与产品接触。

2.2.5 公用工程系统确认

2.2.5.1 系统影响性评估（SIA）

公用工程系统被评估为直接影响系统，通常有以下几种情况。

① 用于清洗：纯化水制备和分配系统。

② 作为产品溶剂：注射用水制备和分配系统。

③ 用于灭菌：纯蒸汽系统。

④ 和产品工艺流直接接触：压缩空气系统。

被评估为间接影响系统的情况如下。

① 工业蒸汽和冷水系统。

② 饮用水系统（饮用水系统的水质需要有长期的日常监测记录文件做支持）。

被评估为无影响系统的情况如下。

① 卫生用水。

② 设备操作运行的支持系统但是对水质无影响的系统：电力系统、仪表压空系统。

2.2.5.2 部件关键性评估（CCA）

针对所有的直接影响系统，进行部件关键性评估。在典型的直接影响公用工程系统中，操作、接触、控制数据、报警或者失效对公用工程系统质量有关键影响的部件举例如下。

① 纯化水制备系统中反渗透元件。

② 纯化水分配系统中储罐和管道。

③ WFI分配系统中的回水流量计。

④ 在线电导率、TOC仪。

⑤ 工艺压缩空气末端的压力表（或压力传感器）。

部件关键性评估之后，针对关键部件进行风险评估，表2-2-3～表2-2-5以纯化水制备系统中原水储罐液位传感器和反渗透元件为例，阐述关键部件的风险评估过程。

表 2-2-3　部件关键性矩阵

功能/部件	说明/任务	问题							是否关键？
		1	2	3	4	5	6	7	
液位传感器	原水储罐液位监控	N	N	N	N	N	N	N	N
反渗透元件	去除水中细菌、内毒素、胶体和有机大分子	N	N	N	N	Y	N	Y	Y

注：N表示否，Y表示是。

表 2-2-4　关键部件风险评估矩阵

功能/关键部件	说明/任务	失效事件	最差情况影响	严重性 S	可能性 P	可检测性 D	风险优先性
反渗透元件	去除水中的微生物和离子	材质不符合要求	脱落杂质,对纯化水造成污染	M	M	M	M
		反渗透膜安装数量不正确,安装不紧固	影响去除离子的效果	M	L	H	L
		反渗透膜处理能力不足	纯化水不合格	H	L	M	H

注:H、M、L 分别代表风险的高、中、低等级。

表 2-2-5　关键部件风险控制矩阵

功能/关键部件	失效事件	风险优先性	建议采取措施	严重性 S	可能性 P	可检测性 D	风险优先性
反渗透元件	材质不符合要求	M	IQ 中对材质进行检查	M	L	M	L
	反渗透膜处理能力不足	H	IQ 中检查技术参数 在 OQ 中对 RO 运行进行确认 PQ 中检查水质	H	L	H	L

注:H、M、L 分别代表风险的高、中、低等级。

风险评估的目的是为每个关键部件根据其所执行的功能而确定其最高的风险优先性,而后根据风险优先性高低来决定适宜的控制方法,并确定验证工作的范围。风险优先性若为中高级,必须给出合理建议,并确定适宜的控制方法。

2.2.5.3　设计确认(DQ)

洁净公用工程系统的制备和分配管网系统有着一定的相似性,比如,洁净管道材质、精准的自控设计、良好的施工规范等。以下的确认活动相关介绍(设计确认、安装确认、运行确认和性能确认)适用于各洁净公用工程系统。

通常,洁净公用工程系统的设计确认报告中应包含的内容列举如下。

(1)设计文件确认

设备所有设计文件(包括 URS、P&ID、FS、DS、设计计算书、设备清单、仪表清单、质量计划书等)内容是否完整,可用且经过批准。

(2)设备能力确认

根据设备选型确认制备及分配能力是否满足需求。

(3)关键材质确认

确认部件的结构、材质是否满足 GMP 要求。如隔膜阀膜片是否能满足 GMP 或者 FDA 要求,管道是否满足相应的粗糙度要求等。

(4)仪表确认

确认关键仪表是否为卫生型连接,材质、精度和误差是否满足 URS 和 GMP 要求。

(5)管路安装确认

确认管路的连接方式是否为卫生型,系统的坡度和最低点设置能否保证排空,是否存在盲管和死角,蒸汽分配系统的管网的疏水器装置是否合理等。

(6)软件系统设计确认

软件系统设计是否符合 URS 中规定的使用要求。如权限管理是否合理，是否有关键参数的报警，是否有关键参数数据的存储等。

2.2.5.4 安装确认（IQ）

公用工程系统的制备和分配系统建议分开进行安装确认。

公用工程系统典型的安装确认测试项如下。

（1）文件确认

确认用于系统检查、安装、维修所需文件的有效性、完整性和可读性，是否符合良好的文件质量管理规范，确认文件通常包括以下几类。

① 由质量部门批准的安装确认方案。

② 竣工文件包：文件清单、工艺流程图、管道仪表图、管网图、设备布置图、部件清单、电气图纸、材质证书、焊接资料、压力测试清洗钝化等施工记录等。

③ 关键仪表的技术参数及校验记录。

④ 系统操作维护手册。

⑤ 系统调试记录如 FAT 和 SAT 记录。

（2）P&ID、管网图、设备布置图等安装确认

核实系统的所有设备和仪表是否已正确安装，是否符合批准的图纸。具体核实以下内容：

① 检查设备、阀门、仪表的安装位置是否正确。

② 检查管道走向和尺寸是否正确。

③ 检查管道内流体名称、方向以及标识是否正确。

④ 检查主管网平面布局图的管道走向是否正确。

⑤ 检查管道的保温是否完成。

（3）部件确认

检查部件清单中的阀门、仪表和其他部件的厂家、型号、安装数量、安装部件是否与部件清单一致。如电导率仪的型号、量程，喷淋球的个数，反渗透膜的安装方向。

（4）材质确认

洁净公用工程中与工艺介质接触的材料要求具有无毒、耐腐蚀属性，工艺和施工的不同，选用的材料也不同。

表面粗糙度是指加工表面具有的较小间距和微小峰谷的不平度。

公用工程中粗糙度问题是影响水质和系统制造成本的重要因素之一。粗糙度越小对水质保证越高，同时成本也会明显增加，特别是阀门和仪表，能做到较小的粗糙度更加不易，因此需要综合考虑。

检查与产品接触的材料是否具有材质证书。确认材料表面粗糙度符合用户需求。

（5）仪表校准确认

检查关键仪表是否经过校准，校准是否在有效期内。

（6）焊接质量确认

确认焊接质量及所有焊接相关文件。检查包括焊点图、焊接规程、焊接记录、内窥镜检查方案和记录、焊工证、焊机的校验证书等。

（7）排水能力确认

系统管网的坡度应该保证在最低点流体能靠自重排空。

在 ISPE、GB 和 ASME-BPE 中，对洁净公用工程系统的坡度要求有不同的规定，一般

至少要满足设计和 URS 要求。

检查系统管网的坡度，确认系统的排水能力，检查设备最低排放点是否合适。

（8）死角确认

在洁净公用工程系统中死角的风险主要如下。

① 滋生微生物，导致水质不符合要求。

② 系统消毒和灭菌不彻底。

③ 难以清洁，导致产品交叉污染。

死角在不同的法规和指南中有不同的测量方法和合格标准。1976 年，FDA 在 CFR 212 法规上第一次采用量化方法进行死角的质量管理，工程上俗称"6D"规则。随后的研究表明，"3D"规则更符合洁净流体工艺系统对微生物和清洁效果的控制。应注意，"3D"和"6D"的测量方法并不一样。当系统死角控制不够理想时（如超过 3D），可采用适当增加管网流速或消毒频次的方法加以弥补。

检查制备系统中可能存在的死角（本文所列的"3D""6D"要求仅供参考）：主管路中心到阀门中心的距离 L 必须等于或者小于支管内径的 6 倍，即 $L/D \leqslant 6.0$；主管路外表面到阀门中心的距离 L 必须等于或者小于支管内径的 3 倍，即 $L/D \leqslant 3.0$，该方法为目前行业的主流死角测量方法。

图 2-2-5 为死角示意图。

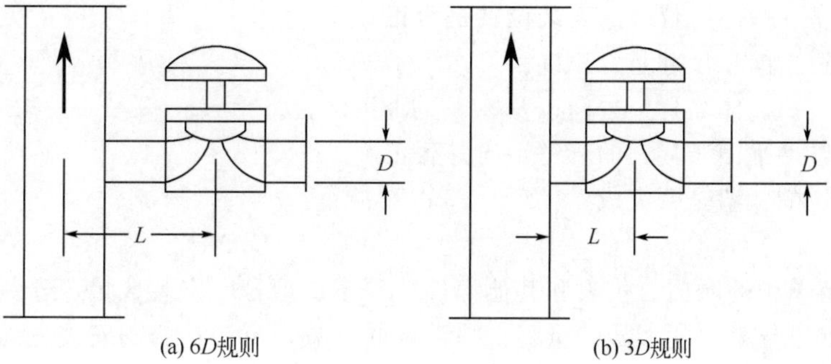

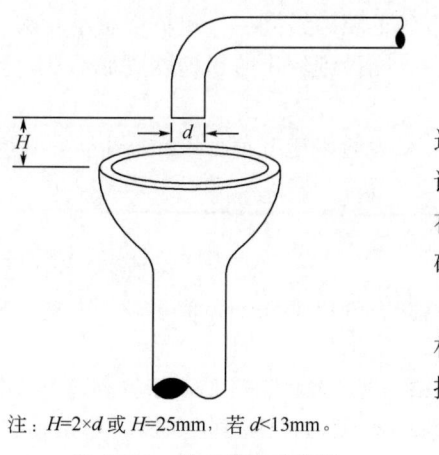

(a) 6D规则　　　　　　(b) 3D规则

图 2-2-5　死角示意图

（9）排水距离确认

排水管与总排水管或者地漏之间应该有一段空气阻断，以降低微生物污染和防止倒吸。

图 2-2-6 为排水距离示意图。

（10）水压/气压测试确认

储存和分配系统施工完毕后，应对系统的密封性进行确认，根据系统设计的不同可选择水压或气压测试。水压/气压的测试经常在安装调试阶段已完成，在安装确认（IQ）阶段只需要对水压测试报告进行确认。

检查水压/气压测试方案是经过批准的并且符合相关规定，水压/气压测试结果合格，管路及部件连接处、焊缝处无泄漏。

（11）清洗和钝化确认

在公用工程施工过程中，钝化是用强酸使金属表

注：$H=2 \times d$ 或 $H=25mm$，若 $d<13mm$。

图 2-2-6　排水距离示意图

面形成一层致密的氧化薄膜，以延缓金属的腐蚀速度的一种方法。

清洗和钝化经常在安装调试阶段已完成，在安装确认（IQ）阶段只需要对清洗和钝化报告进行确认。

① 确认在启动系统前，清洗和钝化工作得以执行。

② 确认相关的清洗和钝化方案及报告存在。报告必须清楚地表明处理的全过程。清洗报告必须记录清洗时间、所配制洗液的浓度、清洗完成后 pH 值。钝化报告必须记录时间、处理温度和使用的钝化液的浓度。

（12）电气图纸确认

① 确认电气控制柜内外均干净整洁，无破损，布置合理。线路的编号正确。部件都已固定紧密，无松动、无线芯外露。

② 依据电气材料清单和控制柜布局图纸，确认电气元件已按图纸进行安装，且元件的生产厂家、型号和数量均是正确的。

（13）数字输入确认

确认在模拟输入输出测试中，从 PLC 中相应地址读出的数值应当等于来自检测仪表或装置的输入值。

（14）HMI 菜单确认

按 HMI 上的不同键，检查屏幕上是否显示有菜单，检查屏幕上的 P&ID 编号和文本是否与 P&ID 上的一致。

（15）公用设施

确认与纯化水设备有关的公用设施已经连接并清楚地标识。确认它们的运行数据是否能满足设备运行要求。

（16）软件版本确认

收集记录以下信息：软件标题，编程工具，软件版本，编程人员。

2.2.5.5 运行确认（OQ）

公用工程系统典型的运行确认测试项如下。

（1）SOP 确认

系统 SOP（使用、维护、消毒）在运行确认阶段应具备草稿，在运行确认过程中审核其准确性、适用性。

（2）访问权限确认

访问权限根据在各种预定义的组中用户的身份标识及其成员身份来限制访问某些信息项或某些控制的机制。访问权限的管理越来越成为质量管理的关键一环。在运行确认（OQ）中应对权限进行确认。

① 输入相应的口令才能进行相应的权限操作。

② 账户设置、密码更改权限应属于较高级别权限。

③ 密码应有一定的复杂度。

④ 一段时间内时间未操作设备时，系统账户应自动退出。

（3）储罐润湿确认

对制药用水循环系统来说，罐的设计应当包括内部的喷淋球以确保所有的内表面始终处于润湿的状态来对微生物进行控制。常用的确认方法是将一定浓度（0.08～0.22g/L）核黄素溶液以雾状喷洒于罐体内表面，启动循环程序，180s 之后用波长 365nm 的紫外灯照射罐体内部的荧光，如果没有荧光，则说明喷淋球能覆盖罐体表面。

确认储罐的喷淋球能够在日常运行流量下喷淋到储罐的整个内部表面。

（4）报警和联锁确认

报警和联锁在公用工程系统中已广泛应用。比如通过报警提示石英砂过滤器需要反洗，通过联锁控制储罐的进水和排水，通过联锁自动控制巴氏消毒的温度。联锁能够大大减少人员的操作，缩短操作人员熟悉设备的时间。

确认系统的报警和联锁功能与设计功能一致，系统报警能够正确触发，联锁功能符合设计要求。

（5）急停确认

急停是当发生紧急情况的时候人们可以通过快速按下紧急停车按钮来达到保护人员和设备的措施。

确认紧急关停是否符合要求，按下急停按钮后 PLC 所有阀门和泵停止工作，拔出急停按钮，系统启动有文本报警信息，但必须确认报警后，系统才正常运行。

（6）失电确认

启动系统，记录控制系统的关键参数，直接切断系统电源，1min 后恢复电源。确认当电源恢复时，控制系统重新回到正常步骤，没有异常发生，设置的参数没有显示更改过。

（7）消毒/灭菌确认

① 确认整个分配回路在整个消毒/灭菌周期内所有的使用点的温度达到设计的要求，同时确认呼吸器的电加热的能力。

② 在整个消毒/灭菌周期内所有的温度不低于 80℃/121℃。

③ 灭菌完成后，拆下呼吸器滤芯，内部无冷凝水聚集。

（8）水质确认

确认在线监测的水质指标能满足要求，通过在线电导率仪表和 TOC 仪测量回水水质。

2.2.5.6 性能确认（PQ）

（1）纯化水/注射用水性能确认

纯化水或者注射用水的性能确认一般采用三阶段法，在性能确认过程中制备和储存分配系统不能出现故障和性能偏差。

① 第一阶段 按照药典的项目对水质进行全检。目的是建立合适的操作参数；建立最终的操作、清洗、维护规程；确认系统能够生产和分配合格的水。一般耗时 2～4 周。

② 第二阶段 按照药典的项目对水质进行全检。目的是确认操作参数的适用性；确认系统能够生产和分配合格的纯化水。一般耗时 2～4 周。

③ 第三阶段 按照已批准的 SOP 对纯化水和注射用水进行日常监控。确认系统长期的稳定性，考察季节变化对系统的影响。一般在第二阶段结束之后的一年内完成。

表 2-2-6 是水质性能确认取样点和监测计划（示例）。

表 2-2-6　水质性能确认取样点和监测计划（示例）[*]

阶段	取样位置	取样频率	检测项目	检测标准
第一阶段	制备系统出口	每天	全检	药典或者内控标准
	储罐分配系统总进取样口	每天	全检	药典或者内控标准
	储罐分配系统总回取样口	每天	全检	药典或者内控标准
	分配系统各用点取样口	每天	全检	药典或者内控标准

阶段	取样位置	取样频率	检测项目	检测标准
第二阶段	制备系统出口	每天	全检	药典或者内控标准
	储罐分配系统总进取样口	每天	全检	药典或者内控标准
	储罐分配系统总回取样口	每天	全检	药典或者内控标准
	分配系统各用点取样口	每天一次	全检	药典或者内控标准
第三阶段	按照已批准的 SOP 对纯化水和注射用水进行日常监控			

注：* 表示影响取样频次的考虑因素，具体如下。

① 使用点的风险及关键程度。

② 系统指定的水质。健全的系统设计可以适当降低取样频次。

③ 使用点的失败历史。有些使用点非常复杂，就可能导致更多失败的结果。

④ 从使用点取样结果的稳定性。例如，在 PQ 阶段某个使用点可能需要每周取样一次，经过对多次取样结果的分析，基于此点取样结果连续通过测试，可以提出申请减小此点的取样频率。

（2）工艺用气性能确认

性能确认的目的是证明工艺气体系统在确定的操作参数及程序下气体质量能够满足设计和使用的要求。性能确认过程中每个用点应至少连续取样三天。以下举例说明工艺气体系统的性能确认的取样策略（见表 2-2-7）。工艺用气测取样应该在终端过滤器之后以确保样品与实际工艺用气一致。

表 2-2-7　工艺用气性能确认取样点和监测计划（示例）

监测项目	取样频率	取样位置	检测标准
悬浮粒子	每天	有洁净级别要求的用气点	内控标准
微生物	每天	有洁净级别要求的用气点	内控标准
含油量	每天	总供气口，支路最远点	内控标准
	PQ 期间检测一次	各个用气点	内控标准
水分	每天	总供气口，支路最远点	内控标准
	PQ 期间检测一次	各个用气点	内控标准

（3）纯蒸汽性能确认

纯蒸汽系统的性能确认通常需要在纯蒸汽发生器的出口（如有多个出口，应分别取样）和各个用点进行取样，根据风险评估，在有适当理由的情况下，可以在非关键用点的下游用点进行取样。取样方法通常是通过移动冷凝器把纯蒸汽冷却成注射用水，以注射用水的质量确认纯蒸汽的质量，可接受标准为药典对注射用水的质量要求。

示例 1 为 ISPE-GPG-制药用水和蒸汽系统调试与确认指南推荐的策略（表 2-2-8）。

纯蒸汽的性能确认由于其特殊性，可以采用不同的注射用水取样策略。

① 第一阶段（Start Up）　取样周期大约 3 天，对每个使用点最少取样一次。每个纯蒸汽发生器出口最少取样一次。

② 第二阶段（System Consistency/Stability）　取样周期大约 1 周，对每个取样点最少取样一次，每个纯蒸汽发生器出口要多于一次。

③ 第三阶段（Deviations）　取样周期大约 4 周，每周对系统取样一次，纯蒸汽发生器出口每周取样一次。

表 2-2-8　纯蒸汽系统性能确认取样点和监测计划（示例 1）

阶段	取样周期	取样位置及频次	频次	检测标准
第一阶段	3 天	纯蒸汽发生器出口	至少取样一次	内控标准
		各个使用点	至少取样一次	内控标准
第二阶段	7 天	纯蒸汽发生器出口	多于一次	内控标准
		各个使用点	至少取样一次	内控标准
第三阶段	4 周	纯蒸汽发生器出口	每周一次	内控标准
		各个使用点	每周一次	内控标准

示例 2 为行业内常采用的取样策略（表 2-2-9）。

① 第一阶段　7 天，纯蒸汽发生器出口和所有使用点连续取样 1 周。

② 第二阶段　1 年，纯蒸汽发生器出口每周取样一次，各使用点每个月最少取样一次。

表 2-2-9　纯蒸汽系统性能确认取样点和监测计划（示例 2）

阶段	取样周期	取样位置	检测标准
第一阶段	7 天	纯蒸汽发生器出口和所有使用点连续取样 1 周	内控标准
第二阶段	1 年	纯蒸汽发生器出口每周取样一次,各使用点每个月最少取样一次	内控标准

2.2.6　公用工程系统持续监测

在性能确认完成后，应对系统进行综合评价，并根据最后一个阶段的结果建立一个日常监测方案。在日常取样监测中，使用点的取样频率（通常指最小频率）比在性能确认中已确定的采样频率少。对于较大的注射用水分配系统，可以轮流采样保证每个采样点每月至少采集一次。对于纯化水及纯蒸汽系统，其系统影响性风险较低，相对于注射用水的日常监测频次可适当降低。所有这些日常监测的取样计划需记录在 SOP 中。

应当至少每年进行一次公用工程系统质量回顾。用户通过年度质量回顾了解系统质量指标的变化趋势，还可以基于数据分析调整系统设定的报警限和行动限，以及升级相关 SOP。系统质量回顾不能仅限于公用工程取样的结果，应该是系统的综合回顾，包括：

① 系统相关 SOP 审查；

② 系统确认和验证的状态的审核；

③ 系统预防性维护和故障检修记录的审核；

④ 系统所有重大偏差及相关的调查、所采取的整改措施和预防措施的有效性；

⑤ 系统日常监测数据结果、趋势的审核；

⑥ 系统运行日志的审核；

⑦ 系统相关培训记录的审核。

2.3　制药工艺设备确认

2.3.1　制药设备简介

制药设备与制药行业生产有着十分密切的联系，制药设备既是药物生产的工具，同时又是不可忽略的污染因素之一。制药设备在药品生产中是保证制药工艺流程和药品质量的关键要素，没有品质优良的制药设备，要生产高质量的药品是不可能的。生产任何一种剂型的医药药品，都需要完整的能完成特定工艺要求的设备系统来执行。在很多情况下，设备系统是由具备各种功能的单台机器组合而成的，同时随着制药设备技术的不断进步，设备功能更加齐全，操作更加简单，性能更加可靠，也同样能够推动药品商业化生产方式的多样化。

2.3.1.1 设备的分类

（1）根据设备的基本属性和不同用途分类

根据制药设备的基本属性和不同用途，制药行业标准 GB/T15692 将制药设备大体分为以下八大类。

① 原料药机械及设备　利用生物、化学及物理方法，实现物质转化，制取医药原料的机械及工艺设备。例如反应罐、塔设备、分离萃取设备、换热器、蒸发设备、干燥设备等。

② 制剂机械及设备　将药物原料制成可以直接用于临床医疗的各种剂型药品的机械及设备。例如制粒设备、片剂机械、胶囊剂机械、注射剂机械、丸剂机械、栓剂机械、软膏剂机械、口服液机械、气雾剂机械等。

③ 药用粉碎机械　用于药物粉碎研磨并符合药品生产要求的机械。例如机械式粉碎机、气流粉碎机、研磨机械、整粒机等。

④ 饮片机械　将中药材通过净制、切制、炮炙、干燥等方法改变其形态和形状制取中药饮片的机械及设备。例如净制设备、切制设备、炮炙设备、烘干设备等。

⑤ 制药用水设备　采用各种方法制取制药生产、使用过程中用于药材净制，提取或者制剂配制时使用的溶剂、稀释剂及制药器具的洗涤清洁用水（包括饮用水、纯化水、注射用水和灭菌注射用水）的机械及设备。例如纯化水设备、注射用水设备、离子交换设备等。

⑥ 药品包装机械　完成药品直接包装和剂型药品再包装及药包材制造的机械及设备。例如装瓶机、封口机、装盒机、贴标机、铝塑包装机、装箱机、捆扎机等。

⑦ 药物检测设备　检测各种药材制品或者半制品质量的仪器与设备。

⑧ 其他制药机械及设备　一般为辅助设备。例如自动清洗机、灭菌柜等。

（2）根据剂型分类

制药设备按照剂型可以分为以下 14 类。

① 片剂机械　将中、西原料药与辅料经混合、制粒、压片、包衣等工序制成各种形状片剂的机械和设备。

② 水针剂机械　将灭菌和无菌药液灌装于安瓿等容器内，制成注射针剂的机械与设备。

③ 西林瓶粉针、水针机械　将无菌生物制剂药液或者粉末灌装于西林瓶内，制成注射针剂的机械与设备。

④ 大输液剂机械　将无菌药液灌装于输液容器内，制成大剂量注射剂的机械与设备。

⑤ 硬胶囊剂机械　将药物充填于空心硬胶囊内的制剂机械设备。

⑥ 软胶囊剂机械　将药液包裹于明胶膜内的制剂机械设备。

⑦ 丸剂机械　将药物细粉或浸膏体与赋形剂混合，制成丸剂的机械与设备。

⑧ 软膏剂机械　将药物与基质混合，制成软膏剂的机械与设备。

⑨ 栓剂机械　将药物与基质混合，制成栓剂的机械与设备。

⑩ 合剂机械　将药液灌装于口服液瓶内的机械与设备。

⑪ 药膜剂机械　将药物溶解或分散于多聚物薄膜内的机械与设备。

⑫ 气雾剂机械　将药物和抛射剂灌装于耐压容器中，使药物以雾状喷出的机械与设备。

⑬ 滴眼剂机械　将无菌的药液灌装于容器内，制成滴眼药的机械与设备。

⑭ 糖浆剂机械　将药物与糖浆混合后制成口吸糖浆剂的机械与设备。

（3）根据用途分类

行业内通常按照用途不同将制药设备简单分为以下几类。

① 公用系统　包括空调系统、纯化水、注射用水、纯蒸汽系统、工艺气体系统、工业蒸汽系统、冷却水系统等。

② 工艺设备　制药工艺流上直接用于药品生产的设备。

③ 辅助设备　为工艺设备提供运行保障的非关键设备，如除尘器、真空泵、清洗机等。

④ 检测设备　检测各种药材制品或者半制品质量的仪器与设备。

⑤ 计算机化系统　计算机化系统由一系列硬件和软件组成，以满足特定的功能，例如对公用系统、工艺设备或者工艺生产过程进行实时监测、控制及数据存储的计算机化系统等。

本章节主要介绍工艺设备，其他类型的设备/系统在本书其他章节进行介绍。

2.3.1.2　工艺设备的设计与选型

工艺设备是药品加工的主体，代表着制药工程的技术水平。工艺设备类型发展快、型号多，在设计和选型的时候必须结合已确认的项目范围和工艺流程，借助制药商提供的设备说明书，从实际出发结合 GMP 要求对生产线进行综合评估。应符合以下要求。

① 与生产的产品和工艺流程相适应，全线配套且能满足生产规模的需要。

② 设备材质的性质稳定，不与所生产药品中的药物发生化学反应，不吸附物料，不释放微粒。消毒或灭菌时不变形、不变质。

③ 结构简单，易清洗、消毒，便于生产操作和维护保养。

④ 设备零件、计量仪表的通用性和标准化程度。仪器、仪表、衡器的使用范围和精密度应符合生产和检验要求。

⑤ 粉碎、过筛、制粒、压片等工序粉尘量大，设备的设计和选型应注意密封性和除尘能力。

⑥ 药品生产过程中用的压缩空气、惰性气体应有除油、除水、过滤等净化处理设施、尾气应有防止空气倒灌装置。

⑦ 压力容器、防爆装置等应符合国家有关规定。

⑧ 自动化程度的要求。

⑨ 设备制造商的信誉、技术水平、培训能力以及是否符合 GMP 的要求。

药品的剂型不同，加工的设备类型不同、同一品种设计的工艺流程不同，生产用设备也有所不同。制药工艺设备在制药工程中发挥着重要作用，不同设备的设计选型的审核内容是不同的。

2.3.2　GMP 对设备的管理要求

目前为止，各国的 GMP 对设备管理要求基本相同，以下是中国 GMP（2010 年修订）

对设备的要求。

第七十一条　设备的设计、选型、安装、改造和维护必须符合预定用途，应当尽可能降低产生污染、交叉污染、混淆和差错的风险，便于操作、清洁、维护，以及必要时进行的消毒或灭菌。

第七十二条　应当建立设备使用、清洁、维护和维修的操作规程，并保存相应的操作记录。

第七十三条　应当建立并保存设备采购、安装、确认的文件和记录。

第七十四条　生产设备不得对药品质量产生任何不利影响。与药品直接接触的生产设备表面应当平整、光洁、易清洗或消毒、耐腐蚀，不得与药品发生化学反应、吸附药品或向药品中释放物质。

第七十五条　应当配备有适当量程和精度的衡器、量具、仪器和仪表。

第七十六条　应当选择适当的清洗、清洁设备，并防止这类设备成为污染源。

第七十七条　设备所用的润滑剂、冷却剂等不得对药品或容器造成污染，应当尽可能使用食用级或级别相当的润滑剂。

第七十八条　生产用模具的采购、验收、保管、维护、发放及报废应当制定相应操作规程，设专人专柜保管，并有相应记录。

第七十九条　设备的维护和维修不得影响产品质量。

第八十条　应当制定设备的预防性维护计划和操作规程，设备的维护和维修应当有相应的记录。

第八十一条　经改造或重大维修的设备应当进行再确认，符合要求后方可用于生产。

第八十二条　主要生产和检验设备都应当有明确的操作规程。

第八十三条　生产设备应当在确认的参数范围内使用。

第八十四条　应当按照详细规定的操作规程清洁生产设备。

生产设备清洁的操作规程应当规定具体而完整的清洁方法、清洁用设备或工具、清洁剂的名称和配制方法、去除前一批次标识的方法、保护已清洁设备在使用前免受污染的方法、已清洁设备最长的保存时限、使用前检查设备清洁状况的方法，使操作者能以可重现的、有效的方式对各类设备进行清洁。

如需拆装设备，还应当规定设备拆装的顺序和方法；如需对设备消毒或灭菌，还应当规定消毒或灭菌的具体方法、消毒剂的名称和配制方法。必要时，还应当规定设备生产结束至清洁前所允许的最长间隔时限。

第八十五条　已清洁的生产设备应当在清洁、干燥的条件下存放。

第八十六条　用于药品生产或检验的设备和仪器，应当有使用日志，记录内容包括使用、清洁、维护和维修情况以及日期、时间、所生产及检验的药品名称、规格和批号等。

第八十七条　生产设备应当有明显的状态标识，标明设备编号和内容物（如名称、规格、批号）；没有内容物的应当标明清洁状态。

第八十八条　不合格的设备如有可能应当搬出生产和质量控制区，未搬出前，应当有醒目的状态标识。

第八十九条　主要固定管道应当标明内容物名称和流向。

第九十条　应当按照操作规程和校准计划定期对生产和检验用衡器、量具、仪表、记录和控制设备以及仪器进行校准和检查，并保存相关记录。校准的量程范围应当涵盖实际生产和检验的使用范围。

第九十一条　应当确保生产和检验使用的关键衡器、量具、仪表、记录和控制设备以及仪器经过校准，所得出的数据准确、可靠。

第九十二条　应当使用计量标准器具进行校准，且所用计量标准器具应当符合国家有关规定。校准记录应当标明所用计量标准器具的名称、编号、校准有效期和计量合格证明编号，确保记录的可追溯性。

第九十三条　衡器、量具、仪表、用于记录和控制的设备以及仪器应当有明显的标识，标明其校准有效期。

第九十四条　不得使用未经校准、超过校准有效期、失准的衡器、量具、仪表以及用于记录和控制的设备、仪器。

第九十五条　在生产、包装、仓储过程中使用自动或电子设备的，应当按照操作规程定期进行校准和检查，确保其操作功能正常。校准和检查应当有相应的记录。

2.3.3　典型的工艺设备介绍及确认

确认是证明设备/系统设计符合预期要求，安装正确、运行正常、实际运行性能能够达到预期结果并有文件证明的一系列活动。工艺设备的确认生命周期符合设备类系统验证生命周期的一般原则，参见本书 1.2 节内容，本节将结合不同产品类型生产工艺，介绍工艺设备原理和确认要点。

2.3.3.1　原料药工艺设备

原料药是制剂生产的物质基础，原料药必须通过进一步加工制成适合于服用的药物制剂，才成为药品。原料药品种众多，其生产方法各不相同，有全合成法，有发酵法兼用提炼技术，有合成法兼用生物技术，有发酵产品再进行化学加工，也有主要采用分离提纯方法。原料药生产过程中使用到的主要设备包括以下几类。

（1）罐类

发酵罐、反应罐、萃取罐、结晶罐、储罐、高位计量罐等通常用于合成反应、发酵、提取、结晶、计量与物料储存的设备。

① 发酵罐　多数用于抗生素生产，大型者容积可达 $100m^3$ 以上。部分生物化学反应过程，也采用类似装置但规模较小。对发酵罐来说，其主要任务是完成培养发酵，菌种要经实验室斜面、摇瓶培养后逐步经种子罐、中罐再移种至发酵罐。因此要求在接种以前先对罐中的培养液进行灭菌并冷却至培养温度；同时用经除菌的压缩空气保压；再将种子在无菌条件下输入种子罐，经在种子罐培养结束再逐级移种扩大。在接种及移种过程中，要事先对所经过的管道配置蒸汽灭菌的设施，包括蒸汽引入及原管道中存留空气排出的设施。

对大容积发酵罐的培养液灭菌，常采用连续灭菌法处理。培养液配料搅匀以后，用泵送入连续灭菌器，经过规定温度、压力及停留时间以后，进入已经灭菌的发酵罐中。其温度、压力及停留时间应严格控制，并经灭菌验证。

机械搅拌轴的轴封，不得采用填料密封。因为密封填料没有彻底灭菌的条件，而且被磨损的填料，有可能落入发酵罐中引起污染。采用机械密封也应注意对搅拌系统进行平衡校正，尽量减少轴的晃动。密封面也应有补偿装置来消除因晃动引起的密封面受压不均而造成泄漏。

② 反应罐 在合成药物的生产中使用的化学反应装置。其中多数是罐式反应器，也有连续式或连续-分批相结合的型式。在反应设备中除了反应过程有易污染物料进入以外，一般不需设置蒸汽灭菌设施。如果有易污染物料进入，则应参考发酵罐的灭菌，增设灭菌管道等设施，而且进入系统的物料需在进入系统以前进行灭菌或除菌。反应罐的规模应以容纳一个批号物料为基准考虑。反应罐要求可以在线清洗。反应罐所配备的搅拌系统应根据不同的反应物系，如液-液、液-固、气-液或气-液-固系统，配置有效的叶型及搅拌强度，以保证反应达到预期效果。反应罐也应根据反应所需温度变化配备加热或冷却系统。

③ 萃取及浸取系统 萃取及浸取是把有效成分从液相或固相中用另一液相进行混合接触并重新分离，使有效成分转移的过程。此类设备要求其设备本体及所附属之管道不积存料液，并可在线清洗。对浸取设备还应能在每批操作结束后，将被浸取固体物料全部排净，并能进行在线清洗。

④ 结晶罐 结晶在制药过程中基本上都是原药纯化的工序。要求结晶设备可在线清洗，无菌生产还需要在线灭菌。结晶设备底部排料口与底部阀门之间不能有空间，以防在此区域因搅拌不充分而形成不规则结晶，甚至形成堵塞，因此应采用向上开启的底阀。

结晶罐的搅拌也应配置合适的轴封，轴封的磨损端面可能有磨脱的颗粒，应利用结晶罐的正压操作以及磨损物承接槽（此槽应加设排泄通道，可在清洗及灭菌时得以处理）加以控制，不使此类磨脱颗粒混入成品。

搅拌叶轮及组合应根据结晶工艺要求如颗粒度、晶型等进行对比选配；在冷却结晶过程中也注意叶轮的选用，以防止晶体在器壁形成结晶层。

（2）固-液分离干燥设备

原料药多是在反应罐中进行反应，后期处理需要去除滤渣或者提取溶液，所以固-液分离用设备也是常用的生产设备，常用的有离心机、三合一设备、过滤器等。原料药经过提取过滤结晶后，需要去除多余的水分或者溶媒达到预期的干燥程度，常用的干燥设备有真空干燥箱、回转干燥器、带式干燥器等。

① 三合一设备 将过滤、洗涤、干燥功能集于一体的设备通称"三合一"设备，是原料药生产中常用的关键设备，这三道工序是在同一台设备内完成的，因此大大降低了产品被污染的风险。罐式"三合一"设备的罐体类似一个大型抽滤器，底盘由金属烧结板滤网、支撑板和加热板组合而成。罐身有夹套用于加热和冷却，罐内有可上下运动的搅拌器，搅拌器为中空结构，通入介质用于加热和冷却，在干燥阶段起主要作用。容器内可通惰性气体进行保护，由"输入/输出"接口系统、工作系统、取样系统、CIP与SIP系统组成。

② 离心机 离心就是利用离心机转子高速旋转产生的强大的离心力，加快液体中颗粒的沉降速度，把样品中不同沉降系数和浮力密度的物质分离开。所以需要利用离心机产生强大的离心力，才能迫使这些微粒克服扩散产生沉降运动。离心机是利用离心力，分离液体与固体颗粒或分离液体与液体的混合物中各组分的机械。离心机主要用于将悬浮液中的固体颗粒与液体分开；或将乳浊液中两种密度不同，又互不相溶的液体分开（例如从牛奶中分离出奶油）；它也可用于排除湿固体中的液体，例如用洗衣机甩干湿衣服；特殊的超速管式分离机还可分离不同密度的气体混合物；利用不同密度或粒度的固体颗粒在液体中沉降速度不同

的特点，有的沉降离心机还可对固体颗粒按密度或粒度进行分级。离心分离机的作用原理有离心过滤和离心沉降两种。离心过滤是使悬浮液在离心力场下产生的离心压力，作用在过滤介质上，使液体通过过滤介质成为滤液，而固体颗粒被截留在过滤介质表面，从而实现液-固分离；离心沉降是利用悬浮液（或乳浊液）密度不同的各组分在离心力场中迅速沉降分层的原理，实现液-固（或液-液）分离。

③ 过滤器　小批量的原料药生产中会用到的过滤设备一般常用的为袋式过滤器、板框过滤器、除菌过滤器、压滤器等。当使用此类设备时，应充分考虑过滤介质的材质、孔径大小、过滤效率、过滤面积；无菌原料药生产的除菌过滤器还应该考虑滤材与产品、溶媒的相溶性、细菌的截留能力等因素。

④ 真空干燥箱　真空干燥箱为较古老的干燥装置，箱内被加热板分成若干层。加热板中通入热水或低压蒸汽作为加热介质，将铺有待干燥药品的料盘放在加热板上，关闭箱，箱内用真空泵抽真空。加热板在加热介质的循环流动中将药品加热到指定温度，水分即开始蒸发并随抽真空逐渐抽走。此设备易于控制，可冷凝回收被蒸发的溶媒，干燥过程中药品不易被污染，但由于不易对料盘进行在线清洗（CIP）和在线灭菌（SIP），干燥速度慢，工人劳动强度大，而且为实现药品均一性，干燥后还要经混粉装置混合，现在原料药大生产上已很少应用，多用于中、小试生产或包材热处理。

⑤ 真空回转干燥器　真空回转干燥器源自双锥混合器，多为圆柱形器身、两头锥形，也俗称双锥干燥器。锥体中部有两个中空悬轴，用以设备旋转支撑和真空、热水的通道。药品在干燥器中边干燥边转动，对整批药物的均一性有良好保证。热介质由一端中空管进入夹套，器内热气随另一端中空管中的排气管排出，并经冷凝回收挥发的溶媒。目前国内制造厂家很多。后来又出现了单轴回转干燥器、多维旋转干燥器、倾斜式回转干燥器等类似产品。此设备的配套装备有真空系统、溶媒回收系统、清洗灭菌系统等。由于此设备操作简单，间歇生产，易于调节、可以进行在线清洗和在线灭菌，因此成为中小型抗生素生产企业的首选设备。

⑥ 带式干燥器　可实现自动化生产，是可连续干燥设备，其干燥速度快，适用于散粒状物料的干燥，待干燥物料由一端加料器进入干燥器，过滤后的空气由鼓风机经加热送入腔室与固体物料接触或者直接将腔室内空气加热维持在一定温度，通过网带将物料连续从加料端传输到出料端并经过干燥处理。

图 2-3-1 为结晶罐、图 2-3-2 为三合一设备、图 2-3-3 为双锥干燥器。

图 2-3-1　结晶罐

图 2-3-2　三合一设备

图 2-3-3　双锥干燥器

【设备确认案例】结晶罐

结晶罐的设计确认检查内容见表 2-3-1；安装确认检查内容见表 2-3-2；运行确认检查内容见表 2-3-3；性能确认检查内容见表 2-3-4。

表 2-3-1　结晶罐的设计确认检查内容

序号	URS 要求	设计文件参考/描述
URS 01	罐的容积要求	图纸编号/设计图纸中的容积
URS 02	罐的材质要求	图纸编号/设计图纸或者设计说明中的建造材质
URS 03	罐的搅拌形式要求	图纸编号/设计图纸及设计说明中的搅拌形式
URS 04	工艺仪表的要求	图纸编号/设计图纸及者设计说明中的仪表的安装位置、量程、精度等
URS 05	温度控制、pH 控制等控制功能要求	设计说明中的关于控制方式和范围的描述
URS 06	…	…

表 2-3-2　结晶罐的安装确认检查内容

序号	检查项目	可接受标准	检查方法
01	供应商文件的检查包括：图纸、材质证书、操作维护手册、合格证书、控制系统的电路图等	所有的文件应该是最终版并且正确无误	逐个检查文件和现场安装情况是否一致
02	关键仪表的量程、精度、校准情况检查	量程、精度应满足工艺需求并已经校准	记录仪表的量程、精度、校准情况
03	公用系统的连接检查	压缩空气、蒸汽等公用系统已经连接,运行参数符合要求	现场检查公用系统的安装运行情况
04	…	…	…

表 2-3-3　结晶罐的运行确认检查内容

序号	检查项目	可接受标准	检查方法
01	最小和最大搅拌容积检查	最小和最大装量下搅拌时能够带动所有料液	目测观察
02	搅拌转速检查	搅拌转速的显示值误差,如应<10%	利用测速仪测试与设定值比较
03	在不同工艺温度下检查温度维持的稳定性	不同温度下在固定时间内温度波动符合工艺要求,如 50℃ 下 30 分钟内稳定在±3℃	利用温度记录仪或者利用设备本身的温度探头
04	在线清洗（CIP）和在线灭菌（SIP)的程序运行	在线清洗和在线灭菌程序能够正常运行	运行 CIP 或者 SIP 程序
05	…	…	…

表 2-3-4　结晶罐的性能确认检查内容

序号	检查项目	可接受标准	检查方法
01	在线灭菌（SIP)的热分布试验	灭菌程序下所有热分布探头温度均符合灭菌要求,如>121℃	利用温度验证仪在典型位置布设探头记录不同位置的温度
02	在线灭菌（SIP)的生物挑战试验	灭菌程序下所有微生物指示剂培养结果显示阳性	在典型位置布设微生物指示剂,灭菌后培养
03	…	…	…

2.3.3.2　口服固体制剂工艺设备

口服固体制剂包括片剂（速释、缓释、控释、迟释等）、胶囊剂（速释、缓释、控释、迟释等）、干混悬剂、颗粒剂、散剂、膜剂和滴丸剂等。口服固体制剂在药物制剂中约占70%，其中又以片剂、胶囊剂、颗粒剂这三种固体制剂为主。以片剂为例主要的工艺设备介绍如下。

片剂的主要工艺步骤包括：原辅料前处理（包括粉碎、过筛、称量等）、制粒（干法制粒、湿法制粒）、湿法整粒、干燥、干法整粒、混合、压片、包衣、泡罩包装以及瓶装，其中每一道工序可能用到一种或多种工艺设备。

（1）原辅料前处理设备

此阶段主要是将原辅料经粉碎、过筛处理，使之符合工艺生产要求，并进行后续的称量操作。

粉碎过程使用的设备主要为粉碎机。当所购原辅料本身成块状而不能正常称量或影响下一工序时则需进行粉碎处理，此时就要用到粉碎机。粉碎机的主要作用为粉碎物料，使其粒径符合要求，以满足药品生产需要。

过筛过程使用的主要设备为振荡筛。经过粉碎后的原辅料粒径通常相差较大，为适应医疗和药剂制备的需要以及去除可疑杂质的考虑，通常粉碎后的物料要经过筛分处理。振荡筛可加两层筛网，上层筛网孔径较大，下层筛网孔径较小，利用此方法可以筛分出一定目数的物料。如果只考虑去除原辅料中的可疑杂质一般仅使用一层筛网，筛网的目数根据工艺要求而定。

称量过程使用的主要设备为称量罩及各种天平和地秤。称量罩是为称量过程提供一个单独的层流空间，此设备既可以减小药物交叉污染的可能，又可以减少房间内的粉尘，同时保证洁净区的环境不受污染和保护称量人员的安全。天平和地秤作为计量工具，是药品生产过程中必不可少的。称量在某种意义上来说可以是任何药品生产的开始，因为它涉及药品生产的核心：处方量。

（2）制粒设备

制粒是将原辅料经一定措施制成颗粒，使之符合工艺生产的要求。

制粒一般分为湿法制粒和干法制粒。

① 湿法制粒　湿法制粒过程使用的设备通常有湿法制粒机、湿法整粒机。湿法制粒是目前制药行业最为普遍的制粒方法。其制粒过程是将混合和制粒两道工序在同一台设备上实现。部分原辅料在制粒机的料仓内经搅拌桨的搅拌，充分混合，随着黏合剂的加入以及剪切刀的剪切作用逐渐形成软材，并进一步形成符合工艺要求的湿颗粒。由于通过湿法制粒机制成的湿颗粒经常形成较大的团块，此时就需要通过湿法整粒机对其进行整粒。湿法整粒机主要由搅拌齿轮和一定孔径的筛网组成，通过湿法整粒机可以有效地控制湿颗粒的粒径，以满足下一工序以及工艺的要求。

湿法制粒阶段主要的设备参数有搅拌速度、喷浆量、喷浆速度、制粒剪切速度、筛网孔径、温度等。

图2-3-4为湿法制粒机。

② 干法制粒　干法制粒过程使用的设备主要为干法制粒机。干法制粒机的一般工作原理是利用原辅料本身所含的结晶水，直接将物料挤压成片，再经过粉碎、分级过筛等措施制成满足制药企业工艺要求的干颗粒。干法制粒是一种新型的制粒方法，无需润湿剂，没有湿法制粒的防爆问题，虽然现在制药企业由于工艺不成熟或原辅料不适合等原因应用较少，但干法制粒有很大的发展空间。

干法制粒阶段主要的设备参数有上料速度、轧辊压力、轧辊间隙、轧辊速度、制粒速度、筛网孔径等。

图 2-3-5 为干法制粒机。

图 2-3-4 湿法制粒机

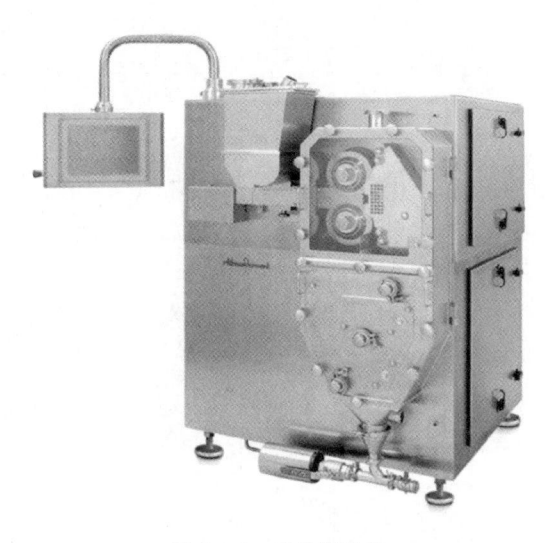

图 2-3-5 干法制粒机

（3）干燥设备

干燥是将湿颗粒干燥，使颗粒水分符合工艺要求的过程。

干燥阶段使用的设备通常有流化床干燥机或烘箱。

流化床干燥为现阶段大多数新建厂房的首选方法。工作原理为湿颗粒在密闭容器内，由于热气流的作用，使颗粒悬浮呈流化状循环流动，对其高效干燥，水分不断蒸发，重复进行，形成较均匀的球状颗粒，从而完成干燥工序。另外增加底喷、侧喷装置后，可在流化床干燥室内完成制粒过程。

烘箱在大多数旧厂房中应用较多，但因其干燥周期长，干燥后的颗粒结块严重等缺点，目前在制药企业中应用得越来越少。

干燥阶段主要的设备参数有进风风量、进风温度、干燥温度、干燥时间等。

（4）混合设备

混合阶段使用的设备主要为混合机。混合机的种类较多，常见的有方锥混合机、提升混合机、三维混合机、V型混合机等。不管使用的是哪种混合机，其原理基本相同，都是将两种或两种以上的物料经过重力、搅拌等作用使其混合均匀，以满足工艺的要求。另外，由于混合工序通常需搬动较重的物料，而混合机又较高大，为节省人力通常将提升上料机和混合机一起使用。

混合阶段主要的设备参数有混合转速、混合时间。

图 2-3-6 为混合机。

（5）压片设备

压片阶段使用的设备主要为压片机，辅助设备有金属检测仪、抛光机等。现在应用较多的是高速旋转压片机，压片速度可达到 20 万片每小时，通过安装不同的模具，可将颗粒压制成圆片或异型片，是适合批量生产的基本设备。金属检测仪和抛光机常配合压片机一起使用，从压片机出来的药片可直接连接金属检测仪和抛光机进行金属检测剔除、抛光。

压片阶段主要的设备参数有上料速度、转台速度、填料深度、主压轮压力、预压轮压力、片剂边缘厚度等。

图 2-3-7 为压片机。

图 2-3-6 混合机

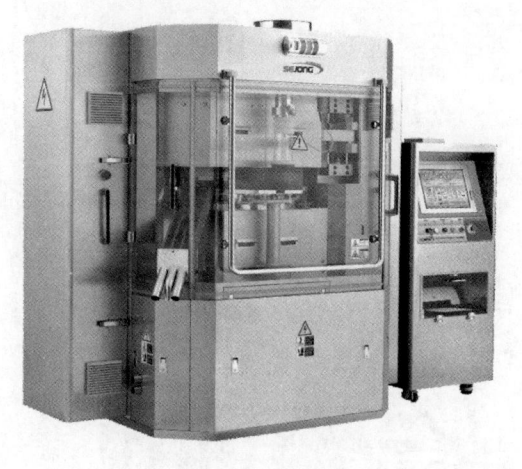

图 2-3-7 压片机

（6）包衣设备

包衣阶段使用的设备主要为高效包衣机。高效包衣机可以对片剂进行有机薄膜包衣、水溶性包衣、缓控释性包衣等多种包衣。新型的包衣机大多采用有孔设计，可在几个小时内完成上百公斤片剂的包衣工作，包衣效率显著提高。全过程自动化控制较高，保证工艺质量的稳定性。

包衣阶段主要的设备参数有包衣锅转速、进风温度、片床温度、排风温度、包衣液流速、包衣液雾化压力等。

图 2-3-8 为包衣机。

（7）包装设备

包装阶段使用的设备可分铝塑包装线和瓶装线两大类。

① 铝塑包装线　主要有全自动泡罩包装机、装盒机、包膜机等。全自动泡罩包装机通过程序控制采用全自动程序控制，自动成型，PVC 与铝箔自动进给，采用专用下料器使药片准确地落入成型后的泡罩中，避免了通用下料器将药片打碎，或者充填率低的现象。充填药片的泡罩进入成像检测系统，检测系统连续采集图像，将采集到的图像同程序中储存的标准图像进行对比，存在异常的将自动进行剔除。该成像检测系统可以将缺粒、半粒、片面上有较大破损、刻字不一样的不合格品自动剔除，有效地保证了产品质量。装盒机和全自动泡罩机联动，可以同时完成说明书的折叠、小盒开盒、泡罩装盒、打印批号、在线剔除等功能。装好的药盒进入全自动包膜机中进行包膜，包膜机可以根据不同的包膜形式设定每层的盒数与层数，大大提高了包装工序的工作效率。

图 2-3-9 为泡罩包装机。

② 瓶装线　主要有理瓶机、全自动数粒机、旋盖机、封口机、贴标机等。理瓶机可以通过转动自动将瓶子整理。数粒机自动数粒，药片可准确地进入到药瓶中，通过程序控制保证每一瓶药片的数量都能够达到设定数量，当数量与设定数量不符时，程序可自动控制将药瓶剔除以保证产品质量。旋盖机可自动将瓶盖整理进入瓶盖输送轨道，当药瓶到达瓶盖下方时，瓶盖自动盖在药瓶上，然后通过旋盖轮将瓶盖旋紧，旋盖机可以自动检测瓶盖中是否有

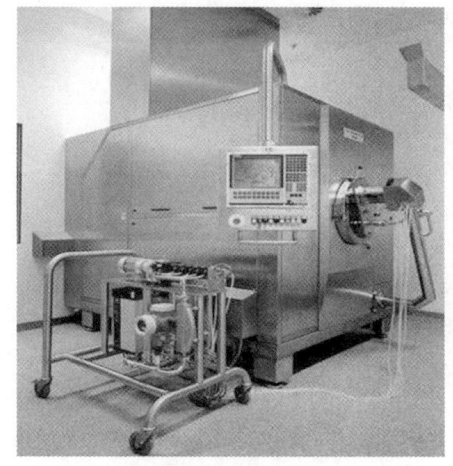

图 2-3-8 包衣机

图 2-3-9 泡罩包装机

铝箔、瓶盖是否旋紧，当盖子中没有铝箔或未旋紧时可自动将其剔除。全自动封口机可自动将瓶盖中的铝箔封在药瓶上，封口温度可调，保证封口质量。贴标采用全自动贴标机，在设备上通过自动控制将批号打印在指定区域后将不干胶标签贴在瓶子上，保证了贴标的效率及每一瓶的质量。在贴标工序可增加条码扫描装置，自动识别标签上的条形码，当条形码与标准条形码不一致时，自动剔除并报警，整个过程自动化程度高，大大提高了生产效率。

图 2-3-10 为瓶装线。

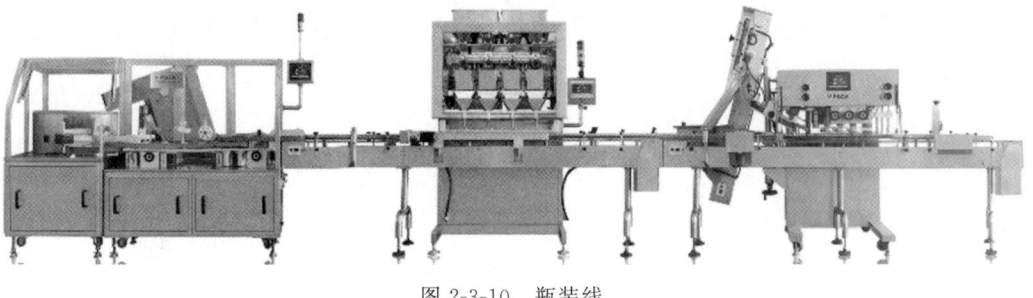

图 2-3-10 瓶装线

【设备确认案例】压片机

压片机的设计确认检查内容见表 2-3-5；安装确认检查内容见表 2-3-6；运行确认检查内容见表 2-3-7；性能确认检查内容见表 2-3-8。

表 2-3-5 压片机的设计确认检查内容

序号	URS 要求	设计文件参考/描述
URS 01	压片机的产量要求	设计说明中的最大产量说明
URS 02	压片机的装量范围及精度要求	设计说明中的装量范围及精度说明
URS 03	压片机与料粉接触的材质要求	设计说明中的材质说明
URS 04	压片机的关键报警要求	设计说明中明确哪些关键报警
URS 05	压片机的不合格片剔除要求	设计说明中应说明如何自动判断不合格片并剔除
URS 06	...	...

表 2-3-6　压片机的安装确认检查内容

序号	检查项目	可接受标准	检查方法
01	供应商文件的检查包括:功能说明、图纸、材质证书、操作维护手册、合格证书等	所有的文件应该是最终版并且正确无误	逐个检查文件和现场安装情况是否一致
02	压片机型号和关键技术数据的检查	型号和关键技术数据和现场一致,如转台速度范围、冲台型号、主压预压压力范围等	根据提供的订单核查
03	关键仪表的量程、精度、校准情况检查	量程、精度应满足工艺需求并已经校准	记录仪表的量程、精度、校准情况
04	控制系统电器硬件和电路图检查	电器和电路连接正确	根据电器和电路图进行现场检查
05	PLC 控制器的输入输出测试	输入输出测试正常	根据输入输出清单进行测试
06	控制系统软件版本确认	记录控制系统的软件版本	记录控制系统程序的软件版本
07	……	……	……

表 2-3-7　压片机的运行确认检查内容

序号	检查项目	可接受标准	检查方法
01	压片机运行参数设置范围确认	设置范围在设计范围内包括转台速度、填料速度、冲头负载、单冲压力等	现场对各个参数进行设置并核对
02	控制回路的确认	能够通过自动调节对片重进行自动控制	带料运行设置好参数,取样测试片重是否符合要求
03	剔废功能测试	不合格片能够自动剔废	人为制造废片,如在某一冲头贴上胶条使片重不合格
04	安全联锁测试,如不合格数超标、启动停机冲头保护功能等	安全联锁功能正常	人为制造废片,如在某一冲头贴上胶条使片重不合格,运行几圈后观察是否报警停机
05	报警确认	所有报警均能够正常触发	根据报警清单对各个报警逐一触发报警,观察是否正常
06	权限管理	不同级别的用户拥有不同的操作权限	根据设计说明对权限设置进行检查
07	数据存储	能够储存生产配方和批生产记录	带料运行后重新启动是否保存有生产配方和批生产记录
08	……	……	……

表 2-3-8　压片机的性能确认检查内容

序号	检查项目	可接受标准	检查方法
01	SOP 检查	在性能确认前相关 SOP 已经签批并进行培训	记录 SOP 的文件编号和签批状态
02	压片性能确认	带料连续运行,生产的片剂的质量稳定合格,如外观、片重、硬度、脆碎度等	设置好生产配方(需要挑战工艺参数的上下限,如最高最低转速、最高最低片重)连续运行(如 3h),过程中密集取样测试(如每隔 15min 20 片)
03	……	……	……

2.3.3.3　无菌制剂生产设备

无菌产品是指法定药品标准中列有无菌检查项目的制剂和原料药，包括注射剂、眼用制剂、无菌软膏剂、无菌混悬剂等。无菌制剂的生产工艺一般分为灭菌工艺和无菌生产工艺。无菌产品通常要求在严格的生产环境中进行产品灌装和容器的密封，结合后续的最终产品的灭菌工艺确保无菌水平。尤其是无菌生产工艺，药品、容器和密封组件首先以适当的方式分别灭菌和除热原，然后在层流保护下进行灌装和密封。相对于最终灭菌工艺，其风险点更多，需要严格控制每个工艺操作步骤的无菌状态。

常见的无菌制剂分为水针剂和粉针剂两种，通用生产设备包括配制罐、除菌过滤、灭菌设备、洗烘灌、清洗设备、隔离器设备。对于冻干制剂，还包含冻干机、洗瓶、烘干、灌装设备，通常为联动运行。

（1）配制罐

溶液的配制是按照工艺规程要求把各活性成分、辅料以及溶解成分进行配制，并按顺序进行混合，制成批配制溶液，以待下一步的灌装。配制可以包括固体活性成分的溶解，或者简单的液体混合。还可以包括更为复杂的操作，例如乳化或者脂质体的形成。液体制剂应用注射用水作为溶剂，或使用适量的有机溶剂。

通常分为一步配制和两步配制（浓配和稀配）。

（2）洗烘灌联动线

无菌制剂所用的包装容器主要有西林瓶、安瓿瓶等。对这些容器进行清洗的设备是洗瓶机，包括上瓶单元、理瓶单元、超声波清洗单元、吹洗单元、出瓶单元等，清洗步骤分为预洗、纯化水清洗和注射用水清洗。清洗干净的容器在层流保护下进入隧道除热原烘箱进行干燥和除热原，隧道烘箱可以采用单向流也可采用热辐射装置，不管采用哪种方式，一般都分为预热段（进瓶区）、高温灭菌段和冷却段（出瓶区），容器在隧道灭菌段结合设定温度和停留的时间达到所需的灭菌和除热原效果。容器在冷却段降温到不影响灌装产品质量的温度，在层流的保护下进入灌封机。

无菌生产灌装封口单元为高风险操作，均需要在层流保护下进行，通常为半隔离系统，除非有故障需要处理，人员不应进入灌封区域。通常包括灌装单元、压塞单元、轧盖单元（或者封口单元），装量控制通常分为体积控制或重量控制两种模式。

图 2-3-11 为洗烘灌联动线。

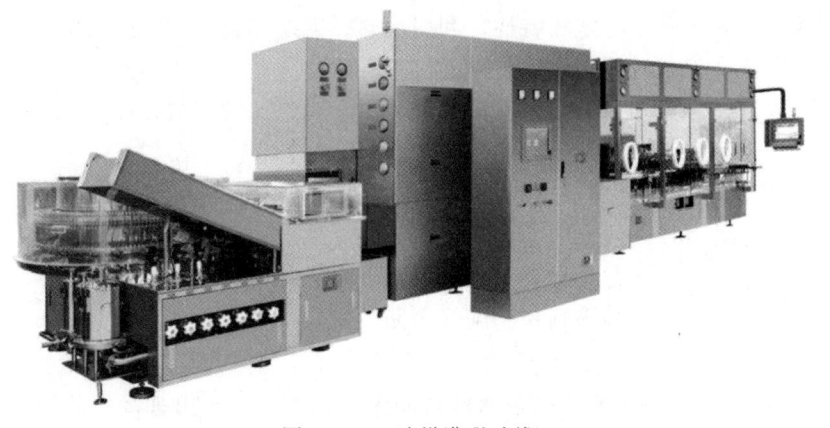

图 2-3-11　洗烘灌联动线

（3）冻干机

冷冻干燥是指将被干燥含水物料冷冻到其共晶点温度以下，凝结为固体后，在适当的真空度下逐渐升温，利用水的升华性能使冰直接升华为水蒸气，再利用真空系统中的捕水器将水蒸气冷凝，使物料低温脱水而达到干燥目的的一种技术。该过程通常包括三个步骤即预冻、一次干燥（升华）和二次干燥（解吸附）。生产工艺一般包括以下步骤。

① 将药品和赋形剂溶解于适当的溶剂中，通常使用注射用水。

② 将药液通过 $0.22\mu m$ 除菌过滤器进行除菌。

③ 灌装到各个已灭菌的容器中，并在无菌条件下进行半压塞。

④ 在无菌条件下将半压塞后的容器转移至冻干箱内。

⑤ 溶液的预冻：将半压塞后的容器置于冻干箱的隔板上面。

⑥ 箱体抽真空并对隔板升温，以便在冷冻状态下通过升华除去水分。

⑦ 全压塞密封：通常由安装在冻干机内的液压式或螺杆式压塞装置完成。

图 2-3-12 为冻干曲线。

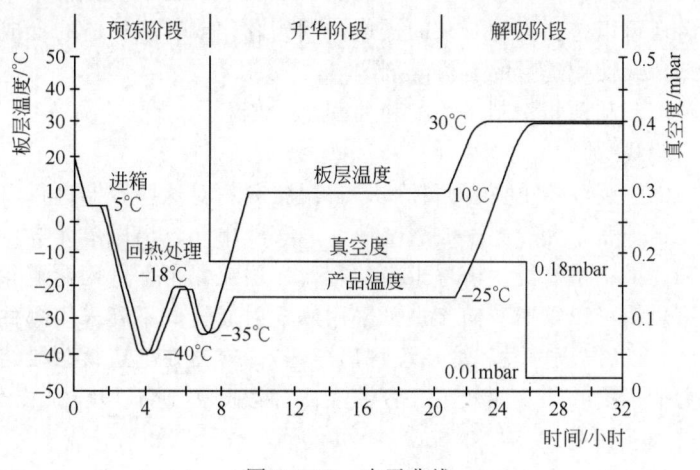

图 2-3-12　冻干曲线

（4）灭菌设备

灭菌是指应用物理或者化学方法杀死或者去除一切存活的微生物繁殖体或者芽孢，使药品达到无菌的处理手段，最大限度地提高无菌药物制剂的安全性。物理灭菌法是利用蛋白质与核酸具有遇热、射线等不稳定的特性，利用加热、射线和过滤来去除微生物，包括干热灭菌法、湿热灭菌法、除菌过滤法和辐射灭菌法等。化学灭菌法指化学药品直接作用于微生物而将其杀灭的方法，分为气体灭菌剂和液体灭菌剂。无论何种灭菌方法，无菌保证水平一般要求达到 10^{-6} 即含量为 10^6 等级活菌灭菌后存活不超过 1 个。

① 湿热灭菌法　湿热灭菌法是指装载物品在灭菌器内利用高压蒸汽加热一定温度来杀死微生物，具有穿透力强、传导快、灭菌能力更强、无残留、不污染环境的优点，是制药行业推荐的灭菌方法。一般又分为脉动真空灭菌程序、混合蒸汽-空气灭菌程序、过热水灭菌程序等，根据不同的灭菌物品来选择。湿热灭菌的温度一般不会很高，比如 115℃、121℃、134℃ 等。

② 干热灭菌法　干热灭菌法是指装载物品在灭菌器内利用电加热器达到一定温度来杀死微生物，一般用于耐高温物品的灭菌，如玻璃、金属设备、器具等不需要湿气穿透的物品灭菌，不适用于橡胶、塑料及大部分药品的灭菌。通常灭菌温度要高于 160℃，高于 250℃

能用于除去热原。

③ 辐射灭菌法　辐射灭菌法是利用 γ 射线、X 射线和粒子辐射处理装置，来杀灭微生物的灭菌方法，适用于不耐热物品的处理，而且可以包装后进行灭菌。目前多采用 60Co 源放射出的 γ 射线，具有能力高、穿透力强、无放射性污染和残留、冷灭菌等特点。研究表明能达到灭菌计量的射线辐射不会给药品带来变异或者给人体带来毒理性伤害。

④ 除菌过滤法　过滤除菌法的关键设备是过滤器，一般用于液体物料的过滤除菌。除菌过滤器除了要保证能够达到 10^{-6} 的无菌保证水平外，还需要保证制备材料的安全性、与料液的相容性、细菌截留效率、使用前后的结构完整性等。通常认为标称精度为 $0.45\mu m$ 以上等级的过滤器才能作为除菌过滤器使用。

⑤ 化学灭菌法　化学灭菌法是一种低温灭菌方法，适用于不宜用其他方法灭菌的、热敏感的产品或者部件，如塑料瓶、橡胶管、狭窄空间灭菌等。常用的方法有环氧乙烷、过氧化氢、强酸强碱等。

关于灭菌设备的介绍，在本书中有单独的章节对其介绍，此处不再赘述。

【设备确认案例】洗烘灌封联动线

洗烘灌封联动线的设计确认检查内容见表 2-3-9；安装确认检查内容见表 2-3-10；洗烘灌封联动线运行确认检查内容见表 2-3-11；性能确认检查内容见表 2-3-12。

表 2-3-9　洗烘灌封联动线的设计确认检查内容

序号	URS 要求	设计文件参考/描述
URS 01	洗瓶机的清洗流程要求如超声波预洗、纯化水清洗、注射用水清洗等	设备说明书中关于清洗流程的描述
URS 02	洗瓶机的瓶子类型、清洗速度的要求	设备说明书中关于清洗速度的描述
URS 03	洗瓶机与清洗水接触的部件材质的要求	设备说明书中关于材质的描述
URS 04	洗瓶机和隧道烘箱运行的联动运行匹配性的要求	设备说明书中关于联动运行、故障停机等的描述
URS 05	隧道烘箱的产能要求	设备说明书中关于隧道运行速度、隧道宽度的描述
URS 06	隧道烘箱预热段、灭菌段、冷却段的温度要求	设备说明书中关于各工艺段的温度控制范围的描述，内毒素水平至少下降 3 个对数单位
URS 07	隧道烘箱预热段、灭菌段、冷却段的压差、洁净度要求	设备说明书中关于各工艺段的压差控制、空气处理单元的描述
URS 08	隧道烘箱生产打印记录要求	设备说明书中关于参数记录管理的描述
URS 09	灌封机的灌装装量要求	设备说明书中关于灌装容器及装量精度的描述
URS 10	灌封机的在线称重要求	设备说明书中关于在线称重和剔废功能的描述
URS 11	灌封机隔离区域内洁净度要求	设备说明书中关于各工艺段的压差控制、空气处理单元的描述
URS 12	灌封机直接接触部分清洗和灭菌要求	设备说明书中关于各部件清洗和灭菌处理的描述
URS 13	……	……

表 2-3-10　洗烘灌封联动线的安装确认检查内容

序号	检查项目	可接受标准	检查方法
01	供应商文件的检查包括：功能说明、图纸、材质证书、操作维护手册、合格证书等	所有的文件应该是最终版并且正确无误	逐个检查文件和现场安装情况是否一致
02	设备型号和关键技术数据的检查	型号和关键技术数据和现场一致，如速度、尺寸等	根据提供的订单核查
03	管道仪表图检查	设备各系统如清洗系统、空气处理系统、灌装缓冲罐过滤系统等安装和图纸一致	根据图纸对现场进行检查
04	材质检查	与产品直接接触的部件材质和设计要求一致	每个部件均需要提供有效的材质证书
05	关键仪表的量程、精度、校准情况检查	量程、精度应满足工艺需求并已经校准	记录仪表的量程、精度、校准情况
06	控制系统电器硬件和电路图检查	电器和电路连接正确	根据电器和电路图进行现场检查
07	PLC 控制器的输入输出测试	输入输出测试正常	根据输入输出清单进行测试
08	控制系统软件版本确认	记录控制系统的软件版本	记录控制系统程序的软件版本
09	…	…	…

表 2-3-11　洗烘灌封联动线运行确认检查内容

序号	检查项目	可接受标准	检查方法
01	洗瓶机清洗程序确认	清洗过程各种参数符合设计要求	运行清洗程序记录各个运行参数
02	隧道烘箱空气处理单元运行参数检查	隧道烘箱空气处理单元的运行检查，如风速、压差、悬浮粒子等	不加热的状态下检查空气处理单元的运行参数
03	隧道烘箱烘干程序参数检查	隧道烘箱加热状态下参数检查	加热状态下检查隧道烘箱的升温情况、温度稳定性、冷却温度等参数
04	灌封机的灌封参数检查	隧道烘箱灌封效果检查	实际灌装少量产品，检查灌封后的装量和密封情况
05	灌封机剔废功能测试	灌封量不合格产品能够自动剔废	人为制造不合格产品观察是否剔废
06	报警确认	所有报警均能够正常触发	根据报警清单对各个报警逐一触发，观察是否正常
07	权限管理	不同级别的用户拥有不同的操作权限	根据设计说明对权限设置进行检查
08	数据存储	能够储存生产配方和批生产记录	带料运行后重新启动，是否保存有生产配方和批生产记录
09	…	…	…

表 2-3-12　洗烘灌封联动线的性能确认检查内容

序号	检查项目	可接受标准	检查方法
01	SOP 检查	在性能确认前相关 SOP 已经签批并进行培训	记录 SOP 的文件编号和签批状态
02	洗瓶机性能确认	能够将瓶子清洗干净	清洗一定量的瓶子抽样，根据药典标准检测外观、不溶性微粒等
03	隧道烘箱满载热分布和内毒素挑战	满载运行下灭菌段温度不同位置偏差和 F_H 值符合要求	隧道烘箱在不同位置布置热电偶和内毒素指示剂来考察灭菌效果
04	灌封机能力确认	灌封量精度符合工艺要求，封口完好，无泄漏	灌封一定量的产品抽样，根据药典标准检测外观、灌装量和封口密封性等
05	…	…	…

【设备确认案例】冻干机

冻干机的设计确认检查内容见表 2-3-13，安装确认检查内容见表 2-3-14，运行确认检查内容见表 2-3-15，性能确认检查内容见表 2-3-16。

表 2-3-13　冻干机的设计确认检查内容

序号	URS 要求	设计文件参考/描述
URS 01	制冷系统的种类，能够达到工艺中所达到的温度	设计说明中关于制冷种类及控温能力的描述
URS 02	工艺中需要控制的工艺参数	设计说明中关于冻干机控制参数的描述
URS 03	容器类型及批量的要求	设计说明中关于板层面积、布置的描述
URS 04	最大制冷量和制冷速度	设计说明中关于制冷机组、压缩机功率等的描述
URS 05	西林瓶自动压塞的要求	设计说明中关于压塞操作的描述
URS 06	门的数量和种类	设计说明中单门和双扉的描述
URS 07	进出料的方式要求	设计说明中人工进出料和自动进出料的描述
URS 08	清洗和灭菌的要求	设计说明中关于清洗和在线灭菌的要求
URS 09	…	…

表 2-3-14　冻干机的安装确认检查内容

序号	检查项目	可接受标准	检查方法
01	供应商文件的检查包括：功能说明、图纸、材质证书、操作维护手册、合格证书等	所有的文件应该是最终版并且正确无误	逐个检查文件和现场安装情况是否一致
02	冻干机型号和关键技术数据的检查	型号和关键技术数据和现场一致，如容积、制冷量等	根据提供的订单核查
03	关键仪表的量程、精度、校准情况检查	量程、精度应满足工艺需求并已经校准	记录仪表的量程、精度、校准情况
04	管道仪表图检查	冻干机各系统如制冷系统、真空系统、CIP/SIP 系统等安装和图纸一致	根据图纸对现场就地进行检查
05	板层平整度检查	板层平整度符合要求	使用水平仪进行检查
06	控制系统电器硬件和电路图检查	电器和电路连接正确	根据电器和电路图进行现场检查
07	PLC 控制器的输入输出测试	输入输出测试正常	根据输入输出清单进行测试
08	控制系统软件版本确认	记录控制系统的软件版本	记录控制系统程序的软件版本
09	…	…	…

表 2-3-15　冻干机的运行确认检查内容

序号	检查项目	可接受标准	检查方法
01	各操作单元的功能确认	所有功能运行和预期程序一致，如冻干程序、压塞程序、化霜程序、SIP 程序、过滤器完整性测试程序等	使用自动模式启动各程序，观察是否正常
02	泄漏测试	冻干机腔室密封性完好，无泄漏	将冻干机维持在一定真空度和温度下，检查一定时间内压力上升的情况

序号	检查项目	可接受标准	检查方法
03	制冷能力/升温能力测试	记录冻干板层温度变化的速率,符合设计要求	设定好降温或者升温的温度,记录其时间
04	真空能力测试	真空度能够符合设计标准	启动抽真空程序,记录其极端真空度
05	捕水能力测试	冷凝器捕水量满足设计标准	在冻干机内装载一定量的水,运行捕水量测试程序,计算升华的水量必须大于最大捕水量
06	板层均匀度测试	在每个板层不同位置利用热电偶布点,温度偏差符合设计标准	启动加热或者冷却程序在指定温度下(如40℃、0℃、-40℃)稳定运行一定时间(如30分钟),确认各个位置的温度均匀性
07	SIP效果测试	在线灭菌程序 F_0 值和微生物挑战能够达到灭菌要求	运行SIP程序,在不同位置布置热电偶和微生物指示剂来考察灭菌效果
08	...	...	...

表 2-3-16　冻干机的性能确认检查内容

序号	检查项目	可接受标准	检查方法
01	冻干性能确认	确认冻干程序能够稳定运行,冻干后产品质量合格,如外观、水分、压塞等	最大装量下运行冻干程序,对产品进行抽样检查

2.3.3.4　生物制品生产设备

现代制药行业中,生物制药得益于生物技术的发展,而生物技术的发展除了生物技术基础理论如基因重组技术等的发展外,很大程度是生物技术设备的发展,特别是计算机技术和纳米材料技术。

现今生物制品厂房与其他的制药厂有很多相似的方面,比如都需要水和蒸汽系统、洁净气体、洁净厂房等。但是生物制品工艺具有极高的特殊性和复杂性,导致了生物制品设备的多样性和复杂性。同时,生物制品的检测也有别于其他产品,用到了大量的生物学或生物化学的方法,因此,检验的仪器也有许多特殊性。

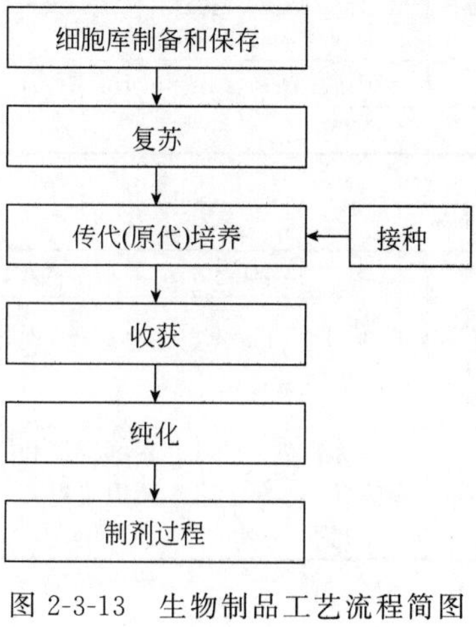

从工艺流程来说,生物制品设备可以按照图2-3-13的工艺流程进行一个基本的分类:

（1）细胞库制备及保存设备

细胞库（Cell Bank）通常包括原始细胞库（Primary Cell Bank，PCB）、主细胞库（Master Cell Bank，MCB）和工作细胞库（Work Cell Bank，WCB）。药典规定,各细胞库应当在-130℃（通常为液氮罐）以下保存。

细胞库的制备通常是由原始细胞进行扩增的过程,这个阶段的规模通常也不会太大,因此,一般会选择摇床、培养箱等设备,而过程控制的主要参数一般包括温度、CO_2 浓度、摇床转速等。控制设备有显微镜、倒置显微镜、生化分析仪、细胞计数仪等。

图 2-3-13　生物制品工艺流程简图

主要设备见图 2-3-14～图 2-3-17。

图 2-3-14　超低温冰箱

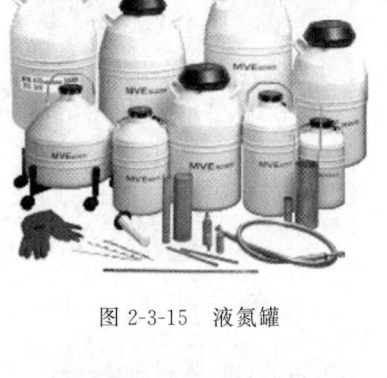

图 2-3-15　液氮罐

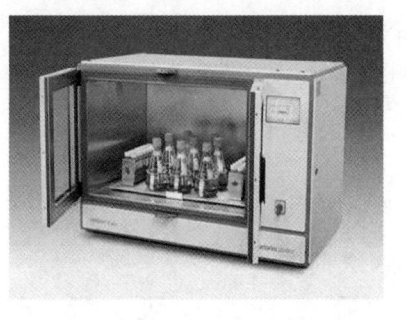

图 2-3-16　培养箱

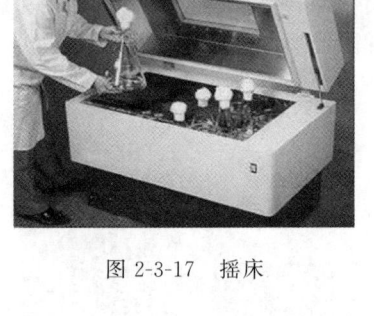

图 2-3-17　摇床

（2）细胞复苏过程设备

细胞复苏过程一般使用水浴的方式将冻存的细胞解冻，并在生物安全柜中进行接种，再转移至恒温箱中进行培养，过程中可能会用到摇床，有的需要 CO_2 培养箱，培养用的容器有锥形瓶、方瓶、克氏瓶等。这个过程有选用鸡胚作为培养细胞的，选用的设备如孵化箱、接种机等。

所用容器、设备等见图 2-3-18～图 2-3-21。

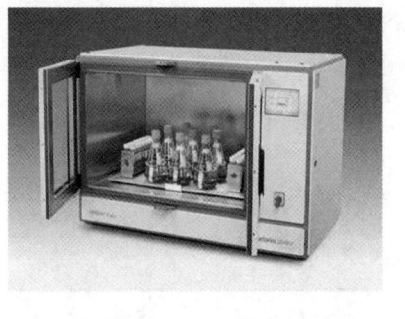

图 2-3-18　方瓶

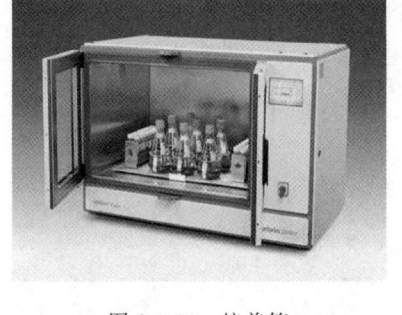

图 2-3-19　孵化箱

图 2-3-20 鸡胚接种机 　　　　　　　　　　　　　图 2-3-21 鸡胚接种图

（3）细胞培养、传代过程

这个过程的趋势是采用生物反应器进行培养，现在发展的微载体技术，可以将生物反应器适用于贴壁和不贴壁的细胞培养，扩大了其使用面。传统的贴壁培养过程，通常使用转瓶机，或者静置培养的方式。

图 2-3-22 为生物反应器，图 2-3-23 为转瓶机。

图 2-3-22 生物反应器 　　　　　　　　　　　图 2-3-23 转瓶机

（4）收获

收获过程一般会将细胞外液进行收获，或者将细胞破碎后收获细胞内物质，两种方法都会遇到宿主细胞清除的问题，所以澄清过滤的系统是常用设备，收获过程中会使用大量的收集罐、中转罐等。

图 2-3-24 为澄清过滤系统。

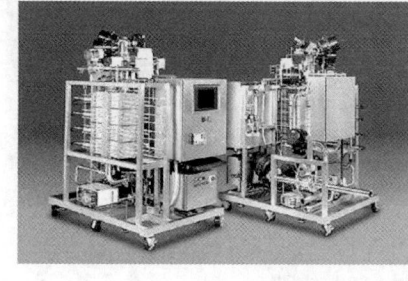

图 2-3-24 澄清过滤系统

（5）纯化和精制

目前使用较多的纯化工艺为层析法，盐析沉淀法＋层析法也较常用，因此层析系统和各类管罐系统则为纯化和精制的主要设备，超滤浓缩和换液中经常使用超滤系统，在产品分离过程中各种离心机也是常用设备，除菌过滤系统也是常用必备设备。

图 2-3-25 和图 2-3-26 分别为纯化系统和过滤系统。

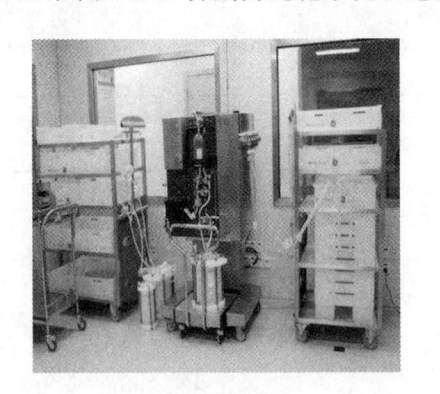

图 2-3-25　纯化系统　　　　　　　　　图 2-3-26　过滤系统

【设备确认案例】生物反应器

生物反应器的设计确认检查内容见表 2-3-17；安装确认检查内容见表 2-3-18；运行确认检查内容见表 2-3-19；性能确认检查内容见表 2-3-20。

表 2-3-17　生物反应器的设计确认检查内容

序号	URS 要求	设计文件参考/描述
URS 01	生物反应器的产量要求	设备说明中关于容积、最小搅拌量的说明
URS 02	关键控制参数的控制范围和精度,如温度、pH、DO_2(溶氧)、压力、搅拌速度等	设备说明中关于控制参数的范围、仪表精度的说明
URS 03	关于搅拌方式的要求	设备说明中关于搅拌方式、搅拌器材质的说明
URS 04	与培养基接触的部件材质要求	设备说明中关于材质的说明
URS 05	关于生产过程中进出料方式的要求	设备说明中关于进出料方式的说明
URS 06	…	…

表 2-3-18　生物反应器的安装确认检查内容

序号	检查项目	可接受标准	检查方法
01	供应商文件的检查包括:功能说明、图纸、材质证书、操作维护手册、合格证书等	所有的文件应该是最终版并且正确无误	逐个检查文件和现场安装情况是否一致
02	生物反应器型号和关键技术数据的检查	型号和关键技术数据和现场一致,如容器、控制参数类型等	根据提供的订单核查
03	管道仪表图检查	设备各系统如清洗系统、空气处理系统、灌装缓冲罐过滤系统等安装和图纸一致	根据图纸对现场就地进行检查
04	材质检查	与产品直接接触的部件材质和设计要求一致	每个部件均需要提供有效的材质证书

序号	检查项目	可接受标准	检查方法
05	关键仪表的量程、精度、校准情况检查	量程、精度应满足工艺需求并已经校准	记录仪表的量程、精度、校准情况
06	控制系统电器硬件和电路图检查	电器和电路连接正确	根据电器和电路图进行现场检查
07	PLC控制器的输入输出测试	输入输出测试正常	根据输入输出清单进行测试
08	控制系统软件版本确认	记录控制系统的软件版本	记录控制系统程序的软件版本
09	…	…	…

表 2-3-19　生物反应器的运行确认检查内容

序号	检查项目	可接受标准	检查方法
01	控制参数的设置范围检查	工艺参数的设置范围可调,且有固定的边界	根据操作说明逐个对参数进行调节,确定其设置范围
02	温度、pH、DO_2、DCO_2等控制功能和控制曲线	各参数能够控制在工艺的范围内	根据工艺需求设定好配方,运行整个程序,检查各个参数是否超标
03	报警确认	所有报警均能够正常触发	根据报警清单对各个报警逐一触发,观察是否正常
04	权限管理	不同级别的用户拥有不同的操作权限	根据设计说明对权限设置进行检查
05	数据存储	能够储存生产配方和批生产记录	带料运行后,重新启动是否保存有生产配方和批生产记录
06	…	…	…

表 2-3-20　生物反应器的性能确认检查内容

序号	检查项目	可接受标准	检查方法
01	SOP检查	在性能确认前相关SOP已经签批并进行培训	记录SOP的文件编号和签批状态
02	生物反应器性能确认	带料连续运行模拟生产,培养结果符合预期要求	设置好生产配方,按照正常批次生产,结束后检测培养结果
03	…	…	…

2.4　辅助设备确认

制药企业除空调净化系统、公用工程系统和工艺设备以外,还有一部分用于工艺支持的辅助设备系统,如清洗设备、灭菌设备等,本节以灭菌设备为例讲述辅助设备系统的主要确认活动。灭菌设备主要包括热力灭菌设备和环境试验设备。

2.4.1　热力灭菌知识

热力灭菌是制药行业使用最广的灭菌方式。当温度超过细胞最佳生理活动时,随着温度的升高,细胞代谢减缓,细胞的生长及繁殖最终停止。每种细胞对温度的耐受性均有上限,一旦温度超过上限,起生命作用的蛋白质、酶及核酸会被永久性地破坏,从而导致细胞发生不可逆转的死亡。

对于热力灭菌,湿度对杀灭细菌芽孢起着重要作用。根据湿度的不同,热力灭菌分为湿热灭菌和干热灭菌。湿度达到饱和［相对湿度（RH）为100％］时的灭菌方式称为湿热灭菌；相对湿度低于100％条件下的灭菌方式统称干热灭菌。实验数据表明，温度在90～125℃之间，相对湿度在20％～50％时，细菌芽孢较难杀灭；当相对湿度高于50％或低于20％时较易杀灭。

从灭菌机理上说，湿热灭菌是使微生物的蛋白质及核酸变性而杀灭微生物，湿热灭菌所需的温度较低。干热灭菌是利用高温使微生物或脱氧核糖核酸酶等生物高分子产生非特异性氧化而杀灭微生物，干热灭菌需要较高的温度条件。

在恒定的热力灭菌条件下，同一种微生物的死亡遵循一级动力学规则（也叫存活曲线）。微生物死亡速率是微生物的耐热参数 D 和杀灭时间的函数，它与灭菌程序中微生物的数量无关。存活曲线可以用下面的半对数一级动力模式来表示。

$$\lg N_F = \lg N_0 - F(T,Z)/D_T \tag{2-6}$$

式中，N_0 为灭菌前微生物数量；N_F 为灭菌 F 分钟后微生物存活数量；D_T 为温度 T 下将微生物杀灭90％或使之下降一个对数单位所需的时间；Z 为使微生物的 D 值变化一个对数单位所需升高或下降的温度；$F(T,Z)$ 为灭菌程序在确定的温度系数 Z 下的 T℃等效灭菌时间。

半对数模型的微生物存活曲线如图 2-4-1 所示。

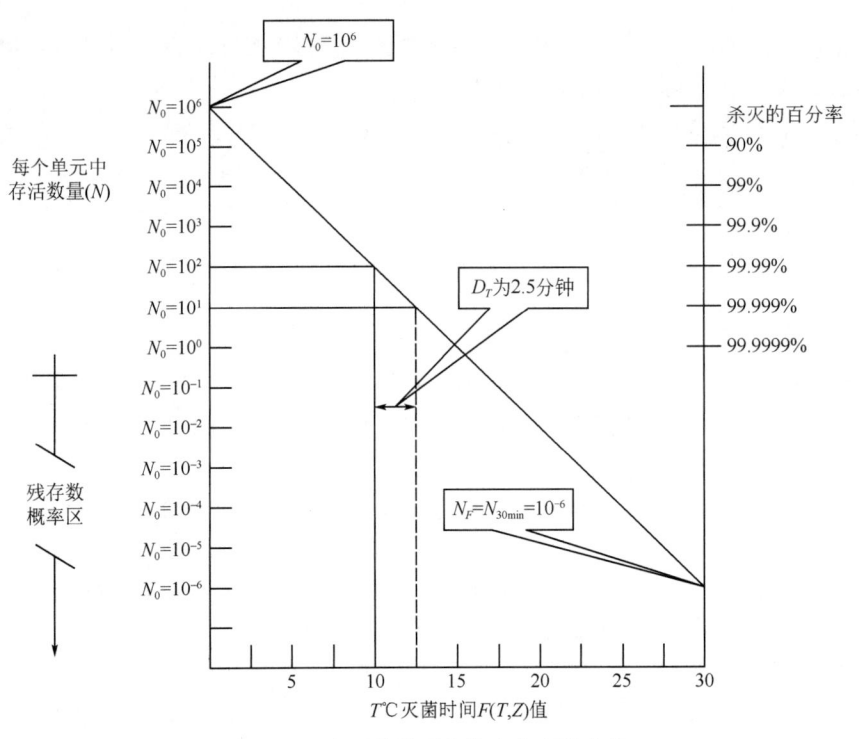

图 2-4-1　半对数模型的微生物存活曲线

热力灭菌能量传递的方式分为传导、对流和辐射。传导是以分子振动的形式传递能量，如能量通过容器壁传递给被灭菌的液体；能量通过与灭菌介质的直接接触传递到物体表面（例如蒸汽或热水）。对流是与运动流体的接触而产生的能量转移。如容器中被灭菌的液体自然流动称为自然对流；如果通过风扇或泵促使液体流动称为强制对流。辐射是能量以电磁波形式的传递，它是真空干燥阶段能量传递的主要方式。

热力灭菌相关术语在各指南中描述有所不同，本书将参考术语阐述清晰的一些指南对热力灭菌常用术语进行解释，热力灭菌常用术语如下。

（1）D 值 D 值表示微生物的耐受参数，指在特定温度下使微生物的数量下降一个对数单位或杀灭 90% 所需要的时间。D 值越大，说明该微生物的耐热性越强。D 值需注明参照温度，即以 D_T 表示，如 $D_{121℃}=1.5\text{min}$，指在 121℃ 条件下，杀灭 90% 的微生物需要 1.5min。

（2）Z 值 Z 值表示使微生物的 D 值变化一个对数单位所需要升高或下降的温度。常用于累计一个灭菌程序在加热和冷却阶段随温度变化的杀灭时间。

$$Z=(T_1-T_2)/(\lg D_2-\lg D_1) \tag{2-7}$$

（3）灭菌率（Lethal Rate，L） 灭菌率指某一温度 T℃ 下灭菌 1min 所获取的标准灭菌时间，用 L 表示。

$$L(T_{\text{ref}},Z)=10^{(T-T_{\text{ref}})/Z}=F_{\text{ref}}/F_T=D_{\text{ref}}/D_T \tag{2-8}$$

式中，T_{ref} 指标准灭菌温度

（4）F_0 F_0 是指 Z 取 10℃ 时，一个湿热灭菌程序赋予被灭菌品 121℃ 下灭菌的等效灭菌时间。

（5）F_H F_H 表示一个干热灭菌程序赋予被灭菌品 170℃ 下灭菌的等效灭菌时间。干热灭菌时 Z 取 20℃；干热除热原时 Z 取 54℃。

（6）F_{PHY} 物理杀灭时间（F_{PHY}）指以灭菌程序的物理参数计算的杀灭时间。而 F_{PHY} 是灭菌率 L 对时间的积分值。

$$F_{\text{PHY}}=\Delta t\sum 10^{(T-T_{\text{ref}})/Z} \tag{2-9}$$

（7）F_{BIO} 生物杀灭时间（F_{BIO}）是生物指示剂挑战试验系统中微生物实际杀灭效果的量度。

$$F_{\text{BIO}}=D_T\times(\lg N_0-\lg N_F) \tag{2-10}$$

（8）无菌保证水平 无菌保证水平（Sterility Assurance Level，SAL）是指产品/物品经灭菌后微生物残存的概率，描述灭菌后非无菌单元概率。在制药工业中，预期的设计终点是无菌保证水平≤10^{-6}，即灭菌后微生物存活的概率不得大于百万分之一。

（9）热分布测试 热分布测试是指对腔室中整个装载区域加热介质温度的测试。测试用探头不应接触任何物品。

（10）热穿透测试 热穿透测试为评价灭菌柜腔室内传递给被灭菌品能量而进行的温度测试，测试用探头应放置于被灭菌物品中。

（11）平衡时间 平衡时间是指灭菌腔室（腔室参照温度通常是排水口探头温度）达到最低设定灭菌温度和装载达到最低设定灭菌温度之间的时间间隔，后者由加热最慢的热穿透探头测得。它体现了灭菌柜去除装载中空气并对装载加热的能力。

2.4.2 法规指南对灭菌的要求

（1）中国 GMP（2010 年修订） 附录 1 "无菌药品"

第六十三条 任何灭菌工艺在投入使用前，必须采用物理检测手段和生物指示剂，验证其对产品或物品的适用性及所有部位达到了灭菌效果。

第六十四条 应当定期对灭菌工艺的有效性进行再验证（每年至少一次）。设备重大变

更后，须进行再验证。应当保存再验证记录。

第六十六条　应当通过验证确认灭菌设备腔室内待灭菌产品和物品的装载方式。

第七十条　热力灭菌通常有湿热灭菌和干热灭菌，应当符合以下要求：

（1）在验证和生产过程中，用于监测或记录的温度探头与用于控制的温度探头应当分别设置，设置的位置应当通过验证确定。每次灭菌均应记录灭菌过程的时间-温度曲线。

采用自控和监测系统的，应当经过验证，保证符合关键工艺的要求。自控和监测系统应当能够记录系统以及工艺运行过程中出现的故障，并有操作人员监控。应当定期将独立的温度显示器的读数与灭菌过程中记录获得的图谱进行对照。

（2）可使用化学或生物指示剂监控灭菌工艺，但不得替代物理测试。

（3）应当监测每种装载方式所需升温时间，且从所有被灭菌产品或物品达到设定的灭菌温度后开始计算灭菌时间。

（4）应当有措施防止已灭菌产品或物品在冷却过程中被污染。除非能证明生产过程中可剔除任何渗漏的产品或物品，任何与产品或物品相接触的冷却用介质（液体或气体）应当经过灭菌或除菌处理。

第七十一条　湿热灭菌应当符合以下要求：

（1）湿热灭菌工艺监测的参数应当包括灭菌时间、温度或压力。

腔室底部装有排水口的灭菌柜，必要时应当测定并记录该点在灭菌全过程中的温度数据。灭菌工艺中包括抽真空操作的，应当定期对腔室作检漏测试。

（2）除已密封的产品外，被灭菌物品应当用合适的材料适当包扎，所用材料及包扎方式应当有利于空气排放、蒸汽穿透并在灭菌后能防止污染。在规定的温度和时间内，被灭菌物品所有部位均应与灭菌介质充分接触。

第七十二条　干热灭菌符合以下要求：

（1）干热灭菌时，灭菌柜腔室内的空气应当循环并保持正压，阻止非无菌空气进入。进入腔室的空气应当经过高效过滤器过滤，高效过滤器应当经过完整性测试。

（2）干热灭菌用于去除热原时，验证应当包括细菌内毒素挑战试验。

（3）干热灭菌过程中的温度、时间和腔室内、外压差应当有记录。

（2）EN285/GB8599（针对湿热灭菌柜）

灭菌温度范围下限为灭菌温度，上限应不超过灭菌温度+3℃。

灭菌阶段同一时刻各点之间的差值应不超过2℃。

对于灭菌温度分别为121℃、126℃和134℃的灭菌器，维持时间应分别不小于15min、10min和3min。

（3）PDA TM01（针对湿热灭菌柜）

① 空载温度分布研究——多孔负载程序

a.在暴露平衡阶段，腔室内温度应不超过平均温度的1.5℃。

b.蒸汽灭菌柜的温度控制探头/记录仪与附近的温度探头温度差值不大于1.0℃。

c.所有热电偶（除疏水口处），同一时刻差值（$T_{最大}-T_{最小}$）不超过2℃。

d.灭菌柜的打印输出所示的控制器灭菌时间在预定的暴露阶段误差不大于1%。

e.灭菌柜打印输出所示的压力与同等温度下标准饱和蒸汽表所显现的压力的误差不大于1.6%。

f.最冷点（由热分布研究产生的）应是一致的和可识别的。

g.三次连续（中间无失败运行）成功的运行是必需的。

② 空载温度分布研究——无孔负载程序

a.在暴露平衡阶段，腔室内温度应不超过平均温度的1.0℃。

b.蒸汽灭菌柜的温度控制探头/记录仪与附近的温度探头温度差值不大于1.0℃。

c.所有热电偶（除疏水口处），同一时刻差值（$T_{最大}-T_{最小}$）不超过1.5℃。

d.在灭菌阶段，任何热电偶的温度波动不超过1℃。

e.灭菌柜的打印输出所示的控制器灭菌时间与预定阶段误差不大于1%。

f.三次连续（中间无失败运行）成功的运行是必需的。

③ 负载热穿透/生物学挑战研究——多孔负载

a.所有热穿透的探头F_0值不小于15min。

b.灭菌柜打印输出所示的控制器灭菌时间在预定的暴露阶段误差不大于1%。

c.灭菌柜打印输出所示的压力与同等温度下标准饱和蒸汽表所显现的压力的误差不大于1.6%。

d.最冷点（由最小F_0产生的）应是一致的和可识别的。

e.三次连续（中间无失败运行）成功的运行是必须的。

f.可用的生物指示剂孢子含量不少于$1.0×10^6$，$D_{121℃}$值不小于1min。

g.灭菌后生物指示剂培养后与阳性对照相比应呈阴性。

④ 负载热穿透/生物学挑战研究——无孔负载

a.所有热穿透的探头F_0值都能达到预期的范围（包括最大值和最小值）。

b.灭菌柜的打印输出所示的控制器灭菌时间在预定的暴露阶段误差不大于1%。

c.灭菌柜打印输出所示的压力与指定的规范中规定的压力误差不大于1.6%。

d.冷点和热点（由最小F_0与最大F_0产生的）在所有运行中应是一致的和清晰的。

e.生物指示剂应有确定的含量及耐热性。

f.三次连续（中间无失败运行）成功的运行是必须的。

2.4.3 热力灭菌设备介绍

热力灭菌设备通常分为湿热灭菌设备和干热灭菌设备。

（1）湿热灭菌设备

按灭菌介质不同分为饱和蒸汽灭菌设备和空气加压灭菌设备。

① 饱和蒸汽灭菌设备　脉动真空蒸汽灭菌柜、重力置换蒸汽灭菌柜、带灭菌功能的胶塞清洗机、在线灭菌系统（如罐体及冻干机SIP功能）。

② 空气加压灭菌设备　蒸汽-空气混合灭菌柜、过热水灭菌柜。

（2）干热灭菌设备

按使用方式可分为间歇式和连续式。

① 间歇式干热灭菌设备　如干热灭菌柜，用于金属器具、设备部件灭菌及除热原。

② 连续式干热灭菌设备　如隧道烘箱，用于安瓿瓶或西林瓶灭菌及除热原。

2.4.4 湿热灭菌设备

2.4.4.1 湿热灭菌程序开发

为了满足特定物品的无菌要求和质量稳定性，有必要开发与被灭菌物品相适应的湿热灭菌程序，灭菌程序的开发是确定灭菌工艺的各项物理参数的过程。灭菌程序的开发应列入正式的开发计划并有相应的文件和记录。本节将以湿热灭菌柜为例进行湿热灭菌程序的开发，

图 2-4-2 是 PDA 湿热灭菌方法选择决策树，对程序的开发有着指导作用。

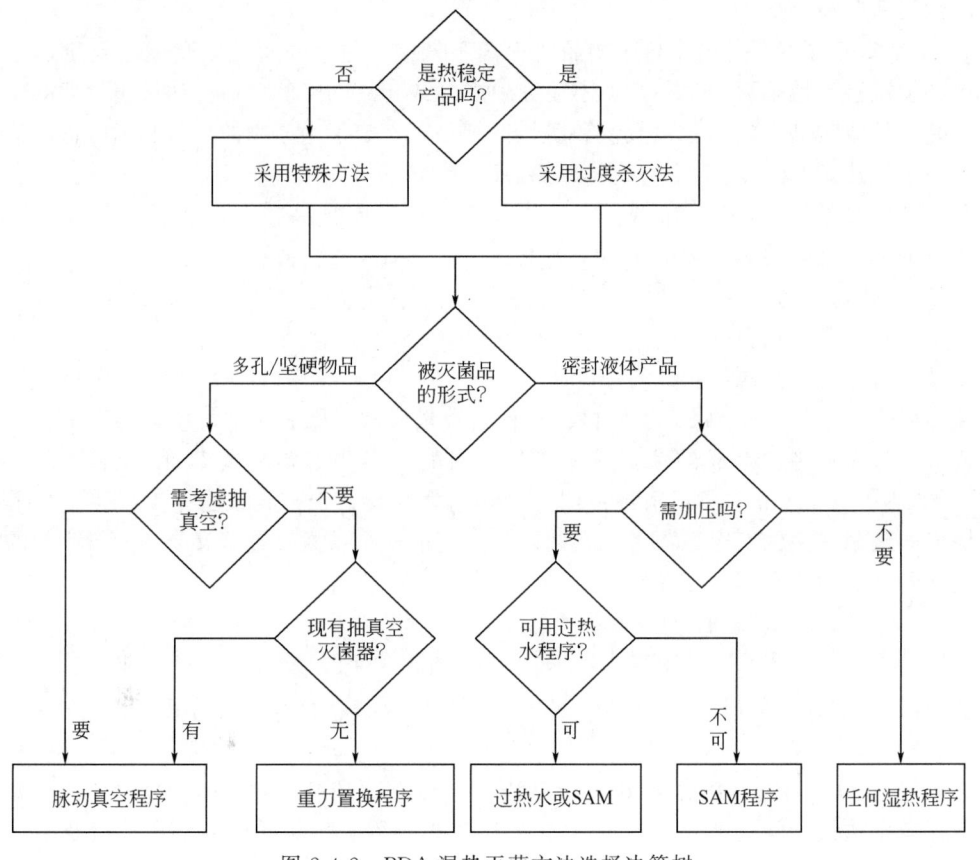

图 2-4-2　PDA 湿热灭菌方法选择决策树

（1）设计灭菌方法

灭菌程序设计方法主要有两种：过度杀灭法和残存概率法。两种方法都可以使被灭菌物品达到相同的无菌保证水平，选择哪种设计方法很大程度上取决于被灭菌物品的热稳定性。过度杀灭法要求的热能较大，被灭菌物品降解的可能性较大；残存概率法要求的热能较小，有利于被灭菌物品的稳定性。

① 过度杀灭法　过度杀灭法的目标是确保灭菌程序赋予被灭菌物品达到一定程度的无菌保证水平，而不管被灭菌品在灭菌前的微生物含量以及污染菌的耐热性。设计过度杀灭法时，通常假设初始菌的数量及其耐热参数如下。

$$N_0 = 10^6, D_{121℃} = 1\min, Z = 10℃$$

为了达到微生物残存概率为一百万分之一，即 $N_F = 10^{-6}$，利用上面的数值，可以计算出达到设计要求的 F_{PHY} 和 F_{BIO} 如下：

$$F_0 = F_{PHY} = F_{BIO} = D_{121℃} × (\lg N_0 - \lg N_F) = 12\min \tag{2-11}$$

因此一个用过度杀灭法设计的灭菌程序可以定义为"一个被灭菌品获得的 F_0 至少为 12min 的灭菌程序"。欧盟在最终灭菌制剂的法规中，将过度杀灭定义为"121℃下湿热灭菌 15min"。

在自然环境中，很少发现微生物的 $D_{121℃}$ 超过 0.5min。在过度杀灭法中，所假设的污染菌含量及其耐热性都高于实际数。在过度杀灭设计法中，由于该方法已经对微生物含量及耐热性做了最大程度的估计，因此从无菌保证的设计角度看，没必要对被灭菌品进行常规的灭菌前污染菌监控。

② 残存概率法 不耐热产品或物品的灭菌不能使用过度杀灭法，这就需要所建立的灭菌程序必须能恰当地杀灭微生物，但不能导致产品或物品的降解。这样的灭菌周期的建立有赖于研究产品或物品上的微生物数量和耐热性。一旦确定了微生物的数量和耐热性，就可以设计出一个能达到 SAL 小于 10^{-6} 的灭菌程序。

残存概率法设计时，N_0 和 D_T 的取值要基于产品或物品在灭菌前污染菌含量检测数据，另需加上安全余地，它取决于以下方面：

a. 专业判断；

b. 生物负荷数据的范围；

c. 对产品生物负荷常规测试的程度。

按 GMP 规范生产的产品，实际微生物初始数量应该很低，通常每个容器 1～100 个菌。通常说来，只有环境中形成的芽孢或从产品分离的芽孢才需要测试 D 值。将产品在 80～100℃下加热 10～15min，可以筛选掉耐热性差的微生物。D_T 值的选择应将初始微生物试验中检出的最耐热菌的安全系数考虑在内。所选定的安全系数反过来又与初始微生物的数量和耐热性测试的频率和程度相关。

假设产品的生物负荷测试中：

$$N_0 = 10^2 ; D_{121℃} = 1min ; Z = 10℃$$

利用以上数值，可以计算出经 121℃ 灭菌，微生物残存概率小于 10^{-6} 所需的 F_{PHY} 和 F_{BIO} 如下：

$$F_0 = F_{PHY} = F_{BIO} = D_{121℃} \times (\lg N_0 - \lg N_F) = 8min \qquad (2-12)$$

残存概率法设计的灭菌工艺，通常要求对每批产品灭菌前进行微生物含量及耐热性测试，积累微生物污染的数据。如果长期以来的数据证明在实际的 GMP 控制条件下，污染水平很低，且检不到耐热菌，污染菌监控的方案可做适当调整。

（2）确定装载类型

灭菌工艺开发的下一个步骤是确定灭菌物品的种类，确定装载类型。灭菌物品通常划分为多孔/坚硬装载和液体装载。不同装载类型应选择合适的灭菌方法。

① 多孔/坚硬装载 多孔/坚硬装载是指直接接触饱和蒸汽来实现灭菌的物品。当蒸汽在被灭菌物品的表面冷凝时，发生热量转移。多孔/固体物品包括但不局限于下述内容：

a. 过滤器（薄膜式过滤器、筒式过滤器、预过滤器等）；

b. 胶塞和其他聚合物密封件；

c. 管道和软管；

d. 工作服；

e. 清洁设备；

f. 设备部件。

② 液体装载 液体装载的灭菌通过传导和（或）对流作用，将能量传递给容器中的内容物。液体装载包括但不局限于以下内容：

a. 最终容器（如小瓶、袋、瓶子、针筒或安瓿）的药液（溶液、悬浮液和/或乳剂）；

b. 实验后或生产后需处理的含有潜在致病微生物的废液。

（3）选择灭菌程序

对于湿热灭菌来说，有两种常用的灭种程序：饱和蒸汽灭菌程序和空气加压灭菌程序。

饱和蒸汽灭菌程序通常用于多孔/坚硬装载灭菌，空气加压灭菌程序通常用于液体装载灭菌。下面对这两种灭菌程序做简要介绍。

① 饱和蒸汽灭菌程序　按灭菌前排除空气的方式不同，饱和蒸汽灭菌程序分为脉动真空灭菌程序和重力置换灭菌程序。

a.脉动真空灭菌程序　脉动真空灭菌程序在灭菌前通过机械真空泵将空气从腔室中抽走，常用于难以去除空气的多孔/坚硬装载的灭菌，比如软管、过滤器和灌装机部件。灭菌程序开始之前，对装载的处理很重要。如果每次抽真空至0.1个大气压，那么每个脉冲（抽真空-充蒸汽）将使灭菌柜内的空气减少90%或者1个对数单位。三次脉冲可使灭菌柜内的空气下降3个对数单位，有效地将空气去除99.9%。为了使装载处于正常状态，可能另需正压脉冲（充蒸汽至高于大气压，避免空气进入腔室）。通过这个方法，提高去除空气的效率，缩短平衡时间。在制定灭菌程序时，要准确地确定脉冲的次数和类型。

b.重力置换灭菌程序　重力置换灭菌程序的原理在于灭菌柜腔室中的冷空气比进入的蒸汽重，冷空气被从腔室顶部输入的蒸汽往下排挤到腔室的底部，并通过腔室底部的排水管排出。蒸汽往往通过导流挡板或散流器输至灭菌柜腔室。蒸汽注入腔室的速度非常关键，如果蒸汽进入过快或分布不合理，装载的顶部或周围可能会夹带空气层。如果进汽过于缓慢，空气受热而扩散入蒸汽中，从而使排除空气更加困难。

重力置换灭菌程序排除空气的效率低于脉动真空灭菌程序，对排气比较困难的装载而言，不建议采用这类灭菌程序。

② 空气加压灭菌程序　对于液体装载灭菌，液体容器顶部常留有小部分气体（空气、氮气或其他惰性气体）。当液体被加热时，顶部气体膨胀，容器中的压力随之增大。冷却阶段，容器内的温度高于容器外，容器内的压力也会比腔室内压力大。为保持容器的形状和密封完好性，需空气加压，增大腔室的压力，降低腔室和容器内的压差。加压灭菌程序通常采用无油压缩空气。通入腔室的空气须先经过除菌过滤器过滤。为防止加入冷空气会引起腔室内的温度波动，空气在通入腔室前要预热。常见的空气加压程序有蒸汽-空气混合灭菌程序（SAM）和过热水灭菌程序。

a.蒸汽-空气混合灭菌程序　该程序以空气和蒸汽混合物为加热介质。当蒸汽中加入空气，产生高于一定温度下饱和蒸汽压的压力，这种灭菌程序即为蒸汽-空气混合灭菌程序。与饱和蒸汽灭菌相比，它的热传递速率低。灭菌结束后，常见的冷却方法是向灭菌柜夹套通入冷却水，保持空气循环冷却，也可通过在装载上方喷淋冷却水使其降温。

b.过热水灭菌程序　过热水灭菌程序是指在空气加压条件下，以过热水为加热介质进行灭菌。这个程序中，加压是为了保持水在高温下的液体状态。

（4）多孔/坚硬装载灭菌程序开发要素

多孔/坚硬装载灭菌重现性和获取无菌保证水平的最大风险是单个产品中可能夹带的空气，因此灭菌前，应确保充分地排除灭菌柜腔室和产品中的空气，同时灭菌过程确保向灭菌柜提供干饱和蒸汽。通常多孔/坚硬装载灭菌程序的开发需要从以下方面进行考虑。

① 装载最冷点　在腔室热穿透试验前进行热分布研究，画出装载的分布图，确定灭菌品中适当的监控点位置，确定装载中最难加热的部位。

装载的温度测试应取最难加热的物品（如质量大的、易包藏空气的、长的软管，或这类特性兼备的装载物品）。做温度分布图时，要比较装载类型对加热的影响（如比较排除空气的难易及大装载加热的难易程度），并将温度探头放置在最难加热的位置。

② 装载准备　多孔/坚硬装载的准备方式可有多种，包括但并不局限于以下示例：

a.用可穿透蒸汽和空气的包装材料将装载包扎（如不脱落纤维的纸或其他聚合包装材料）；

b.加盖但不封闭的桶/盒（如带孔的不锈钢桶/盒）；

c.将装载放在静止或旋转桶式的容器中（如胶塞）。

无菌生产中所用的物品必须加以包装或包扎，以便在使用之前保持无菌状态。包装材料需考虑空气及冷凝水的排除，避免微生物污染。

③ 装载方式　在运行确认后及性能确认前，要确认装载的类型和方式，并有相应记录。装载方式的确定应考虑以下方面。

a.装载不能接触腔室内壁。

b.尽可能减小金属容器平面间的接触以及与灭菌车之间的接触。

c.为方便去除空气及冷凝水，明确装载物的方位并有相应记录，如将桶倒置。

d.质量大的装载应放在腔室中较低的架子上，尽量减少冷凝水所致的装载潮湿。

e.控制灭菌柜中装载物的数量，如果预期装载物的量是变化的，则需确定最小和最大装载量。

f.如果确认表明物品的摆放位置不影响灭菌效果，那么装载方式是可变的。

g.应制定适当的SOP，便于相关操作人员执行操作。

④ 运行参数　建立灭菌程序的关键要素是确定运行参数，以满足灭菌工艺设计的目标并确定它们属关键因素或重要因素。表 2-4-1 列出了建立多孔/坚硬装载灭菌程序参数时需要考虑的因素。

表 2-4-1　多孔/坚硬装载灭菌程序主要参数

过程	参数	影响因素
全过程	夹套的温度和/或压力	夹套温度不能超过或者明显低于腔室的灭菌温度。要控制温度避免过热或者过冷。通常系重要参数
升温阶段	真空/脉冲的次数、范围和持续时间(如果适用)	它们决定去除多孔物品中空气和达到适当平衡的时间。通常是关键参数
	充蒸汽的正脉冲次数、范围和持续时间(如果适用)	蒸汽的正脉冲是(灭菌前)创造装载灭菌条件的有效方法。通常是重要参数
	腔室加热时间	饱和蒸汽灭菌与所供的蒸汽相关,可设报警限,对非正常的加热时间报警
灭菌阶段	灭菌时间	每个灭菌程序均需验证,并需监控/记录的关键参数
	温度设定值	验证过程中确认的关键参数
	独立的排水或腔室温度	每个灭菌程序均需验证,并需监控/记录的关键参数
	装载探头的温度	这不属于控制参数,且在多孔/固体物品的灭菌中没有广泛应用
	腔室压力	对饱和蒸汽灭菌而言,可用以确认饱和蒸汽灭菌的条件。这可能是关键因素,这要根据控制系统的情况来定
	装载探头最低 F_0 值	如采用装载探头,这是一个关键参数
冷却阶段	干燥时间	下列因素可能会提高干燥效率:加热、高真空、脉冲或这些因素的组合。装载有特定的干燥要求时,它是灭菌程序的重要参数
	补气速率(消除真空的速率)	可以设定,以保护包装和过滤器的完整性;但不具有代表性。是可能的重要参数

关键参数涉及产品的安全和有效性。关键参数不合格可能会导致灭菌的失败，参数不合格时被灭菌产品不得放行。重要参数保证日常灭菌运行处于"受控"状态，重要参数不合格时，需进行调查并有说明合理处理装载的文件和记录。

⑤ 平衡时间　平衡时间表示去除空气并使装载达到灭菌条件的能力。即使最终达到了设定的灭菌温度，平衡时间的延长也表示去除空气或加热能力的不足。在程序开发中，尽可能减小平衡时间，采用以下方法可缩短平衡时间：

a.确认装载正确放置，有效排除空气（如胶管不受挤压）；

b.增加真空或蒸汽正脉冲的次数；

c.提高真空脉冲的真空度；

d.优化装载方式。

（5）液体装载灭菌程序开发要素

封闭容器中液体的湿热灭菌，是通过加热介质将热能经内包装容器传递给容器内液体来实现的。在浸入-喷淋式灭菌柜中，可以使用过热水和压缩空气。这类灭菌方式通常不需要排除腔室中的空气就可进行灭菌，但一般要求加热/冷却介质强制循环，以促进物品加热/冷却过程中的热传递。

在建立最终灭菌产品的灭菌程序中，最需要关注的问题是保证装载中最低温度点获得足够的杀灭时间，又要保证装载中高温点的产品符合产品质量要求，灭菌程序开发时应注意以下方面。

① 在确认和常规灭菌过程中，装载物要处于相同的位置。

② 输入装载的热量应一致，不应过高或过低。

③ 装载的生物负荷应符合设定标准。

④ 有足够的空气增压值（如果是采用空气加压的程序），使容器的破损和变形降低到最低程度。

⑤ 灭菌柜应控制产品的冷却速率，避免产品的爆裂。

⑥ 生物指示剂在产品中的耐热性。

⑦ 应根据加热介质的类型（饱和蒸汽、蒸汽-空气混合物或过热水）和液体容器的类型（如玻璃容器、软袋、塑瓶）设计灭菌柜的托盘/架子。

每种容器及装载规格均应通过热穿透试验来确认装载的冷区及热区。通常液体装载灭菌程序的开发。需要从以下方面进行考虑。

① 冷点位置　容器的冷点是灭菌过程最低 F_0 值的位置。对于大容量注射剂，冷点位于产品几何中心和纵轴的底部（见图 2-4-3），此冷点需要确认。在小容量注射剂中，冷点的定位并不典型，因为溶液升温的速率几乎与灭菌柜相同。冷点的位置也受容器方位的影响。当容器旋转时，可能找不到可辨识的冷点。

② 装载方式　对于密封的液体装载，装载方式需要考虑以下方面。

a.蒸汽、蒸汽-空气混合物或过热水对装载容器的有效穿透，使整个装载具有一致的灭菌条件。

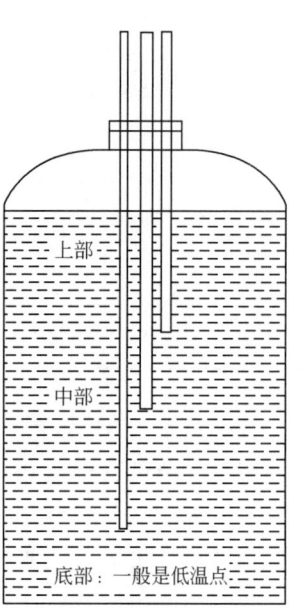

上部

中部

底部：一般是低温点

图 2-4-3　液体容器中探头位置示例

b. 在灭菌后，确定装载有效冷却的范围，以保护产品的质量特性。如：培养基灭菌后的促菌生长的能力。

c. 恰当的压力平衡，使容器的破损和变形降低至最低程度。

d. 如果装载容器大小不同，应明确装载的最少数量和最多数量。

③ 运行参数　表 2-4-2 列出了建立液体装载灭菌程序参数时需要考虑的因素。

表 2-4-2　装载灭菌程序主要参数

过程	参数	影响因素
全过程	夹套的温度及/或压力	在过热水循环中，通常不用夹套。如果使用,夹套的温度不应高于灭菌柜腔室的温度
	SAM 法中风扇的转数	最低要求:风扇的故障应能启动警报。转速应是重要参数
	摇动/旋转速度	最低要求:需要时,摇动/旋转故障应启动警报。摇动/旋转速度应看作重要参数
	过热水循环流速	最低要求:泵的故障应启动警报器。泵的操作应是重要参数
加热阶段	腔室的水位（过热水法）	确定最低水位并设报警。系潜在的重要参数
	腔室加热时间	对于饱和蒸汽灭菌法而言,它与供汽相关。应设加热时间长短的警报限度。SAM 和过热水法灭菌潜在的重要参数
	腔室加热速率	在任何装载条件下,为使加热时间及热分布具有重现性,应为 SAM 和过热水工艺确定其控制功能,系潜在的重要参数
	升压速率	对于一些使用 SAM 或过热水灭菌法的产品,保持容器的特性(如形状及针筒中胶塞的位置)需要有一定的升压速率。系潜在的重要参数
灭菌阶段	设定温度点	这是验证过程中的关键控制点
	灭菌时间	如果不使用装载探头,这是一个关键参数。在每个灭菌程序中都需要对这个变量进行确认/监控/记录
	腔室的压力	空气增压灭菌程序的压力是一个由用户定义的参数。根据所用控制系统的情况,它可能是饱和蒸汽潜在的关键参数
	灭菌期间独立的加热介质的温度	如果不使用装载探头,这是一个关键参数。每次灭菌时,要监控/记录这个温度
	超过特定的最低温度的装载探头时间	可适用于有特定时间/温度要求的产品,以代替 F_0 的要求。这是一个潜在的关键或重要参数
	装载探头的最低 F_0 值	当采用装载探头时,这是一个关键参数
冷却阶段	装载探头的最小 F_0 值	当采用装载探头时,这是一个关键参数
	装载探头最大 F_0 值	当采用装载探头时,这是一个关键参数
	降温速率	过热水及 SAM 程序中,需要设定的控制参数
	降压速率	对于采用 SAM 或过热水法的灭菌程序,保持特定的容器特性(例如形状、注射器塞子的位置)需控制一定的速率。系容器完好性潜在的重要参数
	装载冷却时间	灭菌后,经一定时间,产品达到适当温度,以便进一步加工(如贴签,装箱)。通常不是关键及重要参数

2.4.4.2　湿热灭菌设备的确认

湿热灭菌设备的确认范围和程度应当经过风险评估来确定，可采用系统影响性评估（SIA）及部件关键性评估（CCA）对设备进行全面评估。灭菌设备作为关键设备，需要执行的确认通常包括设计确认、安装确认、运行确认、性能确认。本节将以饱和蒸汽灭菌柜为例，对湿热灭菌设备运行和性能确认的重点项目作简要阐述。

（1）运行确认——联锁功能

对于双扉蒸汽灭菌柜，设备应具备以下安全联锁功能。

① 灭菌柜在正常工作条件下，当门未锁紧时，联锁功能禁止蒸汽进入灭菌室内。

② 连锁功能控制灭菌柜的门在室内压力完全释放前禁止打开。

③ 在灭菌周期运行过程中，联锁功能禁止打开灭菌柜两侧门。

④ 除非维护的需要，联锁功能应禁止同时打开两个门。

⑤ 在未显示灭菌周期结束之前，联锁功能禁止打开卸载门。

⑥ BD测试和真空泄漏测试程序结束后，联锁功能禁止打开卸载门。

（2）运行确认——BD测试

BD测试是用于评估灭菌柜空载条件下空气去除能力和蒸汽穿透能力的一种试验。BD测试通常是按测试包说明将测试包放置在灭菌腔内，进行简短的空载灭菌，查看测试包中的指示卡颜色变化是否均匀。导致BD测试失败有以下可能的原因。

① 空气去除不完全。

② 在去除空气的阶段出现了真空泄漏。

③ 在供蒸汽过程中出现了非冷凝气体。

（3）运行确认——真空泄漏测试

真空泄漏测试主要用于脉动真空灭菌柜，确认在真空状态下，漏入灭菌室的气体量不足以阻碍蒸汽渗透负载，并且不会导致在干燥期间负载受到污染，真空泄漏测试步骤如下。

① 灭菌室为空载的条件下，开始运行真空泄漏程序。

② 开启真空泵，当灭菌室压力为7kPa或者以下的时候，关闭所有与灭菌室相连的阀门，停止真空泵。观察并记录时间（t_1）和压力（p_1）。

③ 至少等待300s，但不超过600s，让灭菌室中的冷凝水气化，观察并记录灭菌柜灭菌室内的压力（p_2）和时间（t_2）。

④ 再经过（600 ± 10）s之后，观察并记录一次压力（p_3）和时间（t_3）。

⑤ 真空泄漏率：$V=(p_3-p_2)/(t_3-t_2)$ 应不超过0.13kPa/min。

注意：如果（p_2-p_1）的数值大于2kPa，可能是由于灭菌室开始时有过量的冷凝水。

（4）运行确认——空载热分布测试

空载热分布测试是确认空载条件下灭菌室内的温度均匀性和灭菌介质的稳定性，测定灭菌腔内不同位置的温差状况，确定可能存在的冷点。空载热分布测试一般需要注意以下几点。

① 测试用探头在布点时不应与腔室内金属（如内壁、架子等）接触。

② 测试用探头在灭菌腔室内呈几何均匀分布。

③ 至少有一支测试探头布于设备自身控制系统的温度传感器附近。

④ 至少选择10个经过校正的温度探头（探头的校准偏差应小于±0.5℃，当验证设备有特殊要求时，可依据相关要求进行校准），连续重复三次测试应符合要求。

（5）性能确认——负载热分布测试及负载热穿透测试

在负载条件下对热分布及热穿透研究，测试一般需要注意以下几点。

① 应尽可能使用待灭菌产品，如果采用模拟物，应结合产品的热力学性质等进行适当的风险评估。

② 热分布探头的数量和安放的位置一般同空载热分布试验。

③ 热分布探头不能接触待灭菌的装载物品；热穿透探头必须布于装载内部。

④ 热穿透探头布点位置应有代表性，获得的数据可以确定最难灭菌的位置。

⑤ 采用热穿透数据来计算物理杀灭时间 F_{PHY}。

（6）性能确认——生物指示剂挑战测试

生物指示剂挑战测试主要目的是获取所要验证的灭菌程序杀灭微生物的实际数据，从而证明所建立的灭菌程序达到了程序设计中建立的生物杀灭时间（F_{BIO}）。生物指示剂挑战测试一般需要注意：

➤ 所选用生物指示剂的数量应比装载物品的生物负荷高，耐热性应比生物负荷强；

➤ 评价 F_{PHY} 和 F_{BIO} 间的关系，生物指示剂应尽可能靠近温度探头的放置部位；

➤ 在放置温度探头和生物指示剂时，要避免人为地增加或减少某一区域空气的去除或蒸汽的穿透。

用于挑战测试的生物指示剂通常为嗜热脂肪芽孢杆菌的孢子，D 值通常为 $1.5 \sim 3.0 min$，每片（或每瓶）活孢子数 $5 \times 10^5 \sim 5 \times 10^6$ 个。生物指示剂用量的计算有两种方法：残存曲线法（按对数规则计算）和阴性分数法（也称不生长分数法）。

① 残存曲线法　计算生物指示剂的用量可以采用以下公式：

$$F_0 = D_{Bi}(\lg N_{Bi} + 1) \tag{2-13}$$

式中，D_{Bi} 是生物指示剂的 D 值；N_{Bi} 是生物指示剂的孢子含量。为了使生物指示剂验证得到阴性培养结果，灭菌 F_0 应能使生物指示剂孢子含量下降至 10^0 后，再降低 1 个对数单位，即 $F_0 = D_{Bi}(\lg N_{Bi} - \lg N_F) = D_{Bi}(\lg N_{Bi} + 1)$。

② 阴性分数法　计算生物指示剂的用量可以采用以下公式：

$$\lg N_{Bi} = \lg N_t + F_0/D_{Bi} = 2.303 \times \lg(n/q) + F_0/D_{Bi} \tag{2-14}$$

式中，n 为挑战试验瓶样品总数；q 为挑战性试验结果为阴性的瓶数。当湿热灭菌工艺的灭菌温度和灭菌时间确定后，F_0 可以确定；生物指示剂确定后，D_{Bi} 可以确定；微生物挑战试验方案确定后，n、q 可以确定。所以，通过以上的几个公式，可以计算出生物指示剂的用量，即 N_0。

2.4.5　干热灭菌设备

2.4.5.1　干热灭菌工艺开发

工艺开发的目的是为了确认关键和重要运行参数，这些参数能够保证装载满足灭菌/除热原的最低可接受标准。组成装载的物品必须在工艺开发前确定下来。腔体的热力学性质及物品和装载模式的热力学属性将在工艺开发过程中进行测定。灭菌工艺应能代表实际的生产条件（例如使用经过水喷淋的方式模拟清洗过的西林瓶），并且开发工艺的过程需要进行良好的记录。本节将以干热灭菌柜为例介绍干热灭菌工艺的开发。

（1）设计灭菌方法

用于灭菌/除热原工艺开发可分为干热灭菌（残存概率法）、干热灭菌（过度杀灭方法）、灭菌和除热原。三者都能够实现对物品灭菌或除热原，以达到无菌保证或内毒素的降低水平。

① 干热灭菌（残存概率法）　残存概率法可以用在热不稳定物品的灭菌工艺开发。该工艺取决于测定物品携带微生物的数量及耐受性。一旦负荷微生物的耐热性和数量被界定就可以设计 PNSU 不大于 10^{-6} 的灭菌程序。微生物负荷应进行定期监控；经风险评估确定监控频率。

② 干热灭菌（过度杀灭方法）　当被灭菌品的热稳定性强时往往采用此法，通常不需要检查污染菌的含量。验证时可以采用半程序法进行生物指示剂挑战试验。

③ 灭菌和去热原　对于去热原工艺，过度杀灭法应证明装载最冷点内毒素水平能够下

降至少 3 个 log 单位。使用该工艺开发方法时，必须要考虑灭菌物品存在热降解的可能性。

（2）定义运行参数

干热灭菌/除热原过程的关键操作参数是温度和暴露时间。另外要考虑的重要参数可能包括压差、加热和冷却阶段的时间、温度。运行参数的开发应确保灭菌工艺使用的挑战菌满足最低的 PNSU 达到至少 10^{-6} 的水平，和/或除热原工艺实现内毒素下降至少 3 个 log 单位。装载应进行温度研究，以确认装载的最差条件。工艺开发研究结果必须在起始验证或确认运行中进行确认。

（3）开发装载类型

最差条件的装载取决于装载种类，布局或其他参数。工艺参数应达到装载所要求的时间和温度条件。

对于每个装载配置，装载内部和周围应有充足的空间，保证对装载物的热穿透性和去除水分的有效性。应考虑包装材料的类型，保护物品防止其在灭菌/除热原（前/中/后阶段）受到污染。

物品太大而无法装上推车的应高于地面放置，确保空气流通。柜内小推车的位置应在装载形式中记录（如装载位置的方向）。应考虑装载位置对物品加热的影响。用于放置装载的托盘、架子、手推车的材料应不产生颗粒或降解。通过热穿透研究可进行最差位置或最难灭菌/除热原位置的确认，热穿透 F_H 值可用于研究最难灭菌或除热原的区域。

（4）**热分布研究**

装载物的热分布研究是为了确认工艺过程中热介质穿过装载物的温度分布情况。热分布研究可能与热穿透研究同时进行。热分布测试用温度探头不能接触装载物品或柜体硬件（例如推车、架子、托盘）。应有图片详细描述温度探头在每个装载中的位置。

在进行温度分布研究时，运行参数应记录，运行阶段的标准包括以下几个方面：

① 每个探头测得温度的最大差值；

② 探头与探头之间测得温度的最大差值；

③ 探头测得温度与设定温度之间的最大差值。

（5）**热穿透研究**

热穿透研究确认预期量的能量已传输到装载中的物料或物品表面。热穿透研究用温度探头应被放置在装载物中，计算每个探头的 F_H 值，用于确认加热最慢的位置，这样的位置可代表最难灭菌/除热原的位置。

对于由不同热穿透特性的物品组成的装载，探头放置应能代表每一种物品类型。每一种研究的装载方式，其温度探头放置位置以及选择该位置的理由应当做记录。

计算分析装载内所有温度探头的 F_H 值，确定热穿透研究过程的有效性。这些数据可为随后的性能确认研究提供冷点位置。如果 BI/EI 挑战研究与热穿透研究同时进行，灭菌率和/或内毒素降低水平应符合预定的接受标准。

2.4.5.2　干热灭菌设备确认

本节将以干热灭菌柜为例，对干热灭菌设备运行和性能确认的重点项目作简要阐述。

（1）运行确认——压差测试

干热灭菌柜内气流和温度分布情况受室内压差影响，最小压差的确定依照系统设计要求，腔体内与外部环境的压差应当经过确证。

（2）运行确认——高效检漏测试

干热灭菌器的出风系统必须保证符合 A 级洁净空气的标准，因此应对其高效过滤器定期进行完整性测试（如 PAO 测试）。高效过滤器本身可能被高温破坏产生悬浮粒子，同时在使用过程中升温和降温速度对高效过滤器的寿命亦有很大影响。

（3）运行确认——尘埃粒子测试

尘埃粒子测试通常是在开启风机但不加热模式下操作，应当关注取样点到粒子计数器的导管长度和弯曲度。如果需要，测试也可在升温和冷却状态下进行，在高温状态下测试时，测试导管应连接热交换器，用来冷却进入粒子计数器的空气。

（4）运行确认——空载热分布测试

空载条件下的温度分布研究是确认加热介质的均一性。测试用温度探头不应与腔室的内表面接触，至少在温度控制探头附近放置一个热分布探头。在测试期间，应当确定并记录运行的关键参数和重要参数。选择 10 个以上经过校正的测试探头，此试验应连续进行 3 次，以证明热分布的重现性。

（5）性能确认——负载热分布及热穿透测试

负载热分布测试可反映负载情况下空气温度达到灭菌温度设定值所需要的时间，负载热穿透测试则反映灭菌对象达到灭菌温度时所需要的时间。显然，灭菌对象达到最低灭菌温度的时间将滞后于腔室内空气达到最低灭菌温度所用的时间，而滞后值在最大装载时最为明显。负载热分布及热穿透测试可同时进行，应连续运行 3 次，以证明灭菌/除热原过程具有重现性。

（6）性能确认——微生物挑战测试

微生物挑战是通过使用生物指示剂或内毒素指示剂来确认对装载物品的灭菌/除热原效果。指示剂应放在装载物内的数个地方，包括除热原/灭菌效果最差的位点。微生物挑战测试可与热穿透测试同时进行。

对于干热灭菌，应证明挑战微生物在该过程中的存活概率不大于 10^{-6}。通常生物指示剂为枯草芽孢杆菌孢子，D 值大于 1.5min，含菌量 $5 \times 10^5 \sim 5 \times 10^6$ 个。

对于除热原，一般将不小于 1000 单位的细菌内毒素加入待除热原的装载物，证明该除热原工艺能使内毒素至少下降 3 个对数单位。细菌内毒素灭活验证试验所用的细菌内毒素一般为大肠埃希菌内毒素。

由于除热原的工艺比杀灭孢子的灭菌工艺要苛刻得多，所以干热除热原工艺验证中实施内毒素挑战试验时，不必再进行生物指示剂挑战试验。

本章小结

本章对制药企业典型的设备/系统，按照常规分类，分别就其原理、法规指南要求、确认执行要点进行了介绍。在本章中，并未对验证生命周期的每一个阶段的执行进行详细讲述，但应理解，通用的验证生命周期和风险评估对各种设备类型都是适用的。通过本章的学习，应掌握洁净环境系统、公用工程系统、工艺设备和灭菌设备的一般分类、设计运行原理和基本确认测试项目设计。

参考文献

［1］ 中华人民共和国卫生部令 79 号.药品生产质量管理规范（2010 年修订）.
［2］ 国家食品药品监督管理局　药品认证管理中心.药品 GMP 指南：厂房设施与设备.北京：中国医药科

技出版社，2011.

[3] 国家食品药品监督管理局 药品认证管理中心.药品生产验证指南.北京：化学工业出版社，2003.

[4] EU GMP.

[5] EU GMP 附录 1 无菌药品生产.

[6] FDA CFR 210 有关药品生产、加工、包装和贮存的 cGMP 总则.

[7] FDA CFR 211 成品药的现行生产质量管理规范.

[8] FDA Guidance for Industry：Process Validation：General Principles and Practices.

[9] ISPE Baseline 第 3 卷：无菌生产设施.

[10] ISPE Baseline 第 5 卷：Commissioning and Qualification.

[11] ISPE GPG 空调系统.

[12] ISPE GPG 基于科学和风险方法的设施、系统和设备交付.

[13] ISO 14644—1 洁净室及相关受控环境 第 1 部分：基于粒子浓度的空气洁净度等级.

[14] GB/T 25915.4—2010 洁净室及相关受控环境 第 4 部分：设计、建造、启动.

[15] GB 50073—2013 洁净室设计规范.

[16] GB 50457—2008 医药工业洁净室设计规范.

[17] GB 50591—2010 洁净室施工及验收规范.

[18] GB 51110—2015 洁净室施工及质量验收规范.

[19] GB 14925—2010 实验动物环境及设施.

[20] GB/T 50243—2010 通风与空调工程施工质量验收规范.

[21] GB 50019—2003 采暖通风与空气调节设计规范.

[22] GB/T 14294—2008 组合式空调机组.

[23] GB/T 15692—2008 制药机械.

[24] PDA TR1：Validation of Moist Heat Sterilization Processes：Cycle Design，Development，Qualification and Ongoing Control.

[25] PDA TR3：Validation of Dry Heat Processes Used for Depyrogenation and Sterilization.

[26] EN285-2015 Sterilization- Steam sterilizers- Large sterilizers.

第 **3** 章

计算机化系统
验证与数据可靠性

随着科技的发展，制药行业自动化水平逐步提高，在生产过程中运用到越来越多的计算机化系统，这些计算机化系统专业属性强，制药企业难以正确地识别其潜在的风险，造成了风险识别以及管控的困难，计算机化系统验证越来越引起制药行业的关注。

3.1 计算机化系统验证

中国 GMP（2010 年修订）第十四章附则中对"计算机化系统"的定义：用于报告或自动控制的集成系统，包括数据输入、电子处理和信息输出。

PIC/S 检察官指南 PI 011-3 对计算机化系统的定义：计算机化系统（Computerized System）由计算机系统（Computer System）和被其控制的功能或流程组成（见图 3-1-1）。

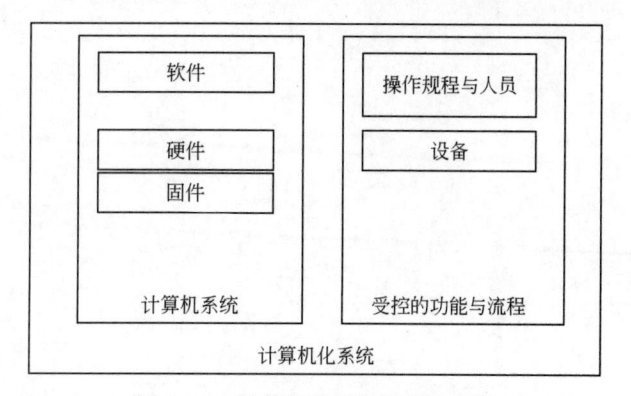

图 3-1-1　计算机化系统组成示意图

（1）计算机化系统验证（Computerized System Validation，CSV）　建立文件来证明系统的开发符合质量工程的原则，能够提供满足用户需求的功能，并且是能够长期稳定工作的过程。其核心目的是将系统的风险控制到足够小从而保证患者安全、产品质量和数据可靠性。

（2）计算机化系统生命周期　计算机化系统从提出用户需求到终止使用的过程，包括设计、设定标准、编程、测试、安装、运行、维护等阶段。

（3）数据审计跟踪　是一系列有关计算机操作系统、应用程序及用户操作等事件的记录，用以帮助从原始数据追踪到有关的记录、报告或事件，或从记录、报告、事件追溯到原始数据。数据审计跟踪是电子数据的"观察者"，是一种"第三方证据"。

（4）数据可靠性　是指数据的准确性和可靠性，用于描述存储的所有数据值均处于客观真实的状态。

（5）质量风险管理　在产品整个生命周期过程中，对药品（治疗产品）的质量风险进行评估、控制、交流和审核的系统流程。

（6）硬件（Hardware）　由电子线路组成、受软件控制的实物装置。

（7）软件（Software）　指控制计算机系统或计算机化系统运行的程序、主程序或子程序的总称。

（8）电子记录（Electronic Record）　依靠计算机系统进行创建、修改、维护、存档、找回或发送的诸如文字、图表、数据、声音、图像及其他以电子（数字）形式存在的信息的任何组合。

（9）电子签名（Electronic Signature）　计算机对一些符号的执行、采用或者被授权的行为进行数字处理，这些行为是指在法律上完全等效于传统个人手工签名的一种个人行为。

（10）GxP　基本的国际制药要求（法律或规范）。包括但不限于：GMP（药品生产质量管理规范）、GLP（良好实验室管理规范）、GCP（良好临床管理规范）、GDP（良好流通管理规范）、GPP（良好药品安全管理规范）等。

3.1.1　计算机化系统生命周期

计算机化系统生命周期包括从概念提出到系统退役的所有活动。由以下四个主要阶段组成：

（1）概念提出；

（2）项目实施；

（3）系统运行；

（4）系统退役。

图 3-1-2 为计算机化系统生命周期阶段（GAMP5）。

3.1.1.1　概念提出

在概念提出阶段，被监管公司会根据业务需求和收益来考虑是否要实现某一个或多个业务流程的自动化。通常，在这个阶段会提出初始需求并考虑可能的解决方法。通过对范围、成本和收益的初步认识，来决定是否需要进入到项目实施阶段。概念提出阶段的活动主要取决于公司提出并确认项目启动的方法。

3.1.1.2　项目实施

项目实施阶段包括以下五个方面内容，基本按照时间逻辑开展。

（1）计划（可能包括制定项目计划书、需求、开展供应商评估、规定验证活动的范围和形式）；

（2）规范（实现对系统的开发、验证和维护，规范文件的数量与详细程度由系统的类型与其预订用途而定）；

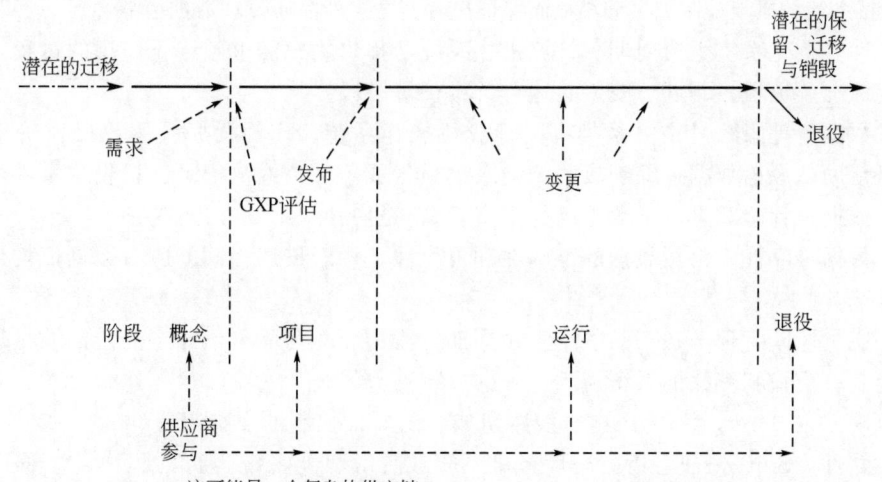

图 3-1-2　计算机化系统生命周期阶段（GAMP5）

（3）配置和/或编程（任何必要的系统配置应该按照可控的和可重复的过程进行，任何必要的软件编程应该按照规定的标准进行，是否需要代码审查应作为风险管理的一部分来处理）；

（4）验证（可能包括多个阶段的审查和测试，基于系统的风险性、复杂性和新颖性，测试一般包括正常情况测试、无效情况测试、可重复性测试、性能测试、结构测试等）；

（5）报告与发布（包括验收、放行与投入使用）。

项目阶段还应制定合适的风险管理流程、变更和配置管理流程，并在生命周期的适当阶段，对系统规范、设计与开发按计划进行系统化的设计审查，通过可追溯性来确保系统需求得到了满足以及被追溯到相关的核实活动。当然，文件管理也是支持项目阶段的重要流程。项目阶段活动及支持流程参见图 3-1-3。

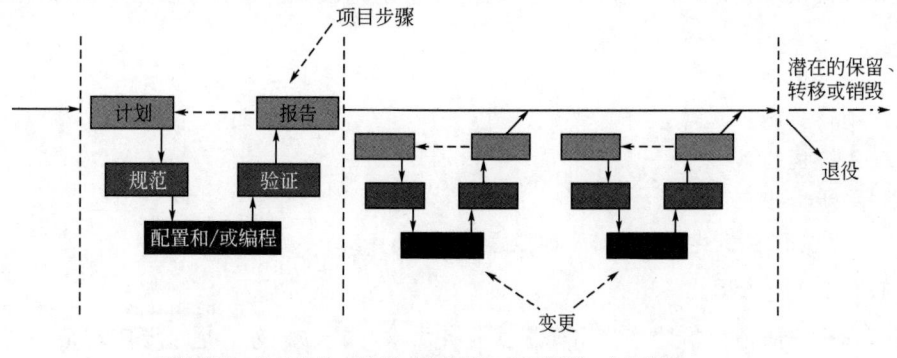

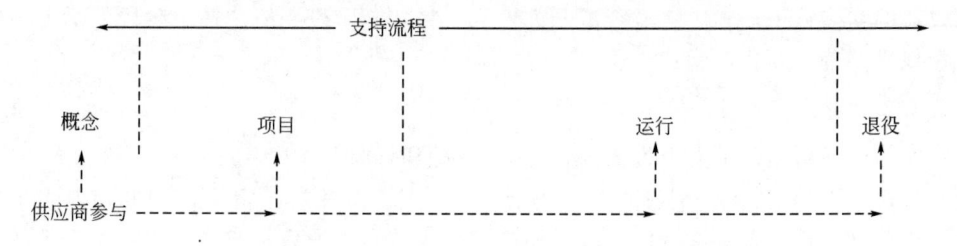

图 3-1-3　项目阶段活动及支持流程（GAMP5）

整个项目阶段的活动均应基于风险的决策而进行，在 3.1.4 部分将会重点详细讲解项目阶段的可增减生命周期活动。

3.1.1.3　系统运行

一旦系统通过了验收并发布使用，维护系统合规性并符合预定用途必须贯彻落实在整个运行阶段，要达到此目的，对系统的使用、维护与管理应使用最新的、以文件形式存档的规程并进行培训。一个系统的运行阶段可能持续很多年，可能包括对软件、硬件、业务流程和法规要求的变更，需要在任何时候都保持系统及其数据可靠性，并将其作为定期审查的一部分进行验证。保持系统合规包含许多相互关联的活动，如图 3-1-4 所示流程、规程和计划。

流程的组别	流程
移交	移交流程
服务管理和性能监控	建立和管理支持性服务 性能监控
突发事件管理与纠正和预防措施	突发事件管理 纠正和预防措施
变更管理	变更管理 配置管理 修复活动
审计和审查	定期审查 (GAMP5中不包括内部质量审计)
持续性管理	备份和恢复 业务持续性计划 灾难恢复计划
安全和系统管理	安全管理 系统管理
记录管理	保留 存档和检索获取(存取)

图 3-1-4　流程、规程和计划（GAMP5）

3.1.1.4　系统退役

当一个计算机化系统的现行功能实施不再适用，或执行一个新系统替代现有系统的功能时，该系统就从实际使用中引退。此阶段是生命周期的最后一个阶段，其目标是要消除对原系统的依赖并提供一个如何从原系统中取回相关数据的方法。系统退役阶段应包括系统撤销、系统退役、系统销毁以及必要的数据迁移。

3.1.2　计算机化系统软硬件分类

基于风险管理贯穿计算机化系统整个生命周期的理念，对计算机化系统进行软硬件分类是计算机化系统初步风险评估的一部分（软硬件类别越高，相对而言其，复杂性和新颖性就越高，风险相对也就越高）。所以需要将软硬件分类同供应商评估以及 GxP 风险评估结合起来加以认识和理解，确定出一个适宜的验证生命周期。在本章第 3.1.4 节也将会提到软硬件分类和可增减生命周期活动之间的关联。

3.1.2.1　硬件分类

GAMP5 中将硬件分为两个类别：标准硬件组件和定制硬件组件。详细介绍参见下表 3-1-1。

表 3-1-1　硬件分类及其典型方法

硬件类别	注释	典型方法	典型示例
标准硬件组件	按型号、用途、规格等要求直接就能从供应商处采购到的硬件设备	① 通过文件记录下生产厂家或供应商的详情、序列号和版本号； ② 确认正确的安装； ③ 适用配置管理和变更控制	标准元器件； 标准线缆； 标准 PLC 模块
定制硬件组件	需要根据客户需求进行自定制的硬件设备	在上述内容基础再加上： 设计说明； 验收测试	电气柜； 线槽和桥架

3.1.2.2　软件分类

GAMP5 中将软件分为基础设施软件（1 类）、不可配置软件（3 类）、可配置软件（4 类）和定制应用软件（5 类）这四个类别。详细介绍参见表 3-1-2 和图 3-1-5、图 3-1-6 及图 3-1-7。

表 3-1-2　软件分类及其典型方法

	软件类别	注释	典型方法	典型示例
1	基础设施软件	分层式软件,用于管理操作环境的软件	记录版本号,按照所批准的安装规程验证正确的安装方式	操作系统； 数据库引擎； 编程语言； 电子制表软件； 版本控制工具； 网络监控工具
3	不可配置软件	可以输入并储存运行参数,但是并不能对软件进行配置以适合业务流程	简化的生命周期方法： ① 用户需求说明； ② 基于风险的供应商评估方法； ③ 记录版本号,验证正确的安装方式； ④ 基于风险进行测试； ⑤ 有用于维持系统符合性的规程	基于固件的应用程序； COTS 软件
4	可配置软件	这种软件通常非常复杂,可以由用户来进行配置以满足用户具体业务流程的特殊要求。这种软件的编码不能更改	生命周期方法： ① 基于风险的供应商评估； ② 供应商的质量管理系统； ③ 记录版本号,验证正确的安装方式； ④ 在测试环境中根据风险进行测试； ⑤ 在工艺流程中根据风险进行测试； ⑥ 具有维持符合性的规程	SCADA(数据采集与监视系统)； DCS(分布式控制系统)； BMS(楼宇管理系统)； HMI(人机界面)； LIMS(实验室信息管理系统)； ERP(企业资源计划)
5	定制应用软件	定制设计和编制源代码以适于业务流程的软件	与第 4 类相同,再加上： ① 更严格的供应商评估,包括进行供应商审计； ② 完整的生命周期； ③ 设计和源代码回顾	内部和外部开发的 IT 应用程序； 内部和外部开发的工艺控制应用程序； 定制功能逻辑； 定制固件； 电子制表软件(宏)

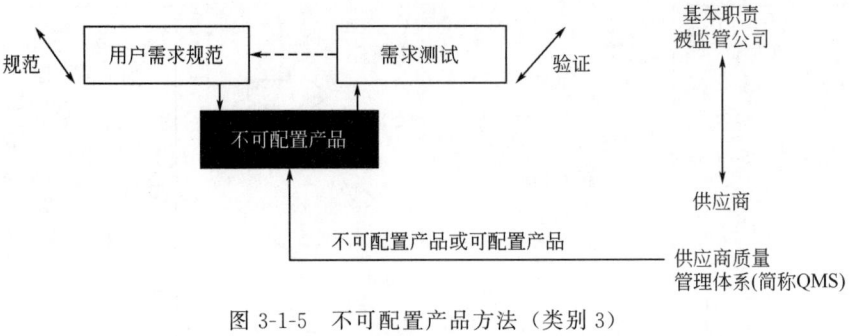

图 3-1-5　不可配置产品方法（类别 3）

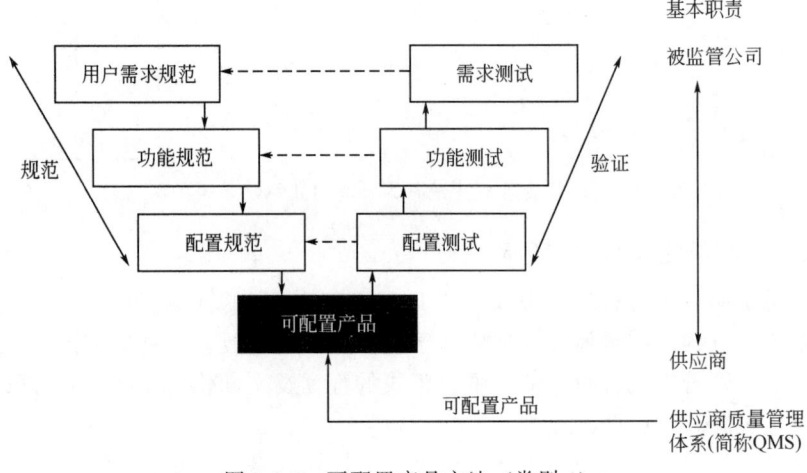

图 3-1-6　可配置产品方法（类别 4）

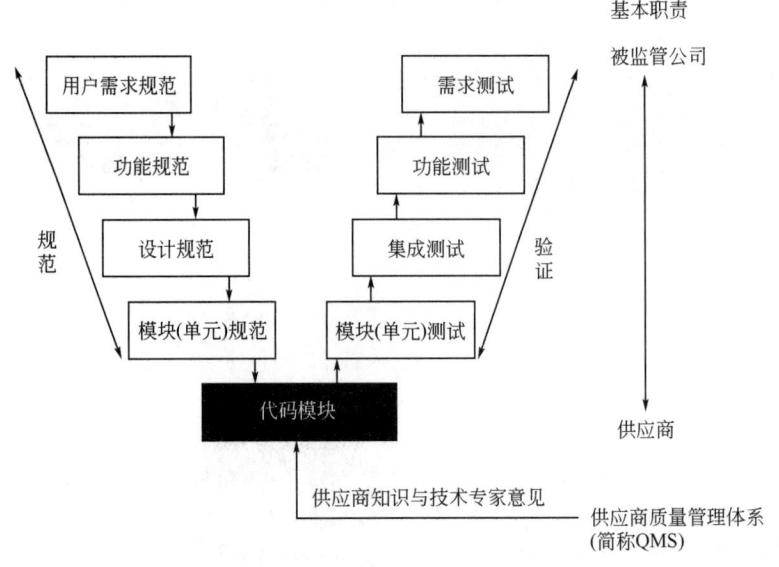

图 3-1-7　定制应用软件方法（类别 5）

3.1.3　计算机化系统质量风险管理

质量风险管理是对风险进行评估、控制、沟通与审查的系统化过程。它是一个重复的流程，贯穿于从概念形成到系统隐退的整个计算机化系统生命周期中。风险管理概述及其为计算机化系统管理带来的利益见图 3-1-8。

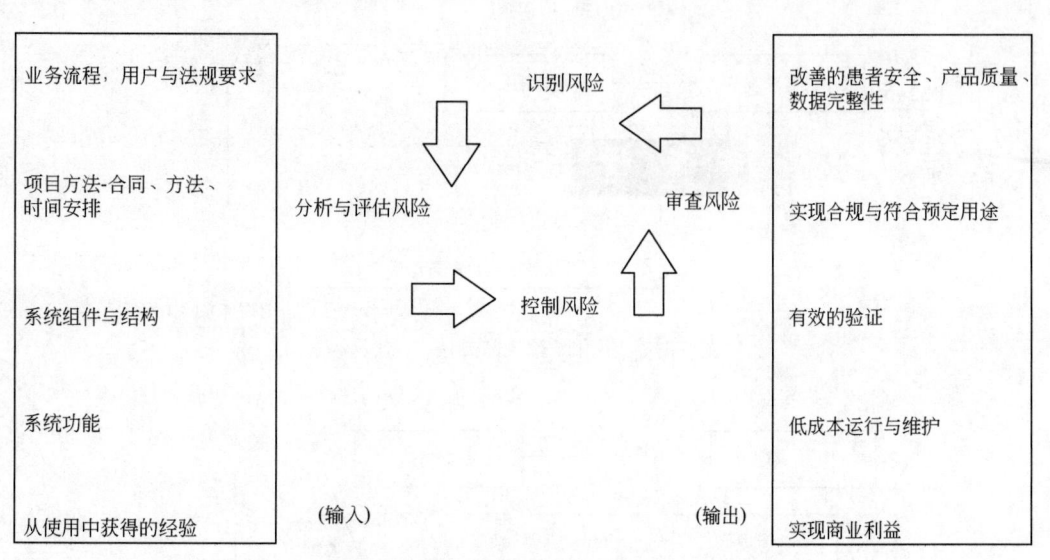

图 3-1-8　风险管理概述及其为计算机化系统带来的利益

3.1.3.1　计算机化系统质量风险管理

计算机化系统质量风险管理是采取了同 ICH Q9 相一致的框架进行风险评估、控制、交流与审查的系统化过程。质量风险评估应基于科学的知识进行，并且最终将与对患者的保护联系起来；质量风险管理流程投入的水平、正式的程度及文件化的深度，应与风险的级别相一致，此为质量风险管理的两个原则。

计算机化系统的风险管理应用于系统整个生命周期，具体见图 3-1-9。

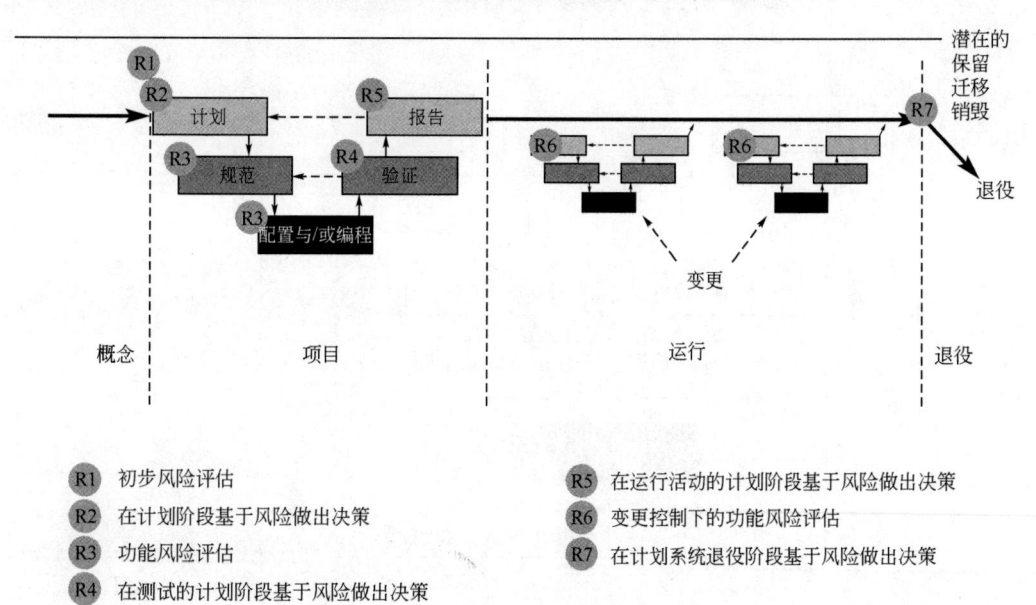

R1　初步风险评估
R2　在计划阶段基于风险做出决策
R3　功能风险评估
R4　在测试的计划阶段基于风险做出决策

R5　在运行活动的计划阶段基于风险做出决策
R6　变更控制下的功能风险评估
R7　在计划系统退役阶段基于风险做出决策

图 3-1-9　应用于计算机化系统整个生命周期的风险管理

图 3-1-10 给出了 GAMP 用于质量风险管理的五步流程是如何应用 ICH Q9 流程来实现和维护系统合规的。

上述的五步流程将在计算机化系统生命周期的各个阶段所实施。表 3-1-3 展示了每个风险管理步骤下的典型输入和输出。

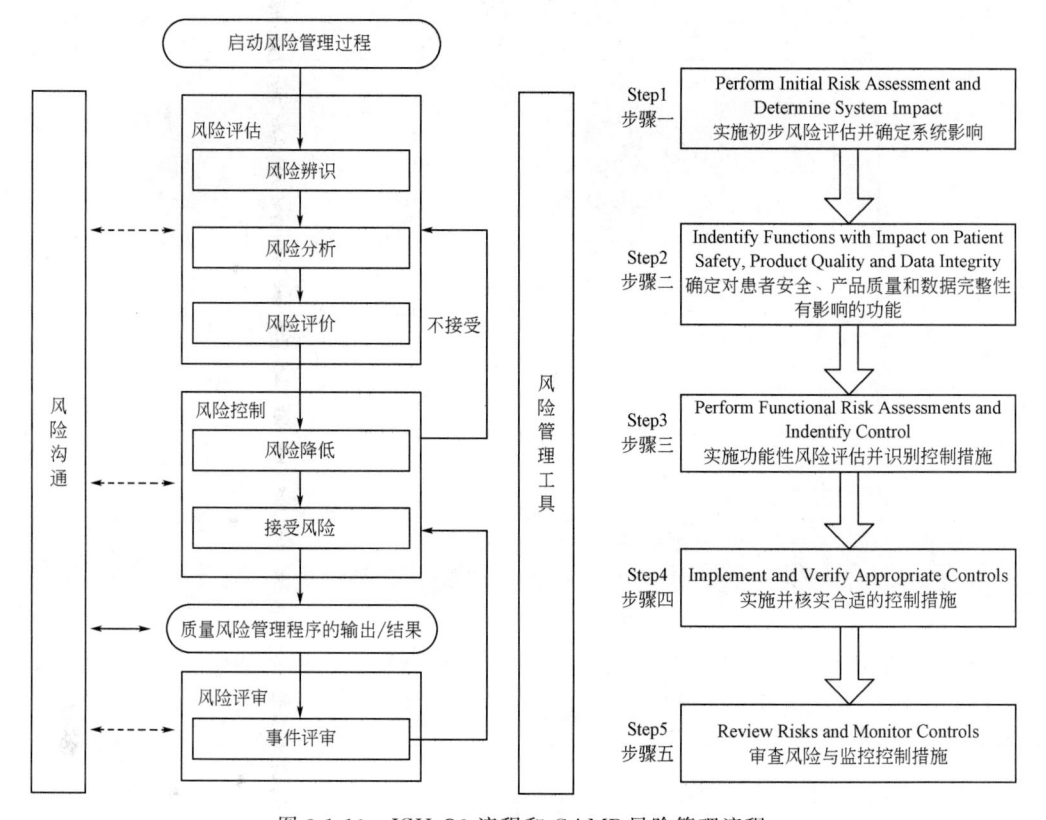

图 3-1-10　ICH Q9 流程和 GAMP 风险管理流程

表 3-1-3　GAMP 风险管理流程步骤下的典型输入和输出

步骤	质量风险管理活动	输入	输出
步骤一	实施初步风险评估并确定系统影响	从药物开发过程中提出的关于关键参数的生产工艺和信息	系统 GxP 影响评估结果；可增减的风险管理及项目活动计划
步骤二	确定对患者安全、产品质量和数据可靠性有影响的功能	从药物开发过程中提出的控制策略	各功能的风险情况及其关联的潜在影响
步骤三	实施功能性风险评估并识别控制措施	在考虑风险的可能性/可检测性的基础上设计适当的规范标准	经过整体风险评价的功能；被识别的必要的控制措施
步骤四	实施并核实合适的控制措施	通过风险评估识别出的控制措施	被实施的必要的控制措施；规范、实施、测试计划期间基于风险的可增减性
步骤五	审查风险与监控控制措施	风险评估；测试结果和其他的控制证据；持续运行期间的性能核查；按要求进行的数据的迁移/保留	接受剩余风险或者重复实施额外的控制措施；运行活动计划时基于风险进行决策；变更控制时基于风险进行决策；系统退役计划时基于风险进行决策

3.1.3.2　方法和工具

计算机化系统的风险管理工具一般采用如图 3-1-11 所示简化的 FMEA 模型。

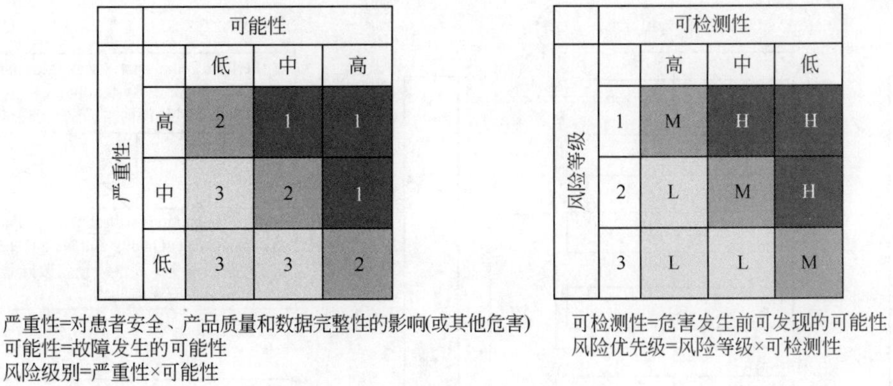

	可能性		
严重性	低	中	高
高	2	1	1
中	3	2	1
低	3	3	2

严重性=对患者安全、产品质量和数据完整性的影响(或其他危害)
可能性=故障发生的可能性
风险级别=严重性×可能性

	可检测性		
风险等级	高	中	低
1	M	H	H
2	L	M	H
3	L	L	M

可检测性=危害发生前可发现的可能性
风险优先级=风险等级×可检测性

图 3-1-11　简化的 FMEA 模式

3.1.3.3　案例分析

(1) 实施初步风险评估并确定系统影响

计算机化系统的初步风险评估一般进行 GxP 关键性评估（见表 3-1-4），用于关键系统的确定。进行评估之后对 GxP 关键系统进行进一步的评估，包括风险影响分级（见表 3-1-5）、软硬件分类评估（参见 3.1.2 节内容）、21CFR Part11 适用性评估（见表 3-1-6）等。

表 3-1-4　系统 GxP 关键性评估

问题	回答
系统是否生成、处理或控制用于支持法规安全性和功效提交文件的数据	是□/否□
系统是否控制临床前、临床、开发或生产相关关键参数和数据	是□/否□
系统是否控制或提供有关产品放行的数据或信息	是□/否□
系统是否控制与产品召回相关要求的数据或信息	是□/否□
系统是否控制不良事件或投诉的记录或报告	是□/否□
系统是否支持药物安全监视	是□/否□
……（可根据自身系统的特点和影响调整或增加问题）	是□/否□
是否 GxP 关键系统（上述回答有一个"是"即为 GxP 关键系统）	是□/否□

表 3-1-5　系统 GxP 影响分级

影响情况	级别分类参考标准(可根据具体流程需要进行调整)
对患者安全的影响	高=可能造成严重伤害或死亡 中=可能造成轻微伤害 低=不会造成危害
对产品质量的影响	高=可能使导致患者受到严重伤害的产品被放行 中=可能使导致患者受到轻微伤害的产品被放行 低=可能导致产生不会被放行的低质量产品或是产生不会对患者造成伤害的低质量产品
对数据可靠性的影响	高=数据可靠性丧失导致不能召回产品,或导致能够对患者造成严重伤害的产品被放行 中=数据可靠性丧失导致使能够对患者造成轻微伤害的产品被放行 低=数据可靠性丧失导致产品作废,或数据记录不能充分支持产品放行
影响级别	高□/中□/低□ 原因:(可能是多个原因,存在多个原因的采取"就高不就低"原则)

表 3-1-6   21CFR Part11 适用性评估

21CFR Part11 评估	
21 CFR Part 11 - 适用性审核:	是否适用声明 （是／否／N/A）:
1.系统用以维持规定规则(例如 21 CFR Part 210,211 等)所要求的,用于替代纸质版格式文件的电子版格式(例如在 SQL 数据库中所存储信息)的记录 备注:以与纸质版等同的电子版格式(例如 PDF)维护的永久性记录复印件并不被认定为是电子记录	是□/否□/N/A□
2.系统用于维持规定规则所要求的,除了以纸质格式还需以电子格式维持,并需要据其执行法规要求工作的记录 备注:如果系统会生成纸质版记录,而这种记录是用于进行法规要求工作的唯一记录,那么此项声明并不适用	是□/否□/N/A□
3.系统用于维持根据规定规则要求需要以电子版形式提交给使用者或相关监管机构的记录 备注:在编写一份提交文件时用到了某记录,并不会使得该记录需要适用 part 11 的要求	是□/否□/N/A□
4.系统用于维持预期等同于规定规则所要求的手写签名、首字母签名和其他一般签名的电子签名	是□/否□/N/A□
结果:	
如果对第1~4 号声明的回答均是"否",那么该设备不适用于 21 CFR Part 11 的范围	是□/否□
如果对第1~4 号声明中任何一项的回答是"是",那么该设备适用于 21 CFR Part 11 的范围	是□/否□

（2）确定对患者安全、产品质量和数据可靠性有影响的功能

根据系统所要实现的功能从上述（1）的"GxP 关键性""影响级别"两个层面上进行判断和分析（见表 3-1-7），确定并识别系统对于患者安全、产品质量和数据可靠性有影响的功能。

表 3-1-7   系统功能影响识别

功能	GxP 关键性	影响级别
功能 1	是□/否□	高□/中□/低□
功能 2	是□/否□	高□/中□/低□
...	是□/否□	高□/中□/低□

注：对于会对患者安全、产品质量、数据可靠性造成的影响，需要考虑用户需求说明中列出的每个 GxP 关键项。

（3）实施功能性风险评估并识别控制措施

通过考虑可能的风险及确定如何控制由这些风险所引起的潜在危害来对关键功能进行评估。应基于评估结果确定适当的控制措施，这些措施包括但不局限于以下形式：

① 修改工艺设计或者系统设计；

② 通过外部程序；

③ 提高规范的详细程度及正式程度；

④ 增加设计审查的次数与详细程度；

⑤ 增加验证活动的范围与严格性。

表 3-1-8 是功能性风险评估矩阵的举例。

表 3-1-8　功能性风险评估矩阵

功能	失效事件	后果	严重性	可能性	可检测性	风险优先性	风险控制措施

（4）实施并核实合适的控制措施

实施与核实所识别的控制措施，从而确保其实施是成功的，确保所选择的控制措施有效地控制了潜在风险。控制措施应该可以追溯到所识别的相关风险，验证活动应当证明控制措施在风险降低上是有效的。

表 3-1-9 是实施并核实控制措施的举例。

表 3-1-9　实施并核实控制措施

功能	风险优先性	控制措施	措施处理人	处理时间	措施核实

注：此表可以根据具体需求进行内容的增减与调整；实际上是和表 3-1-8 功能性风险评估矩阵是相关联的，可结合表 3-1-8 一起使用。

（5）风险审查与监控控制措施

一旦确认和实施控制，将重新进行 FMEA 评估，以确保风险级别得到了有效降低并且已达到可接受的水平，同时对措施实施情况进行持续监控。

表 3-1-10 是措施实施后的 FMEA 评估与监控的举例。

表 3-1-10　措施实施后的 FMEA 评估与监控

功能	任务说明	失效事件	最差情况	控制措施	严重性	可能性	可检测性	风险优先性

注：此表可以根据具体需求进行内容的增减与调整；实际上是和表 3-1-9 实施并核实控制措施是相关联的，可结合表 3-1-9 一起来使用。

在对系统进行定期审查期间或者在其他被定义的阶段，企业应该对风险进行审查。审查应该证实控制措施始终有效，如果发现了任何缺陷则在变更管理下采取纠正措施。审查风险应考虑：

（1）之前未被识别的风险是否存在；

（2）之前被识别的风险是否不再适用；

（3）风险是否不再可接受；

（4）原始评估是否有效（如当所适用的法规或系统用途发生变更后）。

3.1.4　新建计算机化系统验证——基于风险的可增减的生命周期活动

基于风险的可增减的生命周期活动对系统的整个生命周期均是适用的。本节主要讲述针对计算机化系统的验证工作在项目阶段 V 模型生命周期（见图 3-1-12）的可增减性策略。本节内容需要结合第 3.1.2 节和第 3.1.3 节一起来加以认识和理解："软硬件分类"其实也是"质量风险管理"工作的一部分，而"可增减的生命周期活动"是"基于风险"这一基础而来的，"软硬件分类"也是其可增减的典型决策因素之一。

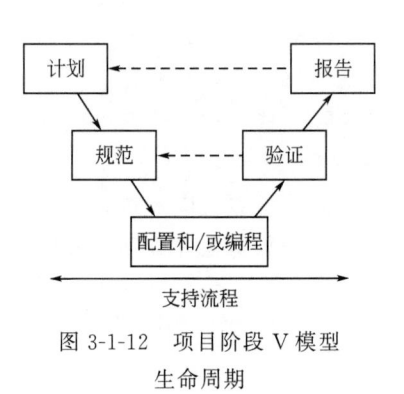

图 3-1-12　项目阶段 V 模型生命周期

活动可增减性的基础和依据是质量风险管理，其决策因素主要来自如下三个方面：

① 系统的复杂性和新颖性（主要体现在软硬件类别和项目大小）；

② 系统的 GxP 风险（对患者安全、产品质量和数据可靠性的影响）；

③ 供应商评估的结果（供应商的能力水平高低）。

基于风险的可增减性策略并非是为节约成本和减少工作量寻找借口，而是以一种高效的方式合理利用资源，从而提高系统的合规效率，并更加关注于患者及公众安全这一最终目标上。

活动的可增减性主要体现在范围和深度两个层面上。对于范围而言，其可增减性主要是在项目的规范阶段和验证阶段的可伸缩；对于深度而言，整个项目的各阶段活动（包括文件及实践）深度均是一个可增减的过程。

供应商在系统的建造及合规方面扮演着非常重要的角色，因此对于供应商参与活动的平衡点也将是 V 模型生命周期中的一项重要工作。对于评估结果非常满意的供应商，可以考虑尽可能多地让供应商参与，从而充分利用其知识、经验和文件，用以提高系统合规效率和避免不必要的重复工作。

如下展示的是新建计算机化系统各阶段的验证活动（及文件）采用最大的生命周期活动，当然，如果认为在此活动基础上风险仍不可控，则可以采取其他的或者更复杂的方式或活动来加以控制。基于系统实际的风险情况做出评估和分析后，可以根据决策的结果来适当调整或减少某些活动的范围和深度。

（1）计划阶段

① 编写审核并批准用户需求说明并实施初步风险评估；

② 进行供应商评估审计并选择合适的供应商；

③ 编写审核并批准验证计划；

④ 编写审核并批准质量及项目计划。

（2）规范阶段

① 编写审核并批准功能说明；

② 编写审核并批准硬件设计说明，包括图纸；

③ 编写审核并批准软件设计说明；

④ 编写审核并批准软件模块说明；

⑤ 实施功能性风险评估和识别控制措施；

⑥ 编写审核并批准设计确认方案，执行测试及审查结果。

（3）配置和/或编程阶段

① 订购硬件；

② 构建系统；

③ 开发软件；

④ 制定配置管理计划；

⑤ 集成系统。

（4）验证阶段

① 软件源代码审核；

② 编写审核并批准软件模块测试方案，执行测试及审查结果；

③ 编写审核并批准工厂验收测试方案（硬件和功能）；

④ 执行内部 FAT 预测试并审查结果（供应商内部）；

⑤ 执行并见证 FAT 测试并审查结果（被监管公司提供见证）；

⑥ 运至现场；

⑦ 安装调试；

⑧ 编写审核并批准 SAT 方案，执行测试及审查结果；

⑨ 编写审核并批准 IOPQ 方案，执行测试及审查结果；

⑩ 编写审核并批准可追溯矩阵。

（5）报告阶段

① 生成系统最终文件并进行审批；

② 保证所有设计文件均为"竣工"版本；

③ 编写技术手册；

④ 为操作人员、工程师等进行培训；

⑤ 生成最终验证总结报告和移交检查表并进行审查；

⑥ 完成移交；

⑦ 系统放行投入使用（运行阶段持续维护）。

3.1.5　遗留计算机化系统验证简介

近年来，由于快速发展的新技术以及监管的期望提高［如中国 GMP（2010 年修订）及附录"计算机化系统"］，被监管公司采取积极行动以保持其已有 GxP 相关计算机化系统处于验证状态是至关重要的。

PIC/S 检察官指南 PI 011-3：应对没有充足文件证明符合验证目标的已有计算机化系统的继续使用给出合理的解释。

以上未经过充分验证的已有 GxP 计算机化系统统称为遗留系统，它是指未经验证或没有充足的证据证明其能满足现有法规要求的一个受 GxP 监管的运行系统。其特点主要为：已在生产中使用的；不认为是满足监管期望的；未经验证的。

导致系统遗留的可能原因列举如下：

（1）忘记将其纳入验证计划。

（2）未遵循相应的验证规程。

（3）最初经过验证，但之后忽略了再验证等工作。

（4）在出现以下情况变更时未充分验证：

① 范围与使用（使用中变更）；

② 法规（法规变更或升版）；

③ 产品类型（更换产品）；

④ 公司相关业务（转向他国市场）。

遗留计算机化系统进行再验证为制药企业带来的益处主要有：

① 保证系统满足需求，包括业务流程需求以及 GxP 需求；

② 理解符合法规（如 EU GMP 附录 11）所需采取的行动；

③ 增强对旧系统的信心；

④ 证明用户能保证系统在一个合适的水平上运行；

⑤ 提供一个变更控制管理的基准线；

⑥ 潜在的减少系统维护费用；

⑦ 其他。

3.1.5.1 遗留计算机化系统的验证原则

针对遗留计算机化系统验证，无需重建所有项目文件，只需保证设定目标可以达到即可。

① 注重关键问题。

② 深入理解工艺流程以及系统对于产品质量和用户安全的影响。

验证的基本流程和方法应遵循以下原则：

（1）引入生命周期的概念；

（2）规范验证的方法；

（3）质量风险管理。

图 3-1-13 清晰展示了遗留计算机化系统验证的流程和方法。

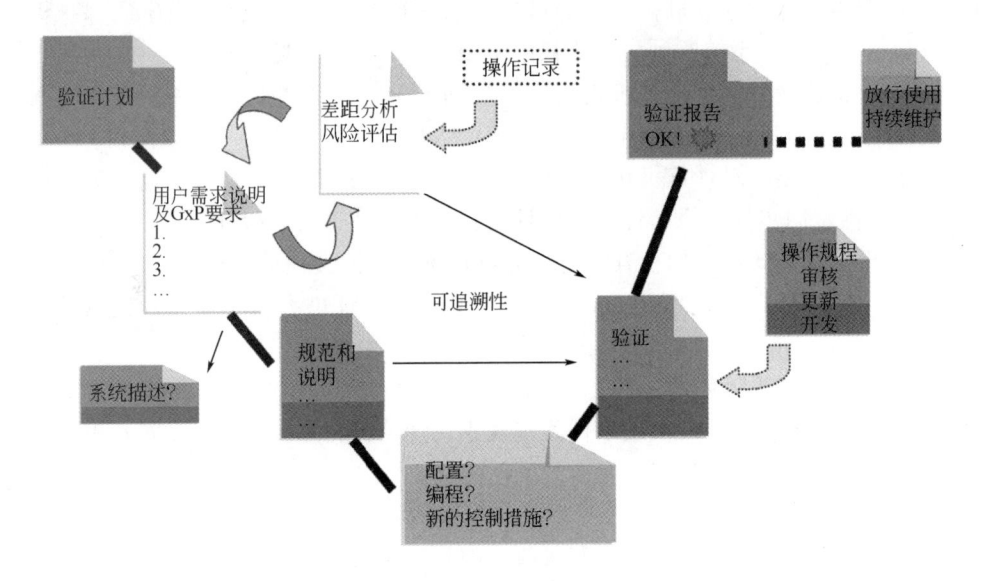

图 3-1-13　遗留计算机化系统验证 V 模型流程

3.1.5.2 遗留计算机化系统验证策略

（1）遗留计算机化系统初步评估

对遗留计算机化系统进行初步评估，初步评估包括对遗留计算机化系统 GxP 关键性评估、风险影响分级、软硬件分类评估、21CFR Part11 适用性评估等，参见第 3.1.3 节。

（2）遗留计算机化系统差距分析

系统初步评估完成后，基于初步评估的结果，对 GxP 关键系统进行差距分析，根据对系统的差距分析，形成差距分析报告，报告中包括遗留计算机化系统的差距内容、风险程度、建议措施、参考依据等内容。

差距分析内容包括但不限于以下内容。

① 校准　对系统仪器的校准情况进行差距分析，包括执行端仪表的校准、模拟环路校准、环路校准，并进行风险评估。

② 物理与环境安全　对系统的安装环境进行差距分析，包括物理环境及人为因素的干扰方面进行差距分析，并进行风险评估。

③ 网络安全　对于使用网络的系统，包括以太网络、局域网、外网进行差距分析，并进行风险评估。

④ 基础架构　对计算机化系统的基础架构如操作系统进行检查，对如数据访问、账户管理、自动锁屏等情况进行差距分析及风险评估。

⑤ 应用程序　对计算机化系统应用程序进行检查，包括应用程序的访问权限、登录设置、权限管理、软件功能（合规方面及行业经验方面）、安装备份等进行差距分析及风险评估。

⑥ 数据保护　对计算机化系统产生的电子数据进行差距分析，包括数据的归档、备份，数据的访问，数据的可靠性方面，并进行风险评估。

⑦ 程序控制　针对系统/设备参数的调用和修改操作的记录及复核动作进行分析及风险评估。

⑧ 控制策略　针对计算机化系统的策略要求进行差距分析，如登录密码保护机制、应用程序自动退出功能、系统时钟的修改权限限制等，并进行风险评估。

⑨ 备份及备份检查　对计算机化系统的数据备份功能或情况进行差距分析，如备份数据的完整性、备份介质、备份周期、备份数据的可恢复性等，并进行风险评估。

⑩ 审计跟踪功能　对计算机化系统的审计跟踪功能进行差距分析，包括数据操作的可归属性、清晰性、同步性、原始性、准确性进行检查，并进行风险评估。

⑪ 计算机化系统验证文件检查　对计算机化系统验证文件进行检查，包括供应商资料、测试文件及报告，基于GMP及GAMP5，指出缺失的验证内容及不能有效证明系统合规的依据。

⑫ 计算机化系统质量体系文件　对计算机化系统质量体系文件进行检查，如计算机化系统管理规程、计算机化系统突发事件管理规程、计算机化系统纠正预防措施等质量体系文件，指出缺失的文件或管理规范内容。

（3）需改造的计算机化系统

差距分析完成后，对于涉及系统升级改造的系统，实施内容如下。

① 制定计划　根据初步评估及差距分析报告，制定实施计划。

② 制定用户需求　根据计算机化系统改造的内容制定用户需求，明确改造后系统需要达到的要求内容。

③ 供应商评估　对实施系统改造的供应商进行供应商评估，为进一步实施内容的范围打下基础。

④ 系统设计文件的制定　要求供应商根据URS及改造内容制定改造方案，包括功能说明、硬件设计说明、软件设计说明、配置说明等文件。

⑤ 功能性风险评估　根据系统功能说明及设计说明文件，对计算机化系统进行功能

（包括实现功能的部件）风险评估，识别对患者安全、产品质量及数据可靠性有影响的功能、实施功能性风险评估与识别控制措施、实施并核实适当的控制措施、审查风险与监控控制措施。参见 3.1.3。

⑥ 设计确认　针对供应商提供的系统设计文件进行设计确认，确保系统的设计符合并满足了需求。

在设计确认工作中需特别注意以下内容：

a. 设计文件和相关标准的管理；

b. 关键的参数应进行定义，同时考虑相关的仪器；所要求的精度是否符合相关的监测和控制环路的要求；

c. 阀门和仪器的连接；

d. 设备和系统的功能和性能（报警和联锁、生产能力和其他所需的专有特征）。

⑦ 配置和/或编程　供应商根据系统设计文件进行硬件的选购、程序的配置及编程工作。

⑧ 现场验收测试　供应商对计算机化系统改造完成并调试完成后，制定现场验收测试方案（SAT）进行测试，记录测试信息并生成验收报告。

⑨ 安装确认　制定安装确认方案（IQP），对计算机化系统进行安装确认，确保计算机化系统基础架构及安装情况符合预定要求，并生成验证报告。

安装确认将确定每一个设备/系统已按照设计（新的或改造过的）和相应的 GMP 规范（不管是新的还是现行的）安装。IQ 将确认所有的需要用于管理和操作设备/系统的文件的可用性。

如果偏差未得到解决，但不对运行确认的可靠性和结果产生负面影响的话，运行确认工作可以进行下去。

⑩ 运行确认　制定运行确认方案（OQP），对计算机化系统进行运行确认，确保计算机化系统功能符合预定要求，并生成验证报告。

运行确认的范围是确认和记录系统的功能达到设计的要求，确认活动将在所需确认的系统的设置临界值下进行。

需要注意的是，改造之外的确认内容是与否，需根据差距分析的分析结果界定验证范围。

⑪ 质量体系文件完善　根据差距分析报告，完善计算机化系统质量体系文件。

（4）不需改造的计算机化系统

差距分析完成后，对于未涉及系统升级改造的系统，实施内容如下。

① 制定计划　根据初步评估及差距分析报告，制定实施计划。

② 功能性风险评估　根据系统功能说明及设计说明文件，对计算机化系统进行功能（包括实现功能的部件）风险评估，识别对患者安全、产品质量及数据可靠性有影响的功能、实施功能性风险评估与识别控制措施、实施并核实适当的控制措施、审查风险与监控控制措施。

③ 安装确认　制定安装确认方案（IQP），对计算机化系统进行安装确认，确保计算机化系统基础架构及安装情况符合预定要求，并生成验证报告。

④ 运行确认　制定运行确认方案（OQP），对计算机化系统进行运行确认，确保计算机化系统功能符合预定要求，并生成验证报告。

⑤ 质量体系文件完善　根据差距分析报告，完善计算机化系统质量体系文件。

3.2 数据可靠性

数据可靠性是制药质量体系确保药品质量的基石。全球范围的药品监管系统常常依赖于企业在开发、生产和包装、检测、销售及药品监控方面的知识。在评估和审核过程中所隐含的是，监管者和被监管者之间对于注册文件中提交的和用于日常决策的信息是否全面、完整和可信。因此基于此做出决策的数据应该在确保完整的同时，还应该保证可追溯至产生数据的人、清晰易读、同步产生、原始和准确。这些数据基础原则和保证数据可靠性的良好的规范的期望都不是新的，许多高水平和中水平的规范性的指南已经存在了。尽管如此，近几年，在 GMP、GCP 和 GLP 检查中出现与数据可靠性相关的缺陷项的数量还在增加。各药监机构对数据可靠性越来越多关注的原因毋庸置疑是多方面的，包括制药行业对数据的控制技术与法规要求的差距。

（1）数据可靠性

数据可靠性指在数据生命周期内，数据完整、一致、准确的程度，国际上，常用缩略词"ALCOA"或"ALCOA＋"概括，即数据归属至人、清晰可溯、同步记录、原始一致、准确真实的程度。

ALCOA 是指对于数据完整可靠需要符合的原则，具体包括：

A——attributable to the person generating the data 可追溯至数据由谁生成；

L——legible and permanent 清晰并持久；

C——contemporaneous 同步；

O——original（or 'true copy'）初始（或正确的副本）；

A——accurate 准确。

（2）数据审计跟踪

数据审计跟踪是一系列有关计算机操作系统、应用程序及用户操作等事件的记录，用以帮助从原始数据追踪到有关的记录、报告或事件，或从记录、报告、事件追溯到原始数据。

（3）电子数据

电子数据也称数据电文，是指以电子、光学、磁或者类似手段生成、发送、接收或者储存的信息。

（4）数据管理

不论这些数据产生形式如何，为确保在整个生命周期内数据的记录、处理、保留和使用均完整、一致和准确所采取措施的总和。

（5）数据生命周期

数据生命周期包括数据产生、处理、回顾、分析和报告、传递、储存和恢复及持续监控直至销毁的过程的所有阶段。应该有一个有计划的方法来评估、监控和管理数据，以及在某种程度上与患者安全、产品质量的潜在影响和/或贯穿于数据生命周期的所有阶段做的决策的可靠性相适应的那些数据的风险。

（6）GxP

GxP 是指管理被监管的药品、生物制品和医疗器械产品临床前、临床、生产和上市后活动的良好规范指南的集合的缩略词，比如良好实验室管理规范（GLP）、良好临床管理规范（GCP）、良好生产管理规范（GMP）和良好流通管理规范（GDP）。

3.2.1 数据可靠性管理策略

数据包括电子数据、纸质数据，本节主要讲述电子数据可靠性管理的有效策略。通过确保所有员工履行其职责和义务来实现所有利益相关者的要求。管理者必须提供充足的资源，建立系统、设计过程和控制措施，并对其进行维护，防止数据可靠性缺失，且一旦问题发生，可以检测并采取纠正措施。管理者的责任是确证数据可靠性相关的系统、过程和控制必须符合预定用途和现行的监管要求。

3.2.1.1 数据可靠性的关键概念

本部分强调了数据可靠性的 5 个关键概念，管理人员必须知道数据可靠性的含义，了解风险、责任和后果，并建立有效的控制措施以防止、检测以及纠正数据可靠性缺失。表 3-2-1 确定了数据可靠性相关的 5 个重要的管理概念。

表 3-2-1　数据可靠性相关管理概念

意义	可靠性不仅限于欺诈/造假 信息/数据必须反映出实际发生的情况（准确性、真实性和全面性）
风险	预测潜在的可靠性缺失（任何时候、任何区域、任何员工）
责任	了解法律责任（及对个人与企业不合规行为的处罚），履行道德义务，依据利益相关方的期望履行职责
后果	了解数据可靠性缺失对利益相关方（病人、客户、监管机构、企业等）的影响
控制	建立控制措施（系统和过程）用以防止、检测并纠正可靠性缺失

（1）数据可靠性含义的理解

数据可靠性的定义很多，但重点是理解数据可靠性缺失所包含的情况，即信息或数据未能代表实际发生的情况（含相关信息无意错误或遗漏）。对于本概念的普遍误解为：数据可靠性仅存在欺诈或造假问题等蓄意不端行为或不当行为，这并不正确。造成数据准确性、真实性或全面性保证降低的原因有很多，如欺诈、造假等行为不端的故意行为，以及无意差错或遗漏（错误）、设备操控等不当行为。

（2）识别数据可靠性缺失的风险

GMP 记录审核的一种谨慎的管理方式，即"信任，但需确证"。例如，考虑管理者审核批生产记录和控制记录时所使用的一般方法，日常双人复核，或与原始记录比对数据与信息，以确证其准确性或全面性的书面表格、记录和报告，这些表面性数值，将会被大多数（管理者）所承认。有些（管理者）不会采取独立步骤去确认这些书面内容的准确性与全面性，因为他们"信任"这些员工，如他们知道这些员工是诚实的，且值得信赖。其他人则相信其质量体系的稳健性，且没有理由去怀疑数据与信息无法反映出实际情况的可能。

但是，可靠性违规往往发生在其最料想不到的时间和地点。即使在数据可靠性管理方案和控制措施都设计良好的情况下，任何人（或多人小组）都有能力去故意背离已制定的要求。即使出于良好意图的个人，也可能在收集、审核、报告以及保留 GMP 数据时，犯无心之错。因此，对数据可靠性控制进行持续监管非常重要，这样方可确保所有数据的准确性、真实性和全面性，如一旦发生差错，即可检测出来。管理者必须持续保持警惕，及时发现差错和遗漏这类的无意错误。同样，也必须注意欺诈和造假这类的故意不端行为的迹象。

（3）理解各方责任

任何因其行为或疏漏构成违法犯罪的人都应为其行为负责。另外，对于任何有责任的人都有义务去防止违法行为的发生，并在发生时及时发现。

管理者必须同样关注执行 GMP 操作人员的各项法律责任。管理者的责任在于建立有效的防止、检测和更正可靠性缺失的控制措施，对数据可靠性违规负责（即使在未察觉违规的情况下）。注意，未察觉违规不能作为辩解的理由。管理者具有法律和道德义务（责任和权利）建立有效的系统和过程，来确保数据和信息的准确性、真实性和全面性。此义务由相关法律规定，并由监管机构强制执行，覆盖所有利益相关方。表 3-2-2 描述了利益相关方对数据可靠性的期望。

管理者在确保数据可靠性中的作用是：建立有效、稳健的系统和过程，以收集、记录和报告信息与数据，始终以准确、真实和全面的方式来展现实际发生的情况；包括制定政策、规程和控制措施，防止数据可靠性缺失的发生，有效地监控所有数据来源以检测并纠正根本原因，使数据缺失再次发生的潜在风险（如发生）最小化。

表 3-2-2　利益相关方对数据可靠性的期望

利益相关方	期望
患者	每次都可以使用安全、有效的药品
开药者(医生、医院、诊所)	每次都可以使用安全、有效的药品
供应商(医疗保健品经销商)	以最低的成本不间断地收取产品
监管机构(本地、洲、联邦、国际)	符合法规要求
偿付者(私人、保险公司)	收取真实的索偿
股东	获取积极的投资回报(ROI)
员工	以产品和企业为荣

（4）了解后果

违反数据可靠性相关法规，会使企业、管理人员和员工都承担重大责任。数据可靠性缺失会影响企业的所有利益相关方，如患者、客户、监管者、员工等。数据可靠性对于患者和客户而言非常重要，因为他们期许的是符合适当监管要求的、安全有效的产品。可靠性缺失破坏了客户的信任，并可导致销售损失。

（5）建立有效的数据可靠性控制体系

许多企业都在制定确保数据可靠性最优控制系统的决定上出现挣扎。结合近期大量的负面公示与合规趋势，就防止和（一旦发生）检测数据可靠性缺失方面，管理者不应感到安逸、安全和妥当，除非已经确证其方案和控制措施的稳健性。此外，管理者必须确保用于持续监控员工行为和控制系统执行的控制措施的有效性。管理者永远都不得假定每一位员工都会一直做你所期望或要求的事情。例如，管理者应采用"信任，但需确证"这一管理理念。管理者应意识到，任何人在任何时间都可能做出可引起数据可靠缺失的行为或实践。

3.2.1.2　防止数据可靠性缺失的五个策略

由于员工在任何时间都可能做出危害数据可靠性的行为，管理者有责任采取控制措施，首先确保违规行为不会发生，且一旦发生，则查明原因并采取纠正措施。

在防止数据可靠性缺失的众多可选策略中，此处列举了五个实例：

（1）建立强健的质量文化；

（2）向每一位员工灌输数据可靠性的意义；

（3）为每一个员工行为制定明确的预期；

（4）提高管理者在基层的曝光率；

（5）了解监管趋势（从他人的错误中汲取教训）。

3.2.1.3 检测数据可靠性缺失的五个策略

数据可靠性缺失可出于任何理由、发生在任何时间。管理者有责任通过执行合理的控制措施，来检测问题、情况以及不符合 GMP 数据收集、检验、报告和留存要求的检验结果。在大量的可选策略中，此处给出了五个检测数据可靠性缺失的实例：

（1）增加基层工作时间；

（2）检查记录的编写和处理；

（3）由数据可靠性专家进行独立审计；

（4）对不合规事件或结果进行评审；

（5）询问员工数据可靠性的可提升之处。

3.2.2 数据生命周期

如果没有充分理解风险是什么，降低数据可靠性的风险实际上是不可能的。风险可能由技术遗漏或者误差引起，或是故意欺诈行为或意外的人为错误造成。然而，这些风险发生的失效模式、风险发生的可能性、已发生风险的可检出概率取决于数据处在其生命周期的什么位置。

数据在静止期时（处于存储过程中没有变更），风险大部分与一般信息安全风险有关，而且大多数风险都是众所周知的。然而，当以某种形式处理数据时，失效模式则更加多样化并具有复杂性。为了能够有效地降低这些风险，必须理解基于数据生命周期的数据管理方法，评估风险和在现场采取有效的控制。

3.2.2.1 数据复杂生命周期带来的挑战

数据有复杂的生命周期，在生命周期内的任何点都被认为是可信的数据，需要做到：

（1）能充分理解数据生命周期直到生命周期结束的那一点；

（2）高度保证直到生命周期结束的那一点，所有数据可靠性的风险都被降低，只要措施是合理可行的。

这就要求确定和理解数据生命周期的每个阶段，从而对伴随的风险进行评估，必要时，降低风险以确保数据的可靠性。只有确保生命周期中每一点的数据可靠性，才能确保数据的可信性。

3.2.2.2 第三方职责

对于一个极其复杂的数据生命周期，数据需要被记录为批生产记录或设备历史记录，如果可以，可以依赖可信的第三方，履行其在确保数据可靠性中的角色，举例如下。

（1）实验室仪器制造商必须在生成信号到传输数据到外部系统的全过程，考虑数据生命周期的相关阶段。

（2）实验室信息管理系统（Laboratory Information Management System，LIMS）开发人员必须从接收数据、通过储存、显示、进一步处理，直到数据在外部系统可用的点的全过程，考虑生命周期的相关阶段。

（3）当中间设备软件开发人员开发用于在 LIMS 系统和企业资源计划（Enterprise Resource Planning，ERP）系统之间传递数据的面向服务的体系结构（Service-Oriented Architecture，SOA）套件软件时，必须考虑数据可靠性。

（4）ERP 开发人员必须从 SOA 套件的验收、经过数据库的储存以及进一步处理，直到数据被包含在电子批记录（EBR）中的全过程，考虑生命周期的相关阶段。

即便如此，生命周期不会停止，数据仍有可能被复制到一个单独的数据仓库，用于趋势分析和报告，可能传输给第三方 ［如在原料药（API）制造商给制药客户提供一个电子质检报告的情况下］ 和/或数据因为要长期的监管而可能被归档。

3.2.2.3 受监管的公司关于数据生命周期的职责

考虑到数据生命周期的复杂性，受监管的公司在每一个详细的阶段都评估数据可靠性的风险甚至理解生命周期的每一个阶段几乎是不可能的。

（1）在一个较高的水平理解数据生命周期，并适当记录，包括：

① 数据来源于哪里；

② 在两个系统之间，数据（数据的副本）被传递到哪里；

③ 数据在哪个系统储存和处理；

④ 基于法规要求确定数据是否存在副本形式（考虑数据在生命周期内各阶段的不同目的，需认识到数据存在哪些副本形式，包括被纳入电子记录中的副本）；

⑤ 进行适当详细的数据可靠性风险评估（可能是作为一个更大的系统风险评估的一部分），并且确保在现场有适当的控制。

（2）对于设备和系统的选择，其供应商的开发人员应理解数据可靠性的重要性，并且已经进行了适当的风险评估，及通过在系统中建立适当控制来减轻风险，以便：

① 最大限度地减少数据可靠性编程缺失的可能性，例如软件错误；

② 通过建立适当的用户控制和检查，最大程度减少人员错误引起的数据可靠性意外缺失的可能性；

③ 通过严格的访问和身份控制，最大程度减少用户的欺诈行为；

④ 提供审计数据工具，主动识别可能受上述路径影响的数据。

（3）对于在其组织内部或针对自身组织开发的软件，应规定和记录其详细的数据生命周期，例如，采用接口或电子表格存储/处理数据时，应包括：

① 模拟和记录详细的数据生命周期；

② 让供应商执行以上步骤。

（4）对于生成/收集重要法规数据的软件和系统的开发人员，应当期望他们能够理解并减轻数据可靠性的风险。其水平应当与数据相关的风险相当，并且被作为基于风险的供应商评估的一部分（可能需要或可能不需要审计）。

3.2.2.4 电子数据和记录

虽然许多适用于重要法规和电子记录的风险控制是相同的（例如，审计跟踪的生成，实施适当的访问控制等），但是电子记录的确有一些特定的控制（正如 21 CFR Part 11 和 EU GMP 附录 11 计算机化系统中规定的），基于风险的评估，可能不需要被应用于所有数据。因此，限制电子记录的控制范围在基于成本效益风险的方法上是有意义的。

然而，本身不是电子记录或是没有被包含进电子记录的数据，其可靠性仍然很重要。这是因为任何电子记录的可靠性与被纳入记录的数据的可靠性几乎是一样的，从未纳入记录的数据也可以用于证明符合各种法规或支持，比如纠正和预防措施（CAPA）调查、产品召回等，必须确保所有重要法规数据的可靠性。

电子记录通常包含多个数据项，并且这些数据的纳入可能发生在数据生命周期相对较晚的阶段。因此，数据可靠性保证取决于在哪个点将数据规定为电子记录，更常见的是，取决于在哪个点数据的副本被涵盖在电子记录中。数据的其他副本超出了规定的电子数据的范围，这也是很常见的，根据各种监管法规，定义依据数据的哪个副本是很重要的。

因此，明确规定数据在数据生命周期的哪个点被纳入（或部分被纳入）电子记录是很重要的，依据便是根据法规指南，规定和记录这些记录的范围。

3.2.2.5　数据生命周期管理

理解这些原则，关键是要详细理解数据生命周期。下面各部分将阐述如何基于数据生命周期降低风险。

一般可以通过以下方式来降低风险：

① 减少风险发生的可能性。一般情况下，通过建立标准操作规程（SOP）、用户培训和设计更安全的解决方案来实现。

② 通过使用审计跟踪和日志或更多识别欺诈行为或可疑数据的前瞻性方法，提高风险的可检测性。

极少数公司愿意采取纪律措施来处分有欺诈行为的员工。在某些情况下，这是因为高级管理层（甚至是驱动力）在欺诈过程中已经被串通一气。作为在生命周期内评估数据可靠性数据风险的一部分，受监管的企业需要认真考虑实施欺诈的动机，作为考虑风险可能性的一部分。

欺诈行为可能性及可能来源包括：操作工实施欺诈，以掩盖生产或产品检验过程中的问题；操作工实施欺诈，以掩盖自己的错误或减少自己的工作量；操作工实施欺诈，因为他们没有时间或工具来正确地记录数据（这是一个管理问题）；操作工依据高级管理人员的命令来实施欺诈。

当考虑风险的可能性、欺诈的可能来源时，应当考虑所有这些因素和由此产生的风险情节。

数据可靠性（信息安全）应当是任何软件或系统要求的一部分，如果在设计和开发过程中，识别并降低风险，可以显著减少数据可靠性受影响的可能性。

正如上面所讨论的，当受监管的公司负责开发他们自己的软件"工具"（电子表格仍然是最为常见的），那么对系统实施技术开发（如在网络文件共享中保存数据文件、集成或连接系统等）时，需要得到其他技术人员的支持，如软件或系统/设备开发人员以及被监管公司自身相关人员等。

审计跟踪和日志在支持可疑活动的调查中是很有帮助的，但由于审计跟踪和日志的量很大，定期审核审计跟踪和日志通常仅限于法规记录。当数据可靠性已被怀疑，其他审计跟踪和日志的审核是切实有用并实用的，这样的审核可以帮助确定发生了什么。

然而审核审计跟踪数据曾经是很困难的，现在有新的工具和技术允许审计跟踪中的文本和数值数据可以被搜索、过滤、比较和可视化，使检测出异常模式或异常值变得更加容易。这种"司法鉴定"工具的使用应当是一个技能组合，大型制药或医疗器械公司应当寻求开发内控方法，中小规模被监管公司可以雇佣专家来协助调查。

还有其他完善的技术，当未经授权的用户试图访问或编辑/删除数据时，会发出警报，这样他们应当有能力增加检出数据可靠性潜在风险的可能。虽然一个系统的用户偶尔点击错误目录或文件是可以理解的，但没有权限的用户以一种模式或重复访问数据时需要被调查，特别是存在合理的动机进行欺诈行为时。

也有更完善的技术，可以识别潜在的欺诈性数据，或是经数据分析显示如下：有重复的数据模式，暗示数据是以某种方式从以前的记录中复制过来的；"伪造的"和由操作者输入的数据显示出与我们所期望看到的"虚拟随机"数据（也就是期望的可容许范围的自然变化）不符的微妙但可检测出的变化。这是因为人类天生就不善于正确地编造随机数据。

这些技术逐渐被一些监管部门用来检测欺诈行为，受监管的公司自己也可以利用这些技术，软件/系统开发人员也可以将这些工具和技术构建到软件中。

当然，下面使用的数据建模技术，不仅是规定数据生命周期和结构的一种方式，而且需要定义自己的模型和软件，产品开发人员（应当）可以选择利用适当的数据建模标准，用于软件设计和系统开发。同样地，识别的风险可能不完整，可能需要扩大到考虑由使用的技术或是人工交互数据引起的其他和特定风险。

如下所示，应用数据建模的能力（使用任何选择的模型）和充分理解风险管理技术，在更好地确保数据可靠性和打击欺诈行为方面，是非常权威的。

虽然有许多数据建模技术已经用于软件开发领域，这个特定的模式（在最初的建模中被定义为"关键的"）非常适合用于受监管的生命科学行业，其优势有：用于明确区分数据的单个和多个项（虽然有多个数据项被建模，这些项当然应当被明确规定）；用于区分数据和元数据；用于区分临时性的和永久的数据存储（"传输中的数据"和"静态数据"），从而帮助识别特定的风险和风险控制；用于区分数据和电子记录，对知道什么时候应用强制性的（但通常是更复杂的和昂贵的）电子记录控制是很重要的。

以下内容为所使用的模型提供了一把钥匙，并展示了一个如何在复杂的数据生命周期中使用模型的案例。

（1）数据采集

分类	自动数据采集（单一数据项，没有元数据）	自动数据采集（多个数据项，没有元数据）
	自动元数据采集（单一数据项，有元数据）	自动元数据采集（多个数据项，有元数据）
描述	数据经常通过仪器被采集，可能从简单的实验室仪器、复杂的分析系统或标准化的数据采集或控制系统中采集 在不同情况下，一些物理、化学、机械等形态的性能被转换成模拟电子信号，然后通常被数字化，反映被测量的性能	
风险	数据的可靠性始于准确和可重复的测量。排除与一些物理、化学、机械等性能转换成模拟电子信号有关的风险，数据可靠性的风险在很大程度上与不准确或不一致的模拟数字转换有关 因为这一步骤是自动化的，所以几乎没有人为风险因素，除了维护人员未能适当地进行有计划的校准活动外	
风险减缓措施	最好通过以下措施降低这些风险： ① 从成熟的供应商采购合适的经过评估的设备，这样的设备是可靠的、准确的并可重复的； ② 确保经过培训的维修人员按要求进行有计划的校准活动	

（2）数据输入

分类	手动数据输入（单一数据项，没有元数据）	手动数据输入（多个数据项，没有元数据）
	手动元数据输入（单一数据项，有元数据）	手动元数据输入（多个数据项，有元数据）
描述	其他来源的数据是由操作员输入系统的。这些数据可能是与数据（事件/数值）观察同时发生、同步输入的、也可能是滞后输入的	
风险	数据可靠性输入的风险包括： ① 人为错误，比如错误键入数据； ② 誊写错误，即最初数据被记录在纸上，随后被输入系统； ③ 蓄意欺诈，即输入系统的数据故意与记录的或观察到的数据不同	
风险减缓措施	最好通过以下措施降低这些风险： ① 对输入的数据进行独立复核，这可以在输入时、数据被从纸质记录上誊写时、数据输入后，由第二个人来确认； ② 制定适当的 SOP 并对员工进行培训； ③ 要求所有的数据输入活动由认证的用户进行	

（3）数据存储

分类	临时数据存储(单一数据项,没有元数据)	临时数据存储(多个数据项,没有元数据)
	临时元数据存储(单一数据项,有元数据)	临时元数据存储(多个数据项,有元数据)
	永久性数据存储(单一数据项,没有元数据)	永久性数据存储(多个数据项,没有元数据)
	永久性元数据存储(单一数据项,有元数据)	永久性元数据存储(多个数据项,有元数据)
	电子记录(符合电子记录控制的要求,可能包含多个数据项,有或没有元数据)	
描述	数据(或者副本)可能储存在数据生命周期的多个点上。第一次数据存储发生在数据采集或数据输入时。数据可能存储在仪器的本地内存上,或是用户接口设备的本地内存上(如平板电脑、浏览器软件等) 　在某些情况下,这些数据可能被归类为"原始数据",将被保存用于随后的再处理。被保存的原始数据经常(但不总是)被复制到另一个更安全/长期的存储位置(本地磁盘,非易失性内存等)。当然,在整个数据生命周期中,也可以使用各个媒介,包括当地许多不同类型的半导体存储器、光盘驱动器、网络存储、备份或归档磁带、"拇指"驱动器、光盘等,在不同的系统中保存数据(或数据副本) 　数据也可以被认为是逻辑上的存储,如在一个文件或电子表格或数据库中	
风险	在存储中,有大量数据可靠性的风险,这些风险通常得到了很好的理解。这些包括: ① 媒介故障; ② 意外编辑或删除; ③ 故意(未经授权)编辑或删除; ④ 不正确的编程式编辑或删除(由于软件故障); ⑤ 未经授权的使用	
风险减缓措施	通过良好的信息安全控制,存储过程中的数据可靠性风险可以得到大幅度地降低,包括: ① 制定适当的 SOP 并对员工进行培训; ② 建立有效的访问和权限控制; ③ 限制性的物理访问; ④ 使用错误检测/校正软件; ⑤ 软件验证; ⑥ 物理媒介的安全管理; ⑦ 冗余存储(包括备份); ⑧ 数据加密 存储数据的风险评估在识别此类风险中通常是有效的	

（4）数据编辑

分类	手动数据编辑(单一数据项,没有被编辑元数据)	手动数据编辑(多个数据项,没有被编辑元数据)
	手动元数据编辑(单一数据项,一些元数据也被编辑)	手动元数据编辑(多个数据项,一些元数据也被编辑)
描述	在多数情况下,数据需要由授权的用户进行编辑,数据可靠性的风险是相似的	
风险	数据可靠性在编辑上的风险与数据输入的风险是相似的,包括: ① 人为错误,比如错误键入数据; ② 誊写错误,比如从纸质或是不同的系统上转换的新数据值; ③ 蓄意欺诈,即除了预期的,数据的数值被变更为另一个数值	
风险减缓措施	最好通过以下措施降低这些风险: ① 对输入的数据进行独立复核,这可以在输入时、数据被从纸质记录上誊写时、数据输入后,由第二个人来确认; ② 制定适当的 SOP 并对员工进行培训; ③ 要求所有的数据编辑活动由认证的用户进行; ④ 将数据标记为只读(不能被编辑或删除); ⑤ 所有数据编辑活动均能通过审计跟踪和日志进行查询	

（5）数据处理

分类	数据处理（单一数据项，没有被处理元数据）	手动数据处理（多个数据项，没有被处理元数据）
	元数据处理（单一数据项，一些元数据也被处理）	元数据处理（多个数据项，一些元数据也被处理）
描述	在多数情况下，数据由存储它们的软件或系统处理。此类处理结果可以以一种方式改变原始数据（改变格式、标定数值）或生产（派生的）另外的数据，作为计算、查找、逻辑运算等的结果	
风险	数据可靠性在处理方面的风险主要与错误的软件有关： ① 从不正确的存储位置读/写数据； ② 计算错误的结果	
风险减缓措施	通过基于风险的有关软件的确认，一般可以降低这些风险。在确认软件不现实时，通过结果/输出的人工确认，也有可能降低这样的风险	

（6）数据复制

分类	数据复制（单一数据项，没有元数据备份）	数据复制（多个数据项，没有元数据备份）
	元数据复制（单一数据项，一些元数据也需要备份）	元数据复制（多个数据项，一些元数据也需要备份）
描述	在许多情况下，数据被复制，这可能是在相同体系内或到不同系统的其他地方进行复制 单纯的复制过程意在形成数据的真实副本，包括任何相关的元数据 然而，在许多情况下，数据的格式可能会被改变（如浮点的整型，32位到64位浮点等），在这种情况下，"副本"应当被认为是一个数据处理过程（见上文所述）	
风险	复制数据的显著风险是数据被无意改变或数据的含义或上下文（元数据）被无意改变或丢失（未被复制） 任何对数据无意义的改变显然会危及数据可靠性，而元数据的任何丢失也可能降低数据的可信性	
风险减缓措施	通过基于风险的有关软件的确认，通常可以降低数据复制带来的风险。包括使用确认程序来对比原始数据和数据副本。只要可行就应该使用这些程序 降低此类风险的措施可以通过验证该程序的自动备份恢复功能，或者通过手动复制形式进行数据的备份，比如将数据从一个系统复制到另一个系统（简单的数据迁移）时，可以要求对复制的数据进行百分百的全部确认，对于需要确认的数据比例，应基于风险评估确认	

（7）数据删除

分类	数据删除（单一数据项，没有元数据删除）	数据删除（多个数据项，没有元数据被删除）
	元数据删除（单一数据项，所有元数据也被删除）	元数据删除（多个数据项，所有元数据也被删除）
描述	根据计划可以在数据生命周期结束时删除数据（即数据保留周期结束） 在某些情况下，删除可能是由于数据移动的结果，即数据被复制到一个新的地方，然后从原始位置中被删除	
风险	数据删除的显著风险是删除不应被删除的数据。这可能是由人为错误导致的意外删除，或是一个未经授权的欺诈活动或系统误差导致的删除（不正确的软件操作导致删除错误的数据或错误地删除另一个操作的数据） 还有一个风险是没有删除应被删除的数据（例如，只是标记为已经删除，或是标记稍后删除，实际没有删除），这可能导致未经授权的用户得到数据的副本	
风险减缓措施	数据删除的风险可以通过下列措施降低： ① 制定适当的 SOP 并对员工进行培训； ② 建立有效的访问和权限控制； ③ 限制物理访问； ④ 基于风险的有关软件的验证； ⑤ 将数据标记为只读（不能被编辑或删除）； ⑥ 手动确认正确的数据已被删除（注意，通过普通的方式是不可能的，因为软件不能显示仅被标记为已删除的数据）	

（8）数据移动

分类	数据移动（单一数据项，没有移动元数据）	数据移动（多个数据项，没有移动元数据）
	数据移动（单一数据项，一些元数据也被移动）	元数据移动（多个数据项，一些元数据也被移动）
描述	将数据从一个位置移动到另一个位置（可能从一个系统到另一个系统），通常包括将数据复制到新的位置和删除原始位置的数据 因此可以被视为一种组合的复制/删除步骤	
风险	与数据移动相关的风险是数据复制和数据删除有关风险的组合	
风险减缓措施	与数据移动有关的风险的降低是与数据复制和数据删除有关的风险降低措施的组合，通常情况下也可以整体降低风险，例如，作为单个验证工艺的一部分对软件移动进行验证，确认所有的复制/删除风险已经被降低	

3.2.2.6 系统层面的数据生命周期流程

在系统层面有大量运行的流程，这些流程会影响多个数据的可靠性。这些流程的可靠性是很重要的，每个流程可以被视为可能在更大数据集上运行的许多数据生命周期的阶段。

（1）数据归档

数据归档是数据移动的一个更复杂的形式，在这里数据（或是数据集）被复制到一个新的（长期的）存储位置。通常需要确认复制流程然后从原始位置删除原始数据。

数据归档过程中，数据归档的风险与数据移动（复制/删除）相关的风险一样，只有归档数据随后被访问和用于监督目的时才会出现具体的风险。这可能是原始系统的数据恢复引起的（在一些情况下，如 LIMS 或 ERP 系统）或单独访问归档数据引起的（因为这时电子表格或者归档数据可以直接被读取，或者生产系统一组规定的记录被存档，作为一个数据表，这也可以在原始应用程序外部被读取）。

与数据档案存储媒介/位置有关的数据存储风险也需要考虑，包括媒介故障和物理安全。也有特定的风险，即选择错误的数据存档，必需的数据有效地从实时系统中被删除（尽管应当有可能恢复必要的数据）。

在数据归档流程与生产系统和数据一起使用前，应当被验证。对实际数值的确认程度应当取决于所应用的自动数据确认程序的可靠性。

（2）数据（系统）备份

数据备份（或包含数据的系统备份）是数据复制的更复杂形式，其中数据被复制到一个新的存储位置（长期存储位置，通常要确认复制过程）。不同于数据归档，原始数据不能从原始位置删除。

数据（系统）备份有关的风险与数据复制的有关风险是一样的，但这种情况除外：当包含在备份中的数据随后在系统中被恢复并用于监管目的时才出现的风险。

与备份存储媒介/位置有关的数据存储风险也需要考虑，包括媒介故障和物理安全。

因此，在和生产系统一起使用时，应当验证数据（系统）备份流程。对实际数值的确认程度应当取决于所应用的自动数据确认程序的可靠性。

（3）数据（系统）恢复

数据恢复（无论是从备份或归档）也是数据复制的一个更复杂形式，其中备份或归档的数据被恢复到原系统且通常需对复制过程进行确认。备份或归档的数据通常不被删除。

如果数据可靠性在备份/归档存储过程中受到了影响，或是在恢复过程中有错误，可能存在被恢复数据不再值得信赖的风险。

因此，在和生产系统一起使用前，应当首先验证数据（系统）备份恢复流程。对实际数值的确认程度应当取决于所应用的自动数据确认程序的可靠性。

对归档/备份媒介的管理应确保数据不受存储媒介退化的影响，并在生产商建议的生命周期内可以被很好地使用。定期确认磁带媒介可以被读出，不再被认为是良好的实践，因为读取和确认过程加速媒介的退化。

（4）数据迁移

系统之间（或有时在系统内部）的数据迁移是一种常见的活动。数据迁移活动可以被认为是上述数据生命周期各阶段的一个组合，通过将迁移活动分解到数据生命周期的各个阶段，数据可靠性的风险可以再次被识别和降低。

典型的数据迁移活动包括：

① 数据分析——通常限于复制数据，以便可以分析数据的质量/数量，通常把原始数据留在原位；

② 数据提取——通常是一个数据复制步骤（通常把原始数据留在原位，以最终归档或删除）但可能使数据移动（复制/删除）；

③ 数据转换/数据转化——通常是一个数据处理步骤和/或人工数据编辑步骤，在这里数值或含义（元数据）以某种方式被改变；

④ 数据改进——这个步骤中额外的数据被添加到数据集中。这可能被视为一个数据处理步骤（数据以编程方式被添加）或数据输入（缺失的数据被手动输入）；

⑤ 数据加载——通常是一个数据复制步骤（为保持一个审计跟踪，通常把原始数据放在原位），但可能是数据移动（复制/删除）。

3.2.3　质量管理体系下的数据可靠性管理

一个公司的质量管理体系（QMS）应符合法规要求，并能保证数据可靠性。数据可靠性应嵌入质量管理体系中，因为数据可靠性不是独立于质量管理体系或在其之外的活动。这就存在了一个问题，即在质量管理体系范围内，数据可靠性是否影响了受监管的活动？产品生命周期内生成的数据，其可能具有多种来源，包括毒理学研究、临床研究、法律事物、生产运作和实验室检验、供应链和上市后运作/药物警戒。数据可用来支持注册申报，和/或运行质量管理规范（GxP）活动所要求的文件。因为，数据可靠性适用于所有 GxP 活动和数据，所以这个问题的答案是肯定的。应当注意的是，数据可靠性适用于纸质记录，同样也适用于电子记录。

另一个问题是，是否须重新修订和升级质量管理体系，或如何最好地将数据可靠性并入/整合至质量管理体系。质量管理体系须采用自上而下的方法（请参见 ICH-Q10），因为高级管理的最终责任是确保存在一个有效、适当的制药质量体系来实现质量目标，定义、传达并执行整个企业内各人员的角色、职责和权限。管理高层应建立质量方针，描述公司质量有关的总体目标和方向。依据公司的术语定义，此文件可以称为质量手册、质量指南或类似的名称。

3.2.3.1　数据生命周期——归属

现有的质量管理体系描述了系统和流程的归属，包括系统和流程的输入和输出；然而，数据归属是一个新的概念，其随着方针的出现而被定义和引入。部门内部生产的数据在整个生命周期内都归属于此部门。

数据归属管理包括数据的收集、数据处理、数据审核和数据报告。公司必须具备一个方案、流程或方法，确保可以收集到所有数据，并具备数据可靠性的控制。

为辨识数据、流程和系统所有者，必须识别将要生产的数据和生成此数据的目的。基于此评估，确定数据归属。当数据被转录/移交时，可改变其归属。必须明确谁在什么系统，拥有什么数据，流程是哪个，目的是什么。

生成数据的部门是此数据的所有者。若有多个部门涉及数据生产，则必须指定一个部门作为数据所有者。如果没有达成一致意见，由质量部门做出决定。

业务流程和系统所有者负责其流程和系统经过验证。所以，也由同一个人负责与此相关数据的可靠性。

业务流程的详细清单、相关系统和数据需以一个标准化的格式来维护。数据需和流程纲要一起记录（如记录于 SOP 内）。

若数据存在多个副本，必须确定一个为主文件（如电子版本和纸质副本）。

确定数据归属的方法如下。

① 辨识所有业务流程（例如，仓库管理、批放行、样品管理等），确定并记录执行业务流程的所有者。

② 辨识所有用于支持这些流程的系统［如企业资源计划（ERP）、实验室信息管理系统（LIMS）、日志、批记录等］，确定并记录系统所有者。

③ 基于上述内容，在流程和系统中辨识并记录 GxP 相关数据。执行各自流程的所有者也是数据的所有者。

3.2.3.2　数据生命周期——基于风险的方法

每天都有大量的数据被创建，有必要对数据可靠性应用基于风险的方法。必须对关键和非关键数据进行辨识，关键数据可能会影响患者安全，与下述产品质量相关：

（1）重新构建 GxP 活动所需的数据；

（2）对符合性有影响的数据；

（3）对证明 GxP 活动结论有影响的数据。

流程和系统的设计必须符合数据可靠性的要求。若能做到这一点，则不需要百分之百地审计跟踪确证。现行法规要求，要以基于风险的方式来审核数据（包括审计跟踪）。这种方法必须确保批放行人能充分保证放行的合规性。

审计跟踪审核必须可使各部门找到他们流程中的违规行为。部门必须规定审计跟踪审核的频次和范围。

应使用适当的、基于风险的方法来评估现有系统，实际频次可基于评估进行调整。若发现问题，应提高审核频次。

3.2.3.3　数据治理

公司的价值观是数据可靠性、合规性和遵守质量管理规范的驱动力。这些价值观由管理高层在企业愿景和使命以及行为准则中进行规定。

质量管理体系包括数据可靠性和职责描述。

新的或考虑修改的流程/系统，其设计必须包含数据治理要求。

（1）防止数据可靠性问题——确保数据可靠性的策略

① 文件控制；

② 物理访问控制；

③ 控制（例如，输入确认，顺序逻辑性）/监督（例如，四眼原则）。

遵守文件质量管理规范对防止数据可靠性问题至关重要。在进行第二人确证时，必须明确描述这个人具体干了什么，例如，第二人签名的含义是什么？

文件控制涉及对文件全面性审核。在这些记录是电子格式的情况下，必须有审计跟踪，最好是电子的审计跟踪。核实确证电子审计跟踪运行正确至关重要。此外，应制定基于风险的方法，对审计跟踪进行定期核查。

应对所有的企业厂房进行物理访问控制。在可能和适当的情况下，应当保存相关记录，明确是谁、何时、访问了什么地方。

对计算机系统的访问应当具体到个人，例如，GxP规范要求不得共享密码，从而确保能将活动归属到具体的人。

在可能和适当的情况下，计算机系统应连接网络，日期和时间戳应当采用网络时钟。当时间用于手工记录时，应当确定具体的时钟，用于记录日期和时间戳的时钟应经过校准。

（2）预防数据可靠性问题——将数据可靠性整合到质量体系中

支撑数据可靠性的许多元素都是质量管理体系必不可少的一部分（例如，风险管理、验证、偏差/投诉和调查程序、文件管理、供应商/合同管理，变更管理等）。为了完善现有的质量管理体系，应当增加下列元素：

① 将数据可靠性作为内部审计的一部分；

② 将数据可靠性作为培训的一部分；

③ 审计跟踪审核。

自检/公司质量审计程序应当包含数据可靠性的内容。内审员需要接受数据可靠性相关的培训，特别是预防数据可靠性问题的控制措施。另外，内审员应当接受数据可靠性问题检查方法的培训，特别是自动化系统方面的培训。自检/公司质量审计程序应当对数据可靠性进行专门对待。

应当对GxP培训内容进行审核，必要时增加数据可靠性方面的内容。

（3）预防数据可靠性问题——管理文化在确保数据可靠性中的角色

① 数据可靠性是公司伦理观和合规性的一部分；

② 合规性心态。

数据可靠性是GxP法规必不可少的一部分。因此，通过适当的质量管理体系来遵守法律法规的要求，这样就能实现数据的可靠性。当然，公司内涉及GxP活动的每个人也必须理解合规性的伦理影响，首先，把患者的健康和安全放在首位。必须规定报告数据可靠性的完善流程。

（4）预防数据可靠性问题——为保证数据的可靠性，对人工观察系统、电子系统以及人工电子组合系统进行的控制

在可能的情况下，应使用经验证的自动系统或端口来替代手工转录。

在可能的情况下，GxP数据应当由网络系统来管理。数据备份和数据归档也应如此管理。

在可能的情况下，应当开启电子审计跟踪功能，并确保其正常运行。

这些要求适用于支持产品生命周期的所有系统，例如，毒理学研究、临床研究、法规事物、生产运作和实验室检验、供应链和上市后运作/药物警戒。

必须在系统用户需求和设计文件中对电子审计跟踪的要求进行评估和规定。这些内容必须包含审计跟踪的访问和审计跟踪的可读性。

（5）预防数据可靠性问题——云

若使用云来管理 GxP 数据，相关系统必须经过验证，且企业必须对数据进行控制。

（6）预防数据可靠性问题——数据可靠性审计

除了现有质量管理体系规定的自检，也可以由内部和/或外部团队来进行数据可靠性审计，或确认/证实相关 GxP 法规（也包括数据可靠性）的符合性，或调查数据可靠性的违规行为（包括不当行为和犯罪）。

应制定专门的操作规程，对这些额外的审计活动进行描述。特别是，这些规程应描述审计活动所涉及的人员，必须确保其绝对的独立性并避免利益冲突。

（7）预防数据可靠性问题——文件和归档

① 数据必须定期备份，如每天一次。备份必须保证可以从备份中重新恢复原始记录。数据的电子审计跟踪必须有全部的记录备份。应通过网络进行自动备份。

② 数据归档应符合 ISPE GAMP 关于电子数据归档的管理规范要求。

③ 应在工作系统的寿命期限内，对电子数据进行良好的维护。

一旦实施了这些数据可靠性的元素，企业就必须确保这些措施、流程和控制的充分性。在任何情况下，都应如质量管理体系的其他要素一样，确保对数据可靠性的持续改进。最可能在质量管理体系中出现错误的两个元素为专门针对数据可靠性的审计和数据归属。

本章小结

计算机化系统验证总体上讲是一个"基于风险的可增减的生命周期全过程"，本章主要从两大角度来讲述计算机化系统验证：新建计算机化系统和遗留计算机化系统。本章对数据可靠性的生命周期和管理进行了介绍，虽然在本书中是在此章节进行数据可靠性的介绍，但应注意，数据可靠性不仅仅针对计算机化系统，也不是新的要求；不仅仅针对电子数据，对于纸质记录管理要求亦是一样的。

参考文献

[1] 中华人民共和国卫生部令 79 号. 药品生产质量管理规范（2010 年修订）.
[2] 中华人民共和国卫生部令 79 号. 药品生产质量管理规范（2010 年修订） 附录 计算机化系统.
[3] EU GMP Annex 11：Computerized Systems.
[4] FDA CFR 21 Part 11：Electronic Records，Electronic Signatures.
[5] PIC/S PI 011-3：Good Practices for Computerized Systems in Regulated "GxP" Environments.
[6] ISPE GAMP5：A Risk-Based Approach to Compliant GxP Computerized Systems，International Society for Pharmaceutical Engineering.
[7] ICH Q9：Quality Risk Management.
[8] WHO TRS996 Annex 5：Guidance on Good Data and Record Management Practices.
[9] MHRA GMP：Data Integrity Definitions and Guidance for Industry.

第4章

QC实验室确认与验证

作为质量管理体系的一部分，QC实验室管理体系是确保所生产的药品适用于预定的用途，符合药品标准和所规定要求的重要因素之一。建立、运行并维护一个有效的QC实验室管理体系能够支持企业整体质量管理体系有效实施，持续稳定地生产出符合用户既定要求、法律法规等来源所提出的质量要求（如有效性、可靠性、安全性）的产品，从而实现公众和个人的共同目标，即为患者提供高质量的药品。

QC实验室一般包括理化分析室、仪器分析室和微生物分析室。理化分析室主要进行物理常数测定、化学检测项目测定和容量分析测定；仪器分析室是采用大型精密仪器如HPLC、GC等进行含量和杂质限度的测定；微生物分析室是对样品进行微生物限度和无菌检测。

QC实验室涉及需要进行验证的系统和工艺程序主要包括：厂房设施和空调系统、制药用水和制药用气等洁净公用系统、独立的计算机化系统、分析仪器、分析方法等。本章节将主要介绍分析仪器确认和分析方法验证，其他相关内容，请参考本书其他相关章节。

4.1 分析仪器确认

广义的仪器是指用于测量的设备总称，而分析仪器指药品生产或检验过程中用于测量、监控、称量、记录和控制活动的设备。任何分析测试的目的都是为了获得稳定、可靠和准确的数据，分析测试的可靠性直接或间接影响物料、产品质量评价，以及检验数据的质量和有效性，这一目的能否实现，分析仪器起着非常重要的作用。QC实验室典型仪器和测试功能举例见表4-1-1。

表 4-1-1　实验室应用的仪器设备及其功能

仪器名称	主要功能
磁力搅拌器	磁力搅拌器是一种利用磁性物质同极相斥的特性,通过不断变换基座两端的极性来推动磁性搅拌子转动,再依靠磁性搅拌子的转动带动样本旋转,使样本达到均匀混合的一种仪器
漩涡混悬器	用于对各种试剂、溶液、化学物质进行固定、振荡、混匀处理

仪器名称	主要功能
摇床	用于对振荡频率和培养环境有着各种要求的生物化学反应,细胞培养、发酵、杂交以及酶、细胞组织研究等,以及各种细菌的培养、污渍洗涤和普通混匀等方面
烘箱	用于样品的干燥失重测定和基准物的干燥
超声波清洗机	用于样品的溶解和玻璃器皿的清洗
pH 计	测定样品的 pH 值
分析天平	样品称重
电导率仪	测定样品的电导率
水分滴定仪	测定样品的水分含量
电位滴定仪	测定样品的含量
显微镜	进行显微结构观察
水浴锅	用于实验室中蒸馏、干燥、浓缩和恒温加热
TOC 测定仪	测定水中总有机碳
折射仪	测定折射率
冰箱	放置有温度要求的样品、试剂和标准物质
红外分光光度计	进行红外鉴别测定
紫外分光光度计	测定样品吸收度、透光率
原子吸收分光光度计	进行微量或痕量金属元素测定
薄层色谱分析仪	通过扫描薄层板展开的斑点测定物质含量
高效液相色谱仪	测定样品含量和有关物质
气相色谱仪	测定溶剂含量和残留
超净台	提供局部高清洁度空气环境
稳定性试验箱	提供恒温恒湿环境进行稳定性试验
无菌培养箱	提供恒温环境进行微生物培养
尘埃粒子计数器	用于测量洁净环境中单位体积内尘埃粒子数和粒径分布的仪器
浮游菌测定仪	用于测量洁净环境中单位体积空气中含菌量

分析仪器确认(Analytical Instrument Qualification,AIQ)是指用于证明和记录仪器被正确安装,正确运行并得到预期结果的书面证明。分析仪器确认是分析实验室质量管理规范的重要组成部分。

在产生一致可靠的数据过程中涉及四个重要的组成部分。图 4-1-1 以金字塔形式展示了这些组成部分:分析仪器确认、分析方法验证、系统适用性试验、质量控制检验。

四个因素的叠加构成了总体的数据质量,分析仪器确认构成了产生质量数据的基础。无论进行方法验证、证实系统适用性,还是分析质量控制样品,首先必须进行分析仪器确认,这是决定所有其他影响因素的基础。

分析仪器确认通过收集记录为证据,证明仪器能够按预定目标正常运行,并且经过恰当的维护和校准。如果仪器没有经过很好的确认,则可能后续的工作不能得到一个良好的结果,例如:在验证一个高效液相色谱(High Performance Liquid Chromatography,HPLC)方法时,可能花费数周仍然无法获得成功,最终确定原因可能是 HPLC 检测器无法达到线

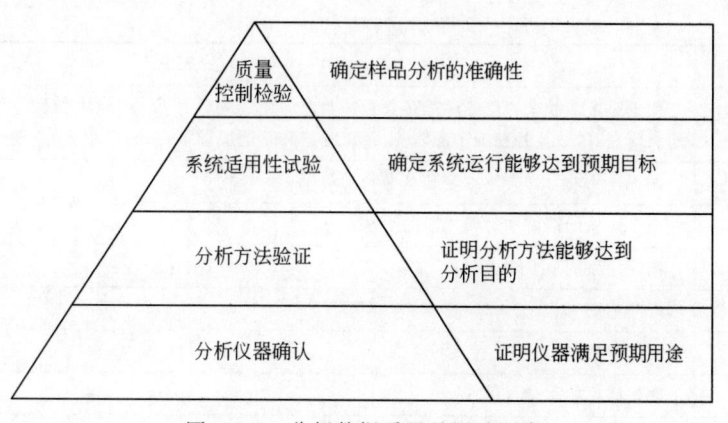

图 4-1-1 分析数据质量的影响因素

性或基线噪声的性能指标要求。

4.1.1 分析仪器确认的法规要求

（1）中国 GMP（2010 年修订）

对分析仪器确认有如下相关规定：

第一百三十九条 企业的厂房、设施、设备和检验仪器应当经过确认，应当采用经过验证的生产工艺、操作规程和检验方法进行生产、操作和检验，并保持持续的验证状态。

第一百四十六条 验证总计划或其他相关文件中应当做出规定，确保厂房、设施、设备、检验仪器、生产工艺、操作规程和检验方法等能够保持持续稳定。

（2）EU GMP

EU GMP 中关于分析仪器确认的章节比较少，大多的分析仪器都属于计算机化系统。有关验证方面应根据多种因素来决定计算机化系统验证的必要范围，这些因素包括：计算机用在哪个系统，属前验证还是再验证，在系统中是否采用创新元件等。应当将验证看作计算机化系统"整个生命周期"的组成环节。这个生命周期包括计划、设定标准、编程、测试、试运行、文档管理、运行、监控和修改更新等阶段。

（3）ICH Q7

ICH Q7 活性药物成分的 GMP 指南，在其 5.3、5.4 和 12.8 中对设备和计算机化系统以及分析方法提出了非常明确的要求。包括以下内容。

① 与 GMP 相关的计算机化系统应当验证，验证的深度和广度取决于该计算机化系统应用的差异性、复杂性和关键性。

② 适当的安装确认和操作确认应当能证明计算机硬件和软件适合于执行指定的任务。

③ 分析方法应当进行验证，除非采用的方法在相关药典或其他认可的标准方法中有记载。所有使用的实验方法的适用性应当按照真实使用状况进行确认，并记录在案。

④ 在分析方法的验证之前，需对分析设备进行必要的确认。

（4）美国药典（USP）

美国药典通则<1058>"分析仪器确认"陈述了分析仪器确认的原则和实施内容，从分析仪器的基础地位到分析仪器确认程序，以及确认的角色和职责、不同仪器类别的确认策略，从理论到实践完整地叙述了分析仪器确认。

USP 通则＜1058＞是分析仪器确认的权威指南，尽管作为编号在 1000 以上的通则，通常不要求强制执行，并且可能存在替代方法。然而，基于以下原因，我们推荐在该通则基础上的分析仪器确认予以实施。

① 如果 USP 各论中要求在特定的分析中使用经确认的仪器，则该通则为强制要求。

② FDA 检查员希望用于规范化测试的仪器应经过验证。

③ 应用的 4Q 模型已日臻完善，并且得到许多实验室的认同。

④ 该模型适用于所有类型的仪器，不论是简单装置，还是复杂系统。

⑤ 该模型可灵活运用，允许实验室根据仪器的预期用途规定测试程序和验收标准。

4.1.2　分析仪器分类及确认策略

实验室具有种类繁多的计算机化仪器设备系统，从简单的旋涡混匀器到复杂的高效液相色谱仪等。仪器的复杂性和使用功能不同，所需要的确认级别和范围也不一样，USP 通则＜1058＞基于仪器的复杂程度和使用需求，将仪器分为不同的类别，从而进行不同程度的确认。

（1）A 类

A 类为简单系统仪器。此类仪器不具备测量功能或者校准需求，供应商的技术标准可以作为用户需求。例如：磁力搅拌器、涡旋混合器、摇床等。此类仪器通常不需要正式的确认活动。

（2）B 类

B 类为中等系统仪器。此类仪器具有测量功能，并且仪器控制的物理参数（如温度、压力或流速等）需要校准，用户需求一般与供应商的功能标准和操作限度相同，如烘箱、分析天平、pH 计、折射仪等。此类仪器或设备通常需要进行安装确认和运行确认，并制定相关操作、校验及维护的标准规程。一些控制关键物理参数的仪器设备也需要进行性能确认。

（3）C 类

C 类为复杂系统仪器。此类仪器通常包括仪器硬件和其控制系统（固件或软件），用户需要对仪器的功能要求、操作参数要求、系统配置要求等详细描述。例如：高效液相色谱仪，气相色谱仪，紫外分光光度计。此类仪器和设备需要设计确认、安装确认、运行确认和专门的性能确认，并制定相关操作、校验和维护的标准规程。

某个仪器的准确分类必须通过使用者对其具体的要求来确定，取决于具体的用户需求。同样的仪器可以适当地在一个用户处归为一类，而在另一个用户处归为另外一类。

4.1.3　分析仪器确认实施通则

4.1.3.1　设计确认

实验室仪器大部分为市售的非定制仪器（Commercial Off-the-Shelf），此类仪器已经由制造商在出厂前完成设计和生产，对于实验室用户不必再进行单独的设计确认。但仪器确认负责人和使用者应制定仪器的 URS，并检查和评估供应商提供的设计确认文件或规格标准是否满足要求，同时确认供应商是否有能力提供仪器安装、确认、维护以及培训。

4.1.3.2　安装确认

安装确认（IQ）是提供文件性的证明，用以确认仪器是按照设计和确定的要求交付，正确安装在选定的环境中，该环境与仪器要求相适应。检查仪器及其配件是否与订单一致，使用手册、出厂证明是否齐全。IQ 应用于某件仪器可以是新的或是二手的，或应用于任何已经在现场但是此前从未确认过的仪器。安装确认主要包括以下内容和文件。

（1）仪器描述

检查并记录该仪器生产商、型号、序列号、软件版本、放置位置。适当情况下使用图纸和流程图。

（2）仪器运输

确保该仪器、软件、手册、配件以及其他仪器附件，按照订单中规定的方式抵达目的地并无损坏。对于二手或已有的仪器，必须具有手册和记录文件。

（3）公用设施/环境

证实安装区域达到仪器制造商所规定的环境要求。

（4）仪器的安装

仪器的安装包括硬件和软件的安装。通常由供应商和实验室确认人员共同完成。按照确认方案的要求，安装并记录仪器安装过程。确保仪器主体、测量仪表、传感器、管路、电源电缆等被正确连接，需要时应对关键部件和管路进行标识。

（5）网络和数据存储

一些仪器需要连接网络或者数据存储器，应按要求连接，并检查其功能。

4.1.3.3 运行确认

运行确认（OQ）是在仪器安装确认完成后，测试仪器的功能能否满足设计要求和用户需求的过程。测试的种类和范围依赖于仪器的复杂性和功能性。如需要，仪器所采用的操作系统的功能也在此阶段进行测试。每个测试结果应进行记录和复核。主要测试内容和文件要求如下。

① 校验 关键仪表、传感器应在运行确认前或在运行确认中进行校验。校验范围应满足用户使用的范围。

② SOP确认 确认各个SOP（包括操作、校验和维护）的适用性和准确性，并确认其处于已批准或草稿状态。

③ 仪器功能测试 用户需求中所有规定的功能都应该被测试，特别是对于质量控制和安全有关键影响的功能是非常重要的。应根据用户需求的操作范围，对操作参数的范围进行确认，而不能仅仅对典型的情况进行测试。如果可以，应进行挑战性试验。

④ 报警测试 如冰箱温度超出要求，恒温恒湿箱的温湿度超出规定范围。

⑤ 操作权限测试 如果操作系统有登录权限的设定功能，应进行测试。不同级别的权限如管理员、使用者的权限应在使用SOP中进行规定。

⑥ 数据的保存、备份和存档测试 基于对操作系统和数据处理系统的需要，数据的处理如安全性、存储、备份、恢复、审计追踪等应按照规定的程序进行测试。

⑦ 培训 应由供应商对使用人员、维护人员进行培训。

如果系统是由几个模块组成的，建议对系统整体参数在多模块同时测定（整体测试）而不是每个模块逐一测试。如果某个参数只有一个单一的模块控制（如高效液相可变波长检测器的波长准确度，柱温箱的温度精确度），可以对单一模块进行测试。

4.1.3.4 性能确认

性能确认（PQ）是证明仪器始终能够按用户确定的性能指标运行，且与预期用途相适应。在安装确认和运行确认完成后，通过性能确认证明仪器在使用环境中的适用性，主要活动包括以下内容。

性能测试：根据用户的使用要求，设计一个或多个测试确认仪器满足预期的使用要求。PQ 测试通常基于仪器常见的现场用途，并且可以包含分析已知组分或标准物；与供试样品同步进行的一些系统适用性测试或者质量控制检查，可以用于证实该仪器处于受控的验证状态。

周期性的校准和预防性维护活动也作为确保仪器性能持续符合要求的必要活动。这些活动应有预先的计划并执行和记录。

4.1.4　实验室工作软件验证概略

实验室工作软件的验证范围和程度应通过风险评估来确定。通过对软件和 GxP 的影响程度的判断，确定需要验证的关键系统，从而确定出针对法规适用性所进行的相关的确认验证活动。

USP 通则＜1058＞"分析仪器确认"将实验室应用的软件分为 3 类，分别如下：

（1）固件系统；

（2）仪器控制、数据获取和处理的软件；

（3）独立软件。

4.1.4.1　固件系统

固件系统内置于系统的集成芯片中，仪器的操作通过集成芯片完成。用户通常不能改变固件的设计和功能，只能进行简单的参数选择或设置，如果固件出现问题，仪器也不能正常操作。所以，固件和仪器硬件是一体的，而不是独立于仪器的软件。毫无疑问，当仪器进行确认时，其集成固件的功能已经被确认，所以不需要进行单独的固件确认。如果可能，应在 IQ 过程记录固件的版本号。当仪器固件的版本升级或改变时，应通过仪器的变更系统进行控制。

4.1.4.2　仪器控制、数据获取和处理的软件

这类软件通常安装在与仪器连接的专用电脑上，比如 HPLC 的工作站、UV 的操作系统软件等。仪器的操作、数据的获取和处理都通过软件操作完成，只有很少的操作需要通过仪器硬件。软件和仪器的功能是紧密配合，难以分开的，对产生可靠的分析数据都是至关重要的。USP 认为，对于系统整体的确认要比单独进行软件确认更有效。用户在系统测试时，如果仪器操作和数据处理都是满足要求的，则证明软件的功能也是适合的。但当有专门的要求，或软件重新安装或升级时，应进行软件的安装确认和运行确认。

在仪器初始确认时，仪器的供应商应提供软件设计和经过确认的证明。安装软件的电脑和操作系统应满足软件的配置要求，应按照供应商的要求进行软件安装，安装后确认安装是否完全。

无论是软件还是固件，根据仪器的功能和使用的需要、权限控制，数据的保存、备份、存档或审计追踪，应该按照批准的方案在运行确认中进行确认。

4.1.4.3　独立软件

独立的软件系统，例如 LIMS 的验证应遵循 GAMP5、FDA CFR Part 11 及欧盟 GMP 附录 11 的要求。在本书第 3 章针对此类计算机化系统验证已进行了详细的阐述指导，此部分验证请参考相关章节进行学习。

4.1.5 分析仪器确认实例

下面表 4-1-2 以 HPLC 为例进行分析仪器确认举例，仅供参考。

表 4-1-2 HPLC 分析仪器确认

确认项目	确认内容	接受标准	确认程序
安装确认（IQ）	安装环境和条件	安装环境和条件应符合仪器要求	检查安装的台面，房间温湿度和电源电压
	所需文件确认	所有必需文件是经过批准且现行的	检查所需文件的批准状态和日期
	所需计量器具确认	所有计量器具都经过校准且满足要求	检查计量器具的校准证书
	所需检验仪器确认	所有检验仪器必须经过校准且在效期内	检查检验仪器的校准证书
	工作站版本确认	工作站版本应与说明书一致	核对工作站版本
运行确认（OQ）	计算机系统日期和时间检查确认	非"工程师"权限不能对计算机系统日期和时间进行更改	检查计算机系统的日期和时间是否能够修改
	工作站密码管理确认	错误的用户名和密码不能登录，正确的用户名和密码能够登录	设置正确的用户名和密码
	工作站用户权限设置确认	由高到低的权限为工程师，管理员，操作员	根据不同人员设置权限范围，检查确认
	用户访问权限确认	操作员不能修改方法，管理员及以下权限不能删除数据	操作员进行分析方法修改和数据删除，确认能否通过
	流速准确性确认	流速偏差≤±5%	设定使用范围的流速进行测定
	进样体积精密度确认	RSD≤1.0%	取对羟基苯甲酸丙酯对照溶液，连续进样 6 针，按峰面积进行计算 RSD
	柱温箱温度准确度确认	实际温度不应超过设置温度的±2℃	设定使用范围的温度，进行温度测定
	检测器线性确认	$r^2 \geqslant 0.999$	取咖啡因/甲醇的线性溶液进行测定，以浓度和峰面积计算相关系数
	波长准确度确认	测得实际值应为理论值的±2nm	设定检测波长从 248nm 到 254nm 每次增加 1nm，记录样品溶液的最大吸收值，最大理论值为 251nm
性能确认（PQ）	系统适用性确认	RSD≤1.0%	取测定样品的对照溶液，连续进样 6 针，按峰面积进行计算 RSD
	样品检测结果确认	测定结果符合标准	取样品按方法进行 3 次测定，测定结果符合要求

4.2 分析方法验证

药品检验是药品质量控制的关键环节，贯穿于药品整个生命周期，每个药品都必须包括必要的分析方法以确保药品的质量。必须要有资料证明所用的分析方法符合一定的准确度和可靠性要求【21CFR 211.194（a）（2）】。

方法验证是证明目标分析方法符合预期要求的证明文件，它并非一次性事件，应遵循生命周期方式，方法验证始于实验室方法开发，终于方法退役，应确保方法在生命周期中符合规定的标准。

4.2.1 GMP 对分析方法验证和确认的要求

分析方法是为完成检验项目而设定和建立的测试方法，它详细描述了完成分析检验的每一步骤，一般包括分析方法原理、仪器及仪器参数、试剂、供试品溶液与对照品溶液等的制备、测定、计算公式及限度要求等。

方法验证是一个正式的、存档的证明文件，证实一个测试程序用于某个预期用途的能力。方法验证应参照书面的、经过批准的方案或计划执行，该方案或计划应明确验证的可接受标准。

国内外 GMP 对分析方法验证的要求见表 4-2-1。

表 4-2-1 GMP 中对方法验证的要求

法规来源	法规描述
中国 GMP（2010 年修订）	第十二条 质量控制的基本要求： （四）检验方法应当经过验证或确认 第二百二十三条 物料和不同生产阶段产品的检验应当至少符合以下要求： （二）符合下列情形之一的，应当对检验方法进行验证： 1. 采用新的检验方法； 2. 检验方法需变更的； 3. 采用《中华人民共和国药典》及其他法定标准未收载的检验方法； 4. 法规规定的其他需要验证的检验方法。 （三）对不需要进行验证的检验方法，企业应当对检验方法进行确认，以确保检验数据准确、可靠。
EU GMP	6.15 分析方法应当经过验证。上市许可文件中描述的检验操作应当按照批准的方法来实施。
EU GMP 附录 15 确认与验证	9.1 应对所有在确认、验证或清洁实践中所使用的分析方法进行验证，并规定适当的检测限与定量限。 9.2 当实施对产品微生物检测时，其方法应经过验证，以确保产品不影响微生物回收率。
21 CFR 211	CFR 211.165(e)：应建立所使用分析方法的准确性、选择性、专属性和重现性并记录，该方法验证及验证文件应达到 211.194(a)(2) 的要求。

关于分析方法验证或确认的主要指南如下：
① ICH Q2（R1）分析方法验证；
② 美国药典 1225 药典程序的验证；

③ 美国药典 1226 药典程序的确认；

④ 美国药典 1244 分析程序转移；

⑤ FDA 工业指南 药品和生物制品分析规程及方法验证。

USP＜1225＞以及 FDA 工业指南中，关于药品和生物制品分析规程及方法验证对分析方法的生命周期管理进行了描述。USP-PF 公布的通则 1220 分析方法生命周期的草案中对于分析方法的生命周期的定义分为以下 3 个阶段。

（1）第一个阶段　方法设计阶段

基于 QTPP 和产品 CQA 以及过程控制要求的基础上确定分析目标概况（ATP）和方法关键性能特性，并进行方法开发和理解方面的活动。首先，选择能满足 ATP 要求的适宜分析技术和方法条件进行方法开发。一般包括分析方法原理，仪器及其参数，试剂、供试品溶液和对照品溶液等的制备，测试过程，计算公式及范围限度要求等。然后，基于先前知识和风险评估，进行合适的实验研究（必要时采用 DOE），以理解需控制的材料属性和方法参数及其与方法性能之间的关系，确保方法的耐用性和稳健性。最后，开发和定义一系列预期能满足 ATP 的方法条件和控制措施，以建立方法控制策略。第一阶段的内容不在本章节讨论范围。

（2）第二个阶段　方法性能确认

方法性能确认就是采集并评价来自于方法验证阶段的数据和知识，建立证据表明该方法可提供高质量的分析数据。只有经过确认的方法才能用于物料和产品的检验，也才能可靠地用于产品的内在质量控制和过程分析。

（3）第三个阶段　持续方法确认

持续方法确认的目的是持续确保建立的分析方法在日常使用中能保持在受控状态。具体包括周期性检测和回顾，变更控制及再验证等的实施。

图 4-2-1 为分析方法的生命周期示意图。

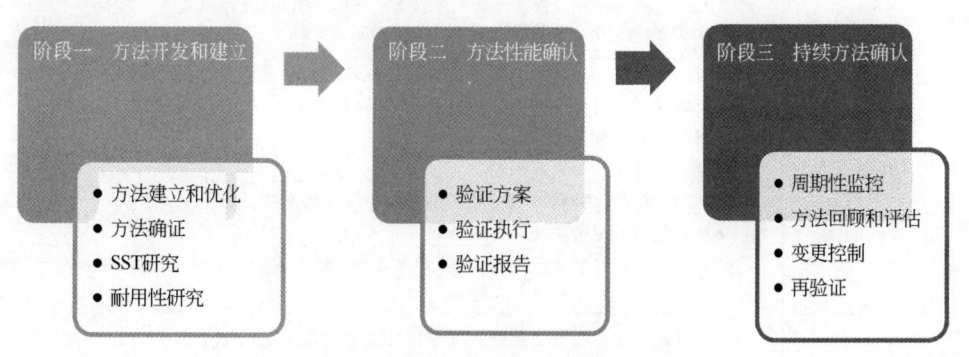

图 4-2-1　分析方法的生命周期示意图

分析方法生命周期管理的应用能够保证测试方法在使用周期内持续符合法规和技术要求，对贯穿于药品生命周期的测试活动实现质量保证，同时提升药品生产商对质量控制数据的信心。

4.2.2　分析方法验证流程和文件

方法使用者应制定方法验证、确认和转移的管理程序，明确方法验证的职责和技术要求，并对方法验证方案的起草、审核、批准、实施、报告以及验证文件的管理有明确具体的规定。

应在分析方法正式用于 GMP 放行前完成相应的方法验证；正式的分析方法验证应使用经过确认的仪器设备。

GMP 要求的方法确认与验证活动应当事先计划，确认与验证的范围和程度都应在实验室验证计划或同类文件中详细说明。验证计划将规定验证活动的时间、人员的安排，以及进行相关验证活动的必要性；明确验证团队成员的任务和职责。方法验证活动应由经过培训具备验证能力的人员按照已经批准的验证规程和方案来执行。重要的验证文件包括方法验证计划、方法验证方案、方法验证原始记录和报告。

方法确认或验证的范围和程度经过风险评估来确定。依据方法对产品质量评价的影响，对有 GMP 正式验证需求的方法将根据方法来源和方法使用范围风险确定验证程度。对于无 GMP 正式验证需求的方法，应采用足够的实验室控制策略和工具以保证方法始终提供准确、可信赖的数据。PDA TR 57 中对于分析方法的风险评价准则见表 4-2-2，可供方法风险评估参考。

表 4-2-2　分析方法风险级别评价准则

风险等级	描述	产品/工艺	风险系数值（RPN）	验证策略
A	新建方法	新	4～5	全验证
B	新建方法	旧（经验证）	3～4[①]	全验证＋AMC（方法可比性研究）
C	分析平台技术（APT）方法-小的变化[②]	新	2～3	部分验证
D	经过验证的旧方法	新	1～2	部分验证或确认
E	药典方法/其他等同药典的官方来源方法	新	1～2	确认

①如果需要新方法（强制替代），风险水平通常较高，因为没有其他信息提供。非强制的替代方法风险水平低，因有时间进行方法性能优化。

② 分析平台技术（Analytical Platform Technology，APT）　方法性能有历史数据支持，用于多个产品和/或样品类型，类似于药典方法，用于新产品或新的样品类型时通常不需要进行全验证。APT 方法的变更，如样品制备步骤不同或使用不同检测系统可能不需要全验证，因验证过的系统仅部分变化，而大部分未变。

4.2.3　方法生命周期内的验证活动

4.2.3.1　理化分析方法验证和确认

（1）适用范围

本节内容适用于化学药品、中药和生物制品（包括物料和产品）的理化分析方法。

（2）哪些分析方法需要验证和确认？

原则上各类方法均需进行验证，依照方法来源和适用范围的不同，验证的要求有所不同。标准方法（如药典方法等）通常认为在被确定为标准方法前已经过验证，使用者在首次采用此类方法前只需进行确认来证明实际使用条件下方法的适用性。对于非法定方法，如药典方法的替代方法或者来自参考文献的方法，以及使用者自己建立的方法，通常需要进行全面验证。

需要进行验证或确认的分析方法包括：鉴别，杂质定量以及限度测试，物料和产品有效成分含量测定，制剂中其他成分（如防腐剂等，中药中其他残留物、添加剂等）的定量测试，溶出度，释放度的溶出量测试。此外一些物理参数的测试（例如粒径分布、旋光度等）方法也需要进行适当程度的验证。

（3）方法验证性能参数的选择

方法验证参数的选择应基于方法类型和实际应用环境，并非总要对所有的分析性能参数进行验证。表 4-2-3 和表 4-2-4 列出中国药典（2015 版）和 ICH 对不同类型分析方法要求的验证参数。表中列出的验证参数是用于方法验证的最低要求，在实际应用中，基于法规要求、产品属性和方法特征及应用的风险，不限制对参数的适当的加严或放宽。

表 4-2-3 中国药典（2015 版）规定的方法类型和验证参数

| 验证参数 | 鉴别 | 杂质测定 | | 含量测定及溶出量测定 | 校正因子 |
		限度测试	定量测试		
准确度	N	N	Y	Y	Y
精密度(重复性)	N	N	Y	Y	Y
精密度(中间精密度)	N	N	Y[①]	Y[①]	Y
专属性[②]	Y	Y	Y	Y	Y
检测限	N	Y	N[③]	N	N
定量限	N	N	Y	N	N
线性	N	N	Y	Y	Y
范围	N	N	Y	Y	Y
耐用性	Y	Y	Y	Y	Y

① 在重现性已验证的情况下,中间精密度无需验证;

② 在分析方法缺乏专属性的情况下,可用第二种分析方法予以补充;

③ 某些情况下需要验证。

注:N 表示此参数无需验证;

Y 表示此参数需加以验证。

表 4-2-4 ICH 关于不同类型方法的验证要求

| 参数 | 类别 I | 类别 II | 类别 III | 类别 IV |
	鉴别	杂质定量	杂质限度	含量/效价/溶出度
准确度	N	Y	N	Y
精密度(重复性)	N	Y	N	Y
精密度(中间精密度)	N	Y[①]	N	Y[①]
专属性[②]	Y	Y	Y	Y
检测限	N	N[③]	Y	N
定量限	N	Y	N	N
线性	N	Y	N	Y
范围	N	Y	N	Y

① 在重现性已验证的情况下,中间精密度无需验证;

② 在分析方法缺乏专属性的情况下,可用第二种分析方法予以补充;

③ 某些情况下需要验证。

注:N 表示此参数无需验证;

Y 表示此参数需加以验证。

（4）方法确认性能参数的选择

分析方法确认是指药典标准方法或已经验证过的方法在实际使用条件下的适用性的确认

试验。对于实验室基本的、已成为日常操作的法定测试方法不需要进行确认，除非有现象表明法定测试方法不适用于被测的物质。

不同的监管机构对于方法确认的技术要求略有差别，使用者应针对不同监管机构的技术要求，通过对分析方法类别、产品属性以及方法使用过程中可能出现的风险的定义和识别来选择方法确认活动的具体验证参数，不限制对参数的适当的加严或放宽。

表 4-2-5～表 4-2-7 列出 AOAC（美国官方化学家协会）/USP/原 CFDA❶ 对方法确认的相关建议。

表 4-2-5 AOAC 基于 ISO/IEC 17025 建议的标准方法确认活动

方法类型	推荐的试验
鉴别	专属性
低浓度下的定量分析	准确度 精密度 专属性 定量限/检测限
限度检查	专属性 检测限
高浓度成分的定量分析	准确度 精密度 专属性

表 4-2-6 USP 建议的方法确认活动

举例	推荐的试验
对原料和成品药中主要活性成分定量检查	精密度 专属性 线性
成品药中杂质或降解产物定量检查	精密度 专属性 定量限
限度检查	专属性 检测限
鉴别试验	专属性

表 4-2-7 原 CFDA 建议的分析方法确认活动

分析方法		准确度	精密度	专属性	LOD	LOQ	线性	范围	耐用性
原料	鉴别（HPLC）	N	N	可能	N	N	N	N	N
	有关物质（HPLC）	N	可能	Y	Y	Y	N	N	N
	含量（HPLC）滴定法	N	可能	可能	N	N	N	N	N
制剂	鉴别（HPLC）	N	N	Y	N	N	N	N	N
	溶出度	可能	Y	Y	N	可能	N	N	N
	有关物质（HPLC）	可能	Y	Y	N	Y	N	N	N
	含量	可能	Y	Y	N	N	N	N	N

注：N 表示此参数无需验证；
Y 表示此参数需加以验证。

（5）性能参数的验证

方法验证试验中各个参数的测试顺序没有官方的指南，最佳顺序取决于方法本身。建议耗时最长或者需要替换试验条件的参数测试一般放在最后执行，如方法耐用性。适用时某些

---

❶ 原 CFDA，2018 年机构改革后为 NMPA。

参数可以合并在一起试验，如精密度和准确度测试。

① 专属性 专属性定义为"当预料到一些组分可能存在时，准确无误地检测被分析物的能力。通常这些可能存在的组分有杂质、降解产物、基质等"。其他著名组织如 IUPAC 和 AOAC 等使用"选择性"表示相同的含义。

专属性的研究一般优先于其他验证项目，为方法首要的属性，鉴别反应、杂质检查、含量测定方法应考察其专属性。一种方法不够专属，可由其他分析方法予以补充。

a. 鉴别 鉴别试验应证明被分析物符合其特征，专属性试验要求证明能与可能共存的物质或结构相似化合物区分，通常通过含被分析物的样品呈正反应，而不含被分析物的样品呈负反应，结构相似或组分中的有关化合物也应呈负反应的途径来证明。

b. 杂质检查 在可获得杂质情况下，可向供试品中加入一定量的杂质，证明杂质与共存物质能得到分离和检出。在不能获得杂质或降解产物情况下，专属性可通过与另一种已证明合理但分离或检测原理不同，或具较强分辨能力的方法进行结果比较来确定。或将供试品用强光照射、高温、高湿、酸（碱）水解及氧化的方法进行破坏，比较破坏前后检出的杂质个数和量。必要时可采用二极管阵列检测和质谱检测。

c. 含量测定 在可获得杂质情况下，对于主成分含量测定可在供试品中加入杂质或辅料，考察测定结果是否受干扰，并与未加杂质和辅料的试样比较测定结果。

在不能获得杂质情况下，可采用另一个经验证方法或药典收载的方法进行比较，对比两种方法测定的结果。也可采用破坏性试验［强光照射、高温、高湿、酸（碱）水解及氧化］，得到含有杂质或降解产物的试样，用两种方法进行含量测定比较测定结果。必要时进行色谱峰纯度检查，证明含量测定成分的色谱峰中不包含其他成分。

② 精密度 精密度系指在规定的条件下，同一份均匀供试品，经多次取样测定所得结果之间的接近程度。精密度一般用偏差、标准偏差或相对标准偏差表示。

精密度可以在以下三个层面考虑：重复性、中间精密度和重现性。在相同条件下，由同一个分析人员测定所得结果的精密度称为重复性；在同一个实验室，不同时间由不同分析人员用不同设备测定所得结果之间的精密度，称为中间精密度；在不同实验室由不同分析人员测定所得结果之间的精密度，称为重现性。

a. 重复性 在进行重复性验证时，要求待测组分浓度在 100％时重复测量至少 6 次或覆盖整个规定浓度范围并重复测量至少 9 次。例如，可以在三个不同浓度分别进样三次。

b. 中间精密度 中间精密度通过比较同一实验室数日内各次检测的结果计算而得。方法的中间精密度可以反映以下因素引起的结果差异：不同的操作人员；不一致的操作时间；不同的仪器；不同供应商的标准品和试剂；不同批次的色谱柱；综合因素。

中间精密度验证的目的是证实方法在同一个实验室内运行能够得到相同的结果。

c. 重现性 重现性的目的是证实分析方法在不同实验室运行能够得到相同的结果。分析方法的重现性是通过不同实验室的不同分析人员对均匀样品分析的结果计算而得的。重现性的验证对于在不同实验室使用的方法来说非常重要。

d. 精密度数据要求 精密度验证均应报告偏差、标准偏差、相对标准偏差或置信区间。精密度可接受范围参考下表 4-2-8。在基质复杂、含量低于 0.01％及多成分等分析中，精密度接受范围可适当放宽。

表 4-2-8　样品中待测定成分含量和精密度限度（中国药典）

待测定成分含量	重复性 RSD/%	重现性 RSD/%
100%	1	2
10%	1.5	3
1%	2	4
0.1%	3	6
0.01%	4	8
10μg/g(ppm)	6	11
1μg/g	8	16
10μg/kg(ppb)	15	32

③ 准确度　准确度定义为测定值与真实值或认可的参考值之间接近的程度。准确度也可以定义为方法的测定值与真实值接近的程度。

准确度为定量测定的必要条件，因此涉及定量测定的检测项目均需要验证准确度，如含量测定、杂质定量试验等。准确度试验浓度应能覆盖整个考虑范围，并且应包含接近定量限的浓度点，浓度范围的中间值，还有校正曲线的最高点。

a. 含量测定　原料药可用已知纯度的对照品或符合要求的原料药进行测定，或用本法所得结果与已建立准确度的另一方法测定的结果进行比较。

制剂可用含已知量被测物的各组分混合物进行测定。如不能得到制剂的全部组分，可向制剂中加入已知量的被测物进行测定，必要时，与另一个已建立准确度的方法比较结果。

准确度也可由所测定的精密度、线性和专属性推算出来。

b. 杂质定量试验　杂质的定量试验可向原料药或制剂中加入已知量杂质进行测定。如果不能得到杂质，可用本法测定结果与另一成熟的方法进行比较，如《中国药典》方法或经过验证的方法。

如不能测得杂质的相对响应因子，可在线测定杂质的相关数据，如采用二极管阵列检测器测定紫外光谱，当杂质的光谱与主成分的光谱相似，则可采用原料药的响应因子近似计算杂质含量（自身对照法）。并应明确单个杂质和杂质总量相当于主成分的质量比（%）或是面积比（%）。

c. 中药化学成分测定方法的准确度　可用对照品进行加样回收率测定，即向已知被测成分含量的供试品中再精密加入一定量的被测成分对照品，依法测定。用实测值与供试品中含有量之差，除以加入对照品量计算回收率。在加样回收试验中需注意对照品的加入量与供试品中被测成分含有量之和必须在标准曲线线性范围之内。

d. 校正因子的准确度　本文中的校正因子是指气相色谱法和高效液相色谱法中的相对重量校正因子。绝对（或定量）校正因子是指单位面积的色谱峰代表的待测物质的量，待测定物质与所选定的参照物质的绝对校正因子之比，即为相对校正因子。

相对校正因子可采用替代物（对照品）和被替代物（待测物）标准曲线斜率比值进行比较获得；采用紫外吸收检测器时，可将替代物（对照品）和被替代物（待测物）在规定波长和溶剂条件下的吸收系数比值进行比较，计算获得。

e. 准确度数据要求　在规定范围内，取同一浓度（相当于 100% 浓度水平）的供试品，至少测定 6 份样品的结果进行评价；或设计 3 种不同浓度，每种浓度分别制备 3 份供试品溶液，用 9 份样品的测定结果进行评价。化学药应报告已知加入量的回收率（％），或测定结果平均值与真实值之差及其相对标准偏差或置信区间（置信度一般为 95％）；中药应报告供试品取样量、供试品中含有量、对照品加入量、测定结果和回收率（％）计算值，以及回收率（％）的相对标准偏差（RSD）或置信区间。校正因子应报告测定方法、测定结果和 RSD。样品中待测定成分含量和回收率限度关系可参考下表 4-2-9。基质复杂、组分含量低于 0.01％及多成分等分析中，回收率限度可适当放宽。

表 4-2-9　样品中待测定成分含量和回收率限度（中国药典）

待测定成分含量	回收率限度/％	待测定成分含量	回收率限度/％
100％	98～101	0.01％	85～110
10％	95～102	10μg/g（ppm）	80～115
1％	92～105	1μg/g	75～120
0.1％	90～108	10μg/kg（ppb）	70～120

图 4-2-2 为准确度和精密度的区别和关系。

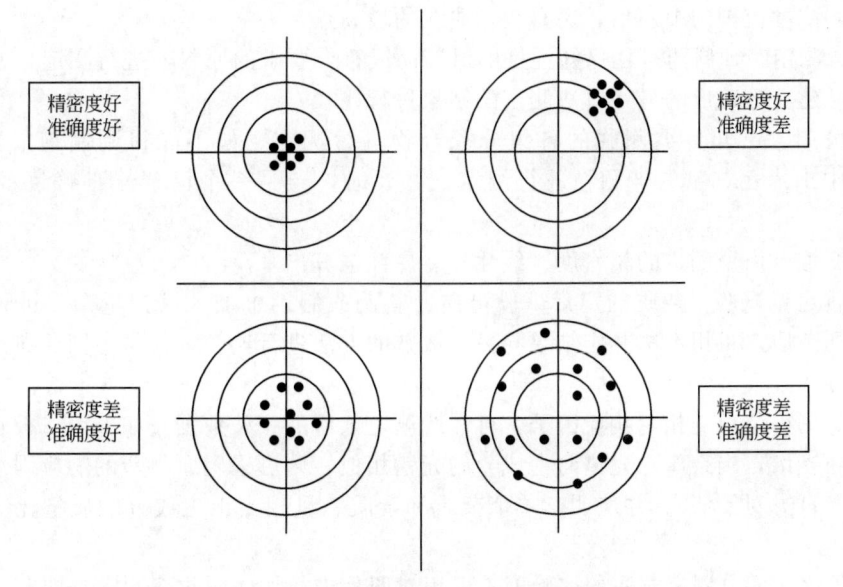

图 4-2-2　准确度和精密度的区别和关系

④ 线性　线性系指在设计的范围内，测定响应值与试样中被测物浓度呈比例关系的程度。

线性可以直接用待测物质测定（通过稀释标准贮备液）或分别称取待测品种的各组分后合成混合物。配制 5 个以上不同浓度的标准溶液（浓度范围至少在期望浓度的 80％～120％之间），用试验结果计算线性。响应值应与被分析物的浓度成直接的比例关系，或通过定义明确的数学计算形成比例关系。用于结果计算的线性回归方程其截距不得明显偏离零点。如果得到一个显著的非零截距，应证明其对方法准确度无影响。

应报告线性曲线的相关系数、y 轴截距、回归线斜率和残差平方和。报告中还应包括数据图。

⑤ 范围　范围系指分析方法能达到一定精密度、准确度和线性要求时的高低限浓度或量的区间。分析方法的范围一般用与检测结果相同的单位表述（例如，百分比）。对于含量测定，要求的最小范围是检测浓度的80%～120%。杂质的范围扩展为定量限到每种杂质规定限度的120%，或杂质规定限度的50%～120%。

图4-2-3为线性和范围示例图。

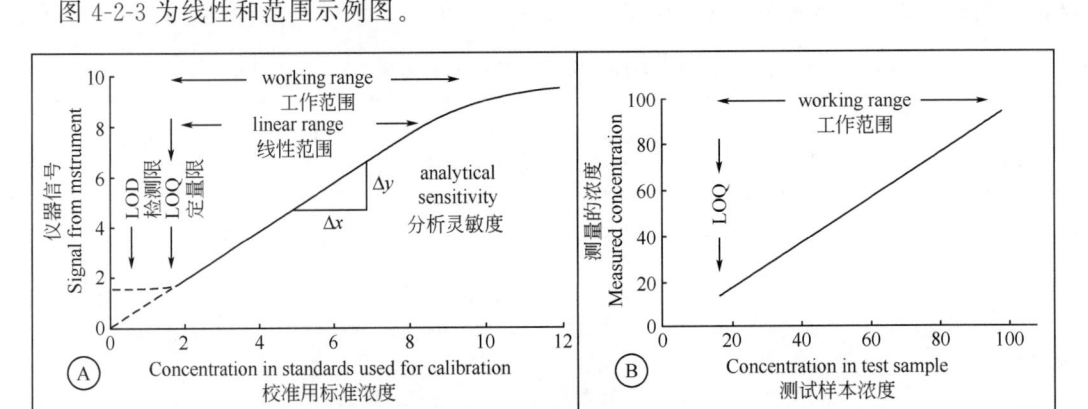

注：A.响应值对应被分析物的浓度的线性范围；
　　B.测得浓度对应被分析物理论浓度的线性范围。

图4-2-3　线性和范围示例图

⑥ 检测限和定量限　检测限（LOD）定义为样品中被分析物能够检出但无需准确定量的最低量。

检测限常常与方法的灵敏度相混淆，灵敏度是以响应值对被分析物的浓度或质量作图所得校正曲线的斜率。

定量限（LOQ）定义为能够以适当的精密度和准确度对样品中的被分析物进行定量测定的最低量。定量限和检测限测定方式列举如下。

a.视觉判断　通过测定待测成分浓度已知的样品，并确定该成分能被可靠检出的最低水平来计算检测限。

b.信噪比法　通过比较测得的已知低浓度的样品信号和空白样品的信号，建立能够监测的被测物的最低浓度所得到的方法。见图4-2-4。

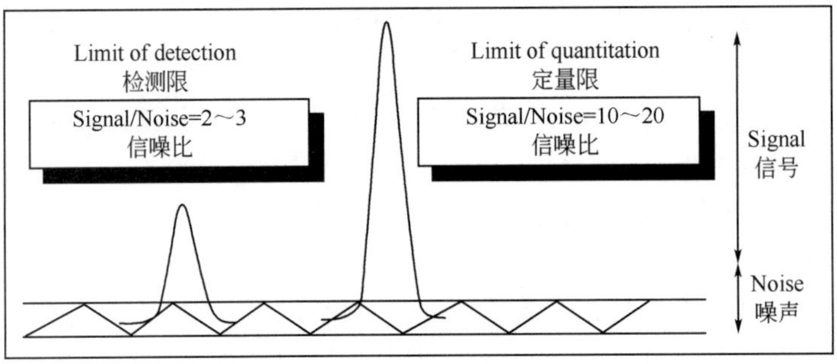

图4-2-4　通过信噪比评价检测限和定量限

c.基于空白的响应值标准偏差　通过分析适当数量的空白样品并计算所得响应值的标准偏差来测量分析背景响应值的大小。

检测限数据须用含量相近的样品进行验证。应附测定图谱，说明试验过程和检测限结果；定量限数据还应包括准确度和精密度验证数据。

⑦ 耐用性　耐用性系指在测定条件有小的变动时，测定结果不受影响的承受程度，为所建立的方法用于日常检验提供依据。

确定方法的耐用性时，使一系列的方法参数在一定的范围内变动，测定这些变动对结果的量化影响。常见的耐用性考察因素示例见表 4-2-10。如果参数的影响在预先设定的允许范围内，则证实方法在该参数范围内耐用。

表 4-2-10　常见耐用性考察因素

样品制备影响因素	①样品提取溶剂的组成、体积等； ②样品的提取次数、时间、温度等； ③关键试剂的批次的影响
液相色谱法（HPLC）典型影响耐用性的变动因素	①流动相的组成； ②流动相的 pH； ③不同品牌或不同批号的同类型色谱柱； ④柱温； ⑤流速； ⑥其他
气相色谱法（GC）中的典型影响耐用性的变动因素	①不同品牌或不同批号的同类型色谱柱； ②固定相； ③不同类型的载体； ④柱温； ⑤进样口和检测器温度； ⑥顶空条件； ⑦其他

耐用性试验可以确定分析方法的关键参数及其允许的容量范围，并可以帮助评估一种或某种参数变化后方法是否需要重新验证。在方法开发阶段应考虑通过风险评估的方式确定耐用性试验因素设计，这也是"质量源于设计"（QbD）在方法开发中的体现。

⑧ 稳定性　稳定性试验对于计算从样品采集到样品分析之间的允许时间非常重要，避免在制备样品溶液、提取、净化、相转移或样品瓶的贮存（在冰箱或在自动进样器里）过程中化学化合物在分析前发生降解。

用于稳定性试验的条件应反映实际样品在处理、贮存和分析时遇到的各种情况。通过比较放置周期内的溶液与新鲜制备溶液的仪器响应值来检测稳定性，通过样品溶液的重复测试，计算测得值的 RSD 来确定溶液稳定性。

（6）分析方法日常质量控制计划的制定

分析方法验证的目的不仅是在开始使用方法时保证分析数据的有效性，还要在方法的整个使用周期内都确保其有效性。为了证实方法和系统的性能在样品分析时与最初规定的相同，应在常规的样品分析中纳入适当的检查手段。

常用的持续试验是系统适用性试验和质控样品分析。色谱方法的系统适用性试验在药典中有规定，通常包括两个色谱峰之间的分离度、峰面积重复性、拖尾因子以及理论塔板数。系统适用性试验应作为任何分析过程的组成部分。

ISO 17025 等质量管理标准和认可准则要求对质控样品进行分析，根据测定结果判断分析方法和系统是否受控。

（7）验证实例

以下表 4-2-11 为某公司固体片剂分析方法验证的案例分析，仅供参考。

表 4-2-11　固体片剂分析方法验证示例

产品背景	片剂;规格:25mg/片;室温储存	
检验项目	验证内容	可接受标准
鉴别试验（HPLC）	专属性	色谱峰/斑点分离;辅料无干扰
	精密度	主成分保留时间 RSD≤2.0%（$n=6$）
含量均匀度（HPLC）	准确度	回收率:98.0%～102.0% RSD≤2.0%（$n=9$）
	精密度 　重复性 　中间精密度	RSD≤2.0%（$n=6$） RSD≤2.0%（$n=2\times2$）
	专属性	HPLC:色谱峰分离 空白片影响≤2.0%
	线性	R^2≥0.990; |截距|%≤5.0%（$n=9$）; 剩余标准差与标准（100%）之比≤2.0%（$n=9$）
	范围	方法所覆盖浓度区间至少为标示量的70%～130%
	稳定性 　供试品溶液 　标准品溶液	48h 内与初始值的差≤2.0% 48h 内与初始值的差≤2.0%
	耐用性 　过滤器影响 　色谱参数	过滤无干扰 色谱条件微调下方法符合 SST 要求
含量（HPLC）	精密度 　重复性 　中间精密度	RSD≤2.0%（$n=6$） RSD≤2.0%（$n=2\times2$）
	专属性	HPLC:色谱峰分离;空白辅料影响≤2.0%
	线性	R^2≥0.998; |截距|%≤2.0%（$n=9$）; 剩余标准差与标准（100%）之比≤2.0%（$n=9$）
	范围	方法所覆盖浓度区间至少为标示量的80%～120%
	准确度	回收率:98%～102%（$n=9$,3 个浓度,每个测定 3 次） RSD≤2.0%
	稳定性 　供试品溶液 　标准品溶液	48h 内与初始值的差≤2.0% 48h 内与初始值的差≤2.0%
	耐用性	方法在色谱条件微调下符合系统适用性要求

产品背景	片剂;规格:25mg/片;室温储存	
检验项目	验证内容	可接受标准
有关物质定量(HPLC)	精密度 　重复性 　中间精密度	RSD≤10.0%(n=6) RSD≤15.0%(n=2×2)
	专属性	HPLC:色谱峰分离;辅料无干扰
	线性	R^2≥0.990; │截距│%≤25.0%(n=9); 剩余标准差与标准(100%)之比≤10.0%(n=9)
	范围	方法所覆盖浓度区间为 LOQ～限度的120%
	准确度	回收率:80%～120%(n=9,3个浓度,每个测定3次) RSD≤10.0%
	检测限	信噪比≥3　RSD≤20%
	定量限	信噪比≥10　RSD≤10%
	稳定性 　供试品溶液 　标准品溶液	48h内与初始值的差≤20% 48h内与初始值的差≤10%

4.2.3.2　生物学检测方法验证和确认

生物制品质量控制中采用的方法包括理化分析方法和生物学测定方法,其中理化分析方法的验证原则与化学药品基本相同,具体验证时还需结合生物制品的特点考虑。生物学测定系指采用生物学方法,以反映被测物的生物学特性为目的的测定方法。因依赖于生物基质,通常比化学实验变异性更大。

（1）生物学测定常用方法

生物学测定方法可广泛用于各种检测目的,包括鉴别、生物活性和杂质检测等,其中最主要的是生物活性（或效价、效力）测定,生物制品质量控制中经常采用的方法如下。

① 以整体动物为试验材料检测制品生物活性（或效力）的动物试验,一般用于成品检定。如动物保护力试验,用于疫苗的效力测定。动物实验成本高、周期长并且变异大。

② 在细胞水平上测定产品的生物活性的细胞测定试验。常用于各种生物制品的活性（效力）测定。这类方法的变异较大。

③ 利用酶反应速率或免疫相互作用诱导的生物反应等方法测定生物活性的生化检测方法。这类方法的变异相对较小,结果比较准确。

（2）生物学检测方法验证的范围

一般情况下,需验证的分析项目有:鉴别试验、纯度和杂质检查、原液或制剂中有效成分的含量测定及生物活性测定。其他质控方法,如必要时也应加以验证。

（3）生物学检测方法验证文件的建立

生物学测定方法验证方案中应包括验证用样品的类型和数量、试验设计（包括组内组间因素）、验证参数和参数的可接受标准以及数据分析规范等内容。

验证用样品从日常检测该项目的样品中随机选择,并确保能代表整体物料的特性。样品制备应在验证序列中单独进行。

生物测定方法中的某些操作因素（温度、酸度、培养时间等）可能导致测量的组间变异，这些因素通常在研发阶段通过实验设计（动物数量、稀释数量、每个稀释度的平行测定、稀释间距等）的可接受标准和数据统计分析来进行评估。试验设计应考虑测量流程的所有变异源因素，包括取样、样品制备、组内和组间因素，使用交叉或嵌套的实验设计来揭示变异的重要来源，保证长期条件下变异具有代表性。

关于验证可接受标准的设定，如果目前存在质量规范的产品，可接受标准应基于测量值可能落在产品规范范围外的风险进行判断和设定。可使用过程能力指数来获悉偏差和中间精密度的边界。

生物学测定方法验证结果应记录在验证报告中。验证报告应支持方法适用于预期使用目的的结论或指明纠正行动。报告应包括研究的原始数据和统计学运算。验证数据的深入分析包括图解和统计摘要，指出验证参数和他们与目标可接受标准的一致性。

（4）生物学检测方法的验证

生物学性质测定方法验证的主要指南包括：

FDA 工业指南 药品和生物制品分析规程及方法验证；

原 CFDA CDE 生物制品质量控制分析方法验证技术审评一般原则。

表 4-2-12 列出了原 CFDA CDE 关于不同类型方法的验证要求。

表 4-2-12　原 CFDA CDE 关于不同类型方法的验证要求

参数	鉴别试验	杂质检查		生物活性（效价）测定	含量测定
		杂质定量	杂质限度		
准确度	N	Y	N	Y	Y
精密度	N	Y	N	Y	Y
耐用性	Y	Y	Y	Y	Y
线性	N	Y	N	Y	Y
范围	N	Y	N	Y	Y
专属性	Y	Y	Y	Y	Y
检测限度	N	N	Y	N	N
定量限度	N	Y	N	N	N

注：N 表示此参数无需验证；

Y 表示此参数需加以验证。

① 专属性　生物学测定方法的专属性与测定方法及产品组成密切相关，所以应从测试原理、测试用材料和供试品组成等方面分析方法的专属性。

如采用免疫印迹试验进行生物制品的鉴别，应首先对所使用抗体的特异性进行分析；若供试品中还存在其他组分，则应进一步验证被检测物中其他物质能否引起非特异性免疫反应。

如采用细胞测定方法检测生物活性，应首先说明被测物质与特定的细胞应答之间的相关性。为表明细胞测定方法的特异性，可进行相关试验进行验证，如加入抗体或特异抑制剂的封闭实验等。如果成品中加入了可能影响活性测定的辅料，应进行相关验证以排除此种影响。

如采用 ELISA 法检测重组产品的残余宿主蛋白含量，可采用与表达体系相同的宿主细胞的蛋白作为免疫原制备抗体，若采用与产品相似工艺进行处理后再免疫动物，则所获得抗体的特异性更好。另外，产品中存在的大量目的蛋白可能影响残余宿主蛋白的测定，应进行相关验证以排除此种影响。

② 准确度　生物制品的生物学活性为相对活性，一般与同时进行测定的标准品/参考品进行比较而得，所以应对单位有一个适当的定义或以适用的标准品/参考品作为对照经计算而得。为得到准确的测定结果，应注意以下几点。

a. 必须同时测定供试品和标准品/参考品的剂量反应曲线，而且两条曲线必须具有平行性。

b. 应尽可能使供试品随机分布及保证测试系统的平衡性。需对引起系统偏差的某些因素进行分析排除，如不同的试验平板、平板的不同位置（如边缘效应）、检测次序、动物实验中的笼子效应等。

以相对效价测定方法为例，准确度验证的范围应包括方法日常使用的范围；可信赖的准确度评估需要测定范围内至少3个效价水平，推荐5个效价水平的评估；最常用的方式是通过稀释标准物质或已知效价的样品获取目标标效，这种类型的方法经常被称为稀释线性试验。

③ 精密度　由于各种生物活性测定方法的变异均较大，所以精密度往往不太理想。

重复性的验证，建议在期望的浓度范围内至少选取三个浓度水平，每个浓度至少应测定5次，求得每个浓度水平的精密度。

一个实验室所有常规试验进行时总的变异决定了中间精密度的必要性，建议使用交叉或嵌套的实验结构以便揭示程序变异的重要来源，保证长期条件下变异具有代表性。建议在期望的浓度范围内至少选取三个浓度水平，每个浓度至少应测定3次，求得每个浓度水平的精密度。

对于不同测定方法，其精密度可有较大不同，一般情况下，酶法：小于20％；结合试验：小于20％；细胞试验：小于30％；动物试验：小于50％。对于一些尚不成熟的试验方法或某些特殊方法（如噬斑试验），其方法变异可能会更大些。

④ 线性　线性关系一般是指检测结果与样品含量的直线相关性，而且一般情况下线性关系是定量测定的基础，所以应尽可能摸索出存在较好线性关系的测定方法并进行线性验证。

线性可以直接对标准品、供试品进行测定。为了建立线性关系，建议至少要用5个浓度点，每一浓度测定3次，每次重复测定3份，用这些结果计算响应值与被分析物的浓度的比例关系，或通过定义明确的数学计算形成比例关系。

某些生物活性测定方法线性范围较小（如细胞测定中呈S曲线），采用曲线拟合的方法应更合理。

应提供相关系数、Y轴上的截距、回归线的斜率等数据，还可以分析实测值与回归线的偏差（离散性），以助于对线性作出评价。

⑤ 范围　具体的范围一般根据检测的目的而设定。验证时所设定的范围应至少包括了产品规范中的范围，如标准中规定成品生物活性应为标示量的80％～120％，则验证的范围可设定为标示量的70％～130％。

对于生物制品的生物活性测定而言，精密度、线性和范围是非常重要的验证参数。为减少验证工作的繁杂性，可将范围研究与精密度、线性研究合并进行。

⑥ 耐用性　由于生物学测定结果对分析条件往往比较敏感，所以方法的耐用性验证非常重要，根据具体情况，可针对关键的参数进行耐用性验证。

耐用性是通过有效地改变实验方法的参数，来测定此改变对试验结果的影响，即实验结果不受影响的承受程度。在每种试验条件下，对准确性、精密性或其他参数进行测定，以确定试验方法的耐受或承受能力。在研制阶段即应进行耐用性的评估，它应能表明在方法的参数有微小改变时该分析方法仍然是可靠的。

⑦ 检测限度和定量限度　对于已建立的杂质检测方法,应进行检测限和定量限验证。检测限和定量限可以通过直观法、信噪比法等测定。

（5）案例分析

表 4-2-13 为相对效价测定方法验证案例,仅供参考。

表 4-2-13　相对效价测定方法验证案例

验证项目	验证内容
专属性	基质成分、溶剂单独和混合状态下对效价测定无干扰
准确度	测试范围内制备 5 个浓度水平样品,每个浓度重复测定 3 次
线性范围	测试范围内配制 6～8 个浓度样品,每个浓度重复测定 3 次,每次重复测定 3 份
重复性	配制测试范围内高、中、低 3 个浓度样品,每个稀释度测定 10 次
中间精密度	考察不同测试日期,不同分析者和不同试剂批号间方法精密度,配制测试范围内高、中、低 3 个浓度样品,每个浓度测试 3 次

4.2.3.3　微生物检测方法的验证和确认

药品微生物检验方法主要分两种类型:定性试验和定量试验。定性试验就是测定样品中是否存在活的微生物,如无菌检查及控制菌检查。定量试验就是测定样品中存在的微生物数量,如微生物计数试验。

由于微生物试验本身的变异性,如微生物检验方法中的抽样误差、稀释误差、操作误差、培养误差和计数误差都会对检验结果造成影响,以及微生物在测试样品中的分布的不均一性,微生物方法的验证较理化方法的验证更为复杂。

药典微生物方法是经过验证的,只需要按照药典要求进行方法适用性测试。

随着微生物学的技术发展,制药领域引入了一些新的微生物检验技术,如脂肪酸测定技术、核酸扩增技术、基因指纹分析技术等。这些方法与传统检查方法比较,简便快速或具有实时或近实时监控的潜力。监管机构规定,使用非药典规定的检验方法（即替代方法）时应进行替代方法的验证,确认其应用效果优于或等同于药典的方法。

药品微生物检验替代方法的验证参数见表 4-2-14。

表 4-2-14　不同微生物检验类型验证参数

参数	定性试验	定量试验
准确度	N	Y
精密度	N	Y
专属性	Y	Y
检测限	Y	N
定量限	N	Y
线性	N	Y
范围	N	Y
耐用性	Y	Y
重现性	N	N

注:N 表示此参数无需验证;

Y 表示此参数需加以验证。

（1）微生物定性替代检验方法的验证

① 专属性　微生物定性检验的专属性是指检测样品中可能存在的特定微生物种类的能力。当替代方法以微生物生长作为判断微生物是否存在时，其专属性验证时应确认所用培养基的促生长试验，还应考虑样品的存在对检验结果的影响。当替代方法不是以微生物生长作为判断指标时，其专属性验证应确认检测系统中的外来成分不得干扰试验而影响结果，如确认样品的存在不会对检验结果造成影响。采用替代方法进行控制菌的检验，还应选择与控制菌具有类似特性的菌株作为验证对象。

② 检测限　微生物定性检验的检测限是指在替代方法设定的检验条件下，样品中能被检出的微生物的最低数量。由于微生物所具有的特殊性质，检测限是指在稀释或培养之前初始样品所含有的微生物数量，而不是指检验过程中某一环节的供试液中所含有的微生物数量。

检测限确定的方法是在样品中接种较低浓度的试验菌（每单位不超过 5cfu），然后分别采用药典方法和替代方法对该试验菌进行检验，以检出与否来比较两种方法的差异。试验菌接种量须根据试验而定，以接种后采用药典方法 50% 的样品可检出该试验菌为宜。检测限验证至少应重复进行 5 次。对于同一种试验菌可采用卡方检验来评价两种方法的检测限是否存在差异。

③ 重现性　重现性可视为微生物检验方法在检验结果上抵抗操作和环境变化的能力。方法使用者应优先测定该验证参数。在样品中接种一定数量的试验菌（接种量应在检测限以上），采用药典方法和替代方法，分别由不同人员，在不同时间，使用不同的试剂（或仪器）进行检验，采用卡方检验（x^2）来评价两种方法的重现性是否存在差异。验证过程中，应关注样品的一致性。

④ 耐用性　与药典方法比较，若替代方法检验条件较为苛刻，则应在方法中加以说明。替代方法与药典方法的耐用性比较不是必需的，但应单独对替代方法的耐用性进行评价，以便了解方法的关键操作点。

（2）样品中微生物定量检验方法的验证

① 准确度　微生物定量检验的准确度是指替代方法的检验结果与药典方法检验结果一致的程度，通常用微生物的回收率（%）来表示。

准确度验证的方法：制备试验菌的菌悬液，菌悬液的浓度应选择为能够准确计数的最高浓度，然后系列稀释至较低浓度（如小于 10cfu/mL）。例如，菌落计数平皿法的替代方法，在制备高浓度菌悬液时其浓度是 10^3 cfu/mL，系列稀释至 10^0 cfu/mL。每个试验菌应至少选择 5 个菌浓度进行准确度确认，替代方法的检验结果不得少于药典方法检验结果的 70%，也可以采用合适的统计学方法表明替代方法的回收率至少与药典方法一致。当替代方法的回收率高于药典方法时，有必要结合专属无菌检查方法适用性。

② 精密度　精密度验证的方法是：制备试验菌的菌悬液，菌悬液的浓度应选择为能够准确读数的最高浓度，然后系列稀释至较低浓度（如小于 10cfu/mL）。每个试验菌选择其中至少 5 个浓度的菌悬液进行检验。每一个浓度至少应进行 10 次重复检验，以便能够采用统计分析方法得到标准偏差或相对标准偏差。

③ 专属性　专属性验证应证明当样品中存在一定数量的试验菌时，通过平皿法检验，能够检出试验菌，而样品的存在不会对结果造成影响。专属性验证时，应能够设计出可能使替代方法出现假阳性的实验模型来挑战替代方法。当替代方法不依赖微生物生长出菌落或出现混浊就可以定量时（如不需要增菌或在 1～50cfu 范围内就可直接测定菌数的定量方法），

以上验证方式就显得更为重要。

④ 定量限　定量限验证的方法是：在检验范围的低限制备 5 份不同含菌浓度的菌悬液，每份菌悬液分别用药典方法和替代方法进行不少于 5 次检验，采用统计方法比较替代方法的检验结果与药典方法结果的差异，从而评价替代方法的定量限。

⑤ 线性和范围　线性验证时必须覆盖能够准确测定的所有浓度范围。每株试验菌应选择至少 5 个浓度，每个浓度至少测定 5 次。根据以上实验数据，以检验结果为因变量，以样品中微生物的预期数量为自变量进行线性回归分析，计算相关系数 r。替代方法的相关系数不得低于 0.95。

微生物定量检验的范围是指能够达到一定的准确度、精密度和线性，检验方法适用的高低限浓度或数量的区间。

⑥ 重现性　在样品中接种一定数量的试验菌（接种量应在定量限以上），采用药典方法和替代方法，分别由不同人员，在不同时间，使用不同的试剂（或仪器）进行检验，对检验结果进行统计分析，以相对标准偏差（RSD）来评价两种方法的重现性差异。

⑦ 耐用性　替代方法与药典方法的耐用性比较不是必需的，但应单独对替代方法的耐用性进行评价，以便了解方法的关键操作点。

（3）检验方法适用性

使用药典方法进行产品无菌检查时，应进行方法适用性试验，以确认所采用的方法适合于该产品的无菌检查。若检验程序或产品发生变化可能影响检验结果时，应重新进行方法适用性试验。

薄膜过滤法是取每种培养基规定接种的供试品总量按薄膜过滤法过滤，冲洗，在最后一次的冲洗液中加入小于 100cfu 的试验菌，过滤。加硫乙醇酸盐流体培养基或胰酪大豆胨液体培养基至滤筒内。另取一装有同体积培养基的容器，加入等量试验菌，作为对照。置规定温度下培养，培养时间不得超过 5 天，其他各试验菌同法操作。

直接接种法是取符合直接接种法培养基用量要求的硫乙醇酸盐流体培养基 6 管，分别接入小于 100cfu 的金黄色葡萄球菌、大肠埃希菌、生孢梭菌各 2 管，取符合直接接种法培养基用量要求的胰酪大豆胨液体培养基 6 管，分别接入小于 100cfu 的枯草芽孢杆菌、白色念珠菌、黑曲霉各 2 管。其中 1 管接入每支培养基规定的供试品接种量，另 1 管作为对照，置规定的温度培养，培养时间不得超过 5 天。

结果与对照管比较，如含供试品各容器中的试验菌均生长良好，则说明供试品的该检验量在该检验条件下无抑菌作用或其抑菌作用可以忽略不计。如含供试品的任一容器中的试验菌生长微弱、缓慢或不生长，则说明供试品的该检验量在该检验条件下有抑菌作用，应消除供试品的抑菌作用，并重新进行方法适用性试验。

（4）非无菌产品微生物限度检查

计数方法验证的原理主要是确认样品有无抑菌性，即确认检验样品中的微生物能否在此培养基中正常生长。通常方法是在检验样品中加入代表类型的菌种（金黄色葡萄球菌、铜绿假单胞菌、枯草芽孢杆菌、白色念珠菌和黑曲霉，加菌量应不大于 100cfu），各试验菌应逐一进行验证试验。如果供试品对微生物生长具有抑制作用则需要采用适当方法消除抑制作用。按药典要求进行供试液的接种和稀释，制备微生物回收试验用各供试液。计数方法适用性试验中，采用平皿法或薄膜过滤法时，试验组菌落数减去供试品对照组菌落数的值与菌液对照组菌落数的比值应在 0.5～2 范围内；采用 MPN 法时，试验组菌数应在菌液对照组菌数的 95％置信限内。若检验程序或产品发生变化可能影响检验结果时，计数方法应重新进行适用性试验。

（5）控制菌检查方法适用性

控制菌检查法系用于在规定的试验条件下，检查供试品中是否存在特定的微生物。应根据各品种项下微生物限度标准中规定检查的控制菌选择相应试验菌株。

按控制菌检查法取规定量供试液及不大于 100cfu 的试验菌接入规定的培养基中；采用薄膜过滤法时，取规定量供试液，过滤，冲洗，在最后一次冲洗液中加入试验菌，过滤后，注入规定的培养基或取出滤膜接入规定的培养基中。依相应的控制菌检查方法，在规定的温度和最短时间下培养，应能检出所加试验菌相应的反应特征。如果上述试验若检出试验菌，按此供试液制备法和控制菌检查方法进行供试品检查；若未检出试验菌，应消除供试品的抑菌活性并重新进行方法适用性试验。

4.2.4 分析方法转移

分析方法转移是在两个实验室之间进行，通过比较转出方和接收方实验室的分析结果，以确认分析方法在接收方实验室条件下的适用性。

4.2.4.1 什么情况下进行方法转移

方法转移通常用于验证过的自建分析方法。法定方法在不同实验室应用时通常执行方法确认。方法转移包含文件转移和接受能力转移。当验证过的方法在实验室间转移时，接收实验室应证明其能够成功执行方法。典型的方法转移情况有：

（1）从研发实验室转到质控实验室；

（2）实验室搬迁后从 A 场所转移到 B 场所；

（3）从开发实验室转到合同实验室；

（4）购买产品后从 A 公司转到 B 公司。

4.2.4.2 转移前实验室的准备工作

转出实验室通常是方法开发和验证部门，转出实验室应负责提供分析方法转移文件包，包括方法操作规程、对照品和样品信息、方法验证文件和数据、必要的支持文件等信息。

方法转移前转出实验室应对接收实验室进行培训，包括转移方法的操作细节、方法开发、验证过程和结果以及遇到的问题等。

转出实验室应根据方法测试需求对接收方实验室软件和硬件的符合性进行检查，以确定接收方是否具备执行方法转移的资源和测试条件。包括仪器设备状态、实验物料和耗材、文件和程序、人员、实验室环境及方法准备等。

方法转移的日程和可接受标准应由双方共同确定。确定接收实验室具备该方法检测需要的测试环境和资源时才能执行方法转移活动。

4.2.4.3 分析方法转移途径

分析方法转移的方式包括对比检验、共同验证、全部或部分验证以及转移豁免。在不同的阶段采用不同的转移方式。

（1）对比检验

对比检验是分析方法转移最常用的方式，需要转出和接收实验室同时对同批次的样品进行检验（需要检验的批次数应预先规定）。检验结果均应符合质量标准规定，同时通过统计工具比较转出和接收实验室所得结果的接近程度。WHO 建议的对比检验和可接受标准见表4-2-15（可接受标准需根据测试方法类型和实际生产规模进行适当调整）。

表 4-2-15　WHO 建议的对比检验可接受标准

方法类型	转移考虑要点	重复次数	可接收标准	
			直接标准	统计学标准
鉴别	样品制备,仪器,数据解释	1	得到相同结果	N/A
含量和效价	多规格可考虑括号法设计	各方:2 个分析人员×3 批,每批产品 3 个重复样	比较均值和变异性	单双侧总体 t 检验,点间差异≤2%(95%置信区间)
清洁验证(表面残留回收率)	确定使用同样的擦拭材料和擦拭方法	各方:限度±10%水平的 3 份样品	超过标准的加样样品结果应不符合要求,90%的低于标准的加样样品结果应符合要求	N/A
杂质,降解物质,残留溶剂	确定响应因子;确定接收方定量限;比较色谱图,比较加样样品的精密度和准确性	各方:2 个分析人员×3 批,每批产品 2 个重复样	低水平时,接收方测得值为转出方的±25%或接收方均值为转出方均值的±0.05%	中高水平时,单双侧总体 t 检验,点间差异≤10%(95%置信区间)

（2）共同验证

如果有方法接收方，在被转移的方法未进行正式验证前，可执行两个实验室或两个场所的共同验证，接收方实验室作为验证小组的成员参与方法验证工作。

（3）全部或部分验证

对于复杂的方法，接收实验室需要重复部分或所有验证测试项目。验证项目的选择和验证的程度应通过风险评估确定。全部验证的参数选择遵循方法验证和确认管理规程的规定。

（4）转移豁免

某些特定的情况下可不进行常规的分析方法转移。方法转移豁免应经过双方的风险评估，确定转移豁免不影响方法在接收方的正确应用。转移豁免的适用情况包括：

① 新产品的成分与已有品种的成分类似及活性药物的浓度与已有产品的浓度类似，并且接收实验室对检验方法有使用经验和使用数据；

② 转移的方法与接收方已使用的有经验的方法相同或近似；

③ 负责方法开发、验证或产品日常检验人员由转出实验室加入接收实验室；

④ 转移的方法为药典方法并且未作任何修改，此时执行方法确认。

分析方法转移途径选择示意图见图 4-2-5。

4.2.5　分析方法生命周期内持续符合性确认

分析方法被成功验证和实施后，在其产品的生命周期中应遵守该方法的操作程序，分析方法在日常使用中应进行性能监测和趋势分析，以持续保证方法在使用的生命周期内持续符合其既定用途。FDA 和 WHO 对于分析方法生命周期内的持续符合性均进行了规定。

4.2.5.1　分析方法的质量监控和回顾

FDA 和 WHO 在分析方法验证指南中规定应定期对方法表现进行趋势分析，评估是否需要对分析方法进行优化，或对全面或部分分析方法进行再验证。

在方法使用周期中对于关键参数的定期测试将会对方法性能实现监控。

如果一个分析方法只能通过不断调整分析方法里规定的运行参数来符合所建立的系统适

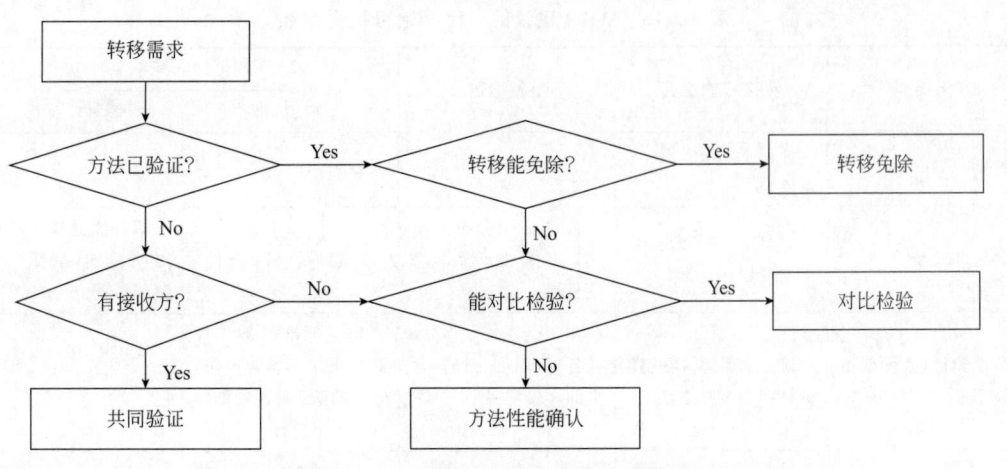

图 4-2-5　分析方法转移途径选择流程

用性要求，则应对该分析方法进行再评估、再验证，适当时进行修正。

4.2.5.2　分析方法再验证

如果基于风险的评估或其他原因导致对分析方法进行变更（例如对设备有变更、试剂的变更，方法参数变更），或采取新的方法取代旧的方法，或分析方法转移至一个新的检测场所，则要考虑进行再验证。

工艺变更时可能也需要对分析方法进行再验证，例如可能影响分析方法性能的原料药生产工艺变更（例如合成路线、发酵）或引入新的制剂配方。

方法使用者要进行再验证以保证分析方法维持其关键性能指标（例如专属性、精密度、准确性）。再验证的程度取决于变更的性质。

4.2.5.3　分析方法生命周期内的持续提升

在一个产品的整个生命周期中，新的资料和风险评估（例如对产品 CQA 有更好的了解，或发现新的杂质）可能会启动一个新的或替代的分析方法的研发和验证。

新的技术可能会带来产品质量保证方面更多的了解和/或可信度，使用者应定期评估产品分析方法的适用性，考虑方法的优化或者新的或可替代的方法。

本章小结

　　本章节介绍了分析仪器的分类及不同类别仪器的验证策略，分析仪器的准确分类需要结合使用目的的确定；对理化分析方法和微生物检测方法的验证、确认、转移进行了详细讲述，同时关于影响检测方法的设备设施、检测条件和试剂试液对验证实施的影响进行了介绍，方法验证、确认与转移的验证项目设置最终由方法性质和使用目的决定，验证结果应能证明方法的准确性和可靠性，以能够有效控制产品质量为基本标准。

参考文献

［1］　FDA 21 CFR 211. Current Good Manufacturing Practice for Finished Pharmaceuticals.

［2］　FDA Guidance for Industry：Analytical Procedures and Methods Validation for Drugs and Biologics 2015.

［3］　USP ＜1058＞ Analytical Instruments Qualification.

［4］ USP ＜1225＞ Validation of Compendial Procedures .

［5］ USP ＜1226＞ Verification of Compendial Procedures.

［6］ ICH Q2（R1）：Validation of Analytical Procedures：Definitions and Terminology，2005.

［7］ WHO TRS 961 Annex 7：WHO guidelines on transfer of technology in pharmaceutical manufacturing.

［8］ 中华人民共和国卫生部令 79 号.药品生产质量管理规范（2010 年修订）.

［9］ 国家药典委员会.中华人民共和国药典（2015 年版）.北京：中国医药科技出版社，2015.

［10］ 国家食品药品监督管理局药品审评中心.生物制品质量控制分析方法验证技术审评一般原则，2005 年.

［11］ 王军志.生物技术药物研究开发和质量控制.第 2 版.北京：科学出版社，2018 年.

［12］ 潘友文.现代医药工业微生物实验室质量管理与验证技术.北京：中国协和医科大学出版社，2004.

第5章

工艺程序验证

5.1 消毒与灭菌效果验证

5.1.1 消毒与灭菌概述

微生物广泛存在于我们周围的环境中，它和我们的生活、环境、制药生产等有着密切的关系，有害微生物控制是制药企业在药品生产质量保证工作中的一个重要环节。

常见微生物控制手段包括清洁、消毒、灭菌等。清洁使用物理方法去除物品表面微生物负荷；消毒和灭菌可以使用物理、化学等多种方法对微生物进行清除或杀灭。对物品进行消毒和灭菌操作之前，常伴随有清洁的处理手段。

本节主要从定义、方法选择、效果验证等多个角度对消毒和灭菌进行阐述。

5.1.1.1 消毒的定义

从字义上来看，消毒就是消除毒害，这里的"毒害"就是指传染源或致病菌。

卫法监发〔2002〕282号《消毒技术规范》中，对消毒的定义如下。

➢ 消毒（Disinfection）：杀灭或清除传播媒介上病原微生物，使其达到无害化的处理。

PDA第70号技术报告《无菌生产设施清洁消毒程序基础》中，对消毒的定义如下。

Disinfection：The destruction of pathogenic and other kinds of microorganisms by thermal or chemical means.

➢ 消毒：使用热力学或化学方法杀灭病原微生物和其他种类的微生物。

5.1.1.2 灭菌的定义

从字义上来看，灭菌的"灭"有完全杀灭，达到"无菌"的含义。《中国药典》（2015版）四部通则1421灭菌法中提到：

➢ 无菌物品是指物品中不含任何活的微生物。但对于任何一批灭菌物品而言，绝对无菌既无法保证也无法用试验来证实。一批物品的无菌特性只能相对地通过物品中活微生物的概率低至某个可接受的水平来表述，即无菌保证水平（sterility assurance level，简称

SAL）。

卫法监发〔2002〕282 号《消毒技术规范》中，对灭菌的定义如下。

➤ 灭菌（Sterilization）：杀灭或清除传播媒介上一切微生物的处理。

PDA 第 70 号技术报告《无菌生产设施清洁消毒程序基础》中，对灭菌的定义如下。

➤ Sterilization：A process by which something is rendered sterile（i. e.，moist heat，dry heat，chemical，irradiation）；Normally validated at 10^6 organism reduction.

灭菌：使物品达到无菌状态的过程（例如湿热、干热、化学、辐射等）。通常应验证微生物负荷减少了 10^6。

《中国药典》（2015 版）四部通则 1421 灭菌法中提到：

➤ 灭菌是指将物品中污染微生物的概率下降至预期的无菌保证水平。最终灭菌的物品微生物存活概率，即无菌保证水平不得高于 10^{-6}。

5.1.1.3 消毒与灭菌的区别与联系

从用途和定义来讲，消毒和灭菌都是使用物理、化学等多种方法对微生物进行消除和控制的手段。从最终效果上来讲，消毒只要求场所与物品达到无害化水平，而灭菌则要求达到没有活菌存在水平。

消毒和灭菌都通过消毒因子的具体作用来实现。消毒因子是指具有消毒作用的物理或化学因子。物理因子是指具有消毒作用的物理因素，包括热、微波、紫外线等。对物理因子应测定其规定条件下的强度，如：对热力灭菌工艺或设备应测量其温度，对紫外线消毒应测定其辐射强度。化学因子是指具有消毒作用的化学物质，常见有甲醛、过氧化氢、臭氧、乙醇等。对于化学因子应测定其有效成分的浓度，如：臭氧浓度、乙醇浓度等。

判断一种微生物控制方法是消毒还是灭菌，不仅仅取决于所选用的物理因子或化学因子，还应同时考虑多种影响因素，包括但不限于：

① 消毒因子的强度或浓度；

② 消毒因子的作用时间；

③ 其他影响消毒因子作用水平的环境因素，如：目标物品的材质、结构，目标物品微生物负荷水平，环境温度，环境湿度，pH 等。

根据消毒因子的适当剂量或强度和作用时间对微生物的杀灭能力，可将其分为以下四个作用水平的消毒方法。

（1）灭菌法

灭菌法是可杀灭一切微生物（包括细菌芽孢）达到灭菌保证水平的方法。属于此类的方法有：热力灭菌、电离辐射灭菌、微波灭菌、等离子体灭菌等物理灭菌方法，以及用甲醛、戊二醛、环氧乙烷、过氧乙酸、过氧化氢等消毒剂进行灭菌的方法。

（2）高水平消毒法

高水平消毒法可以杀灭各种微生物，可对细菌芽孢杀灭达到消毒效果。这类消毒方法应能杀灭一切细菌繁殖体（包括结核分枝杆菌）、病毒、真菌及其孢子和绝大多数细菌芽孢。属于此类的方法有：热力、电力辐射、微波和紫外线等，以及用含氯消毒剂（如二氧化氯）、过氧乙酸、过氧化氢、含溴消毒剂、臭氧、二溴海因等甲基乙内酰脲类化合物和一些复配的消毒剂等消毒因子进行消毒的方法。

（3）中水平消毒法

中水平消毒法是可以杀灭和去除细菌芽孢以外的各种病原微生物的消毒方法，包括超声波、碘类消毒剂（碘伏、碘酊等）、醇类、醇类和氯己定的复方、醇类和季铵盐（包括双链季铵盐）类化合物的复方、酚类等消毒剂进行消毒的方法。

（4）低水平消毒法

低水平消毒法包括只能杀灭细菌繁殖体（分枝杆菌除外）和亲脂病毒的化学消毒法和通风换气、冲洗等机械除菌法。化学消毒法是使用如单链季铵盐类消毒剂（苯扎溴铵等）、双胍类消毒剂如氯己定、植物类消毒剂，以及汞、银、铜等金属离子消毒剂等进行消毒的方法。

5.1.2　消毒与灭菌的化学方法应用

理想的化学消毒剂应具备如下条件：杀菌谱广；有效浓度低；作用时间快；性质稳定；易溶于水；可在低温下使用；不易受有机物、酸、碱及其他理化因素的影响；对物品无腐蚀性；无色、无味；消毒后易于去除残留药物；毒性低、不易燃烧爆炸，使用无危险性；价格低廉；便于运输，可大量生产。

但是，完全理想化的化学消毒剂是不存在的。在进行化学方法消毒（或灭菌）操作时，应尽可能选择消毒效果可靠，对消毒对象影响较小，残留较小或易于去除的消毒剂，消毒剂的具体选择方案参见 5.1.2.1 节内容。选择化学消毒剂时，应结合消毒剂的使用方法共同分析，以下将对消毒剂的选择和使用方法进行说明。

5.1.2.1　消毒剂的选择

许多化学试剂能够影响细菌的化学组织、物理结构和生理活动，从而发挥防腐、消毒、甚至灭菌的作用。在国内消毒剂按照其杀灭微生物作用的强弱水平可以分为以下三种。

① 高效消毒剂　可杀灭一切微生物，包括细菌芽孢。

② 中效消毒剂　可杀灭除细菌芽孢以外的微生物。

③ 低效消毒剂　可杀灭细菌繁殖体可亲脂性病毒，对真菌也有一定的作用。

而在国外，消毒剂主要分为以下两大类消毒产品。

① 灭菌剂（sterilant）　可以杀灭一切微生物，包括细菌芽孢，和高效消毒剂等同。

② 消毒剂（disinfectant）　除了灭菌剂外的消毒产品通称为消毒剂。

在设计消毒/灭菌方法，或选择消毒剂时，应考虑如下因素。

① 生物负荷　应对消毒/灭菌对象的生物负荷进行研究，包括区域内存在微生物的种类、微生物的数量等。

② 可接受标准　应明确微生物控制的可接受标准，如果目标是维持现有微生物水平，或者在一定时间内保证微生物不会显著增加，那可接受标准就是消毒。如果目标是要杀灭所有微生物，使之达到或保持无菌状态，那可接受标准就是灭菌。

③ 目标消毒部位材质　目标消毒部位的材料可能会与所应用的化学剂发生反应。因此，目标消毒部位的材质与每一种消毒剂的兼容性都需要进行评估。

④ 有机物质　有机物质的存在将对一些消毒剂的性能产生负面影响，如：目标部位表面有油性物质存在，酒精的消毒功效就会受到影响。如果遇到这种情况，就需要预先进行清洁处理，或者需要更长的作用时间。

⑤ 作用时间　消毒剂要求一定的作用时间来完成它们的工作。要过多久消毒工艺才能彻底完成，生产和技术人员才能使用该区域，这点非常重要。

⑥ 残留　多数消毒剂会在它们所应用的表面留下残留，应考虑残留物质是否会对人员健康、生产工艺或目标部位造成负面影响，以及如何经济、有效地去除残留，同时也不会引入新的残留物质。

⑦ 安全要求　在决定使用任何消毒剂之前，应获取消毒剂（或主要成分）的安全技术说明书（MSDS），检查相关的安全数据，如：毒性、致敏性、易燃易爆属性等，并以此考虑是否可以在目标区域内使用，或者因为使用了此类消毒剂，是否会改变目标区域的安全属性（如：防火、防爆要求等）或其他管理性要求（如通风、人员防护等）。

5.1.2.2　消毒剂的使用方法

常用的化学消毒剂的使用方法有喷雾消毒法、浸泡消毒法、擦拭消毒法和熏蒸消毒法。

① 喷雾消毒法　喷雾消毒法又称气溶胶法，实际操作时，应使用气溶胶喷雾器将选定消毒液进行雾化，形成气溶胶，进而对空气或物体表面消毒，雾粒直径 $20\mu m$ 以下者占90%以上。由于所喷雾粒小，浮于空气中易蒸发，可兼收喷雾和熏蒸之效。

② 浸泡消毒法　浸泡消毒法是直接使用液态消毒剂对物品局部或整体进行浸泡处理，进而起到消毒作用的方法。

③ 擦拭消毒法　擦拭消毒法是使用介质（如：抹布、棉签等）蘸取液体消毒液对物品表面进行消毒的方法。

多数消毒剂都可以采用浸泡或擦拭的方法对物品进行消毒。但消毒液在连续使用过程中，有效成分不断地被消耗，需注意有效成分浓度的变化，应及时添加或更换消毒液。

④ 熏蒸消毒法　熏蒸消毒法是将液体消毒剂进行汽化处理，或通过理化反应释放消毒气体，或直接使用气体消毒剂对密闭空间进行消毒处理的方式。

熏蒸消毒可以作用到密闭空间内的各个角落，较其他消毒方法而言，消毒更加彻底。受消毒剂的理化性质和作用机制影响，熏蒸消毒过程中，需密切关注空间内温湿度条件，以防消毒效果不理想；或消毒作用过于激烈，对被消毒物品表面造成腐蚀。

5.1.3　消毒与灭菌的化学方法验证

虽然各消毒剂的消毒效力已经得到业界公认，但考虑到不同厂家生产的消毒剂有效成分浓度和推荐使用方法有所不同，在选定化学消毒剂之后，通常应进行消毒剂效力验证，以证明消毒效果确实存在。

在化学消毒的实际应用中，因为受到诸多因素的影响，最终消毒效果和消毒剂消毒效力并不完全相同。所以，即便是执行了消毒剂效力验证，各企业还会继续考虑消毒效果验证，而消毒相关的法规、指南并未明确给出哪些消毒操作必须执行消毒效果确认。对此，有如下建议。

① 如消毒剂的应用方法比较简单，和消毒剂效力验证的条件相当（或近似），可以使用消毒效力验证替代消毒效果验证。

② 如消毒剂不易进行消毒效力验证，如气体（臭氧等）消毒，可直接执行消毒效果确认。

③ 如消毒剂被二次加工使用，导致理化性质发生一定变化，或消毒过程中影响因素较多，如 VHP 消毒（双氧水加热、汽化，熏蒸消毒），应考虑执行消毒效果确认。

以下将按消毒剂效力验证、臭氧消毒效果验证、VHP 灭菌效果验证三种方法进行举例说明。

5.1.3.1　消毒剂效力验证

对于消毒效力已得到公认的消毒剂而言，选择适当的试验方法和验证菌株是非常重要的。例如，某种消毒剂已被认为是低效力的并且不能杀死芽孢，那么，就不能将枯草芽孢杆菌作为该消毒剂效力测试的试验菌株。试验方案要与自身的消毒表面类型以及环境中的微生物种群相结合，理想的做法是将试验方案分为实验室考察和现场考察两部分。

实验室对消毒剂的杀菌效力测定方法常有定量悬浮试验法、载体浸泡定量试验法、表面试验法、工作液直接接种法等多种试验方法，本节重点介绍前两种方法。

现场考察试验用以评估消毒剂对相应设施的实际消毒效力。此类试验是通过监测清洁（消毒）前后的环境微生物质量进行的。经历一段时间后才能积累用以评估消毒和清洁程序的数据（建议至少3次试验）。为了获得更好的评价结果，可以在最差条件下（如预防性维修之后）检验环境的污染状况，因为此时环境中的微生物种类和数量有上升的潜在可能性。

(1) 定量悬浮试验

定量悬浮试验是评价消毒剂杀菌效果常用的一种定量试验方法。原理：将定量的指示菌悬液加入消毒剂溶液中，作用一定时间。经中和剂去掉残留的消毒剂影响后，定量接种于培养皿上，倾注培养基，经培养后计算其菌落数。与未经消毒剂作用的对照菌液培养皿计数相比较，计算出杀菌率。试验步骤如下。

① 用无菌蒸馏水或磷酸盐缓冲液配制试验用菌悬液，浓度为 $1 \times 10^8 \sim 5 \times 10^8$ cfu/mL。

② 将消毒剂用蒸馏水稀释至待测浓度，置 20℃±1℃ 水浴备用。

③ 吸取试验菌液 0.5mL，加入含消毒剂溶液 4.5mL 的试管中，迅速混合并立即计时。

④ 待试验菌液与消毒剂相互作用至预定时间，吸取 0.5mL 菌药混合液，加入 4.5mL 经灭菌的中和剂中，迅速混匀并开始计时。

⑤ 中和 10min 后，取 0.1mL 样液按活菌培养计数方法测定存活菌数；另取 1.0mL 样液进行梯度稀释（3次，10倍释释），在各步稀释之后分别取 1.0mL 样液，按活菌培养计数方法测定存活菌数。

⑥ 在上述实验过程中，同时用稀释液代替消毒液，进行平行试验（③，④，⑤），作为阳性对照。

⑦ 细菌营养体试验样本在 37℃ 培养箱培养 48h，观察最终结果；细菌芽孢试验样本在 37℃ 培养箱培养 72h，观察最终结果；真菌试验样本在 30℃ 培养箱培养 48~72h，观察最终结果。

⑧ 试验重复3次，计算各组的活菌数，计算杀菌率。

杀菌率＝[(对照组平均活菌数－试验组活菌数)÷对照组平均活菌数]×100%　　(5-1)

图 5-1-1 为定量悬浮试验示意图。

(2) 载体浸泡定量试验

载体浸泡定量试验原理与定量悬浮试验相类似，本试验先将指示菌悬液定量接种到载体上，再将载体加入到消毒剂中作用至预定时间后，把载体取出加入中和剂内中和，定量接种于培养皿上，倾注培养基，经培养后计算其菌落数。与未经消毒剂作用的对照菌液培养皿计数相比较，计算出杀菌率。试验步骤如下。

① 用无菌蒸馏水或磷酸盐缓冲液配制试验用菌悬液，浓度为 $1 \times 10^8 \sim 5 \times 10^8$ cfu/mL。

a. 用相应方法将载体染菌（滴染法、浸染法、喷染法等），每片载体回收菌数应为 $5 \times 10^5 \sim 5 \times 10^6$ cfu/片（按活菌培养计数所得结果），染菌载体可置 37℃ 温箱内干燥备用。

b. 将消毒剂用蒸馏水稀释至待测浓度，置 20℃±1℃ 水浴备用。

② 按每片 5.0mL 的量吸取消毒剂注入无菌小培养皿中，用无菌镊子取3片预先制备的

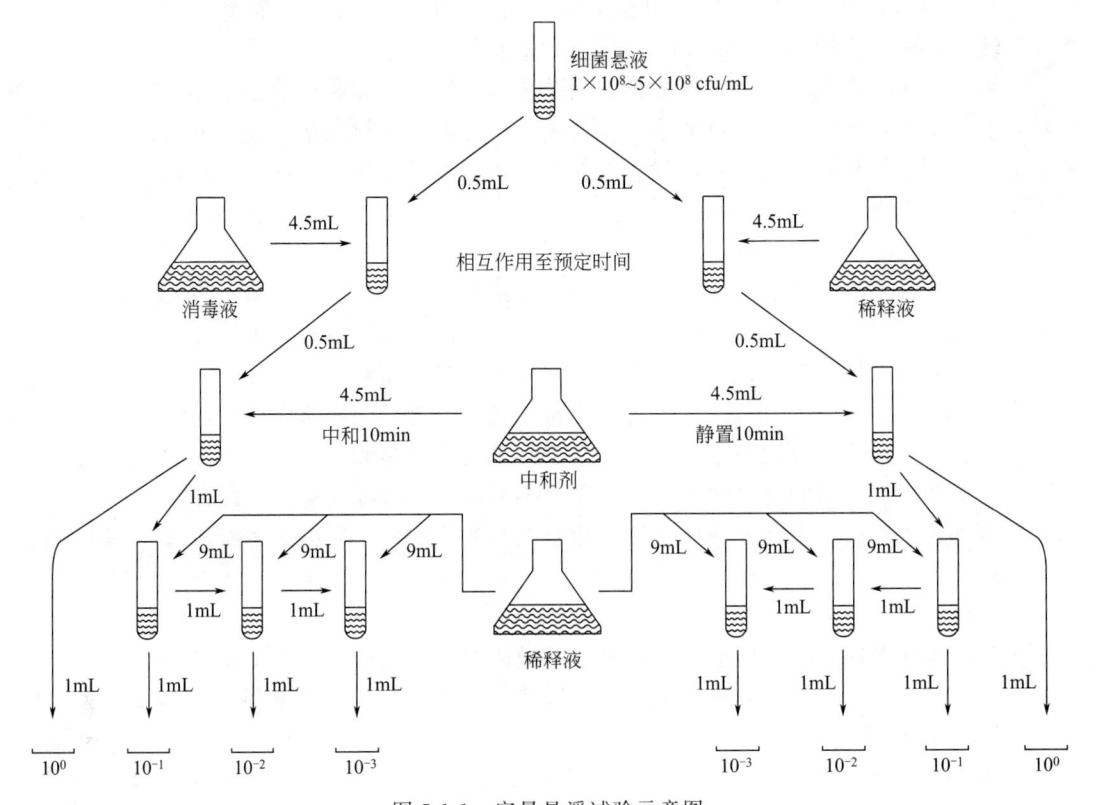

图 5-1-1 定量悬浮试验示意图

菌片放入培养皿中，并使之浸透于消毒液中。

③ 待菌药相互作用至预定时间，用无菌镊子将菌片取出分别移入含 5.0mL 中和剂的试管中。用电动混合器混合 20s，使菌片上的菌体被洗脱进入中和液中，再放置 5min 以上，使充分中和。最终进一步混匀后，进行系列 10 倍稀释，分别吸取 1.0mL 样液（原液、稀释液）接种平皿，每管接种 2 个培养皿，测定存活菌数。

④ 另取一培养皿，注入 10.0mL 稀释液代替消毒液，加入 2 片菌片，作为阳性对照组。其随后的试验步骤和活菌培养计数与上述试验组相同。

⑤ 细菌营养体试验样本在 37℃ 温箱培养 48h，观察最终结果；细菌芽孢试验样本在 37℃ 温箱培养 72h，观察最终结果；真菌试验样本在 30℃ 温箱培养 48～72h，观察最终结果。

⑥ 试验重复 3 次，计算各组的活菌数，计算杀菌率，计算公式同定量悬浮试验。

5.1.3.2 臭氧消毒效果验证

臭氧是一种广谱杀菌剂，可杀灭细菌繁殖体和芽孢、病毒、真菌等。臭氧的优势是氧化能力和杀菌能力很强，不产生任何残留毒物，具有广谱性与经济性，操作简单，目前被广泛地应用于制药行业的洁净室消毒中。

从微生物控制的目的性来讲，臭氧消毒的作用是对微生物负荷进行抑制。根据消毒对象的不同，臭氧浓度和作用时间也有所不同，如下数据仅作为一般性推荐。

臭氧对空气中的微生物有明显的杀灭作用，采用 20mg/m³ 浓度的臭氧，作用 30min，对自然菌的杀灭率可达到 90% 以上。

臭氧对物品表面上污染的微生物有杀灭作用，但作用缓慢，一般要求浓度 $60mg/m^3$，相对湿度≥70%，作用 60～120min 才能达到消毒效果。

在设计臭氧消毒程序时，常依托于空调系统的运行将臭氧送入洁净室内部，考虑臭氧浓度时，应针对消毒空间体积、空调系统总送风量、空调系统新风量、空调系统排风（含渗透风、泄漏风等）等参数综合计算，然后选择合适的臭氧发生器，并进行安装调试、确认之后投入使用。

（1）臭氧发生器的安装确认/运行确认

检查确认臭氧发生器的规格、型号以及公用系统（稳定的电源、洁净的压缩空气、流量充足的冷却水）的安装情况是否符合设计要求，以保证臭氧发生器能正常运转。

启动臭氧发生器，按照设备操作手册（如已编写操作维护 SOP，则以操作维护 SOP 为准）检查设备的操作情况，确认设备的操作及功能和设备操作手册保持一致。

将臭氧发生器的运行频率（或臭氧发生浓度设定）调整到 50%、100% 运行状态，并分别测试臭氧发生器出口的臭氧浓度，测试臭氧浓度应和设备标注能力匹配。

如臭氧发生器设备设计了其他多种功能，如监测、报警、连锁等功能，应针对其功能分别进行确认。

（2）臭氧消毒效果确认

获取生效状态（已获得批准）的臭氧消毒操作规程，根据臭氧操作规程计算并设定拟消毒区域的相关参数，如：臭氧发生浓度、臭氧消毒时间等。对选定区域执行臭氧消毒操作，并执行如下测试项目。

① 臭氧浓度的确认　选取以下房间作为拟测试消毒浓度的房间：净化空调洁净送风最远端的房间、换气次数最低的房间、关键工艺房间等。

消毒过程中，使用便携式臭氧浓度检测仪对以上房间进行臭氧浓度的监测。消毒过程中，各房间臭氧浓度应符合消毒操作规程中规定的臭氧消毒浓度。

考虑到臭氧对人体健康方面的副作用，推荐安装在线臭氧浓度检测仪，对消毒状况进行监测。此情况下，可直接通过在线臭氧浓度监测仪获取相关参数。

② 生物指示剂挑战性试验　在对目标区域执行臭氧消毒前，可将含菌量为 $1×10^3$ cfu/片的枯草芽孢杆菌生物指示剂放置于空白培养皿（或其他合适的承载容器）内，将培养皿置于被测试臭氧浓度的房间内，打开培养皿盖子，使生物指示剂完全暴露在环境中，以便于臭氧消毒过程中能够作用到生物指示剂上。

在臭氧消毒结束后，回收生物指示剂，按照生物指示剂的培养要求进行培养。培养结束后对目标生物指示剂进行活菌培养计数，如每个测试点的杀灭对数值均≥3.00，判定为臭氧消毒合格。

③ 臭氧残留的确认　臭氧消毒结束，通过指定时间新风置换后，洁净室内的臭氧浓度不得高于 0.1ppm（约 $0.20mg/m^3$）。

5.1.3.3　VHP 灭菌效果验证

汽化过氧化氢（Vaporized Hydrogen Peroxide，VHP）灭菌技术，是利用过氧化氢在常温下气体状态比液体状态更具杀孢子能力的优点，经生成游离的高活性的羟基，用于进攻细胞成分，包括脂类、蛋白质和 DNA，达到完全灭菌要求的一种技术。目前主要分为湿法和干法两种灭菌技术。

（1）干法 VHP 灭菌技术

干法 VHP 灭菌技术一般经过以下过程。

① 除湿处理　将目标空间内相对湿度控制在 $10\%\sim30\%$ 范围内，然后向目标空间内注入已加热的低露点压缩空气，以进一步降低相对湿度。

② 进汽稳定阶段　干燥空气携带汽化的过氧化氢通过高效过滤器以一定的速率注入目标空间内，过氧化氢经过一定时间的扩散，浓度逐渐稳定在预期值时进入消毒灭菌阶段。

③ 灭菌消毒阶段　以某一恒定的进汽速率维持空间内过氧化氢浓度，达到规定灭菌消毒时间后停止注入汽化过氧化氢。

④ 汽化过氧化氢的清除阶段　灭菌结束后，经高效过滤器向目标空间内充入无菌干燥的压缩空气，当目标空间内压力和大气压一致时，停止进气。使用真空泵将目标空间内混合空气抽出，残留的过氧化氢气体在催化剂作用下被转化成对环境无害的氧气和水。就这样一个灭菌过程结束。

（2）湿法 VHP 灭菌技术

湿法 VHP 灭菌技术一般经过以下过程。

① 实现环境条件　目标空间一般不需要额外的温湿度处理手段，温度保持常温，湿度保持 40% 左右。

② 进汽　不断提升 VHP 浓度。

③ 进汽维持　保持 VHP 浓度，维持一定时间用以灭菌。

④ 通风　从目标空间内移除过氧化氢。

相对于湿法 VHP 灭菌技术来说，干法 VHP 灭菌技术具备如下优点：可以有效控制灭菌空间相对湿度，确保 VHP 不发生冷凝，保持低浓度高效杀菌能力的特性；每次灭菌前控制的相对湿度相同，开发出的参数可以代表所有工况，有很强的可重复验证性；材料的兼容性好，无腐蚀现象。

因此，干法 VHP 灭菌技术被认为到目前为止最安全、最高效、最环保的灭菌方法。

（3）VHP 灭菌效果验证

① VHP 发生器的安装确认/运行确认　检查确认 VHP 发生器的规格、型号和公用系统（电源、压缩空气）以及关键部件的安装情况是否符合设计要求。

检查确认 VHP 发生器的操作功能和设备操作手册（或操作维护 SOP）保持一致。

检查确认 VHP 发生器消毒时间、控制程序的准确性等。

② VHP 灭菌效果确认　获取生效状态（已获得批准）的 VHP 灭菌操作规程，根据灭菌操作规程设定拟灭菌区域的相关参数，如：VHP 浓度、灭菌时间等。对选定区域执行 VHP 灭菌操作，并执行如下测试项目。

a. VHP 浓度的确认　监测目标空间内的 VHP 浓度，确保 VHP 浓度符合灭菌操作规程的要求。

b. VHP 化学指示剂确认　灭菌操作之前，在目标空间内选择代表性的点位放置 VHP 化学指示剂，灭菌结束后，回收 VHP 化学指示剂，观察变色情况，如符合指示剂本身要求，则证明灭菌过程中，VHP 浓度持续符合要求。

c. 生物指示剂挑战性试验　灭菌操作之前，在目标空间内选择代表性的点位放置含菌量为 $1\times10^{6}\,cfu/$片的枯草芽孢杆菌生物指示剂。灭菌结束后，回收生物指示剂，按照生物指示剂的培养要求进行培养。培养结束后观察结果，如生物指示剂所载芽孢被完全杀灭，判定为 VHP 灭菌合格。

d. VHP 残留的确认　VHP 灭菌程序结束后，测试目标空间内的 VHP 残留，VHP 浓度不得高于 0.1ppm。

5.1.4　消毒与灭菌的物理方法应用

常用的物理灭菌方法主要包括射线灭菌法和热力灭菌法。

（1）射线灭菌法

射线灭菌法是一种利用射线的特性破坏细菌结构来杀菌的方法。射线灭菌法主要包括辐射灭菌法、紫外线灭菌法和微波灭菌法。

辐射灭菌是通过核射线照射后，微生物中的化学物质（DNA）发生了变化，使细胞活性丧失，从而达到灭菌的目的。

紫外线杀菌原理就是通过紫外线照射，破坏及改变微生物的 DNA（脱氧核糖核酸）结构，使细菌当即死亡或不能繁殖后代，达到杀菌的目的。真正具有杀菌作用的是 UVC，波长为 200~300nm 的紫外线都有杀菌能力，尤以 253.7nm 左右的紫外线最佳。

微波灭菌法是采用微波照射产生的热能杀灭微生物和芽孢的方法。该法适合液体和固体物料的灭菌，且对固体物料具有干燥作用。

（2）热力灭菌法

高温对细菌有明显的致死作用。热力灭菌主要是利用高温使菌体变性或凝固，酶失去活性，而使细菌死亡。热力灭菌法主要包括火焰灭菌法、干热灭菌法、湿热灭菌法等。

① 火焰灭菌法　它是利用火焰加热杀灭微生物的一种方法。本办法以燃气（或酒精等燃料）为主，用于磁制与金属制品及在火焰中不会破损的物品。

② 干热灭菌法　它是在干燥环境下用高温杀死细菌和细菌芽孢的技术。用于不能耐受湿热蒸汽、不能用高压蒸汽灭菌的物品，如必须保持干燥的化学物品。干热灭菌法所需温度较高，时间较长。

③ 湿热灭菌法　它是指用饱和水蒸气、沸水或流通蒸汽进行灭菌的方法，以高温高压水蒸气为介质，由于蒸汽潜热大，穿透力强，容易使蛋白质变性或凝固，最终导致微生物的死亡，所以该法的灭菌效率比干热灭菌法高，是药物制剂生产过程中最常用的灭菌方法。

（3）欧盟法规指南对灭菌方法的推荐

在 EMEA 指南《灭菌方法选择的决策树》（CPMP/QWP/054/98 Corr）中，给出了如下指导原则：

灭菌工艺的选择一般按照灭菌工艺的决策树（见图 5-1-2 和图 5-1-3）进行，对于溶剂型产品湿热灭菌工艺是决策树中首先考虑的灭菌工艺。湿热灭菌法是利用高压饱和蒸汽、过热水喷淋等手段使微生物菌体中的蛋白质、核酸发生变性而杀灭微生物的方法。高温在杀灭微生物的同时，可能对药品的质量也有所影响。如果产品不能耐受湿热灭菌，则需要考虑采用无菌生产工艺。所以，对于药品的灭菌工艺的考察和确定，首先是考察其能否采用湿热灭菌工艺，能否耐受湿热灭菌的高温。

无论哪种剂型，顺着决策树往下，明显看出其采用的灭菌方法达到的无菌保证级别在逐渐下降，因此，为了保证产品的质量和安全，确保达到无菌的最高等级，有必要将灭菌前微生物负荷降至最低水平。决策树的作用是在考虑各种复杂因素的情况下，辅助选择最佳的灭菌方法。

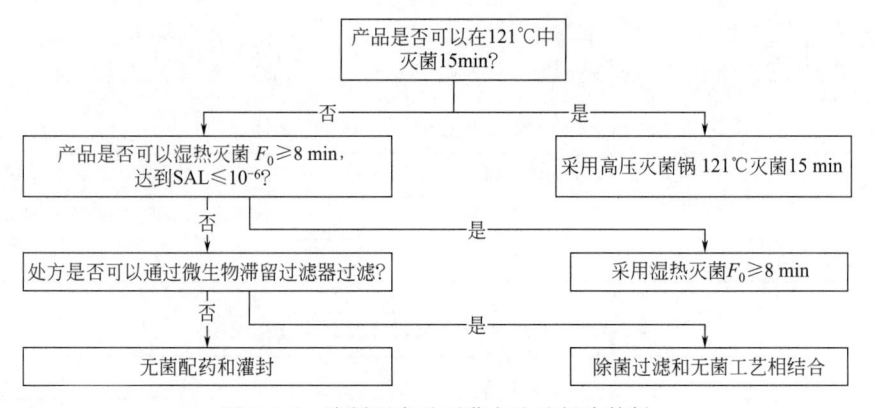

图 5-1-2　溶剂型产品灭菌方法选择决策树

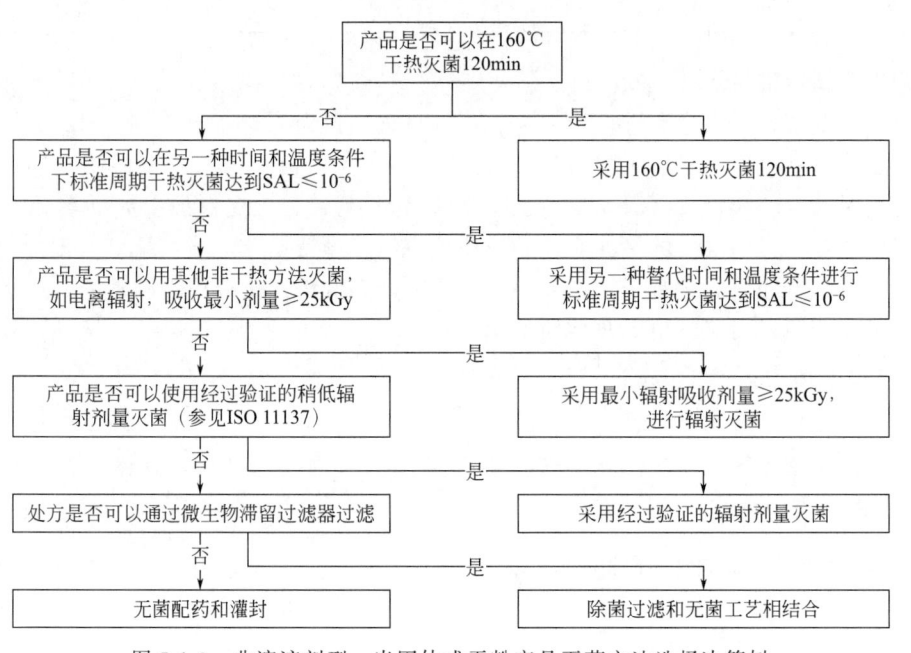

图 5-1-3　非溶液剂型、半固体或干粉产品灭菌方法选择决策树

5.1.5　消毒与灭菌的物理方法验证

本节对紫外线灭菌效果验证、热力灭菌效果验证两种方法进行举例说明。

5.1.5.1　紫外线灭菌效果验证

为证明所用紫外灯能对洁净室进行有效的消毒，制药企业应当对其进行确认，确认至少应该包含以下内容。

（1）紫外线灯具的确认

应对紫外线灯具的安装位置、数量以及紫外灯具功率和品牌进行确认，确认其符合相应的设计要求以满足消毒技术规范的要求。

（2）紫外辐射照度的确认

测试前开启紫外线灯 5min 后，将测定波长为 253.7nm 的紫外线辐照计探头置于被检紫外线灯中心下垂直距离 1m 的位置，待仪表稳定后，所示数据即为该紫外线灯管的辐照度值。测定时电压 220V±5V，温度 20～25℃，相对湿度＜60％，紫外线辐照计必须在计量部门检定的有效期内使用。测试结果应符合表 5-1-1 和表 5-1-2 中的要求。在紫外线灯下测试时，勿直视灯管，并穿戴防护眼镜、防护服、手套等，以减少对测试人员的伤害。

表 5-1-1　双端紫外线杀菌灯辐射照度标准

标准功率/W	4	6	8	13	15	18	20	30	36	40
额定值/$(\mu W/cm^2)$	12	18	28	41	44	66	75	107	110	117
禁用下限值/$(\mu W/cm^2)$	8	12	18	27	29	43	49	70	72	76

表 5-1-2　单端紫外线杀菌灯辐射照度标准

标准功率/W	7	9	11	18	24	36	55
额定值/$(\mu W/cm^2)$	16	23	8	57	94	147	170
禁用下限值/$(\mu W/cm^2)$	10	15	25	37	61	96	111

（3）生物指示剂挑战性试验

开启净化空调，对洁净室进行清洁之后，可将含菌量为 $1 \times 10^3 \sim 5 \times 10^3$ cfu/片的细菌悬浮液接种于培养基表面（90mm 培养皿），将培养皿置于被测试的洁净室监测点位，打开培养皿盖，按照既定的操作规程开启紫外灯并开始计时，到达规定额照射时间后盖上培养皿盖，关闭紫外灯，将消毒后的培养皿样品按照规定温度进行培养，培养结束后进行活菌培养计数，每个测试点的杀灭对数均值≥3.00，判定为消毒合格。挑战用细菌种类、培养基类型及培养基温度按照公司实际情况评估确定。

5.1.5.2　热力灭菌效果验证

热力灭菌效果是基于灭菌设备确认以及灭菌程序进行的最终灭菌效果验证。在实际执行过程中，热力灭菌程序的验证多随着灭菌设备的确认过程一起进行，具体信息请参见本书 2.4 节"辅助设备确认"。

5.1.6　消毒与灭菌效果的持续监管

5.1.6.1　消毒剂的轮换应用

经验表明，随着消毒剂使用时间的延长，微生物会对该消毒剂产生抗性。这对于经常使用消毒剂的环境（例如洁净室）尤其明显。经验还表明，轮流使用酚类消毒剂会减少微生物抗性的积累。有关碱性和酸性酚消毒剂的使用有两项研究，研究的结论支持人们普遍认可的经验——在消毒操作中轮换使用化学性质相容的消毒剂，对防止微生物抗性的产生是必需的，即使是受生物膜保护的微生物也是如此。

当确定在某一环境控制计划中所使用的消毒剂时，应该根据消毒剂之间的相容性建立一个轮换使用的时间表。使用不相容（或不相溶）的消毒剂可能导致不溶性残渣的产生，这些残渣会在硬表面上形成一层黏膜或覆膜。使用不相容的消毒剂甚至会导致消毒剂本身失活。例如：氯化季铵盐类消毒剂不能和酚类消毒剂轮换使用，除非在轮换消毒之前增加彻底的清洁和水洗步骤，这主要是因为这两种成分在化学性质上的不相容性。氯化季铵盐类消毒剂成分在自然条件下是带有正电荷，酚类消毒剂成分在自然条件下带有负电荷，由于离子电荷性质不同，二者相遇会形成不能溶解的残渣。

消毒剂的交替频率的确定涉及方便性及环境监测的结果。许多设施每月轮换一次效果很好，而有些每周轮换一次能更好地满足需要。在所附标签上列出选择产品的一般建议、应用的设备和在几种类型受控环境中使用的频率。这些建议仅仅是在共同实践的基础上得出的指导方针，并不意味着代替现有的有效方案。每一个设备都应设计和实施一个保持自己洁净室和其他受控环境整体性的有效方案。

在美国，是否轮换使用消毒剂在不同的公司中不尽相同，甚至不同的车间也会不同。在学术界，消毒剂轮换的必要性也存在一定的争议。但 FDA 的监管引文建议应进行消毒剂的轮换应用。

5.1.6.2　灭菌程序的日常监控

在进行灭菌程序验证之前，应针对灭菌程序编制标准操作规程，以约束灭菌操作的一致性和重现性。灭菌程序验证过程中，操作流程、关键参数的设定应和标准操作规程保持一致。

日常生产中，应对灭菌程序的运行情况进行监控，确认关键参数（如温度、压力、时间、湿度、灭菌气体浓度及吸收的辐照剂量等）均在验证确定的范围内。

物品的无菌保证与灭菌工艺、灭菌前物品被污染的程度及污染菌的特性相关。因此，应根据灭菌工艺的特点制定灭菌物品灭菌前的微生物污染水平及污染菌的耐受限度并进行监控，并在生产的各个环节采取各种措施降低污染，确保微生物污染控制在规定的限度内。

灭菌的冷却阶段，应采取措施防止已灭菌物品被再次污染。任何情况下，都应要求容器及其密封系统确保物品在有效期内符合无菌要求。

5.1.6.3　再验证管理

考虑到消毒和灭菌程序在消毒和灭菌效果方面受诸多因素影响，而随着时间的推移，各种影响因子也可能会发生变化，所以，原则上应对消毒和灭菌程序定期执行再验证。考虑到消毒和灭菌效果的不同作用，可以制定不同的再验证管理措施。

（1）消毒程序再验证

对于消毒程序，推荐定期进行再验证。如消毒操作持续符合 SOP 要求，且消毒后微生物负荷一直满足现有管理要求，可考虑不启动再验证测试，但应对相关影响因素和消毒后监测数据做定期评估。

如消毒程序（相关影响因素）发生变更，应对变更过程中存在的风险进行评估，必要时启动执行再验证测试。应重点关注的变更举例如下（包括但不限于）：

① 更换消毒剂种类（或品牌）；

② 调整消毒剂（有效成分）配制后浓度；

③ 调整消毒剂有效作用时间；

④ 调整消毒操作方式，如喷雾、擦拭、浸泡等；

⑤ 背景环境相关参数发生较大变化，如：温度、湿度、pH 等；

⑥ 背景微生物负荷或菌种发生较大变化（已知变化或未知的预测）。

如环境监控或其他与消毒程序相关的环节出现微生物异常情况，应对异常情况进行调查和评估，必要时启动执行再验证测试。

（2）灭菌程序再验证

对于灭菌程序，在 GMP 中已有针对灭菌程序的针对性条款，应根据 GMP 要求，定期执行再验证：

中国 GMP（2010 年修订）附录 1　无菌药品

第六十四条　应当定期对灭菌工艺的有效性进行再验证（每年至少一次）。设备重大变更后，须进行再验证。应当保存再验证记录。

当灭菌程序（包括灭菌设备本身）发生变更时，应对变更过程中存在的风险进行评估，必要时启动执行再验证测试。应重点关注的变更举例如下（包括但不限于）：

① 设备本身存在改造或关键性维修活动；

② 设备依托的公用工程参数有所调整，如纯蒸汽质量、真空度、压缩空气等；

③ 灭菌程序有所调整，如程序类型（器具、织物、液体等）、程序内子程序变动（干燥、脉动等）、灭菌温度、灭菌时间等；

④ 灭菌装载有所调整，如装载物类别、数量、摆放位置等；

⑤ 灭菌操作有所调整，如灭菌前清洁方式、灭菌装载的包装形式等。

如产品微生物限度、环境监控或其他与灭菌程序相关的环节出现微生物异常情况，应对异常情况进行调查和评估，必要时启动执行再验证测试。

5.2　无菌工艺模拟

无菌药品是指法定药品标准中列有无菌检查项目的制剂和原料药，包括无菌制剂和无菌原料药。无菌药品生产工艺包括最终灭菌工艺和部分或全部无菌生产工艺。由于无菌检查方法本身的局限性，例如耗时长、灵敏度不高等，因此药品一旦发生微生物或内毒素污染，现有的取样和检测手段并不能及时发现。无菌药品不能仅仅依靠最后的检测保证产品的无菌性，需要从产品工艺开发和厂房设施的设计阶段就考虑到潜在的污染风险，并且建立一套完善并有效的质量管理运作体系，以保证所有防止产品被污染的控制措施都能有效地实施。

无菌工艺模拟试验是指采用适当的培养基或介质，模拟无菌药品生产中无菌操作的全过程，以评价无菌保障水平的一系列活动。无菌工艺模拟试验是进行工艺验证的先决条件。

无菌产品的无菌操作过程主要是灌装工序，故无菌工艺模拟试验也常常被称为培养基模拟灌装。顾名思义，就是用微生物培养基代替产品模拟进行无菌灌装试验，其能够全面模拟生产过程中的各个方面和各种干扰情况。但是，如果在产品制备阶段采用了无菌工艺，此部分工艺也应作为模拟验证的一部分。

无菌工艺模拟试验应从无菌操作的第一步开始，直至产品完全密封结束。企业应根据风险评估确定无菌工艺模拟试验的起始工序。

5.2.1　无菌工艺模拟法规指南要求

中国 GMP（2010 年修订）附录 1 "无菌药品"：

第四十七条　无菌生产工艺的验证应当包括培养基模拟灌装试验。

应当根据产品的剂型、培养基的选择性、澄清度、浓度和灭菌的适用性选择培养基。应当尽可能模拟常规的无菌生产工艺，包括所有对无菌结果有影响的关键操作，及生产中可能出现的各种干预和最差条件。

培养基模拟灌装试验的首次验证，每班次应当连续进行 3 次合格试验。空气净化系统、设备、生产工艺及人员重大变更后，应当重复进行培养基模拟灌装试验。培养基模拟灌装试验通常应当按照生产工艺每班次半年进行1次，每次至少一批。

培养基灌装容器的数量应当足以保证评价的有效性。批量较小的产品，培养基灌装的数量应当至少等于产品的批量。培养基模拟灌装试验的目标是零污染，应当遵循以下要求。

（一）灌装数量少于5000支时，不得检出污染品。

（二）灌装数量在5000至10000支时：

1.1 有1支污染，需调查，可考虑重复试验；

1.2 有2支污染，需调查后，进行再验证。

（三）灌装数量超过10000支时：

1.1 有1支污染，需调查；

1.2 有2支污染，需调查后，进行再验证。

（四）发生任何微生物污染时，均应当进行调查。

5.2.2 先决条件

通常进行无菌工艺模拟之前需要确认以下工作已完成。

① 工艺设备、公用系统和辅助设施按照预期要求完成了设计、安装及与无菌生产有关的性能确认。

② 工艺设备、公用系统、辅助设施灭菌方法完成了相应的验证，物品及厂房、设施所使用消毒剂及消毒方式完成了相关的验证。

③ 药液及与产品接触的气体、设备组件、容器、器具灭菌工艺完成了相应的验证。

④ 无菌生产区域的气流及环境达到了设计要求，并能稳定运行。

⑤ 根据无菌生产工艺要求建立了相关受控操作文件。

⑥ 参与无菌工艺模拟的人员接受了药品GMP、无菌操作、微生物知识以及实施模拟试验的培训。

⑦ 进入无菌洁净区的全部人员通过了更衣程序的确认，确认了每位参与者可进入的区域和其所允许的无菌操作项目，并采用文件形式或其他限制措施。

5.2.3 无菌生产工艺的风险评估与最差条件选择

无菌生产工艺的设计基于对产品特性、工艺技术和无菌保证措施的认知和经验的累积，设计模拟试验方案前应对无菌生产过程开展系统性风险评估，以充分识别无菌生产过程中潜在风险点。为了确认无菌工艺风险控制的有效性，应通过风险评估并结合无菌生产工艺、设备装备水平、人员数量和干预等因素来设计模拟试验最差条件，包括但不限于以下方面。

（1）人员

应充分考虑人员及其活动对无菌生产工艺带来的风险，如模拟生产过程的最多人数，当操作人员数量减少可能导致其他方面污染风险增加时，则此类条件也视为最差条件之一。参与人员应包括日常参与到无菌生产的全部人员，如生产操作、取样、环境监测和设备设施维护人员，同时应考虑以上人员交叉作业、班次轮换、更衣、夜班疲劳状态等因素。

（2）设备的无菌安装

某些设备，如灌装机，使用前需要进行人工安装。此阶段，设备表面被污染的可能性远大于无菌灌装期间。因此，无菌安装阶段应该是工艺模拟实验的一个重点关注的工艺步骤。

（3）工艺时间

应考虑模拟实际生产操作过程中设备设施、分装器具、最终容器消毒或灭菌后放置的最长时间及最长的工艺保留时限等，如：设备设施、分装容器、无菌器具灭菌后最长的放置时间、混粉或分装前的等待时限；模拟试验挑战的最差环境应考虑选择单批产品无菌生产周期末端、间歇式生产的空调系统重新开启后或连续生产期间周期性灭菌最长的时间间隔。

（4）灌装速度

模拟试验应涵盖产品实际灌装速度范围，基于无菌风险的角度分析评价灌装速度对工艺过程及其他方面的影响程度，如采用最慢的灌装速度、最大的容器用以模拟最长暴露时间，也可采用最快的灌装速度、最小的容器用以模拟最大操作强度/难度。

（5）容器规格

一条灌装线上有多种规格容器时，应进行风险评估选择模拟的容器。一般选择最小和/或最大尺寸的容器进行培养基灌装模拟试验。当使用特定的容器/胶塞组合存在特别的操作问题，如卡瓶、卡塞，即增加干预的情况，建议单独对其进行工艺模拟验证。通常采用透明的容器代替不透明或棕色的容器。

（6）灌装容积

工艺模拟通常不要求达到正常的灌装容积，但是应包括模拟调整装量的过程。灌装容积的不同同样会引起灌装时间的变化。灌装容积的考虑要满足两个标准：首先，灌装的培养基应该足够多，通过翻转旋转等方式足以接触瓶壁和密封面；其次，培养基的容积应足以支持微生物的生长。再次，培养基的容积不能太大，必须为空气保留足够的空间，以保证可能存在的微生物能够获得足够的氧气。

（7）灌装批的数量

模拟灌装的数量和实际批产量密切相关。对大批量产品，灌装数量应保证评价数据的有效性；对批产量小于5000支的产品，模拟灌装数量应至少等于实际最大批产品。

（8）纠正措施

日常生产中，针对微生物污染事件而制定了纠正措施。在模拟试验时，应对纠正措施的有效性给予确认。

最差条件挑战试验可以根据实际生产工艺的不同来选择性的进行挑战，建议通过风险评估的方式，确定最合理的挑战条件。

5.2.4 模拟试验过程的干预设计

无菌生产工艺中人员及人员活动是最大的微生物污染源，因此，本章节中的干预是指由操作人员按照相关规定参与和无菌工艺生产有关的所有操作活动。干预可分为固有的干预和纠正性干预，固有干预是指常规和有计划的无菌操作，如装载包材、环境监控、设备安装等；纠正性干预则是指对无菌生产过程的纠正或调整，如生产过程中清除破碎的瓶子、排除卡住的胶塞、更换部件、设备故障排除、手工压塞等。固有干预及经常发生的纠正性干预一般应在每次模拟中都实施，偶发性的干预可周期性地模拟，如无菌生产过程意外暂停或重启、无菌状态下设备、设施偶发故障排除等。

5.2.5 模拟介质的选择

应考虑模拟介质与无菌工艺的适宜性，结合被模拟产品的特点以及模拟介质的可过滤性、澄清度、灭菌方式等方面选择模拟介质，以尽可能模拟无菌生产工艺。不应选择具有抑菌性的模拟介质，以确保模拟试验结果的可信度。通常可采用的模拟介质包括促进微生物生长的培养基、安慰剂物料等，一般情况下推荐使用培养基［如胰酪胨大豆肉汤（Tryptic Soytone Broth，TSB）］。如果产品需充入惰性气体、储存在无氧条件，无菌操作在严格的厌氧环境中进行时（即氧气浓度低于 0.1%），应考虑采用厌氧培养基如硫乙醇酸盐液体培养基（Fluid Thioglycollate Medium，FTM）。在厌氧的无菌工艺环境监控中反复发现厌氧微生物或在产品无菌检查中发现厌氧微生物时，需评估增加厌氧培养基。

通常选择的模拟介质应有以下特征。

① 无抑菌作用。若模拟介质有抑菌作用，将会对生产系统中的细菌生长产生抑制作用，产生假阴性。模拟介质最好具有促进细菌生长的作用。

② 灭菌方式简单，易操作。

③ 在培养基内易溶解或扩散。如果因为溶解性不好，悬浮在培养基中的模拟介质使培养基发生混浊，影响结果的判断。

④ 对培养基的质量属性无影响，例如，pH 不会发生大的变化，以适应大多数细菌的生长。

⑤ 易清洁，对设备没有腐蚀性，对人体无害，对环境不发生污染。

基于以上分析，进行无菌工艺模拟通常可供选用的模拟介质有 PEG4000、PEG6000、乳糖和甘露醇、TSB 等。营养培养基在使用之前应进行灭菌，例如通过除菌过滤、湿热灭菌、辐射灭菌等方式除菌，但灭菌的方法应该经过验证。

应在无菌工艺模拟试验前或同时及 14 天培养后对培养基进行促生长能力试验，用于促生长能力试验的培养基应与用于模拟工艺试验培养基经过相同工艺（如除热原、灭菌、充氮、灌装、冻干等），以证明本次验证所用培养基的性能。

5.2.6　无菌工艺模拟设计

各种不同的无菌药品剂型，如无菌原料药、粉针剂、水针剂、滴眼剂、膏剂等，如使用无菌生产工艺，则都需要进行无菌工艺模拟试验。其试验的方法和考虑的事项有所不同，但是，基本的原则没有区别。以下以无菌冻干产品为例介绍无菌工艺模拟试验。

无菌工艺模拟试验必须包含无菌生产工艺的各个步骤。如配液、灌装、轧盖、冻干和无菌转运等。以冻干工序为例，冻干模拟通常采用以下三种方式。

5.2.6.1　稀释的培养基模拟

将稀释的培养基灌装到小瓶中，并半压塞；将灌有培养基的小瓶转移到冻干机中，排除培养基水分，但是培养基不能冷冻，冻干直至培养基的浓度达到预期水平。然后，小瓶压塞，并转移出冻干机进行密封操作。此方法基本模拟了冻干工艺的整个过程。但是，此过程模拟时间长，而且随着培养基的浓度变化其促生长特性也会发生变化。

5.2.6.2　培养基模拟冻干

将正常的培养基灌装到小瓶中，并半压塞；将灌有培养基的小瓶转移到冻干机中，在维持冻干机常温的情况下，进行抽真空，维持一个正常的冻干周期，然后破真空，压塞。最后，小瓶移出冻干机进行密封操作。此方法不存在培养基浓度变化影响微生物生长的问题，但是，耗时较长，而且真空度不能太高，否则会导致培养基沸腾。

5.2.6.3　进出箱模拟

培养基灌装到小瓶中，并半压塞；将灌有培养基的小瓶转移到冻干机中，部分抽真空，并保持一定时间；然后，箱体破真空，并压塞。最后，小瓶出箱并进行密封操作。此方法假定进出箱是最大的污染源，在箱内时间短，没有全面模拟冻干操作，真空度不能太高，否则会导致培养基沸腾。

在冻干工艺的模拟过程中需要注意一些问题。首先，应通过风险分析的方法确定工艺步骤中最可能引起潜在污染的部分，并重点关注此部分；其次，必须防止培养基被冻结。冷冻的培养基会降低微生物生长的可能性。再次，真空度和真空保持时间的考虑。最后，厌氧条件的考虑。必须屏蔽某些氧气隔离保护措施，如在生产中使用氮气破空的，应使用洁净压缩空气代替。

5.2.7　培养条件

在培养前，一般应对模拟灌装产品进行颠倒、轻摇以使培养基接触所有容器内表面。培养时间至少 14 天，可选择两个温度进行培养：在 20～25℃培养至少 7 天，然后在 30～35℃培养至少 7 天。如选择其他培养计划，应有试验数据支持所选培养条件的适用性。在整个培养期间应连续监控培养温度。

如实际生产过程中，分装容器内需要填充惰性气体，在模拟试验过程应考虑用无菌空气替代。替代空气应通过与惰性气体相同的管道系统以确保完全模拟惰性气体的使用过程。如必须采用惰性气体用以模拟厌氧无菌工艺（氧气浓度低于 0.1%）及培养厌氧微生物，应确认惰性气体与培养基的组合支持相应微生物的生长。

5.2.8　可接受标准与结果评价

无菌工艺模拟试验接受目标是零污染。无菌工艺模拟试验存在污染，即意味着无菌保证可能存在问题，出现的任何污染样品均应视为偏差并彻底调查。

采用良好设计且受控的无菌灌装系统，特别是自动化的系统如吹灌封、隔离器等，污染率可大幅度降低。

即使每次模拟试验的污染率都符合可接受标准，如果连续进行的模拟试验批中反复出现阳性结果，意味着无菌生产工艺存在系统性问题，必须得到有效解决。

对于无菌制剂而言，中国 GMP（2010 年修订）附录 1 "无菌药品"中明确规定了培养基模拟灌装的可接受标准，参见 5.2.1 项下内容。

5.2.9　无菌工艺模拟试验的周期与再验证

新建无菌生产线，在正式投产前，每班次应当连续进行 3 次合格的模拟试验。正常生产中，每班次每半年应至少进行一次模拟试验。对于因其他原因停产一定周期的生产线，在恢复正式生产前应考虑进行无菌工艺模拟试验。空气净化系统、无菌生产用设备设施、无菌工艺及人员重大变更或设备的重大维修后，应进行风险评估确认再模拟试验批次。应充分评估生产线的风险，在发现设施、人员、环境或工艺的持续监测出现不良趋势或无菌不合格时，也应考虑再次进行模拟试验。

培养基灌装容器的数量应当足以保证评价的有效性。批量较小的产品，培养基灌装的数量应当至少等于产品的批量。

5.3 清洁验证

5.3.1 清洁验证概述

在制药生产过程中，同一设备会用于多批产品和多种产品的生产。在生产结束后，总会残留若干原辅料和微生物。原辅料可能发生降解，微生物在适当的温湿度条件下可能以残留物中的有机物为营养大量繁殖，产生各种代谢物，从而大大增加残留物的复杂性和危害程度。显然，如果这些残留的原辅料和降解产物、微生物和其代谢产物进入下批或下一品种产品生产过程，必然会产生不良影响。因此，必须通过有效清洁将这些污染源从药品生产的过程中去除。对相关设备进行生产后的有效清洁，是防止药品污染和交叉污染的必要手段。

在 GMP 中一直强调关于清洁、防止交叉污染的条款，早在 1963 年美国颁布 GMP 条例（133.4）中就写到"生产设备必须保持洁净有序的状态"。为了达到相关法规规范的要求，生产企业应保证产品的残留可以通过一定的清洁程序从设备表面清除，并提供书面证据证明各种污染和交叉污染已被有效控制。

设备的清洁程序取决于残留物的性质、设备的结构、表面材质和清洁方法。对于确定的设备和产品，清洁效果取决于清洁方法，书面的、确定的清洁方法即所谓的清洁程序。清洁验证即针对清洁程序的有效性进行的证明过程。

严格地讲，绝对意义上的、不含任何残留物的清洁状态是不存在的。在制药工业中，清洁的概念是指设备中各种残留物（包括微生物及其代谢产物）的总量低至不影响下批产品规定的疗效、质量和安全性的状态。通过有效的清洁，可将上一产品生产残留在生产设备中的物质减少到不会影响下一产品的疗效、质量和安全性的程度。清洁验证即对清洁程序的效力进行确认，通过科学的方法采集足够的证据，以证实按规定的方法清洁后的设备，能始终如一的达到预定的可接受标准。

清洁验证大体可分为以下四个阶段：

① 清洁程序开发阶段；
② 清洁验证设计阶段；
③ 清洁验证实施阶段；
④ 验证状态维护阶段。

图 5-3-1 将各个阶段进行流程化，以下分别对其进行阐述。

5.3.2 清洁程序开发阶段

清洁验证的对象是清洁程序，开发阶段应根据产品性质、设备特点、生产工艺及所使用的原辅料等综合因素进行实验室清洁程序开发与模拟，确定清洁方法并制定清洁程序，清洁程序的建立需要从以下因素考虑。

5.3.2.1 清洁机制

清洁机制分为物理方法与化学方法。物理方法包括冲淋、擦洗、真空除尘，使用物理清洁的方法须考虑残留物的溶解性、批量及其在设备表面的黏附程度。化学方法包括溶解、乳化、润湿、螯合、分散、水解、氧化作用等。

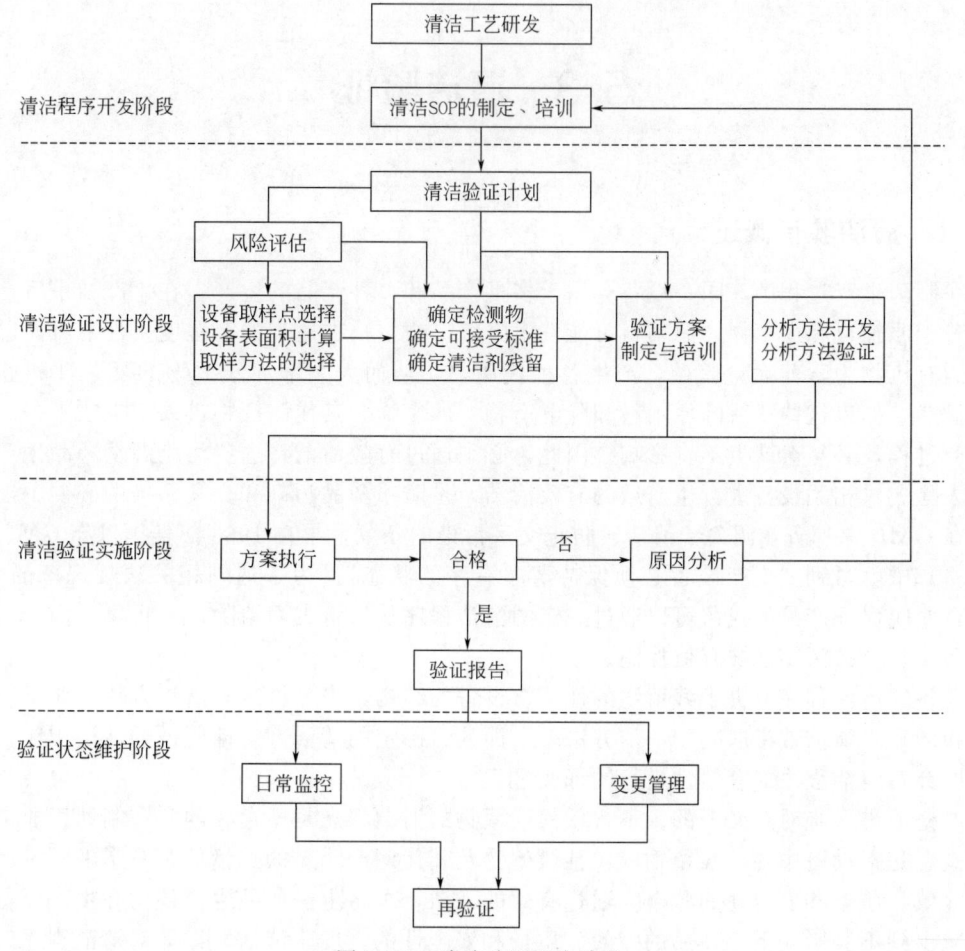

图 5-3-1　清洁验证四个阶段

无论是哪种清洁机制，都包含残留物与清洁剂接触、润湿、残留物脱离设备表面等共同过程，在此以最普遍的溶解清洁机制为例展开介绍。

溶解清洁机制主要是通过溶剂对残留物的溶解作用，以及流动的清洁剂对残留物的冲击而使附着在设备表面的残留物进入溶剂中。微观上看溶解的速度取决于单位时间内由溶质表面进入溶液的溶质分子数与从溶液中回到溶质表面的分子数之差，一旦差值为零，表面溶解过程达到动态平稳，此溶液即为饱和溶液。溶解过程中从溶质表面很快形成一层薄薄的饱和溶液，饱和溶液中的溶质分子不断向溶液深处扩散，形成从溶质表面到溶液深处的一个递减的浓度梯度。如果饱和层的溶质分子不能迅速进入非饱和的溶液深处，就会降低溶解的速度。因此即使是溶解度很大的物质，如蔗糖的块状结晶（俗称冰糖）在无搅拌的静止状态下的溶解速度也非常缓慢，提高溶解速度的有效方法是提高溶液流动速度。

在清洁过程中，必须使清洁剂在运动中与残留物接触，清洁剂与残留物的相对运动从宏观上可分解为垂直方向和水平方向的运动。相对运动可将已溶解的物质迅速带离溶质表面，而水平方向的相对运动根据流体力学的基本原理，可分为层流和湍流两类情况（见图 5-3-2）。

流体在管道轴心处的速度最大，自轴心至管壁速度逐渐减小至等于零。由此可以推断，如果清洁剂在待清洁设备中形成了层流，会很迅速地在残留物表面形成稳定的饱和溶液层，残留物的溶解速度会急剧下降，这与静止状态下的溶解过程非常相似，从而使清洁效率也随

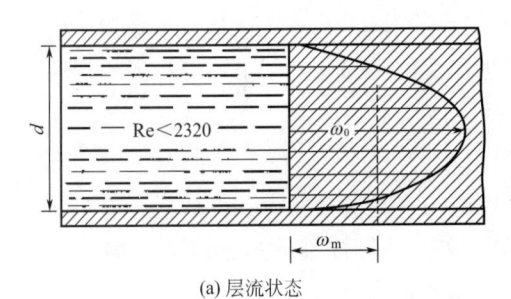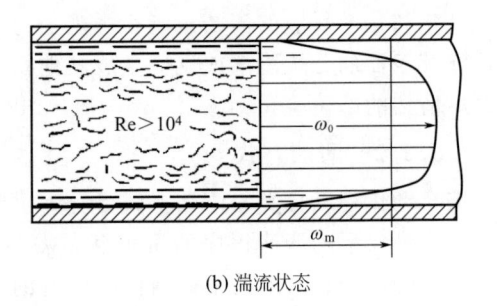

| (a) 层流状态 | (b) 湍流状态 |

图 5-3-2　流体在层流及湍流中的流速

ω_0—最大流速；ω_m—平均流速

之明显下降，因此在清洁中应避免层流的产生。流体以湍流形式流动时，虽然宏观上流体沿管道向一个方向流动，但从微观上看各质点的运动速度在大小和方向上都随时发生变化，总有部分质点的运动方向相对垂直于管轴或管壁，这样残留物表面也就不会形成稳定的饱和层，溶解的速度就大大提高了，清洁的效率也随之提高。因此在清洁过程中，必须保证清洁剂以湍流形式流动，流体以何种形式流动取决于流体雷诺系数 Re 的大小。

$$Re = d\omega\rho/\mu \tag{5-2}$$

式中，d 为管道直径；ω 为流速；ρ 为流体密度；μ 为黏度。

当 Re＜2300 时，为层流；Re＞10000 时，为湍流；2300＜Re＜10000 时，为层流和湍流的过渡阶段。Re 越大，表面湍流越剧烈，即质点运动方向和速率的变化越大，残留物溶解的速度越快。

在已确定清洁剂和淋洗液的情况下 Re 正比于管径与流速的乘积：

$$Re \propto d\omega$$

比较普遍的在线清洁过程都有清洁剂在泵的驱动下在设备与管道中循环的步骤。对已确定的系统，清洁流量 V 是固定的。根据液体的不可压缩特性，在没有平行管道和分叉的情况下，不管管径如何变化，管内各点的流量必然相同。

因 $V = \omega S = \omega\pi R^2 = \pi/4 \times \omega d^2$，其中 S 为管道截面积，

则 $\omega = 4/\pi \times V/d^2$

则 $Re \propto V/d$，如 V 为定值，

则 $Re \propto 1/d$

由此可知，在系统中，管径较大的部位或管径由小变大的部位 Re 值较小，相对容易发生层流，较难被清洁。

对有多根平行管道尤其是管径不同的系统，因各管道的流速变化、流量分配各不相同，通常将这些部位列为较难清洁的部位。

此外，不能忽视那些似乎不直接接触产品的部位，如复方氨基酸注射液配制系统一般需安装防爆安全阀（膜）的歧管、排气管、充氮管、抽真空管等。这些管道由于投料时物料微粒的飞扬，或因为配制罐内雾化的小液滴随充氮、抽真空等工艺过程四处飘散而可能被污染。有时这种污染很轻微，但如果清洁程序未能考虑这些管路，日积月累可能产生严重的后果。

综合而言，凡是死角、清洁剂不易接触的部位如带密封垫圈的管道连接处，压力、流速迅速变化的部位如有歧管或岔管处、管径由小变大处、容易吸附残留物的部位如内表面不光滑处等，都应视为最难清洁部位。

乳化和化学反应的清洁机制在微观上与溶解过程相似，都有清洁剂分子作用于残留物表面，致其表面的分子脱离或反应生成其他物质进而溶解，因此宏观上不容易形成湍流的部位也是难清洁的部位。

5.3.2.2 清洁方式

按自动化程度分类，清洁方式可分为手动清洁与自动清洁两类。

为了确保手动清洁程序的重现性，需要建立文件进行详细的过程描述，操作人员的培训、充分的监控、清晰的书面清洁程序有助于确保手动清洁的一致性。

自动清洁通常不涉及人员介入，清洁系统通常对不同的清洁行程进行编程，采用自动清洁方式可对清洁的行程和参数进行一致、稳定的监控。

按清洁地点对清洁方式分类，可分为在线清洁与离线清洁两类。

以上两种分类方法不同，在线清洁和离线清洁均可能使用手动清洁和自动清洁工艺。

（1）在线清洁

大型设备的清洁通常在设备的安装位置进行，一般与其用于生产时的布局非常相似，在线清洁可以是手动或自动清洁工艺。

① 在线清洁系统　在线清洁系统利用喷洒装置将清洁剂覆盖工艺设备表面，并通过物理冲击除去残留物，喷淋球可以是静止的或运动的（如旋转、摆动），这些系统通常被用来清洁大件的设备，如混合罐、流化床、反应器等。

② 溶剂回流清洁法　在反应器中煮沸一些挥发性溶剂，当溶剂的蒸汽在设备表面冷凝，可以溶解表面上的残留物。

③ 安慰剂清洁法　这种方法需要选用一种不会对下一产品质量造成不利影响的安慰剂，这种方法的原理是当安慰剂在设备中流动时，会将上批产品的药物残留和工艺残留清除，这种方法的优点是安慰剂在设备中的加工过程与实际生产的产品一样，因此安慰剂与下一产品以同样的接触方式接触表面，缺点是成本高，而且难以证明该清洁工艺的有效性。

（2）离线清洁

对于安装后较难清洁的设备小部件及便携式工艺设备，通常拆卸后转移到另一个指定的清洁间进行自动或手动清洁，手工操作是离线清洁中不可缺的，一般需要在文件中详细描述清洁步骤和方法，并进行相应的培训。

5.3.2.3 清洁剂的选用

清洁剂应能有效溶解残留物，不腐蚀设备，且本身易被清除，随着环境保护标准的提高，还应要求清洁剂对环境尽量无害或可被无害化处理，并且应尽量廉价。根据这些标准，对于水溶性残留物，水是首选的清洁剂。

从验证的角度，不同批号的清洁剂应当有足够的质量稳定性。因此不提倡采用一般家用清洁剂，因其成分复杂、生产过程中对微生物污染不加控制、质量波动较大且供应商不公布其详细组成。使用这类清洁剂后，还会带来另一个问题，即无法证明清洁剂的残留达到了标准。

应尽量选择简单、成分确切的清洁剂。根据残留物和设备的性质，企业还可自行配制成分简单效果确切的清洁剂，如一定浓度的酸、碱溶液等。企业应有足够灵敏的方法检测清洁剂的残留情况，并有能力回收或对废液进行无害化处理。

一般来说，生产后清洁用到的清洁剂通常分为以下 4 类。

（1）水

水通常用于设备前冲洗、后冲洗和稀释液制备与使用，对于易溶于水的残留物，水也可以直接作为清洁剂使用。清洁用的水包括自来水、软化水、纯化水、注射用水等，通常情况下，用于最终淋洗的水质至少与制药用水相当，清洁用水的质量还应符合适用其用途的化学、微生物与内毒素限度要求。

（2）有机溶剂

有机溶剂一般用于原料药合成工艺中的清洁，溶剂的选择基于残留物在溶剂中的溶解性。有机溶剂作为清洁剂在清洗设备后，会在设备表面有大量残留，应对其进行严格控制，降低对药品生产的影响。

（3）酸和碱

酸碱溶液的强酸碱性会促进水解，对大分子有机物进行水解破坏，使残留物结构简化易于清除。酸碱清洁剂有组分单一、价格低廉同时容易清除等优点，但是市售清洁剂中，如氢氧化钠，对于强烈吸附或干燥的残留物清洁效果有限，并且还有一定的吸潮性和污物悬浮作用。

（4）配方清洁剂

配方清洁剂含多种成分，利用不同的清洁机制，因此具有更广泛有效的清洁作用，除了具有市售碱的碱性作用和水解作用外，配方洗涤剂可能提供更好的润湿和污物渗透性，乳化等相互作用。

5.3.2.4 清洁参数

清洁程序的操作参数（如清洁剂种类、浓度、接触时间、残留物的特性、污染条件），还包括清洁设备的特性、自动化的清洁路径、清洁环境的顺序、每步的流速，在投入使用前都需要确认。清洁程序每一步均包含 4 个参数，分别是时间、动作、浓度及温度。这 4 个参数是互相联系的，且与清洁周期中每一阶段的成功存在直接关系，比如通过对清洁剂加热以提高去污能力。作为清洁参数的变量需要确定，清洁参数的可接受范围作为清洁程序开发工作的一部分进行建立。

（1）时间

在一个清洁步骤中，清洁步骤的时间的长短可以采用两种方式来进行定义和测量：直接法与间接法，直接法可使用控制系统中的计时器测量时间。也可以通过间接法测量时间，例如在淋洗时，有时通过测量体积来代替测量时间，因为通过体积和流速可以确定时间。对于最终淋洗水，普遍会增加测试要求，如电导率。

（2）动作

动作被定义为清洁剂的流体动作，如浸泡、洗涤、冲击、湍流。搅动能够提高清洁剂的有效性和清洁工艺的效果。典型的手工清洁包括浸泡和擦洗，以达到清洁效果。自动清洁程序通常采用冲击流或湍流作为清洁动作。清洁程序需明确清洁动作。流速是清洁剂和清洁水在流经设备时的重要参数，应该在清洁工艺的每个步骤中规定流速并进行确认。喷淋装备要具有最大和最小流量的要求，管道的淋洗流速要确保形成湍流。

（3）清洁剂的浓度

清洁剂的浓度直接影响清洁程序能否成功，化学清洁剂可以是浓缩型的清洁剂稀释后使用。清洁效果与清洁剂的浓度有关系，清洁剂使用太少可能达不到清洁效果，使用太多则清洁剂残留可能难以去除，并需要使用大量的淋洗。通常，对于碱性清洁剂达到最佳清洁效果的方法可以是在搅拌状态下提高温度或延长湍流淋洗周期的时间。

化学清洁剂在采购和处置方面，均会产生不小的资金投入，因此确定正确的浓度以保证清洁效果是极为重要的。清洁剂添加的自动系统，必须具有可重现性。不管采用何种添加方式，确认清洁剂浓度有助于证实该方式的一致性。对于自动清洁程序，电导率测试是最容易测试强碱或强酸清洁剂浓度的方式。

应能够通过清洁剂的化学组成在线测试出清洁剂浓度的异常变化，例如一些清洁剂添加系统以体积进行控制并采用电导率测试作为确认方法。当电导率超出预设值时，就会报警，允许的范围需来自清洁程序开发的数据予以确定。

（4）温度

清洁程序中不同步骤的最佳温度范围会有所不同，初始清洁剂典型的温度为常温，目的是最大限度地去除变性或降解产物和稀释产物。清洁剂经过加热以提高效果，最终清洁水可采用高温以加快干燥速率和提高任何工艺残留及清洁剂残留的溶解性。

5.3.2.5　清洁操作规程的要点

不管采用何种清洁方式，何种清洁剂和清洁参数，都必须制定一份详细的书面规程，规定每一台设备的清洁程序，从而保证每次清洁操作都能以相同的方式实施清洁，并获得相同的清洁效果。这是进行清洁验证的前提。

从保证清洁重现性及验证结果的可靠性出发，清洁程序至少应对以下方面做出规定：

① 清洁开始前对设备必要的拆卸要求和清洁完成后的装配要求；
② 所用清洁剂的名称和主要成分；
③ 清洁剂的配制方法；
④ 清洁剂接触表面的时间、温度、流速等关键参数；
⑤ 淋洗要求；
⑥ 生产结束至开始清洁的最长时间；
⑦ 连续生产的最长时间；
⑧ 已清洁设备用于下次生产前的最长存放时间。

清洁操作规程的编制应考虑以下要点。

（1）拆卸

应在设备的清洁规程中规定一台设备需要拆卸的程度，大多数设备，如大容量注射剂的灌装机、固体制剂的一步制粒机等在清洁前需要预先拆卸到一定程度，小针的灌装机则几乎完全拆卸。应有书面的、内容清晰完整的拆卸指导，最好附有示意图，以使操作人员容易理解。

（2）预洗/检查

预洗的目的是除去大量的（可见的）残留产品或原料，为此后的清洁创造一个基本一致的起始条件。

由于清洁规程往往不是专用的，它需要适用于生产多种产品和浓度或剂量规格的通用设备，以简化管理及操作，因此需要进行预洗。预洗的作用是确立一个相对一致的起始点，以提高随后各步操作的重现性。

预洗所用水质不必苛求，通常饮用水或经一定程序净化（如过滤）的饮用水已经足够，使用水管或手持高压喷枪用水冲洗设备以除去残留物，持续喷洗设备直至可见残留物消失，以此作为预洗的终点，操作者判断预洗完成与否的标准必须尽可能的明确，特别是应检查的部位。

（3）清洗

此步的目的是用清洁剂以一定的程序除去设备上不可见的残留物，这种一致性是进行清洁验证的基础。在预洗后再对设备或部件进行进一步的清洗，使用到的清洁剂应进行细致明确的规定，包括名称、组成、浓度以及配制方法。

清洗过程中的各种影响清洗效果的参数，均需要进行规定，例如清洁剂用量、回流或搅拌时间、需要浸泡或擦拭的要求等，为提高清洗效果，在两步清洗之间可加入淋洗操作，提高清洗的效果。

正式的清洗过程结束后，通常会用水以固定的方法最后淋洗设备表面，以除去设备上不可见的清洁剂等残留物。为保证清洗程序的重现性，必须在清洗程序中明确规定淋洗的次数及其他相关参数。GMP对水质有明确的要求时，应根据产品的类型采用符合药典标准的制药用水。

（4）干燥/储存

根据需要决定设备是否需要干燥，以除去设备表面的残留水分，防止微生物滋生，对于经过验证的清洁程序，如果设备淋洗后要进行灭菌处理，或者经高温、无菌的注射用水淋洗后并密闭保存的设备则不一定要进行干燥处理。

设备清洗干燥后，需要规定已清洁设备和部件的储存条件和最长储存时间，对于暴露的设备，最好采用外用的防护进行保护，防止再次污染。

（5）装配

应规定将被拆卸部件重新装配的各步操作，并附示意图以利于操作者执行，此外要注意装配期间防止污染设备和备件。

5.3.3　清洁验证设计阶段

清洁验证设计阶段是通过一系列的评估与研究，最终确定清洁验证方案的阶段。应首先编制清洁验证计划，确定清洁验证方案设计原则，通过风险评估确定清洁验证的风险点和取样计划，最终通过清洁验证方案确定清洁验证执行方法。需要注意的是，应在清洁验证前完成分析方法的建立与验证。

5.3.3.1　清洁验证计划

所有验证活动应有计划，清洁验证计划的要求应在主计划或类似文件中规定和记录。计划应描述职责、清洁验证原则、策略和实施要求。

清洁验证计划有两种编制方式，一种是编制包括所有要素的详细的清洁验证计划，另一种是编制简略版的清洁验证计划，额外准备清洁验证执行或项目计划，详细说明清洁验证要求。

清洁验证计划应说明清洁验证项目中的每个因素，这些因素应根据产品性质及其使用的设备特征和清洗程序来编写。清洁验证计划的构成包括但不限于以下主题。

（1）目的

说明编制清洁验证计划的目的。清洁验证计划有助于公司管理层了解验证活动所涉及时间、人员的安排，以及进行相关确认与验证活动的必要性，有助于验证团队成员了解各自的职责，此外让参与这个项目的人员以及检查人员能够从全局了解该工厂所使用的验证方法和所有的验证活动。

（2）范围

说明清洁验证的评估范围。清洁验证计划应包括清洁验证的一般原则，可接受标准计算，分组（矩阵）和最差条件产品评估等方面的规定。

（3）职责规定

对清洁验证过程中各部门的职责进行详细规定与描述。

（4）产品与设备分组（矩阵）和最差条件产品评估

列出清洁验证的待评估产品和设备清单，给出产品分组和设备分组和最差条件评估原则。该评估可以在编制验证计划时进行也可以在风险评估阶段进行，在清洁验证方案中要给出最差条件产品评估结论。

通常情况下，一条生产线会同时生产多个品种，每个品种由活性成分和辅料组成，在清洁验证中不必为所有残留物制定限度标准并一一检测，因为这是不切实际且没有必要的。在一定意义上，清洁的过程是个溶解的过程，因此通常的做法是从各组分中确定最难清洁的物质，作为目标化合物即验证对象，目标化合物一般要考虑其特性，包括：

① 溶解性风险；

② 毒性、药理；

③ 难于清洁，如对设备表面材质有一定附着力；

④ 配方中包含难以清洁的油脂、色料或矫味剂的产品（颜色、香味与味道）；

⑤ 生产量高的品种（生产频率高的产品相应的清洁频率高）；

⑥ 清洁过程如果使用清洁剂，则其残留物也应视为标记物。

同一工序使用到的设备可能会有很多种，对于同一类型的设备，可以考虑对其分组并同时进行验证。对于设备分组，以形式和功能为标准定义分组原则，设计和功能相似，大小不同的设备可以分为一组。

（5）残留限度的计算和可接受标准

清洁验证计划应给出残留限度的计算方法和可接受标准制定原则。

通常残留限度包含：化学残留可接受限度；微生物残留限度；清洁剂残留限度。

如何确定残留物限度是一个相当复杂的问题，企业应当根据其生产设备和产品的实际情况，制定科学合理的、能实现并能通过适当的方法检验的限度标准。

目前企业普遍考察的限度标准包括：目检合格限度；化学残留可接受限度；微生物残留可接受限度；残留溶剂可接受限度。

① 目检合格限度　目检要求不得有可见残留物，在每次清洁完后都要求进行检查并对检查结果进行记录，此项检查限度应该作为清洁验证接受限度的第一个接受标准。

② 化学残留可接受限度　计算化学残留可接受限度有三种方法，采用健康基础数据的可接受标准、生物活性限度（最低日剂量的1/1000）和浓度限度（10mg/kg）。在考虑可接受残留限度时，综合考虑三种方法，选择最严格的标准作为清洁验证最终标准。

a.基于健康基础数据的可接受标准　在可以获得可接受日暴露水平（ADE）或允许日暴露量（PDE）值时，最大允许残留（MACO）应基于ADE计算。MACO计算的原则是基于ADE/PDE值，计算允许从上一产品带入下一产品中的残留量。

根据式(5-3)计算ADE值或PDE值，将结果用于MACO值的计算：

$$ADE = NOAEL \times BW/(UFc \times MF \times PK) \tag{5-3}$$

根据式(5-4)从ADE值计算MACO值：

$$MACO = ADE_{previous} \times MBS_{next}/TDD_{next} \tag{5-4}$$

式中，ADE为可接受日暴露水平；NOAEL为无可见副反应水平；MACO为允许最大残留，即从上一产品带入下一产品的最大可接受量；BW为平均成人体重；UFc为组分不确定因子，反映单个变量之间、不同品种差异、亚急性折算为急性外推、最低可见损害作用水平到无可见损害作用水平的推断，数据完整性等补偿因素的综合系数；MF为修正因子，用于表达未被其他因子覆盖的不确定因素；MBS_{next}为下一产品的最小批量；TDD_{next}为下一产品的标准治疗日服用剂量。

b. 基于日治疗剂量的可接受限度：最低日治疗剂量的 1/1000。

根据药物的生物学活性数据——最低日治疗剂量（MTD）确定残留物的限度是制药企业普遍采用的方法。一般取最低日治疗剂量 1/1000 为残留物限度，可以认为即使存在很大个体差异，该残留量也不会对人体产生药理反应。因此高活性、敏感性的药物宜使用本法确定残留物限度。

一般表面计算公式如下：

$$L_{1/1000} = MTD_{previous}/1000 \times MBS_{next}/MDD_{next} \times S_{next} \tag{5-5}$$

式中，$MTD_{previous}$ 为清洁前产品最小日给药剂量中的活性成分含量；N_b 为清洁后产品的批量；MDD_{next} 为清洁后产品的最大日给药剂量的活性成分含量；S_{next} 为清洁后产品活性成分含量的百分比，%（W/W）。

c. 浓度限度：十万分之一（10mg/kg）。

在下一产品中的残留物应不超过 10mg/kg，该限度是依据分析方法客观能达到的能力而制定的，从控制微生物污染及热原污染角度上看，也比较安全。一般来说除非是高活性、高敏感性的药品，该限度的安全性是足够的。

从残留物浓度限度可以推导出设备内表面的单位面积残留物浓度（表面残留物限度），假设残留物均匀分布在设备内表面上，在下批生产时全部溶解在产品中。

设备下批产品的生产批量为 $B(kg)$，因残留物浓度最高为 10×10^{-6}，即 10mg/kg，则残留物总量最大为 $10B(mg)$；单位面积残留物的限度为残留物总量除以测量的与产品接触的内表面积，设设备总内表面积为 $S_A(cm^2)$，则表面残留物限度 $L = 10B/S_A(mg/cm^2)$。为确保安全，一般应除以安全因子 F，则 $L = 10B/(S_A \times F)(mg/cm^2)$

计算接受残留限度需考虑的要素见表 5-3-1。

表 5-3-1　计算接受残留限度的考虑因素

影响因素	最小日治疗剂量/毒性	溶解度	批量	最大日治疗剂量	接触产品的面积	难清洁位置	取样面积
清洁前产品	√	√					
清洁后产品			√	√			
设备					√	√	
取样方法							√
清洁剂	√	√					

③ 微生物残留可接受限度　清洁的微生物验证可以和清洁的化学验证同步进行。微生物的特点是在一定环境条件下会迅速繁殖，数量急剧增加，而且空气中存在的微生物能通过各种途径污染已清洁的设备。设备清洁后存放的时间越长，被微生物污染的概率越大。因此，企业应综合考虑其生产实际情况和需求，自行制定微生物污染水平控制的限度及清洁后到下次生产的最长贮存期限。

④ 残留溶剂可接受限度　药品生产和清洁中可能用到除水之外的有机溶剂，ICH 在《残留溶剂指南》中将溶剂分为以下 3 个级别。

a. 一类溶剂　因其具有不可接受的毒性或对环境造成公害，第一类溶剂在制药生产中不应该被使用，如必须使用时按表 5-3-2 对残留进行控制。

表 5-3-2　第一类溶剂浓度限度

溶剂	浓度限度/(mg/kg)	备注	溶剂	浓度限度/(mg/kg)	备注
苯	2	致癌物	四氯化碳	4	毒性及危害环境
1,2-二氯乙烷	5	毒性	1,1,1-三氯乙烷	1500	危害环境
1,1-二氯乙烯	8	毒性			

b. 二类溶剂　由于其毒性在制剂中应予以限制,并严格限制允许的每日摄入量,见表 5-3-3。

表 5-3-3　第二类溶剂浓度限度

溶剂	最大允许摄入量/(mg/d)	浓度限度/(mg/kg)	溶剂	最大允许摄入量/(mg/d)	浓度限度/(mg/kg)
乙腈	4.1	410	甲醇	30.0	3000
氯苯	3.6	360	2-甲氧基乙醇	0.5	50
氯仿	0.6	60	甲基丁基酮	0.5	50
异丙基苯	0.7	70	甲基环己烷	11.8	1180
环己烷	38.8	3880	甲基异丁基酮	45	4500
1,2-二氯乙烯	18.7	1870	N-甲基-吡咯烷酮	5.3	530
二氯甲烷	6.0	600	硝基甲烷	0.5	50
1,2-二甲氧基乙烷	1.0	100	吡啶	2.0	200
N,N-二甲基乙酰胺	10.9	1090	环丁砜	1.6	160
N,N-二甲基甲酰胺	8.8	880	四氢呋喃	7.2	720
1,4-二噁烷	3.8	380	四氢萘	1.0	100
2-乙氧基乙醇	1.6	160	甲苯	8.9	890
乙二醇	6.2	620	1,1,2-三氯乙烯	0.8	80
甲酰胺	2.2	220	二甲苯	21.7	2170
己烷	2.9	290			

c. 三类溶剂　第三类溶剂属于低毒溶剂,对人体危害很小,见表 5-3-4。

表 5-3-4　第三类溶剂

乙酸	乙酸丁酯	乙醚	乙酸异丁酯	甲基乙基酮	1-丙醇
丙酮	叔丁基甲基醚	甲酸甲酯	乙酸异丙酯	2-甲基-1-丙醇	2-丙醇
苯甲醚	二甲基亚砜	甲酸	乙酸甲酯	戊烷	乙酸丙酯
1-丁醇	乙醇	庚烷	3-甲基-1-丁醇	1-戊醇	三乙胺
2-丁醇	乙酸乙酯				

ICH《残留溶剂指南》规定,一类、二类溶剂仅在不可替代的情况下用于药品生产,但不能用作清洁剂。在无法避免时,三类溶剂可作为清洁剂,其在下一产品生产中允许的溶剂残留浓度不应超过初始溶剂浓度的 0.5%。

(6) 最难清洁部位和取样点

清洁验证计划中应给出取样点选择原则。

设备最难清洁部位一般是根据生产经验及风险评估进行确定,考虑到在线清洁无法覆盖的区域及手工清洁中无法拆卸的部件表面,另外对于设备中不同组成部分,使用到的不同材质,需要对其进行综合考虑,确认设备最难清洁部位。

确定最难清洁部位首先可以作为设备设计时的参考,其次能进一步确认清洁验证中的取样点,但这个过程仅适用于擦拭法取样的方式。

（7）清洁验证取样方法确认

清洁验证中取样方法验证是清洁验证成功执行的前提，在清洁验证计划中应给出方法验证的策略和要求。

（8）清洁验证计划的其他内容

清洁验证计划的其他内容还包括不局限于如下内容：

① 清洁验证时间计划表；

② 清洁验证日常监测/维护要求；

③ 参考文件；

④ 附录。

5.3.3.2 风险评估

清洁验证中合理运用风险评估可达到如下目的：

① 选出清洁验证目标产品，有效地减少清洁验证工作量，提高清洁验证的适用性；

② 选出取样点位置并选择合理的取样方法，从而更高效地开展清洁验证。

从相关的工艺系统知识、污染物和设备清洁辅助系统中进行风险评估、确认。这些系统要进行设计审核，然后根据相关的可接受标准确认，证明已经达到系统的相关要求。在清洁验证执行的过程中，有很多导致清洁验证不成功的因素，每个因素都存在着不同的潜在的风险，必须对每个因素进行充分的分析、评估，确保清洁验证顺利地进行，图 5-3-3 用鱼骨图分析确认所有可能的影响因素。

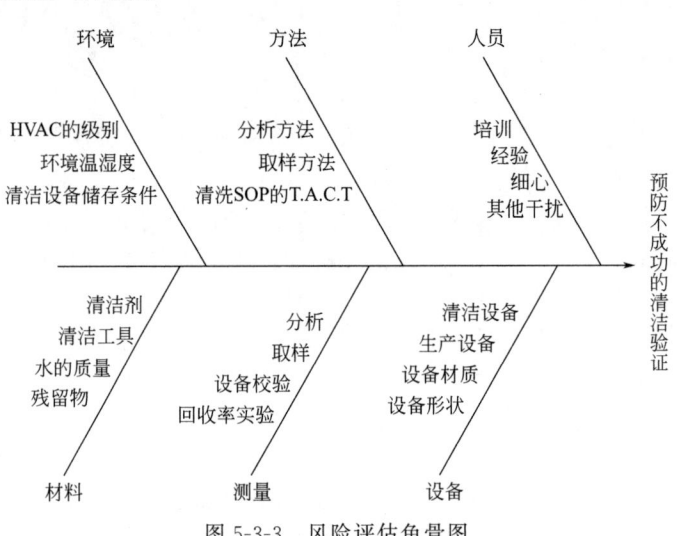

图 5-3-3　风险评估鱼骨图

（1）环境

环境因素对清洁验证的影响至关重要，一个良好的环境能够保证清洁验证顺利地进行。环境因素影响清洁验证过程中的微生物残留项目，不同级别的环境有不同的微生物和尘埃粒子要求，在进行清洁验证之前，必须确保 HVAC 的性能确认已完成，环境的温湿度已经符合要求。特别是清洁后的设备的储存条件，清洁后的设备必须储存在干燥的环境中，需要进行干净设备保留时间和脏设备保留时间的验证，而这两个时间验证主要是针对微生物残留限度，因为环境因素如不能被有效控制，必定导致清洁验证失败。

（2）方法

清洁验证执行之前，必须完成与清洁验证相关的分析方法和取样方法验证以及所有相关设备的清洁 SOP。在设备清洁 SOP 中必须清楚地描述 T. A. C. T（Temperature，Action，Concentration，Time）参数，确保清洁程序的可操作性。

（3）人员

对于参与清洁验证的相关人员，特别是参与清洁验证相关设备清洁的操作人员，必须接受相关的清洁程序培训，保证设备清洁的一致性，必要时在清洁验证过程中可以采用不同的班组人员对设备进行清洁，从而证明清洁 SOP 的耐用性。执行清洁验证的人员必须全部通过清洁验证方案的培训，在执行过程中，尽量选用有经验的人员，尤其是取样操作人员，必须通过回收率实验的培训，否则不能进行取样操作。

（4）材料

为了使设备的清洁达到一定的洁净度，设备的清洁必须严格选用清洁剂和清洁工具，清洁剂必须采用成分单一和制药行业允许的清洁剂，而且在清洁验证执行的过程中要测定清洁剂残留，清洁工具一定要选择没有任何脱落物质的清洁工具，重要的清洁工具的变更可能导致清洁程序重新验证。设备清洁所采用水的质量对于最终可接受标准的制定有着很大的影响，不同的水质清洁代表着不同的洁净要求，比如注射用水清洁一般都是在无菌制药厂房中进行，而纯化水对设备的清洁一般都在非无菌制药厂房中进行，所以最终清洁用水的质量好坏决定着清洁验证微生物限度制定原则。

药品生产过程中，每个公司的每个车间都会有很多品种和剂型药品，由于在清洁验证过程中，要耗费大量的人力和物力，不可能针对每个品种都要单独地进行清洁验证，为了降低成本和将复杂的清洁验证简单化，需要对车间所有的品种和剂型进行分组分类，从中选择最差条件的产品进行清洁验证。

（5）测量

清洁验证过程中涉及的所有设备的仪器仪表必须进行校准，确保获得数据的准确性。考虑不同人员操作的差异性，取样操作应由经过严格培训并能严格遵守规程的人员进行，同时为保证样品具有较好的重现性，取样操作应由完成回收率实验的人员进行操作。棉签使用前用取样溶剂预先清洁，以防止纤维残留在取样位置表面。不同材质的回收率实验在此方案进行前必须完成，应由同一人至少进行 3 次操作，结果应大于或等于 50%，三次结果的 RSD 应不大于 20%，为确保产品的安全性，在计算残留量时应以最低的回收值代入，即算得最大可能残留量。将不同材质的回收率结果进行对比，为最大限度地降低污染的风险，采取回收率最低的材质作为最终回收率。

（6）设备

每个公司的产品有不同的剂型，每个剂型使用的设备也各不相同，且可能生产不同产品，在清洁验证的执行过程中，不可能对每个产品的设备链进行验证。如果一个公司某剂型的产品非常多，那么清洁验证周期会很长，浪费大量的人力和物力资源。所以通常会根据产品使用的设备链和产品的相似性对设备链进行分组验证，对于同一类别的设备链，只需要选择最差条件设备链验证，只要最差条件设备链通过验证，那么其余的设备链也就不需要进行验证，大大减轻清洁验证工作量。

制药生产过程中，由于设备的种类非常多，每个设备都有不同的几何形状，所以设备取样点的选择是非常重要的，所选择的取样点必须有很强的代表性，最终取样点结果合格，证明该设备的清洁程序是适用的。

因为在清洁验证过程中主要的目的是证明上批产品的活性成分对下批产品没有造成污染，所以对于有些没有接触到活性成分的设备，我们可以适当地制定其测试项目，并不是所有的测试项目都是一成不变的。

5.3.3.3 清洁验证相关的方法验证

清洁验证相关的方法一般包括取样方法与清洁样品分析方法。取样方法回收率代表了取样设计的适用性和可靠性，而适当的分析方法应能够充分检测相关残留物，检测结果决定清洁程序是否可靠或需要进一步改进。

为了评估清洁效果，有必要对设备的产品接触表面进行取样并确定存在的残留量，适当的取样方法是一个清洁验证计划的基本要素，本节主要描述如何选择适当的取样方法及取样回收率验证问题。

（1）取样方法选择

取样方法的选择取决于残留物的性质、残留限度以及所需要的分析方法，清洁验证常用的取样方法包括：直接表面取样法；淋洗取样法；擦拭取样法；安慰剂取样法；微生物及内毒素取样法。

擦拭法、淋洗法以及目检都是可以接受的取样方法，这些方法有它们自身的优点与局限，在一个给定的验证方案中，为了充分确认设备清洁是可接受的，可以采用多种取样方法，例如"淋洗取样与目检结合"或者"淋洗取样、擦拭取样以及目检相结合"。

① 直接表面取样法　直接表面取样法包括仪器法及目检法，应注意直接表面取样法包括了取样及分析方法。

a. 目检法　一个清洁过程应从生产设备表面去除可见残留物，目检存在局限性，如一些设备的表面（如管路）无法直接观察，一些光学设备如镜子或者内窥镜，连同辅助照明一起有助于进行目检。一般来说需要目检的表面应干燥，因为这代表着目检的最差条件。

需要注意的是，法规要求应通过肉眼观察确认设备是否清洁。可以认为使用辅助工具来放大或提高残留物的能见度比裸眼目检更加严格。

b. 仪器法　仪器法通常采用一个通过光纤电缆连接至分析仪器的表面探针。例如，可能是一个通过光纤电缆连接至傅里叶变换红外光谱仪的衰减全反射探针。这种取样法的优势是不需要像擦拭法和淋洗法那样从表面取残留物进行分析（如擦拭以及淋洗取样）。因此也不需要单独的取样回收率研究。这种方法的主要缺点是光纤探头的长度有限以及被取样表面需相对平坦（因此很多最差条件的位置不能采用这种方法取样）。

② 淋洗取样法　淋洗取样法是指在相关设备表面采用流动的溶剂（水、含水溶液、有机溶剂或者水/有机溶剂混合物）去除残留物，然后再检测淋洗液中残留量，淋洗样本的采集应考虑溶解度、位置、淋洗时间以及淋洗体积。

淋洗取样法的优缺点见表5-3-5。

表 5-3-5　淋洗取样法的优缺点

优点	缺点
1. 淋洗过程中所有产品接触的表面是湿润的，一个分析结果可以代表淋洗液中所有被移除的残留物的总和 2. 如果使用工艺溶剂，取样过程不会污染设备 3. 取样后无需重新清洁 4. 适用于无法采用擦拭取样的区域 5. 适合在线分析 6. 更少的技术支持 7. 适用于活性成分、清洁剂、生物负载检测 8. 可对独特（如多孔）表面、膜和树脂进行取样 9. 有助于清洁工艺的设计/开发	1. 只能检测到溶于淋洗溶剂的残留物 2. 必须确保淋洗液接触到所有表面以充分检测残留物 3. 无法检测从设备的某一部位优先转移到下一个产品中的残留物 4. 样品稀释可能无法检出 5. 残留的分布位置信息有限 6. 淋洗量对于获得准确结果非常关键 7. 通常仅限于淋洗整个设备，比如一个容器（除了提取取样法）

③ 擦拭取样法　拭子以及擦拭取样都采用纤维材料（最常用）擦拭表面，擦拭过程中表面的残留物会被转移到纤维材料上。然后再将纤维材料置于溶剂中，将残留物转移到溶剂中去。然后用经过验证的合适方法分析溶剂中的残留物。拭子的纤维材料是一种带有塑料把手的纺织物（针织、机织或无纺布）。擦拭巾是机织或无纺布类的纤维材料，用来对表面进行手工取样。用钳子钳住进行表面擦拭的棉球或棉垫是一种特殊类型的拭子。选择拭子或擦拭巾前需要评估拭子性质，如析出物和脱落物。表面残留物的回收率还取决于拭子头部或擦拭巾的大小和形状以及把手的性质（例如弹性和长度）。

擦拭取样法的优缺点见表 5-3-6。

表 5-3-6　擦拭取样法的优缺点

优点	缺点
1. 适用于特定表面残留物的分析 2. 可对较难清洁区域（即最差条件）取样 3. 可溶解和物理性去除残留物 4. 适用于各种表面 5. 经济、应用广泛 6. 可对指定区进行取样 7. 适用于活性成分、微生物和清洁剂残留 8. 较少的提取溶剂可以获得较大的检出能力	1. 仅对部分表面取样分析，不代表整个设备的状况——取样必须包括最差条件的位置 2. 取样操作本身可能对设备带来污染（纤维或溶剂），取样后需要重新清洁 3. 某些区域不容易进行擦拭取样（如管道系统） 4. 结果可能取决于取样方法（例如被取样的表面积） 5. 结果可能取决于取样位置（例如难以接触的表面） 6. 拭子材料和设计可能影响方法的回收率和专属性

④ 安慰剂取样法　安慰剂取样法是在清洁后，进行安慰剂批的加工，以检测残留量。安慰剂取样法主要用于证明未将残留携带到下一产品。选用的安慰剂应模拟产品性质，设备特点也影响安慰批量的大小。对于安慰剂取样，可能难以测量安慰剂中的残留量。安慰剂取样也被称为"模拟生产"或"空白生产"，在生物技术中一般只采用水进行加工，后一概念不同于淋洗取样，安慰剂取样中水在设备中的加工与产品的加工几乎一样。

在取样前首先要清洁设备，清洁完成后执行安慰剂产品的生产过程（尽可能同生产工艺一致），同其他清洁验证样品一样，对安慰剂产品中残留物进行评估，检测下一产品中可能存在的残留物污染。安慰剂取样法可以体现下一产品中的真实残留量，通常作为擦拭或淋洗取样的一种补充。

⑤ 微生物及内毒素取样法　生物负载取样可采用淋洗和/或擦拭法，也可采用接触碟法。应关注擦拭法以及淋洗法中的样品溶液。对于擦拭法应采用无菌溶液，如磷酸盐缓冲液。对于淋洗法，用无菌水对大型设备进行取样一般是不现实的。然而对于小部件的提取取样，首选使用无菌水或无菌溶液。对于大型设备一般选用纯化水或注射用水进行淋洗取样，结果需与同一用水点所取空白对照进行比较。生物负载的淋洗水取样应使用无菌取样容器，为了避免对样品的污染，同洁净室生物负载取样相同，任何微生物取样都需要采用无菌技术。

（2）取样回收率验证

取样回收率验证通常需要证明采用适当的分析方法和取样程序，可充分测量或量化设备表面的残留物。这些研究为残留物测量的取样以及分析方法建立提供了科学依据。它的目的是建立一个可重现的设备表面回收率。以下探讨 4 种类型的取样回收率：擦拭取样回收率、淋洗取样回收率、目检回收率以及生物负载及内毒素取样回收率。对于擦拭以及淋洗取样而言，回收率研究可以作为分析方法验证的一部分，或者一旦确定分析方法能够检测溶液中残留物，可单独进行研究。取样回收率研究是实验室研究，需要不同被取样设备材质（如不锈钢、玻璃、PTFE 以及 EPDM）试样，并在上面涂布待检测残留物。

① 擦拭取样回收率 擦拭取样回收率研究中，将已知浓度的残留物溶液均匀涂布在材质试样上，自然晾干，采用一定的擦拭方法进行取样，选用合适的溶剂提取棉签上的残留，然后检测提取液中残留物的数量。回收量与材质试样上的加入量之比就是取样百分回收率。由于擦拭属于人工操作，通常每人需要重复 3 次回收率研究。每个残留物和表面类型的组合至少需要两个人进行擦拭回收率研究。研究建立的回收率可以通过不同的方式定义，但通常定义为任意一个擦拭取样人员的最低平均回收率。一个可接受的拭子回收率取决于如何进行拭子回收率实验。如果在回收率研究确认取样方法时，没有对残留限度或分析结果进行修正，回收率通常要求 70%或更高。如果回收率用于修正残留物限度或分析结果，回收率一般要达到 50%或以上。

② 淋洗取样回收率 淋洗取样回收率研究同擦拭回收率相似，将目标残留物溶液涂布在材质试样上自然晾干。对于擦拭取样的回收率，必须严格执行预定擦拭步骤。与之相反，对于淋洗取样，无法在实验室中准确地重复淋洗步骤（除了提取取样的特殊情况）。然而在实验室中模拟淋洗程序是可行的。在可能的情况下，模拟淋洗的条件应该同实际的设备淋洗条件相同，包括淋洗溶剂以及淋洗溶剂温度的选择。其他情况下，应该选择与设备淋洗相同或最差的淋洗条件，例如回收率研究中溶剂量与被取样表面积之比应该同设备淋洗时相同或更低。

③ 目检回收率 这个过程实际上是确定一个定量的"目视检测限"，如果目检只是作为擦拭或冲洗取样的补充，则可以但不要求确定"目视检测限"。指定观察条件下的目视检测限可以通过在设备材质试样上涂布不同浓度（$\mu g/cm^2$）的残留物来确定，并需要一组训练有素的观察者来确定表面残留物明显可见时的最低残留水平。目视检测限的意义在于，如果在清洁验证方案中，在同样（或更严格）的观察条件下确定设备表面已目检洁净，则可认为实际残留水平低于目视检测限。适当的观察条件包括距离、光照以及观察角度。目视检测限取决于残留物性质、表面性质（例如，不锈钢对 PTFE）以及观察者的视力。文献报道的典型的目视检测限是 $1\sim4\mu g/cm^2$。对于目视检测限，不需要确定回收率。该研究的目的是确定残留物明显可见时的一个残留物水平，这样目视洁净的任何表面上残留水平都低于目视检测限。

④ 生物负载及内毒素取样回收率 对于微生物取样，不适合进行回收率研究以确定表面回收率，原因之一是微生物检测的计数问题通常以"菌落形成单位"进行计数而不是单个微生物。第二个原因是在一个标准的取样回收率研究中，当材质试样晾干时微生物会死亡或失去生存能力。第三个原因是不清楚选用哪种微生物进行回收率研究。第四个原因是通常生物负载限度已明显低于可能影响产品质量或工艺性能（如在线灭菌）的水平，因此即使回收率低（<50%），不引入回收因子也不会影响产品质量和/或工艺性能。

通常不进行取样表面内毒素的回收率研究。原因之一是洁净表面的内毒素水平通常较低。此外，只有鲎试剂供应商提供的标准内毒素才可以用于回收率研究，但这些研究无法指示生产过程的内源性内毒素的检测和/或去除情况。最后，生产容器中内毒素大多存在于污物中。清洁操作本身可以有效清除这种内毒素以及其他污物。

清洁验证样品的检测本质和产品检测并没有不同，在本书 4.2 节已详述了关于分析方法验证的要求和方法，此处不再赘述。

5.3.3.4 清洁验证方案

清洁验证方案的编制内容必须符合一般验证方案的共性要求。验证方案中最关键的技术问题为如何确定限度，用什么手段能准确地定量残留量。

（1）参照物质与最难清洁物质

一般药品都由活性成分和辅料组成。对于复方制剂，含有多个活性成分。所有这些物质的残留物都是必须除去的，在清洁验证中是否需要为所有残留物都制定限度标准并一一进行检测呢？这是不切实际且没有必要的。在一定的意义上，清洁的过程是个溶解的过程，因此通常的做法是从各组分中确定最难清洁（溶解）的物质，以此作为参照物质。通常相对于辅料，人们更关注活性成分的残留，因为它可能直接影响下批产品的质量、疗效和安全性，因此活性成分的残留限度必须作为验证合格的标准之一。如当存在两个以上的活性成分时，其中最难溶解的成分即可作为最难清洁物质论处。以复方18氨基酸注射液为例，它有18种氨基酸，均为活性成分，其中最难溶解的为胱氨酸，仅微溶于热水，因此可将其作为最难清洁物质。这样一来，清洁验证就找到了残留的"参照物"而不用考虑其他易溶解组分。

（2）最难清洁部位和取样点

取样点应包括各类最难清洁的部位，及各种材质的全面考虑。

（3）清洁验证方案

清洁验证方案可用多种格式，其共同要求要素包括如下内容。

① 目的　明确待验证的设备和清洁方法。

② 清洁程序　待验证的清洁方法的SOP即清洁程序，应当在验证开始前确定下来，在验证方案中列出清洁程序以表明清洁程序已经制定。

③ 验证人员　列出参加验证人员的名单，说明参加者所属的部门和各自的职责，对相关操作人员的培训要求。

④ 确定参照物和限度标准　在本部分应详细阐述确定参照物的依据，确定限度标准的计算过程和结果。一般考察产品毒性、溶解性等因素来确定参照物质，接受限度计算按5.3.3.1节下公式进行。

⑤ 检验方法学　本部分应说明取样方法、工具、溶剂，主要检验仪器，取样方法和检验方法的验证情况等。

⑥ 取样要求　用示意图、文字等指明取样点的具体位置和取样计划，明确规定何时、何地、取多少样品，如何给各样品标记。这部分的内容对方案的实施和保证验证结果的客观性是至关重要的。

⑦ 可靠性判断标准　在本部分应规定为证明待验证清洁程序的可靠性，验证试验须重复的次数，一般至少连续3次试验，所有数据都符合限度标准方可。

5.3.4　清洁验证实施阶段

清洁验证设计阶段结束后，即进入清洁验证实施阶段。清洁验证一般与工艺验证同步进行，按照批准的验证方案开展验证、进行样品检测获得数据，并评价结果得出结论。清洁验证实施要注意：验证执行前必须按清洁验证方案培训相关人员；取样人员须进行清洁验证回收率实操考试，考试合格方可进行取样操作；按批准的清洁验证方案开展验证，连续3次合格。

5.3.5　清洁验证状态的维护

已经通过验证的清洁程序随即进入维护阶段，对已投入运行的清洁程序进行监控，对清洁程序的变更实行变更控制，根据监测的结果来看各种生产活动中，所采用的清洁程序是否能达到实际效果。

5.3.5.1　日常监控

清洁验证完成后该清洁程序即生效，清洁程序即进入验证状态维护阶段，企业应当对清洁验证状态进行持续维护，保证清洁程序持续可靠。

在日常生产过程中对清洁程序进行监控的目的是进一步考察清洁程序的可靠性，对于手工清洁过程来说，监控尤其重要，因为其重现性很大程度上取决于人员的培训和操作人员的实际操作技能。

监控办法为在日常清洁时，定期进行抽样检测，确认清洁过程的有效性与操作的重现性。通过日常监控数据的回顾，以确定再验证的周期。

5.3.5.2　变更控制

当已经验证的设备、清洁程序有任何变更以及产品处方、增加新产品等可能导致清洁程序或设备的变更，应组织相关人员对变更情况进行评估，确定是否需要进行再验证。当发生下列情形之一时，须对清洁程序进行再验证：

① 清洁程序变化时；

② 清洁剂变化时；

③ 设备有重大变更时；

④ 增加相对更难清洁的产品时。

5.4　工艺验证

本节将对工艺验证的定义、一般原则和验证流程进行介绍和讲解，针对不同剂型的工艺验证特点请参见本书第6章。

5.4.1　工艺验证的定义

工艺验证应当证明一个生产工艺按照规定的工艺参数能够持续生产出符合预定用途和注册要求的产品。

工艺验证可以有不同的验证方法，一般包括：传统工艺验证（前验证、同步验证）以及基于生命周期的工艺验证（工艺设计、工艺确认、持续工艺确认）；或传统工艺验证方法与基于生命周期方法的结合。

工艺验证不应该是一次性的事情。鼓励药品生产企业采用新的工艺验证方法，即基于生命周期的方法，将工艺研发/工艺设计、商业生产工艺验证/工艺确认、常规商业化生产中持续工艺确认相结合，来确定工艺始终如一的处于受控状态。

5.4.2　工艺验证的一般原则

工艺验证的一般原则包括如下。

① 工艺验证的方法和方针应该有文件记录，例如，在验证总计划中规定。

② 采用新的生产处方或生产工艺进行的首次工艺验证应当涵盖该产品的所有规格。企业可根据风险评估的结果采用简略的方式进行后续的工艺验证，如选取有代表性的产品规格或包装规格、最差工艺条件进行验证，或适当减少验证批次。

③ 工艺验证批的批量应当与预定的商业批的批量一致。

④ 企业应当根据质量风险管理原则确定工艺验证批次数和取样计划，以获得充分的数据来评价工艺和产品质量。

⑤ 企业通常应当至少进行连续三批成功的工艺验证。对产品生命周期中后续商业生产批次获得的信息和数据，进行持续的工艺确认。

⑥ 企业应当有书面文件确定产品的关键质量属性、关键工艺参数、常规生产和工艺控制中的关键工艺参数范围，并根据对产品和工艺知识的理解进行更新。

⑦ 工艺验证一般在支持性系统和设备确认完成后才可以开始。在某些情况下，工艺验证可能与性能确认同步开展。

⑧ 用于工艺验证的分析方法已经过验证。

⑨ 用于工艺验证批次生产的关键物料应当由批准的供应商提供，否则需评估可能存在的风险。

⑩ 日常生产操作人员及工艺验证人员应当经过适当的培训。

⑪ 工艺验证在执行前应进行适当的风险评估，以确定存在的风险点。

⑫ 如企业从生产经验和历史数据中已获得充分的产品和工艺知识并有深刻理解，工艺变更后或持续工艺确认等验证方式，经风险评估后可进行适当的调整。

⑬ 对于既有产品生产现场转移，生产工艺与控制必须符合上市授权，并符合当前对该产品类型的许可标准。如果需要的话，应提交上市授权变更。

⑭ 对从一个场所转移到另外一个场所或者在相同场所的产品工艺验证，验证批的数目可以通过括号法减少。然而，现有的产品知识，包括以前的工艺验证内容，应该是合适的。如果合理，不同的规格、批量和包装量/容器类型的工艺验证的选择也可以使用括号法。

5.4.3 传统工艺验证

传统工艺验证一般在药物研发和/或工艺研发结束后，在放大至生产规模后，成品上市前进行。作为工艺验证生命周期的一部分，如果有些工艺还没有放大到生产规模，部分工艺验证研究可能会在中试批次进行。传统工艺验证一般包括前瞻性验证和同步性验证两种方式。

前瞻性验证即前验证，一般在成品上市前进行。前瞻性验证是正式商业化生产的质量活动，是在新产品、新处方、新工艺、新设备正式投入生产使用前，必须完成并达到设定要求的验证。

在对患者利益有很大风险的例外情况，也可以考虑同步性验证/同步验证，例如，因药物短缺可能增加患者健康风险、因产品的市场需求量极小而无法连续进行验证批次的生产。然而，实施同步验证的决定必须进行论证，在验证总计划中进行记录，并由授权人员批准。因同步验证批次产品的工艺和质量评价尚未全部完成产品即已上市，企业应当增加对验证批次产品的监控。

传统工艺验证方法，是在日常条件下生产若干批次的成品来确认其重现性，应编写书面的工艺验证方案，并按照工艺验证方案来证明工艺的重现性及符合性。一般情况下，在日常生产条件下至少连续生产 3 批，形成一个验证程序是可以被接受的。也可通过考量是否使用了标准方法生产及类似产品或工艺是否已经在现场使用过，来解释证明可选择其他的批次数。3 个批次的初始验证实践可能需要后续批次中获得数据来补充，这些后续批次将作为一个持续工艺确认活动的一部分。

5.4.3.1 工艺验证方案

工艺验证方案中至少要包含但不限于以下要素：

① 目的及范围；

② 职责；

③ 参考文件及相关法规；

④ 产品和工艺描述（包括批量等）及相关的主批记录；

⑤ 关键质量属性的概述及其接受限度；

⑥ 关键工艺参数的概述及其范围；

⑦ 应当进行验证的其他质量属性和工艺参数的概述；

⑧ 建议的中间工艺控制参数范围与验收标准；

⑨ 成品放行的质量标准；

⑩ 拟进行的额外试验，测试项目的可接受标准，已验证的用于测试的分析方法；

⑪ 验证前检查确认，包括设备设施/公用系统验证及监控状态、分析方法验证状态、检测仪器验证状态、物料检查确认、人员培训、仪器仪表校准情况等；

⑫ 取样方法、计划及评估标准；

⑬ 工艺验证执行策略/方法；

⑭ 待执行的附加测试与接受标准；

⑮ 结果记录与评估方法（包括偏差处理）；

⑯ 建议的时间进度表。

5.4.3.2 工艺验证实施

① 工艺验证实施必须有经过培训的人员进行，并按照规定的验证时间计划进行；

② 工艺验证期间，车间人员的一切行为均应按照相关的管理、操作 SOP 进行；

③ 操作人员按生产工艺规程规定进行操作，生产工艺规程要对所要求的工作进行充分描述；

④ 在工艺验证过程中，将对所列出的关键工艺参数进行检查确认；

⑤ 根据工艺过程及产品质量标准确定的取样计划，合理安排人员进行生产产品的取样并进行检测；

⑥ 生产工艺结束后，应按文件规定对产品进行成品检验，检验结果应符合成品质量标准，将统计结果记入测试数据表中；

⑦ 根据验证检验结果，对工艺验证结果的各步骤进行分析、总结。

5.4.3.3 工艺验证报告

证明工艺验证方案提供的记录表中所有的测试项目都已完成并已附在总结报告上；证明所有变更和偏差已得到记录和批准并附在报告上，并提交批准。报告内容至少包括：

① 批记录及批检验数据，包括失败测试的数据；

② 对方案的结果进行记录以及评估，并形成分析报告；

③ 对整个工艺验证进行总结评价，评价结果记录到验证报告中；

④ 通过数据分析指出现有工艺规程或控制中需要适当修订和改变的地方，使工艺规程更加完善，工艺过程更加稳定；

⑤ 如果所得结果显示已显著偏离预期，则需要立即通知药监当局。这种情况下，要拟定纠正措施，所有拟定的生产工艺变更均应通过变更途径经过适当的法规批准；

⑥ 基于所获得的数据，应给出结论和建议，说明验证时的监控和中间控制是否都需要在日常生产中常规执行。

5.4.4 基于生命周期的工艺验证

基于生命周期的工艺验证方法，将工艺研发/工艺设计、商业生产工艺验证/工艺确认、常规商业化生产中控制状态的工艺维护/持续工艺确认相结合，来确定工艺始终如一的处于受控状态。

基于生命周期的工艺验证包括以下三个阶段。

第一阶段　工艺设计：在开发和放大活动过程中获得的知识基础上，对商品化制造工艺进行定义。

第二阶段　工艺确认：在此阶段，对工艺设计进行评估，以确认工艺是否具备可重现的商品化制造能力。

第三阶段　持续工艺确认：在日常生产中获得工艺处于受控状态的持续和不断发展的保证。

基于生命周期的工艺验证活动过程见图 5-4-1。

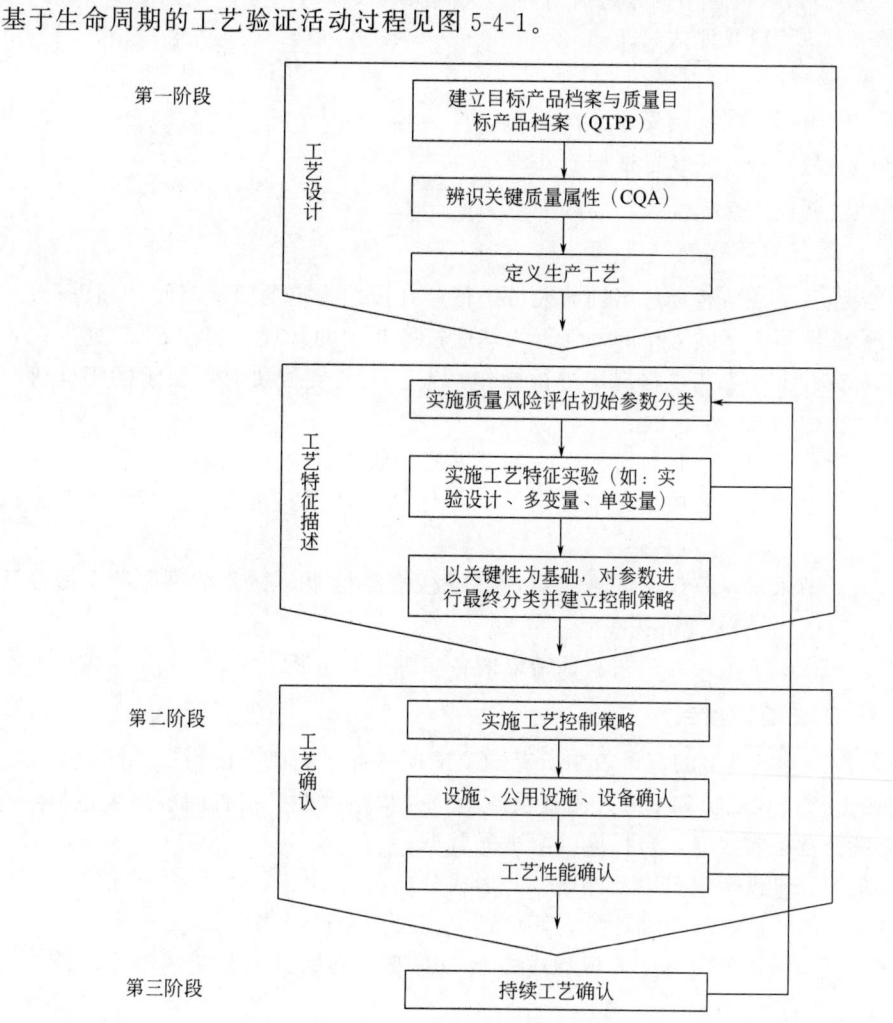

图 5-4-1　基于生命周期的工艺验证活动

5.4.4.1　工艺设计（第一阶段）

工艺设计是界定商业化制造工艺的活动，目的是设计可以始终如一地生产出符合其质量属性产品的日常商业化制造工艺。

在此阶段将建立和捕获工艺知识与理解，确立生产工艺并建立工艺控制策略。开发过程中可以集中使用风险评估与管理。

从产品研发活动中获得的工艺信息可在工艺设计阶段应用。商品化制造设备的设计功能和局限应在工艺设计中予以考虑，不同组成批、生产操作人员、环境条件和测量系统等可能具有的对变异的预期作用也应予以考虑。

设计具备有效的工艺控制方法的高效工艺，有赖于获得的工艺知识和理解。实验设计（Design of Experiment，DOE）研究，即通过揭示关系，包括多种变异输入的多元相互作用（如组分个性或工艺参数）以及输出结果（如中间产物、成品），有助于开发工艺知识。风险分析工具可用于甄选实验设计研究的潜在变异以最大限度地减少开展的试验总数，同时使获得的知识最大化。实验设计研究的结果能为组分质量、设备参数及中间产物质量属性的范围的建立提供理由和依据。

通常，早期工艺设计不需要在 cGMP 条件下进行，但是，早期的工艺设计实验应依照可靠的科学方法和原则进行，包括良好的文件管理规范。

第一阶段可交付的成果主要包括如下。

（1）质量目标产品档案（QTPP）

药品研发的目标是设计一个高质量产品，其生产工艺能始终如一地交付符合其预定性能的产品。第一阶段初始就应规定质量目标产品档案，便于整个产品生命周期参考使用。质量目标产品档案收录药品相关的所有质量属性，定期更新，以整合在药品研发过程中可能生产的新数据，但不应偏离药品目标产品档案已确立的核心目标。质量目标产品档案总结了确保产品安全性与有效性的质量属性。它提供了一个评估产品质量属性关键性的起始点。

QTPP 涉及的相关特征包括：

① 临床预定用途（如剂型与剂量、给药途径、释放系统）；

② 适合于即将开发的药品剂型的药用物质质量属性（如物理、化学与生物属性）；

③ 适用于预期上市产品的药品质量属性（如纯度/杂质、稳定性、无菌、物理和化学性质）；

④ 治疗部分的释放或传递，以及影响药代动力学特征的属性（如溶出度）；

⑤ 影响工艺能力、稳定性或药品生物效应的辅料与成分质量属性、药物-辅料相容性，以及药物-容器相容性。

（2）关键质量属性（CQA）

关键质量属性是一个物理、化学、生物学或微生物学性质或特性，应具备适当的限度、范围或分布，以确保目标产品质量。

在工艺开发的早期，可用的产品属性信息有限，因此，首套的关键质量属性可能来自早期开发和/或类似产品获取的先前知识而不是大量的产品特征。

质量属性的关键程度从所用的风险评估工具及属性对安全性和有效性的潜在影响中得出，见图 5-4-2。

注：严重性水平基于对患者的潜在影响，不确定性水平则基于用于确定属性潜在严重性水平的可获取信息量（产品知识及临床试验）的多少。

		不确定性		
		低	中	高
		大量内部知识，大量文献知识	若干内部知识与科学文献	没有/很少内部知识，科学文献中信息十分有限
严重性	高(对患者产生灾难性影响)	关键	关键	关键
	中(对患者产生中度影响)	潜在关键	潜在关键	潜在关键
	低(对患者产生边缘性影响)	非关键	非关键	潜在关键

图 5-4-2　产品属性关键性评估矩阵举例

　　潜在关键质量属性的辨识将从产品开发早期持续进行。根据产品及其应用的一般知识和有效的临床与非临床数据，对部分评估结果将进行进一步的研究评估，以减少较高风险属性的不确定性的数量。在第二阶段活动开始之前应最终确定商业化产品的关键质量属性。

　　（3）明确生产工艺

　　生产工艺旨在始终如一地提供满足其质量属性需求的产品。研发过程中，随着工艺的明确，工艺将被描述并作为一种工具来辅助风险评估的实施和控制策略的研发。

　　生产工艺可以用工艺描述、方块图或工艺流程图对各操作单元进行描述，描述内容应包含如下信息：

　　① 工艺要求，包括原料、规模和操作顺序；

　　② 设立工艺参数点与范围；

　　③ 物流（添加物、废物、产品流）的辨识与定量；

　　④ 检验、取样、过程中间控制；

　　⑤ 产品与其他添加溶液的保存时间与保存条件；

　　⑥ 估算步骤产量与时间；

　　⑦ 设备尺寸，包含色谱柱与过滤单元；

　　⑧ 生产（如过滤器）与产品组件（如瓶、胶塞）的专门鉴别（制造商、部件编号）；

　　⑨ 其他成功再现工艺所需的信息。

　　工艺的各种描述应以报告形式记录，并可作为产品的技术转移包的一部分。第一阶段中，物料需求的增加（如工艺与分析的发展、临床需要）可引起工艺变更；对产品理解的提高可导致关键质量属性变更；对工艺理解的提高可引起操作单元增加、消除或调整。应记录这些变更及其支持理由，并在知识管理体系中存档。

　　研发报告中的商业化生产工艺研发与文件应先于正式的工艺特征研究。在工艺特征中获得的知识可能引起工艺描述的增加或变更。

　　所有的工艺变更都应经质量体系中的变更控制规程审批。

　　（4）分析方法

　　原材料、中间体、药用物质及药品的分析是控制策略与工艺特征研究的重要组成部分。研究所用的分析方法应适合其预定用途，科学、可靠且可再现。研发过程中所使用的分析方法应在第一阶段进行确认/验证，并为此阶段的生命周期评价测试提供检验方法。工艺特征研究过程中使用的分析方法的信息应包含在工艺特征计划中，并在研究报告中记录。

（5）风险评估与参数关键性确定

商业化控制策略研发中，理解工艺参数变化的影响性和适当控制的应用是基础要素。在工艺特征研究之前，基于先验知识和早期开发工作，初始评估并辨识出工艺过程中对产品质量或工艺性能产生最大影响的输入参数，为后续的工艺特征研究奠定基础。在后续的工艺特征研究中，随着研究的深入，应基于关键性和风险分析确定关键工艺参数。

在第一阶段应以文件形式明确定义并清晰理解参数制定，且其定义在整个验证周期内应保持一致。参数可基于对产品质量和工艺性能的影响来评估定义。

基于对产品质量的影响可将工艺参数评估为以下几类。

① 关键工艺参数　此工艺参数发生改变后可影响某项关键质量属性（ICH Q8）。关键工艺参数在一个较窄的可变范围内进行维护。

② 非关键工艺参数　工艺参数在较大范围内变动不影响产品质量。

基于对工艺性能的影响可将非关键工艺参数进一步评估为以下两类。

① 重要工艺参数　在规定的范围外运行，对工艺性能或一致性具有影响。

② 非重要工艺参数　在一个宽泛的范围内，对工艺性能或一致性影响很小。

图 5-4-3 提供了参数评估的决策树。

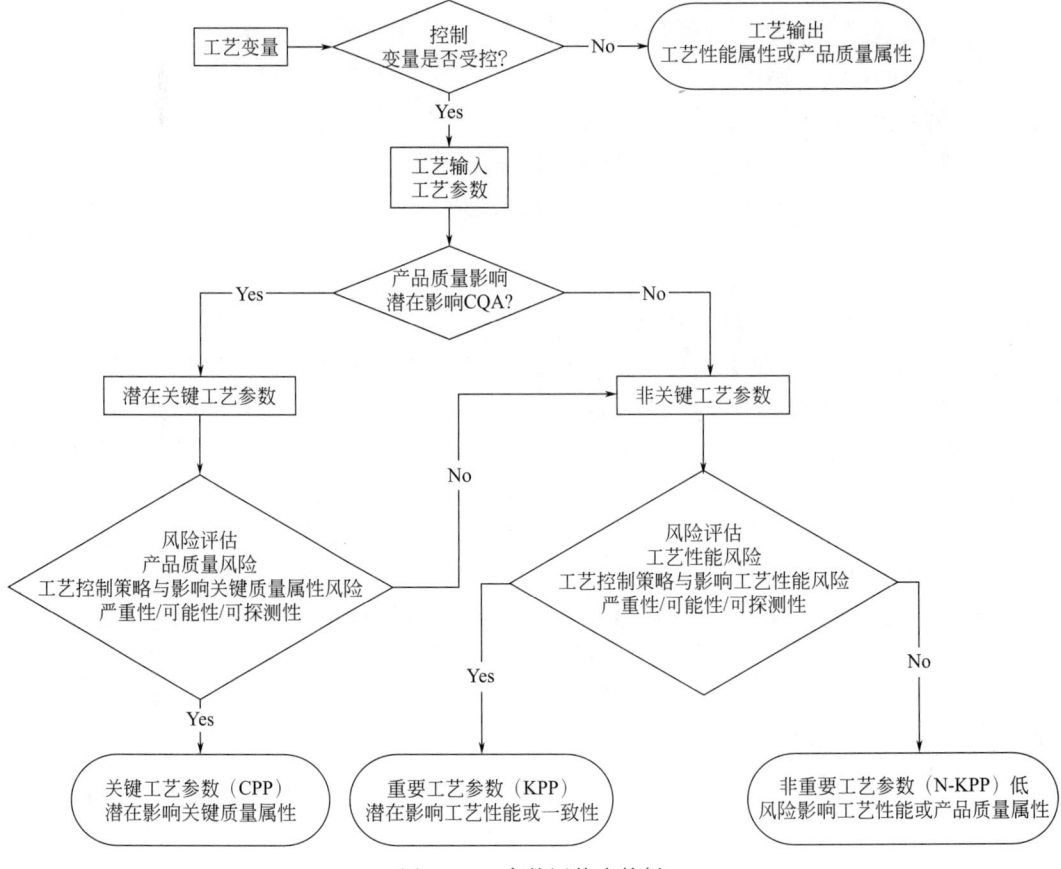

图 5-4-3　参数评估决策树

（6）工艺特征

工艺特征是一系列的研究文件记录，在这些研究中将操作参数进行有目的地改变，以确定其对产品质量属性与工艺性能的影响。

此方法运用风险评估的知识与信息来确定一套工艺特征研究，以检验工艺参数的拟定范围及相互作用，其结果信息用于定义工艺性能确认的范围与可接受标准，以及设置最后的参数范围。

工艺特征通常要经过实验室小试模型、中试模型的研究。对于这些小规模的研究，应比较原料、成分属性、设备和工艺参数，并可表明商业化生产的工艺预期。当实际性能与预期性能存在差异时，应当适当修改实验室模型和模型预测。

（7）产品特征检验计划

除了放行标准外，第一阶段的可交付成果还应包括为了对产品与工艺进行综合理解而对药用物质、药品或关键中间体进行的其他测试。

（8）工艺控制策略

建立有效并适当的工艺控制策略是第一阶段药品开发的重要成果之一。适当的控制策略以第一阶段获得的知识和经验为基础，其有效性将指示生产工艺仍然处于受控状态。有效控制策略的开发是一个重复过程，其始于开发早期，随着工艺与产品知识的增加而进化。

所有产品质量属性和工艺参数，无论其是否被归为关键，均归为全面工艺控制战略中，包括以下要素：

① 原料控制；

② 放行标准；

③ 过程中间控制与限度；

④ 工艺参数设置点与范围；

⑤ 日常监测要求（包括过程中间控制的取样与检验）；

⑥ 中间体、工艺溶液的储存与实践限度及工艺步骤；

⑦ 设计空间（如适用）；

⑧ 工艺过程分析技术（PAT）的应用与算法（如使用PAT）。

（9）临床生产经验——批记录与生产记录

第一阶段用临床试验批来支持产品的审批。这些数据可与工艺特征数据一起，用于支持生产工艺参数和工艺控制策略的建立。数据还包括从开始到工艺性能确认后的工艺监控。早期批次数据不可能包含所有最终商业中执行的控制，但这些信息对评价工艺性能仍有价值。如果用于支持范围与限度，临床批次数据也应包含于最终的工艺设计报告中，用以调整工艺和控制策略。第一阶段结束时应生成最终批记录，并作为第二阶段的前奏。

（10）工艺设计报告

工艺设计报告也是第一阶段的输出结果。作为一个详细描述预期商业化工艺的活文件，其在内部规程方面可有各种不同名称。可用第一阶段的研究数据来支持这个文件，并证明范围和工艺控制策略。其他数据和工艺知识可从生产工艺变更中获得，并纳入第二阶段与第三阶段。工艺设计报告文件应注意信息的更新。

工艺设计报告一般包括：

① 对关键质量属性的参考及风险评估的支撑资料；

② 工艺流程图；

③ 流程描述表-输入（中控）、输出（过程中间测试与限度，过程中间标准）；

④ 工艺参数与范围；

⑤ 对关键质量属性和工艺性能有影响的参数风险的分类；

⑥ 设计空间（如适当）；

⑦ 所有参数范围的证明与数据支持（如特征数据、开发研究、临床生产历史）。

（11）工艺验证总计划

工艺验证总计划可始于第一阶段，并为第二阶段活动做准备。应对验证策略及支持原理进行概述，通常包括：

① 工艺特征计划；

② 生产工艺及控制策略描述；

③ 职能与职责；

④ 工艺确认或工艺性能确认计划（工艺性能确认策略、使用的设备设施列表、分析方法与状态列表、取样计划、在计划中即将实施的方案列表）；

⑤ 建议时间与交付结果时间表；

⑥ 偏差处理与修正规程；

⑦ 持续工艺确认计划。

5.4.4.2 工艺确认（第二阶段）

第二阶段的工艺确认证明了工艺如预期进行并可重复生产出商业化产品。

应在商业化批次放行前完成工艺确认活动，包括以下内容。

① 设施、设备与公用设施的设计与确认（应在工艺确认前完成）。

② 工艺性能确认，用以证明对变异的控制及生产出符合预定质量属性产品的能力。

基于生命周期的工艺确认包含设备/系统确认和工艺性能确认。设备/系统的确认阶段可能包括设计、安装、运行和性能确认；传统验证方法中，通常认为 3 批是可接受的工艺验证批次数，但是验证批次数应基于风险评估来进行论证，商业化销售之前要求成功完成生命周期阶段的工艺性能确认。

（1）系统设计与确认策略

在生产工艺中使用的设施、设备、公用设施与仪器（统称为系统）应适当并适用于工艺用途，其操作期间的性能应稳定可靠。影响产品质量的系统应经过确认，以减少设备性能中的工艺变量。应按预先制定的项目计划对这些系统进行审核和确认，并在第二阶段的工艺性能确认活动前完成，并处理完所有偏差。

系统确认顺序见图 5-4-4。

确认研究确保了生产系统按照设计与运行的要求处于受控状态。为了保持工艺有效性且受控，系统必须保持在类似于确认期间呈现的状态。因此，重要的是要定期评估、评价系统，以判断其受控状态。评估审核的信息应包括，但不仅限于：

① 校准记录；

② 预防和纠正维护记录；

③ 设备日志；

④ 培训记录；

⑤ 标准操作规程；

⑥ 变更；

⑦ 工作指令；

⑧ 监测结果与趋势；

⑨ 不符合项报告与偏差；

⑩ 故障调查；

⑪ 再确认研究。

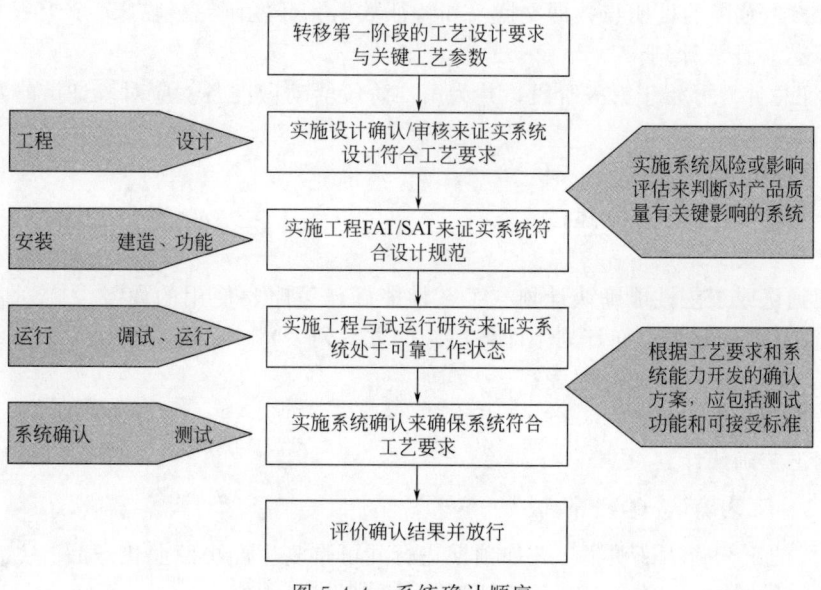

图 5-4-4　系统确认顺序

对系统的定期评估可引起额外的相关确认或测试。工艺的有关变更、超标数据结果与趋势、调查等也可引发事件驱动评估与重新确认。

（2）工艺性能确认

① 工艺性能确认遵循的一般原则及策略　工艺性能确认标志着将开发和临床生产转移到日常商业化生产中。其证明了商业生产规模中工艺设计的有效性及工艺控制策略的适用性。同时使日常生产中的系统监控及规程能够探测并修复产品生命周期中潜在的工艺变异源头。

工艺性能确认应结合实际设施、公用设施、设备以及在商品化制造工艺、控制程序和生产商品批次组分方面接受过培训的人员。

工艺性能确认方法应该基于可靠的科学，以及生产商对产品和工艺的理解和工艺控制水平。为充分理解商品化工艺，生产商需考虑规模效应。不过，如果有工艺设计阶段数据提供保证，通常不需要在商品化大规模生产中探索整个运行范围。

来自所有相关研究的累积数据（例如，经过设计的实验、实验室小试、中试、以及商品批次）应当用于在工艺性能确认中建立生产条件。

工艺性能确认研究中的"成功"执行批次数不应视为工艺性能确认阶段的首要目标。更重要的是通过商业规模批次的成功运行可表明操作的熟练程度和工艺设计健全性的同时，还应将这些批次视为一种获取信息及数据的手段，来证明工艺控制策略的有效性。应基于风险的方法来定义验证的批数，使研究批数与工艺风险达成平衡。工艺性能研究批数的影响因素通常包括：性能与可接受标准，数据的类型与数量，对第一阶段的理解水平，生产技术的类型及复杂性，先验知识，原料/设备/操作人员的变异性等。

在绝大多数情况下，与典型的常规化生产相比，工艺性能确认将拥有较高的取样和额外检测水平，以及更仔细的工艺性能详查。监测和检测水平应足以在整个批次内确认始终如一的产品质量。

工艺性能确认的可接受标准应基于第一阶段数据、先验知识以及设备能力。通常考虑因素包括：历史数据/先验知识，临床前、开发、临床、预商业批，早期分析方法的适用性，可获得的数据量（工艺理解水平），工艺中的取样点，药典要求。为确定工艺性能确认的可接受标准，应将所有考虑的要素进行描述或引用（如其他文件中有描述）。应规定批内和批间一致性的标准。所有用于第三阶段持续工艺确认中跟踪与趋势分析所指定的参数与属性应列入工艺性能可接受标准中。

在工艺验证生命周期法中，除了第一阶段的研究数据外，还可使用先验知识即从相似产品与工艺中获得的先验经验来支持工艺控制状态的高度置信，比如，从先验经验中获得的某些中控标准、保留时间限等。用于支持工艺性能确认阶段的既存数据（先验经验），应将其原理与科学证据记录于工艺验证总计划中。所有支持工艺性能确认的先验知识及第一阶段数据必须可恢复、可追溯、经过确认。

使用过程分析检测（PAT）的生产工艺可能需要一种不同的工艺性能确认方法证明。无论如何，验证任何生产工艺的目的只有一个，即为工艺可重现和始终如一地产出优质产品建立科学证据。

从第一阶段过渡到第二阶段并非严格按序进行，会存在交叉、重叠。尽管工艺性能确认活动的开始并不取决于第一阶段所有活动的完成，但仍应进行就绪评估活动，以确定有足够的信息与完成活动的时间来支持并推进工艺性能确认批次生产。就绪评估应包括来自第一阶段以及其他要素的交付成果：

a. 质量目标产品档案；

b. 关键质量属性与关键性评估；

c. 商业生产工艺描述；

d. 分析方法；

e. 已经批准的商业批记录；

f. 工艺设计报告；

g. 工艺验证总计划；

h. 质量体系与培训；

i. 批准的工艺性能确认方案。

② 工艺性能确认方案　工艺性能确认方案是一个用于实施工艺性能确认研究的文件。方案应经过包括质量部在内的交叉智能小组的审核批准。方案必须在工艺性能确认活动开始前得到批准。工艺性能确认方案应包括以下要素：

a. 生产条件，包括运行参数、工艺限度和组分（原材料）输入；

b. 待收集数据以及何时和如何对其进行评估；

c. 每一个重要工艺步骤需开展的检测（过程、放行、鉴定）以及可接受标准；

d. 取样方案及计划，包括每一单元操作及属性的取样点、样品数和取样频率；

e. 用于分析所有数据的统计学方法描述（如：定义批内及批间变异的统计度量）；

f. 强调期望条件与非一致性数据处理之间的偏差规定；

g. 厂房设施、设备、公用系统、检测仪器的确认，人员培训与确认，以及材料来源核实等；

h. 用于检测的分析方法验证状态；

i. 相应部门及质量部门对方案的审核和批准。

③ 工艺性能确认执行与报告　在相应部门，包括质量部门对方案已经审核和作出批准前，不应开始执行工艺性能确认方案。

在工艺性能确认期间，必须遵照商品化制造工艺和日常程序。工艺性能确认批次应在正常条件下由日常要求进行工艺中每一单元操作中的每一步骤的生产。正常操作条件应包括公用设施系统、物料、人员、环境和制造工序。

方案完成后，应编写报告，用文件记录和评价遵守书面工艺性能确认方案情况。报告应：

a. 讨论并相互参照方案的所有方面；

b. 按照方案规定，总结所收集的数据和对数据进行分析；

c. 对任何意外的观察和方案中没有规定的额外数据行评估；

d. 总结和讨论生产中所有不符合项，例如偏差、异常检测结果或与工艺有效性有关的其他信息；

e. 充分详细地说明应该对现行程序与控制措施采取的任何整改措施或变更；

f. 对数据是否显示工艺符合方案建立的条件，和工艺是否被认为处于受控状态，应详述并明确结论；

g. 包括所有相应部门和质量部门的审核与批准。

5.4.4.3 持续工艺确认（第三阶段）

第三阶段验证的目标是在商品化生产期间持续保证工艺处于受控状态（已验证状态）。持续工艺确认计划提供一种手段，来确保工艺确认阶段成功后工艺仍处于受控状态。

持续工艺确认计划必须建立一个持续和不断发展的监测程序，收集和分析与产品质量有关的信息和数据，从而探测出非期望的工艺变异。通过评估工艺性能，发现问题和确定是否采取行动整改、提前预见和防止问题，从而使工艺保持受控。

除此之外，为了维持验证状态，持续工艺确认计划还需建立基于事件的审核系统，就审核结果与生产、质量、药政利益相关者进行沟通，修改控制策略（改进或出于法规符合性等原因）。

（1）持续工艺确认计划的文件编制

某产品特定的持续工艺确认计划应包括至少以下要素：

① 各职能小组的角色和职责；

② 取样与测试策略；

③ 数据分析方法的选择与应用；

④ 可接受标准；

⑤ 超趋势（Out of Tendency，OOT）和超标准（Out of Specification OOS）结果处理策略；

⑥ 质量体系内定期审核的要求（如偏差、变更，物料及产品质量，投诉，设备设施维护状况等）；

⑦ 确定哪些工艺变更/趋势要求追溯至第一阶段和/或第二阶段的机制；

⑧ 重新评估持续工艺确认测试计划的时间。

（2）持续工艺确认监测计划的开发

持续工艺确认监测计划一般开始于第一阶段的控制策略制定时期。理想状态下，持续工艺确认监测计划大部分的控制策略是在第二阶段之前，实施工艺性能确认时建立的。图5-4-5列举了整个生命周期内开发持续工艺确认监测计划的策略。

将持续工艺确认概念用于既有产品时，应以评估的方法来决策。若老工艺有良好的检测和控制，则无需过多行动。但决策前应进行大量历史工艺、监控数据的评价，并对工艺变异性进行评估，以此为基础进行决策，如图 5-4-6 所示。

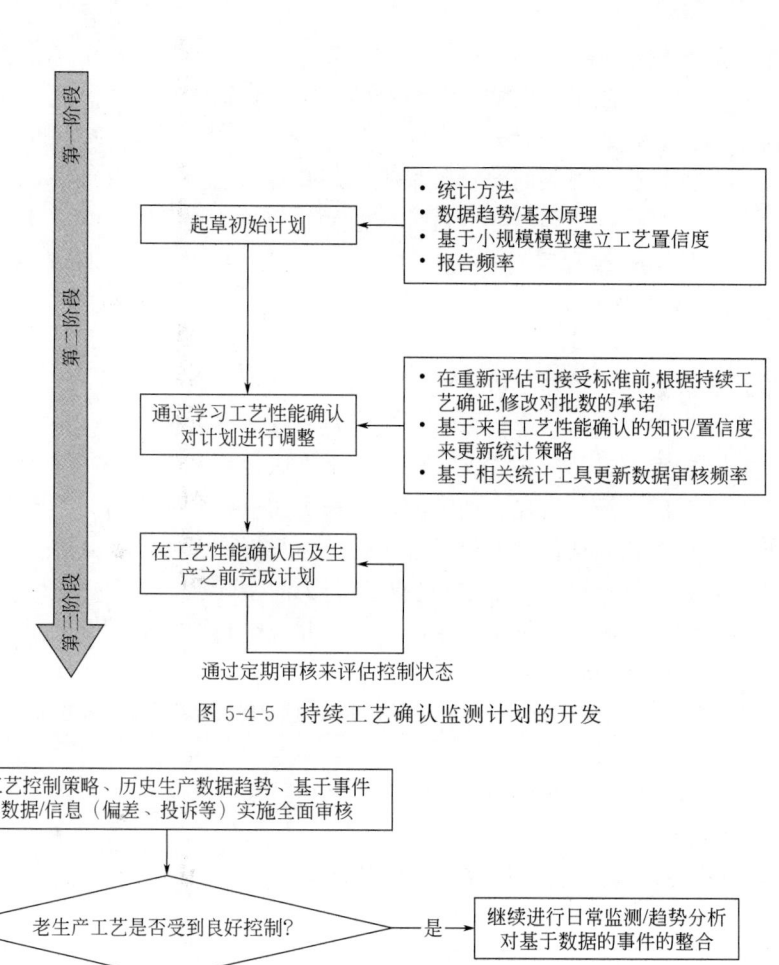

图 5-4-5　持续工艺确认监测计划的开发

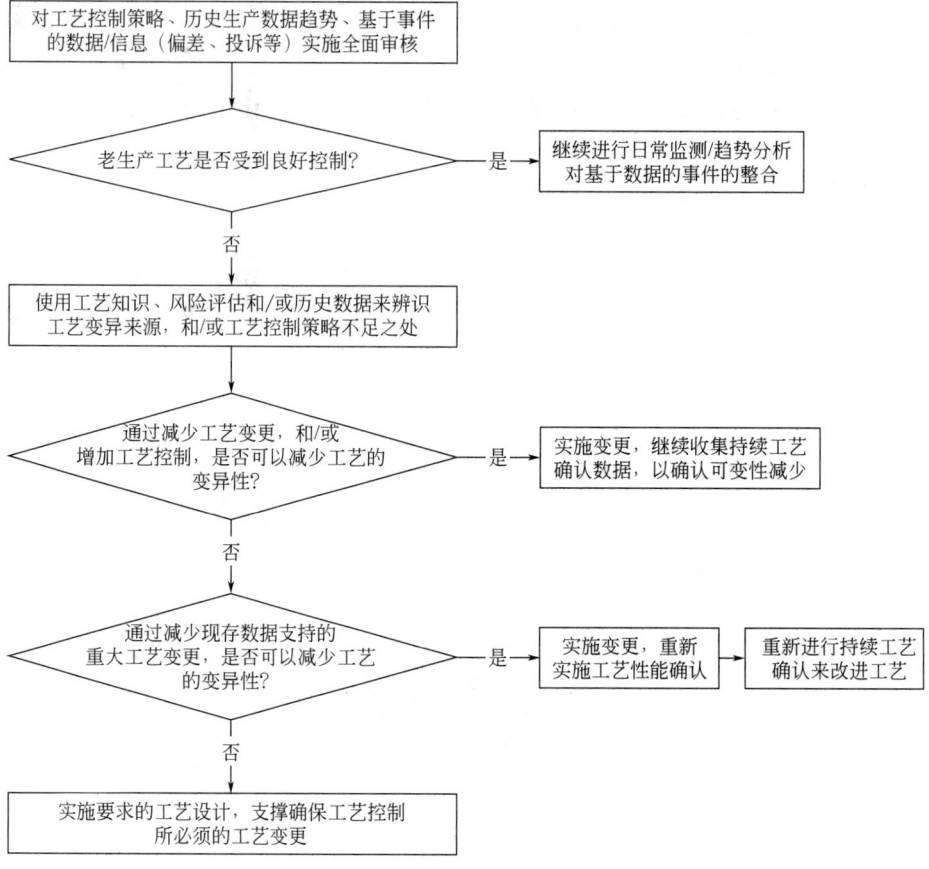

图 5-4-6　老产品持续工艺确认监测计划判断

（3）基于事件的审核系统

进入商业生产阶段后，除了建立持续监测程序，对工艺趋势进行分析描述外，还应需要一个基于事件的审核系统，通过及时分析、评价缺陷投诉、对偏差/变更的调查、工艺偏离报告、生产率差异、批报告、引入的原材料报告及不良事件报告、厂房设施/系统设备的日常监测/维护/校准等，可以探测到变异。通过与相关部门评估数据、讨论意料之外的工艺变异，并通过生产协调任何整改和后续行动。这是一个反复的过程，反馈机制可以选择立即（批内或实时）反馈、每批次后反馈、一系列批次后反馈或规定时间反馈。反馈机制应在计划中明确。

（4）持续工艺确认数据审核与报告

持续工艺确认计划需要包括一个数据采集机制及质量体系信息的审核频率。不同工艺水平的审核间期差异可能很大，其取决于相关的风险水平以及控制的复杂性。随着更多生产数据的生成，对工艺理解的加深，对控制的证明可能会更加容易，相应的会导致审核间期缩短或审核强度降低。持续工艺确认数据审核总结报告可为年度产品质量回顾提供充足的数据支持。频繁的持续工艺数据审核可有助于增加生产商行为的主动性，减少被动性。年度产品质量回顾可辨识任何持续工艺确认数据审核中的差距，并总结长期趋势，但更频繁的持续工艺确认数据审核应由生产商在规定的期间内实施。

按照 ICH Q10 要求，审核必须包括高级管理层，他们是维持药品质量体系有效性及提倡持续改进的重要利益相关人。

持续工艺确认报告/文件应包括（不限于）：

① CPP、CQA 的评估与确定；

② 数据分析与趋势；

③ 物料与产品质量分析；

④ OOS、OOT、偏差、变更分析报告；

⑤ 厂房/设备设施日常监测、校准、维护情况分析；

⑥ 持续工艺确认报告汇总与整体分析。

以上主要对传统工艺验证和基于生命周期的工艺验证方法进行了阐述；分别介绍了工艺验证所遵循的一般原则；传统工艺验证一般考虑及工艺验证方案编写、验证执行、工艺验证报告编写所包含的要素及注意事项；基于生命周期的工艺验证三阶段的工作流程，强调了"质量源于设计""过程控制"的重要性及"质量风险管理"的原则。鼓励制药企业采用基于生命周期的工艺验证方法，以保证工艺具有已知的可接受的能力，由于全面实施基于生命周期方法可能需要一定时间，传统的前验证和同步验证方法在过渡期间也可以被接受。

5.5　包装验证

5.5.1　包装定义

包装指在流通过程中，为保护产品、方便储运、促进销售，依据不同情况而采用的容器、材料、辅助物及所进行的操作的总称。

包装的功能是封闭产品，保护产品免受可能影响其质量或效力的所有外部的不利条件（如光照、水分、氧气、生物污染、机械损坏等）；包装容器不得因与产品发生反应、释放物质或吸附作用而影响产品的质量。包装还应确保标签正确，批号、生产日期和有效期等信息准确。

包装操作包括内包、外包和三级包装操作。基于产品类型，表 5-5-1 为无菌注射剂、无菌液体或固体口服剂型（瓶和泡罩包装），和非无菌的洗剂和乳膏剂典型的包装操作的总结。

表 5-5-1 产品类型的通用包装操作

包装操作类型	无菌(非肠道给药)	非无菌		
		口服固体/液体瓶装	洗剂/乳膏剂	泡罩包装
内包装		理瓶	预贴标	成型(底部铝箔)
		瓶吹扫		
		片或液体分装	管灌装	进料和填充
				盖箔打印
		瓶密封	管卷边	泡罩密封
			管切割	
	轧盖	上盖		
	贴标	贴标	可变数据压印或打印	可变数据压印或打印
	打印	打印		吸塑板冲压
外包装	装盒	装盒	装盒	装盒
三级包装	箱包装	箱包装	箱包装	箱包装
	箱贴签和打印	箱贴签和打印	箱贴签和打印	箱贴签和打印
	码垛	码垛	码垛	码垛

5.5.2 包装验证概述

包装验证是建立书面证据，证明按已定参数、特定的包装工艺，提供了高度的保证，将始终一致地生产符合规定的可接受标准的产品包装。

如果在包装（例如液体或软膏）期间，而不是在药品制造的早期阶段，遇到影响药品质量或功效的不合格产品，则制造商的风险可能更高。所以在包装设计、开发后进行包装验证是必要的。

5.5.3 包装验证法规要求

中国 GMP（2010 年修订）和 FDA 21 CFR 211 都有对包装操作的要求，重点阐述了包装中应降低污染和交叉污染、混淆或差错风险。最新版 EU GMP 附录 15（2015 版）中，明确提出了包装验证的要求，包装验证主要包括包装设备确认和包装完整性验证。

相关法规见表 5-5-2。

表 5-5-2　法规汇总

中国 GMP（2010 年修订）	EU GMP 附录 15	FDA 21 CFR
第二百零二条　包装操作规程应当规定降低污染和交叉污染、混淆或差错风险的措施。 第二百零三条　包装开始前应当进行检查，确保工作场所、包装生产线、印刷机及其他设备已处于清洁或待用状态，无上批遗留的产品、文件或与本批产品包装无关的物料。检查结果应当有记录。 第二百一十一条　应当对电子读码机、标签计数器或其他类似装置的功能进行检查，确保其准确运行。检查应当有记录。 第二百一十二条　包装材料上印刷或模压的内容应当清晰，不易褪色和擦除。 第二百一十三条　包装期间，产品的中间控制检查应当至少包括下述内容： （一）包装外观； （二）包装是否完整； （三）产品和包装材料是否正确； （四）打印信息是否正确； （五）在线监测装置的功能是否正常。 样品从包装生产线取走后不应当再返还，以防止产品混淆或污染。	7.1 Variation in equipment processing parameters especially during primary packaging may have a significant impact on the integrity and correct functioning of the pack, e. g. blister strips, sachets and sterile components, therefore primary and secondary packaging equipment for finished and bulk products should be qualified（进行内包装时，设备工艺参数的变化可能对包装的完整性与相应功能有重大影响，如：泡罩板、小袋、无菌部件，因此应对成品和散装产品的内包装和外包装设备进行确认）。 7.2 Qualification of the equipment used for primary packing should be carried out at the minimum and maximum operating ranges defined for the critical process parameters such as temperature, machine speed and sealing pressure or for any other factors（应对上述内包装设备的关键工艺参数所设定的最小与最大运行范围进行确认，如温度、设备速度、密封压力或其他任何因素）。	211. 130 Packaging and labeling operations（包装和贴标操作）. a）Prevention of mixups and cross-contamination by physical or spatial separation from operations on other drug products（预防由物理的或其他操作空间物质引起的混淆和交叉污染）. b）Identification and handling of filled drug product containers that are set aside and held in unlabeled condition for future labeling operations to preclude mislabeling of individual containers, lots, or portions of lots. Identification need not be applied to each individual container but shall be sufficient to determine name, strength, quantity of contents, and lot or control number of each container（识别并处理已经装了药品的容器，放在一边，并且控制在未贴签的状态以便以后进行贴签操作，防止单个容器、批或部分批被误贴签。没有必要识别每个容器，但是要足够识明每个容器的名称、剂量、内容物的质量和批号或控制号）.

5.5.4　包装设备确认

不同产品剂型有各自特异的包装设备，同一种包装设备也可能用于不同的产品剂型，以下以口服固体制剂和无菌制剂为例展开介绍。

5.5.4.1　包装设备介绍

（1）口服固体制剂包装设备概述

口服固体常规包装设备可分为瓶装包装设备、铝塑包装设备和袋包装设备。

① 瓶装包装设备　主要有理瓶机、全自动数粒机、旋盖机、封口机、贴标机等设备，下面以片剂生产中的包装设备为例进行介绍。

a. 理瓶机　可通过转动自动理瓶，最后将整齐的瓶包材送入下一道工序。一般包括：瓶子定位装置，确保瓶子定位正确，通过定位转盘和送瓶打落装置后，定位槽内只有一只瓶子；自动气压吹瓶装置，气压可调，能保证反向的瓶子被吹出，正向的瓶子能顺利通过，进入滑道；光电变频装置，离合器灵敏，自动开、停送瓶动作正确，堵瓶停车、送瓶启动。

图 5-5-1 为理瓶机。

b. 数粒机　由 PLC 自动控制，来瓶自动启动数片装置，药片可准确进入药瓶中。计数的方式一般有圆盘计数和光电计数，当数量与设定数量不符时，程序可自动控制将药瓶剔除。设备无瓶自动停止数片装置，堵瓶停车、送瓶启动。

图 5-5-2 为数粒机。

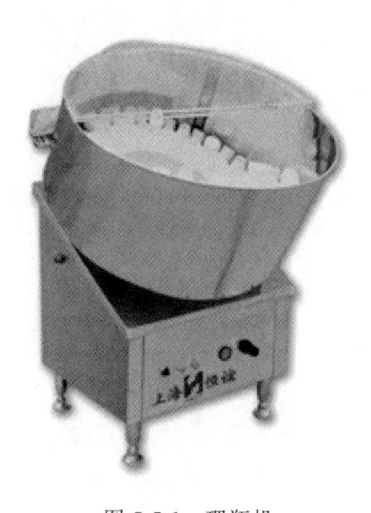

图 5-5-1　理瓶机

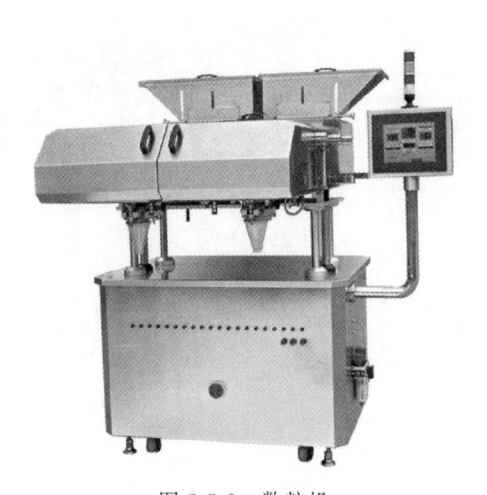

图 5-5-2　数粒机

c. 旋盖机　采用 PLC 控制，无级调速。可以自动理盖、上盖、旋盖，旋盖松紧程序可调，设备缺盖、缺瓶时自动停机，来瓶自动开机，堵瓶停机，瓶子未旋盖或盖里无铝箔将被自动剔除。

图 5-5-3 为旋盖机。

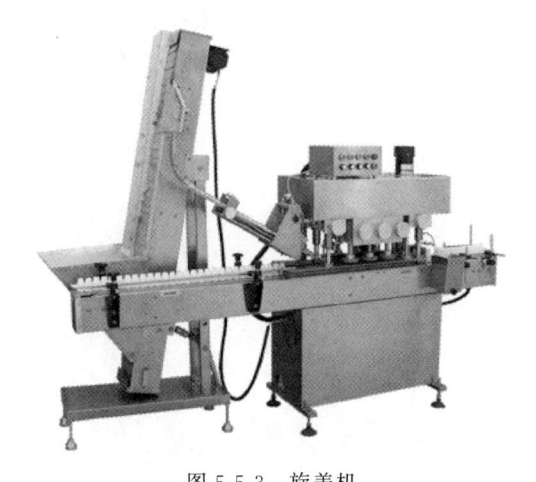

图 5-5-3　旋盖机

d. 封口机　全自动封口机可自动将瓶盖中的铝箔封在药瓶上，封口温度可调，瓶盖内无铝箔剔除，有铝箔被记数。

图 5-5-4 为封口机。

e. 贴标机　药品的标签是指药品包装上印有或者贴有的内容，贴标机就是完成将标签贴在药品包装上的设备。

全自动贴标机工作原理：瓶子被送入上料装置，经分料装置将瓶子以固定间隔分开后，将瓶子准确送入输送链，同时标签经打印，打印信息检测，标签剥离后，设备的卷瓶装置完整贴签。设备具有漏贴标签和打印信息与设定标准不一致则剔除的功能。

图 5-5-5 为贴标机。

② 铝塑包装设备　主要设备有泡罩包装机、双铝箔包装机。

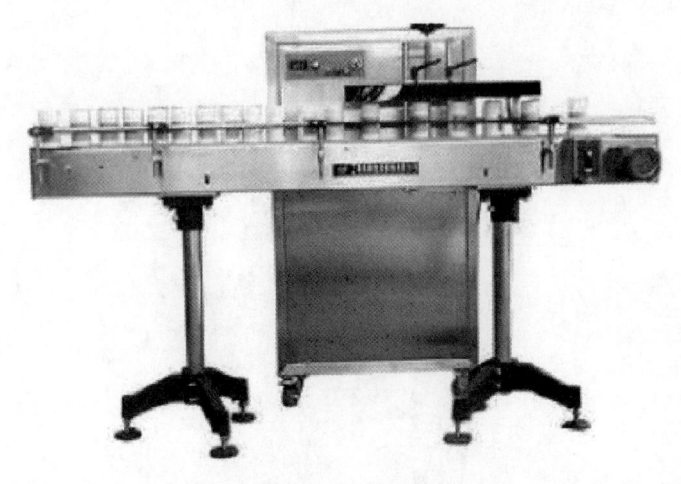

图 5-5-4　封口机

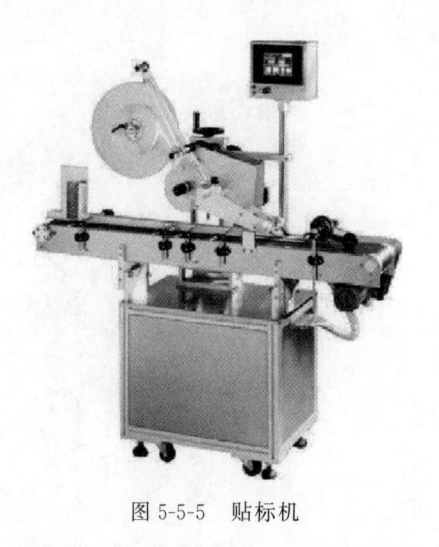

图 5-5-5　贴标机

a. 泡罩包装机　泡罩包装机一般工艺流程：

薄膜输送 ▶ 加热 ▶ 成型 ▶ 充填 ▶ 热封 ▶ 打印 ▶ 冲裁

泡罩包装机是可完成 PVC 片加热成型、药品充填、与铝箔热封合、打印、冲裁和输送等功能的高效率包装设备。人工或是自动设备检查缺损或者少粒等，如使用了成像检测系统对充填的药板进行检测，可以将缺粒、半粒、颜色不一致的药板全部剔除，更好地保证产品质量。设备可用来包装各种几何形状的口服固体药品，如素片、糖衣片、胶囊、滴丸等。常用的泡罩包装机有滚筒式泡罩包装机、平板式泡罩包装机和滚板式泡罩包装机等。

图 5-5-6 为泡罩包装机。

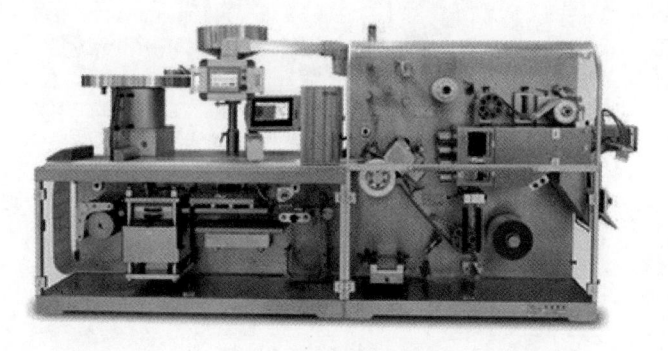

图 5-5-6　泡罩包装机

b. 双铝箔包装机　双铝箔包装机采用的包装材料是涂覆铝箔，由于涂覆铝箔具有良好的气密性、防湿性和避光性，因此对要求密封、避光更高的片剂、丸剂等包装更具优越性。设备一般采用变频调速，裁切尺寸大小可任意设定，能在两片铝箔外侧同时对版打印，可实现填充、热封、压痕、打印批号、裁切等工序连续完成。具有包材缺料检测报警装置和对缺片、缺粒的药板进行随机自动检测和自动剔除功能，可以更好地保证产品质量。

图 5-5-7 为双铝箔包装机。

③ 袋包装设备　制袋充填封口包装机常用于颗粒剂、片剂、粉状以及流体和半流体物料的包装。常用的包装材料有单膜和复合膜。

制袋充填封口包装机工序包括制袋、计量与填充、封口、切断、检测、计数。

将包装材料制成一定形状的袋后，药物按一定量充填到已制好的袋中。然后封口。最后将已封口的袋切成单个包装袋，并对包装袋检测计数。

图 5-5-8 为制袋充填封口包装机。

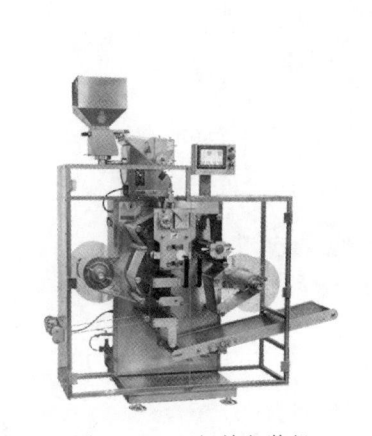

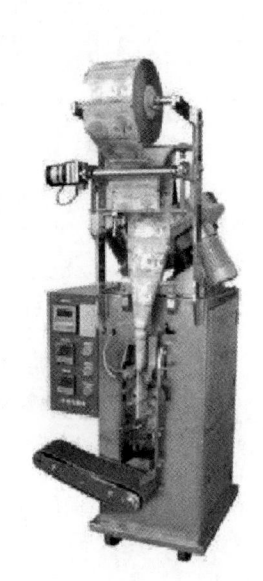

图 5-5-7　双铝箔包装机　　　　图 5-5-8　制袋充填封口包装机

（2）无菌制剂包装设备概述

无菌制剂常规包装设备主要有轧盖机、贴标机、装盒机、检重秤等。下面以无菌冻干产品生产中的包装设备为例进行介绍。

① 轧盖机　轧盖的目的是轧紧瓶颈处已压的胶塞，从而保证产品的完整性和无菌性。对于最终灭菌产品轧盖机可放置在 D 级区，非最终灭菌产品一般放置在 B 级，也可在 C 级或 D 级，但轧盖操作必须在 A 级送风环境中进行。

轧盖机工作流程：

a. 瓶子通过传送带和螺杆进入；

b. 瓶子和胶塞识别（光电传感器）；

c. 根据振荡锅和盖子轨道提供瓶盖；

d. 通过拽拉轨道将瓶盖放置到瓶子上；

e. 轧盖；

f. 通过输出螺杆将瓶子输出到托盘上。

轧盖机可与其对应的上游冻干机出料系统（如有）平稳的对接。轧盖后铝边收口严密，铝口外观平整圆滑。设备由 PLC 自动控制系统，可实现操作权限控制，工艺参数可设定、调整，具有报警联锁、数据储存、导出、打印、不合格品剔除功能。

图 5-5-9 为轧盖机。

② 贴标机　此设备与前文介绍的口服固体包装设备贴标机原理基本相同，主要区别是被贴标的包装容器不同，此处不再赘述。

③ 装盒机　装盒机是将已贴标的产品装入纸盒，可分为卧式和立式，基本的工作流程如下：

a. 说明书的自动折叠与传送（说明书折叠单元和进料螺旋单元）；

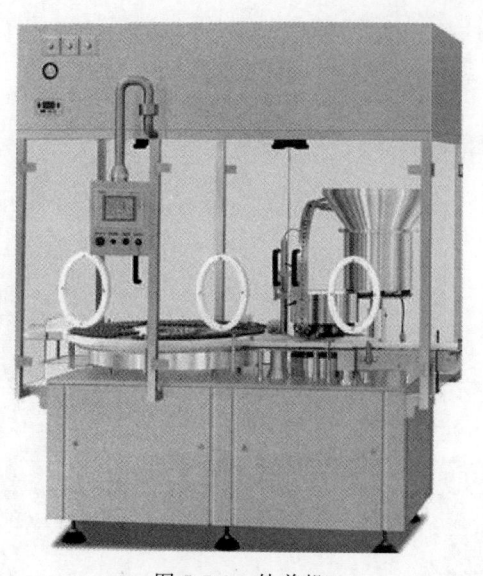

图 5-5-9　轧盖机

b. 药盒成型与传送（纸盒打开转鼓和吸杯）；

c. 将药瓶与说明书装入药盒（推杆装置）；

d. 药盒两端纸舌封装；

e. 打印批号、有效期等信息（日期批号打印机构）；

f. 成品输送。

该设备由 PLC 自动控制系统控制，可实现操作权限控制，工艺参数可设定、调整，具有报警联锁、数据储存、导出、打印、不合格品剔除功能。

图 5-5-10 为装盒机。

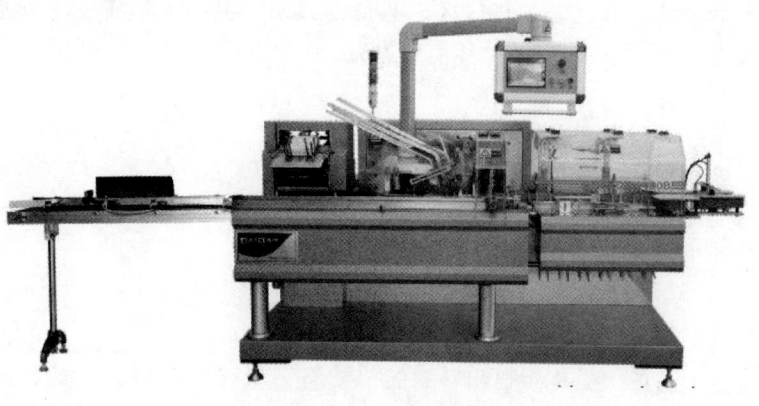

图 5-5-10　装盒机

④ 检重秤　检重秤是高速生产线中动态称重系统，实现包装产品 100％ 物流检测，将重量不合格的产品从生产线中剔除。

检重秤工作流程见图 5-5-11。

包装后的产品通过输送带到达称重模块，对其进行称重，并将这些产品归类至预先设好的重量区内，同时将超出范围的产品剔除。

图 5-5-12 为检重秤。

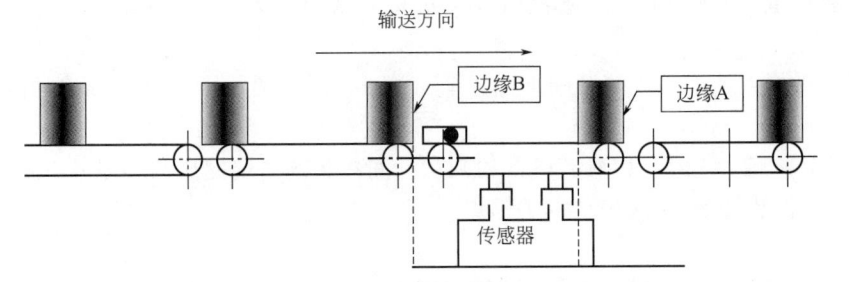

图 5-5-11 检重秤工作流程图

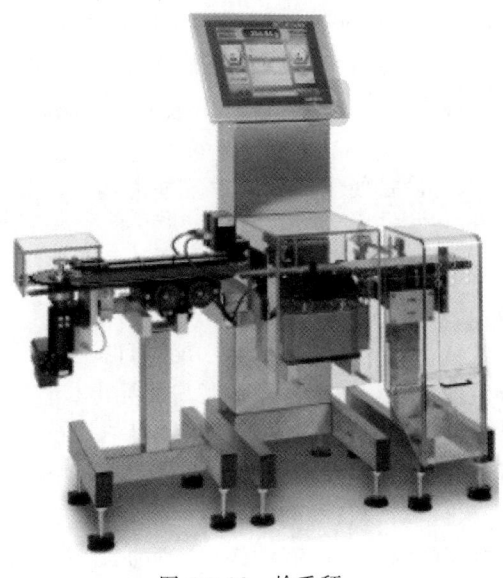

图 5-5-12 检重秤

以上介绍了固体制剂和无菌制剂包装主要的设备，还有如大盒装盒机、裹包机、装箱机、开盒机、喷码机等，在本书中不做介绍。

5.5.4.2 包装设备确认

包装设备确认的范围和程度应基于风险评估，确认活动应由经过合适培训的人员按照已经批准的验证规程实施。通过系统影响性评估确定设备属于直接影响系统、间接影响系统或是无影响系统。

包装设备被评估为直接影响系统的，通常有以下几种情况。

① 和产品直接接触的包装设备，对产品质量有直接影响。如数粒机、泡罩包装机、胶囊填充机等。

② 提供容器密封的包装设备，对产品质量有直接影响。如轧盖机、双铝箔包装机、旋盖机、封口机、泡罩包装机等。

③ 提供产品识别信息（如批号，有效期，防伪标志）的包装设备，对患者用药有直接影响。如贴标机、喷码机等。

④ 用于产生、处理或存储产品放行或拒收数据的包装设备，可能包含关键工艺参数。如检重秤、贴标机等。

包装设备被评估为间接影响系统和无影响系统的，通常有以下几种情况。

① 包装设备对产品质量或患者用药无影响的系统/设备。如裹包机、装箱机、码垛机等。

② 间接影响系统即不直接影响产品质量或患者用药，但对直接影响系统提供支持的包装设备。

对于直接影响系统应考虑所有阶段的确认，间接影响系统完成调试即可接受。下面重点介绍直接影响包装设备/系统确认的关键点。

(1) URS（用户需求说明）

包装设备 URS 编写应考虑但不限于如下方面。

① 设备工艺参数和质量标准的需求　工艺参数和质量标准需求的确定需更多地考虑生产工艺各步骤控制点的要求。如泡罩包装机的温度、压力、生产速度、机械效率、合格品率等。注意设备最大生产能力应大于工艺生产最大量，避免设备长期处于高负荷工作状态而增加坏损概率，如轧盖机生产速度要求，设备的最大的生产速度应大于工艺生产的最大值。

② 设备操作和功能需求　设备便于操作，放置润滑油、冷却液的部位应密封，不能和包材或产品接触，应使用食品级润滑油和冷却液。

应对生产过程易产生粉尘设备设置密闭或装配除尘装置，并对此类装置配置防止倒灌或者除尘设施，如轧盖机的铝屑捕集器。

有报警连锁功能、不合格品剔除功能、计数功能、自控功能。

对于自控功能应具备监控功能，数据采集、备份及导出、权限管理功能。记录数据不可更改，设备运行状态和异常情况等信息能在界面上显示。

③ 设备安全需求　应配备急停按钮，且可以让操作者在正常的操作位置能够触摸到；急停按钮一旦开启，必须停止所有设备的功能，检测仪表除外。

a. 凡对人身有伤害的所有高温、带电部件必须有防护罩和警示标志。

b. 潜在危险源应有标识，并做防护处理。

c. 机械运动部件应设有防护罩，或设置在防护区域内。

d. 不影响设备性能的条件下，设备任何部位不能有锋利的边缘和尖角，如果不可避免，应设有防护罩，并有安全警示标识。

e. 噪声要求。

④ 材质需求　设备材质应符合 GMP 认可的材质，并提供相关材质证明。

⑤ 仪表需求　包括仪表工作环境、量程、精度要求。仪器仪表应符合相应行业的国家标准及安全规范，并出具仪表检验合格证。所提供仪表的使用材料应满足药品生产 GMP 的要求。

⑥ 清洁与维保需求　设备表面应光滑、平整、光洁、无死角，便于日常清洁。设备应有足够的空间进行维保操作。设备制造商应提供主要部件和易损部件的使用寿命或更换周期。

⑦ 文件需求　设备技术文件包括功能说明、硬件说明、软件说明、安装手册、操作手册、维保手册、安装图、电气图、接线图、PI&D、部件清单、报警清单、仪表清单、备品备件清单。

验证文件符合要求。在设备交付使用前，至少应完成设备 DQ、FAT、SAT，根据需要，可要求供应商进行 IQ、OQ、PQ 等验证工作。

⑧ 其他需求　如培训需求、技术支持需求等。

（2）设计确认

设计确认是应证明并记录设计与药品生产质量管理规范的符合性。还应在设计确认中确证用户需求说明的要求。设计确认应在供应商进行设备设计制造时启动，其审核是一个动态过程，确认设备设计满足用户需求。此阶段确认方法主要是审核供应商设计文件。

（3）安装确认

安装确认是对供应商技术资料的核查及设备的安装检查，以确证其符合 GMP 要求和使用厂家标准要求的一系列活动。执行的方式主要是获取设备的设计资料，如工艺流程图、电路图等，检查现场已安装的设备是否与设计资料一致。下面介绍包装设备/系统安装确认中应重点关注的项目。

① 工艺流程图的确认应检查现场安装设备的部件、仪表、传感器等与图纸一致，特别应关注传感器安装位置，比如轧盖机有无检测胶塞的光电传感器，其安装高度是否与设计一致。

② 检查设备的仪表校准均应在有效期内，如压力表、温度探头等。

③ 设计电路图与现场安装接线是否一致。

除上述重点项目外，还应对设备的材质、部件、控制系统软件、公用系统连接等进行确认。

（4）运行确认

运行确认是为确认已安装或改造的设施、系统和设备能在预期的范围内正常运行而做的试车、查证及文件记录，至少应确认设备是按照设计运行的，以及通过测试来确认最高与最低的运行限度，和/或"最差情况"条件。下面介绍包装设备/系统运行确认中重点项目。

① 输入/输出（I/O）确认　通过对设备数字量和模拟量的输入和输出测试确认信号配置和正确性。此项测试需要使用到信号发生器和万用表来完成模拟量的输入和输出。下面表5-5-3是轧盖机模拟量和数字量测试的部分记录举例。

表 5-5-3　轧盖机 I/O 确认示例

描述	PLC 地址	仪表范围	信号类型	设置值	实测值	通过/失败
进料转盘最大累积量	PIW124	0~100mm	4~20mA	0%	0mm	☑通过 □失败
				50%	500mm	
				100%	1000mm	

描述	PLC 地址	置 1 时	置 0 时	通过/失败
控制柜温度 40℃	112.0	控制柜温度小于 40℃	控制柜温度大于或等于 40℃	☑通过 □失败
控制柜温度 45℃	112.1	控制柜温度小于 45℃	控制柜温度大于或等于 45℃	☑通过 □失败
安全门	112.2	安全门全部关闭	安全门未全部关闭	☑通过 □失败

② 报警测试　确认超出设备设定的报警限值时，均应产生报警。如泡罩包装机的上加热板温度超限报警、下加热板超温报警、密封辊超温报警等。

③ 控制系统权限确认　确认只有在相应状态下，才可以进行对应权限的操作。保证设备参数、记录不被随意修改。目前一般设备至少应有三级权限设置，即操作员、工艺员、管理员权限。

④ 功能确认　因包装设备多种且型号多样，表5-5-4列举了主要包装设备/系统及其控制点。

表 5-5-4　包装设备/系统及其控制点

设备	关键控制点
数粒机	① 计数准确性:圆盘计数关注转盘速度、转盘孔径;光电计数关注光电传感安装位置及准确性; ② 光电检测系统:剔除功能; ③ 生产速度
旋盖机	① 旋盖紧固; ② 光电检测系统:缺瓶、缺盖感应器识别; ③ 生产速度
封口机	① 封口温度; ② 不合格品剔除功能,如盖内无铝箔等; ③ 生产速度
贴标机	① 打印温度; ② 打印信息完整性、可读性; ③ 不合格标签剔除功能(部分使用图像系统); ④ 生产速度
泡罩包装机	① PVC 成型加热温度; ② 封合的温度和压力; ③ 压印信息完整性、可读性; ④ 剔除功能; ⑤ 生产速度
双铝箔包装机	① 压合铝箔温度; ② 压印信息完整性、可读性; ③ 生产速度
制袋充填封口包装机	① 热封温度; ② 计数准确性; ③ 生产速度
轧盖机	① 不合格品剔除功能,如无塞、无盖等; ② 轧盖完整性; ③ 生产速度
装盒机	① 不合格品剔除功能,如缺瓶、缺说明书等; ② 打印信息完整性、可读性; ③ 生产速度
检重秤	① 称重模块的校准; ② 超出标准重量范围产品剔除功能; ③ 生产速度

下面以泡罩包装机为例介绍功能测试项目。

a.加热温度确认

确认目的：确认加热站和密封站加热温度的可调节性。

确认程序：设定上下加热板温度，运行设备，使用校准过的温度仪在不同位置测量温度。实际测试值与设定值温度误差应在可接受范围内。

b.加热站和成型站确认

确认目的：泡罩包装机加热站和成型站工作正常，符合生产工艺要求。

确认程序：检查确认上下加热板动作正常；检查确认辅助成型模具工作正常；确认成型后的泡罩外形应饱满、无损伤。

c.打印确认

确认目的：打印功能是否正常。

确认程序：安装 PVC 和铝箔，设定打印机相关参数，检查印墨是否足量，运行泡罩包装机及打印机。在运行过程中随机取样检查印制图像是否清晰，铝箔有无褶皱。

d. 密封站确认

确认目的：确认泡罩包装机密封站工作正常，符合生产工艺要求。

确认程序：将 PVC 和铝箔安装到位，运行设备。

检查和确认热封辊的转动和牵引辊转动是否正常；检查和确认密封后的泡罩外形是否饱满、无褶皱。

e. 压印站确认

确认目的：确认泡罩包装机压印站工作正常，符合生产工艺要求。

确认程序：将 PVC 和铝箔安装到位，将装好压印模具的部件安装至压印站，记录模具设置的批号和有效期。运行设备。

检查和确认字头部件动作是否正常；检查泡罩带经过压印站后，压印的内容是否清晰、完整，位置准确。

f. 冲裁站确认

确认目的：确认铝塑包装机冲裁站工作正常，符合生产工艺要求。

确认程序：将 PVC 和铝箔安装到位，运行设备。

检查和确认冲刀动作是否正常；检查和确认经过冲裁站后，药板冲裁位置准确，泡眼无破损且边缘整齐，无毛边；检查和确认冲裁后的所有废料均落入废料收集箱。

g. 剔废系统确认

确认目的：确认所有不合格品均能被设备剔除。

确认程序：将 PVC 和铝箔安装到位，运行设备。

检查和确认设备运行中，包材拼接药板是否被剔除；检查和确认设备药粒下料前，产生的空药板是否被剔除；人为随机设置缺 1 粒/板、缺 2 粒/板、缺 3 粒/板，观察并确认均可被剔除。

h. 自动运行确认

确认目的：确认设备整机运行平稳，各工位运行正常。

确认程序：进入设备参数设置界面，分别进行设备最大生产速度和最小生产速度测试。运行模式为空载运行（不加药品）。测试过程中记录整机运行状态，确认各工位无异常情况，整机运行平稳。

（5）性能确认

性能确认一般应在安装确认与运行确认完成后进行，准备足够量的包材，使用实际产品作为被包装物料或空白物料进行测试。按照 SOP 操作，考察设备运行的可靠性、主要运行参数的稳定性和运行结果重现性的一系列活动。从而证明设备可始终如一地生产出符合包装质量要求的产品。

例如，在泡罩包装机性能确认中应确认：

① 设备整体运行情况：整机运行稳定、无异常振动、噪音、卡滞；

② 包装质量应符合工艺标准，如外观无破损、偏移、冲裁边缘整齐、无毛刺、网纹清晰不起皱、批号等信息清晰完整；

③ 气密性良好，抽检样品合格率符合工艺要求；

④ 泡罩成型完整，填充率满足工艺要求；

⑤ 设备运行速度满足工艺要求。

5.5.5　包装完整性验证

产品包装完整性评估贯穿整个产品生命周期，包括产品包装工艺的初始研发阶段、日常生产阶段和货架期稳定性评估阶段。

一般在初始研发阶段完整性评估需要进行物理和微生物两项研究。关于物理和微生物挑战性试验方法的相关信息也正是在此期间获得的。

在日常生产阶段，包装、轧盖系统或以上两者的物理学方面测量可以按照既定的抽样计划进行，确定它们是否在预定的生产许可范围内。

在货架期稳定性评估期间的包装完整性测试时的物理学试验，是为了确认包装系统的完整性受包装研发阶段建立的可接受值支持。

当包装系统发生重大变化时，包括包装设计、包装材料以及在制造加工（包括灭菌）中发生变化时，可能影响其完整性，应进一步重新确认产品包装的完整性。

美国药典 USP1207 提出了多种确定性的检测方法：真空衰减法、高压放电法和激光法等，将传统的微生物挑战法、色水法等归类为概率性的检测方法。以下将重点介绍一下包装完整性评估和验证过程中的泄漏测试方法。

（1）高压电检漏法

① 原理　高压电检漏的过程是将 220V 50Hz 的交流电经变频电源变频，再经变压器升压而得到检测电源；当设备自动运行时，容器由输送设备传送进入，经分离定位装置送入检漏定位机构，经过检漏机构后由特殊设计的传感器将当时检漏位置的电流值传送至计算机进行信号处理，并判别合格与否。其鉴别原理如图 5-5-13 所示。

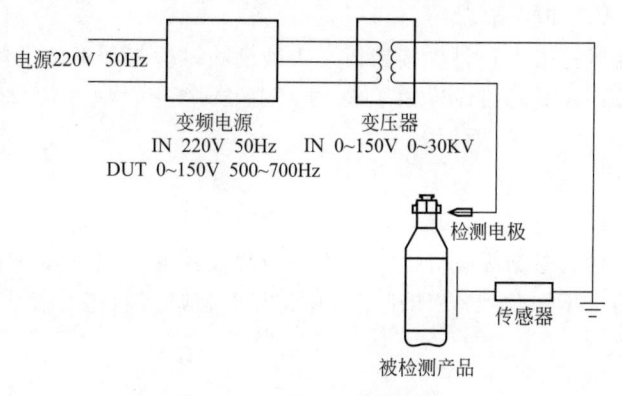

图 5-5-13　高压电检漏原理

② 关键测试参数　高压电设置、产品电导率、测试区域清洁、HVLD（高压电检漏）探测定位、包装清洁。

③ 适用范围　适用于由相对不导电的材料构成的容器，以及具有显著导电性的产品，一般导电性要大于 $5\mu s/cm$；不适用药品包装密封类型依赖于扭曲轨迹或屏障密封的包装材料。例如，卷曲密封的铝管或螺纹封口等。

此方法简洁高效、不会产生二次污染，设备可在线检测。但电压可能对产品稳定性有影响。

（2）液体示踪法

将液体示踪剂溶液（如染料、放射性核素或金属离子）暴露于要测试的封装密封件。这可能需要将包装浸没在液体示踪剂中，将少量液体示踪剂施加到密封件上，或者将液体示踪剂填充到包装本身中，随后将包装浸入水或其他合适的溶剂中。通过视觉、分光光度法或其他分析方法来确定示踪剂跨越密封的迁移情况。

最为广泛使用的是亚甲基蓝浸入检漏法，下面就以此法为例进行介绍。

① 原理　产品浸入盛有亚甲基蓝水溶液的容器，通过压力容器提供真空，并保持足够的时间后，缓慢释放真空，恢复至常压并保持足够时间。如产品有泄漏，则在恢复常压后亚甲基蓝溶液会进入产品包装容器内，使产品染色。

② 关键测试参数　真空度、真空保持时间、常压保持时间。可参考 USP 中描述的参数值。

③ 适用范围　适用于所有不依赖于扭曲轨迹或屏障密封的，可以耐受湿润或浸没的药物包装。

此测试方法，测试条件及操作简单。但此法为破坏性方法，且有假阴性风险，如产品中蛋白质堵塞泄漏通道，阻止染料侵入。

（3）真空衰减法

① 原理　将包装容器置于专门的测试腔体中，对测试腔体抽真空，容器内外压差使得容器内部气体通过漏点泄漏进入测试腔体，压力传感器监测到压力的变化，将压力变化值和参考值做比较，以判定完整性是否合格。

图 5-5-14 为真空衰减法原理。

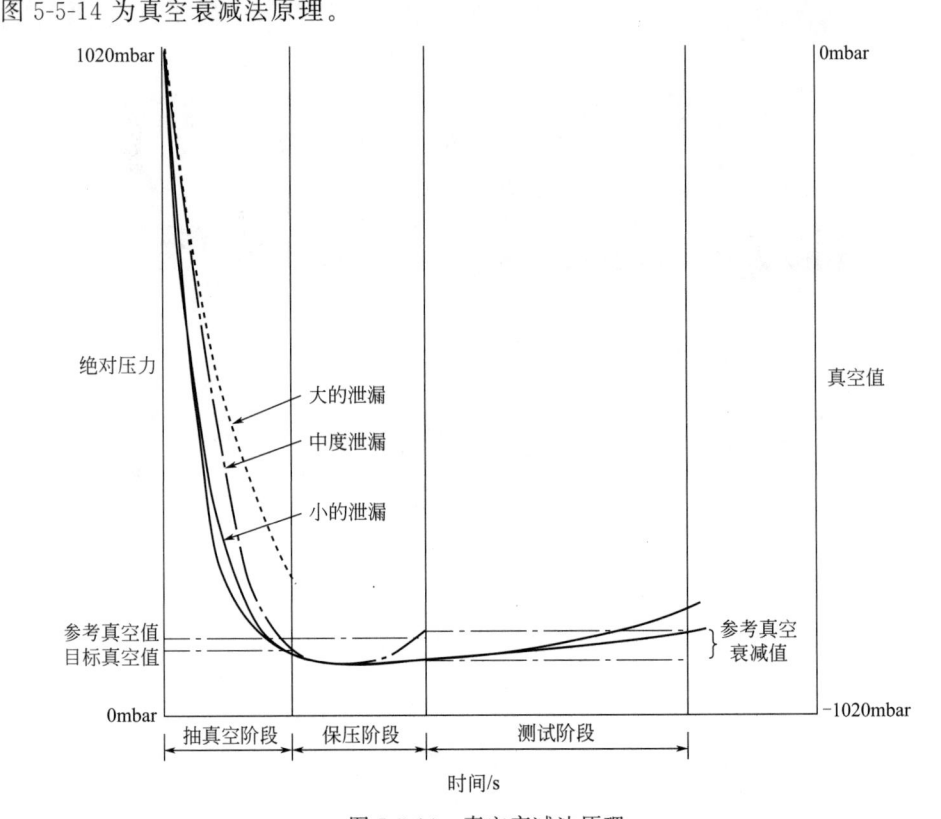

图 5-5-14　真空衰减法原理

抽真空：在抽真空阶段（Fill Time），如果在指定的抽真空时间内，实际真空值无法达到参考真空值（Reference Vacuum），那么说明包装有大的泄漏（Large Leak）。

保压：在保压阶段（Equalizing Time），如果在指定的保压时间内，实际真空值无法达到参考真空值（Reference Vacuum），那么说明包装有中度泄漏（Medium Leak）。

测试：在测试阶段（Test Time），如果实际真空衰减值大于参考真空衰减值（Reference Vacuum Decay），那么说明包装有小的泄漏（Small Leak）。

② 关键参数　抽真空时间、保压时间、测试时间、参考真空值、参考真空衰减值。

③ 适用范围　适用于所有不依赖于扭曲轨迹或屏障密封的包装产品，并且其可以承受施加在包装密封区域的压差。

此法检测过程中对产品无损，检测更快速，灵敏度高。缺点是检测仪器设计/制造会影响检测结果。例如传感器和内部系统设计，以及不漏的基线稳定性。有假阴性风险，如产品中蛋白质堵塞泄漏通道。

（4）激光法

① 原理　激光法是通过检测包装容器顶空压力、水汽和顶空氧气变化来判定容器的完整性，其测定原理（图 5-5-15 为激光原理图）是：发射的激光穿透容器顶空，容器顶空的水汽和氧气对激光有吸收，激光吸收量和对应的物质含量成正比。通常顶空水汽的检测波长是 1400nm，顶空氧气的测定波长是 760nm。顶空水汽的吸收峰宽度和顶空压力成正比（图 5-5-16 为激光法光谱图），因而可以通过顶空水汽的吸收峰宽度来获得顶空压力。

② 顶空分析关键参数　氧气测定，适用于充入惰性气体环境产品；水汽测定，适用于干产品；真空度测定，适用于＜－500mbar 绝压环境产品。

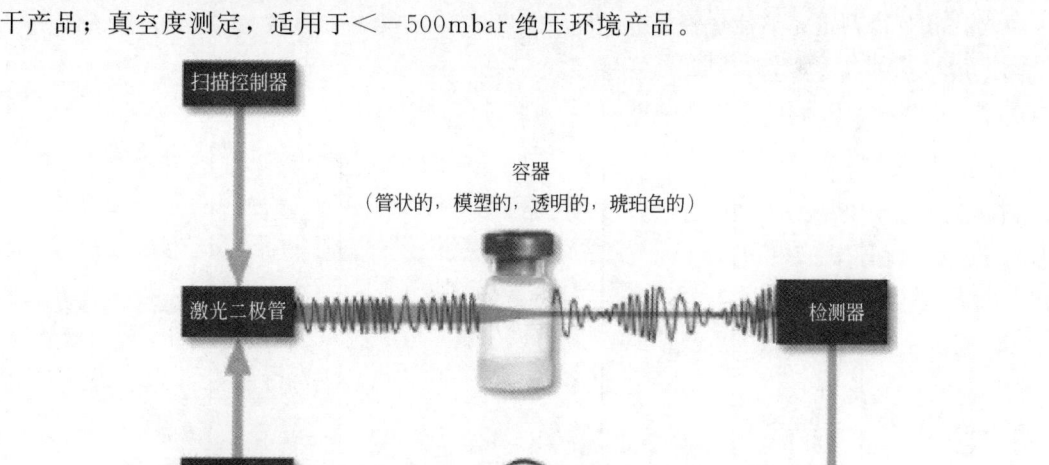

图 5-5-15　激光原理图

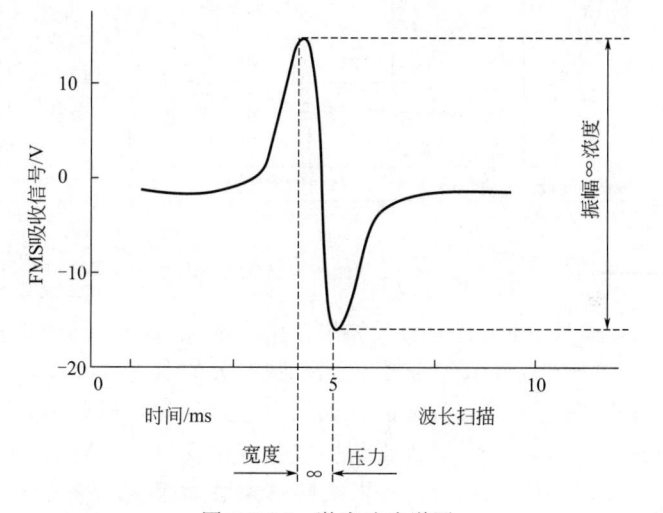

图 5-5-16　激光法光谱图

③ 使用范围　玻璃或透明塑料包装，如西林瓶、安瓿瓶、注射器等，但如果顶空水汽含量过期，可能会影响顶空压力的测试。所以使用此方法需要一定顶空；此法检测过程中对产品无损，且可在线或离线检测。

（5）微生物挑战法

① 原理　待测的产品浸入一定浓度的菌悬液中一段时间（见图 5-5-17 微生物挑战试验示意图），取出包装产品，冲洗，培养并检查微生物生长情况，以此判定容器密封性是否合格。

待测产品的包装容器内，通常灌装包含供微生物生长的培养基，但是如果产品不抑制挑战微生物的生长，则也可以包含产品。在浸泡期间，产品可能暴露于极端的压力下以模拟预期的产品工艺或分配条件。

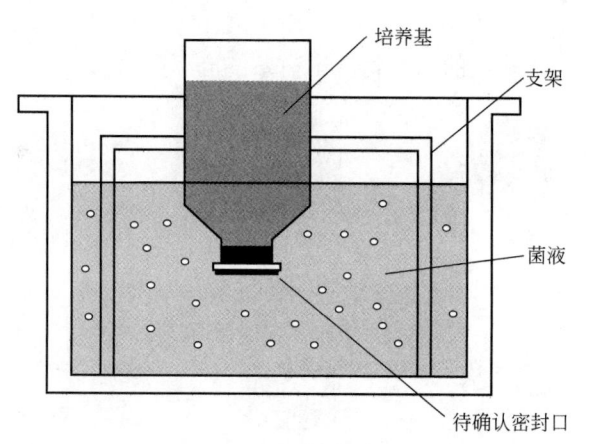

图 5-5-17　微生物挑战试验示意图

② 关键参数　关键参数包括：测试用的菌悬液的浓度（如大于 10^5 个/mL）和均匀性（一般可选取铜绿假单胞菌、大肠埃希菌、黏质沙雷菌等）；阳性对照试验；确认培养基促生长能力；测试样品接触微生物的时间，从几分钟到几小时不等。应依据选取测试微生物，确定测试样品的培养温度和时间，一般为 30～35℃，培养 7～14 天。

③ 适用范围　适用于可耐受液体浸泡的无菌药品包装。

上述介绍了几种泄漏测试的方法，对于不同的产品选用确定性测试方法，可参考表 5-5-5。

表 5-5-5　产品泄漏测试方法选择示例

产品	确定性测试方法选择
负压冻干粉针西林瓶	真空衰减法 激光法
常压水针西林瓶	激光法（顶空大） 真空衰减法（顶空极小） 高压电法
卡式瓶	高压电法（容器绝缘，液体导电）
液体安瓿瓶	真空衰减法或高压电法（顶空极小） 激光法、真空衰减法或高压电法任意一种（顶空大）
预灌装注射器	真空衰减法或高压电法（顶空极小） 激光法、真空衰减法或高压电法任意一种（顶空大）
泡罩	真空衰减法
滴眼液瓶	真空衰减法 高压电法

5.6 仓储与运输验证

5.6.1 简介

制药产品应按照其稳定性研究数据来确定存储与运输条件。对于温度/湿度等有严格要求的产品，其存储环境与运输过程应经过验证。储运过程不仅需要保证制药产品储存条件达到要求，产品从生产完成之后，在发货、运输，到交付整个过程中也需要保证其良好的储存条件。图 5-6-1 展示了一个典型的仓储物流运输系统流程图，供参考。

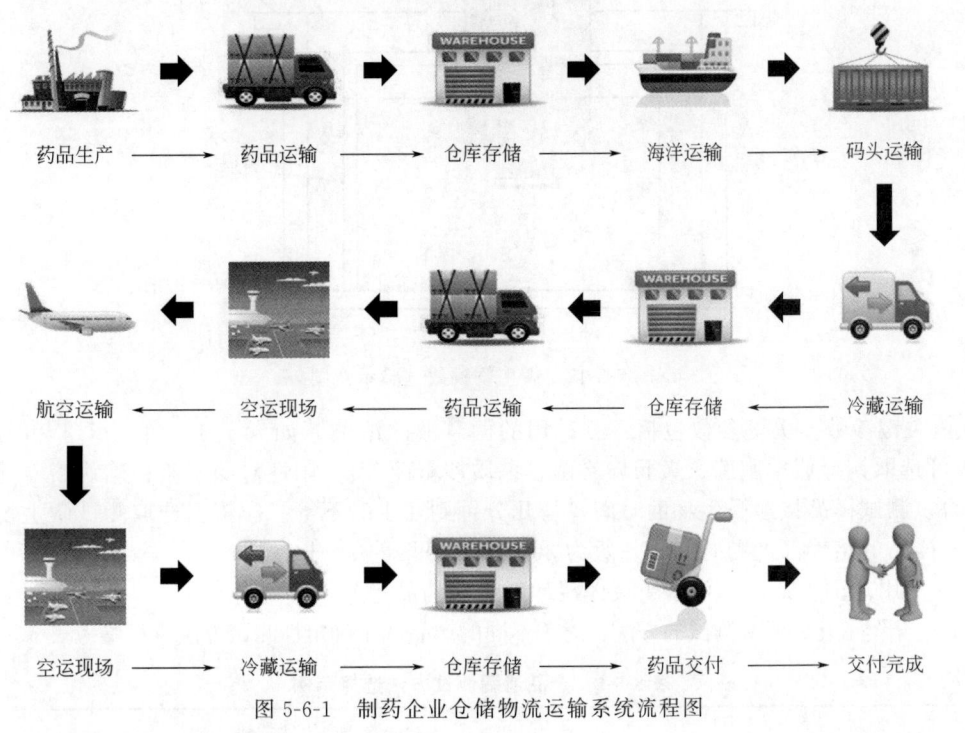

图 5-6-1　制药企业仓储物流运输系统流程图

5.6.1.1　仓储区域分类

仓储区域按照用途分为原辅料库、中间产品暂存库、成品库、不合格品库、包材库、危险品库等，各仓储区域温湿度要求和储存物质的要求直接相关。按存储条件，仓储区域可分为常温库、阴凉库、冷库、有特殊存储要求的其他仓库，以及化学危险品库和特殊药品库等。

有温度控制要求的存储区域统称为温控存储区域，如常温库、冷库（冷藏/冷冻）及冷藏冰箱、冷冻冰箱。

5.6.1.2　运输方式

不同企业的药品从生产商到终端患者，运输方式有所不同（图 5-6-2），按照运输途径一般可分为陆运、空运、海运。按照运输条件一般分为常温运输和冷链运输。对温度敏感的药品，应有控制措施保障药品在运输过程的温度。冷链运输过程常见温控系统类型如下：

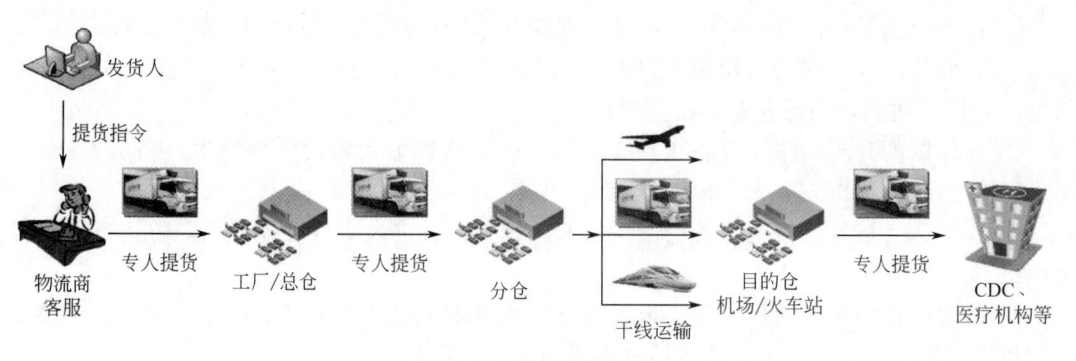

图 5-6-2　药品运输示例

① 主动温度控制运输系统——冷藏车、温度受控远洋集装箱、有源成组装运设备。

② 被动温度控制运输系统——冷藏箱、保温箱。

（1）主动温度控制运输系统

系统本身具备温度调节控制功能，系统配备制冷和/或加热部件，主动温度控制运输系统的制冷原理见图 5-6-3。

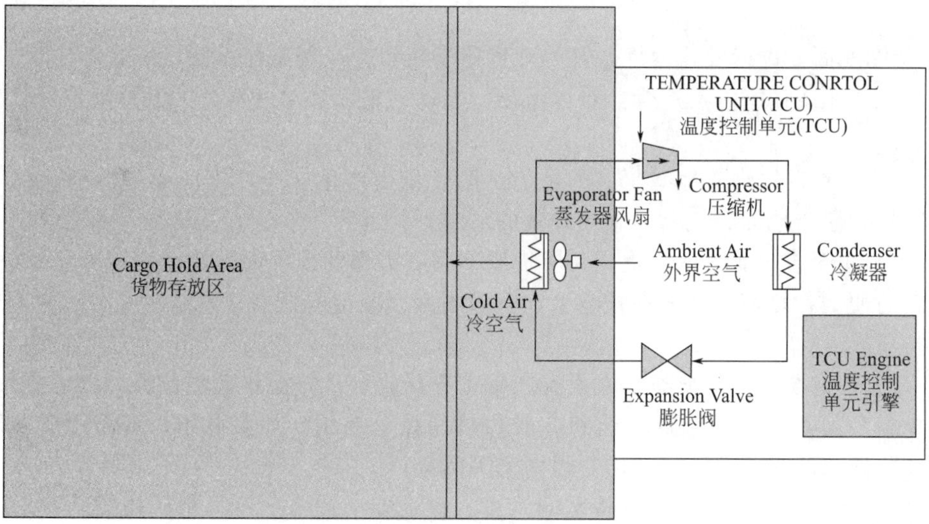

图 5-6-3　主动温度控制运输系统工作原理

（2）被动温度控制运输系统

系统本身没有温度控制功能，通过保温材料及蓄冷剂来维持产品温度。常用的保温材料包括聚丙烯、聚苯乙烯、聚氨酯、真空板等。常用的蓄冷剂包括冰袋、冰排等。

5.6.2　仓储验证

5.6.2.1　仓储区设计

通常以仓储需求、存储条件、GMP 要求三个方面为基础，结合药品生产企业自身的特点，考虑消防、安全性等因素，对仓储区进行设计、建造或改造，以满足法规要求。

（1）一般仓储区设计

对仓储区设计通常需考虑如下，包括但不限于：

① 设计应以达到国家消防、安全要求为基础；

② 设计应满足中国《药品生产质量管理规范》《药品经营质量管理规范》要求；

③ 仓储区应有足够的面积和空间，安置设施设备、存储物料和产品、便于人员操作，与生产规模相适应，满足仓储容量需求；

④ 仓储区的建筑设施、设备布局、设计、维护能够最大限度降低发生差错的风险，能够进行有效的清洁和维护，防止混淆、污染和交叉污染；

⑤ 仓储区有可靠的安全防护措施，能够对无关人员进入实行可控管理，防止药品被盗、替换或者混入假药；

⑥ 配置合适的空调通风设施，以保持仓库内物料对温湿度的要求。根据产品及物料的存储条件，选择常温库、阴凉库或冷库等进行物料的存储；

⑦ 在原辅料、包装材料进口区应设置取样间或取样车。取样设施常装有层流装置。仓储区的取样区洁净级别应与生产要求一致；

⑧ 仓库设计一般采用全封闭式，对光照有一定的要求。仓库即便有窗也不允许开启，以防积尘，也防鼠类、虫类进入。有窗部位外面应安装栅栏，以保证物品安全；

⑨ 高位货架采用冷轧钢板质量较好，如用热轧钢板，对钢板厚度要求稍厚些。焊接货架焊接处要求质量较高，无砂眼，表面要进行防锈处理。货架竖立时要求测量其垂直度，不得倾斜；

⑩ 仓库地面要进行硬化处理，其处理可用环氧树脂或聚氨酯涂层，一般不用水泥地面，尤其用高位铲车运作时，易起尘，难以清洁。仓库的地面要求平整，尤其是高位货架和高位铲车作业区；

⑪ 仓库内不设地沟、地漏，目的是为了防止细菌滋生。仓库内应设洁具间，放置专用的清洁工具，用于地面、托盘等仓储设备的清洁；

⑫ 仓库地面结构要考虑承重。高层货架不用底脚螺丝预埋件固定，而用膨胀螺栓固定，装卸均较简便。物料都应堆放在托盘上，宜采用金属或塑料托盘，其结构应考虑便于清洁和冲洗；

⑬ 对于头孢类、青霉素类、激素类产品应分开放置，并需要吸塑包装，以免交叉污染。青霉素类和头孢素类用的托盘不能和一般物料用托盘混用，如要混用，则需用清洁剂（如12％氢氧化钠溶液或氨溶液）清洁，以防交叉污染；

⑭ 对于存储条件或安全性（特殊的温度、湿度要求或毒、麻、精、放类药品）有特殊要求的物料或产品，仓储区应有特殊存储区域以满足物料或产品的存储要求。

（2）冷藏、冷冻药品的仓储区设计

对于冷藏、冷冻药品的存储，仓库设计时应重点考虑以下要素：

① 与其经营规模和品种相适应的冷库，存储疫苗的应当配备两个以上独立冷库；

② 配有用于冷库温度自动监测、显示、记录、调控、报警的设备；

③ 配有冷库制冷设备的备用发电机组或者双回路供电系统。

（3）仓储区温湿度自动监测系统的配备

在存储药品的仓库中应配备温湿度自动监测系统。系统应当对药品存储过程的温湿度状况进行实时自动监测和记录，有效防范存储过程中可能发生的影响药品质量安全的风险，确保药品质量安全。温湿度自动监测系统应当符合以下要求。

① 自动监测终端

测量范围在 $0\sim40℃$ 之间，监测终端温度的最大允许误差为 $\pm0.5℃$；

测量范围在 $-25\sim0℃$ 之间，监测终端温度的最大允许误差为 $\pm1.0℃$；

监测终端相对湿度的最大允许误差为±5%RH。

② 自动监测点数量

仓库自动监测点的数量取决于空间的大小以及在温度分布研究期间所获得的温度波动情况。

对于小型设备如冷藏冰箱和冷冻冰箱，最少需要设置一个自动监测点。

③ 自动监测点位置

常温存储库：自动监测点放置在温度分布研究中确认的季节性最热点和最冷点。

冷藏/冷冻库：自动监测点放置在温度分布研究中发现的最热点和最冷点。

冷藏冰箱和冷冻冰箱：最少需要设置一个自动监测点。

备注：有些国家法规要求有2个自动监测点，一个放置在最冷点，另一个在最热点。正确的放置位置可以根据温度分布情况来决定，也可以在实验室设计确认阶段决定。

④ 报警功能

当自动监测的温湿度值达到设定的临界值或者超出规定范围，系统应当能够实现就地和在指定地点声光报警，报警可自动通过电子邮件、短信或其他沟通媒介将报警信息发送给责任人。

5.6.2.2 仓储区验证

每个温控存储区域在使用前必须进行确认（DQ/IQ/OQ/PQ），确认的程度通过风险评估确定。下面介绍一些重点确认项目。

（1）温度分布研究

所有用于存储和处理有特定温度要求的药品的空间均需要进行温度分布研究。

① 温度分布研究目的

a. 通过温度分布研究证明温控存储区域的温度环境符合要求，确认温控存储区域内的安全存储区域及不能用于存储的区域。

b. 通过温度分布研究找出温控区域的冷点和热点。冷点和热点需要根据季节来确定，因为在冬天和夏天可能会有显著差异。

c. 如果温控存储区域需安装自动监测系统，通过温度分布研究找出放置常规自动监测温度探头的最佳位置。如果温控存储区域已经安装了自动监测系统，通过温度分布研究找出最佳位置重新定位自动监测点（必要时）。

d. 温度分布研究还被用于辨别需要采取补救措施的区域，例如，通过改变现有的气流分布来消除最冷点和最热点，或通过改装新的空气分配设备来减少高架仓库里的温度分层。

② 温度分布研究策略

a. 温度分布研究一般分为空载和负载。

b. 运行确认阶段进行的空载温度分布研究一般只进行一次，不考虑季节因素。

c. 如果存储区域受到季节温度波动的影响，则需要在各区域至少进行两次负载温度分布研究，以观察季节性波动产生的影响。最冷季节与最热季节可以代表最差情形。这样可以确认存储区域是否可以在全年维持稳定的温度。一般来说，对于冷藏间和冷冻间不需要做两季研究。

d. 温度分布研究的时间限度不同国家有不同的要求。一般来说，空载温度分布研究至少连续24h记录。对于不随时间或季节性气温波动的温控存储区域（例如，冷藏间和冷冻间），负载温度分布研究应连续24～72h或更长时间。

备注：中国《药品经营质量管理规范》规定，在库房各项参数及使用条件符合规定的要求并达到运行稳定后，数据有效持续采集时间不得少于 48h。

e. 如果温控存储区域装有两个冷却单元，不管有没有自动切换，需要对两个制冷单元的运行分别进行温度分布研究。

f. 如果温度分布研究过程不包括开门及断电测试，则在研究过程中记录开门操作及可能的断电情况，这样可以识别出由于人员进出或断电所引起的所有温度波动。

③ 温度分布研究布点

基于风险评估确认温度分布布点位置需考虑：

a. 三维布点（从上到下，从左到右，从前到后）；

b. 每个风机出风口；

c. 每个作业出入口；

d. 建筑结构的风向死角；

e. 货架对气流的影响；

f. 存储区域温度控制传感器位置及温度监测传感器位置。

（2）断电测试

研究断电后温控存储区域维持在要求的温度范围内的时间及断电恢复后存储区域恢复至要求的温度范围所需时间。通常没有既定的接受标准，研究结果对紧急情况存储物品的处理及系统的紧急维护等提供参考数据。

断电测试策略有断电至温度超标和固定断电时间两种。

① 断电至温度超标　断电后连续记录存储区域温度，当温度超出要求的范围，恢复供电，确定恢复至可接受温度范围的时间。

② 固定断电时间　预先确定一固定的断电时间，如断电 2h，不管存储区域温度有没有超出要求的范围，恢复供电，确定存储区域恢复至可接受温度范围所需的时间。

由于这两种测试方法都可能引起温度超标，存储区域装有物品时可能存在风险，建议在运行确认期间空载状态进行该测试。

（3）开门测试

研究开门后温度超出可接受范围的时间及关门后恢复至可接受温度范围的时间；如果只有一扇门，研究最长开门时间；如果多于一扇门，考虑开门时长、开门顺序及是否会同时打开一扇以上的门。

开门测试策略包括以下两种：

① 在预设的一定时间内保持开门，不会造成系统内的物料温度超标；

② 开门直至温度超出接受范围，关门后确认温度恢复到接受范围的时间。

5.6.3　运输验证

在药品实际运输前，应进行运输验证，证明在运输过程中能够持续保证运输条件符合要求。有运输要求的目标产品在实际商业运输中可能遇到各种不同的情况，很多因素会影响特定运输中的实际条件，如不可预见的突发事件和天气变化等。事实上不可能对所有可能的情况进行验证，运输验证将综合考虑最差条件进行，按照运输起始地和目标地近三年气温趋势分析确定运输路线选择。

运输验证之前，应首先进行运输风险评估，风险评估应包括运输过程中除温度以外的其他潜在不利因素，如湿度、机械压力（震动）、过程操作、运输延误等，支持运输验证最差条件的选择与设计。

温度控制系统的动态路线性能确认实质上即运输验证，性能确认之前温控系统应首先完成安装确认、运行确认和静态性能确认。

5.6.3.1 运输风险评估要素

运输风险评估的目的是确定冷链运输过程中潜在影响产品质量的危害和关键控制点，风险评估为产品运输关键控制点的制定提供支持。

风险评估中应考虑以下要素：

① 产品稳定性；

② 最大/最小装运容积；

③ 内/外包装以及运输容器的配置；

④ 出发地、目的地和整个运输路线的温度条件；

⑤ 季节性气温（冬季与夏季）；

⑥ 运输路线和方式（空运、陆运、国际运输等）；

⑦ 运输时间；

⑧ 运输路线上中途停留点的持续时间、温度和地点。

5.6.3.2 冷藏车运输验证

以下介绍冷藏车运行和性能确认相关内容。

（1）验证策略

① 验证过程中，所选路线应能反映典型的最差情形。应在实际的运输过程中实施测试，以便收集准确的数据。

② 验证冷藏车在冬季、夏季极端温度条件下的运行情况。

③ 冷藏车初次使用前或改造后再次使用前应进行空载及满载性能确认，定期验证时应进行满载性能确认；满载条件为装载率高于80％。

④ 验证时的装载物选择：

a. 使用真实的产品。

b. 使用超过有效期的真实产品。

c. 使用具有与真实产品相似热学性质、质量和包装的替代品。

备注：如使用过效期产品，在不同国家之间运输要注意海关和安全限制和要求，并保证过效期的产品不会在运输终点因为管理不当或盗窃而被上市销售。

⑤ 验证用温度探头应固定在运输产品的包装内或布于所载货物中。

⑥ 装货前确保冷藏车已提前预冷至指定温度。

⑦ 冷藏车内药品与厢内前板距离不小于10cm，与后板、侧板、底板间距不小于5cm，药品码放高度不得超过制冷机组出风口下沿，确保气流正常循环和温度均匀分布。

（2）温度分布测试

通过温度分布研究，确认冷藏车所载货物的温度分布维持在指定的范围内。确认冷藏车不适合用于装载产品的区域（例如，接近冷冻盘管的区域）。确认自动监测系统配置的监测点位置。

① 温度分布测试探头布点

a. 验证使用的温度传感器应当适用于被验证设备的测量范围，其温度测量的最大允许误差为±0.5℃。

b. 在车厢内一次性同步布点，确保各测点采集数据的同步、有效。

c.每个冷藏车厢体内测点数量不应少于 9 个，每增加 20m³ 增加 9 个测点，不足 20m³ 的按 20m³ 计算；均匀分布，通常根据车辆的长度和有效容积分 2 层或 3 层布置。

d.特殊区域应布设温度测试点，包括空调送风、回风位置、温度传感器安装位置、门及可能的送风死角等位置。

e.设置多个测点的位置（如出风口、死角等）应覆盖相应的区域边界和中点（如送风夹角的两边和中线）。

f.应绘制温度分布测试布点示意图，标明各测点序号。

g.放置于空调系统温度控制传感器位置的验证用温度记录仪应尽可能靠近传感器以获得客观的数据。

② 温度分布测试数据采集

a.在冷藏车达到规定的温度并运行稳定后，数据有效持续采集时间不应少于 5h 或根据车辆最长运输时间确定。

b.验证数据采集的间隔时间不得大于 5min。

③ 温湿度自动监测系统

a.监测系统温湿度记录仪定期校准或者检定，最大允许误差符合以下要求：

测量范围在 0～40℃ 之间，温度的最大允许误差为 ±0.5℃；

测量范围在 −25～0℃ 之间，温度的最大允许误差为 ±1.0℃；

相对湿度的最大允许误差为 ±5%RH。

b.冷藏车安装的自动监测点数量不得少于 2 个。车厢容积超过 20m³ 的，每增加 20m³ 至少增加 1 个测点终端，不足 20m³ 的按 20m³ 计算。

c.自动监测系统采集的监测数据应当真实、完整、准确、有效。

（3）断电保温测试

① 确认温控单元失效时，冷藏车超出指定温度范围的时间长度。

② 此测试不能使用真实产品来实施，因为产品存在不可逆的损坏的风险。

③ 温度探头应固定在运输的产品包装内，以确保产品本身的温度被记录，而不是周围的空气温度。载货车厢内的空气温度可能会短时波动超出指定温度范围，而产品温度则可能保持不变。

④ 以断电后车厢内最先达到温控限度的测点所经历的时长作为保温时限。

（4）开门测试

① 开门测试应确保车门全开，安装有风幕机的车辆应同时开启；

② 判断是否超温可依据验证用温度记录仪的读数和温度监测系统的超温报警提示。

5.6.3.3 冷藏箱/保温箱（被动制冷型）验证

以下介绍冷藏箱/保温箱运行和性能确认相关内容。

（1）验证内容及要求

① 箱内温度分布特性的测试与分析，分析箱体内温度变化及趋势。

② 蓄冷剂配备使用的条件测试。

③ 温度自动监测设备放置位置的确认。

④ 开箱作业对箱内温度分布及变化的影响。

⑤ 高温或低温等极端外部环境条件下的保温效果评估。

⑥ 运输最长时限验证。

（2）静态模拟性能确认

① 根据冷藏箱或保温箱的适用范围、实际运输线路不同季节的温度特性以及极端条件出现的概率，设定静态模拟运输温度验证条件，包括药品运输经历阶段、各阶段温度及持续时间等。

② 每一种冷藏箱或保温箱包装方式均应按照其对应的使用温度条件进行静态模拟性能确认。

③ 冷藏箱或保温箱内蓄冷剂配备方式应严格按照相关标准操作规程进行预处理和配置并详细记录操作过程和温度测量结果。

④ 冷藏箱或保温箱内应放置模拟物品，其热容特性应与该包装箱运输药品总量的热容特性基本一致。

⑤ 冷藏箱或保温箱内至少放置 5 个温度记录仪，分别位于模拟药品的上、下、相邻两侧、几何中心等位置（除几何中心外，温度记录仪应放置于各面中心位置）。验证数据采集的间隔时间不应大于 5min。

⑥ 静态模拟性能确认时限不应少于该包装箱实际应用的最长时间。

⑦ 在测试时间的中段开箱取出模拟物上部的保温材料和蓄冷剂，记录各测点的温度变化情况。

（3）动态实际线路性能确认

① 根据冷藏箱或保温箱的适用范围、实际运输线路、不同季节的温度特性以及极端条件出现的概率选择动态验证线路，该线路至少涵盖最长运输时间或最苛刻温度条件。

② 冷藏箱或保温箱内蓄冷剂配备方式应严格按照相关标准操作规程进行预处理和配置并详细记录操作过程和温度测量结果。

③ 至少进行冬、夏和春秋三种季节类型的实际线路性能确认。

④ 冷藏箱或保温箱内应放置模拟物品，其热容特性应与该包装箱运输药品总量的热容特性基本一致。

⑤ 冷藏箱或保温箱内至少放置 5 个温度记录仪，分别位于模拟药品的上、下、侧、中心等位置。实际应用时放置温度记录仪的位置应放置测试记录仪。验证数据采集的间隔时间不应大于 5min。

⑥ 冷藏箱或保温箱经过预热或预冷至规定温度并满载装箱后，按照最长的配送时间连续采集数据。

（4）温湿度自动监测系统

每台冷藏箱或保温箱应当至少配置一个测点终端。

5.6.4　仓储及运输再验证

对于有温度控制要求的存储区域，根据常规监测策略的不同定期进行后续温度分布研究，以证明其持续符合性。如果有多个固定的温湿度自动监测点可以提供连续的数据，则可以对系统的各方面性能进行定期评估来替代定期的温度分布研究。

如果对存储区域有重大的改造，则需要进行温度分布研究。如果温度监测记录分析显示有超出正常运行限度的未知原因的变化，则要评估是否需要重新进行再验证。

根据仓储设施设备和自动监测系统的设计参数以及通过验证确认的使用条件，分别确定最大停用时间限度；超过最大停用时限的，重新启用前，要评估风险并重新进行验证。

对于运输系统，运输工具及运输容器的改变、新增运输线路超出之前验证的最差路线，需要增加额外的运输验证。

本章小结

　　本章节主要对消毒和灭菌程序、生产工艺、清洁、包装、运输程序验证进行了介绍，这些验证对新建项目而言，是验证的最后环节，应在设备/系统、方法验证完成后进行，程序类验证完成后，工艺、程序可投入商业化生产，并在产品生命周期内持续维持验证状态。

参考文献

［1］　中华人民共和国卫生部令79号.药品生产质量管理规范（2010年修订）.

［2］　中华人民共和国卫生部令79号.药品生产质量管理规范：附录 确认与验证.

［3］　国家食品药品监督管理局　药品认证管理中心.药品GMP指南——无菌药品.北京：中国医药科技出版社，2011.

［4］　国家食品药品监督管理局　药品经营质量管理规范.北京：中国医药科技出版社，2016.

［5］　国家食品药品监督管理局　药品安全监管司、药品认证管理中心.药品生产验证指南.北京：化学工业出版社，2003.

［6］　GB/T 34399—2017医药产品冷链物流温控设施设备验证性能确认技术规范.

［7］　EU GMP Annex 15：Qualification and Validation.

［8］　EMA. Guideline on Process Validation for Finished Products：Information and Data to Be Provided in Regulatory Submissions.

［9］　FDA Guidance for Industry：Process Validation：General Principles and Practices.

［10］　FDA Guide to Inspections Validation of Cleaning Process.

［11］　USP＜1207＞Sterile Product Packaging-integrity Evaluation.

［12］　USP＜1079＞Good Storage & Shipping Practices.

［13］　WHO TRS902　Annex 9：Guidelines on Packaging for Pharmaceutical Products.

［14］　WHO TRS937　Annex 4：Supplementary Guidelines on Good Manufacturing Practices：Validation.

［15］　WHO TRS961　Annex 9：Model Guidance for the Storage and Transport of Time and Temperature-Sensitive Pharmaceutical Products.

［16］　PDA TR22：Process Simulation for Aseptically Filled Products（Revised 2011）.

［17］　PDA TR27：Pharmaceutical Package Integrity.

［18］　PDA TR28：Process Simulation Testing for Sterile Bulk Pharmaceutical Chemicals（Revised 2006）.

［19］　PDA TR29：Points to Consider for Cleaning Validation.

［20］　PDA TR39：Guidance for Temperature Controlled Medicinal Products：Maintaining the Quality of Temperature-Sensitive Medicinal Products through the Transportation Environment. Parenteral Drug Association.

［21］　PDA TR49：Points to Consider for Biotechnology Cleaning Validation.

［22］　PDA TR58：Risk Management for Temperature-Controlled Distribution. Parenteral Drug Association.

［23］　PDA TR60：Process Validation：A Lifecycle Approach.

［24］　PDA TR64：Active Temperature-Controlled Systems：Qualification Guidance. Parenteral Drug Association.

［25］　ICH Q8：Pharmaceutical Development.

［26］　ICH Q9：Quality Risk Management.

［27］　ICH Q10：Pharmaceutical Quality System.

［28］　ISPE Guide：Science and Risk-Based Approach to the Delivery of Facilities，Systems and Equipment.

［29］　ISPE GPG：Cold Chain Management.

第6章

制药工艺验证

工艺验证是为证明与产品制造相关的人员、材料、设备、方法、环境条件以及其他有关公用设施的组合可以始终如一地生产出符合企业内控标准及国家法定标准的产品，工艺稳定可靠，符合 GMP 要求。本章从原料药、口服固体制剂、无菌制剂、生物制品和中药的生产工艺特点分别进行阐述，强调"基于风险分析"的工艺验证执行。

6.1 原料药工艺验证

本节采用了 ICH Q7 中的关键概念和定义。

（1）原料药（Active Pharmaceutical Ingredient，API）

原料药是指在用于药品制造中的任何一种物质或物质的混合物，而且在制药时成为药品的一种活性成分。此种物质在疾病的诊断、治疗、症状缓解、处理或疾病预防中有药理活性或其他直接作用，或能影响机体的功能和结构。

（2）中间体（Intermediate）

中间体是原料药工艺步骤中产生的、必须经过进一步分子变化或精制才能成为原料药的一种物料。中间体可以分离或不分离。

（3）物料（Material）

物料是原料（起始物料、试剂、溶剂）、工艺辅助用品、中间体、原料药、包装及贴签材料的统称。

（4）非无菌原料药（Non-Sterile API）

非无菌原料药法定药品标准中未列无菌检查项目的原料药。

（5）无菌原料药（Sterile API）

无菌原料药法定药品标准中列有无菌检查项目的原料药，需要对可能引起微粒、微生物和内毒素的潜在污染进行严格控制。

6.1.1 原料药工艺流程概述

原料药的生产即通过化学合成、细菌培养或发酵提取、天然资源回收，或通过以上工艺的结合而得到目标成分，按照制备工艺分为化学合成原料药、发酵类原料药和动植物提取类原料药，按照产品特性分为无菌原料药和非无菌原料药。

6.1.1.1 化学合成原料药的生产工艺

化学合成是原料药生产的主要方式之一，通常是起始物料与其他化合物通过若干步骤的化学反应得到特定化学结构的目标产物，如缩合、取代、酰化、氧化还原等；然后再经过一步或几步的精制，如脱色、过滤、重结晶、干燥等，得到最终的原料药产品。

化学合成类原料药中间体和粗品在无洁净级别生产区生产，而最终成品的精制、干燥和包装工序通常在 D 级洁净区进行。

图 6-1-1 为合成类非无菌原料药生产工艺流程示意图。

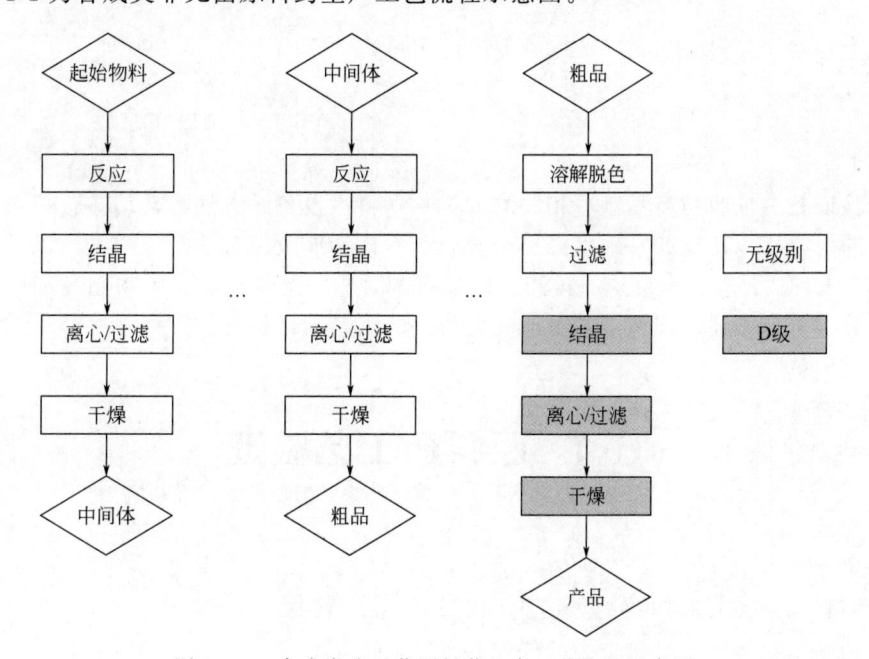

图 6-1-1　合成类非无菌原料药生产工艺流程示意图

6.1.1.2 发酵类原料药生产工艺

发酵也是原料药生产工艺的主要方式之一，尤其是抗生素类原料药，如青霉素类、头孢类等，通常是通过发酵和化学合成的半合成方式得到的。此类生产工艺首先通过生物发酵得到目标化合物的主要结构，例如青霉素的 β-内酰胺结构，然后再进行结构修饰，得到最终目标化合物，最后再经过精制如重结晶得到最终原料药。发酵过程一般需要经过菌种接种、发酵培养、过滤、反应、精制等步骤。

图 6-1-2 为发酵与合成结合的原料药生产工艺示意图。

6.1.1.3 动植物提取类原料药生产工艺

自然界是天然的化合物宝库，动物或植物通过新陈代谢，产生了许多仅靠目前的合成手段无法实现却对治疗疾病有重大意义的化合物，因此动植物提取是获取目标化合物的重要方式，也是生产原料药的主要方式之一。如治疗疟疾的青蒿素，从动物内脏中提取得到的用于治疗心血管疾病的肝素等。

近年来，通过从动植物组织中提取得到生产原料药的高级中间体，再通过一定的化学合成和结构优化，最终得到目标化合物，这样不仅能大幅提高其疗效，还能进一步地减少其毒

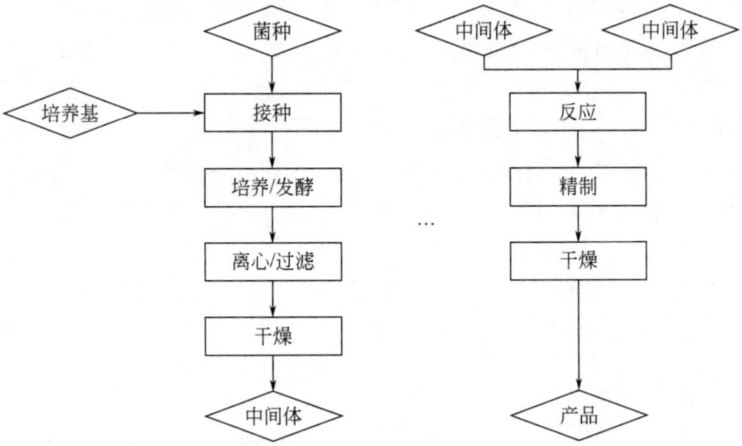

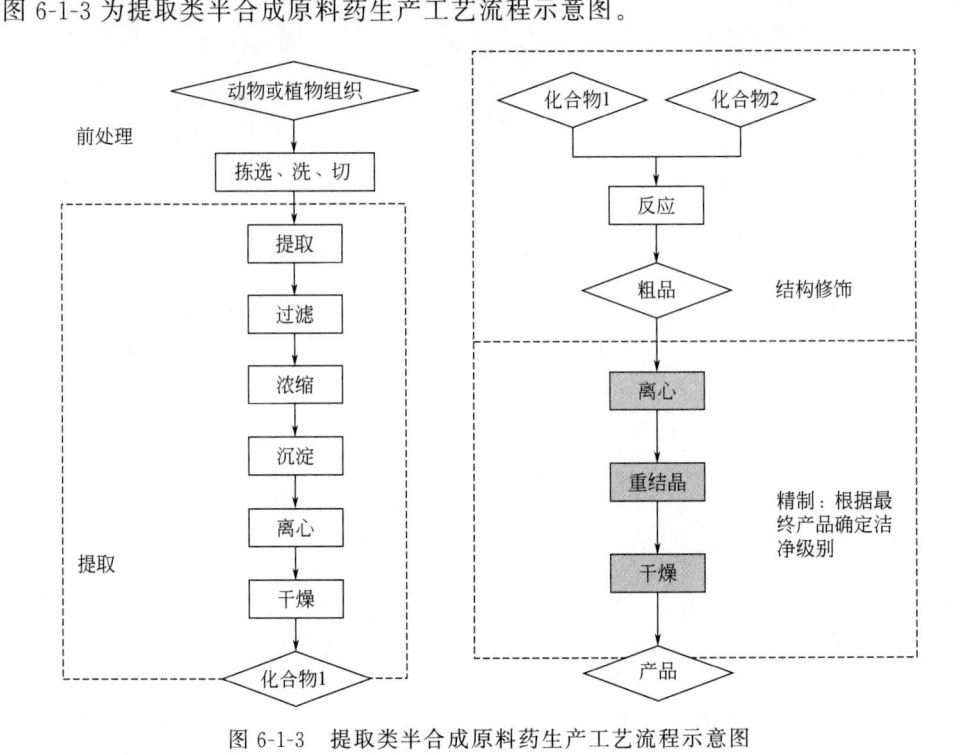

图 6-1-2　发酵与合成结合的原料药生产工艺示意图

副作用。例如抗癌药物喜树碱，通过进一步的结构修饰，得到选择性更好，毒副作用更小的盐酸伊立替康、拓扑替康等药物。

一般来说，动植物提取类原料药的生产工艺分为 4 个部分，即原材料的前处理、提取、结构修饰和精制。

图 6-1-3 为提取类半合成原料药生产工艺流程示意图。

图 6-1-3　提取类半合成原料药生产工艺流程示意图

6.1.1.4　无菌原料药生产工艺

按产品的微生物水平和目标剂型，原料药分为非无菌原料药和无菌原料药。无菌原料药又分为最终灭菌的无菌原料药和非最终灭菌的无菌原料药，但由于原料药大多对高温高热、高湿高压、辐射等敏感，采用最终灭菌的无菌原料药很少。目前非最终灭菌的无菌原料药通常是将产品最后一步精制成盐或与除菌工艺相结合，采用预过滤加两级 $0.22\mu m$ 的除菌过滤实现最终产品无菌的。经过除菌过滤后的药液通常采用结晶、冷冻或喷雾干燥的方式得到最终的无菌原料药产品。

无菌原料药前段生产工艺根据活性成分获取来源，在上述 6.1.1.1～6.1.1.3 分别进行了介绍，以下将从粗品处理开始介绍无菌原料药生产工艺。在传统的无菌原料药生产中，粗品的溶解、脱色在 C 级洁净区进行，除菌过滤、结晶、离心/过滤、干燥、粉碎、混合、分装是在 B 级洁净区加 A 级层流环境下进行。目前，无菌原料药越来越多地采用密闭系统装备，降低了无菌操作过程污染风险的同时降低了生产过程对外界环境洁净级别的要求。

图 6-1-4 为无菌原料药生产工艺流程示意图。

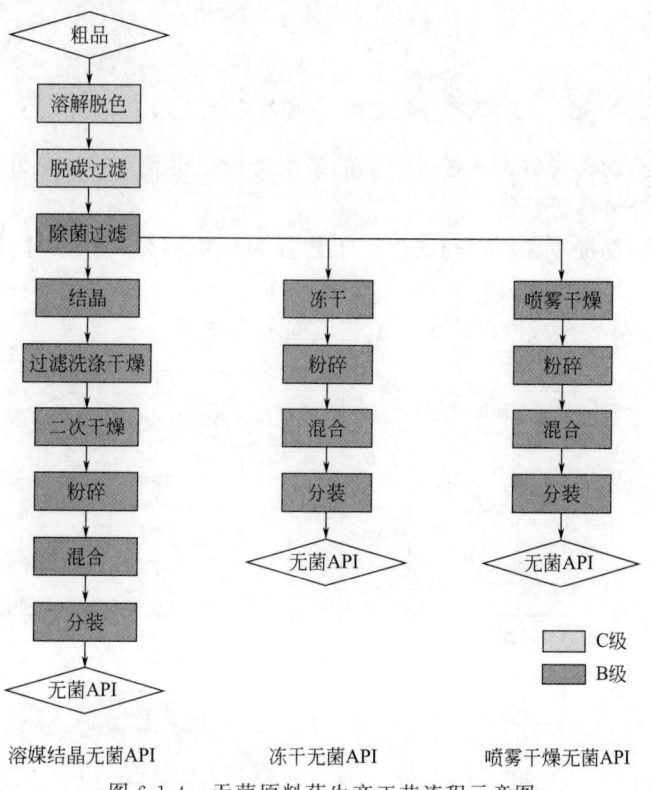

图 6-1-4　无菌原料药生产工艺流程示意图

6.1.2　原料药工艺风险评估

ICH Q9 和 PDA 技术报告 44 号中定义了若干风险评估的方法，本节讲述如何使用危害分析和关键控制点（HACCP）进行原料药工艺风险评估的基本流程。

危害分析和关键控制点是确保产品质量可靠性及安全性系统的、前瞻的及预防性的工具。它是一个结构性的方法，其通过采用技术和科学原则去分析、评价、预防和控制由于产品的设计、开发、生产和使用带来的风险或不利结果及危险因素。通常情况下，通过 HACCP 确定出生产工艺中所有的潜在危险和关键控制点，并记录在文件中，保证具有适宜的控制，并以安全的方式生产该产品。这种评估为生产工艺关键控制点的制定提供了支持。进行风险评估之前应该确定产品的关键质量属性和关键工艺参数、生产批量和生产组织的方式，并且应附有关键工艺参数的产品工艺规程。

图 6-1-5 为某原料药酸化结晶工序的风险评估举例，此工序步骤可能包括的关键工艺参

数有配料比、料液浓度、温度、pH、压力、搅拌速度、反应时间、滴加速度、加热或冷却速率、搅拌转速或其效果（对多相体系重要）等。

以上述酸化结晶工序为例，进行工艺风险评估时需要执行以下步骤：

① 明确与该工序相关的产品关键质量属性和关键工艺参数并进行风险的识别。例如，盐酸的浓度不符合要求；加酸过量，料液 pH 超出 2.2～3.0 的范围；养晶时间不符合工艺要求；温度超出控制范围等；

② 进行危害分析，分析各个危害发生的可能性及严重性，然后确定该控制点的关键性；

③ 对关键控制点采取相应的措施，如建立警戒限，例如养晶温度严格控制在 10℃±1.5℃；建立关键控制点的监测程序，例如采取双人复核关键控制点的操作、增加中控检验，例如加酸完毕后搅拌 10min 后再取样复核等；

④ 确定适当的纠正措施，例如 pH 大于 3.0，可再加酸直至符合标准；

⑤ 制定或修改 SOP，在 SOP 中定义关键控制点的控制措施，记录并保存。

该工艺风险评估过程总结如表 6-1-1 所示。

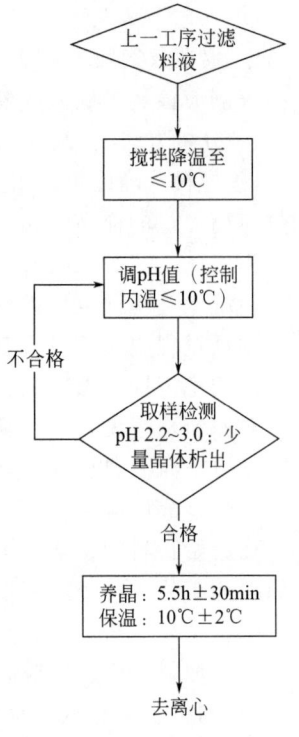

图 6-1-5 某原料药产品的
酸化结晶工序流程

表 6-1-1 工艺风险评估表

工艺步骤	描述	可能发生的风险	关键性	控制措施	控制范围/限度	监测程序	纠正措施	文件记录
酸化结晶	搅拌下降温至料液温度≤10℃	温度高于 10℃就开始调 pH	关键	过程中检查	10min 后确认一次温度	制定 SOP	停止滴加盐酸	批记录
	滴加盐酸溶液直至料液 pH 至 2.2～3.0	pH>3.0	关键	滴加盐酸完毕后搅拌 10min 再取样复核	pH 2.2～3.0	制定 SOP	重新滴加盐酸	记录
	—	—	—	—	—	—	—	—

6.1.3 原料药工艺验证要点

6.1.3.1 非无菌原料药工艺验证

在进行工艺验证批生产之前，需要对工艺验证的先决条件进行确认，这些先决条件包括但不仅限于以下几点。

① 人员及培训　人员应具备相应的资质、熟悉本岗位职责、经过培训并合格。

② 文件　包括验证所需要的工艺验证程序和验证方案、记录、操作 SOP 及其他 GMP 管理 SOP 等。

③ 厂房设备　厂房设备应该经过确认，包括库房、洁净室、工艺设备、公用工程、清洗消毒与灭菌设备和其他辅助设备等。

④ HVAC　空调系统和洁净环境应经过确认。

⑤ 工艺用水系统　应至少完成性能确认的前两个阶段。

⑥ 仪器仪表校准　所有关键的仪器仪表均应该经过校验并符合预期要求；产品检验相关的仪器应该经过确认或校验。

⑦ 分析方法　所有成品、中间体及关键原材料的分析方法需要完成确认或验证。

⑧ 物料　确认所有相关的物料均已检验合格，物料供应商也经过相关审计（起始物料的供应商提供的样品已完成相应的试验）。

当确认工艺验证的各项先决条件均已具备之后，就可以开始验证批次的生产。一般来说，传统工艺验证至少进行连续 3 批的生产，验证工艺应该与既定的商业化生产工艺完全一致，验证过程中应该对所有关键工艺参数进行确认，并对所有的关键控制点进行检查，以确认工艺的稳定性和重现性。

对原料药来说，工艺验证针对整个产品完整工艺流程进行，不同原料药的生产工艺流程不同，以下介绍典型的化学合成原料药生产工序工艺验证要点。

（1）合成反应

在起始物料的化学结构的基础上，经过多个步骤的化学反应，得到具有目标化合物结构的原料药粗品，再经进一步的纯化，如重结晶、脱色等，得到最终的原料药产品，这是几乎所有的化学合成与半合成原料药工艺模式。影响化学反应结果的中间控制参数通常包括：物料配比、加料顺序、反应温度、反应时间、压力、搅拌速度等。

图 6-1-6 为某合成反应的工艺流程图。

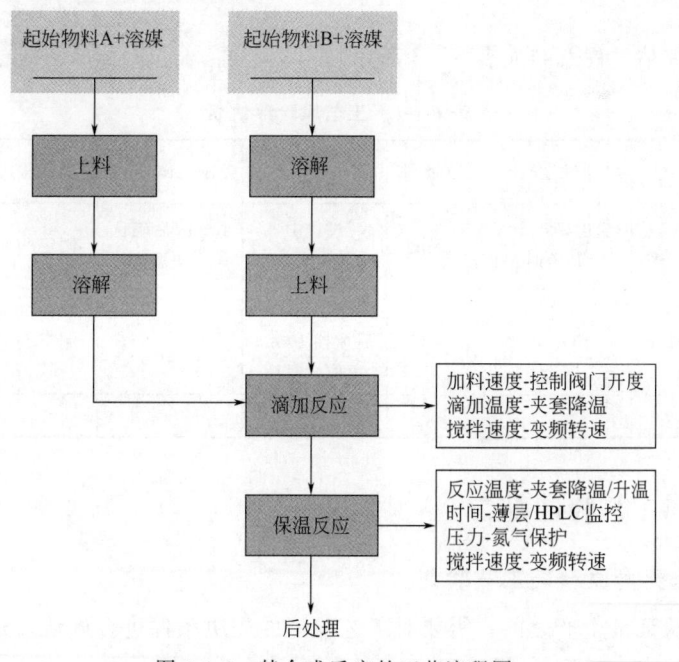

图 6-1-6　某合成反应的工艺流程图

由于生产规模的变化，原研发或中试阶段确定的反应时间往往不适用商业化生产。应在试生产时对商业化生产规模的反应终点进行考察。通常可以适当增加取样的频次，考察起始物料、产物、特殊杂质等的含量水平的变化趋势，依据试生产结果确定一个合适的反应时间范围，再通过工艺验证对该参数进行验证，以确认其重现性和稳定性。应适当增加工艺验证时的取样频次，例如在既定反应时间前每隔一段时间取样，考察相关的判断指标的变化趋势；同时可以适当对反应进行挑战，如按最长反应时间进行控制。另外还应该考虑以下因素：

① 选择的判断指标应具备代表性，例如起始物料、产物、特殊杂质的含量；

② 应考虑检测手段的迟滞性对反应的影响；

③ 取样方法和取样本身对反应的影响。

（2）过滤

过滤是原料药生产过程中进行固液分离的有效方式，工艺验证应对相关的过滤工艺进行确认；在产品工艺开发和设备设计选型时就应充分考虑可能影响过滤的因素，如料液的黏度、压力、过滤介质的孔径和过滤面积等。

原料药生产常采用高温溶解、过滤、低温析晶的重结晶过程来实现产品的精制。对于大多数无菌或非无菌原料药，在粗品重溶解之后会加入活性炭脱色后再过滤至洁净区。粗制过滤过程中由于料液温度的降低，易出现晶体析出堵塞管道或过滤器的情况，不仅影响生产，严重时可能导致整批产品的报废，因此管道和过滤设备的保温尤为重要。在工艺验证之前应对管道和设备的保温效果进行确认，另外在工艺开发和放大试生产过程中应该对物料性质有相当的了解，确定合适的物料配比和过滤温度、压力。进行工艺验证时，应建立适当的方法，对料液的过滤效果进行确认，如增加对过滤后料液的取样，测试其可见异物；另外应监控和记录相关工艺参数，如料液温度、过滤前后压力、流速，确保均在预期的范围内。

（3）结晶

原料药生产常采用的结晶方式有冷却、溶析和蒸发，影响结晶的主要因素是料液的过饱和度、温度和干扰。工艺验证时，产品结晶的溶媒配比、溶媒添加速度、降温速度、养晶温度、养晶时间、搅拌速度等参数均基于产品开发和工艺放大、试生产的数据和经验已确定，但由于生产设备、规模及其他公用工程可能存在的变化，加上其他不可控因素的干扰，必须在工艺验证中考察结晶工艺的重现性和稳定性。

对于已确定的结晶工艺，验证过程中应保证这些参数均被有效控制，如物料配比、降温速度、析晶时间和温度、搅拌转速等。判断结晶工艺的重现性和稳定性的标准不仅包括上述参数应在控制范围内，还包括结晶后产品晶型、杂质水平等指标与既定的质量标准相符，特殊情况下还应包括产品的溶媒残留水平，因为有时由于结晶速度过快，造成晶簇内部包裹溶媒，进而使最终产品的溶媒残留水平超标。因此在制定验证方法、考察指标和合格标准时应基于对工艺的理解和熟悉，组成由产品开发和生产部门组成的技术团队，对相关的工艺控制措施、取样方法等进行讨论，以确定一个科学有效的验证方法。

另外，在结晶过程中增加对母液中产品含量水平的监测也是结晶工艺验证的一个有效的方法，如产品析晶过程中每隔一定时间取样，过滤后测试母液中产品含量水平的变化，以确认既定结晶时间的有效性，如当母液中产品含量在既定时间范围持续一段时间后不发生变化或变化很小，即可确定结晶时间是有效的。如涉及添加晶种，需确认晶种本身不能对产品质量造成影响，例如引入新的杂质。

（4）离心

离心工艺验证时应主要关注离心、洗涤工艺的效能确认，对离心设备本身的离心、洗涤效能的确认可能在性能确认时已使用模拟物料进行过确认。在工艺验证阶段应该针对商业化生产规模的产品生产对离心和洗涤效能的重复性和稳定性进行确认。

评价离心效能的指标应考虑：

① 滤饼湿含量　目前离心设备配置在线滤饼取样装置日益增多，如图 6-1-7 卧式刮刀离心机示意图所示，但需注意，由于湿分往往是易挥发的有机溶媒，因此取样和取样后的样品处理

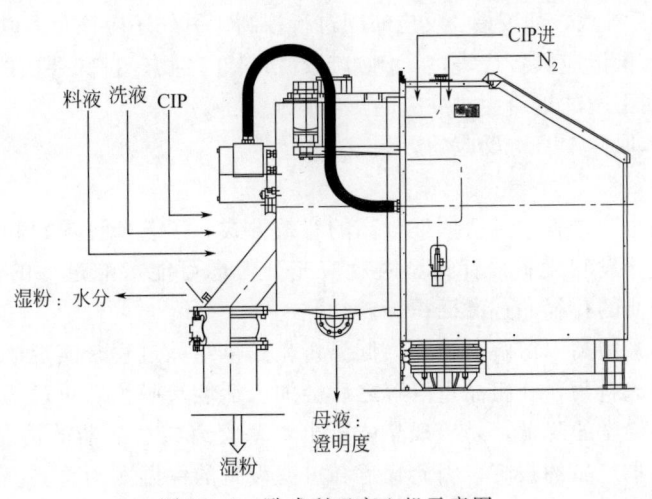

图 6-1-7　卧式刮刀离心机示意图

应保证样品中的湿分含量不发生变化，即样品与实际离心结束后中间产品湿分的一致性。

② 离心时间　即从结晶悬浮液进料到甩干的时间。

③ 母液澄明度　应考虑由于结晶料液温度往往低于室温，离心后母液管道和储存设备均未配置保温，当母液温度升高后可能会造成透过离心过滤介质的晶体溶解。

评价洗涤效能方式可考虑：

① 滤饼洗涤前后的杂质水平或有机残留水平（当采用其他溶媒洗涤时，例如水洗），洗涤后的产品杂质水平应该符合产品质量标准的要求；

② 洗液 pH　主要适用于当洗涤的主要目的是除去滤饼中的酸或碱时。

（5）干燥

原料药及其中间产品的干燥方式有真空、热风循环、喷雾等。影响产品干燥效果的参数主要有：温度、真空度、搅拌混合速度、抽气或热风循环速度、干燥时间等。在进行干燥工艺验证时，除确认相关的工艺参数符合预期范围和产品质量尤其是与干燥相关的质量指标（例如水分、溶媒残留）符合质量标准外，还应确认干燥时间和干燥均一性。

① 干燥时间确认　工艺验证前已依据工艺开发、放大试生产确定了干燥时间范围，可选择在产品干燥一段时间后，每隔一定时间取样检测水分或溶剂残留等指标，如果产品特性允许可适当延长干燥时间，最后根据各个时间点取样检测样品的水分、残留溶剂水平和杂质等，评价既定的干燥时间的有效性，具体包括：

a. 在既定时间范围内取样的产品水分或残留溶剂是否符合产品质量标准；

b. 在既定时间范围内产品的水分或残留溶剂的变化很小；

c. 其他可能因为干燥引起的指标符合质量标准，例如杂质。

如因产品生产规模、干燥设备发生变化，工艺验证前无法制定合适的干燥时间时，可以通过在验证批生产时增加取样频次，在线检测产品湿分含量的变化，最后依据产品的干燥曲线，确定合适的干燥时间。

取样应有代表性，可采用多点取样混合检测或多点取样分别检测的方式，可参见图 6-1-8 干燥均一性验

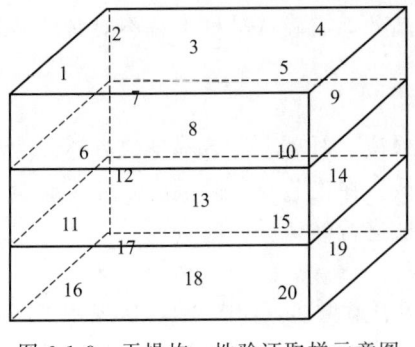

图 6-1-8　干燥均一性验证取样示意图

证取样示意图。如与预期参数范围有偏差，应调查确认是否修订相关的工艺参数，并确定是否进行补充或重新验证；另外如产品有晶型要求，还应考虑干燥对晶型的影响。

② 干燥均一性验证　一般是在产品干燥结束时，按照预先设计的取样点，如图 6-1-8 干燥均一性验证取样示意图所示，分别取样检测，最后计算 RSD 值的方法，确认干燥均一性。评价原料药干燥均一性质量指标通常有水分、溶剂残留、干燥失重等，应根据选择的评价指标确定合适的可接受 RSD 值，例如当产品水分在 1.0%～4.0% 和当产品水分在 0.1%～1.0% 时，RSD 值的标准是不一样的。

（6）混合

混合工艺的验证可以参考口服固体制剂的混合工艺验证方法，一般来说，进行混合工艺验证的目的是确定一个最佳的混合时间，以保证产品均一性，因此，通常需要进行产品的混合时间验证和混合均一性验证。

混合工艺验证的难点往往是选择何种指标进行混合均一性的判断，以及均一性的判断标准与取样方法的制定。建议结合产品本身的质量特性、原料药用途等选择合适的混合均匀性的评价指标，例如用于口服固体制剂的原料药的混合，可选择与之密切相关的堆密度、松密度、粒度分布等指标在混合过程中多次多点取样进行考察；2 个或更多的原料药品种的混合可分别检测各混合组分的含量，以验证混合均一性。

① 产品均一性验证　原料药的产品均一性验证一般是在最终产品包装过程中（粉筛混合后）取样，然后分别对每个取样点所取样品的含量、水分、粒度、溶媒残留、杂质等指标进行检测，以确认产品均一性。取样应具有代表性，取样方法和样品的保存应和产品全检的取样保持一致。例如，由于原料药的包装数量一般都较少，可以分装时在每个最小包装规格里取 1 个或多个样品；当包装数量很少（如 $n \leqslant 3$）时，也可在包装前设置不同的取样点取样；最后检测相应的指标，计算 RSD 值，以确认产品均一性。

② 包装容器密封性验证　原料药包装密封性的验证一般是在工艺验证之前进行，可通过使用替代物料模拟产品的包装过程，然后检测包装的密封性。例如使用淀粉模拟，将包装后的产品浸泡在含碘溶液中，然后观察内容物是否变色。如果是无菌原料药则可采用在容器中加入无菌的液体培养基，包装后将其封口倒置浸没在高浓度挑战菌液内一定时间后，培养观察其是否染菌，从而确认包装密封性。无论采取何种方式，应该注意模拟的条件应该和实际生产的条件相同，例如包装过程参数（如封口温度、时间）、包装材料等。

图 6-1-9 为包装密封示意图。

以上介绍的非无菌原料药工艺验证的方法或关键点同样适用于无菌原料药工艺验证，只是需要增加产品的无菌保证。故应该对所有的关键工艺步骤和关键工艺参数进行验证。

工艺验证过程中出现的任何偏差都应按偏差处理程序处理，对于对产品质量或工艺稳定性造成重大影响的偏差，在调查原因后，应考虑重新进行工艺验证。例如收率：如果是新工艺的首次验证，由于设备、生产规模等因素的变化，收率可能会与工艺开发和中试阶段的收率范围不一样，这时如果出现工艺验证批的收率超出验证前制定的范围，应结合实际情况，调查原因，如果 3 个批次之间，收率偏差

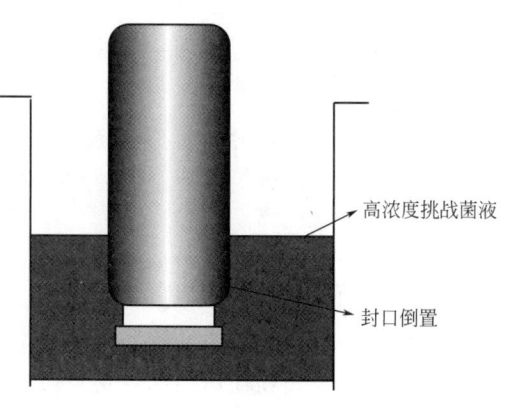

图 6-1-9　包装密封示意图

较大（例如超过 10％的范围），应该考虑重新进行验证，以保证产品工艺的稳定。

通常判断工艺验证的结果符合预期的标准包括：所有的控制参数均在预期范围内；产品/中间体质量符合预期标准；产品/中间体的收率符合预期。

验证结束后，应该依据验证结果，收集相关的数据、原始记录、图谱等，最后编写相应的工艺验证报告。报告中应对相关的数据进行汇总分析，例如杂质的分布、收率等，对出现的偏差应进行调查和评估，以确定是否需要调整参数和是否需要进行重新验证，并应给出再验证周期的建议。

6.1.3.2 无菌原料药工艺验证

非无菌原料药的工艺验证主要侧重于化学角度的验证，例如产品杂质、含量等指标；而无菌原料药基于化学角度的工艺验证要求与非无菌原料药的要求一致。在微生物、内毒素和微粒控制方面的验证，可重点考虑：

① 对于非最终灭菌无菌原料药，应重点进行除菌过滤前料液微生物污染水平、除菌过滤后料液的无菌检查、内毒素水平和不溶性微粒检查。

② 对于最终灭菌无菌原料药，应重点进行灭菌前微生物污染水平、内毒素水平检测等。

本节主要介绍了典型原料药的工艺流程，并举例说明常见原料药的生产工艺验证重点。然而，在实际的原料药工艺验证中，验证的范围和程度应通过工艺风险评估的方式确定，并结合所验证的具体产品工艺、质量标准、产品特性、设备、环境等条件制定符合法规要求的相应的工艺验证方案，严格按照验证方案实施验证。

6.2 口服固体制剂工艺验证

口服固体制剂作为应用最为广泛的药品剂型，包括片剂、颗粒剂和胶囊剂等。

（1）片剂

片剂以口服普通片为主，由定量体积的颗粒，在固定位置的冲模中压制而成，可以被生产成多种片形和大小的咀嚼片、分散片、泡腾片、舌下片等。片剂与其他剂型相比有如下优点：片剂的溶出度及生物利用度较其他剂型好；剂量准确，片剂内药物含量差异较小；质量稳定，片剂为干燥固体，且某些易氧化变质及易潮解的药物可借包衣加以保护，光线、空气、水分等对其影响较小；服用、携带、运输等较方便；机械化生产，产量大，便于实现规模效益。

（2）颗粒剂

颗粒剂是指活性药物组分与适宜的辅料制成具有一定粒度的干燥颗粒状制剂，可以分为可溶性颗粒、混悬颗粒、泡腾颗粒、肠溶颗粒、缓释颗粒和控释颗粒等。颗粒剂的特点是吸收快、显效迅速，携带方便，药效稳定。基本质量要求是干燥、颗粒均匀、色泽一致，无吸潮、软化、结块、潮解等现象。颗粒剂宜密封，置干燥处贮藏。

（3）胶囊剂

胶囊剂是指将活性药物组分加适宜的辅料充填于空心硬质胶囊中或者密封于弹性软质囊材中而制成的固体制剂，主要供口服应用，少数用于直肠等肠道给药。胶囊剂依据溶解与释放性，分为硬胶囊、软胶囊、缓释胶囊、控释胶囊和肠溶胶囊。胶囊剂可以掩盖药物的味道、提高稳定性；药物在体内起效快；液态药物固体剂型化；缓释胶囊技术可延缓药物的释放时间，控释胶囊技术可实现定向释放或者定位释放。硬胶囊剂由不同形状和尺寸的硬/软明胶组成,其中可以灌装粉末、颗粒、小丸、油和片剂。肠溶胶囊是指囊壳不溶于胃液,但能在肠溶液中崩解释放出胶囊中药物的硬胶囊剂或软胶囊剂。肠溶空心胶囊(简称肠溶空胶囊)也有透明、半透明和不透明三个品种。

在本节将以口服固体制剂(片剂和胶囊剂)制备工艺为例,对口服固体制剂的工艺流程、风险评估和工艺验证的要点分别进行介绍。

6.2.1 口服固体制剂工艺流程概述

片剂生产工艺流程包括原辅料预处理、配料、制粒、干燥、整粒、混合、压片、包衣以及内包装、外包装等步骤,以 A 产品生产工艺为例,工艺流程见图 6-2-1。

6.2.1.1 原辅料前处理

原辅料使用前应目检、核对毛重。液体原料必要时应过滤,以除去异物。

原辅料前处理包括粉碎和过筛。粉碎的目的在于减小粒径,增加比表面积,有利于提高

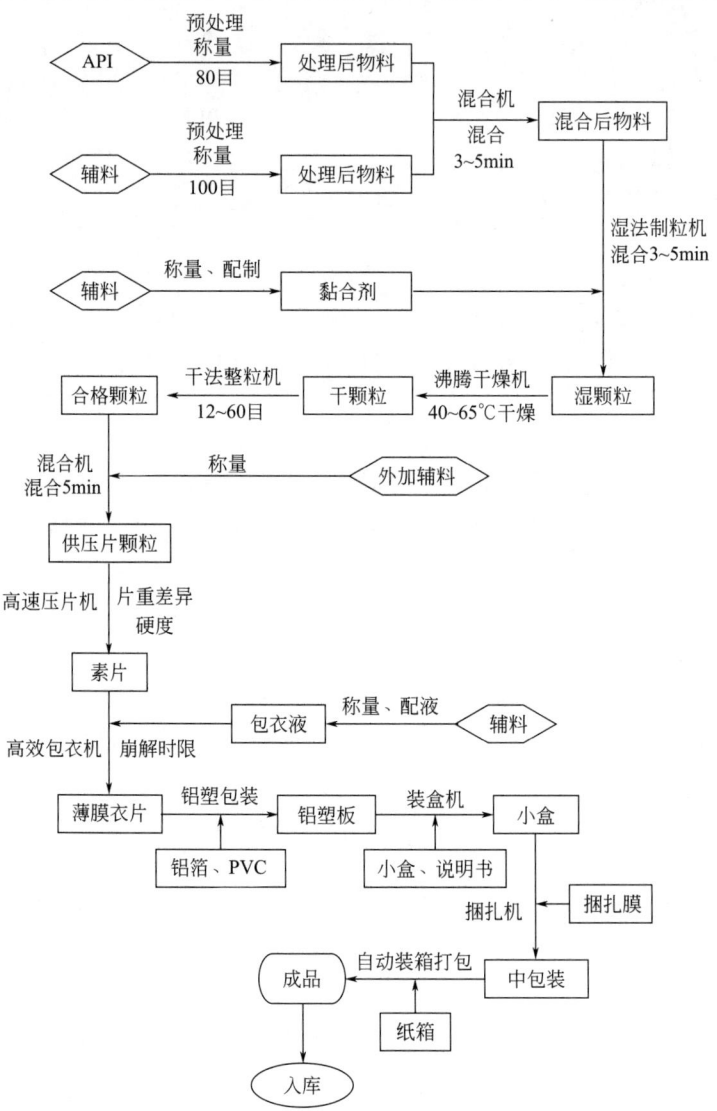

图 6-2-1 A 产品生产工艺流程图

难溶性药物的溶出度和生物利用度，有利于制剂中各成分混合均匀；过筛的目的是获得较均匀的物料，对提高混合均匀度、颗粒的流动性，保证重量差异、片剂的硬度，减少裂片等具有明显的效果。

随着供应商原辅料加工工艺以及生产工艺水平的提高，某些产品生产工艺不需要对原辅料进行粉碎与过筛，粉碎与过筛等预处理操作会带来交叉污染的风险，应尽可能避免。

6.2.1.2　配料

按生产处方进行 API 和辅料的称量，配料前应按领料单先核对原辅料品名、规格、代码、批号、生产厂、包装情况。处方计算、称量及投料必须复核，操作者及复核者均应在记录上签名。

手工配料目前大多在称量罩下进行，也可采用自动的机械配料系统，完成物料的称量过程。

6.2.1.3　制粒

（1）干混

API 和辅料按规定时间采用干混的方式混合均匀。

（2）黏合剂的制备

黏合剂常由黏合剂物料和润湿剂配制而成。黏合剂可以作为架桥，靠黏性使混合均匀的物料聚结成粒，干燥时黏合剂中的溶剂蒸发，残留的黏合剂固结成固体架桥；常用的润湿液有水和乙醇。

（3）制粒

制粒时，必须按规定将原辅料混合均匀，加入黏合剂，对主药含量小的品种应按药物的性质用适宜的方法使药物均匀度符合规定，一个批号分几次制粒时，颗粒的松紧要一致。

采用高速湿法混合颗粒机制粒时，按工艺要求设定干混、湿混时间以及搅拌桨和制粒刀的速度与加入黏合剂的量。当混合制粒结束时，彻底将混合器的内壁、搅拌桨和盖子上的物料擦刮干净，以减少损失，消除交叉污染的风险。

对黏合剂的品种、温度、浓度、数量、流化喷雾法制粒的喷雾、颗粒翻腾状态以及干燥制粒的压力等技术条件，必须按品种特点制定必要的技术参数，严格控制操作。

6.2.1.4　干燥

湿颗粒制好后应立即干燥，避免结块和受压变形，干燥温度和时间根据 API 及湿颗粒性质而定。以沸腾干燥为例，通过使热空气自下而上通过松散的物料层形成沸腾床而进行干燥，它基于颗粒在空气中的悬浮和移动，并由此产生了一个从空气到颗粒有效的热传递以及液态到气态的有效转化。操作中随时注意流化室温度，颗粒流动情况，应不断检查有无结料现象。通过测定含水量进行控制，水分过高，压片时易发生黏冲，太低易发生裂片现象。更换品种时必须洗净或更换滤袋。

6.2.1.5　整粒和总混

对于干燥后的颗粒需要进行适当的过筛整粒，使彼此粘连结块的颗粒散开，得到大小均匀一致的颗粒，整粒机的落料漏斗可选择安装金属探测器或采取其他有效的手段和方法，除去意外进入颗粒中的金属屑。

整粒结束后根据工艺处方加入润滑剂、崩解剂等外加物料进行总混。混合机内的装量一般不宜超过该机总容积的 2/3。

6.2.1.6　压片

压片机简单描述为将颗粒或粉状物料置于模孔内由冲头压制成片剂的机器。机型可分为单冲式压片机、花篮式压片机、旋转式压片机、亚高速旋转式压片机、全自动高速压片机以及旋转式包芯压片机。目前多采用高速旋转式压片机。通过上下两个固定冲头把相等体积颗粒压缩在一个固定模孔中压缩成型，可以做成不同的大小和形状。这种高速旋转压片机具有强迫供料机构，机器由 PLC 控制，有自动调节压力、控制片重、剔除废片、打印数据、显示故障停机等功能，除能控制片重差异在一定的范围内以外，对缺角、松裂片等质量问题能自动鉴别并能剔除废片。

压片机的加料宜采用密闭加料装置，减少粉尘飞扬。压片机应有吸尘装置，除去粉尘。

6.2.1.7　包衣

片剂包衣是为了防止药片芯片氧化变质，又可隐盖药片芯片的不适之味，还可缓和在人体肠胃中的溶解过程。包衣的基本类型包括糖包衣、薄膜包衣（胃溶型、肠溶型和水不溶型）和压制包衣等，包糖衣和包薄膜衣在实际生产中最为常用。

糖包衣的一般流程为：被片芯放入包衣滚筒内，先对锅内芯片分次喷糖浆，再通过锅体顺时针旋转，使糖衣片在锅内翻滚、摩擦、研磨，使糖衣均匀。同时向锅内通入热风，迅速除去药片糖衣表层水分，最后获得包裹均匀、光滑的糖衣片。

薄膜包衣的一般流程为：将片芯放入包衣滚筒内，不停地做复杂的轨迹运动，运动过程中，按工艺流程和参数自动喷洒包衣液，同时供给冷热风。使包衣层得到快速、均匀的干燥，形成坚固光滑的薄膜衣层。

通常包衣液根据用途不同，采用不同的辅料和适宜的溶剂配制而成。

6.2.1.8　包装

包装分内包装和外包装，生产过程多采用铝塑盒装或瓶装盒装两种包装形式。由包材供给单元供应包材，下料单元提供待包装半成品经过成型单元或灌装机将其密封成型，人工或自动设备检查缺损或密封不严等情况，之后进行机械装盒，自动装箱打包。

以上仅是根据现有片剂生产工艺最为常见的湿法制粒、压片、包衣和包装工艺进行了工艺步骤的简单介绍。由于片剂的制剂工艺繁多且复杂，所以未作一一赘述。

6.2.2　口服固体制剂工艺风险评估

本节采用简易的危害分析和关键控制点（HACCP）方法对片剂生产工艺的风险评估进行举例说明，见表 6-2-1。

表 6-2-1　风险评估与控制及工艺验证项目（节选部分工序）

工艺步骤	可能发生的风险	关键性	控制措施	控制参数	制定文件或记录
物料预处理	筛网脱落金属颗粒	关键	对使用前后的筛网进行完整性检查,如果可能,引入金属检测仪	无	粉碎机操作 SOP
	粉碎物料粒度达不到要求	潜在关键	对设备性能进行 PQ 确认,并在工艺验证时对粉碎步骤进行粉碎粒度确认	物料粒径	1.粉碎机性能确认报告;2.产品工艺验证报告
	粉碎过程的交叉污染	关键	1.使用前设备清洁状态检查;2.设备清洁验证	无	1.粉碎机清洁 SOP 及记录;2.粉碎岗位清场 SOP 及检查记录;3.清洁验证报告

工艺步骤	可能发生的风险	关键性	控制措施	控制参数	制定文件或记录
物料预处理	称量过程物料污染	关键	1.购买称量罩,在称量罩内进行物料的称量; 2.制定称量罩清洁SOP	无	称量室清洁SOP及记录
	称量物料错误	关键	对称量前物料进行品名、批号的确认	无	预处理岗位操作SOP
	称量重量偏差	潜在关键	1.规定称量过程双人复核; 2.定期对称量用秤进行校准	原辅料重量	1.预处理岗位操作SOP; 2.计量器具校验SOP
混合	混合料斗交叉污染	关键	1.使用前设备清洁状态检查; 2.设备清洁验证	无	1.料斗清洁SOP及记录; 2.岗位清场SOP及检查记录; 3.清洁验证报告
	混合转速不准确	关键	对设备进行运行确认,确认转速符合要求	混合转速	混合机OQ确认
	混合时间有偏差	关键	对设备进行运行确认,确认时钟准确性符合要求	混合时间	混合机OQ确认
	混合均匀度不达标	关键	对设备进行性能确认,并对产品进行工艺验证	混合均一性RSD值应不大于5%	1.混合机性能确认报告; 2.产品工艺验证报告
压片	压片过程交叉污染	关键	1.使用前设备清洁状态检查; 2.设备清洁验证	无	1.压片机清洁SOP及记录; 2.压片岗位清场SOP及记录; 3.清洁验证报告
	压片压力不准确	关键	1.在OQ对设备压力传感器进行校准确认; 2.定期对设备压力传感器进行校验	压片主压力 压片预压力	1.压片机OQ确认报告; 2.计量器具校验SOP
	压片填充深度不准确	关键	1.在OQ对设备填充深度准确性进行确认; 2.定期对设备填充深度调节系统进行检查	填充深度	1.压片机OQ确认报告; 2.压片机维护保养SOP及记录
	药片片重差异不符合要求	关键	1.在设备PQ时对设备片重差异控制项目进行检查; 2.在生产过程定时进行片重称量; 3.产品工艺验证时对片重差异进行确认	加料器转速 片重差异	1.压片机PQ确认报告; 2.压片岗位SOP; 3.产品工艺验证报告; 4.批生产记录; 5.产品半成品控制标准及检验程序
	药片脆碎度不符合要求	关键	1.产品研发及试生产过程进行确认; 2.脆碎度仪校准; 3.产品工艺验证时对脆碎度进行确认	脆碎度	1.产品工艺交接及试生产报告; 2.脆碎度校准记录; 3.产品工艺验证报告; 4.批生产记录; 5.产品半成品控制标准及检验程序

工艺步骤	可能发生的风险	关键性	控制措施	控制参数	制定文件或记录
压片	药片厚度不符合要求	潜在关键	产品工艺验证时对厚度进行确认	片厚	1.压片岗位操作 SOP； 2.批生产记录； 3.产品半成品控制标准及检验程序
	药片片径不符合要求	潜在关键	将使用的模具编号,使用前后进行确认	片径	模具管理 SOP 及模具领用、使用记录
	药片硬度不符合要求	关键	1.产品研发及试生产过程进行确认； 2.硬度仪校准； 3.产品工艺验证时对硬度进行确认	硬度	1.产品工艺交接及试生产报告； 2.硬度仪校准记录； 3.产品工艺验证报告； 4.批生产记录； 5.产品半成品控制标准及检验程序
	药片溶出度不符合要求	关键	1.产品研发及试生产过程进行确认； 2.溶出仪校准； 3.产品工艺验证时对溶出度进行确认	溶出度	1.产品工艺交接及试生产报告； 2.溶出仪校准记录； 3.产品工艺验证报告； 4.批生产记录； 5.产品半成品控制标准及检验程序
	药片外观不合格	潜在关键	1.产品研发及试生产过程进行确认； 2.每次使用后对模具进行检查,及时进行维护和更换	—	1.产品工艺交接及试生产报告； 2.模具管理 SOP 及记录； 3.产品半成品控制标准及检验程序
	模具损坏	关键	1.使用金属检测器对药片进行金属检测； 2.设定设备压力报警,防止压力超出限度； 3.对使用后的模具进行检查完好性检查	—	1.金属检测器使用 SOP； 2.压片机使用记录,记录设备异常情况； 3.模具管理 SOP 及模具领用、使用记录
	润滑油污染药片	关键	1.润滑油使用食用级； 2.设备冲头安装集油环； 3.生产过程抽样检查	—	1.设备用润滑油使用记录； 2.压片岗位 SOP； 3.产品半成品控制标准及检验程序
	生产用物料错误	关键	1.使用物料品名、批号核对； 2.物料领用记录	—	1.压片岗位 SOP； 2.中转岗位 SOP； 3.产品批生产记录
	物料平衡超出限度	潜在；关键	1.控制片重范围； 2.对使用物料进行核对； 3.严格执行清场程序； 4.对工艺进行工艺验证,并确定物料平衡范围可控	物料平衡	1.产品批生产记录； 2.压片岗位 SOP； 3.压片岗位清场 SOP 及记录； 4.产品工艺验证报告

工艺步骤	可能发生的风险	关键性	控制措施	控制参数	制定文件或记录
包装	内包装过程交叉污染	关键	1.使用前设备清洁状态检查； 2.设备清洁验证	无	1. 铝塑包装机清洁SOP； 2. 包装岗位清场SOP及记录； 3.清洁验证报告
	铝塑板批号打印不清晰或错误	潜在关键	1.对首个打印批号进行确认，确认正确后才可以开机生产； 2.对铝塑包装机进行PQ验证，确认设备稳定性能； 3.规定抽检时间，定期对打印批号进行检查	—	1.A产品批生产记录； 2.铝塑包装机PQ验证报告； 3.内包岗位SOP
	铝塑泡罩泄漏	关键	1.对铝塑包装机进行PQ验证，确认设备稳定性能； 2.对产品包装工艺进行验证，确认： ① 严格控制泡罩吹泡压力； ② 控制预加热温度； ③ 控制热封加热温度 3.控制使用物料准确； 4.对铝塑板进行定期检查	压缩空气压力 预加热温度 热封温度铝塑板密封性检查	1.铝塑包装机PQ验证报告； 2.产品工艺验证报告； 3.内包材管理、领用管理SOP及记录； 4.产品半成品标准及检验程序
	小盒批号打印不清楚、错误	关键	1.对首个打印批号进行核查，确认正确后才可以正常生产； 2.对装盒机进行PQ验证，确认设备稳定性能； 3.规定抽检时间，定期对打印批号进行检查	—	1.A产品批生产记录； 2.装盒机PQ验证报告； 3.岗位SOP
	外包装过程混批、混料	关键	1.对使用小盒、说明书、大箱、标签的规格、数量进行严格管理； 2.禁止在同一无物理隔离区域进行不同品种的包装操作； 3.执行清场程序	—	1. 小盒、说明书管理SOP及领用、发放记录； 2. 标签管理SOP及领用、发放记录； 3. 外包装岗位SOP； 4. 外包装岗位清场SOP及记录
	内包装内物品数量不准确	潜在关键	1.安装在线称重，并进行稳定性确认； 2.对在线称重设备定期进行校准	产品最少市售单包装重量	1.在线检重秤PQ验证报告； 2.仪器仪表校准SOP及记录
	物料平衡超出规定范围	关键	1.对使用物料进行核对； 2.严格执行清场程序； 3.对工艺进行工艺验证，并确定物料平衡范围可控	物料平衡	1.产品批生产记录； 2.包装岗位SOP； 3.内、外包装岗位清场SOP及记录； 4.产品工艺验证报告

以上通过简易的 HACCP 流程评估出生产工艺的关键控制点，在工艺验证中，对每一个关键控制点控制措施和控制参数范围进行确认，并通过加强取样测试证明工艺稳定可靠。能够持续生产符合既定质量标准的产品。

6.2.3 口服固体制剂工艺验证要点

工艺验证是证明一个生产工艺在规定的工艺参数下能持续有效地生产出符合预定的用途、符合药品注册批准或规定的要求和质量标准的产品。

有效的工艺验证对保证产品质量起着重要作用。质量保证的基本原则在于生产出来的药品符合其预定用途，该原则包括下列情况：

① 产品质量、安全性和有效性被设计和构建于产品之中；

② 产品质量不能仅通过半成品检验和成品检验给予充分保证；

③ 生产工艺的每一步均应给予控制，确保成品符合包括规格在内的所有质量属性要求。

工艺验证是保证达到上述质量目的的关键要素，只有对生产过程和生产过程的控制进行适当的设计和验证，才能持续不断地生产出合格的药品。

工艺验证过程是对关键工艺参数进行控制，取样检测关键质量属相。关键工艺参数应根据产品的特性及风险评估的结果进行识别，以湿法制粒工艺的口服固体制剂为例，关键工艺参数和关键质量属性见表 6-2-2。

表 6-2-2　湿法制粒工艺口服固体制剂关键工艺参数和关键质量属性一览表

工序	关键工艺参数	关键质量属性
粉碎	粉碎/过筛筛网目数	物料的粒度分布、水分
湿法制粒	批量 制粒机切刀和搅拌浆的速度 喷浆速度和喷浆量 制粒终点的判定 湿整粒方式和筛网尺寸	粒度分布、水分、松紧密度
沸腾干燥	批量 进风温度、湿度、出风温度 进风风量 排风风量 产品温度 干燥时间 抖袋频率 抖袋时间	颗粒水分
干整粒	整粒速度 筛网尺寸 转子与筛网间隙	粒度分布 松密度 紧密度
混合	批量 混合速度 混合时间	混合均匀度 含量 水分
压片	压片机转速 主压力 加料器转速	外观、片重、片重差异、片厚、脆碎度、硬度、崩解时限/溶出度、含量、均匀度
包衣	包衣液的制备：制备温度、搅拌时间、过滤网孔径 预加热：锅内负压、预加热时间、进风风量和温度、排风温度和风量 喷浆：锅内负压、进风风量和温度、片床温度、单位时间喷浆量及总量、锅体转速、雾化压力 冷却：锅内负压、进风风量和温度、片床温度、锅体转速、降温时间	外观、包衣增重、溶出度、硬度、崩解时限

工序	关键工艺参数	关键质量属性
内包	预加热温度 压缩空气压力 热封温度	气密性
外包	主要检查项目： 批号打印是否清晰； 包装内药品及说明书的数量是否正确； 包装外观是否完好	

6.3 无菌制剂工艺验证

6.3.1 无菌制剂工艺流程概述

无菌制剂生产工艺通常分为最终灭菌工艺和非最终灭菌工艺（即部分或全部工序采用无菌生产工艺）。最终灭菌工艺产品包括大容量注射剂和小容量注射剂等；无菌工艺产品包括无菌灌装液体制剂、无菌分装粉针剂和冻干粉针剂等。目前市场还有新型的复合型制剂，如粉-液多室袋制剂、液-液多室袋制剂等。

图 6-3-1 和图 6-3-2 均为无菌制剂工艺流程图示例。

本节将以无菌冻干制剂为例，介绍无菌制剂工艺过程及验证特点。本节介绍的无菌制剂

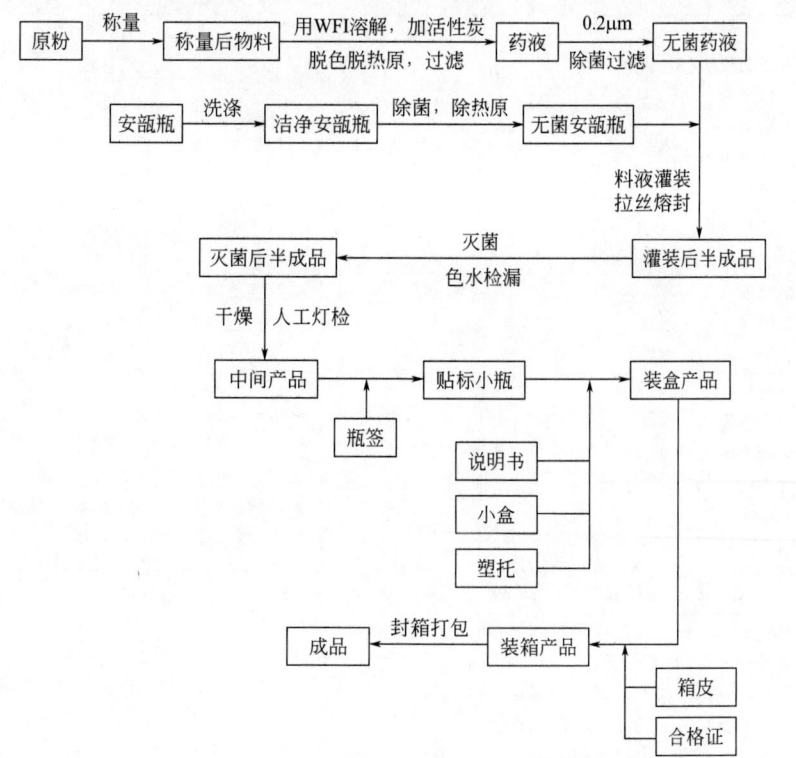

图 6-3-1　一个典型的小容量注射剂生产工艺流程图

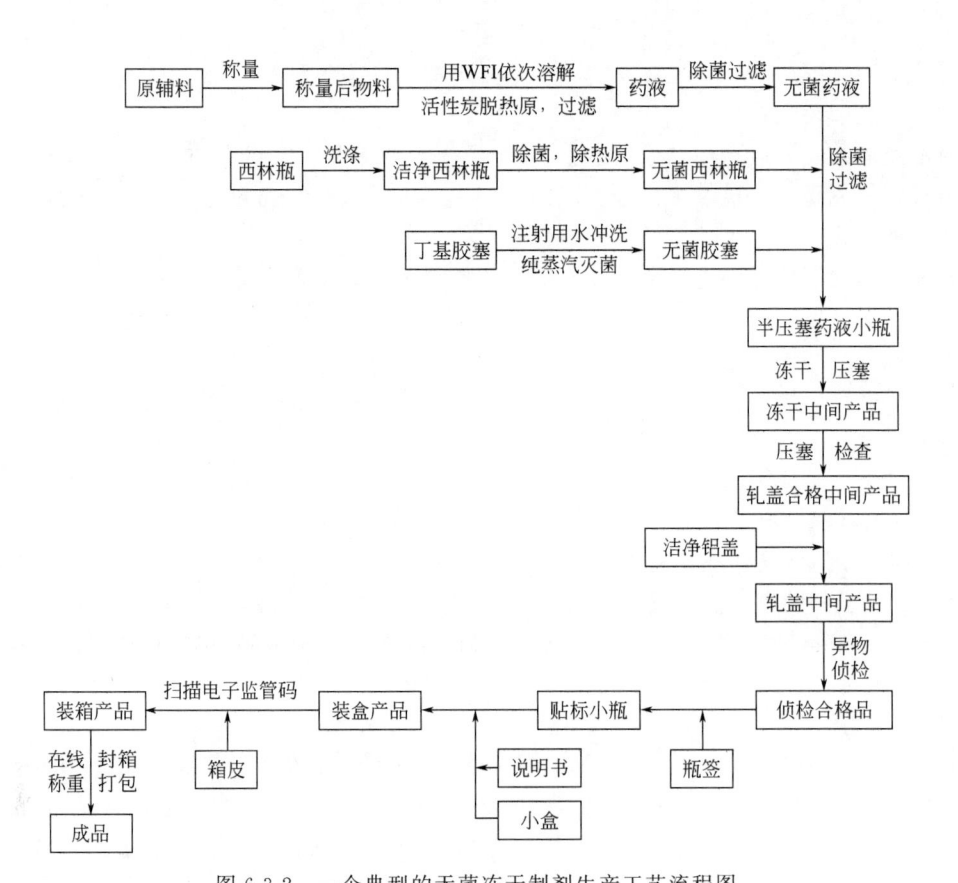

图 6-3-2 一个典型的无菌冻干制剂生产工艺流程图

验证特点和要点，对无菌原料药和生物制剂中的无菌生产工艺同样有参考意义。

无菌制剂生产的关键工艺步骤是无菌组分、物料或部件暴露操作，有可能被污染的工艺步骤和过程。

（1）清洗和准备（包括物料和器具）

直接接触药品的包装材料（如胶塞、容器）通常存在 4 种污染：微生物、内毒素、外部微粒和外部化学污染。清洗可将微粒、化学污染、内毒素控制在规定的范围内，必要时经灭菌后使用。物料的清洗、灭菌工艺需经过验证。

器具的清洗、灭菌要求与物料类似。对于无菌工艺而言，直接与内包材、产品接触的器具和设备部件必须清洗和灭菌。

处理后的物料和器具的存放和转运应避免二次污染。中国 GMP（2010 年修订）附录 1"无菌药品"第十三条明确规定"已灭菌设备的转运和存放条件。对非最终灭菌产品，其洁净级别应为 B 级背景下的 A 级"。

（2）药液的配制（包括过滤）

配制（或备料）的环境应根据无菌制剂产品药液的特性确定其相应的洁净级别。药液的称量设备应进行确认，其准确性、精确性和量程范围应满足工艺要求。如果称量粉末物料，还要注意设置物理隔离、除尘或其他装置，保护人员和环境免受污染。现场的通风设施应能避免气流引起的交叉污染。

配制的药液应进行必要的检测，如含量、pH 等。

除菌过滤可降低灌装前药液的微生物负荷。过滤药液的过滤器与药液的相容性应在最差条件下得到确认。过滤后的滤器完整性应进行检查，必要时过滤前的滤器完整性也应检查。

药液配制过程中的风险主要来自于上一批产品的残留污染。

（3）灌装

通常液体灌装一般采用计量活塞泵或时间-压力控制系统的灌装方式进行；药粉分装一般采用等容积原理，通过精确控制一定的容积来保证产品的精确分装，一般有气流分装和螺杆分装两种方式。

无菌产品的灌装是整个无菌药品生产过程中最关键的工艺步骤。此阶段，药品直接暴露在空气中，是高风险的生产工序。灌装区域是整个洁净环境的核心，称为关键区域。

灌装或分装和密封的时间应缩短以最大限度降低污染的可能。另外，必须采取措施减少操作人员对关键区域的干扰。如关键区域的开门停机报警功能，甚至采用隔离器技术隔绝操作人员的干预；某些产品在灌装后进行充氮保护等。

（4）冻干

冻干过程包括冷冻、升华和解吸附三个阶段。其所需的工艺设备庞大，工艺过程复杂，参数控制严格。幸运的是，冻干机技术已经相对成熟，能够自动完成设定好的冻干工艺。但是，不同产品，甚至相同产品在不同的冻干机上其工艺参数都有所不同，应进行冻干工艺的开发研究（cycle development，CD），确定其工艺参数的运行范围。冻干机宜选择 CIP 和 SIP 功能。

冻干机应结合产品性能进行验证，如真空泄漏量、隔板升/降温速度、温度均一性等。

（5）轧盖

无菌冻干产品全密封操作是在冻干机内完成全压塞的产品出箱后，被送入轧盖机完成轧盖操作。需要指出的是，未轧盖的产品视为未全密封的产品，其转运必须在 A 级洁净级别保护下进行。轧盖区域应结合产品的密封性能、设备状况、铝盖特性等设计合适的洁净级别。

轧盖过程易产生金属颗粒或胶塞脱落现象，因此应考虑设置必要的除污染设施和检查装置，以消除污染和确保产品的密封完整性。

（6）无菌产品的最终处理

产品的密封性应进行确认。对熔封产品，要求 100％检查；对西林瓶产品，没有 100％检查的强制要求。通常通过一套包括密封性验证在内的质量保证过程，来证明产品的完整性。

缺陷检查（如可见异物、破损）和控制应选择合适的方法。

最终包装前，应对容器、包装材料、标签和标签打印内容（如批号、有效期）等进行确认，以减少产品的包装差错和混淆的风险。

6.3.2　无菌制剂工艺设计要素

6.3.2.1　无菌工艺选择的决定因素

基于"质量源于设计"（QbD）的理念，根据在产品研发和扩大生产过程中积累的对产品和工艺的理解，设计无菌制剂产品工艺。

图 6-3-3 和图 6-3-4 是 EMA 推荐的溶剂型和非溶液剂型、半固体或干粉产品灭菌工艺选择决策树。

注意：欧洲药品管理局（EMA）推荐的过度杀灭法是 121℃湿热灭菌 15min，而国内一般采用 $F_0 \geqslant 12$min。

从灭菌工艺决策树可以看出，过度杀灭法是首选的灭菌方法，其无菌保证水平最高，潜在的污染可能性最小；其次是有限度的灭菌，满足 F_0 值和 SAL 的要求；再次是采用除菌过滤工艺；最后才是无菌操作工艺。从过度杀灭法到残存概率法，到除菌过滤，再到无菌生产，其无菌保证水平 SAL 大幅降低，从 10^{-12} 降低到了 10^{-3}。可见，无菌生产工艺是风险最高的工艺。

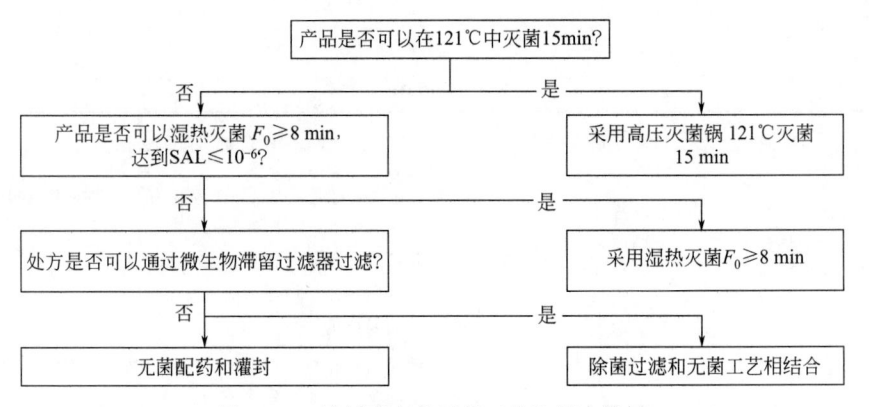

图 6-3-3　溶剂型产品灭菌工艺选择决策树

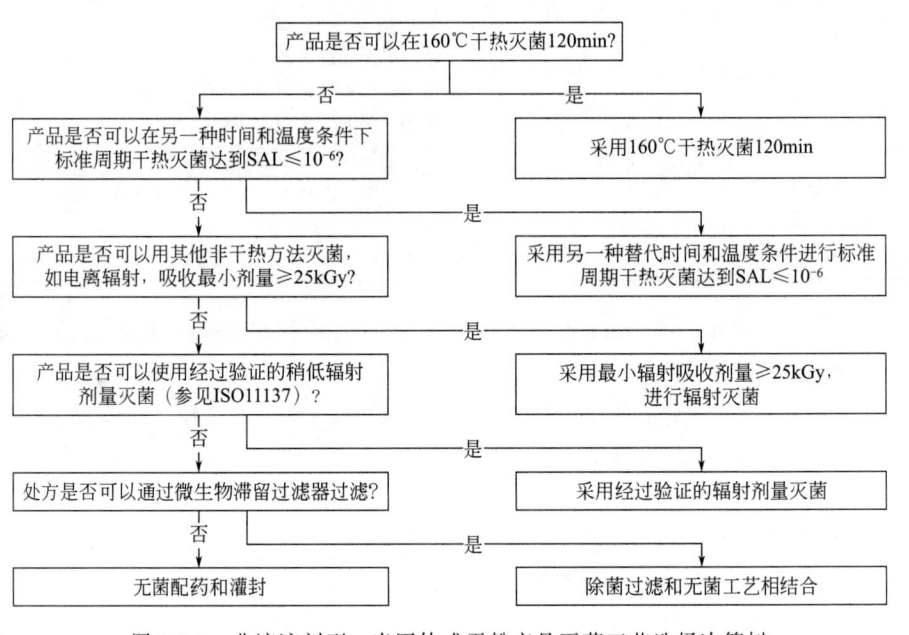

图 6-3-4　非溶液剂型、半固体或干粉产品灭菌工艺选择决策树

依据产品特性和 EMA 推荐的决策树，确认产品除菌的工艺条件是进行厂房设计、布局和设备选型等工艺设计工作的前提和基础。除了产品耐热性外，也应该充分考虑其他产品特性，如毒性、致敏性、促生长性等，每种特性都对无菌制剂产品的工艺设计有着重大影响。

此外，产品的剂型和包装形式也会对工艺设计产生较大的影响。不同的剂型对厂房设计、设备选型和工艺条件的确认都会有影响。无菌冻干产品和滴眼剂的工艺就有很大的不同。西林瓶和安瓿瓶的设备选型会有很大不同。预灌装注射剂的设备与前两种区别更大。不仅如此，厂房设施、平面布局、洁净环境控制和压差控制、人流物流的设计都会依据不同的包装形式而有所不同。

先进的无菌制造技术同样对传统的洁净室设计技术提出了挑战。吹灌封、隔离器以及机器人等技术的发展对无菌生产工艺产生了巨大的影响。

6.3.2.2　无菌工艺控制要素

基于对产品的深刻认识和理解设计无菌制剂工艺。应考虑一切工艺研发过程中发现的变异来源，并采取相应的控制措施。无菌制剂工艺本质上是控制污染的过程，无菌制剂产品的污染主要有三种，即微粒、微生物和内毒素。污染的来源见表 6-3-1。

表 6-3-1　污染的来源

污染类型	举例	来源(举例)	降低风险的方法
微粒	金属微粒 服装纤维	设备 操作人员的服装 外界空气 供水、气	1. 通过高效过滤器去除外部污染,用置换或稀释通风来去除内部污染; 2. 与产品接触部分的清洁和灭菌; 3. 穿和脱洁净服区域分开; 4. 公用系统的确认
微生物	细菌(繁殖体和芽孢) 酵母菌和霉菌	人员 供水、气 外部空气 设备,工具 辅料,活性成分	1. 使用自动化技术、机器人技术和隔离技术最大限度地减少和消除对无菌核心区域的干扰; 2. 用高效过滤器过滤空气,稀释空气中的悬浮粒子; 3. 穿和脱洁净服区域分开; 4. 溶液的无菌过滤; 5. 用蒸汽或辐射对容器胶塞进行灭菌; 6. 公用系统的确认; 7. 人、物进入洁净区程序的确认
内毒素 (不仅仅是浮游菌)	来源于某些微生物的细胞膜碎片(通常在水中)	湿的设备更换组件,或湿的容器/胶塞暴露一段时间	1. 限定设备清洗和灭菌之间的保持时间等; 2. 热的氢氧化钠溶液; 3. 有赖于时间的干热灭菌(>250℃)

从表 6-3-1 可以看出,化学和微生物污染一般有两种污染途径:机械传递,如通过人员、物料和设备;通过悬浮粒子污染。

了解污染物的主要来源并有针对性地进行工艺设计,确保对每种潜在的可能污染源都采取控制措施。主要的控制措施包括:

① 选择密闭生产工艺;

② 采用先进的生产技术,如吹灌封或隔离器技术;

③ 加强物料质量监控,确认物料的传递方式;

④ 人员培训,确认人员的进入洁净区方式;

⑤ 生产环境控制。

基于嵌套理念设计的环境控制方法大致分为三种,其隔离效果依次增强,即:传统洁净室技术;限制进出隔离系统(RABS);隔离器技术(Isolator)。

图 6-3-5 为嵌套式洁净室的概念图。

对于新建厂房,应优先选用隔离器技术。与传统工艺技术相比,隔离器技术在控制污染、减少人为干预和保证产品质量等方面有着无可比拟的优势,同时降低了对周围环境支持系统的要求,对降低日常运行维护成本有一定的作用。传统的洁净室技术应尽可能应用于非无菌产品或最终灭菌产品的生产。

选择开放还是密闭式生产同样是无菌工艺设计的重要考虑内容。开放式生产是产品、原料、容器/胶塞等暴露在空气中的操作工艺。设备组件的无菌装配,敞口式的无菌灌装以及未完全密封产品的无菌转运都是开放式生产的典型例子。开放式生产工艺需要严格控制关键区域和周围支持区域的洁净环境,关注气流组织和压差梯度等,防止各种潜在的污染发生。传统洁净室技术、RABS 和隔离器技术都是开放式生产的关键技术。

图 6-3-6 为开放式生产工艺的示例。

密闭式的生产工艺,其原料、设备、容器不与外界空气直接接触(生产时,产品制

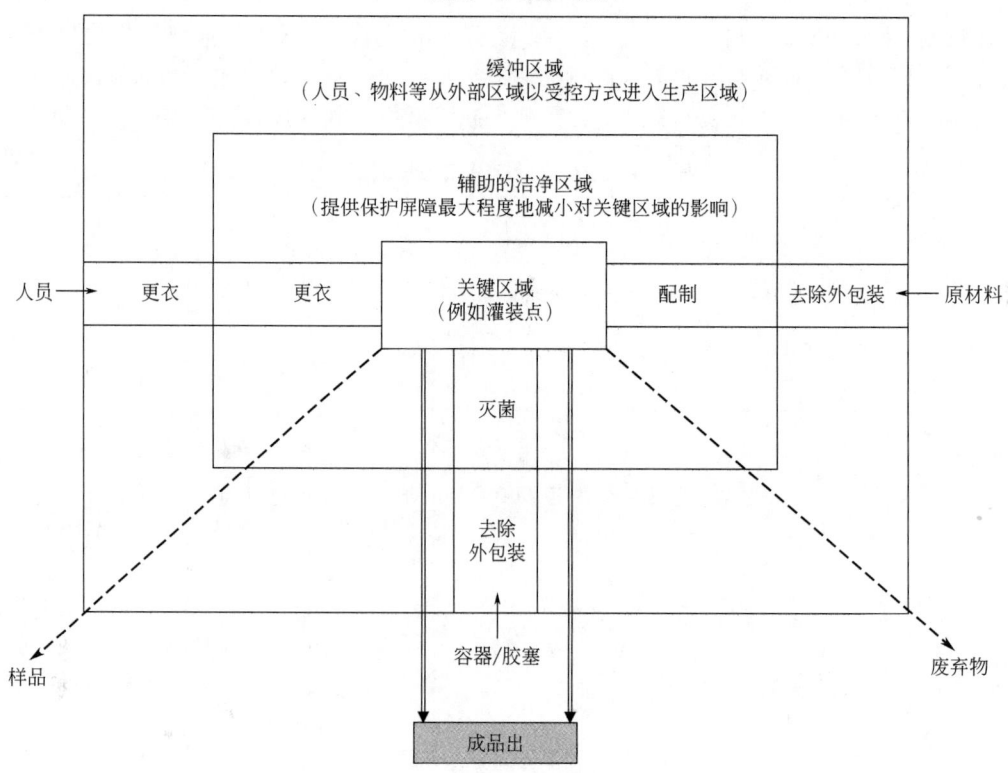

图 6-3-5　嵌套式洁净室的概念图

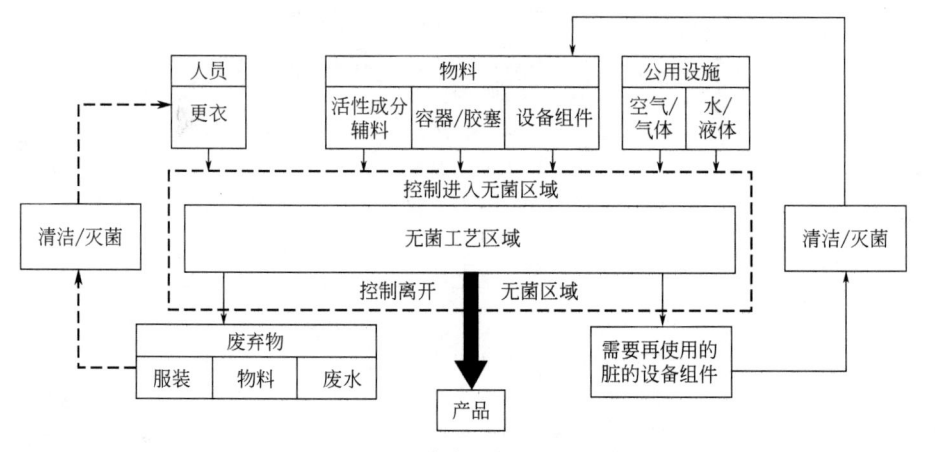

图 6-3-6　开放式生产工艺的示例

备和物料转运都在密闭环境中或密闭的管道里进行）。密闭式生产的环境不需要特别的控制。

综上所述，无菌制剂产品的工艺设计体现了对产品和工艺的理解。深刻的理解和认识能够将产品特性构建于工艺设计中。合理地选择开放式或密闭式的生产，合理地选择洁净控制技术（隔离方式）是无菌工艺设计的重要内容。除此之外，人员安全、EHS 以及消防、逃生等因素同样会影响无菌产品的工艺设计。

6.3.3 无菌制剂工艺风险评估

ICH Q9 和 PDA TR 44 中介绍了若干风险评估方法,本节将介绍如何使用失效模式和影响分析(FMEA)的风险评估工具进行无菌制剂工艺风险评估。以冻干制剂为例,针对每一工艺步骤进行风险评估(表 6-3-2),并采取措施降低中、高级风险。

表 6-3-2　无菌制剂产品工艺风险评估

编号	工艺步骤	工序操作说明	失效事件	最差影响情况	严重性	可能性	可检测性	风险优先性	建议控制措施
1	称量	原辅料称量	物料称量错误	整批报废,危害产品安全性	H	L	M	M	物料双人复核
2			称量不准确	半成品含量、pH 等不合格	L	H	M	M	称量过程双人复核
3	配制	将称量好的原辅料按处方及配制参数要求进行药液配制	加入顺序错误	影响产品溶解度、混合均匀度	H	M	M	H	制定 SOP 明确加料顺序;双人复核操作
4			配制温度过高	原料降解,影响产品质量	H	M	M	H	SOP 明确溶剂温度;在配制时测量溶剂温度
5			搅拌时间过短	溶液未充分混合,造成混合均匀性不足	H	M	H	M	SOP 明确搅拌时间;增加自动控制措施;双人复核设定过程
6			搅拌速度过低	溶液未充分混合,造成混合均匀性不足	H	M	H	M	
7	西林瓶清洗	去除微粒和化学污染物	WFI 水压不足,清洗不彻底	微粒和化学污染物清洗不彻底,最终产品中会留有污染物	H	M	H	M	(1)加强员工培训,严格按照 SOP 规定运行设备;(2)进行报警确认,包括水压低报警
8	西林瓶除热原	西林瓶经过高温加热烘干,去除热原	隧道内温度分布不均,部分西林瓶除热原失败	西林瓶还有内毒素,严重影响产品质量	H	M	L	H	(1)进行热分布测试,确认隧道的"冷点"符合要求;(2)进行除热原测试,确认隧道的性能符合要求
9			高效泄漏,西林瓶被污染	西林瓶可能含有微粒等污染物,影响产品纯度	H	L	L	H	制定高效检漏的 SOP,定期进行 DOP 测试

编号	工艺步骤	工序操作说明	失效事件	最差影响情况	严重性	可能性	可检测性	风险优先性	建议控制措施
10	胶塞清洗和灭菌	用于胶塞的清洗、灭菌和干燥	胶塞灭菌失败	含菌胶塞将直接污染产品	H	M	L	H	定期进行胶塞灭菌效果验证
11	容器和可更换部件灭菌	用于容器和设备部件灭菌	灭菌失败	含菌容器和设备部件将直接污染产品	H	M	L	H	定期进行容器和设备部件的灭菌效果验证
12	除菌过滤	用于药液的除菌过滤	过滤器与药液不兼容,不反应或脱落杂质	污染产品,影响产品纯度和效力	H	M	L	H	购买过滤器确认其材质符合要求,要求过滤器生产厂家出具材质兼容性报告
13			过滤器除菌效率不够	产品无菌项目不合格	H	M	M	H	确定过滤器厂家和型号前进行除菌过滤效果验证
14			过滤器泄漏	产品无菌项目不合格	H	M	M	H	生产前后检查过滤器完整性
15	灌装	用于药液灌装	灌装精度不足,有滴液或气泡现象	装量不符合要求,影响产品效力	H	H	H	M	进行灌装性能确认,包括装量精度的控制确认
16			灌装机碎瓶	碎玻璃进入产品	H	H	H	M	制定含有异常情况处理 SOP,并严格遵照执行
17	西林瓶半压塞	产品灌装后半压塞	胶塞堵塞	人员处理堵塞时,破坏A级环境,引入污染	H	H	L	H	制定含有异常情况处理 SOP,并严格遵照执行
18	冻干机上料	将半压塞的产品装入冻干机	人工操作,破坏A级环境	人为操作,污染产品	H	H	L	H	冻干机改为自动进出料
19	冻干和压塞	产品冷冻干燥并压塞	破空过滤器损坏	非洁净空气或氮气进入腔室,污染产品	H	M	M	H	定期进行过滤器完整性测试
20	轧盖	用于半成品的轧盖密封	轧盖不紧密	西林瓶密封不严,空气进入污染产品	H	M	M	H	轧盖后的产品定期进行密封性确认

注:H、M、L 分别表示风险的高、中、低等级。
以上的风险评估仅仅是示例,并不全面。

无菌工艺的风险评估是个反复迭代的过程。采取控制措施进行风险控制后,应再次进行风险评估,以确定风险确实消除了或降低到了可以接受的水平。

6.3.4 无菌制剂工艺验证要点

口服固体制剂工艺验证的基本原则也适用于无菌制剂。但根据无菌制剂的工艺特点，在无菌制剂工艺验证中还应特别关注产品的微粒、无菌性及均一性，同时应包括验证批的稳定性试验。

表 6-3-3 为无菌制剂产品工艺验证参数和属性要点。

表 6-3-3　无菌制剂产品工艺验证参数和属性要点

工序	关键参数	关键属性
配液	物料投料量、加料顺序、搅拌时间	含量
除菌过滤	管道连接、滤芯完整性、除菌过滤压力	无菌性
灌装	灌装过程	装量、可见异物和不溶性微粒、装量均匀度
洗瓶	洗瓶温度、压力、洗瓶速度	可见异物
西林瓶除热原	隧道速度、灭菌段温度	热原控制
胶塞清洗灭菌	清洗压力、灭菌温度、灭菌时间	无菌性
冻干	冻干温度、时间、真空度	水分含量、无菌性
轧盖	轧盖过程	外观、产品密封性
灯检	照度、速度	外观、可见异物

无菌制剂工艺是一种复杂的药品生产方法，涉及厂房、设备、人员、检测等各方面。上述内容仅描述了无菌制剂工艺很少的一部分，其他剂型和产品的验证可参照其基本思想和原则。

无菌生产工艺的验证是药品无菌性的证明和保证，其复杂性与生产工艺紧密相关。基于对产品和工艺的深刻理解，实施科学的、基于风险的确认和验证活动，建立完善的质量管理体系，以促进制药行业的健康稳定发展。

6.4　生物制品工艺验证

生物制品（Biological Products）是以微生物、细胞、动物或人源组织和体液等为原料，应用传统技术或现代生物技术制成，用于人类疾病的预防、治疗和诊断的药品。生物制品的生产工艺过程复杂，可以简单地分为上游（Up-stream）和下游（Down-stream）及制剂（Product）三个部分。

6.4.1 生物制品的分类

生物制品按其结构与功能分为疫苗类、抗体类、人血代用品、重组细胞因子、反义寡核苷酸和重组激素类。

（1）疫苗类

① 病毒疫苗；

② 细菌疫苗；

③ 寄生虫疫苗；

④ 治疗性疫苗。

（2）抗体类

① 多克隆抗体；

② 单克隆抗体；

③ 基因工程抗体；

④ 抗体诊断试剂。

（3）人血代用品

① 血浆；

② 血细胞；

③ 血清白蛋白与 γ-球蛋白；

④ 修饰血红蛋白。

（4）重组细胞因子

① 干扰素；

② 集落刺激因子；

③ 白细胞介素；

④ 肿瘤坏死因子；

⑤ 趋化因子；

⑥ 转化生长因子 β；

⑦ 生长因子。

（5）反义寡核苷酸

反义寡核苷酸是人工合成的，与靶基因或 mRNA 某一区段互补的核酸片断，可以通过碱基互补原则结合于靶基因/mRNA 上，从而封闭基因的表达。

① 硫代反义寡核苷酸；

② 2-甲氧/乙氧基反义寡核苷核酸；

③ 肽核酸（PNA）；

④ 其他。

（6）重组激素类

① 多肽蛋白类激素；

② 类固醇激素；

③ 氨基类激素；

④ 脂肪酸的衍生物类激素。

不同类型的生物制品所涉及的生物技术及生产工艺相当复杂，国家对生物制品的生产及质量管理要求特别严格，在生产工艺验证方面也存在着一定的难度和挑战。生物制品的工艺验证常指与生物产品加工生产过程有关的验证活动。本节将以单克隆抗体的生产工艺验证进行举例说明。

6.4.2　单克隆抗体生产的工艺流程

单克隆抗体生产工艺流程简单的可以分为上游（Up-stream）、下游（Down-stream）、制剂（Product）三个部分，如图 6-4-1 所示。

6.4.2.1　单抗上游生产工艺简介

（1）细胞库的建立

单克隆抗体生产常用 CHO 细胞，CHO 细胞是中国仓鼠卵巢（Chinese Hamster Ovary，CHO）细胞，1957 年美国科罗拉多大学 Dr. Theodore T. Puck 从一只成年雌性仓鼠卵巢分

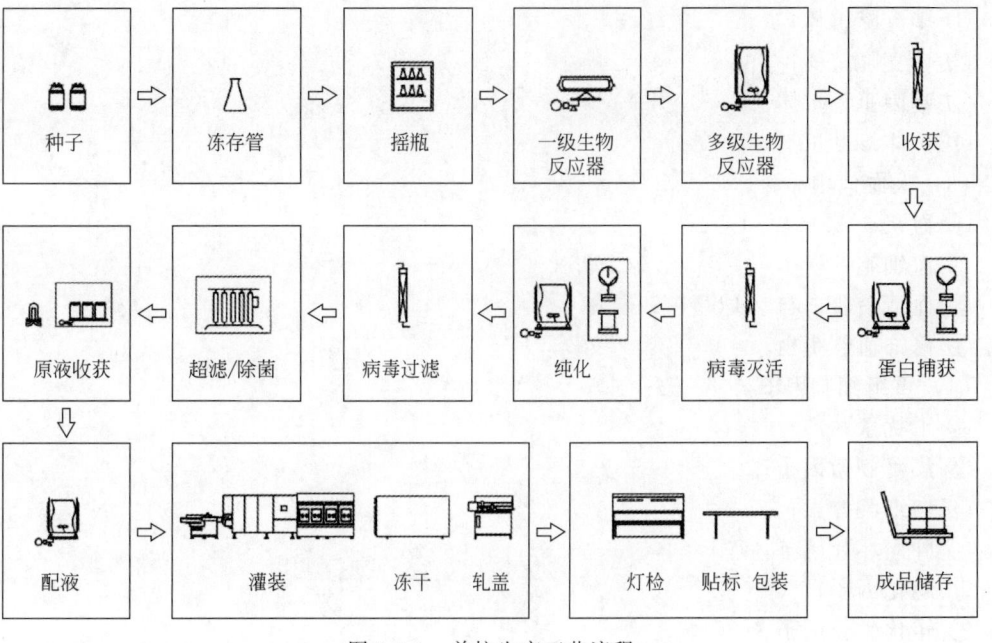

图 6-4-1　单抗生产工艺流程

离获得，为上皮贴壁型细胞。CHO 细胞可像微生物细胞一样，在人工控制条件的生物反应器中进行大规模培养。在单克隆抗体药物生产中，对于细胞库的管理是非常严格的，一般将细胞库分为三级管理，即原始细胞库、主细胞库及工作细胞库。

① 原始细胞库（Primary Cell Bank，PCB）　由一个原始细胞群体发展成传代稳定的细胞群体，或经过克隆培养而形成的均一细胞群体，通过检定证明适用于生物制品生产或检定。在特定条件下，将一定数量、成分均一的细胞悬液，定量均匀分装于一定数量的安瓿或适宜的细胞冻存管，于液氮或−130℃以下冻存，即为细胞种子，供建立主细胞库用。对于引进细胞，生产者获得细胞后，冻存少量细胞，经过验证可用于生物制品生产，此细胞可作为细胞种子，供建立主细胞库用。

② 主细胞库（Master Cell Bank，MCB）　也称种子细胞库，取原始细胞通过规定的方式进行传代、增殖后在特定倍增水平或传代水平同次均匀混合成一批，定量分装于一定数量的安瓿或适宜的细胞冻存管，保存于液氮或−130℃以下，经全面检定合格后，即可作为主细胞库，用于工作细胞库的制备，生产企业的主细胞库最多不得超过两个细胞代次。

③ 工作细胞库（Working Cell Bank，WCB）　工作细胞库的细胞由主细胞库细胞传代扩增制成。由主细胞库的细胞经传代增殖，达到定代次水平的细胞，合并后制成一批均质细胞悬液，定量分装于一定数量的安瓿或适宜的细胞冻存管，保存于液氮或−130℃以下备用，即为工作细胞库。生产企业的工作细胞库必须限定为一个细胞代次。冻存时细胞的传代水平须确保细胞复苏后传代增殖的细胞数量能满足生产一批或一个亚批制品。复苏后细胞的传代水平应不超过批准用于生产的最高限定代次。所制备的工作细胞库必须经检定合格后，方可用于生产。

（2）细胞的复苏、传代与种子扩增

① 细胞复苏与传代　将种子放置在恒温的水浴锅中，一般温度控制在 35℃左右，预热30min，将工作细胞库细胞进行解冻复苏，根据工艺要求控制解冻时间，然后将解冻细胞加入至培养基中，离心分离后转入摇瓶中（如 250mL），进行摇瓶传代。注意控制 CO_2 浓度、培养温度、培养时间等因素，同时也要根据工艺的要求控制接种的密度，控制细胞活率等要

求。将上述的复苏种子细胞按照一定的密度稀释至新摇瓶中（如 500mL/2000mL），控制温度、CO_2 浓度、溶氧浓度、培养温度、培养时间、摇床摇摆速度、pH 等因素，逐渐扩增细胞数量至满足一级种子罐的接种要求。

②一级种子培养　将摇瓶种子细胞按照一定的密度接种到一级种子罐内（如 20L），控制温度、CO_2 浓度、溶氧浓度、培养温度、培养时间、搅拌速度、pH、培养基等因素，逐渐扩增至细胞数量满足二级种子罐的要求。

③二级种子培养　将一级种子按照一定的密度接种到二级种子罐内（如 50L），控制温度、CO_2 浓度、溶氧浓度、培养温度、培养时间、搅拌速度、pH、培养基等因素，逐渐扩增至细胞数量满足三级种子罐的接种要求。

④三级种子培养　将二级种子按照一定的密度接种到三级种子罐内（如 100L），控制温度、CO_2 浓度、溶氧浓度、培养温度、培养时间、搅拌速度、pH、培养基等因素，逐渐扩增至细胞数量满足细胞发酵培养的接种要求。

图 6-4-2 为种子扩增工艺流程图。

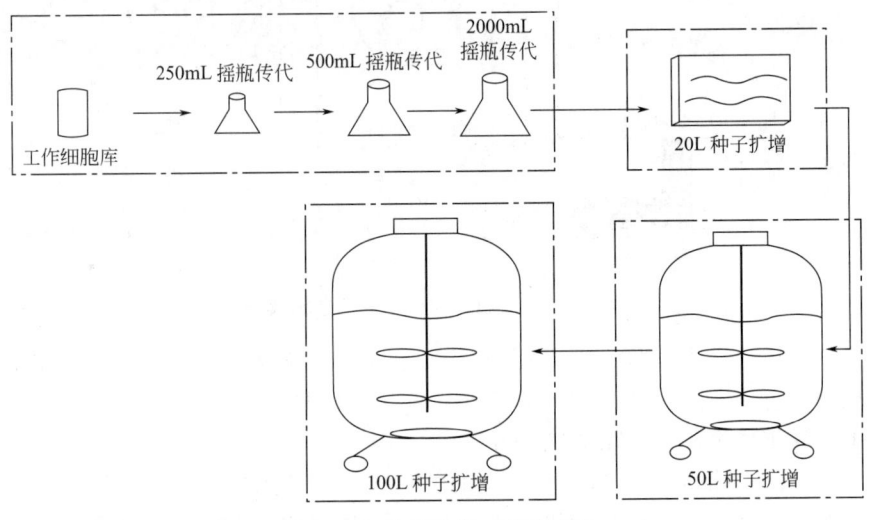

图 6-4-2　种子扩增工艺流程图

（3）细胞大规模培养

种子扩增后要进入细胞大规模培养阶段，注意控制温度、CO_2 浓度、溶氧浓度、培养温度、培养时间、搅拌速度、pH、培养基等因素。细胞培养结束后，可采用离心分离或澄清过滤等方法进行抗体蛋白的分离纯化。

图 6-4-3 为细胞大规模培养工艺流程图。

6.4.2.2　单抗下游生产工艺简介

下游生产工艺即为单克隆抗体纯化的过程。在单抗药物的生产过程中，多采用色谱法进行产品与杂质的分离纯化。色谱又称色层法或层析法，是一种物理化学分析方法，它利用不同溶质（样品）与固定相和流动相之间的作用力（分配、吸附、离子交换等）的差别，当两相做相对移动时，各溶质在两相间进行多次平衡，使各溶质达到相互分离。1906 年 Tswett 研究植物色素分离时提出色谱法概念；他在研究植物叶的色素成分时，将植物叶子的萃取物倒入填有碳酸钙的直立玻璃管内，然后加入石油醚使其自由流下，结果色素中各组分互相分离形成各种不同颜色的谱带。按光谱的命名方式，这种方法因此得名为色谱法。以后此法逐

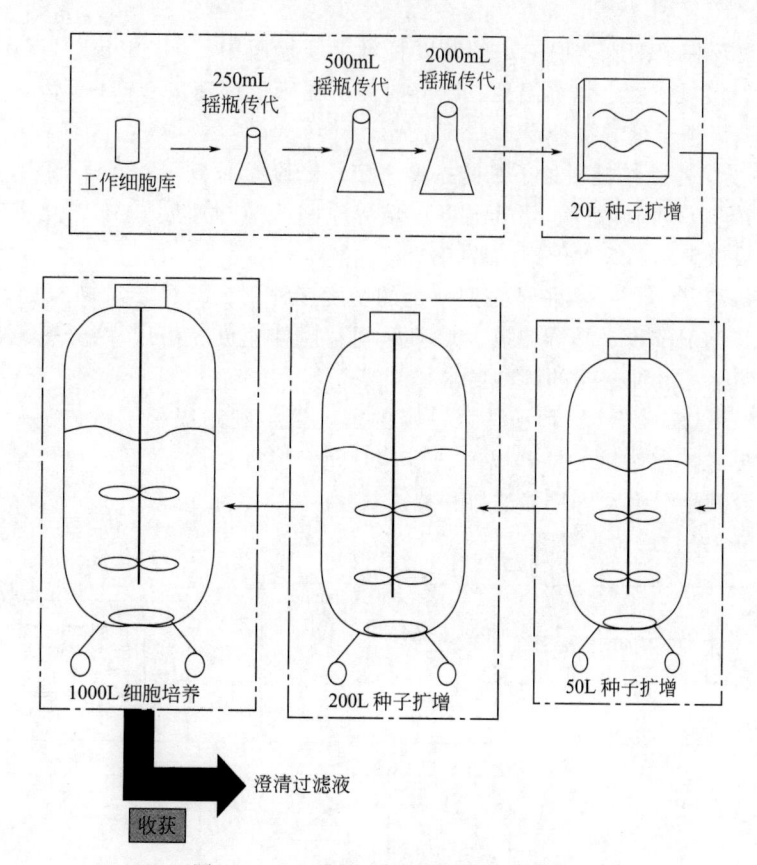

图 6-4-3　细胞大规模培养工艺流程图

渐应用于无色物质的分离，"色谱"二字虽已失去原来的含义，但仍被人们沿用至今。按照固定相形状可将色谱法分为柱色谱、纸色谱及薄层色谱法。

（1）单克隆抗体生产中常用的纯化方法

① 亲和层析法　粗提纯化当中常用到的纯化方法。利用生物分子之间的专一识别性或特定的相互作用的分离技术称为亲和分离技术。在该技术中，亲和分离过程是通过引入亲和配基得以实现（图 6-4-4）。所谓亲和配基，是指具有对生物分子专一识别性或特异相互作用

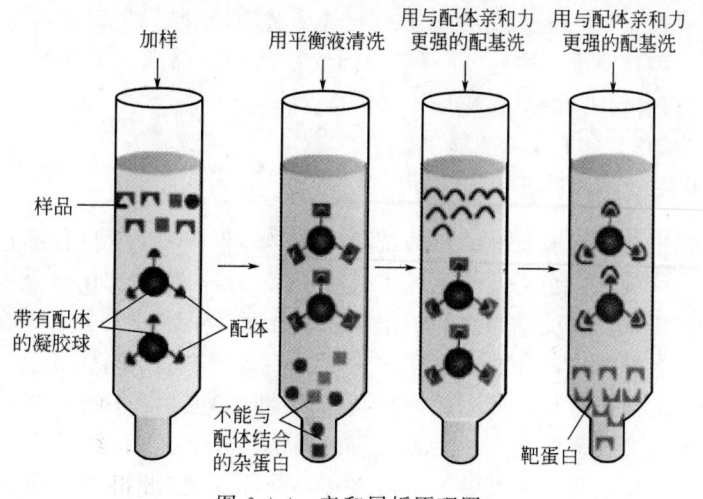

图 6-4-4　亲和层析原理图

的物质。将亲和配基固定在不同的介质上，可实现不同的亲和分离技术，如固定在层析介质上，达到专一性层析分离的技术称为亲和层析技术。将亲和配基接在分离膜上，实现亲和膜分离技术。目前常用到的亲和层析填料有 Protein A Sepharose、Protein G Sepharose、Mab-Select、MabSelect Xtra、MabSelect Sure 等。

② 疏水层析法 疏水层析（Hydrophobic Interaction Chromatography，HIC）法是根据分子表面疏水性差别来分离蛋白质和杂质的一种较为常用的方法。蛋白质的表面常常暴露着一些疏水性基团，我们把这些疏水性基团称为疏水补丁，疏水补丁可以与疏水性层析介质发生疏水性相互作用而结合。不同的分子由于疏水性不同，它们与疏水性层析介质之间的疏水性作用力强弱不同，疏水作用层析就是依据这一原理分离纯化蛋白质等生物大分子的。常用到的层析填料主要有 Phenyl Sepharose FF、Octyl Sepharose FF、Butyl Sepharose FF 等。精制纯化常用到此方法。

图 6-4-5 为疏水层析原理图

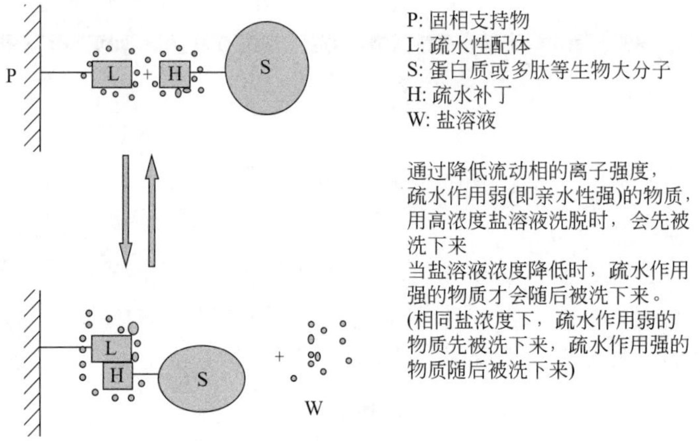

P: 固相支持物
L: 疏水性配体
S: 蛋白质或多肽等生物大分子
H: 疏水补丁
W: 盐溶液

通过降低流动相的离子强度，疏水作用弱(即亲水性强)的物质，用高浓度盐溶液洗脱时，会先被洗下来
当盐溶液浓度降低时，疏水作用强的物质才会随后被洗下来。
(相同盐浓度下，疏水作用弱的物质先被洗下来，疏水作用强的物质随后被洗下来)

图 6-4-5　疏水层析原理图

③ 离子交换层析法 离子交换层析（Ion Exchange Chromatography，IEC）是以离子交换剂为固定相，依据流动相中的组分离子与交换剂上的平衡离子进行可逆交换时的结合力大小的差别而进行分离的一种层析方法。离子交换层析是依据各种离子或离子化合物与离子交换剂的结合力不同而进行分离纯化的。

常用的离子交换层析的填料有 Capto Family 系列、DEAE Sepharose FF、Q Sepharose FF、SP Sepharose FF、CM Sepharose FF 等。

图 6-4-6 为离子交换层析原理图。

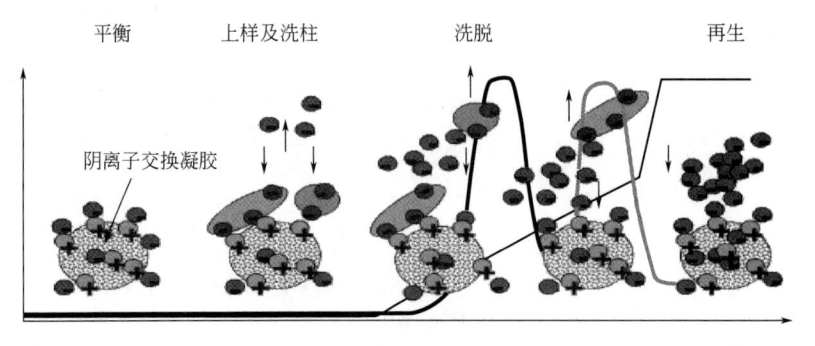

平衡　　上样及洗柱　　洗脱　　再生

阴离子交换凝胶

图 6-4-6　离子交换层析原理图

④ 超滤浓缩　超滤（Ultrafiltration）技术是一种膜滤法，也有错流过滤（Cross Filtration）之称。它能从周围含有微粒的介质中分离出 $10\sim100\text{Å}$ 的微粒，这个尺寸范围内的微粒，通常是指液体内的溶质。其基本原理是在常温下以一定压力和流量，利用不对称微孔结构和半透膜介质，依靠膜两侧的压力差作为推动力，以错流方式进行过滤，使溶剂及小分子物质通过，大分子物质和微粒子，如蛋白质、水溶性高聚物、细菌等被滤膜阻留，从而达到分离、分级、纯化、浓缩目的的一种新型膜分离技术。

图 6-4-7 为超滤浓缩原理图。

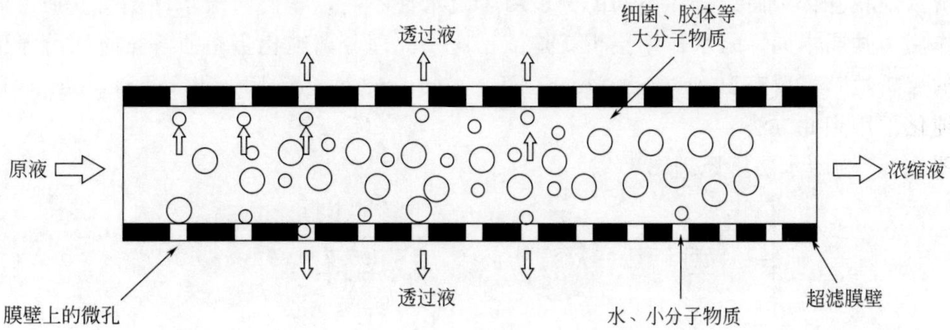

图 6-4-7　超滤浓缩原理图

（2）单克隆抗体纯化策略

每个单抗等电点、电荷密度、疏水性、糖基化程度等生化性质各不相同。选择单抗的纯化方法，既要了解它们的共性，又要了解个性，从而制定相应的纯化策略。同时也针对不同抗体和其生产宿主的特性制定纯化策略，见表 6-4-1 和表 6-4-2。

表 6-4-1　单抗基本特性及纯化策略

生化性质	单抗特性	纯化策略
分子量	IgG150-170KD（重链 50KDa，轻链 25KDa）IgM 约为 900KD（五聚体）	单抗样品浓缩一般选择 30KD 或 50KD 的超滤膜。分子筛层析 Superdex200 或 Sephacryl S-300，能有效去除抗体聚集体。选择超滤膜和分子筛介质时除了分子量，还须考虑单抗不同亚型（SubClass）的空间结构和形状，如人 IgG$_3$ 较细长，需要选分子量较小的超滤膜 GE HC 新一代超滤膜孔径更均一，可以使用更大孔径（50～100KDMWCO）超滤膜进行抗体的浓缩而保持极高的收率，在浓缩单抗的同时，有效地去除大量蛋白酶（多为 60～70KD）和 BSA 等杂质，从而避免了纯化过程中蛋白酶对抗体的破坏，使终产品更均一，比活力更好
等电点	从 pH 4.0 到 9.0 不等，大部分超过 pH 6.0	大多数 IgG 等电点高于一般血清蛋白，建议用阳离子交换层析捕获浓缩抗体或流穿模式的阴离子交换层析以除去大部分杂蛋白、DNA 和内毒素。注意：CHO 细胞表达的基因工程抗体（Gab）由于细胞培养过程带来的糖基化的不均一以及后期的脱氢基脱酰胺等作用，存在着等电点不同的多种抗体变体，离子交换层析根据带电性质的不同可以有效去除这些变体，使产品性质更均一
疏水性	大多数 IgG 疏水性较强	大多数 IgG 可以在 0.5～1.0mol/L 硫酸铵结合疏水介质，让大部分杂蛋白流穿。单抗在硫酸铵 30%～50% 时会沉淀，可重溶后直接上疏水层析。不同抗体疏水性程度也不相同，如用 Source 15PHE 可除去含血清培养基中的牛 IgG

生化性质	单抗特性	纯化策略
糖基化	IgG 含 2%～3% 糖基,IgM 含 12%糖基	主要在重链的 Fc 区产生 N-link 的糖基化。注意:抗体糖基化不均一,所带电荷也不同,IEF 等点聚焦电泳呈多条带,会影响离子交换层析效果
pH 稳定性	稳定性较好	IgG 在水溶液或一般的缓冲液中都比较稳定。但应避免较极端的 pH,如低 pH 促使蛋白聚集;pH>8.5,脱酰胺酶可能降解单抗
多聚体、复合物的形成	没有保护剂的情况下 IgG 浓度高于 2mg/mL 容易形成二、多聚体	pH、盐浓度、缓冲液种类、温度等都会影响抗体的聚集动力学。如 pH<3,抗体会发生不可逆聚集;盐浓度过高增强疏水聚集;碱性单抗在多价阴离子缓冲液中易形成稳定的离子复合物,导致抗体之间的聚合;在 0.3～1.0mol/L NaCl 中,单抗与核酸可形成可逆的复合物,离子交换层析纯化时须留意
溶解度	大多数 IgG 在中性偏碱和低电导的缓冲液中是稳定可溶的	有些单抗在温度低于 37℃ 时溶解度会降低,易结晶,纯化过程避免冷室操作

表 6-4-2 针对不同宿主生产抗体的纯化策略

抗体生产宿主	优/缺点	主要相关杂质	针对宿主特性的纯化策略
鼠/兔等动物	直接免疫动物,方法成熟,产量可达 1～15g/L。单抗亲和力高,但生产周期长,难以大量生产	动物腹水各种生物大分子、脂类	由于 HAMA 反应,鼠源单抗大多仅用于诊断试剂,规模较小,产品纯度要求较低(电泳纯 90%～95%)。Protein A 或 G 亲和层析配合分子筛 Superdex 200 或 Sephacryl S-300 一般已可以达到所需纯度
杂交瘤细胞	5%～10%小牛血清培养表达量 10g/L,但纯化困难,并有动物源污染风险。无血清培养表达量可达 1～4g/L	培养基内的杂蛋白,如血清白蛋白、转铁蛋白、酶、小牛 IgG、脂类以及宿主蛋白和 DNA	用于诊断试剂和治疗性单抗,后者纯度要求较高(95%～99%)。需要多步、多维层析去除宿主杂质。转铁蛋白、牛 IgG 与目标抗体性质相近,污染问题十分显著。一般可通过优化疏水层析和离子交换层析去除。若白蛋白的量较多,可先用白蛋 A、蛋白 G 等亲和层析法直接捕获抗体
CHO/NS0 等哺乳动物细胞	利用基因工程技术将抗体人源化。目前上万升开发发酵罐的单抗表达量可达 1～10g/L	宿主、培养基内的杂蛋白、核酸、脂类等	主要为治疗性单抗。临床剂量大(数十至几百毫克/dose),批产量达公斤级,纯度要求极高(>99%)。约 80% 的下游工艺用 Protein A 亲和层析如 MabSelect Family 进行快速捕获,再配合离子交换、疏水层析等进行精纯,以达到治疗用要求
E.coli	利用基因工程技术表达人源化小分子抗体(Fab、ScFv)、特殊抗体及抗体融合蛋白。相比动物细胞,生产周期短,成本较低,但与相应抗原结合靶点减少	宿主杂蛋白、核酸、脂类、内毒素等	对于 *E.coli* 表达的蛋白,可以使用中空纤维结合层析进行纯化。不同孔径的中空纤维膜广泛用于菌体收集、裂解液澄清和包涵体洗涤,完全代替离心机,收率高成本低。经过中空纤维洗涤的包涵体可考虑用 Sepharose 4FF 先纯化包涵体,再进行柱上复性,提高回收率。也可用中空纤维膜做透析复性,不但容易放大,而且效率更高。融合蛋白可考虑 GST 或 HisTag 表达系统,用 GST Sepharose 或螯合了镍离子的 Chelating Sepharose 纯化。两者可进行柱上酶切
酵母 Pichia Pastoris	表达量高,培养规模容易放大,相比动物细胞成本低;糖基化仍然存在问题影响比活,难以表达全分子抗体	宿主细胞蛋白及培养基中蛋白	用中空纤维膜做样品的澄清,之后用离子交换结合疏水层析进行纯化

抗体生产宿主	优/缺点	主要相关杂质	针对宿主特性的纯化策略
转基因动物	可表达全分子抗体,能正确糖基化;但转基因较困难,表达不稳定	动物蛋白及宿主抗体	转基因动物分泌表达如动物乳中,可采用中空纤维超滤技术进行分级分离,降低纯化难度,然后用高分辨率的疏水层析分离宿主抗体
转基因植物	降低了动物细胞污染的可能性,能够大规模低成本生产;破碎细胞及分离纯化难度加大	色素、植物细胞杂蛋白等	用亲和层析纯化植物表达抗体效果比较好,会有少量色素吸附在亲和胶上,但可用分子筛除去

6.4.2.3 制剂生产工艺简介

目前市场上销售的单克隆抗体药物绝大多数是以注射剂的形式进行生产、销售和使用。图 6-4-8 为某单克隆抗体制剂的生产工艺流程图。

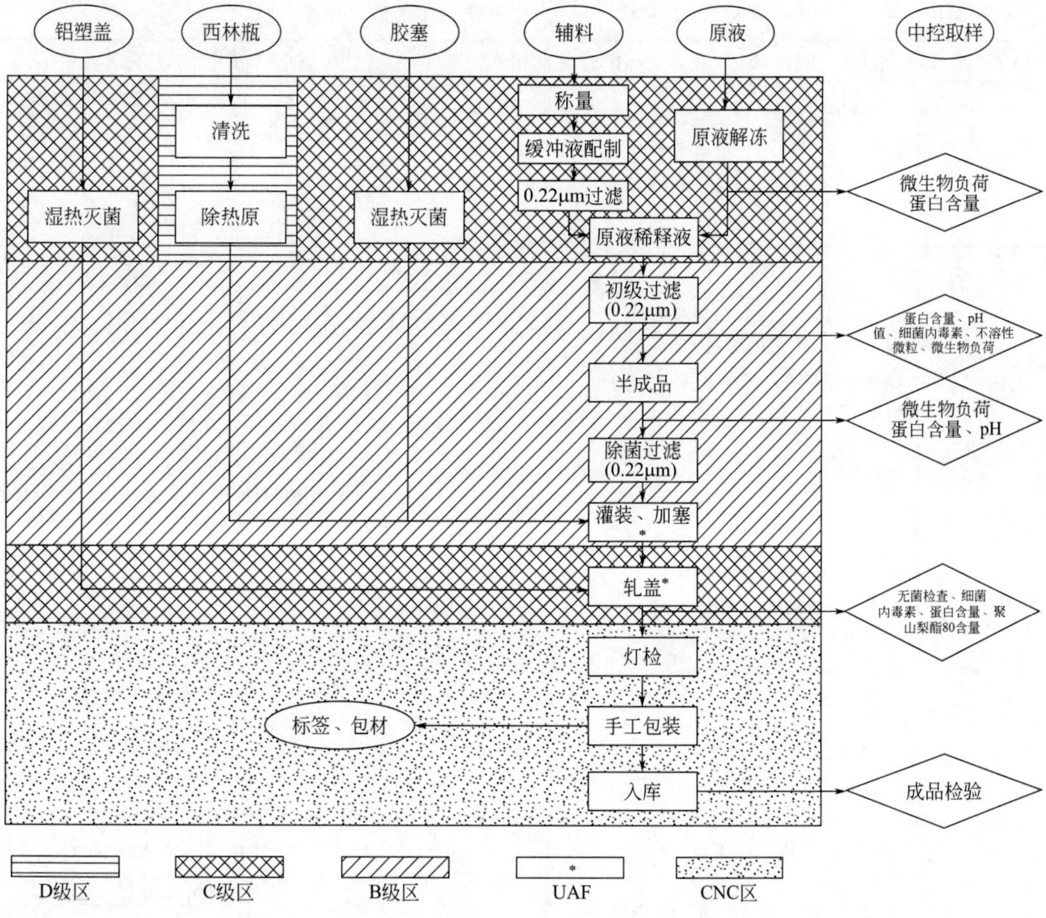

图 6-4-8 单克隆抗体制剂的生产工艺流程图

(1) 原液解冻

利用原液解冻装置(如水浴锅)将原液进行解冻,设置解冻温度和解冻时间,待完全解冻后进行配制和灌装。

(2) 缓冲液配制

配制(或备料)相关的洁净区级别应根据产品的生产工艺确定。物料准备中应确保投料量符合指令要求，标识清晰，应采用双人复核，避免投料量或转运过程中差错。使用自动称量系统的设备，应考虑称量系统的连接电缆、软管对称量线性和称量范围的准确性的影响。配液结束后对溶液的品质应进行必要的监控，如含量、pH 等。除菌过滤可以降低灌装前的药液微生物的污染水平。过滤器与产品成分的相容性应在最差条件下得到确认，通常使用两只过滤器串联过滤。推荐配液后直接过滤至专用缓冲罐，以缩短除菌过滤前的药液存放时间。药液配制过程中风险主要源自上一批次产品的残留污染。配制容器和附属系统首先应考虑在线清洁和在线灭菌；必要时也可以考虑人工清洁、湿热灭菌后组装或组装后在线灭菌。

过滤后的滤器完整性应该进行检查，必要时过滤前滤器的完整性也应进行检查。完整性检查宜考虑在线检查。使用容易产尘的物料时应采取物理隔离、除尘或其他装置，降低污染。现场通风设施应能阻止气流引起的交叉污染。

（3）灭菌

制剂工序使用的铝盖、胶塞、西林瓶和器具都要经过灭菌的处理，应结合灭菌物的特性、特殊要求（如除热原）选择合适的灭菌工艺。灭菌设备性能、灭菌工艺应得到验证。单克隆抗体产品因对热不稳定，为非最终灭菌产品，应采用无菌生产工艺（除菌过滤法或无菌操作法）进行制备。常用的灭菌方法见图 6-4-9。

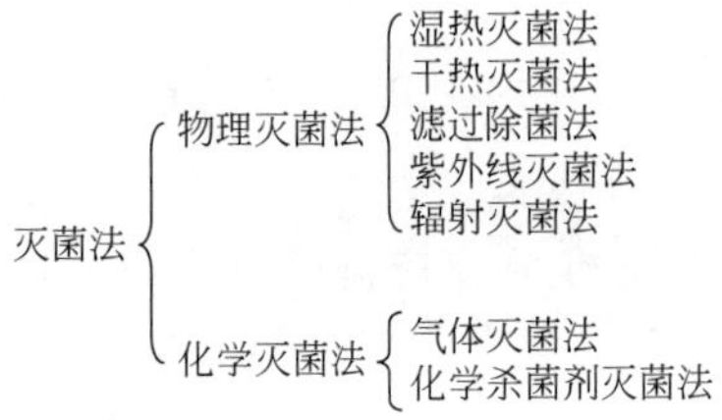

灭菌法 {
物理灭菌法 {
湿热灭菌法
干热灭菌法
滤过除菌法
紫外线灭菌法
辐射灭菌法
}
化学灭菌法 {
气体灭菌法
化学杀菌剂灭菌法
}
}

图 6-4-9　灭菌法分类

（4）灌装

液体装量控制一般使用计量活塞泵或者时间-压力控制系统，装量更准确。通过活塞孔容积和螺杆间隙体积进行定量灌装。对无菌生产工艺而言，灌装（或分装）是高风险的生产工序，除菌过滤后的药液、无菌原料药将直接暴露在开放空气条件下，虽然在 A 级环境下操作，但仍应该缩短灌装和密封（如扣塞）的时间以最大程度降低污染的可能。低温存放的产品应控制在低湿度条件下，以防止设备和容器的结露。灌装后部分产品（如对氧气敏感的粉针剂）需要通入除菌过滤的氮气，降低灌装中氧气的混入量。灭菌后灌装零部件应采取防止污染措施，如在 A 级保护或者密闭条件下传送。

（5）轧盖

轧盖工序主要是防止胶塞脱落，为产品提供长期的密封保证。轧盖区域应结合产品的密封性能、设备状况、铝盖特性等设计合适的洁净级别。轧盖过程中容易产生金属微粒或胶塞脱落现象，因此应考虑设定必要的除污染设施和检查装置，以消除污染和确保产品的密封完整性。

（6）灯检

通过灯检剔除个别有异物的产品，应通过生产工艺及其控制保证产品中产生异物的概率。灯检仅为防止有异物产品上市的最后措施。灯检人员的素质和培训水平、灯检台的照度和背景、灯检的时间是该工序效果的主要影响因素。采用自动灯检设备必须通过验证，不低于人工灯检的质量保证水平。相关的 SOP 包括：灯检区的清场，灯检废品的管理，灯检设备的维护，灯检人员的培训方法，灯检连续工作的时间规定等。

（7）包装

产品经贴标签、装箱后成为成品。包装线最重要的是防止混淆。应确保标签正确，批号、生产日期和有效期等信息准确。产品数、标签消耗数等应合理平衡。为防止混淆，包装区应能防止无关人员进入。应有 SOP 规定防止标签信息差错、混淆的措施，数额平衡的检查方法和可接受标准等。

不同单克隆抗体药物其生产的工艺虽不同，但均可分为原液生产工艺和制剂生产工艺两部分。原液生产工艺主要包括：细胞培养工艺和纯化工艺两部分。目前在全球的单克隆抗体市场，全人源化单克隆抗体是未来的发展方向。在 FDA 批准上市的 80 多种基因工程和抗体工程产品中，抗体类产品有 26 种，其中 18 种为人源化抗体。

6.4.3　单克隆抗体生产的工艺设备

在单抗生产的上游阶段常用到的设备有生物反应器、离心机、摇床、生物安全柜、不锈钢发酵罐等。下游常用到的设备有纯化层析系统、层析柱、澄清过滤器、除菌过滤器、超滤设备、超净工作台、不锈钢储罐、混合机、负压称量罩等。制剂常用到的设备有洗瓶机、胶塞清洗机、灌装机、轧盖机、灯检机、贴标机等。以下举一些上下游比较典型的设备进行介绍。

6.4.3.1　WAVE 生物反应器

1996 年，先灵葆雅（Schering-Plough）著名细胞培养专家 Dr. Vijay Singh 发明了新型 WAVE 生物反应器，引发了细胞培养技术行业的革命。WAVE 生物反应器采用非介入的波浪式摇动混合，避免了搅拌桨叶端和鼓泡对细胞的伤害，提供温和低剪切力高溶氧的细胞培养微环境，有利于改善细胞状态、提高细胞密度和产量。WAVE 生物反应器培养体积范围灵活、操作简单、控制精密可靠、易于工艺放大。

新一代 WAVEPOD Ⅱ 全自动反馈控制器，将细胞培养过程高精度全自动参数反馈控制功能进一步强化。WAVEPOD Ⅱ 通过 PID 反馈控制技术和光纤电极光补偿技术，可提高细胞培养工艺的稳定性和可靠性。Unicorn 工作站进行细胞培养过程的全方位监控和数据采集，实现数据分析、比较和报告打印等；电子签名和多级用户密码管理功能保证数据安全，符合各项法规要求。

作为通用的细胞培养/发酵技术平台，WAVE 生物反应器已经经过普遍的验证，成功地用于各种细胞培养和发酵等领域，如 CHO 和杂交瘤等细胞培养表达单抗、Vero/MDCK/二倍体等细胞 Cytodex 微载体悬浮培养多种病毒、昆虫细胞杆状病毒系统以及 CHO/HEK293 瞬转高通量表达重组蛋白、细胞治疗、植物细胞、细菌和酵母发酵等。2009 年，美国 Novavax 公司将新型 WAVE 生物反应器为核心的 RTP 生产技术平台和 VLP 技术相结合，从甲流病毒基因到最终生产出 VLP 甲流疫苗仅用 21 天；2005 年，以生产新型天花疫苗和治疗性 HIV 疫苗著称的丹麦 Bavarian Nordic 公司将 WAVE 生物反应器用于新型 MVA 疫苗生产，仅用 11 个月时间就建成了大规模细胞培养新型疫苗生产车间，建厂周期比传统培养发酵罐方式缩短了 6～9 个月；此外，包括 Remicade 单抗在内的多种上市药物均使用 WAVE 进行 GMP 生产。

WAVE 生物反应器是细胞培养设备（图 6-4-10）。细胞和培养液置于无菌封闭的细胞培养袋 Cellbag 中，放在精密摇动平台上。平台的摇动在培养液中产生波浪，提供给培养物低剪切力的充分混合和表面高效传氧，形成易于维持超过 1×10^7 cell/mL 细胞密度的细胞生长理想环境，改善细胞状态提高产量。WAVE 生物反应器避免清洗和灭菌，可用于不同细胞的快速轮换，避免交叉污染和清洁验证。

细胞培养袋由医药级材质制成，预先经过辐照灭菌，从而杜绝污染风险，有效避免反应器的清洗和验证，缩短工艺开发和生产周期。无菌的细胞培养袋不仅提高细胞培养成功率，密闭的培养系统可避免料液和操作人员的直接接触，确保生物操作安全。

（1）WAVE 生物反应器的组成

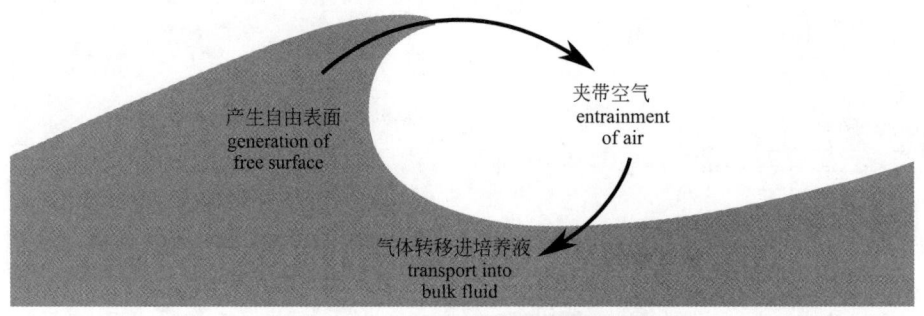

(a) WAVE波浪混合和表面通气原理

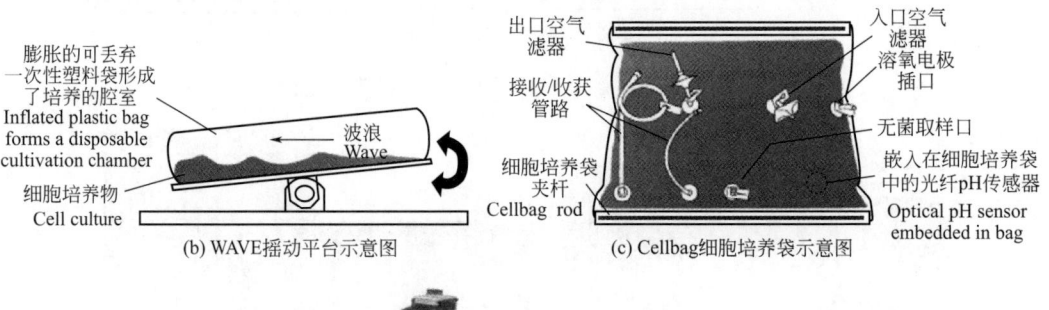

(b) WAVE摇动平台示意图

(c) Cellbag细胞培养袋示意图

(d) WAVE生物反应器的组成

图 6-4-10　WAVE 混合通气与组成

① 无菌无热原 Cellbag 细胞培养袋　预先经辐照灭菌的 Cellbag 细胞培养袋包括除菌空气滤器、预制管路、Clave 无菌取样口等各种预留接口，可根据实际应用需求选择具有不同接口数量和种类的培养袋。无菌无热原的培养袋，配合不同规模的 WAVE 生物反应器，实现从 0.1L 到 500L 体积范围的细胞培养。可选预置细胞截留膜的灌注用培养袋（见图 6-4-11），实现快速高密度自动灌注培养。

② 精密设计的摇动平台　精密摇动平台用于对 Cellbag 培养袋进行通气和摇动，以进行氧气传递和混合。摇动平台采用触摸屏设计，可输入培养袋型号智能选择最佳 PID 温度控制参数从而自动调节功率输出，实现精密可靠的数字温度控制，有效避免控制过程中温度的波动和过热。图 6-4-12 为摇动平台及设计。

摇动平台集成空气泵，可选 CO_2 或 O_2 混合功能，内置高精度气体质量流量计，可分别用于不同种类的细胞培养和发酵应用。

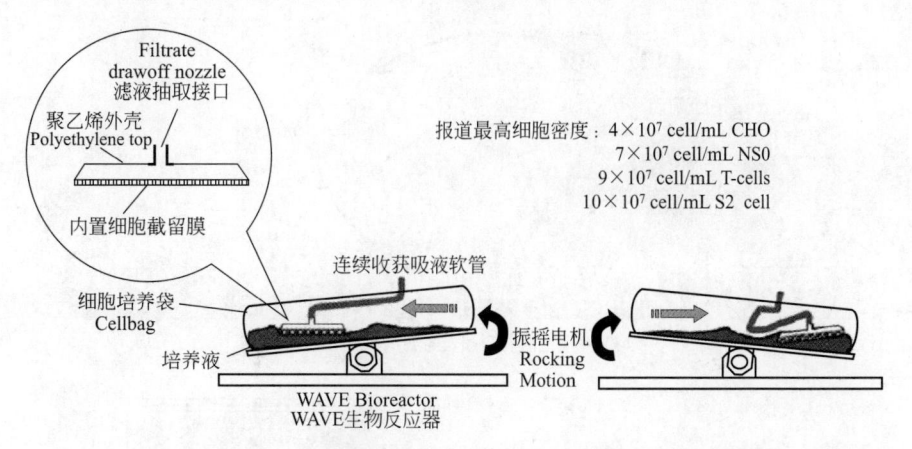

图 6-4-11 预置细胞截留膜的灌注用细胞培养袋

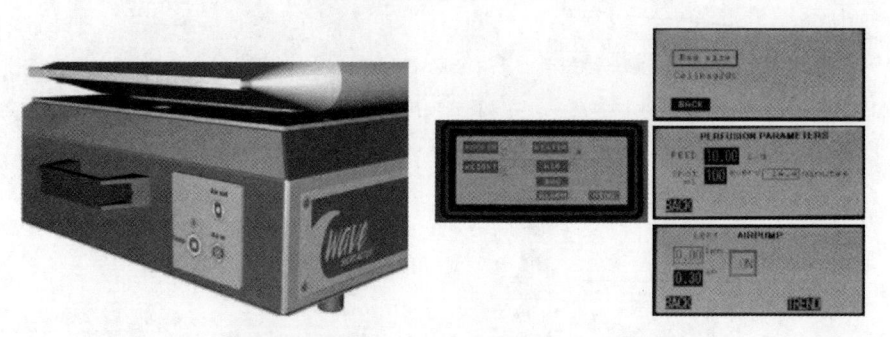

(a) 摇动平台集成空气泵和质量流量计　　　(b) 触摸屏数字智能调节控温/灌注培养/空气流量

图 6-4-12 摇动平台及设计

摇动平台可选称重功能，结合预置细胞截留膜的灌注细胞培养袋，可设定灌注速率进行自动连续灌注培养，显著提高细胞密度，无需额外细胞截留装置。连续灌注培养已经成功验证于 CHO 细胞、杂交瘤细胞、昆虫细胞、HEK293 细胞和 T 细胞等，一般可获得 $1 \sim 5 \times 10^7 \text{cell/mL}$ 以上的细胞密度，其中 S2 昆虫细胞密度超过 10^8cell/mL。

图 6-4-13 为全自动称重灌注培养。

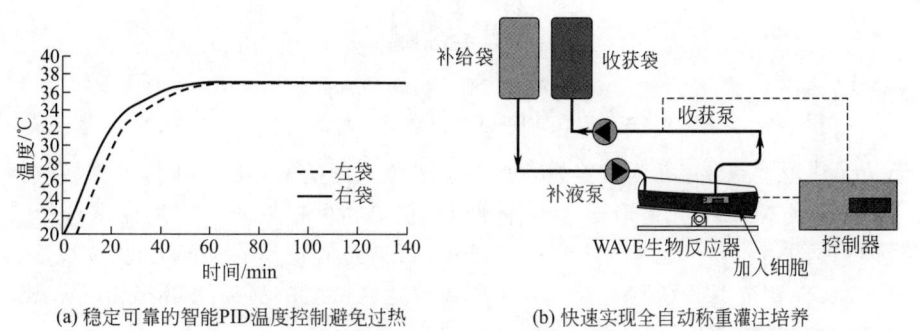

(a) 稳定可靠的智能PID温度控制避免过热　　　(b) 快速实现全自动称重灌注培养

图 6-4-13 全自动称重灌注培养

WAVE 摇动平台可根据需要选择集成的称重灌注功能以及 CO_2 或 O_2 混合功能，还可以和 WAVEPOD II 全自动反馈控制器、Unicorn 数据采集软件、无菌焊接机和封口机等组件配合使用。

（2）WAVE 生物反应器特点

① WAVE 波浪混合方式　WAVE 生物反应器采用波浪式的非介入式搅拌，剪切力低

且温和高效，有利于保护细胞免受传统搅拌桨叶端高剪切力的伤害，具有更好的细胞活率和细胞状态，提高细胞密度和产量。

② 无菌密闭系统　无菌无热原细胞培养袋即开即用，可快速更换培养袋用于不同细胞的培养，避免交叉污染，无需清洗灭菌，简化清洁验证。细胞培养袋采用多层生物相容性医药级材质，机械强度高、气密性好，符合 USP Class Ⅵ 和 ISO 10993 国际生物安全标准。培养袋预留多种接口，灵活兼容多种无菌连接方式用于接种和补料等操作，无菌取样无需生物安全柜，操作简单，降低污染风险。

③ 快速灵活　同一台 WAVE 可兼容不同规模培养袋，细胞培养袋装量灵活，同一个袋子中可实现 10 倍体积扩增。灵活的培养体积可最大程度避免培养过程中细胞在不同容器间的转移，减少工作强度、降低污染风险。

图 6-4-14 为细胞培养扩增。

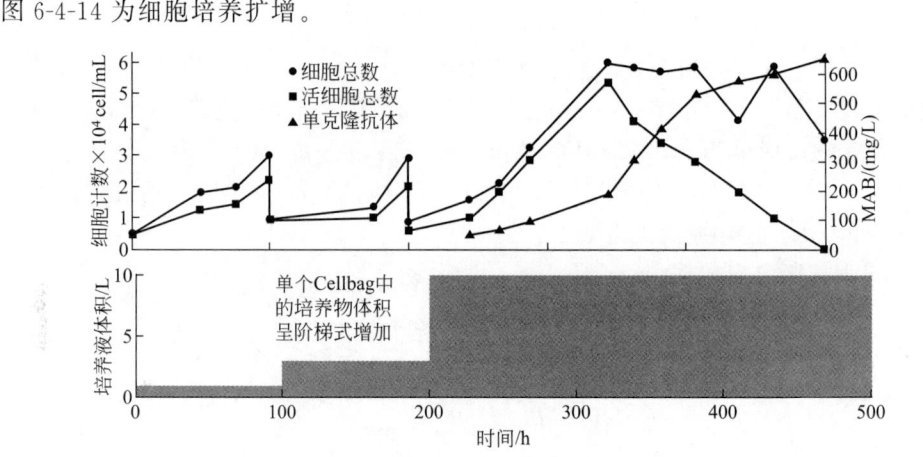

同一个培养袋中灵活实现10倍体积扩增

图 6-4-14　细胞培养扩增

④ 精密稳定可靠　摇动平台采用触摸屏设计，可输入培养袋规格实现加热功率输出和 PID 参数的智能调节，对于不同的培养袋规格和培养体积进行精确温度控制。

光补偿光纤电极传感器技术结合 WAVEPOD Ⅱ 自动反馈控制器可对 pH 和溶氧等参数进行全自动 PID 精密反馈控制，pH 控制精度达 0.05unit，内置多种反馈控制方式，PID 参数手动可调，提高细胞培养工艺的可靠性。

⑤ 多用途通用型生物反应器　WAVE 生物反应器适合悬浮和微载体培养，用于哺乳动物细胞、昆虫细胞、细胞治疗、植物细胞以及细菌酵母发酵等多种培养体系。WAVE 生物反应器兼容批式（Batch）、批式流加（Fed Batch）或连续灌注（Perfusion）等培养方式，适合实验室规模细胞培养，以及工艺开发放大和 cGMP 商业化规模生产。

图 6-4-15 为 WAVE 反应器。

⑥ 易于线性放大　WAVE 波浪生物反应器克服了传统搅拌式反应器搅拌桨叶端剪切力高的弊端，大的气液交换表面可在 500L 规模仍保持高溶氧水平而无须鼓泡，操作简单易于线性放大，避免使用消泡剂。

（3）WAVE 生物反应器在单抗生产上的应用

WAVE 生物反应器系统已经被广泛用于单克隆抗体生产，包括常见的 CHO 细胞、杂交瘤细胞、NS0 细胞，S2 昆虫细胞等。

初始阶段可采用小体积进行培养，随后当细胞密度提高后不断补充新鲜培养基而实现扩

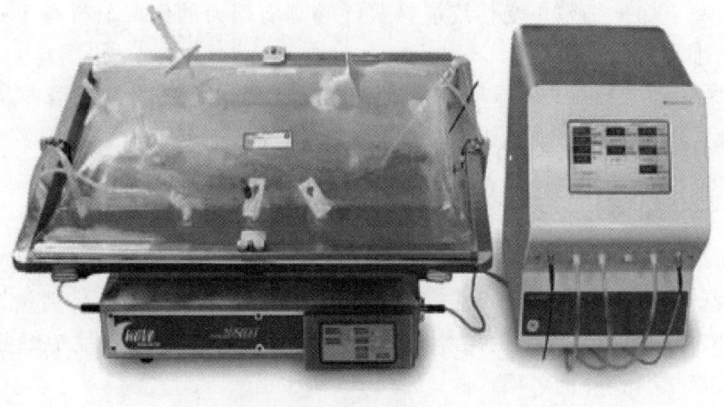

图 6-4-15　WAVE 反应器

增。这使得接种后放大培养避免在不同容器间的频繁转移。

细胞密度超过 10×10^6 cell/mL 的 500L 大规模培养工艺已经建立，其抗体表达量和产品质量与搅拌式生物反应器相当，高细胞密度下仍可维持 50% 以上的高溶氧。

例如，WAVE2/10 生物反应器连续灌注 20 天培养 CHO-K1 细胞表达抗体，细胞密度超过 1×10^7 cell/mL，比摇瓶提高近 5 倍；抗体表达量达 6g/L，比摇瓶提高 20 倍。

图 6-4-16 为摇瓶培养数据。

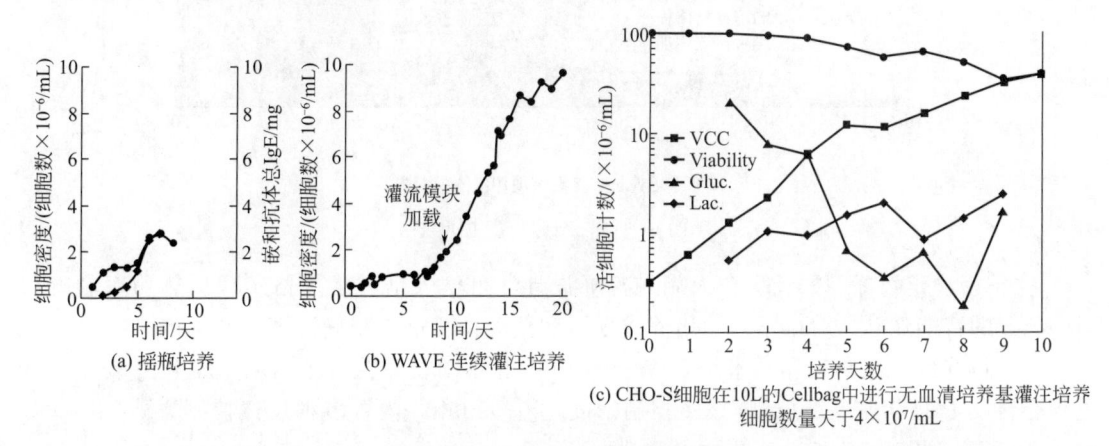

(a) 摇瓶培养　　(b) WAVE 连续灌注培养

(c) CHO-S细胞在10L的Cellbag中进行无血清培养基灌注培养
细胞数量大于4×10⁷/mL

图 6-4-16　摇瓶培养数据

WAVE20/50 生物反应器连续灌注培养 CHO-S 细胞，密度超过 4×10^7 cell/mL。

又如，Pacific GMP 公司（San Diego，CA，USA）成功建立 500L 的 WAVE 细胞培养技术平台。采用连续灌注培养方式进行 CHO 和杂交瘤细胞的培养，实现从 25L 到 500L 规模的成功放大，细胞密度可稳定维持在 1.5×10^7 cell/mL 以上。

图 6-4-17 为细胞密度曲线。

WAVE 生物反应器灵活的操作方式、较低的设备投资和更少的清洗和验证需要，使得 WAVE 生物反应器成为 GMP 生产应用的理想系统。WAVE 生物反应器对于厂房没有特殊要求，可缩短建厂周期、减少厂房前期投资，从而加快产品上市。目前，全球已经建立多个以 WAVE 为核心的细胞培养快速生产线，成功用于多种单抗、疫苗等生物药物的规模化生产。

WAVE 反应器可以结合 UNICORN DAQ 软件进行数据实时监控和储存，保证数据安

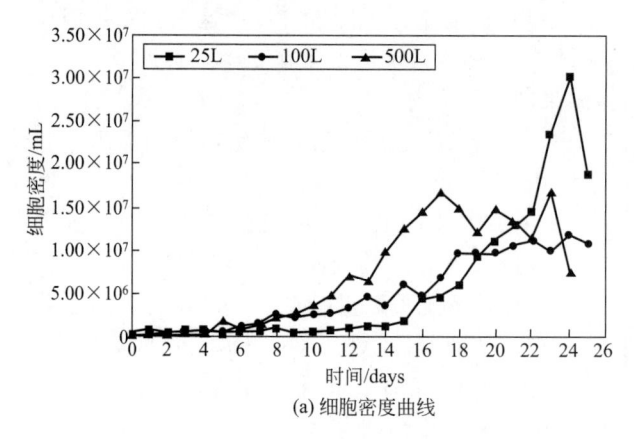

(a) 细胞密度曲线

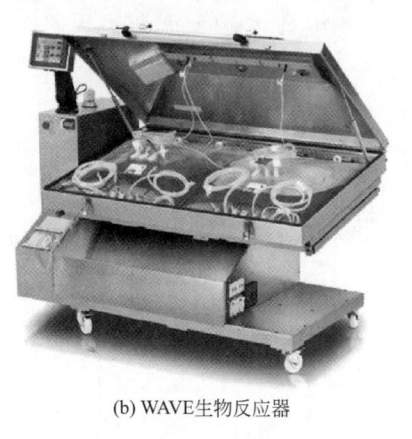

(b) WAVE生物反应器

图 6-4-17　细胞密度曲线

全的同时，可实现多级用户密码管理、外部数据导入、结果谱图比较和报告打印等功能，符合各项法规要求。

6.4.3.2　AKTA process 全自动生产系统

AKTA process 全自动液相层析生产系统，用于生物药物工艺研究及大规模生产。AKTA process 标准系统可根据用户工艺的要求进行特别的设计。AKTA process 系统是在拥有大量用户的 BioProcess 系统基础上改进和优化，与之前 AKTA explorer 和 AKTA pilot 系统，组成从研发到中试再到生产的 AKTA 全系列产品，其特点如下。

（1）基于 Unicorn 控制软件的灵活多变的配置

AKTA process 是一个灵活可变的平台，可提供数种灵活配置，系统有三个流速范围，最大可至每小时 1800L，以适应大规模生产需要。根据用户工艺及厂房设计的要求，AKTA process 提供两种结构材质，电抛光的不锈钢或聚丙烯塑料。不锈钢系统通常用于低盐和 pH 小于 5 的条件。而聚丙烯系统，配备了高精度耐腐蚀的聚乙烯泵，可确保工艺更加安全可靠，这一类系统则更适用于低 pH 及高盐条件，比如用于单克隆抗体的生产。

图 6-4-18 为溶液流程图。

图 6-4-18　溶液流程图

AKTA process 系统采用循环反馈技术，可在任何流速下配置梯度。这一技术还确保了溶液混合充分，不产生气泡，从而使得梯度平滑，梯度精确度误差在 2% 以内。

图 6-4-19 为 AKTA process 梯度运行结果图。

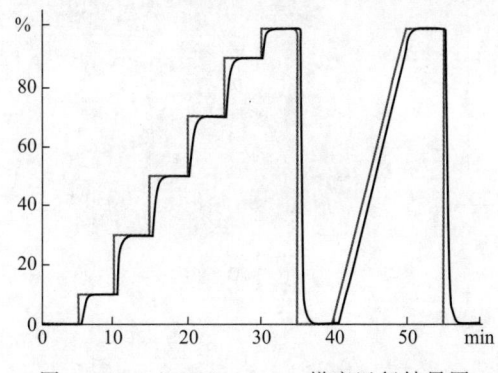

图 6-4-19　AKTA process 梯度运行结果图

（2）安装后配置可升级，增加适用性和使用寿命

AKTA process 可以在安装后进一步进行改造升级，如增减阀门、在位过滤器及泵等。这样，系统可以重新调整，以符合新的工艺要求，从而增加 AKTA process 的适用性，即可延长使用寿命。可升级性能，延长了 AKTA process DE 预期寿命。

（3）卫生设计

AKTA process 一系列的卫生设计，使得用 1N 氢氧化钠除菌操作简单而有效。除菌操作是指用化学试剂处理，将微生物数量减少到一个可以接受的目标水平。AKTA process 可实现全自动在位清洗。在系统更换处理品种时，可同时更换所有接触溶液的部件，以避免交叉污染。在系统抗菌的验证研究中，使用了高浓度酵母菌（1×10^6 cfu/mL，Pichia pastoris）结果表明除菌方法有效，活体微生物数量显著降低。

（4）符合认证的 UNICORN 控制软件

UNICORN 软件是一个可同时用于层析系统和膜系统的通用平台，可提供有效的工艺控制、灵活的方法编程，多种数据处理及报告输出功能。所有系统均可提供安全保障。即使控制软件和设备通讯中断，CU950 系统控制单元均可维持系统继续运行并记录、存储当前数据。使用软件附带的编程向导，可进行 AxiChrom 层析柱的自动智能化装柱。工艺方法搜索及峰形比较功能，可提高生产效率及进行生产规模的放大或缩小。UNICORN 软件已通过独立认证机构 Weinberg Associates 的认证，符合 FDA CFR21 part11 电子文档安全要求及 GMP 要求。电子签名及原始记录使用两级确认，然后锁定文件，同时记录所有原始日志，UNICORN 还可通过 OLE 模式将层析控制系统与工厂的工艺控制系统，如 OPC 相连。OPC 的应用领域主要有实时数据处理及敏感信息的安全保护等。

（5）和 AxiChrom 柱合用，实现智能化装柱

AKTA process，设计中包含了 AxiChrom 智能装柱的功能，无论是使用 AxiChrom 系列层析柱进行放大还是缩小，除了节约时间，智能装柱往往更能确保结果重观性。AxiChrom 智能装柱采用轴向加压装柱，在生产规模 AxiChrom 柱上实现高重复性的封闭式装填。智能装柱过程的参数通过 UNICORN 软件的编程向导设置。UNICORN 通过监测装柱过程中的压力，进行装柱控制及测试，感应柱床沉降完成的时机，并随后压紧柱床。

（6）放大后的结果重现性

由于所有 AKTA 系统都使用了同一个 UNICORN 控制平台，工艺可以快速放大并转移到 AKTA process 上，用于生产符合 GMP 要求的药品。为了验证放大效果，选用 SP Sepharose Fast Flow 填料吸附牛血清蛋白，柱子选用 AxiChrom 50mm、100mm 和 400mm，分别接在 AKTA explorer 100、AKTA pilot 和 AKTA process 上使用。AxiChrom 柱采用轴向加压装柱，如图 6-4-20 所示结果显示，连接在三个不同型号的 AKTA 系统上的三个 AxiChrom 柱的 64 倍放大效果。

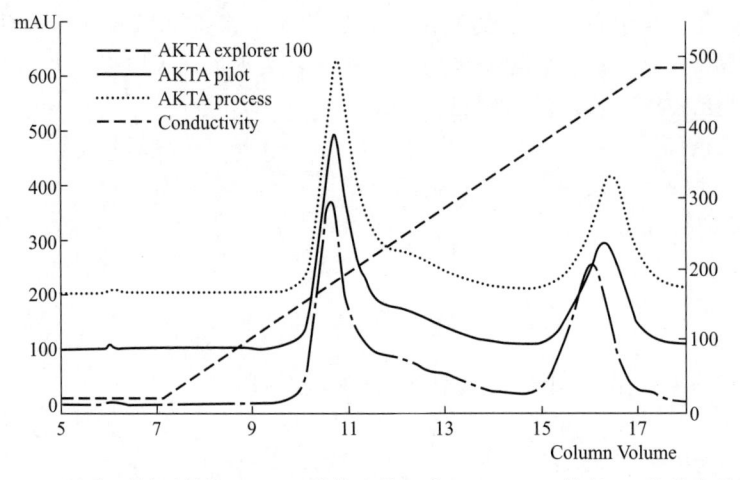

图 6-4-20　三个不同型号的 AKTA 系统上的三个 AxiChrom 柱的 64 倍放大效果图

（图中分别为 AKTA explorer 100 加 AxiChrom 50mm，AKTA pilot 加 AxiChrom 100mm
及 AKTA process 加 AxiChrom 400mm. 分离牛血清白蛋白和乳铁传递蛋白. 放大 64 倍）

（7）完整的符合法规要求文件和服务。

工艺安全是 AKTA process 设计的重要组成部分之一，提供的文件可以证明系统所用材质均符合 USP Class Ⅵ 要求，并可以追踪到所有的原始生产记录。在设备投入使用之前需进行验证。表 6-4-3 为常用系统规格及相关参数。

表 6-4-3　系统规格及相关参数

系统规格	系统参数	最大操作压力	
6mm 内径,聚丙烯	4～180 升/小时	PP(6mm、10mm、20mm、4mm)	6bar(最大 40℃)
7.7mm 内径,不锈钢	4～180 升/小时	不锈钢(7mm、7mm、9mm)	10bar(最大 40℃)
10mm 内径,聚丙烯	13～600 升/小时	不锈钢(22.1mm)	6bar(最大 40℃)
9.4mm 内径,不锈钢	13～600 升/小时		
20.4mm 内径,聚丙烯	45～1800 升/小时	操作温度	
22.1mm 内径,不锈钢	45～1800 升/小时	环境温度	20～30℃
紫外波长范围	单波长(280nm)或多波长	使用溶液	聚丙烯系统,40～60℃
pH 范围	0～14		(40～60℃时最大耐压 3bar)
电导范围	1～200mS/cm	使用溶液	不锈钢系统,40～80℃
密封保护级别,柜体及电气	NBWA 4X/IP56		(40～60℃时最大耐压 3bar; 60～80℃最大耐压 1bar)
电气标准	UL 508A BN 61010-1	尺寸	1205/850/1670(长/宽/高)

如上所述的单克隆抗体工艺设备在单抗生产中发挥着重要的作用，工艺设备在正式生产使用前按照法规的要求，必须要进行相关的验证活动才可以投入生产。生产使用后，设备还需定期进行再验证活动。设备验证活动包括：设计确认、安装确认、运行确认、性能确认、再确认等。

6.4.4　单克隆抗体生产工艺验证的风险评估

工艺风险评估有多种工具可以使用，关于工具使用可以参考 ICH Q9《质量风险管理》中的相关介绍，此处介绍失效模式和影响分析（FMEA）的方法在工艺风险评估中的应用。

这种方法是对工艺步骤中可能出现的输出失效进行风险识别和风险评估，并根据相应的原因、影响和检测手段制定相应的控制措施，从而达到实现最终风险控制的目的。以下以某单克隆抗体药物工艺中的风险评估为例进行介绍。

（1）细胞培养过程的风险评估

以生物反应器为例，其输入通常包括以下内容：

① 投入细胞的代次；

② 投入的细胞量；

③ 培养基的加入量；

④ 培养基种类；

⑤ 培养基的加入方式（如流加培养时的流加速度）；

⑥ 培养温度；

⑦ 搅拌速度；

⑧ 搅拌方式；

⑨ 培养时间；

⑩ O_2 分压；

⑪ CO_2 分压；

⑫ N_2 分压；

⑬ 压缩空气分压等。

在上述这些输入中，前 5 个输入参数对于生产过程来说通常是不会变化的，合理地控制以下其他控制参数能为细胞生长创造良好的微环境：

① 剪切力；

② 离子浓度；

③ 渗透压；

④ CO_2 分压；

⑤ 溶氧；

⑥ dN_2；

⑦ pH。

此步工艺中输出的产物是完成扩增的细胞，其属性包括：

① 细胞扩增代次；

② 细胞活性；

③ 活细胞比例；

④ 细胞密度；

⑤ 细胞总量；

⑥ 蛋白质含量；

⑦ 蛋白质纯度和质量；

⑧ 蛋白质总产量；

⑨ 单细胞产量。

（2）纯化过程的风险评估

单克隆抗体药物的纯化工艺基本包括：澄清过滤、粗提纯化、低 pH 孵育、精制纯化、超滤浓缩、除菌过滤等步骤。在工艺验证前要对这些工艺步骤进行充分的风险评估。

风险评估所获结果能够确认纯化车间相关的潜在风险，以及应采用的控制措施以最大限度地降低风险。因此，以后验证活动的范围及深度将根据风险评估的结果确定，进行风险评估所用的方法遵循 FMEA 流程，它包括以下几点。

① 风险识别　可能影响产品质量、产量、工艺操作或数据完整性的风险。

② 风险判定　包括评估先前确认风险的后果，其基础建立在严重程度、可能性及可检测性上。

③ 严重性（S）　测定风险的潜在后果，主要针对可能危害产品质量、患者健康及数据完整性的影响。

④ 可能性（P）　测定风险产生的可能性。根据积累的经验、工艺/操作复杂性知识或小组提供的其他目标数据，可获得可能性的数值。

⑤ 可检测性（D）　在潜在风险造成危害前，检测发现的可能性。

⑥ 风险优先系数（RPN）　分为高风险水平、中等风险水平和低风险水平。

表 6-4-4 简单列举了单克隆抗体药物生产工艺验证前进行的纯化工艺风险评估。

表 6-4-4　纯化工艺风险评估表

工艺步骤	功能说明	失败事件	最差影响	严重性 S	可能性 P	可检测性 D	风险优先系数 RPN	控制措施
澄清过滤	细胞培养结束后，用于分离细胞碎片等杂质，得到澄清的含有抗体蛋白的溶液	澄清过滤膜堵塞或渗漏	过滤不能按要求完成，粗纯不能顺利进行，同时对产品的质量会有一定的影响	H	M	H	M	做好澄清过滤膜完整性的确认，准备充足的过滤膜，按工艺要求及时对澄清上样液进行相关的检测
粗纯	对澄清过滤液进行抗体蛋白的分离纯化	样品杂质过多；层析系统异常；层析柱异常	纯度和蛋白收率过低，不符合工艺的要求	H	M	H	M	在粗纯生产前，对加入样品按要求进行检测，对层析系统和层析柱性能进行产前确认
低 pH 孵育	在低 pH 条件下孵育灭活抗体蛋白液中的病毒	孵育过程中，pH 不稳定不在工艺的要求范围内	病毒灭活不彻底	H	M	H	M	对孵育全程进行在线监控，设定警戒线，同时人工定时进行复核
精纯	对粗纯后的抗体蛋白进行分离纯化	样品杂质过多；层析系统异常；层析柱异常	纯度和蛋白收率过低，不符合工艺的要求	H	M	H	M	在精纯生产前，对加入样品按要求进行检测，对层析系统和层析柱性能进行产前确认
超滤浓缩	对精纯后的抗体蛋白液进行浓缩处理	超滤膜包的堵塞或渗漏	抗体蛋白达不到设计浓度的要求	H	M	H	M	超滤浓缩开始前做好膜包完整性、水通量测试，确认合格
除菌过滤	对超滤浓缩后的蛋白液进行除菌过滤	除菌过滤器完整性不合格	原液中含有一定的微生物，影响原液质量	H	M	H	M	在除菌过滤前后做好完整性测试

注：H、M、L 分别代表风险高、中、低等级。

在完成风险识别和风险分级后，应当制定相应的措施来控制风险，这种控制一般要考虑以下 3 个方面。

① 降低严重性　这种控制通常是在此步骤后增加一些控制步骤，来降低风险发生时对产品质量的影响。如提高纯化后续步骤的分离度，降低杂蛋白质的含量。

② 降低可能性　主要是控制输入的偏差，提高控制精度和准确度，来实现减少此风险发生的概率。

③ 增加可检测性　增加发现此风险的成功率和准确性，并及时告知操作者，以便及时控制风险危害的蔓延。

有些时候，由于工艺条件和科技水平的限制，同时完成 3 个方面的控制不一定都能实现，不过尽可能地识别风险和造成风险的原因，更有利于我们对风险的控制。

以上介绍了单抗产品原液生产工艺风险评估，而制剂部分工艺风险评估请参见 6.3.3 节。

6.4.5　单克隆抗体药物的生产原液工艺验证部分要点

根据单抗各工艺参数对产品质量的影响情况进行风险评估，确定工艺参数的风险级别及关键工艺参数，并对关键工艺参数进行验证。工艺验证将至少成功连续生产 3 批产品，以证明工艺过程的可靠性和重现性。验证批次的数量应能够保证统计学置信区间的需求，在验证过程中应尽可能多点高频率取样，以获得足够多的信息支持验证结论。具体的验证过程如下。

(1) 细胞复苏过程

细胞复苏过程主要控制培养温度、培养基 pH、摇瓶转速、培养时间等参数。主要的质量属性是细胞生长状态，另外需要控制的是外源微生物的污染。

(2) 生物反应器扩增

前面介绍生物反应器的控制逻辑符合 PAT 要求，因此，设定点的控制一般考虑温度、反应器转速、pH、CO_2 压力、O_2 压力、N_2 压力等参数。主要的质量属性是细胞生产状态和扩增速度、细胞密度、细胞活性等，同时需要注意外源微生物污染。

(3) 澄清过滤

过滤过程的压力、流速等会决定工艺持续过程，有些产品需要考虑过滤过程的环境温度对目标蛋白质的影响，所以温度也有可能需要控制。主要的质量属性为澄清过滤后的澄清液中无细胞或细胞碎片。

(4) 粗纯

粗纯工艺的目的是去除宿主蛋白质等杂质，通常采用层析的方法。本过程需要注意的是层析缓冲液的浓度、pH、流速、纯化过程环境温度、保留时间、紫外检测的峰型、收峰时间等参数，主要的质量属性是杂蛋白质去除的效果和目的蛋白质的浓度和产量等。

(5) 去病毒

去病毒的工艺验证应在工艺验证工作之前进行，可以在此步骤进行病毒检测。

(6) 精制

精制的目的是进一步提高目的蛋白质的纯度，通常采用层析方法，如分子筛等。所以输入的条件与粗纯是一致的，不过质量属性中，应确定目的蛋白质的纯度和杂质的含量，如使用 ELISA 或 SDA-PAGE 或 HPLC 等方法进行检测。

(7) 除菌过滤

除菌过滤过程的前提是过滤器完整性检测合格，过程中需要控制过滤压力、流量等，质量属性即无菌检查结果。因为这步操作结束后即为原液，因此会在此步结束后按照原液质量标准进行全检。

单克隆抗体生产工艺验证实施执行时，要按照已批准的生产工艺验证方案进行单克隆抗体生产工艺的验证。工艺验证的批次至少保证 3 批。此外，还应注意：

① 操作人员按单克隆抗体药物的生产工艺规程进行操作，生产工艺规程要对所要求的工作进行充分描述；

② 在工艺验证过程中对所列出的关键工艺参数进行检查确认；

③ 根据工艺过程及产品质量标准确定的取样计划，合理安排人员进行生产产品的取样，可以根据统计分析样本量需求安排取样计划；

④ 生产工艺结束后，应按文件规定对产品进行成品检验，检验结果应符合成品质量标准，将统计结果记入测试数据表中；

⑤ 据验证检验结果，对工艺验证结果的各步骤进行总结。

本节主要介绍了单克隆抗体药物原液生产工艺验证实施的内容，在验证实施中要严格按照已批准的生产工艺验证方案执行，按照生产工艺规程和 SOP 进行操作，合理安排取样计划及样品检查的工作，检测的结果应符合相关的质量标准。

6.5 中药工艺验证

中药是以中医理论为基础，有独特理论体系和应用形式的天然药物。传统剂型多以丸、散、膏、丹、酒、茶、锭为主，随着现代科学技术的发展，中药剂型的研究不断取得进展，行业对传统剂型进行改良和提升，出现了浓缩丸、胶囊剂、微丸、口服液等改良剂型。另外，除了改良剂型，现代剂型在中药领域也陆续应用，如片剂、颗粒剂、滴丸、注射剂等。不久的将来，靶向技术、超临界萃取、冷冻干燥等技术的应用也将大大推进中药现代制剂的发展进程。

以现代剂型为例，中药片剂以口服普通片为主，也有含片、舌下片、口腔贴片、咀嚼片、分散片、泡腾片、速释、缓释或控释片与肠溶片等；颗粒剂一般分为可溶性颗粒剂、混悬型颗粒剂和泡腾性颗粒剂；胶囊剂分硬胶囊剂、软胶囊剂（胶丸）、肠溶胶囊剂和速释、缓释与控释胶囊剂。

现代中药的生产通常包括三个基本环节：中药材前处理，有效成分提取、精制及浓缩，中药制剂生产。中药生产由于剂型和产品要求不同，其生产工艺多种多样；通常情况下，均需要经过中药材的预处理和有效成分提取、精制及浓缩生产环节，而涉及中药材净制、切制、炮炙、提取、精制、浓缩等工序是中药生产的特有环节。

6.5.1 中药生产工艺流程概述

中药制剂生产工艺多样，但前期中药材预处理、有效成分提取、精制及浓缩生产环节基本类似，本节以中药片剂生产为例对中药生产工艺进行概述。

图 6-5-1 为中药生产工艺流程。

6.5.1.1 中药材前处理

中药制剂的生产原料来源十分广泛，包括植物、动物、矿物、微生物及发酵物等。药用部位亦不同，如植物入药部位分为根、茎、叶、花、种子、果实、全草等。这些药用部位在使用前需经多道前处理程序，如净制、切制、炮炙、粉碎等。中药材净制、切制、炮炙、干

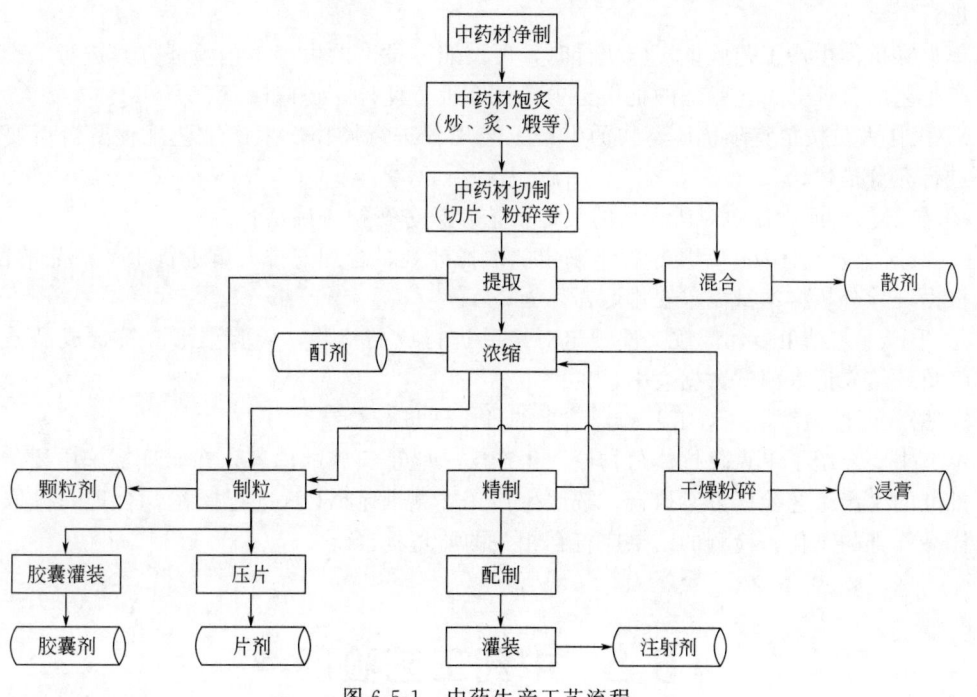

图 6-5-1　中药生产工艺流程

燥、粉碎等前处理工序可统称为炮制，中药材经过炮制后称为饮片。

（1）净制

净制的目的是择取药材的药用部分，除去非药用部分及杂质，使药材达到一定纯度、标准，同时便于切制、炮制和制剂。不同的药材采用的净制方法不同，可采用挑选、风选、水选、剪、切等方法。

（2）切制

切制是将净制药材切成适用于生产的片、段、块等，需综合考虑药材质地、炮炙加工方法、提取工艺等。它的目的是利于炮炙、制剂、提高提取质量等。

（3）炮炙

中药材炮炙指将净制、切制后的药材进行火制、水制或水火共制等对药材进行处理的方法。目的是使药性、功效、作用趋向、归经和理化性质方面发生某些变化，起到解毒抑制偏性、增强疗效、矫味和提高有效成分溶出的作用。

（4）中药材粉碎

某些质地坚硬、不易切制的药材，可能采用粉碎后提取的方式，还有一些贵细药材常粉碎成药粉后直接入药，不经提取过程。粉碎是考虑制剂的需要、药材性质，注意粉碎粒度、出粉率、粉碎温度、方法等，保证适用于后续工艺的需要。

粉碎的方法有多种，大体可分为干法粉碎、湿法粉碎、低温粉碎和微粉粉碎等。

上述中药材前处理的过程直接影响药材的质量，从而影响到制剂的安全性和有效性。中国第一部药书《神农本草经》序里写道："药有毒无毒，阴干暴干，采造时月、生熟、土地所出真伪陈新，并各有法。若有毒宜制，可用相畏相杀，不尔合用也。"炮制对药性的影响体现在以下 4 个方面。

① 炮制对四气五味的影响　炮制对性味的影响大致有三种情况：一是通过炮制纠正药物过偏之性；二是通过炮制，使药物的性味增强；三是通过炮制，改变药物性味，扩大药物

的用途。

② 炮制对升降沉浮的影响　中国名医李时珍说："升者引以咸寒，则沉而直达下焦，沉者引以姜酒，则学而上至巅顶。"大凡生升熟降，故药物经炮制后，可以改变作用的趋向。

③ 炮制对归经的影响　药物的炮制很多是以归经理论作指导的。如酒制升提，姜制温散，盐制走肾而软坚，醋制注肝而收敛等。

④ 炮制对药物毒性的影响　药物通过炮制，可以达到去毒的目的。去毒常用的炮制方法有净制、水泡漂、水飞、加热、加辅料处理、去油制霜等。

6.5.1.2　有效成分提取、精制及浓缩

（1）提取

提取指使用一定的溶剂，采用一定的方法，将药材中的可溶性物质转移至溶剂中的过程，即溶剂进入药材的细胞组织中溶解其有效成分后变成浸出液的全部过程，也称浸提或萃取。它实质上就是溶质由药材固相转移到液相中的传质过程，以扩散原理为基础。提取分为浸提法、渗漉法、煎煮法、回流提取法、连续提取法、超声波提取法、微波提取法和超临界流体萃取法等。提取采用的溶剂可以是水或者其他有机溶剂。

（2）精制

某些情况下由于提取液中的无效成分较多，直接浓缩可能造成出膏率过高，可在浓缩前进行适当的精制。精制的目的是为了达到较纯有效成分、较少杂质、较小体积的目的。对中药片剂生产工艺来讲，可采用沉降、离心、滤过的分离方法，并采用水提醇沉法、醇提水沉法、酸碱法、盐析法等精制方法。

（3）浓缩

浓缩是采用适宜的方法，除去提取液中部分溶剂，获得浓度较高的浓缩液或浸膏的操作，一般通过蒸发实现，也可通过反渗透法、超滤法使药液浓缩。生产中多采用沸腾蒸发的方法进行药液的浓缩。

6.5.1.3　中药材灭菌

在中药片剂的生产中，可能有部分中药是粉碎后直接入药，这里涉及中药粉碎问题和灭菌问题；中国GMP（2010年修订）实施后，更重视药品的质量，包括无菌、制药过程的污染等问题。现行的灭菌方法，主要有以下几种。

（1）干热灭菌法

本法缺点是穿透力弱，温度不易均匀，而且由于灭菌温度过高，不适用橡胶、塑料及大部分药品。

（2）湿热灭菌法

由于蒸汽比热大，穿透力强，容易使蛋白变性，同时还具有作用可靠，操作简便等优点，所以是制剂生产中应用最广泛的一种灭菌方法。但是，该方法仍然面临时间较长，对热敏性成分影响较大的问题。

（3）辐射灭菌法

现已被用于部分中药材的灭菌，但是辐射灭菌设备费用高，某些药品经辐射灭菌后，有可能效力降低，产生毒性物质或发热性物质，且溶液不如固体稳定，同时要注意安全防护和辐射残留等问题。

（4）微波灭菌法

微波灭菌法是采用微波照射产生的热能杀灭微生物和芽孢的方法。该法适合液体和固体

物料的灭菌，且对固体物料具有干燥作用，主要存在灭菌均匀性差的问题，微波灭菌设备研究还存在不足。

针对固体物料，如中药材的灭菌，寻找一种安全、经济又高效的设备是行业面临的共性问题。

现有的方法和设备主要存在如灭菌时间过长、温度过高、能耗过大，设备复杂，成本较高等问题，且对中药化学成分的影响存在不确定性。特别是对含热敏性成分的中药材或制剂具有明显缺陷，不能保证药材或制剂的质量。可以通过改现有装备或是研发新的设备以达到经济、高效、安全的目的，同时又低能环保，相信将对制药行业产生重要积极影响。

6.5.1.4　中药制剂生产

后续中药片剂的制备工艺基本和口服固体制剂工艺类似，本节不再赘述。

6.5.2　中药生产工艺设计

6.5.2.1　前处理工艺

由于中药原材料的特殊性，保证中药材质量的稳定性是十分必要的，需建立符合良好终止管理规范的种植基地，规范炮制方法。中药材和中药饮片的储存、运输应符合中国 GMP（2010 年修订）附录 5 第 17 条至 23 条以及第 28 条的要求和其他特殊要求。

中国 GMP（2010 年修订）附录 5 规定：

第十一条　中药提取、浓缩、收膏工序宜采用密闭系统进行操作，并在线进行清洁，以防止污染和交叉污染。采用密闭系统生产的，其操作环境可在非洁净区；采用敞口方式生产的，其操作环境应当与其制剂配制操作区的洁净度级别相适应。

第二十九条　在生产过程中应当采取以下措施防止微生物污染：

（一）处理后的中药材不得直接接触地面，不得露天干燥；

（二）应当使用流动的工艺用水洗涤拣选后的中药材，用过的水不得用于洗涤其他药材，不同的中药材不得同时在同一容器中洗涤。

第三十条　毒性中药材和中药饮片的操作应当有防止污染和交叉污染的措施。

第三十一条　中药材洗涤、浸润、提取用水的质量标准不得低于饮用水标准，无菌制剂的提取用水应当采用纯化水。

6.5.2.2　提取、精制、浓缩工艺

中药提取物是多数中药制剂的起始原料，提取工艺对于中药制剂是至关重要的。中药提取主要受溶剂、温度、时间、pH 等因素影响。提取工序多、周期长，且大部分为多味药材混合提取物，提取过程各组分相互反应，提取工艺的影响因素很多，如药材粉碎度、多糖和蛋白质，这些都为微生物繁殖提供了有利条件。所以，在提取过程中应采取措施控制微生物水平。提取后的固液分离方法有自然沉降、过滤、离心等。之后，对分离产物进行浓缩，有真空浓缩、膜蒸发等方法。浓缩液的干燥常用常压干燥、减压干燥、喷雾干燥等方法。因中药提取物成分复杂、有效组分不明确，现阶段质量监控手段十分匮乏。检测项仅有相对密度、溶解性、定性指标、定量指标、总固体含量以及微生物限度等。

提取浓缩设备应尽可能选择带有自控系统的，使用管道连接，材质和内表面光洁度符合工艺要求、易于清洁。提取工艺应关注药材投料量、药材粉碎度、药材湿润度、提取溶剂（浓度、pH 等）、提取溶剂量、提取温度、提取罐内压力、提取次数等参数。

常见的精制工艺有：萃取（水提醇沉法和醇提水沉法、超临界萃取法）、膜分离法、柱

分离法等。水提醇沉法和醇提水沉法分离效果较差，超临界萃取法（常用 CO_2）一般用于热敏物质、挥发性物质的提取分离。膜分离是利用两侧的压力差、浓度差、电位差使药液各组分有选择地分离。柱分离法一般使用大孔吸附树脂，吸附药液中各组分，然后使用合适的溶液洗脱，收集相应阶段的洗脱液，达到分离的目的。

图 6-5-2 为中药提取、精制、浓缩工艺流程图。

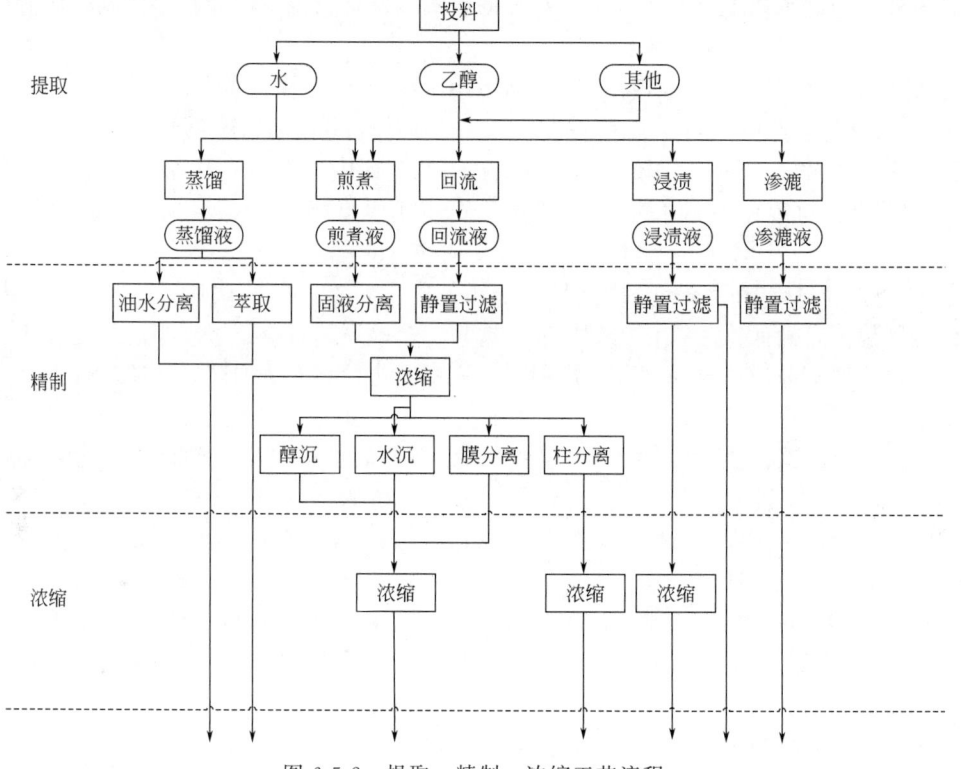

图 6-5-2　提取、精制、浓缩工艺流程

6.5.2.3　制粒工艺

制粒工艺是压片、颗粒剂灌装、胶囊灌装等工序的前道工序，颗粒的质量（有效成分均匀度、粒度等）对后续工序影响较大。常见中药制粒方法有：湿法制粒、干法制粒、喷雾制粒、流化床制粒等。

（1）湿法制粒

部分或全部药材进行提取、精制，另一部分进行粉碎；提取浓缩产物和药材粉末以及辅料混合制成软材进行制粒。若混合后黏度不足，添加黏合剂或湿润剂；若混合后黏度过大可以考虑烘干后再制粒，亦可使用浸膏粉进行制粒。

（2）干法制粒

将干浸膏粉进行干挤制粒，或干浸膏直接粉碎制粒。

（3）喷雾制粒

采用流化技术将药物提取液通过雾化器喷雾于干燥室内的热空气中，使水分快速蒸发而制成球状细颗粒，可以直接压片或滚转制粒。

（4）流化床制粒

利用热空气使底部物料"沸腾"，将提取液、黏合剂从顶部均匀喷入使之与底部物料黏结成颗粒。因混合、制粒、干燥在一个设备中完成，亦称"一步制粒法"。

制粒后工序与化学药品的生产工序基本一致。

6.5.3　中药工艺风险评估

在中药生产中，中药材是中药饮片和制剂生产的物质基础，是实施中药验证的关键影响因素。另外，炮制工艺本身对中药工艺验证的影响也不容忽视，因此，工艺风险评估和验证前，应尽可能了解以下影响因素：

① 中药材来源广泛，前处理工序存在很大不同，验证内容差异大；

② 中药材药用部位不同，加工、炮制工艺有很大不同，验证内容差异大；

③ 不同产地的中药材存在较大差异，中药工艺验证应首先确定中药材产地；

④ 中药种植过程中引入的重金属超标及农药残留物超标现象，应在验证过程中加以关注；

⑤ 中药材经过炮制后入药是中药饮片加工的一大特点，中药饮片工艺验证过程中应严格执行炮制规范，确保饮片符合质量标准是饮片工艺验证的重点；根据当前行业现状，炮制工艺自动化程度不高，并且受到药材炮制前后质量变化检测方法的限制，缺乏这方面的数据积累，企业应根据自身情况，积累经验和数据，提高炮制工艺的可控性和重现性；

⑥ 由于中药提取、精制、浓缩工艺有别于化学药品生产，质量控制点和化学药品制剂差异较大，应重点关注；

⑦ 中药制剂过程中，物料的黏性、油性和吸湿性给制剂工艺带来了很大的困难，应在工艺验证的时候重点关注。

在中药工艺风险评估中，常用的工具有失效模式和影响分析（FMEA）和危害分析和关键控制点（HACCP）两个风险管理工具。流程均是先识别工艺中潜在的有危害的风险，并对其进行分级评估，制定与风险等级相适应的控制策略和/或措施以降低风险的可能性、危害性，提高风险的可检测性，从而降低风险优先性。

FMEA 提供了一个评价过程潜在故障模式以及在输出和/或产品性能上的可能效应。采用降低风险的方法可以用于消除、包容、降低或控制潜在故障。FMEA 依赖于对产品与过程的了解。FMEA 系统地将复杂过程分析方法分解为易操作的几个步骤。其对于汇总故障重要模式、引起这些故障的因素以及这些故障的可能的效应，是一个强有力的工具。

表 6-5-1 为中药粉碎工艺（粉碎机以柴田式粉碎机为例）的风险识别举例，其中 S 代表严重性，P 代表可能性，D 代表可检测性，RPN 代表风险优先性，H/M/L 代表风险的高/中/低等级。

表 6-5-1　粉碎工艺风险评估矩阵

质量属性	失效事件	最差影响情况	严重性 S	可能性 P	可检测性 D	风险优先性 RPN	控制措施
将药材粉碎为粉末	选错筛网	产品细度不合格	H	L	M	M	检查筛网规格并记录
	筛网破漏	产品细度不合格	H	L	L	H	粉碎操作前后检查筛网，在粉碎过程中多次对产品进行取样检查细度
	设备未清洁干净	产品被污染	H	M	M	H	进行清洁验证，细化清洁 SOP
	环境中残留上次粉尘	产品被污染	H	M	M	H	增加除尘装置，对环境进行清洁

质量属性	失效事件	最差影响情况	严重性 S	可能性 P	可检测性 D	风险优先性 RPN	控制措施
将药材粉碎为粉末	环境湿度过高	产品水分超标	M	M	M	M	增加温湿度控制装置，监测温湿度并记录
	粉碎时药粉温度过高	产品质量成分变化	H	M	M	H	对粉碎机进行验证，确定粉碎时药粉温度

6.5.4 中药工艺验证要点

6.5.4.1 中药前处理工艺验证

中药饮片补充规定："生产过程中关键工序应进行设备验证和工艺验证"。中药饮片生产过程的关键工序，如净制、切制、炮炙等应进行设备验证和工艺验证。中药饮片生产通常以阶段性生产为一批，通常按照工序进行验证，中药工艺验证可与设备性能确认合并进行，需要重点考虑：工艺参数的可控性与重现性；收率与物料消耗的稳定性；中间产品或成品质量的符合性。

前处理工序主要进行中药材的炮制和粉碎处理。药典中规定的中药材炮制分为净制、切制和炮炙（炮炙分炒、烫、煅、蒸等十七种方法）；经净制后的药材称"净药材"，净药材应使用洁净容器或包装，检验合格后入净料库；凡供切制、炮炙或调配制剂的均应使用净药材。

（1）中药炮制工艺验证

中药工艺验证炮制工序的操作参数和质量属性见表6-5-2。

表 6-5-2 中药前处理工序工艺验证参数和质量属性

工序	操作	参数	质量属性
拣选/筛选	风选、筛选、挑选、剪、刮削、剔除、擦	风量、筛网号、速度	非药用部分,异物,杂质等<2%～3%;特殊要求药材<10%
洗润	洗:喷淋、掏洗、漂洗、刷洗、泡洗润:常压、加压、减压	压力、水量、次数、药材量、温度、时间	药透水尽,无伤水、腐败、霉变异味等;一般未润透或水分过大应<5%
切制	剁刀式、转盘式及新型切药机切制	刀距、速度	符合规格要求,异形片应<10%
干燥	热风循环烘箱、履带式烘干机干燥	装量、时间、速度、温度	水分一般控制在7%～13%
炮炙	蒸、炒、炙、煅、烫、炖、煮、煨、燀、复制、制霜、水飞等	辅料名称、浓度、用量、方法、拌闷时间等;炮炙温度、时间、次数等	火制:药屑,杂质<1%～3%,糊片<2%,水分<13%;水制:未煮(蒸)透<2%～3%;煅制:未煅透及灰化<3%;发芽:发芽率>85%,芽超长<20%

中药前处理工序验证特点有：
① 批的概念尚未产生，以阶段生产产品为一批，以工序进行验证；
② 润药工序中润药前应按药材的大小、粗细、软硬程度等分别处理；
③ 因炮炙工序差异较大，工艺验证参数和考察质量属性有其特点。
（2）中药粉碎工艺验证
中药产品粉碎方式通常包括混合粉碎、套混粉碎和单独粉碎。

混合粉碎适用于黏性药材、动物类、含脂肪油较多的药材与粉性药材混匀后粉碎，以保障粉碎效果。套混粉碎适用于细小质硬药材，先单独粉碎，然后再与其他药材共粉。单独粉碎适用于贵细药材、矿物类药材和特殊理化性质的药材。

中药工艺验证粉碎工序的操作参数和质量属性见表 6-5-3。

表 6-5-3　中药粉碎工序工艺验证参数和质量属性

工序	参数	质量属性
粉碎	药材的粒度和均匀度； 填料的速度； 药筛目数； 混合的装量、转速、时间； 最差条件试验：最难粉碎的中药材、进料速度较快等	组分配比——粗粒或料头的影响；贵、细、毒药的配比； 均匀度——粉碎前药材的混合；粉碎后药粉的混合；贵、细、毒药等量递增稀释法混合； 细度——一般细粉，100 目 95%；80 目全部；极细粉，200 目 95%；150 目全部； 其他——水分、微生物、含量、收率等

中药粉碎工序验证特点有：

① 适用于毒性药材的专用粉碎设备和生产线，必须进行设备确认，确认其防止污染措施的有效性；

② 粉碎是易产尘工序，如适用于毒性药材生产，应有专属的清洗规程，进行清洁验证；

③ 毒性药材依据生产品种配置相应的专用生产场地、设备或生产线，与非毒性药材生产设施分别独立设置，严格分开；有独立的捕吸尘装置，排风系统排出的气体应经过滤、集尘，不直接排向大气，应进行设备设施系统性能确认。

6.5.4.2　中药提取、精制及浓缩工艺验证

中药提取工序工艺特点有：

① 中药饮片来源广，成分复杂，质量易变；

② 药材炮制工艺大部分未经验证，中药饮片质量不稳定；

③ 提取工艺未经验证，提取物质量不稳定；

④ 提取周期长，过程复杂，易受污染变质；

⑤ 提取物质量检测手段不完备，产品质量没有保证；

⑥ 影响提取质量因素众多，如药材粒度、温度、时间、浓度差、pH 等。

中药工艺验证提取、精制、浓缩工序的验证参数和质量属性见表 6-5-4。

表 6-5-4　中药提取、精制、浓缩工序工艺验证参数和质量属性

工序	参数	质量属性
提取-水煎煮	药材量； 药材粒度或厚度； 加水量； 提取温度； 罐内压力； 浸渍时间； 提取时间； 回流时间； 循环次数及时间(强制循环提取)； 提取次数	在规定时间内完成提取操作； 提取液总量应符合要求； 测定提取液总固体量应符合要求； 定性指标应符合要求； 药材提取相对完全(药渣无干心现象)； 放液流畅，无罐底堵塞现象

工序	参数	质量属性
提取-回流	药材量； 药材粒度或厚度； 加溶剂量； 溶剂浓度； 浸渍时间； 回流温度及压力； 回流时间； 回流次数	在规定时间内完成回流操作； 测定回流液总含固体量应符合要求； 定性指标应符合要求； 定量指标符合规定要求； 药材提取相对完全（回流液中某有效成分含量不再显著增加）； 放液流畅，无罐底堵塞现象
提取-渗漉	装料量（渗漉层松紧）； 药材粒度； 湿润时间； 加溶剂量； 溶剂浓度； 渗漉速度	在规定时间内完成渗漉操作； 渗漉液或流浸膏规定的定性指标符合要求； 渗漉液或流浸膏规定的定量指标符合要求； 渗漉液澄清，流浸膏稀释后无焦渣及异物
提取-浸渍	药材粉碎度； 溶剂量； 浸渍温度； 浸渍时间； 浸渍次数（如适用）； 搅拌方式（搅拌与否、搅拌时间、方式等）	在规定时间内完成浸渍操作； 浸渍液总固体量符合要求； 浸渍液符合规定的定性指标要求； 浸渍液符合规定的定量指标要求； 浸渍液澄清
精制-离心分离	离心机转速； 分离液性状（相对密度、黏度等）	分离速度符合工艺要求； 分离液澄明度符合要求； 药液损耗在允许范围
精制-醇沉/水沉	待沉淀液（浓缩液）相对密度； 加醇量（醇沉）或加水量（水沉）； 乙醇或水加入速度； 加入乙醇浓度（醇沉）； 沉降温度； 沉降时间； 搅拌速度； 终点含醇量	沉淀量无浸膏块； 沉淀易分离； 上清液量及相对密度符合规定； 终点含醇量及相对密度符合规定； 上清液各项指标（定性、定量、微生物限度、pH等）符合规定
浓缩	浓缩温度； 浓缩压力； 浓缩时间	浸膏或浓缩液收率符合规定要求； 浸膏或浓缩液相对密度符合工艺要求； 浸膏或浓缩液形状符合规定、无焦渣； 浸膏或浓缩液中规定成分符合定性要求； 浸膏或浓缩液中规定成分符合定量要求

通常，中药提取、精制及浓缩工序要达到的最终质量属性包括：无异物、焦渣；溶解性能符合规定要求；相对密度符合规定要求；定性指标符合规定要求；含量指标符合规定要求；微生物限度符合规定要求；提取、精制、浓缩后总固体量符合规定要求。

稳定出膏量是中药提取工艺验证经常出现问题的考察项目，主要问题如下。

（1）出膏量多

① 原因　扩大了设备容积，延长了温浸时间；提取工艺未经验证。

② 解决方法　修改工艺，进行工艺试验、收集数据；上报审批、进行工艺验证；控制药材质量，制定药材内控标准。

（2）出膏量不稳定

① 原因　药材质量不稳定；工艺参数不稳定。

② 解决方法　进行工艺试验、收集数据，工艺验证；控制药材质量，制定药材内控标准。

6.5.4.3　中药制剂工艺验证

中药现代剂型的工艺验证要点和化学药品类似，以工艺的可靠性和重现性为目标，即在实际生产设备和工艺条件下，证实生产工艺流程和控制参数能够确保产品质量。本节将从传统剂型中挑选几种进行举例说明，见表6-5-5和表6-5-6。

表6-5-5　蜜丸工艺验证参数和质量属性

工序	参数	质量属性	工序	参数	质量属性
粉碎	电流量； 电机升温变化； 转速	药粉温度； 每小时出粉量； 药粉粒度； 药粉水分； 药粉微生物限度	合坨	温蜜温度； 炼蜜计量参数； 药粉与蜜量兑入比例	符合计量的量程要求； 相对密度； 软材滋润,软硬适中
研配	单位研配重量； 提升重量； 旋转速度； 混合时间	装量； 混合时间； 混合均匀度	制丸	电机转速； 电热套温度； 绞龙速度	产量； 蜜丸外观； 蜜丸重量差异； 水分、微生物
炼蜜	温度； 真空度； 压力； 炼制时间	制备后炼蜜的外观、颜色和水分			

表6-5-6　水丸工艺验证参数和质量属性

工序	参数	质量属性
粉碎	电流量； 电机升温变化； 转速	药粉温度； 每小时出粉量； 药粉粒度； 药粉水分； 药粉微生物限度
混合	混合速度； 混合时间	性状； 水分； 含量； 均匀度
泛丸、筛分	锅筒转速； 锅筒倾角； 空气压力； 喷嘴直径； 液体流量； 撒粉速度； 热风温度； 筛孔直径； 筛筒转速； 进药流速	外观； 规格； 重量差异； 水分； 含量

工序	参数	质量属性
基丸干燥	温度； 真空度； 压力； 时间	外观； 水分
抛光（包衣）	锅筒转速； 锅筒倾角	外观； 性状； 重量差异； 溶散时限； 水分； 含量

中药制剂工艺验证要点包括：

① 中药传统剂型中有一些工艺自动化程度比较低，验证时要考虑人员带来的差异；

② 中药制剂批总量大，总混工艺验证确定批的概念后，后续如制丸工序可能使用多台制丸锅筒，应考虑一致性；

③ 质量标准较复杂，尤其是定量检测的特殊性，给验证工作增加了一定难度；

④ 常见共性质量问题有性状、水分、微生物限度、含量、溶散时限、重量差异等。

本章小结

本章节针对常见剂型的工艺流程、验证特点进行了介绍和探讨，对各剂型工艺验证的要求、验证要点进行了举例介绍。在实际的工艺验证中，验证的范围和深度应该通过工艺风险评估的方式确定，应该结合验证产品的具体工艺、质量标准、产品特性、设备、环境等制定相应的符合法规要求的工艺验证方案，并严格按工厂具体的质量管理体系实施。

参考文献

［1］ 中华人民共和国卫生部令 79 号. 药品生产质量管理规范（2010 年修订）.

［2］ EU GMP.

［3］ EU GMP Annex 15：Qualification and Validation，2015.

［4］ ICH Q7：Good Manufacturing Practice Guide for Active Pharmaceutical Ingredients.

［5］ ICH Q9：Quality Risk Management.

［6］ FDA Guidance for Industry：Process Validation：General Principles and Practices.

［7］ PIC/S PI 007-6：Validation of Aseptic Processes.

［8］ ISPE Baseline Volume 1：Active Pharmaceutical Ingredients.

［9］ ISPE Baseline Volume 2：Oral Solid Dosage Forms.

［10］ PDA TR42：Process Validation of Protein Manufacturing.

［11］ PDA TR60：Process Validation：A Lifecycle Approach.

［12］ GE 医疗中国 WAVE 生物反应器选择指南.

［13］ GE Healthcare AKTA process 全自动可生产系统升级.

［14］ 国家食品药品监督管理局安全监管司 国家食品药品监督管理局药品认证管理中心. 中药生产验证指南. 北京：中国医药科技出版社，2003.

［15］ 曹光明主编. 中药制药工程学. 北京：化学工业出版社，2004.

第 **7** 章

制药工艺
验证支持活动

7.1 良好工程质量管理

7.1.1 良好工程质量管理规范的概念

良好工程质量管理规范/良好工程实践（Good Engineering Practice，GEP），在医药工程行业是指一个规范化的制药工厂所期望的工程建设项目管理体系，在医药工程新建或改扩建项目的整个生命周期中，通过实施批准的工程管理方法和执行标准，提供符合成本、进度、质量、范围和规避风险的解决方案，将医药工程建设项目因前期和中期控制导致的问题和隐患在项目初期解决。

GEP 使整个医药工程项目的全生命周期的项目建议、可行性研究、设计、采购、施工、建造、安装、调试、验证等符合通用的工程规范，使项目中与 cGMP 相关的厂房设施、设备或系统等符合 cGMP 规范和医药企业内部质量管理体系的要求，同时使项目的各阶段的过程控制和交付成果满足用户需求（URS），实现进度、成本、质量、收益与风险之间的平衡，充分发挥项目投资的价值，保证企业的投资目标和战略规划的实现。简而言之，GEP管理体系就是有组织、有计划、有纪律和有目标地完成医药工程建设项目。

医药建设项目和公司运营过程中的 GEP 并不是强制的，GEP 贯穿于医药项目的生命周期，从医药或医疗产品或服务的研发阶段到患者或者终端用户的整个流程中，GEP 一直处于基础地位，只有夯实 GEP 的基础，才能保证基础之上的上层建筑的稳定和安全。图 7-1-1表明了 GEP 在医药项目生命周期中的支撑地位。

将 GEP 体系作为制药项目 GMP 体系的重要内容进行补充，是药品生产企业能够最终符合药品质量管理规范的保证。

7.1.2　GEP的基本内容

GEP项目管理从项目启动、设计、采购、施工、安装、调试及测试、验证、竣工验收、移交，直至试运行、维护管理（包括设备报废或退役），贯穿整个生命周期。GEP的基本内容包括：

① 建立或者审核优化制药工程GEP文件管理系统（包括相关GEP系统SOP文件、项目计划和项目管理手册的编制及其执行培训）；

② 参与CD和BD（或扩充设计），提出建设性意见，进行设计管理，对详细施工图设计审核；

③ 项目组织及计划；

④ 现场施工的监督管理和协调；

⑤ 项目整体质量、进度、变更控制；

⑥ 项目不合格品控制；

⑦ 项目移交管理；

⑧ 项目风险管理；

⑨ 沟通和会议管理；

⑩ 文件管理；

⑪培训管理。

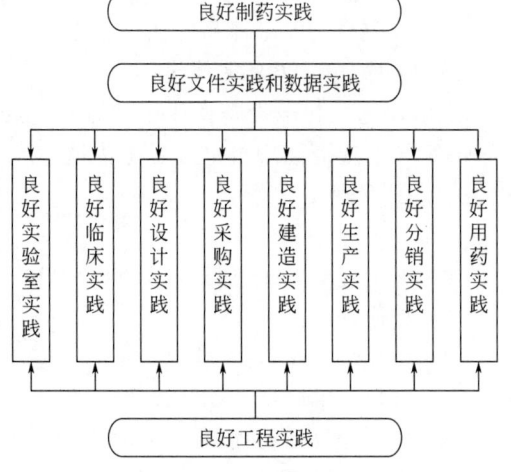

图 7-1-1　GEP在医药项目生命周期中的支撑地位

其中，施工文件管理、生产区施工现场监管等其他管理内容需要重点监管。

（1）施工文件管理需要重点监管

a.总图运输（包括厂区内外的环境和交通、厂区内的人流、物流）；

b.工艺、暖通、给排水的设计文件包（包括各生产区内的人流、物流和工艺布局等）；

c.非洁净公用工程的文件包（包括土建、电气图纸和所有签章的施工图）；

d.洁净公用工程（制备和分配系统）；

e.楼宇自控系统/环境监控系统。

（2）生产区施工现场监管

a.协调承包商之间合同界面上的相关技术问题；

b.编制工地日志；

c.审查和批准承包商提交的可交付的成果、材料样品和模型；

d.承包商进度付款的签证；

e.从技术角度签证可能的承包商索赔；

f.协调工艺设备供应商的活动，制定合理的安装时间节点，并从其他承包商协调必要的协助；

g.计划和执行最终的竣工系统巡查，识别、记录和关闭尾项清单，及协助关键施工承包商/供应商移交文件；

h.评价关键施工承包商提交的EHS计划；

i.监督制造阶段的工艺设备组装及FAT；

j. 监督安装阶段的工艺设备安装及 SAT；

k. 参与主材验收、样品确认、施工中间验收及隐蔽验收工作等监理相关工作内容；

l. 审核供应商 TOP 文件包；

m. 编制通用机电设备操作运行 SOP 模板；

n. 审核供应商通用机电设备操作运行 SOP；

o. GEP 管理文件翻译；

p. GEP 工程管理培训。

（3）施工现场 EHS 管理、采购管理和成本控制

（4）其他管理内容

a. 建立制药工程 GEP 管理系统：包括工程项目管理类 SOP、文件管理类 SOP、项目计划及其项目管理手册；

b. 项目文件管理：项目参与各方相关的文件收发和存储管理；

c. 进度跟踪和报告：审核承包商提交的进度计划和报告，并督促和审查项目相关参与方提交的计划，同时将其整合到项目总进度计划中；

d. 会议管理：组织和协调由主要项目参与方参加的关键管理会议。

7.1.3 GEP 的范围

GEP 的范围涵盖项目的工程建设、项目通用管理规范、运营过程中的操作维护直至项目对象的生命周期终结，具体范围如图 7-1-2 所示。

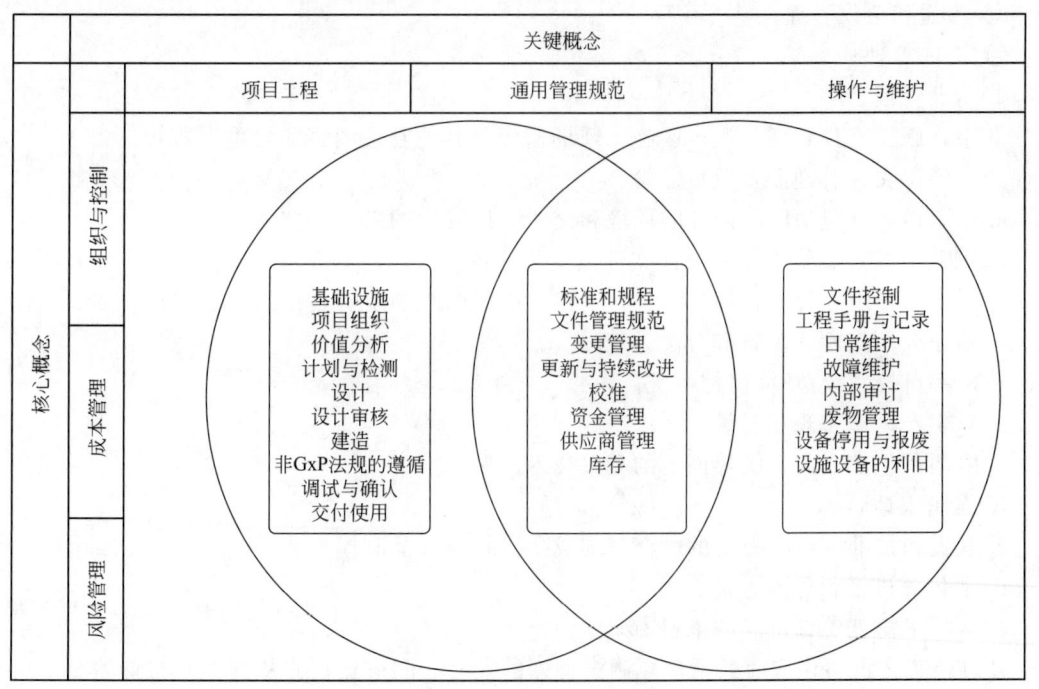

图 7-1-2 GEP 的范围图示

项目工程是指与新建或改扩建项目设备、设施或系统相关的活动，一般指与资金和其他资源分配相关的活动。

通用管理规范是指与项目管理、工程施工和系统维护相关的流程、规范与制度。

操作与维护是指为使设备和设施保持在一种良好的运行状态符合稳定保障生产要求的活动。

风险管理是指通过识别、分析、评估从而降低或者规避风险的活动，以满足质量管理政策、规程及通用管理规范在风险评估、风险控制、风险沟通及风险回顾方面的系统化应用。

成本管理是指对项目或工程的预算、计划、投资回报、投资回收政策、成本进行控制，项目或工程活动对成本的影响得到项目干系人的理解、评估和管理，以期为公司最大返回投资回报。

组织与控制是指清晰的项目或工程组织构架、合规审查、流程监控，组织构架应确保效率最大化，同时管理成本与产出的比率在项目或工程管理预算的可接受范围内。组织的控制机制应监测工作的完成质量及进展，能有效地对来自项目或工程建设运营环境的变化要求做出正向积极的响应。

7.1.4　GEP 的阶段性管理要求

7.1.4.1　用户需求定义阶段

项目前期，用户需求需要收集和定义包括：项目基本情况与目标；产品质量属性和工艺控制要求；需要遵从的行业规范和法规要求；生产操作和运营维护的需求；安全生产和环境保护的需求；验证、培训和售后需求。

用户需求定义输出和移交内容包括：最终的用户需求简介；系统的用户需求说明（URS）；项目执行计划（PEP）。

7.1.4.2　设计阶段

（1）对于通过项目建议和可行性研究阶段，项目概念需要响应用户需求简介及各系统的用户需求说明（URS）提供的多种备选概念设计（CD）。

（2）审定的概念设计需要将概念和流程进一步扩展，产生的关键扩充设计或方案设计（BD）将作为详细设计阶段的工作框架的功能输入依据。

（3）为了满足工程项目用于土建施工、机电安装和厂房装修的招标、合同签订、产品和服务采购、建造、系统设备设施的调试及确认、项目竣工验收及其运行维护保养的要求，需要进行详细设计（DD）或深化设计。

（4）项目管理团队依据项目整体和分部要求、计划、合同及其国内外行业法规、规范、标准和指南对详细设计或者施工图设计方案进行合规性审查的设计审核或 cGMP 审核，设计审核能保证设计方案以最佳的成本投资达到预期的质量目标。

（5）根据项目类型、范围和风险管理原则，选用具有丰富专业经验技术和管理人员按照项目管理流程对项目设计质量进行审查，对设计进行全方位的论证，保证项目需求。

（6）设计过程中为保证项目过程中里程碑的按期实现，进行设计进度的控制和管理，按照进度计划要求管理和协调不同专业的设计进度保证工程整体进度及交付工期。

7.1.4.3　采购阶段

（1）项目管理团队为将要购置的厂房、系统、设备设施和服务选择的厂房设施承建商、机电设备安装承包商、项目管理服务提供方、调试与验证服务提供商编写采购计划及采购说明文件。

（2）按照批准的流程进行合规的供应商的资质、人员、历史项目业绩、仪器设备、审计和招评标管理；对于选定的供应商在授予合同时在合同中尽可能详细地明确合同的交付物的进度计划、质量目标和要求、可能出现的进度和质量风险解决和规避方法。

7.1.4.4 施工建造阶段

（1）按照已经建立的医药工程项目管理流程和制度，审核项目的施工方案和施工过程质量管理策略。

（2）现场施工之前项目管理团队应编制详细的施工执行计划和方案，以项目的施工执行计划和方案为依据，结合项目的实际状况对整个施工阶段的质量进行控制，对进度进行管理、组织及协调。

（3）对项目承建和服务提供商的过程质量进行控制，审核承包商的质控程序文件、计划、方案、记录和报告以满足确认和验收要求。

（4）项目施工之前项目管理团队应编制详细的 EHS 计划和方案，对于项目施工参与的人员进行 EHS 培训，对作业前的作业对象和现场进行危害风险分析评估，检查危险源隔离和风险防范措施，施工过程中对 EHS 的执行状态进行检查。

（5）施工建造阶段进行风险预判和评估，将人力资源健康和配置、施工材料和仪器设备供给和质量、水电气保障、天气环境、施工流程统筹和协调、交通运输等因素综合考虑，识别和评估影响项目进度和质量的风险因素，在成本投资可控的范围内通过调整和优化施工方法、增配人力物力资源、加强关键质量控制点的巡查和监督保证项目的关键路径上的活动有序保质保量进行，从而积极地规避影响项目进度和质量的事件发生。

7.1.4.5 调试和确认阶段

（1）了解和认识项目各要素，分析项目特点和需求，结合项目管理要求制定项目验证主计划和编排项目进度计划，明确各个阶段的里程碑和交付成果。

（2）分析项目调试和验证阶段的风险因素，针对可预测的风险制定应对方案，保证项目的进度和质量风险可控。

（3）项目管理团队制定详细的项目调试计划和确认总计划，将调试和确认的计划作为工程进度计划的组成部分，并符合 cGMP 的验证要求。

（4）针对不同的工作任务制定作业流程，规范服务作业过程，为作业的过程质量保证奠定管理基础，使项目活动中的每一个角色的活动流程条理和逻辑明确，保证项目的管理质量。

（5）面向整个调试与确认团队制定项目整体组织架构，编制职责角色矩阵，明确调试与确认活动各个阶段不同参与组织的职责与任务分工，防止调试与确认服务活动出现职责不清而影响交付质量和进度。

（6）建立调试与确认团队的管理和执行层级的沟通机制和模式，明确不同层级的沟通内容、频次和方式，保证项目团队整体的沟通效力。

（7）按照工程项目管理要求组建本项目验证团队，任命项目经理统一组织管理验证服务的策划和实施，配置专业人员负责验证执行。项目经理按照业主的验证主计划，各专业人员参与制定各设备仪器服务内容和计划。利用影响评估和风险评估确立确认与验证的范围和深度；编制/审核验证文件，按照批准的程序对执行过程、偏差调查和变更事件进行控制，保证确认和验证的组织和实施及其结果符合质量体系的要求。

（8）制定项目检查计划对项目管理内容按照已批准的 VMP、QPP、进度计划和实施计划，对项目的进度、质量、范围和风险进行阶段性检查。

（9）每次检查时针对阶段工作任务的特点制定检查方案，明确检查的范围和对象，确立检查的流程、检查员，对于阶段性工作中的关键调试与确认活动对象明确检查的内容和标准，对于检查中发现的问题进行分析和分类，加强对于调试与确认活动中不符合项目质量管理要求的计划、方案和现场执行质量的问题的整改和督察力度，保证阶段性调试与确认活动的关键交付物的质量要求。

（10）每次检查后编制检查报告，将检查结果和结论在项目管理小组中进行公布，使项目小组成员汲取经验和教训，减少类似问题发生概率。提出当前阶段和下个阶段项目团队的工作质量控制重点，逐级减少项目交付成果质量缺陷。

7.1.4.6　项目交付阶段

（1）项目管理团队在项目策划阶段制定详细的项目移交计划，项目收尾前按计划执行分部分项工程的验收及其交付。

（2）承包商和供应商协助项目管理部编写操作和维护标准操作规程及其记录（根据需要而定），并提供培训。

（3）交付阶段制定详细的项目维护保养计划，保证项目的设施、设备和系统的维护和管理在运营投用后有法可依。

7.1.5　GEP 的文件管理需求

GEP 要求设备设施系统供应商、工程项目管理承包商、项目咨询服务提供商等提供项目设计、采购、建造、调试、确认、运行及其维护保养所必需的管理流程和记录等文件，同时为设施、设备、公用工程及其他系统提供建造、调试和验收的技术性支持，亦即：

（1）GEP 的管理和执行文件需根据计划和标准制订，并得到职责分工内的人员批准授权；

（2）GEP 的管理和执行文件需经过有资格的人员的审核；

（3）GEP 管理范畴内的设备与设施系统的测试需具备书面证明；

（4）GEP 管理范畴内所有系统和设备必须具备需求定义、设计、采购建造、安装调试、验证交付的全生命周期文件，并根据管理对象的特点制定可伸缩的文件交付计划；

（5）工程项目文件的储存应有安全的规定系统和地点，同时对不同类型文档的访问权限进行控制和管理；

（6）对于工程设计和施工图纸以及技术要求说明应进行版本管理，尤其是竣工图纸及文件在竣工交付时进行全面的核查；

（7）对于因项目的需求和变更引起需要进行更新的文件重点管理，进行更新后及时分发和通知工作流程中相关人员。

对于项目管理文件系统需要规定文件的编制、审核和批准的角色分工，建立项目文件的交付时间计划，按照规定的时间进行文件的流转和归档存储。

7.2　培　　训

培训作为制药验证支持活动之一，在验证项目实施过程中是不可或缺的一部分。从项目启动阶段项目组成员入场的培训，到项目执行阶段验证/确认相关方案的培训；从质量管理体系理念到具体项目测试实施，培训贯穿于整个验证项目的生命周期。

人员是验证活动实施的主体，在全球各监管机构法规和指南中都将人员资质和培训管理置于重要的地位。人员管理和控制的主要方式是培训，通过培训可以提高人员合规意识、操作水平，从而节约成本、提高工作效率、为验证质量提供可靠的证据。

确认与验证的实施应建立详细的培训流程，用来确保验证项目的有效实施，完整的培训体系有助于在质量管理、成本管理及进度管理上综合获得最佳收益。

7.2.1　培训的目的

对于验证项目来说，培训的目的是为了规范项目管理及验证执行的全过程。通过培训，引导项目组成员尽快进入项目角色，熟悉了解工作职责和环境，通过专业性课题培训，提升项目组人员素质，熟悉项目验证实施方法和标准、熟悉设备和系统的操作维护管理知识，提高工作效率，降低差错，为最终达到项目目标提供基础和保障。

7.2.2　培训的内容分类

培训根据内容可分为理念培训和技能培训。

（1）理念培训

理念培训是使组织成员在思维方式和观念上发生转变，树立与外界环境相适应的新观念和思维方式、培养从新角度看问题的能力。理念培训是基础培训内容的一部分，包括一般性的 GMP、GEP 的要求、法律法规的信息，是作为制药项目成员应知道并理解的基础知识，适用于制药项目验证小组全体成员。包括 GMP 内容、各监管机构 GMP 对比解读等法律法规性的培训；再比如项目管理基本知识等 GEP 培训；或者是验证管理、验证主计划、系统影响性评估流程、用户需求说明、设计/安装/运行/性能确认等 C&Q（调试与确认）理念方面的培训。

（2）技能培训

技能培训是人员的能力基础，应包含对完成任务的理解（内容掌握和控制）与支持。包括技术、管理、协调和辅助等，是具体的专业操作、专业知识，适用于进行相关操作的员工的培训。包括验证/确认相关文件和标准操作程序的专业性培训，如风险评估程序、设备确认程序、工艺验证程序等。在验证中，技能培训包括项目管理、验证执行、设备使用操作等培训。

7.2.3　培训流程

最基本的培训流程从确定培训范围开始，确定培训需求（确定培训的内容范围）、制定培训计划、组织和实施培训、培训总结和反馈，根据反馈调整下一轮的培训。培训是一个不断更新的长期过程，每一次的培训都可能从上一次的培训中获取信息，从而提高培训的质量。

（1）培训需求确定

验证培训随着项目执行阶段按照需求制定，主要是针对验证培训，在验证执行之前完成。

（2）培训计划

按照培训计划实施培训的目的是保证员工（即培训对象、培训范围）持续地（培训时间节点）获得需要的培训（培训内容）。作为一个时间计划，时间节点是重要的内容。对于制药项目验证而言，项目的培训可以根据验证项目执行进度的时间节点来制定所有的培训计划，培训计划应包括以下内容：培训时间、培训内容、培训资料来源、培训讲师、培训范围等。培训计划制定后，应由项目培训管理负责人对项目培训计划进行审核，确认培训内容符合项目要求。审核后的培训计划最终由质量管理负责人批准。

（3）培训组织和实施

培训计划制定审批完成后，应根据已经批准的培训计划，结合项目情况，安排培训地点及通知相关人员。培训过程中应由培训管理人员填写项目培训记录相关内容。

培训的方式有很多种，根据培训的内容不同，采取不同的培训方式可以保证培训的效果，培训的方式包括授课指导、实操、小组讨论、自学等。

① 授课指导　授课指导指由具有相关资质、经验的专业工程师作为培训讲师采取教学的方式进行面对面的讲解。

② 实操　实操是由培训讲师讲解、演示，参与人员进行模仿，完成实际操作的培训形式。这种培训形式对于深度学习专业操作和技能有比较好的效果。

③ 小组讨论　小组讨论适用于对新法规、新动态以团队谈论形式开展学习和交流，更具有灵活性。

④ 自学　自学主要指将学习内容制作成学习资料，由项目组成员采取自主学习的方式。

（4）培训效果评估

培训效果评估方式一般包括现场提问、书面考评、实际操作考核等。通过每次培训时的提问或测验来评估参与者对培训内容的掌握情况。也可以通过培训后的实际操作来评估培训的效果，比如在培训后，让参与者进行实际操作，评估操作是否达到要求等。评估可以划分相应的级别，例如：优秀、良好、合格、不合格，也可以采用具体的分值。无论采取哪种培训形式和评估方式，都需要明确培训是否达到了预期的培训效果，是否需要进行再次培训。

（5）培训总结与反馈

对于验证项目而言，对项目组成员的培训情况进行总结，包括培训内容的完成情况及培训结果的评估情况，并评估实际执行过程的情况，以确定是否完成培训计划，培训是否达到了相应的效果。

（6）培训计划变更

如果由于不可抗拒的因素而导致的培训计划产生变更，或者培训产生偏差，培训管理人员应及时通知相关人员知悉，并在培训计划表内备注栏进行说明标注。如有必要，以变更或偏差的形式详细说明原因及解决方法，评估其对于整体项目的影响。

7.2.4　培训相关文件

培训的整个流程都需要有文件记录。与培训相关的文件，包括培训计划、培训课件和资料、培训记录、测试卷、培训总结以及培训相关的偏差和变更。

① 培训计划　培训计划是反映项目组具体安排的文件，需要经过相应的审批。

② 培训课件　培训课件和资料是培训内容的表现形式，培训内容进行变更，培训课件和资料也应同时更新，如需要应经过相应的审批。

③ 培训记录　培训记录是记录成员参与培训情况的记录（包括培训日期、培训内容、培训时间、培训人、被培训人和培训结果等）。

④ 测试卷　卷面测试是作为培训考核的一种形式，是反映员工培训效果的记录，也需要作为培训文件进行保存。

⑤ 培训总结　培训总结作为项目组成员和项目培训完成情况和培训效果的回顾，也属

于培训文件的一部分。

以上这些文件均应根据项目文件管理规定进行归档。

7.3 校准与计量

药品质量是企业的生命，计量工作则是保证产品质量的重要手段。

校准是计量确认中的一个过程，是计量确认的第一个阶段，需要将测量设备与测量标准进行技术比较，目的是确定测量仪器示值误差的大小。校准还包括出具校准证书或报告，说明校准结果，必要时粘贴校准标识。

计量验证是计量确认的第二个阶段，通常包括：使用校准结果与计量要求进行比较，判定该测量设备是否符合预期的使用要求。当校准结果表明测量仪器准确度不满足计量要求时，进行必要的调整或维修及随后的再校准；而当测量仪器准确度满足设备预期使用的计量要求时，出具计量确认报告或文件，按照要求进行适当的标识，如进行封印和/或标签。

因此，校准是计量确认的技术基础，计量验证是校准结果与计量要求比较的过程。计量要求与测量仪器的预期使用目的有关。明确的计量要求与合理的校准结果进行比较，才能完成计量确认，确定该测量仪器是否适合用于特定的应用。

7.3.1 法规要求

中国 GMP（2010 年修订）第五章"设备"对校准进行了相关要求，具体内容如下。

第九十条　应当按照操作规程和校准计划定期对生产和检验用衡器、量具、仪表、记录和控制设备以及仪器进行校准和检查，并保存相关记录。校准的量程范围应当涵盖实际生产和检验的使用范围。

第九十一条　应当确保生产和检验使用的关键衡器、量具、仪表、记录和控制设备以及仪器经过校准，所得出的数据准确、可靠。

第九十二条　应当使用计量标准器具进行校准，且所用计量标准器具应当符合国家有关规定。校准记录应当标明所用计量标准器具的名称、编号、校准有效期和计量合格证明编号，确保记录的可追溯性。

第九十三条　衡器、量具、仪表、用于记录和控制的设备以及仪器应当有明显的标识，标明其校准有效期。

第九十四条　不得使用未经校准、超过校准有效期、失准的衡器、量具、仪表以及用于记录和控制的设备、仪器。

第九十五条　在生产、包装、仓储过程中使用自动或电子设备的，应当按照操作规程定期进行校准和检查，确保其操作功能正常。校准和检查应当有相应的记录。

7.3.2 校准管理

用于生产系统、公用工程系统、生产设备、检验仪器的关键操作和控制的仪表，必须根据书面程序和一个确定的时间表进行校准。校准的一般流程见图 7-3-1。

7.3.2.1 仪表关键性评估

所有直接或间接参与生产过程的仪器必须单独识别和评估对生产过程的影响，一般情况下，对产品质量、安全/环境、商业有影响的仪表为关键仪表，只有关键仪表需要进行校准。

以下为推荐的关键性仪表分类类别。

① 生产关键仪表　失效会直接影响产品质量。

② 工艺系统关键仪表　失效会直接影响工艺或系统的性能，间接影响到产品的最终质量或安全。

③ 安全/环境关键仪表　失效会直接影响到安全和环境。

④ 非关键仪表　失效对生产、工艺系统、安全和环境没有直接影响。

7.3.2.2　校准主清单

校准管理要求应对需要校准的关键仪表建立校准主清单，校准主清单应总结设备每个仪表的属性，至少包括：

① 仪表编号；

② 仪表型号；

③ 仪表用途；

④ 安装位置；

⑤ 仪表类别；

⑥ 仪表量程；

⑦ 校准范围（如适用）；

⑧ 校准失效限；

⑨ 校准调整限（如适用）；

⑩ 校准时间间隔；

⑪ 校准原理的参考依据。

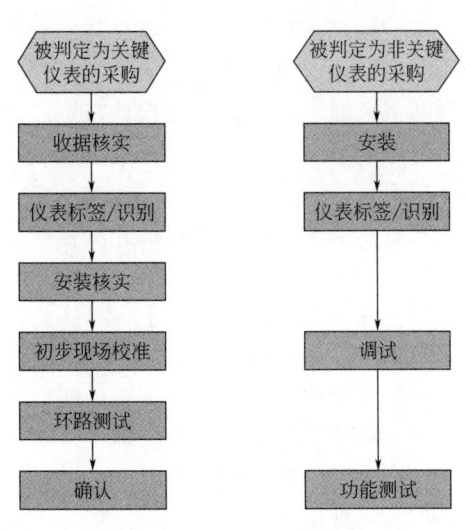

图 7-3-1　校准一般流程

校准失效限：必须在由工艺需求决定的校准程序中为每个仪表建立校准失效限。如果超限，仪表必须进行调整，以使其性能恢复至可接受标准或退役。

校准调整限：在未超出校准失效限以内，可用于建立仪表调整的标准。

根据仪表的关键性类型，没有历史数据的情况下，最初校准周期基于至少一年两次（6个月），直到有历史数据来确定可靠性。基于历史数据，可以做出降低或增加校准频率的决定。确定校准的频率标准包括：制造商的建议；有关标准/法规；仪表的用途和/或关键性；历史信息；校准失败的结果；经验。

7.3.2.3　校准范围

测量仪器仪表性能的常用指标包括：精确度、不确定度、分辨率、重现性、反应时间和稳定性等。评价仪器仪表要求的精确度时，对于 GMP 要求或生产工艺中每个关键参数，应该设定参数范围或限值，并在公司标准或工艺验证文件中被明确。

仪器的指示值将受到不确定度的影响（例如仪器的精确度），对于工艺限度内的真实条件，仪器必须提供一种措施确保极限条件下，不确定度不会超出工艺和警戒值的差异，这个差值就是仪器允许限度，确定仪器的最小精确度要求。

正常情况下，测量仪器要求校准到满量程时应该能够达到供应商所提供的精确度要求。如用来测量或控制一个更小的工艺操作范围，则应该缩小校准范围。当定义测量仪器的校准范围和偏差时，应考虑仪表设计范围、仪表校准范围、设备确认范围、工艺验证范围和工艺操作范围等。

（1）仪表设计范围

测量仪器的设计范围或最大可操作范围是制造商提供的，这个范围必须足够宽以确保仪器能可靠地、合格地在整个范围内运行。

（2）仪表校准范围

测量仪器的校准范围至少应该等于确认范围，非线性仪表经常会用到很宽的校准范围。

（3）设备确认范围

设备确认范围应包括生产操作要求范围，至少应该与其工艺要求范围相一致。

（4）工艺验证范围

工艺验证范围应该包括最佳设备性能范围，这一范围有可能通过验证过程中在较宽测试范围内进行产品工艺的挑战性试验确认，或通过不符合事件历史数据分析来确定不会产生问题的范围。

（5）工艺操作范围

工艺操作范围指的是工艺操作运行所必需的数值范围。

仪表校准范围应至少和确认范围一致，需要涵盖运行范围和报警点；对于非线性仪表或确认范围太小不足以证实仪表线性的情况，采用一个较大的范围是比较有益的。图 7-3-2 为校准范围。

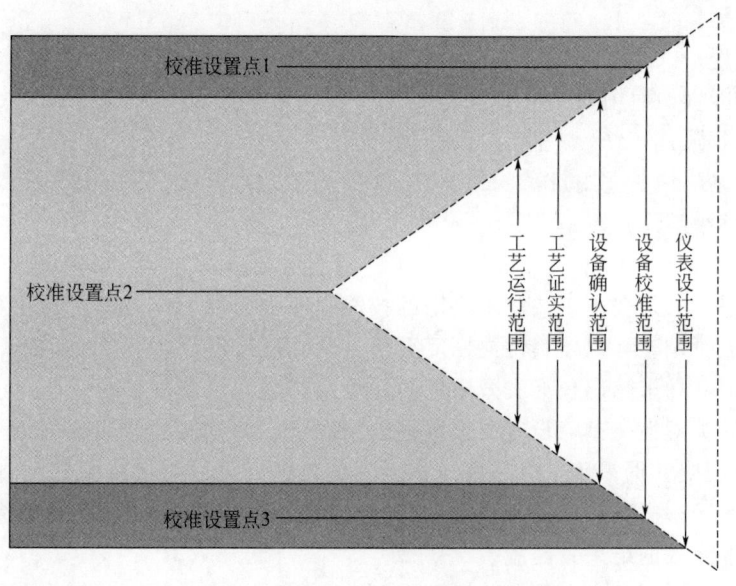

图 7-3-2　校准范围

7.3.2.4　校准方法

基于仪器系统的设计和准确度保证水平，可以使用不同的校准方法，包括：环路校准；模拟校准；台架校准。

校准程序包括：通用程序（简单仪器）；具体程序；校准设定点。

必须建立一个系统，确保校准程序中的每个仪表，可以通过测试设备追溯至主要标准（追溯链）。

7.3.2.5 校准实施

（1）时间表

根据校准主清单建立校准时间表，确保在适当的时间间隔内仪表以预期效果精确运行。如果使用电子校准管理系统，该系统必须经过验证。

（2）校准实施

应该为每个关键仪表定义校准周期。通过校准周期确定校准的开始和结束日期（校准到期日期）。

（3）校准记录

对于校准主清单中的每一个仪表均需要一个批准的校准记录。校准记录内容至少包括：

① 校准记录编号和修订日期或版本号；

② 测量仪表或系统标识号；

③ 测试设备识别码；

④ 参考校准规程；

⑤ 仪表校准器和执行日期标识；

⑥ 每个仪表的设置值，校准调整限（如适用）和校准失效限。

（4）校准有效期的延长

在满足下列条件后，在特殊情况下，校准有效期日期可以延后：

① 历史数据没有发生过超出预期结果的情况；

② 延迟校准有效期日期必须被记录以及经质量部的批准，并需要确定新的需校准日期；

③ 基于新批准的系统校准时间，需使用新的校准标签对系统进行新的校准标识。

（5）中间校准

如果发生下列情形之一，必须考虑中间校准：

① 被校准仪表的用户怀疑或发现违规行为；

② 被校准仪表被移动；

③ 被校准仪表维修之后。

（6）拆卸

对校准的仪表/系统进行退役，仪表的退役应有一个适当的变更控制程序。

7.3.3 仪器仪表校准一般要求

（1）应根据校准规程和所确定的校准计划对保证中间体或成品质量起关键作用的控制、称量、测量、监控和测试仪器仪表进行校准。

（2）对于通过控制系统进行操作的仪器，在 HMI 处进行在线校准（回路检查/校准）之前必须首先进行离线校准。

（3）应采用可以追溯到经过认证的标准（如有）来进行仪器仪表校准并对这些校准过程进行记录。

（4）应对校准人员、设备调整所需的工具和材料的移动以及进入情况进行控制和监督，以防止其对生产和处理操作过程造成任何污染。

（5）企业应按仪器仪表的可靠性和使用设备的重要程度进行分类并确定校准周期，对所用的仪器仪表按规定周期进行校准。在药品生产过程和质量检验中所用的仪器仪表，应按规定送检或自检，不合格的仪器仪表不准用于药品生产和质量检验。

（6）校准合格的仪器仪表应贴上校准合格标志。标志应包括以下内容：仪器仪表编号、校准日期、校准人员姓名、下次校准日期。

(7) 仪器仪表的周期校准是保证这些计量器具在周期检定的有效期限内处于合格状态的一项基本措施，但是这并不等于检定合格的仪器仪表在有效期限内的准确度始终保持不变，恰好相反，由于生产线上的仪器仪表使用频繁，其准确度是随着不断使用而在变化着的（大部分是在"合格"的范围内变化）。此外，生产线上所用的仪器仪表与在实验室内使用的不同，它往往只需要在某一较窄的量程范围内使用。为了提供仪器仪表的使用准确度，生产上往往对仪器仪表在所用的量程范围内进行定期的校准。在校准有效期内读数按修正值使用，以减少由于测量误差对产品质量波动的影响。

7.3.4　常见问题

以下是验证过程中仪器仪表校准常见问题汇总：
① 测量仪器精密度不符合要求；
② 需要校准的测量仪器未进行校准；
③ 新购进测量仪器无相应的校准报告或供应商提供的相关校准记录；
④ 仪器仪表超过校准日期，尚未校准仍在现场使用，未做任何处置；
⑤ 判定是否合格之后未对测量仪器仪表进行标识或标识破损、模糊，无法识别。

7.4　验证测试仪器

验证测试是验证工作的执行过程，有些系统的测试项目不需要额外的仪器进行测试，如系统的连锁检查、权限检查等，此类测试活动只需按其相应功能说明逐一检查；但更多的测试项目需要额外的测试仪器，如风量测试常用到风量罩，压差测试常用到压差计，温度测试常用到温度测试探头，测试仪器应当按规定定期检定/校准，并确保仪器在使用前检定/校准在有效期内，检定/校准范围应满足使用范围。

7.4.1　验证测试仪器概述

不同设备/仪器的验证测试活动复杂程度不同，所需要的测试仪器不同，按照使用测试仪器的类别，一般可分为空气净化系统测试仪器、洁净公用工程系统测试仪器、设备测试仪器。

7.4.1.1　空气净化系统测试仪器

广义的空气净化系统主要包括：洁净空调系统、隔离器、超净工作台、生物安全柜、层流罩、传递窗等设施设备。不同的空气净化系统测试项目有所不同，常见的重点测试项目如下。

（1）风量/换气次数

验证通常使用风量罩测量每个送风口的风量，通过计算房间总风量及房间体积，得到房间的换气次数。

（2）单向流风速测试

验证通常使用风速计进行测试，确认单向流系统在其工作区域均匀送风，且风速符合要求。风速一般要求 0.36～0.54m/s（指导值），在密闭的隔离操作器或手套箱内，可使用较低的风速。

（3）压差测试

验证通常使用压差计测量不同房间的压差，确认洁净区内不同房间或不同级别的压差，压差测试应在风量测试合格后进行。洁净区与非洁净区之间、不同级别洁净区之间的压差应当不低于10Pa。必要时，相同洁净度级别的不同功能区域（操作间）之间也应当保持适当的压差梯度。

（4）高效过滤器检漏测试

验证通常使用气溶胶发生器在高效过滤器上游产生一定浓度的气溶胶烟雾，使用光度计在高效过滤器下游进行扫描检测，确认高效过滤器本身及安装边框有无泄漏。

（5）气流烟雾流型测试

验证通常使用烟雾发生器或水雾发生器，产生一定浓度的烟或雾，通过录像拍摄确认气流流型符合设计要求，层流下的烟雾流型不能出现湍流或回流。

（6）温湿度测试

验证通常使用温湿度计进行测试，确认被测区域的温湿度维持在控制限度范围内。温湿度测试应在风量压差调整后进行。

（7）自净时间测试

验证通常使用粒子计数器进行测试，用粒子浓度变化率或100∶1的自净时间评估空间的自净能力，通常用气溶胶将空间内粒子初始浓度提高到目标洁净浓度的100倍或更高。

（8）悬浮粒子浓度测试

验证通常使用粒子计数器进行测试，应当使用采样管较短的便携式尘埃粒子计数器，避免$\geq 5.0\mu m$悬浮粒子在远程采样系统的长采样管中沉降。在单向流系统中，应当采用等动力学的取样头。测试状态分静态测试和动态测试。

（9）沉降微生物测试

通过自然沉降原理收集空气中微生物于沉降碟内，通过适宜温湿度条件培养后，统计沉降碟内的微生物数量，以此评价洁净区的洁净度。单个沉降碟的暴露时间可以少于4h，同一位置可使用多个沉降碟连续进行监测并累积计数。测试状态分静态测试和动态测试。

（10）浮游微生物测试

验证通常使用浮游菌采样仪进行测试，测试状态分静态测试和动态测试。

（11）表面微生物测试

测试方法通常采用棉签擦拭法或接触碟法，测试状态分静态测试和动态测试。

表7-4-1为空气净化系统测试常用仪器。

表7-4-1　空气净化系统测试常用仪器

仪器名称	仪器图例	生产厂家	规格型号	仪器用途
气溶胶光度计		ATI	TDA-2i	高效过滤器完整性测试：扫描检测
气溶胶发生器		ATI	TDA-5C	高效过滤器完整性测试：产生气溶胶烟雾，一般用于房间高效过滤器检漏

仪器名称	仪器图例	生产厂家	规格型号	仪器用途
气溶胶发生器		ATI	TDA-6D	高效过滤完整性检漏测试;产生气溶胶烟雾,一般用于单块高效检漏或过滤器数量较少设备的检漏发烟
风量罩		TSI	8380	风量测试
压差计		Testo	512	压差测试
温湿度计		Testo	625	温湿度测试
声级计		CASELLA	CEL-240	噪声测试
照度计		Testo	545	照度测试
转速仪		Testo	470	转速测试
尘埃粒子计数器		Micron View	A110/A120/A130	用于洁净环境中的尘埃粒子检测,自动生成标准报告,系统软件符合 21 CFR Part 11 要求
浮游菌采样器		Micron View	C110/C120	用于洁净环境中的浮游菌检测;100L/min 和 200L/min 可任意切换;远端采样功能支持隔离器内采样

7.4.1.2 洁净公用工程系统测试仪器

洁净公用工程系统一般包括纯化水系统、注射用水系统、纯蒸汽系统、洁净气体（如压缩空气或氮气）。常见的验证测试项目如下。

① 纯化水预处理系统-SDI测试　对纯化水制备系统多介质过滤器产水的污染指数进行测试。

② 纯化水预处理系统-硬度测试　对纯化水制备系统软化器产水的硬度进行测试。

③ 纯化水预处理系统-余氯含量测试　对纯化水制备系统活性炭过滤器产水的余氯含量进行测试。

④ 纯蒸汽质量测试　纯蒸汽质量包括三个指标：不凝性气体、干度、过热度。

⑤ 纯蒸汽冷凝水取样　纯蒸汽冷凝后取样，检测冷凝水的各项指标是否符合注射用水的标准。

⑥ 洁净气体的露点/含水量测试　气体的干燥状态可以控制微生物的滋生，确认露点/含水量符合要求。

⑦ 洁净气体含油量测试　油对于产品来说属于杂质，应严格控制洁净气体的含油量。

⑧ 洁净气体悬浮粒子测试　确认系统对粒子的过滤效果。确认分配系统不会对洁净气体产生污染。

⑨ 洁净气体浮游菌测试　确认除菌过滤器的效果，确认系统没有被微生物污染。

表7-4-2为洁净公用工程系统验证测试常用仪器。

表7-4-2　洁净公用工程系统验证测试常用仪器

仪器名称	仪器图例	生产厂家	规格型号	仪器用途
双模高压气体扩散器		Micron View	D310	用于压缩气体中浮游菌和尘埃粒子的检测；等压力下完成浮游菌采集；适配任意流量的尘埃粒子计数器
气体油水含量检测仪		Drager	Aerotest	用于压缩气体质量测试，如水含量、油含量等项目
露点测量仪		CS	DP500	用于压缩气体气露点测试
纯蒸汽质量检测仪		KSA	SQ1	用于纯蒸汽质量测试

仪器名称	仪器图例	生产厂家	规格型号	仪器用途
蒸汽取样冷凝器		KSA	SQ2	用于纯蒸汽冷凝水取样
氯离子、总氯检测仪		HANNA	HI96762	用于纯化水制备系统中间过程氯离子含量的测量

7.4.1.3 设备测试仪器

制药行业设备根据使用目的不同，种类繁多，按照风险评估的结果，验证测试项目有很大差别，制药设备的验证测试项目一般可分为通用类测试和专属类测试。

通用类测试主要包括设备的一些功能性测试，如 I/O 测试、报警连锁测试、断电恢复测试、权限测试。

专属类测试一般针对设备的特定功能及用途，在设备的运行确认及性能确认阶段常有此类测试。下面将以一些典型制药行业设备为例，针对重点专属测试项目进行简要介绍。

（1）冻干机

冻干机的专属测试项目包括：

① 压缩空气过滤器完整性测试；

② 板层升降温速率及极限温度测试；

③ 冷凝器的降温速率测试；

④ 抽气速率和极限真空度测试；

⑤ 真空泄漏率测试；

⑥ 最大捕水量测试；

⑦ 冻干机 CIP 测试；

⑧ 箱体及过滤器 SIP 测试；

⑨ 板层温度均一性测试。

（2）隧道烘箱/干热灭菌柜

隧道烘箱/干热灭菌柜的专属测试项目包括：

① 风速测试；

② 压差测试；

③ 高效过滤器检漏测试；

④ 悬浮粒子测试；

⑤ 空载热分布测试；

⑥ 负载热分布及热穿透测试；

⑦ 内毒素指示剂挑战测试。

（3）蒸汽灭菌柜

蒸汽灭菌柜的专属测试项目包括：

① BD 测试；

② 真空泄漏测试；

③ 压缩空气过滤器完整性测试；

④ 压缩空气过滤器 SIP 测试；

⑤ 空载热分布测试；

⑥ 负载热分布及热穿透测试；

⑦ 负载生物指示剂挑战测试。

（4）有温度/湿度要求的设施/设备（如培养箱、保温箱、库房等）

有温度/湿度要求的设施/设备（如培养箱、保温箱、库房等）的专属测试项目包括：

① 空载温度/湿度分布测试；

② 满载温度/湿度分布测试；

③ 断电保温测试；

④ 开门测试。

表 7-4-3 为国内外常用设备温度类验证测试仪器，可用于湿热灭菌柜、干热灭菌柜、冻干机、库房、温湿度箱体类设施设备的温湿度分布测试。

表 7-4-3　设备温度类验证测试仪器

仪器名称	仪器图例		品牌及规格型号	仪器特点
无线温度验证仪			美国 LogMaster： AVS LVS CVS DVS	世界上最早的无线温度验证仪制造商，用于冻干机、超低温冰箱、湿热灭菌、干热灭菌、液氮罐的温度测试
有线/无线温度验证仪			Kaye： Validator AVS/ Valprobe RT/ Kaye Labwatch	Kaye Validator AVS 有线/Kaye Valprobe RT/ 无线实时温度验证系统可用于湿热灭菌及干热灭菌温度测试
有线/无线温度验证仪			法国 TMI： VACQ-xFlat 16T/32T NanoVACQ/PicoVACQ	有线无线软件共用，有线主机小巧方便，耐高温无线记录仪 $-90 \sim 140℃$，满量程精度 $\pm0.1℃$，气密性高
有线/无线温度验证仪			INON 研工： P3 SWL/WL	有线支持热电偶/热电阻，分布式同时多验证；无线 1 节电池可做约 5000 次验证，有线和无线可混合使用

7.4.2　验证测试仪器使用案例

以下将以高效过滤器检漏测试、纯蒸汽质量测试为例，对测试活动中的仪器应用进行介绍。

7.4.2.1　高效过滤器检漏测试

此项测试目的是确认高效过滤器本身及其安装是否存在泄漏。高效过滤器检漏应对以下几处进行测试：

① 过滤器的表面；

② 过滤器的滤材与其框架内部的连接；

③ 过滤器框架的密封垫和过滤器组支撑框架之间；

④ 支撑框架和墙壁或顶棚之间。

下面以 DOP 检漏法为例介绍高效过滤器检漏测试，DOP 检漏法的工作原理：在被检测高效过滤器上风侧发生 PAO 气溶胶作为尘源，在过滤器下风侧用光度计进行扫描采样，含尘气体经过光度计产生的散射光由光电效应和线性放大转换为电量，并由微安表快速显示。采集到的空气样品通过光度计的扩散室，由于粒子扩散引起灯光强度的差异，测定这个光强度，光度计便可测得气溶胶的相对浓度。

图 7-4-1 为 PAO 检漏示意图。

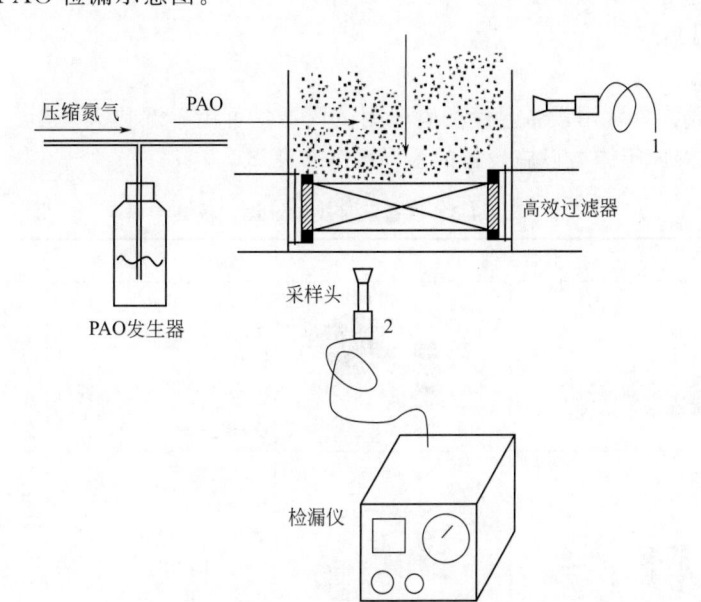

图 7-4-1　PAO 检漏示意图

1—测上游最大浓度为 100%（校正）；2—测高效过滤器下游穿透率

测试方法具体如下：

① PAO 经气溶胶发生器发散成烟雾状气溶胶，注入高效过滤器上游静压箱。（注：在过滤器上游侧 PAO 浓度一般为 $10\sim20\mu g/L$ 即可，也可为 $30\sim40\mu g/L$；PAO 浓度较高时，PAO 有可能粘在 HEPA 的滤料上，反而影响使用）

② 光度计采集上游气溶胶浓度，采样头逐行扫描过滤器下游表面，检测泄漏率。光度计在高效过滤器下游扫描方式见图 7-4-2。

7.4.2.2　纯蒸汽质量测试

纯蒸汽质量包括不凝性气体、过热度、干度值三项指标。EN285 及 HTM2010 规定：不凝性气体含量应不超过 3.5%，过热度不超过 25℃，干度值不低于 0.9（金属装载不低于 0.95）。图 7-4-3 为纯蒸汽质量测试用管路示意图。

（1）不凝性气体

不凝性气体是在灭菌过程中，在一定温度和压力范围下压缩后仍无法被液化的气体。灭菌蒸汽里少量的不冷凝气体会对灭菌器和灭菌过程造成显著影响，如 BD（Bowie-Dick）测试失败。不冷凝气体主要含空气和二氧化碳。

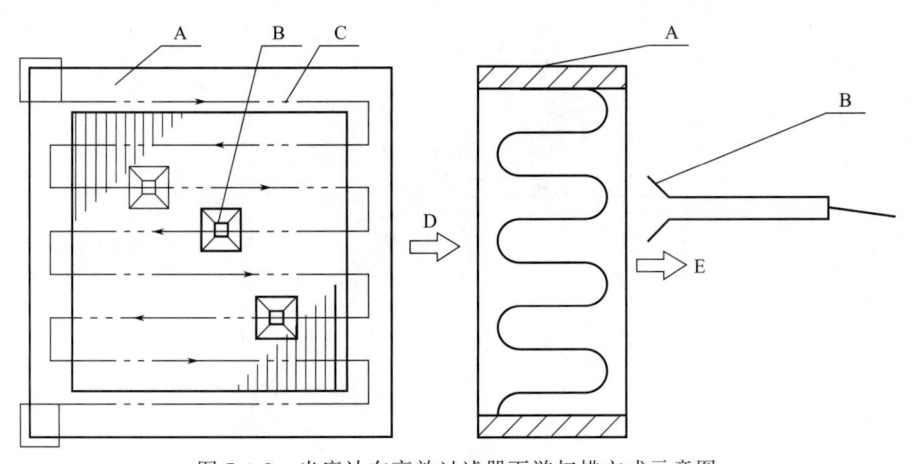

图 7-4-2　光度计在高效过滤器下游扫描方式示意图

A—过滤器；B—光度计采样口；C—扫描线路；D—空气上流侧；E—空气下流侧

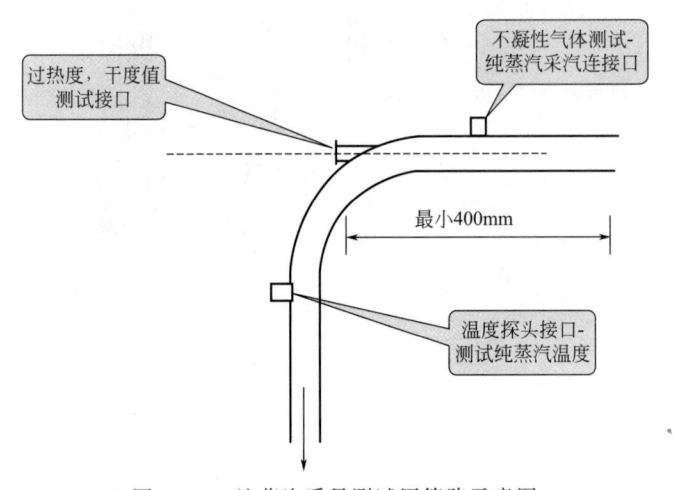

图 7-4-3　纯蒸汽质量测试用管路示意图

图 7-4-4 为不凝性气体测试示意图。

测试方法具体如下：

① 将蒸汽冷凝部件水平安装，确保蒸汽阀完全关闭且冷却水阀完全打开，连接纯蒸汽进气管与蒸汽供应管。

② 将冷凝水储存器里面装满去空气水，用外来水源装满冷凝水储存器，或让冷凝水慢慢放满。

③ 打开滴定管夹，并用洗耳球吸取冷凝物保证移液管读数为 0mL，并确保量筒为空载。

④ 打开纯蒸汽进气取样阀门，控制冷凝水流量以控制温度在 70～90℃。

⑤ 当量筒中收集到 100mL 冷凝水时，记录移液管中收集到的气体体积 V。

⑥ 不凝性气体百分数＝$(V/100\text{mL})\times100\%$。

（2）过热度

过热度是过热蒸汽和相同大气压下饱和蒸汽的温度差。过热蒸汽对微生物的灭菌率小于该温度下的预期的灭菌率。

图 7-4-5 为过热度测试示意图。

测试方法具体如下：

① 安装蒸汽供应管，使蒸汽供应管和系统管道连接。

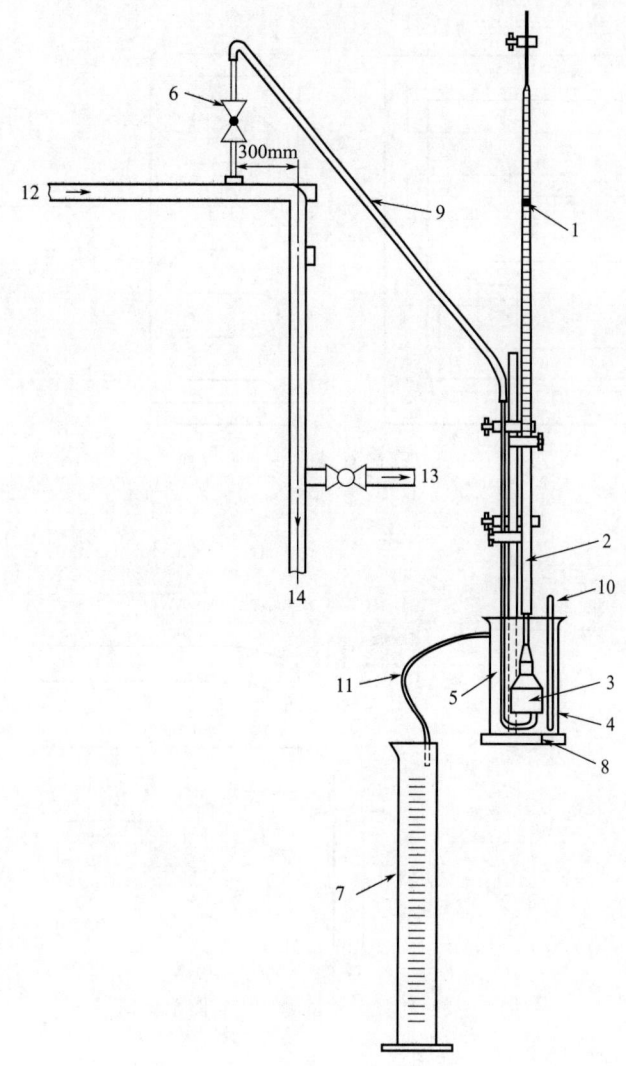

图 7-4-4　不凝性气体测试示意图

1—50mL滴定管；2,9—橡胶管；3—平行漏斗；4—2000mL烧杯；5—纯蒸汽取样管；6—针型阀；7—250mL量筒；
8—滴定管架；10—温度测量仪；11—溢流管；12—蒸汽口；13—灭菌口；14—排放口

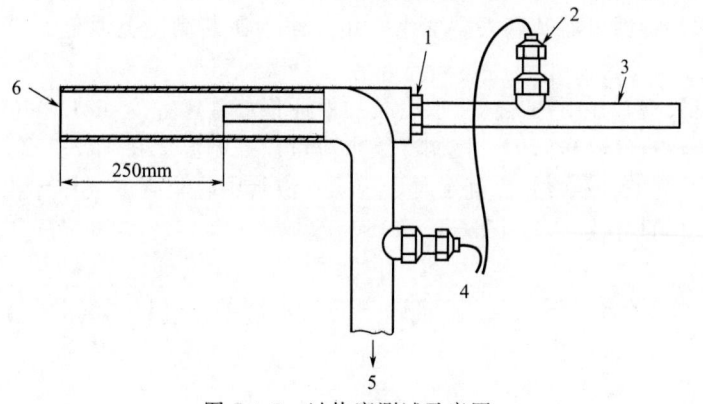

图 7-4-5　过热度测试示意图

1—皮托管；2—温度测量装置；3—膨胀管；4—连接温度测量仪；5—连接灭菌口；6—蒸汽口

② 将皮托管插入到蒸汽供应管中，将温度感应器接入到膨胀管，保证温度探头感应点在膨胀管的几何中心附近。

③ 将膨胀管连接到皮托管。记录膨胀管中，温度探头的读数（T_e）。

④ 过热度＝$T_e - T_0$。其中 T_0 为该大气压下水的沸腾温度。

（3）干度值

干度值是蒸汽中含有干蒸汽质量的百分数。干度值为 0，表示有 100％的水；干度值为 1.0，表示不含液相水的干燥蒸汽。除了使某些被灭菌品潮湿外，干度值小于 1.0 的蒸汽所含的能量会明显小于纯饱和蒸汽。

图 7-4-6 为干度值测试示意图。

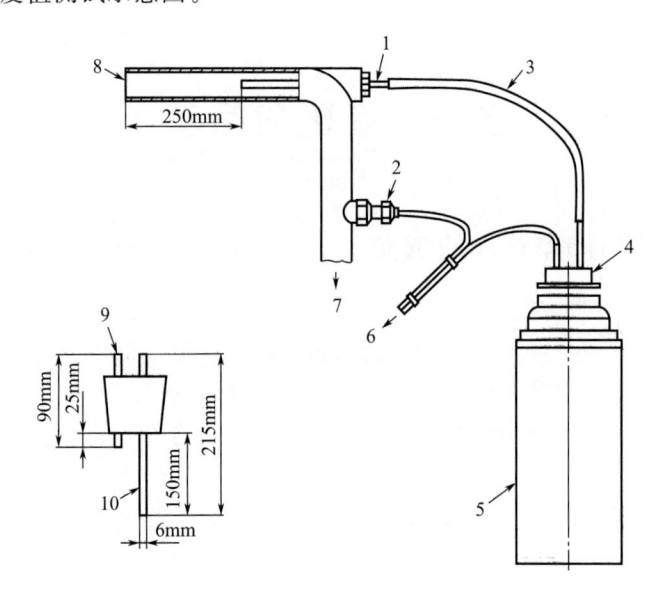

图 7-4-6　干度值测试示意图

1—皮托管；2—温度传感器进口封盖；3—橡胶管；4—橡胶塞组件；5—1L 真空瓶；
6—连接温度测量仪；7—灭菌口；8—蒸汽口；9—热管和排气管；10—取样管

测试方法具体如下：

① 连接仪器，对所有部件称重（包括管道和夹子），记录质量 M_1。

② 打开胶塞，将 650mL±50mL 水（低于 27℃）倒入到烧瓶中。装上胶塞，称重，记录质量 M_2。

③ 将烧瓶靠近皮托管，在烧瓶中较短的管子里插入第二个温度传感器。

④ 摇动烧瓶并记录烧瓶中水的温度 T_0。

⑤ 将橡胶管连接到皮托管，打开纯蒸汽阀门。

⑥ 轻微摇晃烧瓶，当烧瓶中的温度大约 80℃时，断开橡胶管与不锈钢管的连接，记录烧瓶温度 T_1。

⑦ 测试过程中，每间隔 1min 记录纯蒸汽温度（T），计算过程中温度平均值 T_s。

⑧ 称量烧瓶和瓶塞（包括管道和夹子），记录质量 M_3。

⑨ 按照式（7-1）计算干度值：

$$D = (T_1 - T_0) \times [4.18 \times (M_2 - M_1) + 0.24] \div [L \times (M_3 - M_2)] - 4.18 \times (T_s - T_1) \div L$$

$$(7-1)$$

式中，T_0 为在真空瓶里水的初始温度，℃；T_1 为水和凝结水在真空瓶中的最后温度，℃；T_s 为蒸汽送到灭菌柜的平均温度，℃；M_1 为真空瓶的质量，kg；M_2 为空真空瓶的质量 M_1 与 650mL（±50mL）水的质量之和，kg；M_3 为真空瓶及装载全部质量，kg；L 为干饱和蒸汽在温度 T_s 下的潜热，kJ/kg。

验证测试活动需由专业人员使用专业测试仪器按照特定的标准操作规程执行，测试仪器使用前应进行校准，必要时使用后也应进行校准，测试过程应保障规范性、真实性，以保证验证数据的可靠性。测试过程应及时填写验证测试记录，记录应严格按照文件管理规范的要求填写。验证测试结束应及时汇总、分析测试的结果，对产生的偏差应及时地处理。

7.5 变更和偏差

7.5.1 变更控制和偏差管理的意义

变更控制和偏差管理贯穿于药品生产的全过程，变更控制、偏差管理的有效实施在很大程度上会影响企业的发展。企业可通过变更控制和偏差管理，识别在实行 GMP 规范方面存在的不足，找出存在于产品研发、生产管理、质量管理、验证管理、人员培训等方面的差距，通过制定切实的改进措施和方案，逐步使企业的管理趋于规范化，保证企业生产产品的质量和稳步发展。

验证过程中不可避免地会出现偏离既定方案、标准的不符合事件及对已批准方案的调整变化。验证过程中的变更控制和偏差管理是必不可少的环节。通过流程控制可以确保验证方案的实施和验证数据的准确性和可追溯性。

前验证阶段应至少从安装确认（IQ）阶段开始进行正式的变更控制和偏差管理，调试过程可以不纳入变更控制和偏差管理范畴，但如果验证策略是 IQ、OQ 与 SAT 整合，那么直接影响系统的 SAT 也要纳入变更与偏差管理范畴。

确认和验证是一个持续的过程，不会随着首次确认和验证的完成而结束。在首次确认和验证后，也应通过变更控制和偏差管理支持验证状态维持。前验证阶段的变更和偏差大多对产品质量不会造成直接影响，而首次验证完成后，设备/系统和工艺投入使用，发生变更和偏差应首先评估对产品质量的影响，本章节侧重介绍前验证阶段的变更控制和偏差管理。

7.5.2 验证中的变更控制

验证过程中的变更大多由设备/系统设计变化和用途变化等事件引发。设备/系统设计变更按照企业工程变更流程要求进行管理，商业化生产期间的变更按照企业质量管理变更流程进行管理；对于已批准的验证方案，如需调整其中的关键信息，应按照企业变更控制流程进行评估，根据评估结果确定变更的风险和变更执行的具体方式和内容。

验证文件变更如 VMP、URS 的调整、测试方法变化、可接受标准调整等都应纳入变更控制。首次验证完成后，针对设备/系统和工艺等进行的验证变更应通过风险评估确定是否需要进行再验证。

7.5.2.1 变更控制的定义

变更指任何对系统、工艺、设备、物料、产品和程序的补充、删除或改变。

变更控制是由适当学科代表对可能影响厂房、系统、设备或工艺的验证状态的变更提议或实际的变更进行审核的一个正式系统。其目的是为了使系统维持在验证状态而确定需要采取的行动并对其进行记录。

变更控制是知识管理的重要组成部分，应在制药质量体系中进行管理。如果在产品生命周期中建议对起始物料、产品组分、工艺、设备、厂房、产品范围、生产或检测方法、批量、设计空间、或其他可能影响产品质量或重现性的计划内变更，应当有书面规程来描述即将采取的措施。应采用质量风险管理来评价计划内变更，以确定对产品质量、制药质量体系、文件、验证、药政状态、校准、维护及其他系统的潜在影响，从而避免非预期的结果，并为必要的工艺验证、确证或再确认做准备。

7.5.2.2 变更的分类

根据变更的性质、范围和其影响程度，变更可以有不同的分类方法，各公司可根据自身情况选择适当的分类方法。如：重大变更、主要变更、次要变更；重大变更、一般变更；关键变更、一般变更、微小变更。

7.5.2.3 变更的执行流程

针对验证过程中的变更，不同的企业有不同的管理方法，以下介绍通用的变更流程。

（1）变更申请

由变更发起人提出变更申请，申请内容至少包括：

① 变更内容的详细描述；

② 变更原因；

③ 受影响的文件和产品；

④ 变更的支持性材料；

⑤ 变更实施计划；

⑥ 变更申请人和部门负责人的批准。

（2）变更评估

变更评估必须由具有一定经验和能力的人员或专家来评估变更影响的范围，从可能影响的产品、验证状态、程序、文件、体系、供应商、培训、注册/法规各方面进行评估，确定变更的内容和措施，制定具体的实施措施和要求。

变更评估应考虑变更可能引起的风险，使用质量风险管理体系来评估变更，评估的形式和程度应与风险水平相适应。

（3）变更批准

变更应由质量部门或质量管理负责人批准变更申请。

批准变更至少要提供如下信息：

① 所有支持性材料；

② 需要的其他文件和信息；

③ 变更批准后应采取的行动（例如修改相关文件、完成培训）；

④ 行动计划和责任分工。

（4）变更实施

任何变更在批准之前不得实施，各部门应按照批准的实施计划组织实施。变更中涉及新建、修订、撤销文件或记录时，应按企业文件管理规定新建、修订或撤销。

（5）变更效果评估

变更执行后应进行效果评估，以确认变更是否达到预期目的。对于次要或微小变更评估可以作为变更执行过程的一部分。但是，对于影响范围较大的变更，评估要在得到适当数据的基础上进行。

（6）变更关闭

当变更执行完毕，相关文件已被更新，重要的行动已经完成，后续的评估已进行并得出变更的有效性结论后，变更方可关闭。

（7）变更资料归档

变更过程产生的文件、记录应由质量部门进行归档。变更资料应进行长期保存。

（8）变更控制系统的回顾

定期对变更控制系统进行有效性、可操作性和规程执行的符合性进行回顾，以持续改进变更控制系统，也可促进质量体系的持续改进。

7.5.2.4　变更和再验证

当发生可能影响产品质量的变更或出现异常情况时，应通过风险评估确定是否需进行再验证以及确定再验证的范围和程度。变更时的再验证和最初验证一样，应将影响质量的工序和设备作为验证的对象。可能需要进行再验证的变更情况包括但不局限于：

① 关键起始物料的变更（可能影响产品质量的物理性质如密度、黏度或粒度分布）；

② 关键起始物料生产商的变更；

③ 包装材料的变更（例如塑料代替玻璃）；

④ 生产批量的变更（扩大或减小生产批量）；

⑤ 技术、工艺或工艺参数的变更（例如混合时间的变化或干燥温度的变化）；

⑥ 设备的变更（例如增加了自动检查系统）；设备上相同部件的替换通常不需要进行再验证，但可能影响产品质量的情况除外；

⑦ 生产区域或公用系统的变更；

⑧ 生产工艺从一个公司、工厂或建筑转移到其他公司、工厂或建筑；

⑨ 其他异常情况。

7.5.3　验证中的偏差管理

验证过程中可能会出现的偏离既定方案和标准的不符合事件，对于此不符合事件应进行调查，经过相关的风险评估，确定产生不符合的根本原因。根据不符合原因制定针对性的处理措施，并对结论和 CAPA 进行记录和跟踪。

确认和验证过程中的偏差应在确认和验证报告中进行汇总，并对确认和验证结果进行评估。

7.5.3.1　偏差的定义

偏差是对批准的指令或规定的标准的偏离，是指非计划的、不符合已建立的 SOP、工艺规程、法律法规文件、验证体系和测试方法或其他标准的事件，该事件可能会影响生产物料/产品的纯度、强度、质量、功效或安全性，也可能会影响用于生产、贮藏、产品分发，及法律法规符合性的、已验证的设备或工艺。

7.5.3.2　偏差的分类

验证过程中的任何偏差都应评估其对确认或验证活动的潜在影响。可以考虑下列因素，并根据验证阶段、验证特点、质量体系情况建立适当的偏差分类标准，如依据：

① 偏差的性质；

② 偏差的范围大小；

③ 对验证质量潜在影响的程度；

④ 是否影响验证的最终结果判定；

⑤ 其他情况。

各公司可根据自身情况选择适当的分类方法。如：重大偏差、主要偏差、次要偏差；重大偏差、一般偏差；关键偏差、一般偏差、微小偏差。

7.5.3.3 偏差的处理流程

不同公司对于偏差的分类方法不同，但其基本流程相似，对于微小/一般/次要偏差不影响产品质量，不影响后续验证活动，通常仅需要记录即可。图 7-5-1 给出了通用的偏差处理流程。

（1）偏差发生及识别

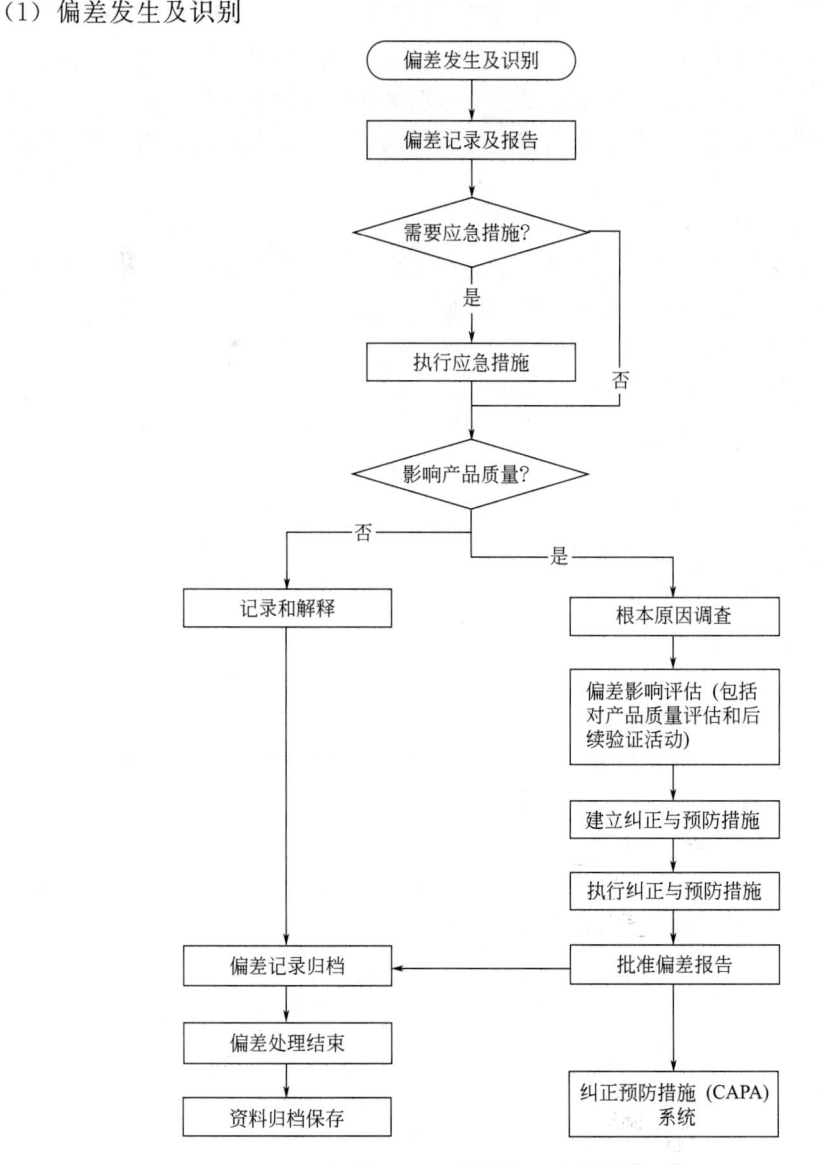

图 7-5-1　偏差处理流程图

验证过程中可能出现的偏差举例见表 7-5-1。

表 7-5-1 验证偏差举例

偏差发生阶段	示　例
设计确认	纯化水管道抛光度设计达不到 URS 的要求
安装确认	现场安装的某管径与设计院的设计文件或部件清单中管径不一致
安装确认	设备和部件清单中仪表的型号与现场实际安装仪表型号不一致
安装确认	供应商未能提供直接接触产品的设备部件材质证明
运行确认	纯化水余氯含量不合格
运行确认	空调系统确认过程中风量和换气次数测试发现风量低于设计风量
性能确认	空调系统确认执行过程中,发现某些房间局部略低于设计要求
其他	未列入以上的偏差

验证过程中,一旦发生不符合事件,需要按照偏差处理流程进行偏差处理。验证参与人员对于偏差识别的经验和能力是非常关键的,清晰明确的验证执行流程、验证合格标准、操作规程等是偏差识别的基础。偏差识别是偏差处理活动的起点。偏差也可能没有在验证过程中被发现,而是在记录复核或审核过程中被识别出来。

(2) 偏差的报告及记录

任何偏离既定的验证执行流程、验证合格标准、操作规程等的情况都应当以文件形式记录并有清楚的解释或说明。员工发现偏差情况后应考虑是否需要采取应急措施,同时在偏差记录上如实记录所发生的偏差情况,对确认或验证活动质量有潜在影响的偏差应当进行调查,调查及结论均应记录在案。

任何偏离预定的验证执行流程、验证合格标准、操作规程等的偏差情况均应立即报告验证管理人员及质量管理部门,报告时应给出准确、完整的信息,以便进行偏差的正确分类和必要时组织进行调查和处理。

偏差发生时,为减少事件对生产物料/设备/区域/方法/程序等的负面影响,可采取紧急措施。所采取的紧急措施举例如下:

① 停止生产或验证活动,任何 GMP 相关活动的恢复和继续需质量保证部的批准。

② 采取紧急处理措施后的偏差物料或产品应进行隔离,置于待检状态,单独存放并进行标识,在偏差处理完成前,出现偏差的物料或产品不得擅自进行处理。

③ 任何怀疑有问题的设备、仪器、系统应安放在一个安全的条件下,调查结束后方可使用,如必要,需贴上明显的标签。

(3) 偏差的调查、评估和处理

确认和验证执行过程中发生的偏差情况的调查由偏差调查小组共同完成,对偏差进行调查处理,以发现根本原因并评估该偏差的影响;部分情况下,偏差的调查可以在质量部门的监督下由特定的部门完成。偏差调查常常需要多个领域的专业知识,并且超越单个职能部门(特别是偏差发生部门)的局限,跨职能团队的意义在于召集所有必要专业领域的人员参与调查,并且保证各个方面的问题都能得以讨论和解决。

调查小组对调查结果进行分析,确定根本原因或最可能的原因。若原因不能确定,应评估这种情况下是否需采取进一步的措施、是否需要进行趋势分析。

基于对偏差性质和根本原因的理解,跨职能(跨学科)偏差调查小组应对偏差的影响进行下列评估：

　　① 对直接涉及的产品质量的影响；

　　② 对其他产品的影响；

　　③ 对验证状态的影响。

　　调查根本原因和进行影响评估可以采用风险分析方法。

　　对重大偏差的评估还应考虑是否需要对产品进行额外的检验以及对产品有效期的影响，必要时，应对涉及重大偏差的产品进行稳定性考察。

　　（4）纠正与预防措施

　　确定根本原因后，应制定有效的纠正与预防措施。有效的纠正与预防措施可以防止偏差的再次发生。

　　纠正与预防措施应纳入公司的 CAPA 系统进行统一管理，纠正与预防措施的实施应明确详细的实施计划、完成时间和执行人。

　　质量部门负责纠正预防措施实施情况的追踪。

　　实施后的 CAPA 经质量部门评估确认，质量管理负责人批准后，方可关闭偏差。

　　（5）偏差处理结果批准

　　对偏差的处理结果最终需由质量管理部批准。

　　（6）偏差资料的归档

　　偏差处理完毕后，将偏差记录及相关资料复印件附到相关确认和验证文件中，原件归档保存。

　　企业应该制定偏差和变更管理的程序，通过对出现偏差的报告、分级、质量部门的调查，对偏差根本原因的分析，偏差的终审处理，采取必要的纠正和预防措施，实现对产品质量的保证，偏差的关闭，实际是消除产品潜在的质量隐患。变更同样也是对现状进行改变，通过对变更的方案和预期效果的评估，确认对产品无潜在的质量影响，同时确认变更的实施、变更跟踪、变更实际效果的检查，完成过程的改进，通过对变更的有效控制，实现管理水平的提高。

7.6　统计分析技术

7.6.1　统计分析技术概述

7.6.1.1　统计分析技术在制药过程中的作用

　　近几年来，受国家医药监管政策的逐步完善、国内药企与国际接轨的步伐越来越快等诸多因素的影响，各级政府都对药品的质量审核提出了更为严格的要求，众多药企也不得不面临日趋激烈的市场竞争。

　　与此同时，诸如一致性评价、质量源于设计、过程分析技术、持续工艺确认等一系列或老或新的方法论又一次赢得了大家的关注。在这几种方法论中，都离不开一个共同的基础——统计分析技术，这对很多人来说是一个既熟悉又陌生的话题。

　　幸运的是，如今的计算机软硬件技术与以往相比有了长足的进步。借助在普通 PC 机上就能快速运行的专业统计软件，在企业大规模地推广统计分析技术已不再是一件可望而不可及的事情。企业通过结合实际灵活运用这项技术，可以大幅提高研发效率，优化工艺流程，提高产品质量，降低运营成本，缩小乃至消除与世界级医药巨头的差距，在面对新一轮挑战时不再感到无助和无奈。

7.6.1.2 统计分析软件简介

目前在全球范围内，成熟的统计分析软件有不少，例如商业公司的 SAS、JMP、SPSS、Minitab、SIMCA 和 MODDE，以及开源软件 R、Python 等。这些软件各有优点，考虑到统计分析工具的完整性、易用性以及在制药行业内的权威性，本章中涉及的统计分析案例均以最新的 JMP 软件中文版为载体。

JMP 软件是全球最大的统计学软件公司 SAS 面向广大工程师和科学家研发推出的一款交互式可视化的桌面型统计分析软件。JMP 的独特之处在于既能将可靠的统计结果与图形相关联，又可快速生成可视化数据视图，帮助用户揭示无法在数字表格中查看的相关信息。因此，可以用 JMP 来帮助用户大幅提高工作效率，解决复杂的工业统计问题，以前所未有的创新方式进行数据分析。

虽然 JMP 软件安装简便、占据硬盘的空间很小（约几百兆），但它所涵盖的统计分析功能却丰富而完整，包含描述性统计分析、可视化数据分析、假设检验、相关与回归、实验设计、多元统计、统计质量管理、可靠性与生存、专业数据挖掘、市场研究等不同模块，可以为苗头化合物寻找、临床前研究、临床试验、流行病研究、工艺研发、质量管理、统计教学等诸多领域提供强大而便捷的统计分析能力，在很多国际国内知名的医药公司、政府监管机构和大学院校里都有广泛的应用。

7.6.2 描述性统计分析及其应用

收集到原始数据资料后，日渐庞大的数据量往往会使人无所适从，进一步的研究分析不仅要求我们对数据分布变化有直观的了解，而且还要求我们能用几个既简洁又有效的统计量将其变化规律表示出来。描述性统计就是解决这个问题的统计学工具，它力求能够用少数几个统计量就能高度综合地概括出数据中所蕴含的统计特征，它主要包括位置状况和离散程度的度量，本节将介绍几个最常用的重要指标。

7.6.2.1 常见描述性统计量

在大多数情况下，较大或较小值发生的频次一般比较少，大部分数值总是集中在某个区域内不断变化，使总体大体上落入某个范围内，这就是所谓的数据位置状况的问题，这是人们最关心的一类数据特征。度量数据位置状况的指标主要有平均值、中位数和众数等。

（1）平均值

平均值是最常用来表示数据位置状况的统计量，它反映随机变量各个取值的中心位置或均衡点。总体的平均值相当于分布密度重心的横坐标，样本的平均值则是将所有数据的数值相加，除以数据的个数即可得到，即

$$\overline{X} = \frac{1}{n} \sum_{i=1}^{n} X_i \tag{7-2}$$

平均值具备良好的数学特性，无论是在描述性统计，还是在推论性统计中，它的应用都非常广泛。例如 $3, 2, 1, 7, 4$ 的平均值是 $\frac{3+2+1+7+4}{5} = 3.4$。

（2）中位数

中位数是反映数据位置状况的另一个常用统计量。总体的中位数相当于面积位于50%处的横坐标，样本的中位数则是将所有数据按从小到大的顺序进行排列，位置居中者的数值。当数据的个数为奇数时，居中的数值直接就是中位数；当数据的个数为偶数时，居中的两个数值的平均值就是中位数，即

$$\widetilde{X}=\begin{cases}X_{\left(\frac{n+1}{2}\right)},n\text{ 为奇数}\\\frac{1}{2}\left[X_{\left(\frac{n}{2}\right)}+X_{\left(\frac{n}{2}+1\right)}\right],n\text{ 为偶数}\end{cases} \tag{7-3}$$

$X_{(n)}$ 代表排序后左起第 n 个样本的值。如果数据为2、8、5、1、6，则其中位数是5，而数据2、8、5、1、6、10的中位数是$\frac{5+1}{2}=3$。

当分布基本上对称时，平均值与中位数应该相差不多；但有较严重的偏斜或数据中含有异常观测值时二者会有较大差别。这时，应该说中位数对于位置状况有更好的代表性。这种对异常观测值反应不敏感的特性，我们称之为稳健性。因此，在度量位置状况中，中位数比平均值对于异常值更稳健。

（3）众数

众数是指数据中出现最频繁的那个数值。众数也可以用来描述数据的位置状况，但众数的存在有可能并不唯一。例如在1、1、2、3、4、4、4、5中的众数是4，而在1、2、3、4、5、6中每个数都是众数。相对其他位置参数的度量，众数的代表性要差很多，甚至在总体中也是这样。众数虽然也可以有意义，但用得很少。

（4）第一四分位数

第一四分位数 Q_1 是这样一个数，当把数据集划分为两个部分时，其中小于等于此数的数据约占整个数据集的25%，大于等于此数的数据约占整个数据集的75%。它的准确计算公式是这样的：首先将样本按从小到大的顺序排好，记其中第 i 名者为 $X_{(i)}$。对于给定的 n，先求出$\frac{n+1}{4}$，其整数部分记为 k，其小数部分记为 f（$0\leqslant f<1$），

$$Q_1=X_{(k)}+f(X_{(k+1)}-X_{(k)}) \tag{7-4}$$

例如 $n=40$，$\frac{n+1}{4}=10.25$，$k=10$，$f=0.25$，所以 Q_1 一定介于 $X_{(10)}$ 与 $X_{(11)}$ 之间，而且有 $Q_1=X_{(10)}+0.25(X_{(11)}-X_{(10)})$。样本量较大时，临近次序统计量间的差距很小，可以取 $f=0.5$，因而可以近似有：

$$Q_1=(X_{(k)}+X_{(k+1)})/2 \tag{7-5}$$

这里，k 是$\frac{n+1}{4}$的整数部分。

（5）第三四分位数

第三四分位数 Q_3 是这样一个数，当把数据集划分为两个部分时，其中小于等于此数的数据约占整个数据集的75%，大于等于此数的数据约占整个数据集的25%。它的准确计算公式是这样的：对于给定的 n，先求出$\frac{3(n+1)}{4}$来，其整数部分记为 k，其小数部分记为 f（$0\leqslant f<1$），

$$Q_3=X_{(k)}+f(X_{(k+1)}-X_{(k)}) \tag{7-6}$$

例如 $n=40$，$\frac{3(n+1)}{4}=30.75$，$k=30$，$f=0.75$，所以 Q_3 一定介于 $X_{(30)}$ 与 $X_{(31)}$ 之

间，而且有 $Q_3 = X_{(30)} + 0.75(X_{(31)} - X_{(30)})$。样本量较大时，临近次序统计量间差距很小，可以取 $f = 0.5$，因而可以近似有：

$$Q_3 = (X_{(k)} + X_{(k+1)})/2 \tag{7-7}$$

这里，k 是 $\dfrac{3(n+1)}{4}$ 的整数部分。

只用位置状况的指标来描述数据是不充分的，甚至会产生误解，必须同时考虑离散程度，度量数据离散程度的指标主要有方差、标准差和极差等。

(6) 方差

方差的应用十分广泛，总体的方差相当于密度分布围绕重心的转达惯量，对于样本的方差则是将所有数值减去平均值，加以平方，然后求出差值平方的平均值，就可得到方差，即

$$s^2 = \sum_{i=1}^{n} \frac{(X_i - \overline{X})^2}{n-1} \tag{7-8}$$

同总体参数的含义相同，样本的方差值越大，表明数据间的离散程度越大；方差值越小，表明数据间的离散程度越小。例如一组样本的数值分别是 3、2、4、5、1，其样本的均值是 3，则其样本的方差是：

$$\frac{(3-3)^2 + (2-3)^2 + (4-3)^2 + (5-3)^2 + (1-3)^2}{4} = 2.5$$

(7) 标准差

将方差开算术平方根即可得到标准差，即

$$s = \sqrt{\sum_{i=1}^{n} \frac{(X_i - \overline{X})^2}{n-1}} \tag{7-9}$$

标准差的计量单位则与原始数据的计量单位完全一致，所以很多人习惯使用这个指标描述数据的离散程度。"六西格玛管理"名称中的"西格玛"也来源于标准差。但在某些方面，方差也有标准差不能替代的优点，如方差具有可加性，而标准差没有。具体地说，一个制造过程的总方差可以分解为若干部分方差的和，标准差则不能。上例数据的标准差直接计算就是 2.5 的算术平方根，即 $\sqrt{2.5} = 1.58$。

(8) 极差

极差也称全距，是指一组数据中的最大值与最小值之间的差值，即

$$R = 最大值 - 最小值 \tag{7-10}$$

极差的计算方便，意义明显，但由于它仅取决于一组数据中的两个值，存在着一定的局限性，只能粗略地反映数据的离散程度。例如 4、6、9、1、5 的极差是 $9 - 1 = 8$。它只在样本量较小时使用（通常不超过 6，不能大于 10）。在总体参数中，一般不列出此参数，因为相当多的分布两侧或单侧是无限的，根本不存在"极差"的概念。

(9) 四分位间距

四分位间距 IQR，等于第三四分位数与第一四分位数的差值，即

$$IQR = Q_3 - Q_1 \tag{7-11}$$

它代表了居中的 50% 的数据的范围。同总体参数的含义相同，样本的四分位间距越大，表明数据间的离散程度越大；反之，表明数据间的离散程度越小。

7.6.2.2 常见统计图形

单纯的数字和符号往往比较抽象乏味，适当的统计图形会显著增强数据的感染力，帮助

人们理解统计分析结果。本节将介绍一些在表现描述性统计信息时最常用的统计图形及其实现方法，主要是指直方图和箱线图。

（1）直方图

直方图常常用于了解数据的分布情况，使我们比较容易直接看到数据的位置状况和离散程度，并且可与要求的分布进行比较。

直方图是用一系列宽度相等、高度不等的长方形表示数据的，其宽度代表组距，其高度代表指定组距内的数据数。一般以样本数值作为横坐标，以频数作为纵坐标，在每个小区间上竖起一个柱形，它们相连形成一张频数直方图。必要时纵轴单位也可用概率或密度表示，得到对应的概率或密度直方图。它可以竖着画，也可以横着画。以下用一张竖着画的直方图（图7-6-1）来说明其具体含义。

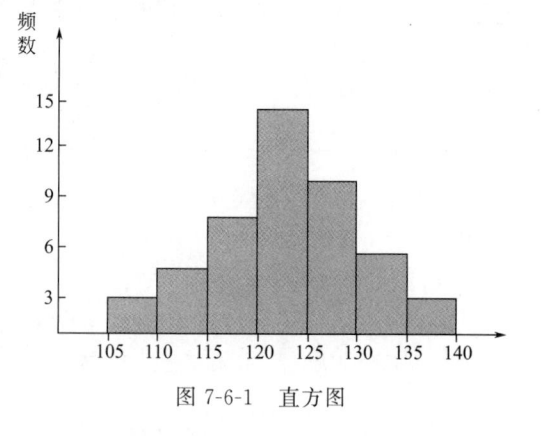

图 7-6-1　直方图

在这个样本数据中，最小值在［105，110）之间，最大值在［135，140］之间，极差值在（25，35］之间；对样本进行分组后，组距 $d=5$，组数 $k=7$；形成的 7 组区间分别是：［105，110），［110，115），…，［135，140］；频数最大的是中间的区间，大约为 15，频数最小的是两边的区间，大约为 3。

（2）箱线图

箱线图是主要利用数据中的五个统计量来描述数据的一种图示方法。它可以粗略地看出数据是否具有对称性、中心位置和分布范围等信息。此外，对同一性质的多组数据在同一坐标下分别作箱线图，可以直观地进行多组数据比较。

箱线图主要由箱体和上下须触线两部分组成，有时会有点号。图形的形状和位置由下限、第一四分位数、中位数、第三四分位数和上限这五个统计量决定。箱体内位于中间的线代表中位数，箱体的下边界是 Q_1，箱体的上边界是 Q_3，箱体的长度对应着四分位间距，即 Q_3 与 Q_1 之间的差值。除箱体之外，还有上下两条须触线。它们分别从箱体的上下边界为始端出发，尾端由上下限的计算公式给出：

$$下限＝Max\{Q_1-1.5IQR，最小值\} \tag{7-12}$$
$$上限＝Min\{Q_3+1.5IQR，最大值\} \tag{7-13}$$

以下限为例介绍上述两个公式的意义，如果最小值很小，须触线下限将延伸到 $Q_1-1.5IQR$ 处为止；如果最小值较大，须触线的下限将到最小值处为止。上限的含义相同。如果上下限的计算结果不是观测值中的最大、最小值，箱线图上就会出现一些游离点，这些点有异常值的嫌疑，通常用点号表示。

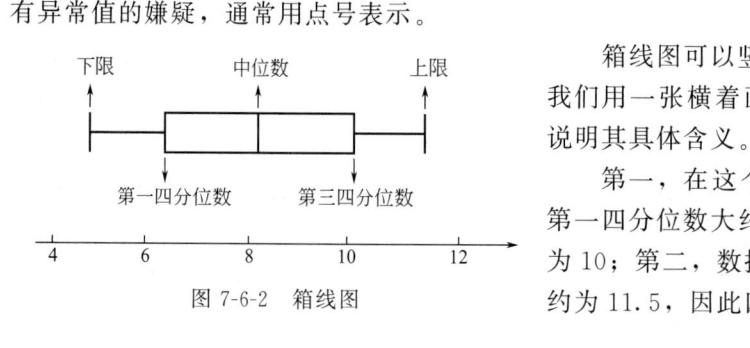

图 7-6-2　箱线图

箱线图可以竖着画，也可以横着画。以下我们用一张横着画的箱线图（见图7-6-2）来说明其具体含义。

第一，在这个样本中，中位数大约为 8，第一四分位数大约为 6.5，第三四分位数大约为 10；第二，数据的下限大约为 4.5，上限大约为 11.5，因此四分位间距大约为 3.5，极差大约为7；第三，这个样本的分布比较对称，没有异常值。

7.6.2.3 实例分析

下面用一个案例综合展示上述理论知识的实际应用。

示例7-1 某制药车间收集了最近一段时间内生产的某种口服制剂的检验结果，比如水分、杂质和重量，试用描述性统计分析的方法对这些数据做最基本的分析。

表7-6-1 某种口服制剂的检验结果（部分）

批号	水分/%	杂质/%	重量/g	批号	水分/%	杂质/%	重量/g
1	12.8	1.24	0.6106	3	13.0	1.17	0.6161
2	12.7	1.27	0.6053	…	…	…	…

解：使用JMP的相关菜单命令，可以简便快捷地获得描述性统计分析的结果，具体操作如下。

① 选择主菜单"分析＞分布"；

② 指定"水分-%"、"杂质-%"和"重量-g"为"Y，列"；

③ 3.点击"确定"按钮，则可得到如图7-6-3所示的输出报告。

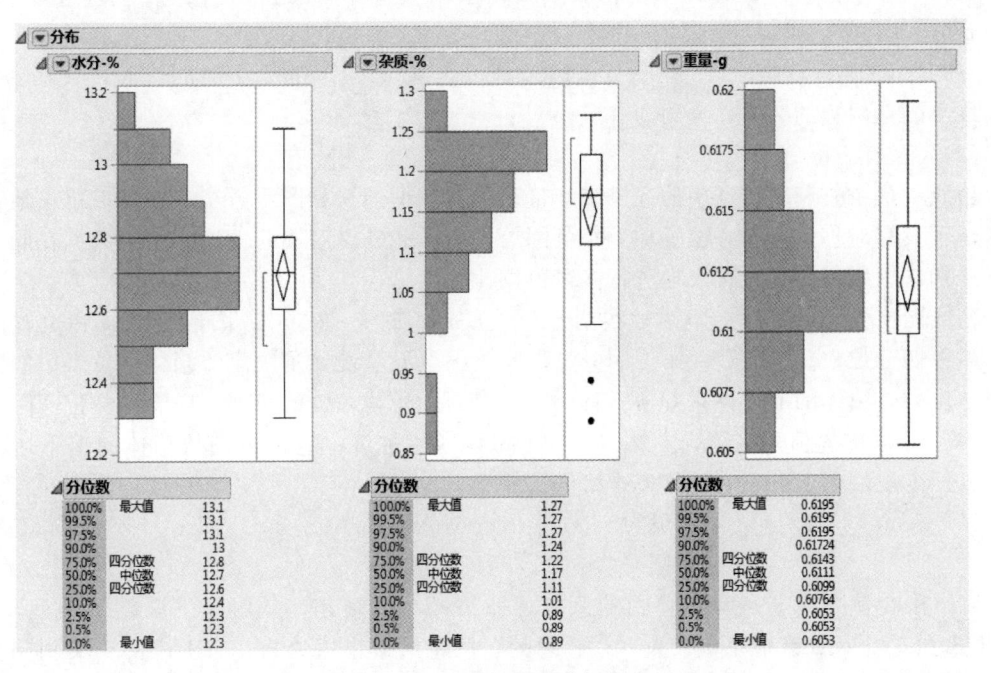

图7-6-3 描述性统计分析报告

在这个输出报告中，我们既可以分别读取到水分、杂质和重量的平均值、中位数和标准差等常见统计量，也可以分别看到它们的常用统计图形，即直方图和箱线图，从而掌握产品检验的整体情况。

如果想进一步显示方差、极差等当前报告中没有的统计量，可以点击"汇总统计量"左侧的红三角，从弹出菜单中选择"定制汇总统计量"，就可以得到如图7-6-4所示的对话框窗口，轻轻松松地进行输出报告的定制化。

如果想了解杂质中的两个异常点，属于第几个批号的产品，它们所对应的水分和重量情

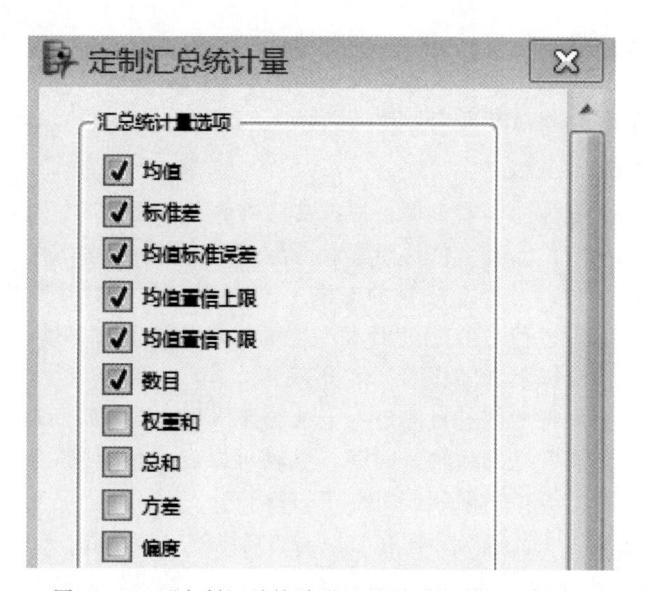

图 7-6-4   "定制汇总统计量"的对话框窗口（部分）

况如何，只要用鼠标点击这两点，就可以在 JMP 数据表中找到对应的两行记录。更有意思的是，当我们在杂质的图形中选择特定的数据时，其在水分、重量图形上的对应部分也会同步地高亮显示，这就是我们所说的"基于同一组数据的图形动态链接"。从三张直方图之间的动态链接中，我们不难发现：当这种口服制剂的杂质过低时，水分往往会偏高，重量则依然保持在平均水平附近。

图 7-6-5 为直方图之间的动态链接。

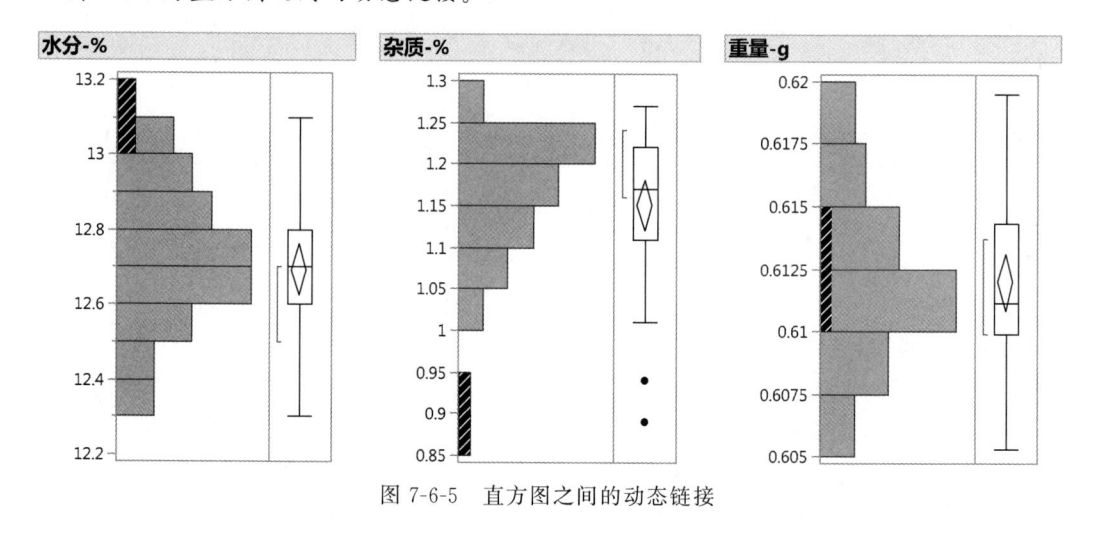

图 7-6-5   直方图之间的动态链接

7.6.3   统计过程控制及其应用

在样品的规模化生产阶段，常常要关注和判定各种质量特性指标的稳定情况，甚至包括过程中的关键因子。统计过程控制 SPC 在完成上述任务时特别有效。

所谓统计过程控制，是指为了贯彻预防原则，应用统计方法对过程中的各阶段进行评估和监控，建立并保持过程处于可接受且稳定的水平，从而保证产品符合规定要求的一种技术。1924 年，休哈特博士在美国贝尔实验室首次提出控制图的概念，标志着统计过程控制的诞生。经过多年的发展，统计过程控制的发展日趋丰富。

统计过程控制的主要表现形式是各种控制图和相应的过程能力分析，下面将代表性地介绍一些常见控制图的制作和过程能力分析的实现。

7.6.3.1　控制图

导致产品质量产生变异的因素很多，根据其影响的大小和性质，可以分为两大类：一类是特殊因素，另一类是随机因素。特殊因素对产品质量的影响是显著的，在技术上易识别并消除。随机因素有很多种，对产品质量的影响是细小的，在技术上不易识别，更不可能消除。如果从根本上改变了过程，由随机因素产生的波动才会大幅减少。以 $\mu \pm 3\sigma$ 为控制限建立控制图，可以把特殊因素和随机因素区分开来。

控制图是对过程质量特性值进行测定、记录、评估和监测，判断过程是否处于统计控制状态的一种统计图形。通常它的横轴是时间，纵轴可以有多种选择，可以是单值、组均值，或者是组极差、组标准差等，一般用统计量 T 来代表，认为它是正态分布或近似为正态分布。实际上，控制图是 T 的正态分布图在时域上的具体展示，它由中心线 μ、上下控制限 $\mu \pm 3\sigma$ 和按时间顺序抽取样本并用其统计量的数据点 T 这三个基本要素组成。对于服从或近似服从正态分布的统计量 T，大约有 99.73% 的点会落在上下控制限之内，落在上下控制限之外的概率约为 0.27%。根据假设检验的小概率原则，一旦有界限之外的点出现，就可判为异常点，认为它是由特殊因素造成的过程变异。控制图的基本原理可用图 7-6-6 概括表示。

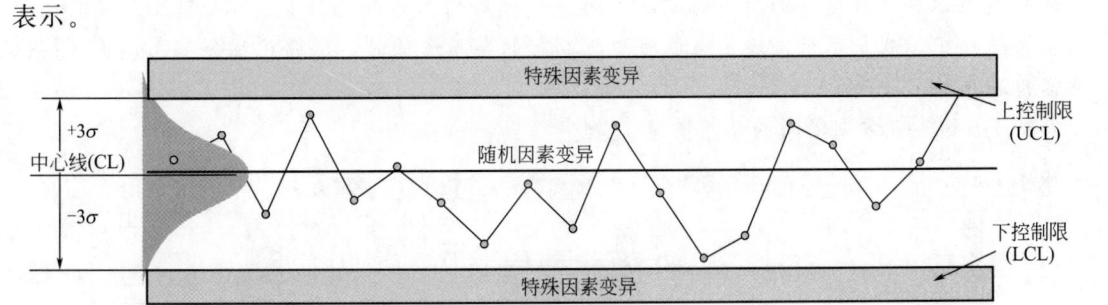

图 7-6-6　SPC 的原理示意图

包括"点出界就判异"在内，共有 8 条判异准则用来判断过程是否受控。为便于具体说明，可将控制图分为 6 个区，每个区的宽度为 σ。6 个区的标号为 A、B、C、C、B、A，两个 A 区、B 区、C 区都关于中心线对称。

根据控制图的分区定义，8 条准则可以表达为：1 点落在 A 区之外；连续 9 点落在中心线同一侧；连续 6 点递增或减；连续 14 点交替升降；连续 3 点中有 2 点落在 A 区之中及之外；连续 5 点中有 4 点落在 B 区之中及之外；连续 15 点落在 C 区之内；连续 8 点落在 C 区之外的中心线两侧。统计学上可以证明，这 8 种现象出现的概率等于或接近 0.27%，小概率事件的发生导致我们判定过程异常。要注意在判异准则中，前 4 项与分区无关，后 4 项是按正态分布在各区中应出现的概率来制定的法则。因此后 4 项只对单值及组均值的控制图使用，其他控制图只使用前 4 项。

控制图的类型很多，常按数据类型分为两大类，对于连续变量用计量控制图；对于离散变量用计数控制图。前者有单值-移动极差图、均值-极差图等；后者有 P 图、U 图等。综合考虑数据特点和抽样方法等因素，可归纳出如图 7-6-7 所示路径。

在实际工作中用得相对较多的是计量控制图。计量控制图的绘制建立在正态分布

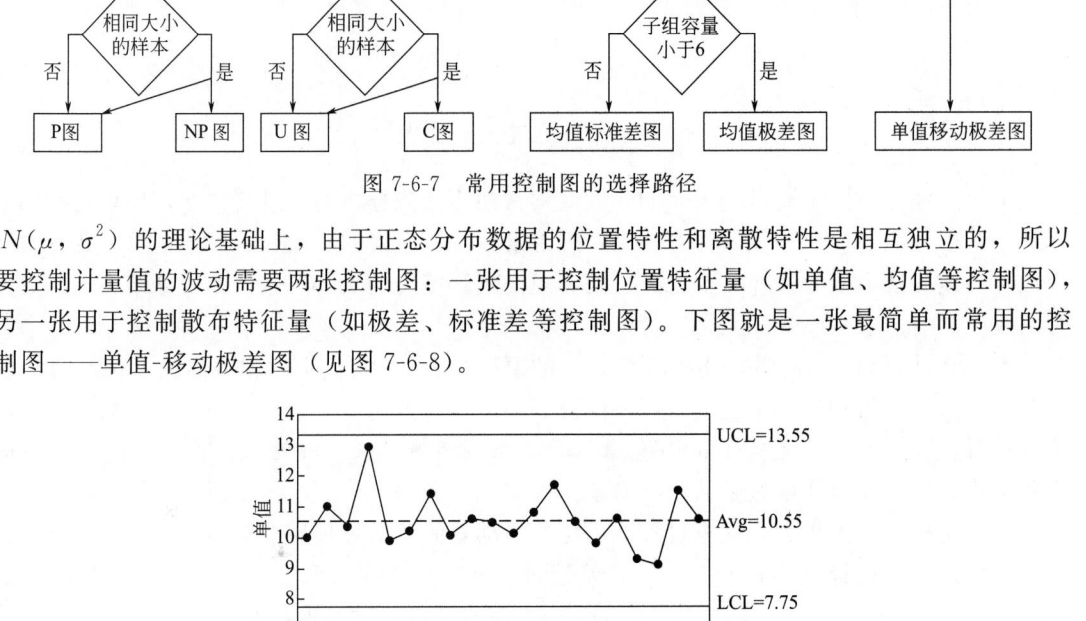

图 7-6-7　常用控制图的选择路径

$N(\mu, \sigma^2)$ 的理论基础上，由于正态分布数据的位置特性和离散特性是相互独立的，所以要控制计量值的波动需要两张控制图：一张用于控制位置特征量（如单值、均值等控制图），另一张用于控制散布特征量（如极差、标准差等控制图）。下图就是一张最简单而常用的控制图——单值-移动极差图（见图 7-6-8）。

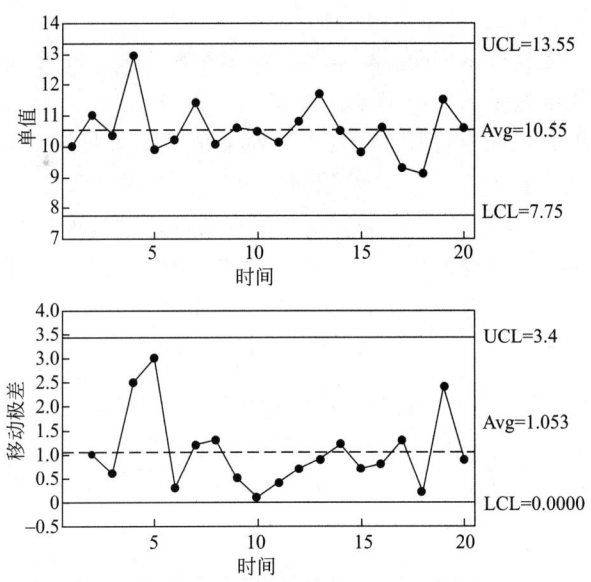

图 7-6-8　典型的单值-移动极差图

控制图的原理比较简单，容易通过计算机软件实现，在此就不详细展开了。

7.6.3.2　过程能力分析

在用控制图确认过程处于统计控制状态之后，可以进行过程能力分析，来进一步判断过程能力是否达到指定的要求。

过程能力分析是指通过比较过程公差限的宽度和过程度量值的变化宽度，计算其比值，可以评价过程满足顾客要求或工程规范的能力。当产生连续型数据的过程稳定且输出服从正态分布时，如果分布的总体标准差 σ 已知，可按下列数学公式分别进行过程能力指数 C_p 与 C_{pk} 的计算和分析（参照图 7-6-9）。

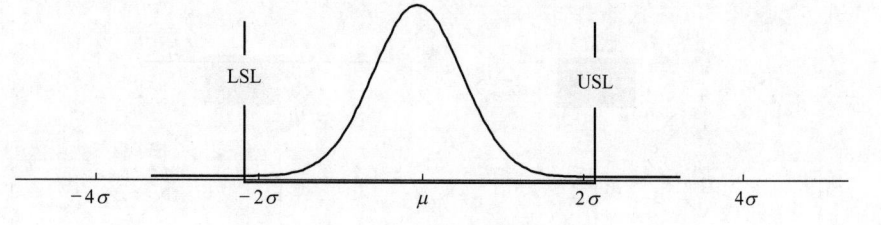

图 7-6-9　过程能力分析示意图

$$C_p = \frac{USL - LSL}{6\sigma} \tag{7-14}$$

$$C_{pk} = Min(\frac{USL - \mu}{3\sigma}, \frac{\mu - LSL}{3\sigma}) \tag{7-15}$$

由于总体标准差 σ 通常是未知的，因此常常使用实测样本对它进行估计，用得到的样本标准差 s 来近似替代，一般认为它是受随机因素和特殊因素的共同影响而产生的，最终的结果被称为过程能力指数。在需要区分长期和短期过程能力的场合，这样的计算结果也会被称为 P_p 和 P_{pk}。

至于在计算 C_p 的同时，还要计算 C_{pk} 的原因是：C_p 是假定过程输出的均值与目标值重合时的过程能力，反映了过程的潜在能力。但对大多数情况来说，过程输出的均值与目标值不重合，引入 C_{pk} 就是为了将均值偏移的影响也考虑进来。在实际工作中，应同时考虑这两类指数，以便对整个过程的状况有全面的了解。

这些指标的数值越大，标志过程能力越好。随着时代的发展，对其要求也越来越高。例如，在传统的质量标准中，$C_p > 1$（公差超过 6 倍 σ）表明过程能力即可。但用高标准的"六西格玛"眼光来看，$C_p \geqslant 2$（公差超过 12 倍 σ）的过程才是理想的。

还有一点需要提醒：以上介绍的计算公式建立在数据正态分布的前提条件下。如果这个前提条件不成立，那么可以用非参数方法修正过的数学公式来计算。

7.6.3.3　实例分析

下面用一个案例综合展示上述理论知识的实际应用。

示例 7-2　制药车间在对水分、杂质和重量做了最基本的分析后，想进一步根据对应的规格要求判断该口服制剂的生产过程是否稳定、过程能力是否达到要求。（规格要求见表 7-6-2）

表 7-6-2　某种口服制剂的规格要求

检查项	下规格限	上规格限	检查项	下规格限	上规格限
水分/%		16	重量/g	0.60	0.62
杂质/%		1.5			

解：（1）根据连续型数据的特性，选用单值-移动极差控制图来观察生产过程的稳定性

使用 JMP 的相关菜单命令，得到控制图的具体操作如下：

① 选择主菜单"分析＞质量和过程＞控制图＞单值极差"；

② 指定"水分-％"、"杂质-％"和"重量-g"为"过程"，点击"确定"按钮；

③ 分别点击每个变量"单个测量值"左侧的红三角，从下拉菜单中选择"检验＞所有检验"，则可得到如图 7-6-10 所示的控制图。

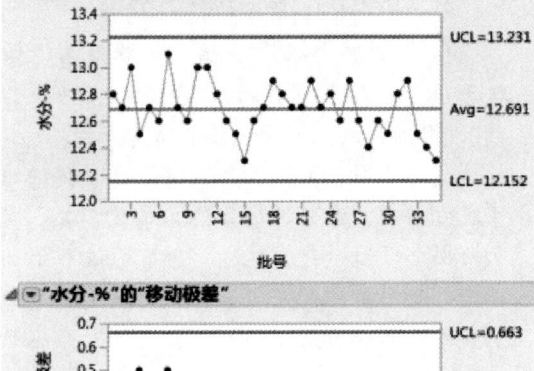

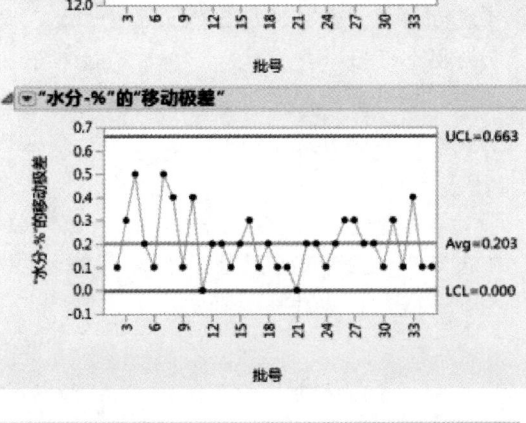

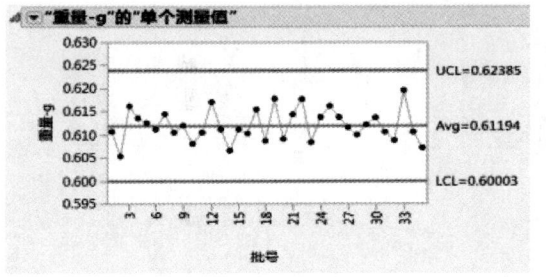

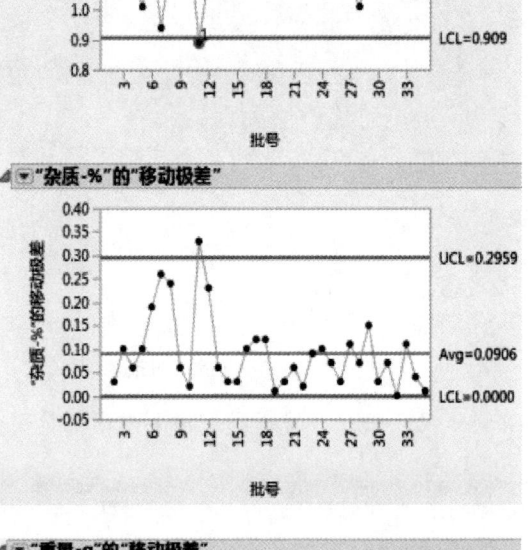

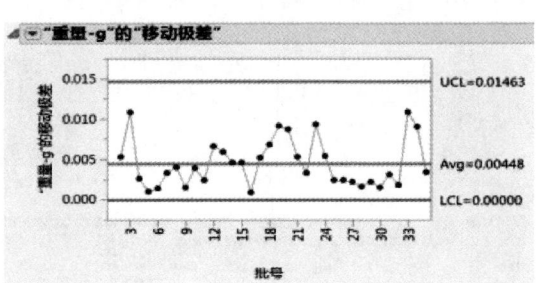

图 7-6-10　控制图报表

从图 7-6-10 可知，水分和重量比较稳定。杂质有一个测量值较小，导致在两个图形中都出现了一个超出控制限的异常点。我们可能会怀疑杂质的稳定性，但考虑到杂质是越小越好的，而异常点是低于下控制限，所以暂时还是认为杂质也是稳定的。

（2）运用 C_p 和 C_{pk} 的工具进行过程能力分析

回顾在上述案例，发现水分、重量是近似正态分布的，可用常规方法计算过程能力指数，但杂质不是，需要用非参数方法修正后的公式计算。使用 JMP 的相关菜单命令，具体操作如下：

① 选择主菜单"分析＞质量和过程＞过程能力"；

② 指定"水分-％"、"杂质-％"和"重量-g"为"Y，过程"；

③ 先选中右侧列表中的"杂质-％"，再点击"分布选项"左侧的白三角，在"分布"列表里选择"非参数"，然后点击"设置过程分布"按钮，使右侧列表中的"杂质-％"变成"杂质-％＆分布（非参数）"，点击"确定"按钮；

④ 在出现的"规格限"对话框中，分别输入"水分-％"的"上规格限"为"16"、"杂质-％"的"上规格限"为"1.5"、"重量-g"的"下规格限"为"0.60"、"重量-g"的"上规格限"为"0.62"，再点击"确定"按钮；

⑤ 在得到的过程能力分析报表中，找到"能力指标图"部分，点击"能力指标图"处

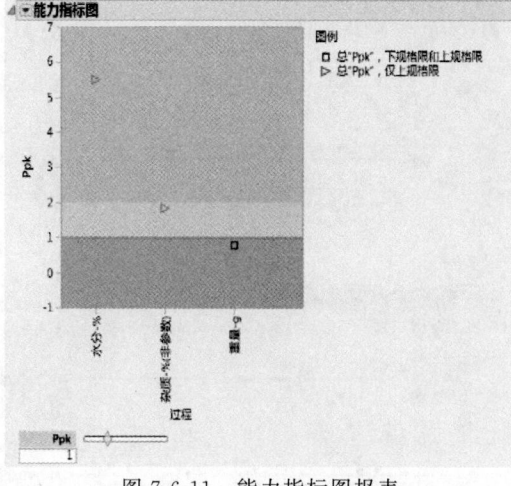

图 7-6-11　能力指标图报表

红三角，从下拉菜单中选择"着色水平"，可得到如图 7-6-11 所示的报表；

⑥ 点击整个报表顶端"过程能力"处红三角，从下拉菜单中选择"单项详细报表"，则可得到如图 7-6-12 所示的报表。

我们从图 7-6-11 中可以了解到整体的过程能力指数：水分的过程能力最佳，处于绿色的安全区域（$P_{pk}>2$）；杂质的过程能力其次，处于黄色的警戒区域（$1 \leqslant P_{pk} \leqslant 2$）；重量的过程能力最差，处于红色的危险区域（$P_{pk}<1$）。

如果想进一步了解这些指标的具体值，可从图 7-6-12 中的报表里找到。而且，还能看到体现数据分布特征和规格要求的统计图形，它们也是可以动态链接的。

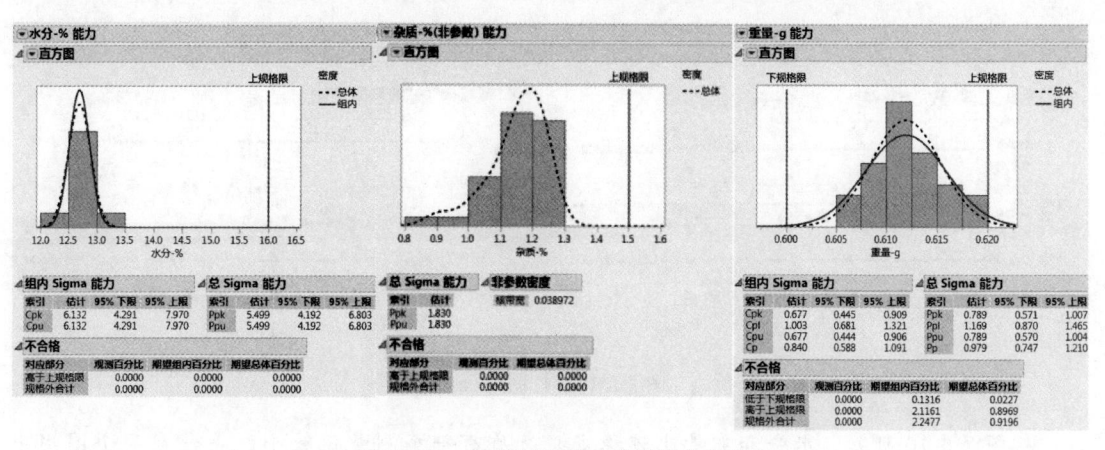

图 7-6-12　单项过程能力分析详细报表

7.6.4　实验设计与分析及其应用

实验设计（DOE）是一门研究如何以最有效的方式安排实验，并通过对实验结果进行分析以获取最大信息的科学。通俗地说，实施 DOE 的目的就是要在最短的时间内，用最低的实验成本，明确地判断出是哪些自变量显著地影响着因变量，进而还会要求找出这些自变量取什么值的时候会使因变量达到最佳值。

医药企业在实现 QbD 的过程中，需要确定哪些因素是影响药品关键质量属性（CQA）的关键物料属性（CMA），哪些因素是关键工艺参数（CPP），还要确定 CMA 和 CPP 的合理设置及范围（如图 7-6-13 所示）。

DOE 方法和 QbD 理念是不谋而合的，前者可以有效地保障后者的落地。

7.6.4.1　实验设计（DOE）的基本概念

虽然在实验设计中，会涉及很多特定的理论概念。在这里，我们将由浅入深地对相关技术术语进行描述。

（1）响应

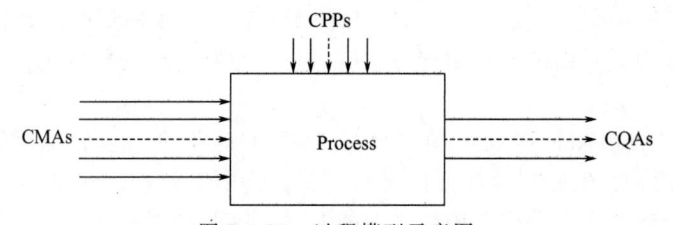

图 7-6-13　过程模型示意图

过程的输出常被称为响应或指标。响应可能只有一个，也可能有多个。响应的数据类型可以是连续或离散的，建议尽量采用连续型数据，以便后期分析。

（2）因子

过程的输入常被称为因子或因素。因子的数量往往会比响应的数量多，其数据类型可以是连续的，也可以是离散的。影响响应的因子除了可控因子外，还可能有不可控因子，两者都有办法来处理，建议早期只考虑可控因子。

（3）水平

为了研究因子对响应的影响，需要用到因子的两个或更多个不同的取值，这些取值称为因子的水平或设置。一般用＋1表示高水平，用−1表示低水平。

（4）处理

各因子选定了各自的水平后，每一种排列组合被称为一个"处理"。我们按照处理可以安排因子设置，开展实验，观察并记录响应的结果。对于每一种处理，可以运行一次实验，也可以运行多次实验，甚至也可以不运行这样的实验。

（5）实验单元

实验单元是指对象、材料或制品等载体，它是能够落实实验条件的最小单位。如按因子组合规定的工艺条件所生产的一件产品。

（6）主效应

常用一个因子在不同水平下响应的差值来表示这个因子的主效应，含义参见图 7-6-14，这是在 DOE 的分析阶段，必须对每个因子计算的一个统计量。

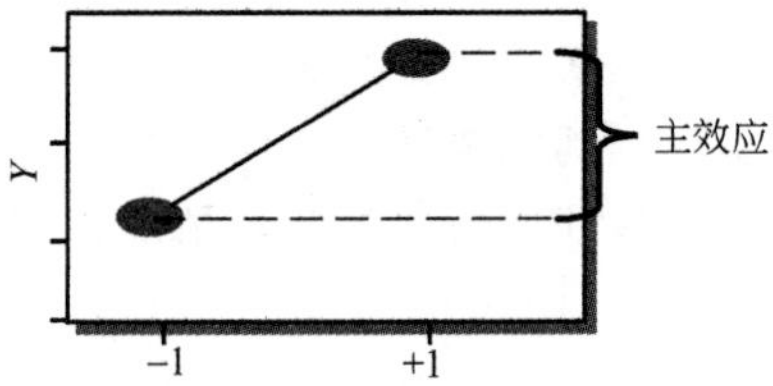

（7）交互作用

如果一个因子对响应的影响依赖于另一个因子所处的水平时，则这两个因子之间有交互作用，含义参见图 7-6-15，在 DOE 的分析阶段，这也是常需要对不同的因子之间计算的一个统计量。

图 7-6-14　主效应示意图

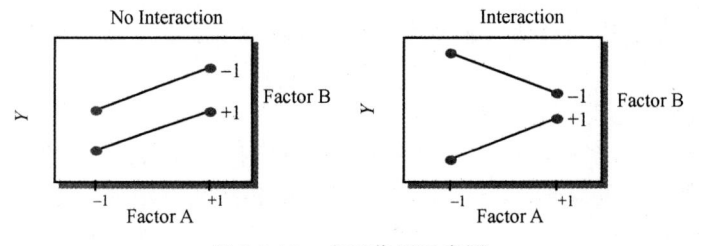

图 7-6-15　交互作用示意图

（8）模型

在获得因子的主效应和交互作用后，就可以建立起一个数学模型：

$$Y = f(x_1, x_2, \cdots, x_k)$$

(7-16)

这里的 Y 是响应，x_1，x_2，$\cdots$，x_k 都是因子，f 是一个确定的函数表达式。这个模型如果准确或近似准确，可用来解释制程的反应机理，预测生产的质量优劣。

（9）误差

基于上述公式的预测值与实际值之间总是存在差异的，这个差异就叫误差或残差。DOE 中的误差有两种：实验误差和失拟误差。前者指由非可控因子造成的响应波动，后者指已使用的模型函数与真实的模型函数之间的差异。这两种误差性质是不同的，分析时要分别处理。

（10）完全重复

完全重复是 DOE 中的第一个基本原则，它是指一个处理要施于多个实验单元，其目的是为了获得实验误差的准确估计。当然，完全重复不一定要对所有处理全都重复做一遍，专业的 DOE 技术可以大幅减少实验次数。

（11）随机化

随机化是 DOE 中的第二个基本原则，它是指以完全随机的方式来安排各次实验的顺序，其主要目的是防止那些实验者未知的、但可能会对响应产生某种影响的因子来干扰实验结论。

（12）区组化

区组化是 DOE 中的第三个基本原则。在实际工作中，各实验单元之间难免会有些差异，必要时如果能按某种方式把它们分成组，就可保证每个区组内的差异较小，或称同质齐性。同时允许区组间有较大差异，减小由较大实验误差所带来的不利影响。一组同质齐性的实验单元称为一个区组，将全部实验单元划分为若干区组的方法称之为区组化。通过在同一个区组内比较处理间的差异，就可使区组效应在各处理效应的比较中得以消除，从而对整体分析更有效。当然，在区组内还应该用随机化的方法进行实验顺序的安排。

7.6.4.2 实验设计（DOE）的步骤

虽然实验设计的方法种类繁多，但整体上都可通过以下七个步骤来统一实现。

（1）问题描述

了解问题发生的背景情况，明确需要解决的问题是什么，判断是否适合用 DOE 方法来解决。

（2）响应设置

确定响应变量以及它的规格限，如果在一个实验中存在几个响应变量，需要确定每个响应变量的权重。

（3）因子设置

确定对响应变量有影响且计划在实验中考虑的所有因子变量，然后确定每个因子变量典型的高、低水平。

（4）实验策划

DOE 设计方案有很多种，根据不同的目的可以选择不同的设计。当需要在很多因子中确定哪些在显著地影响响应时，可使用筛选设计；当需要精确地说明每一个因子的主效应大小及因子间的交互作用时，可使用完全因子设计；当需要通过响应变量和因子变量之间的数学关系式来优化流程时，可使用响应面设计。

（5）实验实施

严格按照由上一步制定的实验计划，到现场进行实验，除了记录响应变量的数据外，如果有意外事件发生也应予以记录，以便后期的分析时使用。

（6）数据分析

采用与所应用的设计类型相适应的分析方法对数据进行分析，最常见的分析方法就是回归分析。通过对统计模型的选择和诊断，可以对实验结果做出合理的解释及推断。

（7）结论表达

如果已经得到了有效的统计模型，并发现结果能够达到预定目标时，就可以进行验证实验，以确保之前的分析推断是否真的有效；验证实验也成功后，就可以编写总结报告了。如果无法得到有效的统计模型，或者验证实验结果与预测结果有较大差异时，就需要重新探讨问题的根源在哪里。

7.6.4.3 实例分析

下面用一个案例综合展示上述理论知识的实际应用。

示例 7-3 某制药公司工艺部经初步研究发现，颗粒大小、压力和研磨尺寸可能对其生产的药品溶出度有重要影响。现想通过有限的成本（不超过 15 次实验），进一步量化分析水分、杂质和重量的重要程度，并确定能够获得最佳溶出度（≥90％）的工艺条件。（潜在因子的典型取值水平见表 7-6-3）

表 7-6-3　潜在因子的典型取值水平

检查项	低水平	高水平	检查项	低水平	高水平
颗粒大小	10	40	研磨尺寸	0.039	0.062
压力	50	150			

解：从背景介绍中，不难发现 DOE 是解决这个问题的很好方法，可根据七步法来实施。第 1、2、3 步较易判别，第 5 步主要是现场数据收集，不特别说明。主要从第 4 步的实验策划，第 6、7 步的数据分析及结论表达，这两方面来介绍如何解决问题。

（1）实验策划

综合考虑工艺的复杂性和实验成本的有限性，决定不使用经典的实验设计，而使用更加灵活的定制设计。使用 JMP 的相关菜单命令，得到定制设计结果的具体操作如下。

① 选择主菜单"实验设计＞定制设计"；

② 在"响应"处填写一个响应，"响应名称"设置为"溶出度"，"目标"设置为"最大化"，"下限"设置为"90"；

③ 在"因子"处添加三个连续因子，"名称"分别设置为"颗粒大小"、"压力"和"研磨尺寸"，"颗粒大小"的值设置为"10"和"40"，"压力"的值设置为"50"和"150"，"研磨尺寸"的值设置为"0.039"和"0.062"，结果如图 7-6-16 所示；

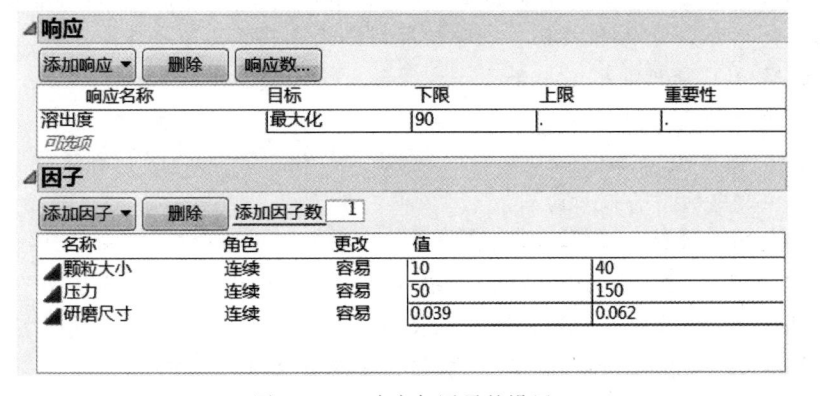

图 7-6-16　响应与因子的设置

④ 点击"继续"按钮，在"模型"处点击"RSM"按钮；

⑤ 在"生成设计"的"试验次数"处选择"用户指定"，并设置为"15"；

⑥ 在"输出选项"处点击"制表"按钮，则可产生如图7-6-17所示的实验计划表。

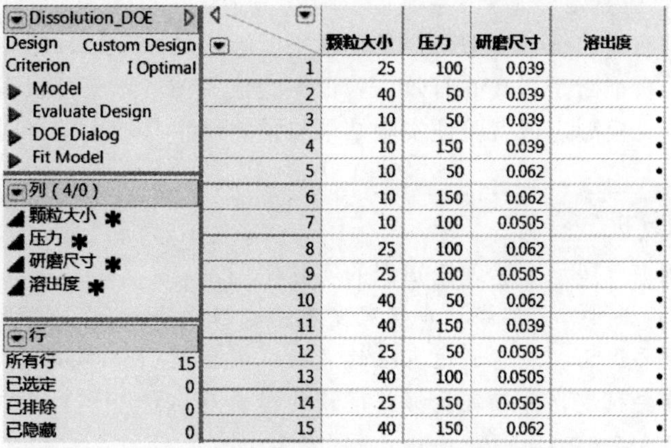

	颗粒大小	压力	研磨尺寸	溶出度
1	25	100	0.039	
2	40	50	0.039	
3	10	50	0.039	
4	10	150	0.039	
5	10	50	0.062	
6	10	150	0.062	
7	10	100	0.0505	
8	25	100	0.062	
9	25	100	0.0505	
10	40	50	0.062	
11	40	150	0.039	
12	25	50	0.0505	
13	40	100	0.0505	
14	25	150	0.0505	
15	40	150	0.062	

图 7-6-17　基于定制设计生成的实验计划表

接下来，就可以按照上述实验计划进行现场实验，将测得的"溶出度"结果填入到最后一列，得到如图7-6-18所示的结果。

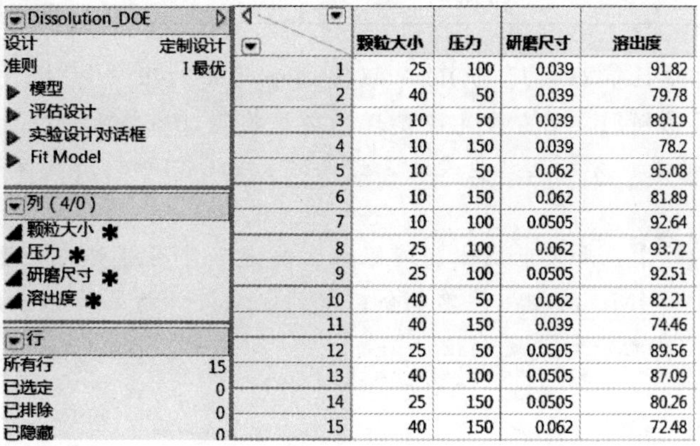

	颗粒大小	压力	研磨尺寸	溶出度
1	25	100	0.039	91.82
2	40	50	0.039	79.78
3	10	50	0.039	89.19
4	10	150	0.039	78.2
5	10	50	0.062	95.08
6	10	150	0.062	81.89
7	10	100	0.0505	92.64
8	25	100	0.062	93.72
9	25	100	0.0505	92.51
10	40	50	0.062	82.21
11	40	150	0.039	74.46
12	25	50	0.0505	89.56
13	40	100	0.0505	87.09
14	25	150	0.0505	80.26
15	40	150	0.062	72.48

图 7-6-18　实验实施后汇总得到的实验数据

（2）数据分析及结论表达

对上述实验数据进行回归分析与建模预测，并选择合适的统计图形进行展现，就可彻底解决工艺难题。使用JMP的相关菜单命令，得到分析结果的具体操作如下。

① 选择主菜单"分析＞模型拟合"；

② 指定"溶出度"为"Y"；

③ 先选择"选择列"处的"颗粒大小"、"压力"和"研磨尺寸"，再选择"构造模型效应"处"宏"按钮中的"响应曲面"；

④ 点击"运行"按钮会得到一张输出报表，点击其左上方的红三角，从弹出菜单中选择"回归报表＞拟合汇总/方差分析"，点击"参数估计值"的白三角，得到如图7-6-19所示报表；

从这张回归分析报表的显示结果来看，R方、均方根误差、方差分析的P值等大小都比较合适，表示对应的多元回归是整体有效的；除研磨尺寸的平方项之外，各个参数估计值的P值也足够小，再次说明由此构建起来的回归模型是有使用意义的。

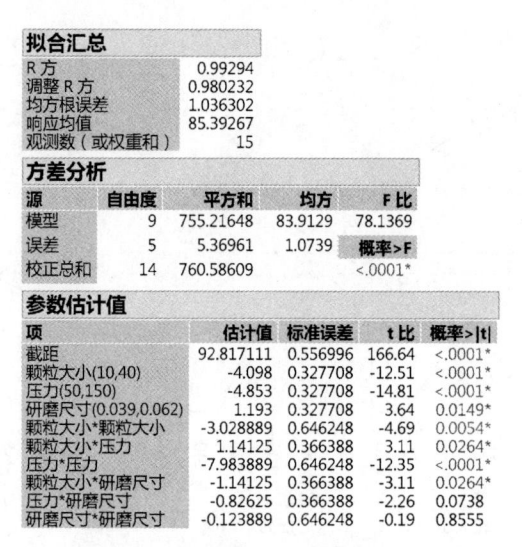

拟合汇总	
R方	0.99294
调整R方	0.980232
均方根误差	1.036302
响应均值	85.39267
观测数（或权重和）	15

方差分析				
源	自由度	平方和	均方	F比
模型	9	755.21648	83.9129	78.1369
误差	5	5.36961	1.0739	概率>F
校正总和	14	760.58609		<.0001*

参数估计值				
项	估计值	标准误差	t比	概率>|t|
截距	92.817111	0.556996	166.64	<.0001*
颗粒大小(10,40)	-4.098	0.327708	-12.51	<.0001*
压力(50,150)	-4.853	0.327708	-14.81	<.0001*
研磨尺寸(0.039,0.062)	1.193	0.327708	3.64	0.0149*
颗粒大小*颗粒大小	-3.028889	0.646248	-4.69	0.0054*
颗粒大小*压力	1.14125	0.366388	3.11	0.0264*
压力*压力	-7.983889	0.646248	-12.35	<.0001*
颗粒大小*研磨尺寸	-1.14125	0.366388	-3.11	0.0264*
压力*研磨尺寸	-0.82625	0.366388	-2.26	0.0738
研磨尺寸*研磨尺寸	-0.123889	0.646248	-0.19	0.8555

图 7-6-19　溶出度的回归分析报表

⑤ 点击输出报表左上方红三角，从弹出菜单中选择"因子刻画＞等高线刻画器"；点击"等高线刻画器"处的红三角，从弹出菜单中选择"等高线网格"，点击"请输入值"对话框中的"确定"按钮，设置"下限"的值为"90"，则会得到如图7-6-20所示的报表；

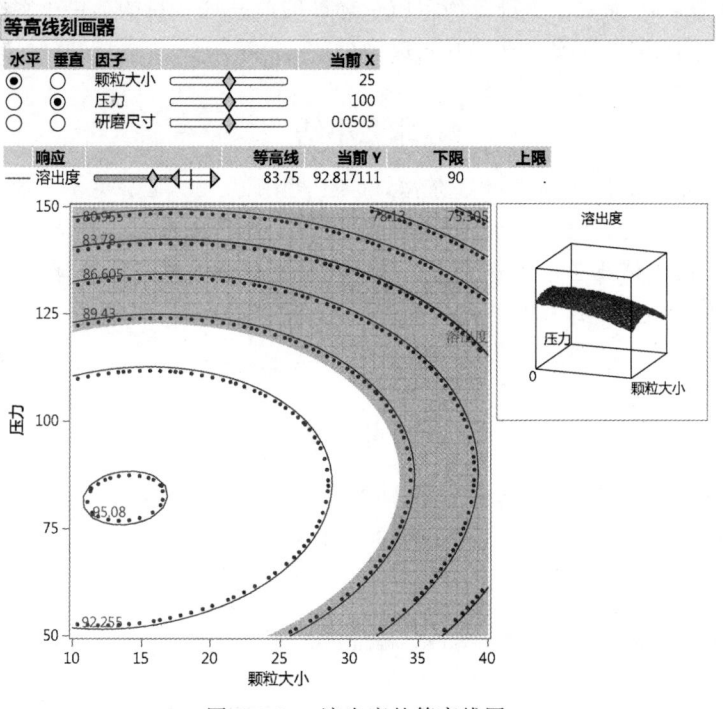

图 7-6-20　溶出度的等高线图

它从另外一种角度观察到的溶出度回归模型，图中的白色区域就是可以使溶出度达到指定要求的工艺窗口。

⑥ 点击"预测刻画器"处的红三角，从弹出菜单中选择"最优化和意愿＞最大化意愿"，则会得到如图7-6-21所示的结果。

从图7-6-21清楚地看到，运用模型优化工具，可以求出：当颗粒大小约等于10.85、压

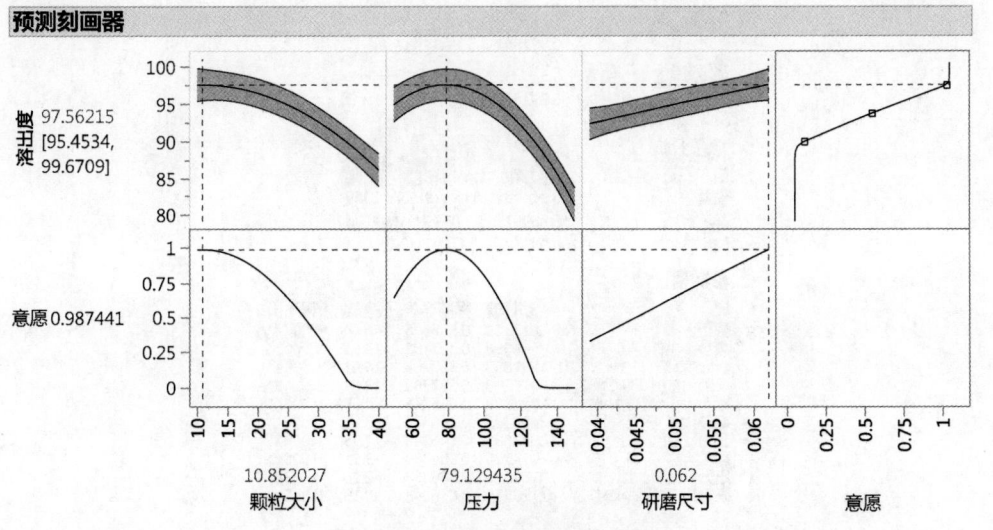

图 7-6-21　溶出度的刻画及预测

力约等于 79.13、研磨尺寸约等于 0.06 时，溶出度会达到最大，即约 97.56。如果后续的验证试验能够通过，就可以正式推广这个最佳工艺条件了。

　　本章节对统计学工具的基本概念和在样品分析和产品研发阶段的应用进行了讲解，统计方法为保证验证质量，持续生产符合预定质量标准的产品这一目的提供了客观证据，同时也是理解工艺的基础，并使持续改进和开发成为可能。

本章小结

　　本章对验证相关支持活动进行了介绍，GEP 项目管理、验证培训、验证前的仪表校准，在验证过程中的变更控制和偏差管理，以及统计分析技术在验证活动中的应用，这些工作既有益于控制验证质量，又肩负着确保验证顺利执行的责任，验证相关支持活动使验证处于一种良性循环及可控状态。

参考文献

［1］ 中华人民共和国卫生部令 79 号. 药品生产质量管理规范（2010 年修订）.
［2］ ISPE Baseline Volume 5：Commissioning and Qualification，2001.
［3］ EU GMP Annex 15：Qualification and Validation，2015.
［4］ EN 285：Sterilization - Steam Sterilizers - Large Sterilizers，2015.
［5］ PDA TR1：Validation of Moist Heat Sterilization Processes：Cycle Design，Development，Qualification and Ongoing Control，Revised 2007.
［6］ 马逢时，周暐，等. 六西格玛管理统计指南——MINITAB 使用指导. 第 3 版. 北京：中国人民大学出版社，2018.
［7］ Basic Analysis. SAS Institute Inc.，Cary，NC，USA，2017.